现代生物技术前沿

生物材料

——生物学与材料科学的交叉

Biomaterials: The Intersection of Biology and Materials Science

〔美〕 J. S. Temenoff
A. G. Mikos 著

王远亮等 译

科学出版社
北京

图字：01-2009-1833 号

内 容 简 介

本书是一本介绍生物与材料科学相互关系的书籍，阐述了生物材料学和生物学的基本概念及研究进展，并提供了生物材料结构、性能及生物学响应的全面信息。全书共分四部分，14 章。第一部分（第 1~4 章）讲述生物医用材料的基本知识及其结构与性能；第二部分（第 5、6 章）讲述生物材料的降解及其加工工艺；第三部分（第 7~9 章）讲述生物材料表面特征，以及与蛋白质、细胞的相互作用；第四部分（第 10~14 章）讲述生物材料作为植入体在应用过程中发生的各种反应。

本书可作为材料科学系、生物工程系以及医学相关领域的本科生生物材料课的入门教材，另外，本书第三、四部分可以作为研究生和科研人员进行材料及组织工程学行为研究的参考书。

图书在版编目(CIP)数据

生物材料：生物学与材料科学的交叉/（美）Temenoff, J. S. Mikos, A. G. 著；王远亮等译. —北京：科学出版社，2009
（现代生物技术前沿）
ISBN 978-7-03-024635-6

Ⅰ. 生… Ⅱ. ①T…②王… Ⅲ. 生物材料-研究 Ⅳ. Q81

中国版本图书馆 CIP 数据核字(2009)第 081606 号

责任编辑：李 悦 席 慧/责任校对：张 琪
责任印制：赵 博/封面设计：陈 敬

科学出版社出版
北京东黄城根北街 16 号
邮政编码：100717
http://www.sciencep.com

北京凌奇印刷有限责任公司印刷
科学出版社发行 各地新华书店经销
*
2009 年 6 月第 一 版 开本：787×1092 1/16
2024 年 7 月第十次印刷 印张：27
字数：606 000

定价：88.00 元

（如有印装质量问题，我社负责调换）

译者名单

第 1 章	付春华	译	罗彦凤　王远亮	校
第 2 章	胡承波	译	罗彦凤　王远亮	校
第 3 章	黄美娜	译	罗彦凤　王远亮	校
第 4 章	黄美娜	译	罗彦凤　王远亮	校
第 5 章	付春华	译	蔡开勇　王远亮	校
第 6 章	鲜成玉	译	蔡开勇　王远亮	校
第 7 章	李永刚	译	蔡开勇　王远亮	校
第 8 章	张兵兵	译	蔡开勇　王远亮	校
第 9 章	向　燕	译	唐丽灵　王远亮	校
第 10 章	胡　燕	译	唐丽灵　王远亮	校
第 11 章	胡　燕	译	唐丽灵　王远亮	校
第 12 章	高文娟	译	唐丽灵　王远亮	校
第 13 章	高文娟	译	王远亮	校
第 14 章	向鸿照	译	王远亮	校

译者的话

通常当我们想进入研究生物材料的领域时，仅能从文献资料中获取只言片语，因为相关的书籍大都深奥、专业，使初学者不易读懂。

近年来虽然出版了几本关于生物材料的书籍，但却缺乏入门书籍简单明了、涵盖全面的特点。现在终于找到了一本好的入门书籍，那就是科学出版社王静和李悦编辑推荐给我们的这本 *Biomaterials*：*The Intersection of Biology and Materials Science*，这是 Temenoff 和 Mikos 专门为本科生编写的教材。当我们拿到它时就爱不释手，因为它不仅简单明了、深入浅出、涵盖全面，而且介绍了材料学研究的前沿知识，真是好极了！所以我们非常愿意将它翻译成中文，并奉献给有志进入生物材料研究领域的读者们。相信这本书会对您大有裨益。

本书由王远亮教授、罗彦凤教授、蔡开勇教授、唐丽灵教授，博士生黄美娜、胡燕、付春华、李永刚、胡承波、高文娟、鲜成玉、张兵兵、向燕，以及博士后向鸿照共同翻译，并由上述诸位教授校阅，王远亮教授统稿。

本书能够与您见面，应当感谢科学出版社编辑们的大力支持和帮助。

本书的翻译虽然由重庆大学从事生物材料研究的几位教授主持，但由于时间紧张，如有译文不妥之处，期望斧正。

译　者

2008 年 11 月 7 日

序

运用生物材料在过去 30 年中作为治疗疾病和减轻痛苦的有效方法已经引起了广泛的关注。现在治疗的重点不再是单一的传统方法，而是将生物材料与治疗方法相结合。生物材料已经在近 8000 种不同的医药器械中得到应用，其中包括骨骼的修复、心血管功能的恢复、器官的替代、组织或神经的修复等。尽管生物材料在医药方面已经产生了明显的影响，但进一步设计并开发更易于表征和检测性质的高分子材料、陶瓷和金属等有效的生物材料大有必要。该书许多内容涉及于此，并同时给出了一个如何解决这些问题的明确思维方式。

该书两位作者采用了一种新方法来解决上述的问题，即以简洁的方式对生物学所关注的问题进行了完整的描述，而不仅仅是从力学性质、结构或分子方面进行分析。

起初高分子生物材料仅用作支架材料，在临床应用中主要包括以下几类：醋酸纤维素制成的透析管，涤纶制成的血管移植材料，聚氨酯制备的人造心脏。然而由于这些材料在化学、物理以及生物学性能上的不足，限制了其进一步的临床应用。随着合成方法的进步，生物材料的性能不断获得改进，生物材料的生物相容性问题得到了解决，这在该书中有清晰的阐述。

设计具有特殊功能的生物材料引起了人们的兴趣。材料特殊性质的控制赋予材料特殊的功能以及合适的生物学响应，通过控制材料的结构特征，改变表面性质，以及采用仿生设计可以满足上述要求。仿生设计在生物材料的发展上已经获得广泛关注，特别是在药物投递、药物开发以及纳米技术等方面。应用蛋白质或类蛋白结构对材料进行表面及本体改性，可以使材料获得优异的性能。

该书是一本成功的教材，因为该书明确认识到生物材料具有非常广泛的应用价值。作者提出了生物材料用于生物医药领域的全新技术方法，并对细胞/材料和蛋白质/材料的相互影响进行了透彻讲解。读者阅读了第 12 章后，将了解免疫学及蛋白质/材料相互作用方面的知识。生物材料最重要的问题就是引起血栓的问题，这一问题在第 13 章中也有清楚的描述。

这是一本易于读者理解的基础性教材，将在生物材料的教学中占有重要地位。该书在介绍了大量知识的同时，弥补了生物材料科学领域的一些缺陷。Temenoff 教授和 Mikos 教授在这个领域做了大量的工作。

Nicholas A. Peppas, Sc. D.
Fletcher S. Pratt Chair of Chemical Engineering,
Biomedical Engineering, and Pharmacy
University of Texas at Austin

前　　言

虽然本书命名为《生物材料：生物学与材料科学的交叉》，但实际上这个领域从多个不同方面进行多学科交叉，并已发展了近50年。其中包括材料科学、生物学、工程学，以及临床医学、商业和法规等，具有广阔的前景。从这一背景来看，生物材料的多学科性质是不可避免的。作为这个领域的专家，我们面临着特殊的挑战，我们必须培养具有较宽知识面的学生，设计并实现采用新的生物医疗器械来处理复杂问题。

基于这种考虑，我们编写了这本介绍生物材料基本概念及涵盖与之密切相关知识的教材，以适用于在大学工程类专业第二年或随后学习过程中的主修课程。基于读者考虑，本书以基本的化学和物理知识为主，不要求高深和更为复杂的数学概念，如不等式或任何细胞生物学等生物知识。

本书首先对生物材料领域进行了综述，然后分章介绍。第 1 章概述了基本的化学原理，这些原理的理解需要以第 2 章物质的结构为基础。第 3 章和第 4 章提供了更多关于生物材料主要种类（金属、陶瓷和聚合物）的物理和力学方面的性能。全书章节中，对材料进行了分类，每位读者可以针对材料的不同应用选择合适的知识去阅读。第 5 章和第 6 章，首先讨论了亚单元如何形成生物材料，然后阐述了这些材料的降解及加工处理的参数对其关键性质的影响，如材料的降解性、力学强度等。

第 7 章和第 8 章解释了材料科学和生物学的关系，是本书的知识中心。这两章的关键技术是表面改性及其对蛋白质吸附的影响。第 9 章描述了细胞与生物材料上吸附蛋白质的相互作用。第 10 章和第 11 章中讨论了特定的细胞响应（急性炎症和伤口愈合）。第 12 章介绍了植入材料的生物学响应、免疫响应和超敏反应。第 13 章介绍了凝血作用。第 14 章介绍了感染、肿瘤发生以及病理学钙化。

全书 14 章可分成材料科学和生物学各 7 章，保证了两个方面的均衡介绍。交叉科学的精髓，也就是表征方法和存在争议的问题没有作为孤立的章节来介绍，而是贯穿全书。

21 世纪的生物材料学将面临更大的挑战，需要把更复杂的生物学知识融合到改进生物材料的设计中。我们相信在这些领域必将进行知识的交叉，希望本书能够为许多未来的生物材料科学家奠定一个有益的基础。

J. S. Temenoff

A. G. Mikos

致　谢

本书的发行和出版需要许多有才干的和有奉献精神的人热情支持。在这里，我们感谢几位坚持完成本书创作的人及其所属机构，他们的工作是必不可少的。Kurt Kasper 博士（Rice University）仔细地为每一章节做了总结，提供了贯穿全书的例题，编写了本书中的各种草图。Mark Sweigart 博士（Rice University）耐心地撰写了每章节结尾的问题，组织了本书中各个图的编写，规范化了所有的公式，使得本书的格式具有连贯性。Elizabeth Christensen 博士（Rice University）和 Michael Hacker 博士（Rice University）对本书图片的选择和参考文献等资料进行了整理。此外，我们还要感谢佐治亚州 Tech and Emory University 全体生物材料系成员在本书的准备过程中给予的反馈意见，特别是 Julia Babensee 博士和 Andres Garcia 博士，他们为章节末尾的例题做了贡献。

此外，我们要感谢生物材料领域的各位先驱，他们为本书提供了第一手资料。特别要深深地感谢 James M. Anderson 博士（Case Western Reserve University）、Joel D. Bumgardner 博士（University of Memphis）、Arnold I. Caplan 博士（Case Western Reserve University）、Paul S. Engel 博士（Rice University）、Jone A. Jansen 博士（Radbound University Nijmegen Medical Center）、Rober Langer 博士（Massachusetts Institute of Technology）、Nicholas A. Pappas 博士（University of Texas at Austin）、Alan J. Rusell 博士（University of Pittsburgh）和 Frederick J. Schoen 博士（Brigham and Women's Hospital）为本书提供了详细的评述和建设性的意见。

我们还要感谢各位为本书的评述和发行做出贡献的人。特别感谢 Valeria Milam 博士（Georgia Tech）为本书校正，并提供了有价值的各种图表。感谢 Larry McIntire 博士和 Robert Nerem 博士为本书注释，也为本书的校正起到了推动和支持作用。感谢 Georgia Tech Introduction 春季生物材料班，2006 级下半学期和 2007 级春季班的讲师及学生在学习期间为本书所做的校正工作。我们感谢 Simon Young 博士（Rice University）和 Georgia Tech/Emory University 的 Johnna Temenoff 教授实验室的研究生为本书的最后定稿所做出的辛勤努力。

我们也要感谢另外几位为本书的出版工作做出贡献的人。Carol D. Lofton（Rice University）确保了本书出版的版权问题。Georgia Tech/Emory University 生物医药工程系的全体成员为本书各种草图的准备以及版权争取做出了不懈努力。最后，我们感谢美术天才 Karen Ku，他创作了本书富有灵感性的封面。

J. S. Temenoff
A. G. Mikos

目　录

1. 生物医用材料

主要目的

1. 了解生物材料的范围；
2. 理解生物材料学家关注的普遍问题；
3. 回顾必要的基础化学原理。

具体目标

1. 了解生物材料的范围及生物材料相关的重要概念；
2. 掌握天然材料与合成材料的区别；
3. 掌握材料表面性质与本体性质的差别，明确材料的设计标准取决于材料的最终用途；
4. 了解材料能够诱导生物响应，生物响应反过来也能影响材料的性能；
5. 了解材料的形状影响材料的性质以及植入部位的生物学响应；
6. 理解电子构型与各种键合类型的关系。

1.1 生物材料概述

本章主要介绍生物材料的研究范围，并简要讨论与生物材料学相关的其他各方面的内容（后续章节将详细介绍这些内容）。此外，本章还将介绍在后续章节中所涉及的重要基本概念与背景知识。首先讨论生物材料学的研究范围、历史以及生物材料学家的作用，然后讨论生物材料学家在为某一具体应用目的进行设计、选择最优材料时所必须考虑的材料降解性、表面性质和本体性质问题，最后回顾决定材料重要性质的基本化学原理。

1.1.1 重要的基本概念

生物材料学（biomaterial science）从第二次世界大战发展至今，已经成为一门涵盖基础生物学、医学、工程学和材料学在内的范围很宽的交叉学科。正是由于生物材料学的范围宽泛，所以人们常常对什么是生物材料学产生疑问。因此，为更好地描述这门学科，我们首先来讨论生物材料学的一些重要基本概念。

经生物材料学专家商定，认为**生物材料**（biomaterial）是一种与生物系统相互接触后可以对生物体的组织、器官或功能进行诊断、治疗、可增强或可替代的材料[1]（a material intended to interface with biological systems to evaluate，treat，augment，or replace any tissue，organ or function of the body）。因此，生物材料学是研究生物材料及其与生物环境相互作用的科学[2]，包括材料力学性能或植入体表面改性等与材料学相关的内容，以及免疫、毒理和创伤修复过程等生物学内容。

无论生物材料学涉及上述哪个方面的内容，都不能忘记生物材料中的“生物”二字。由于生物材料研究的最终目的是开发可以植入人体内的材料，因此，生物材料学中最重要的概念之一就是**生物相容性**（biocompatibility）。生物相容性是指：材料在具体应用中表现出的适当的宿主反应的能力[1]（the ability of a material to perform with an appropriate host response in a specific application）。因此，生物材料学家作为生物材料学的践行者，肩负着改变生物材料的组成和（或）加工过程，以控制材料的生物学响应并制备出具有最大生物相容性的植入体的责任。如上述各定义所指出的，生物材料学家必须同时考虑到材料性质和生物反应，以确保所选择的材料适合于既定的应用目的。因此，本书将同时介绍生物材料在材料学层面（第1～7章）和生物学层面（第8～14章）的内容，旨在介绍生物材料学的基本原理，引导未来的生物材料学家筛选、开发出最佳的生物材料，以满足更广泛的医学应用和植入部位的要求。

例题 1.1

以下各项是否属于生物材料？为什么？

(a) 隐形眼镜（contact lens）

(b) 片块（splinter）

(c) 人造血管（vascular graft）

(d) 支撑器件（crutch）

解答：

“生物材料”是指一种与生物系统相互接触后可以对生物体的组织、器官或功能进行诊断、治疗、可增强或可替代的材料。根据此定义，(a) 和 (c) 是生物材料。(a) 与眼部环境接触，改善了眼睛的聚光功能。同样，(c) 与血管环境接触，替代了血管（静脉、动脉）的功能。而 (b) 并不是用于与生物环境接触，也不具有生物学功能。根据定义，(d) 可以看成是生物材料也可以不是，这取决于对术语“增强”（augment）、“替代”（replace）和“相互接触”（interface）的判断。

1.1.2 生物材料学的发展历史和现状

尽管生物材料是一门相对较新的学科，但是其起源却可追溯到几千年前。考古学家曾发现早在公元200年前即使用金属假牙的人体遗骸，而亚麻也早被古埃及人用作手术缝合线。但生物材料学科的迅猛发展却是在第二次世界大战之后随着战争用合成材料的广泛应用才开始的[3]。

例如，20世纪40年代首次报道将塑料（合成高分子）植入人体的案例。当时关于高分子的所有研究都集中于聚甲基丙烯酸甲酯（此前被用作航空材料）和尼龙（一种常用的降落伞材料）这两种合成高分子材料上。随后，生物材料领域迅速发展，包含各种类型的材料。第二次世界大战之后的20年中，人工髋关节（金属生物材料）、肾透析仪（最初使用天然高分子衍生物——纤维素）、人造血管（使用另一种天然高分子——丝绸）等相继成功问世[3]。

这些医疗器械长期临床应用的成功，一方面源于材料的进步，另一方面也源于外科技术的进步，正确的消毒和患者监护都十分重要。除此以外，对生物学，尤其是对生物相容性相关的生物学知识更全面地了解也影响着生物材料学的发展。尽管第二次世界大战之后的几十年时间里，任何材料在紧急情况下都可以被植入患者体内，但人们很快意识到需要规范生物材料。因此，关于生物材料植入人体前需要严格测试的国家标准和国际标准也相继出台[3]。

当今，生物材料占据了医疗卫生行业很大的市场比例。据统计，美国每年的生物材料市场规模超过 90 亿美元（详见表 1.1）。最常见的以生物材料为主体成分的医疗器械包括人工心脏瓣膜、人造血管、人工髋关节和膝关节、心肺机及肾透析仪等。

表 1.1　美国卫生保健市场使用的生物材料

美国卫生保健总费用（2000 年）	1 400 000 000 000 美元
美国医疗研发总费用（2001 年）	82 000 000 000 美元
医疗器械行业从业人数（2003 年）	300 000
注册医疗器械生产商总数（2003 年）	13 000
美国医疗器械市场（2002 年）	77 000 000 000 美元
美国一次性医疗产品市场（2003 年）	48 600 000 000 美元
美国生物材料市场（2000 年）	9 000 000 000 美元
单项医疗器械销售额：	
糖尿病监测产品（1999 年）	4 000 000 000 美元
心血管治疗器械（2002 年）	6 000 000 000 美元
整形外科-肌肉骨骼治疗器械 美国市场（1998 年）	4 700 000 000 美元
创伤护理 美国市场（1998 年）	3 700 000 000 美元
体外诊断器械（1998 年）	10 000 000 000 美元
美国医疗器械数量：	
人工晶体（2003 年）	2 500 000
隐形眼镜（2000 年）	30 000 000
人造血管	300 000
人工心脏瓣膜	100 000
心脏起搏器	400 000
血袋	40 000 000
乳房假体	250 000
导管	200 000 000
人工心肺机（氧合器）	300 000
冠状动脉支架	1 500 000
肾透析（患者数量，2001 年）	320 000
人工髋关节（2002 年）	250 000
人工膝关节（2002 年）	250 000
种植牙（2000 年）	910 000

获准翻印自文献 [2]

在心血管领域，美国每年大约有 10 万例人工心脏瓣膜植入手术和 30 万例人造血管植入手术。图 1.1 是一种典型的人工心脏瓣膜，图 1.2 是人造血管。当植入患者体内后，这些器械可使患者血液流动恢复正常，从而显著提高患者正常活动的能力。但这些器械植入也可能引发一系列的问题：对于人工心脏瓣膜，最常见的并发症包括血栓、机械故障和感染（图 1.3）；对于人造血管、血栓或组织增生会导致血管内壁堵塞，阻碍血液流动，从而导致器械植入失败。

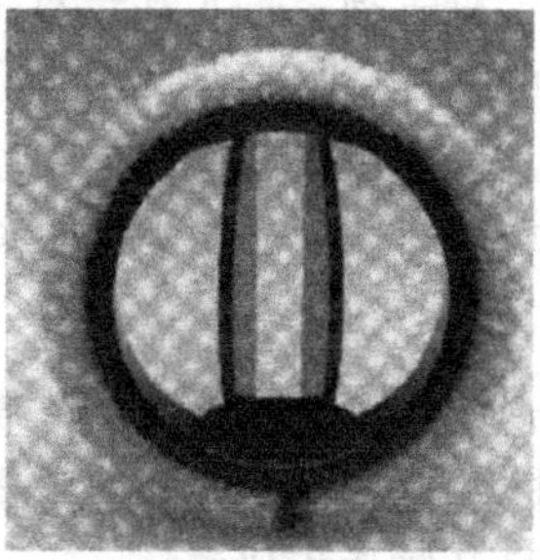

图 1.1　人工双叶心脏瓣膜图（获准翻印自文献［2］）

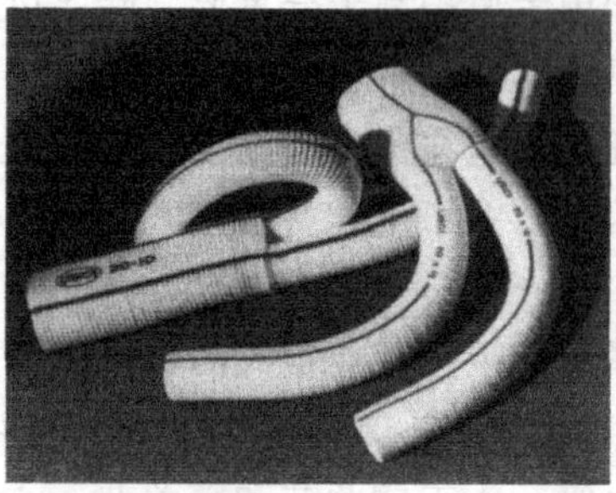

图 1.2　膨胀聚四氟乙烯人造血管（获准翻印自文献［4］）

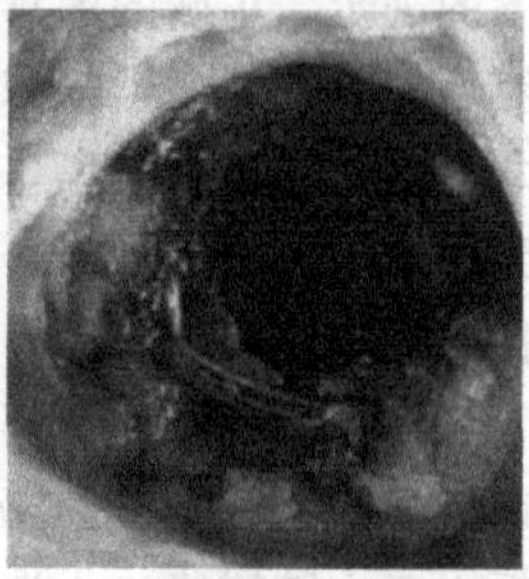

图 1.3　双叶心脏瓣膜上形成的血栓（获准翻印自文献［6］）

在美国，每年有超过 500 000 例人工关节替换手术，如膝关节或髋关节替换[2]。图 1.4 所示为一种人工髋关节。关节替换可以恢复患者的行走能力，甚至使患者可以参加适度的体育运动，因而大大提高了患者的生活质量。但是，这些假体可能随时间松脱，造成组织损伤，从而需要二次手术修复或替换植入体。

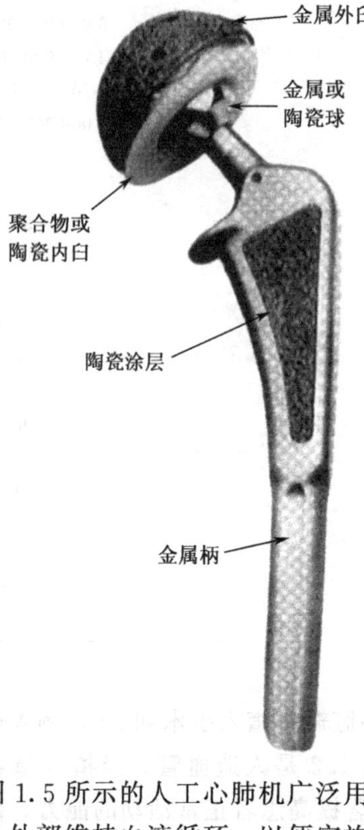

图 1.4　人工髋关节，使用了三类生物材料：金属、陶瓷和高分子材料。人工髋关节柄（stem）由金属材料制造，植入股骨（大腿的上段骨）中以固定人工髋关节，可在其外面覆盖陶瓷涂层（ceramic coating）以增加与骨头的附着能力，也可以使用聚合物水泥（polymeric cement）（未标出）将其固定在股骨内。在人工髋关节柄的顶部是个球体（金属或陶瓷制成），与相应的球窝协同作用，促进关节的活动。与球体相匹配的内球窝采用高分子材料（对金属球）或陶瓷（对陶瓷球），通过一个金属外臼与骨盆相连（获准翻印自文献［7］）

图 1.5 所示的人工心肺机广泛用于心脏手术过程，该仪器可以帮助心脏跳动停止的患者从外部维持血液循环，以便实施心脏手术。尽管该设备的出现对心脏外科领域的发展非常重要，每年也挽救了许多患者的生命，但这些设备仍然存在一些问题。由于受到生物材料过滤器的限制，现有的人工心肺机仍达不到人体肺的携氧效果。要提高人工心肺机的携氧能力，就需要施加比心脏正常施加的压力更高的泵压，这可能会造成血细胞

破裂。另外，为防止血栓形成，还需要加入抗凝血剂，这也增加了术后出血失控的风险。

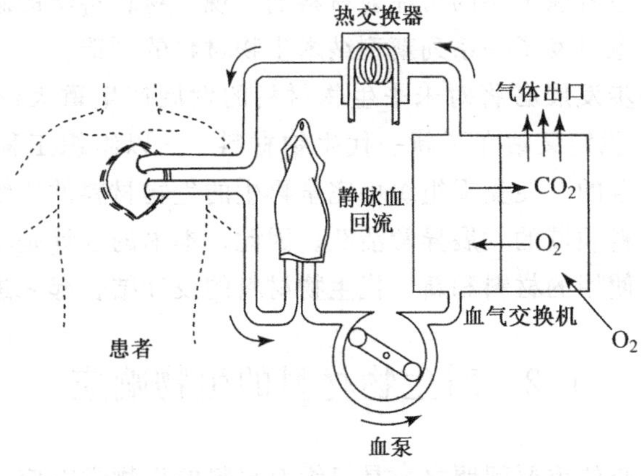

图 1.5　人工心肺机示意图（获准翻印自文献 [5]）

美国大约 30 万患者存在肾功能问题，必须接受每周三次的肾透析治疗，以清除血液中的废物[5]，维持生命。在透析过程中，血液被泵入透析膜，使一定大小的废物从血液中排出（图 1.6）。但是，这种透析仪也存在与心肺机相似的问题，如血细胞破裂、感染，或一些不期望见到的**人体免疫反应**（immune response）[**补体系统**（complement system），第 12 章将详细讨论] 被激活。

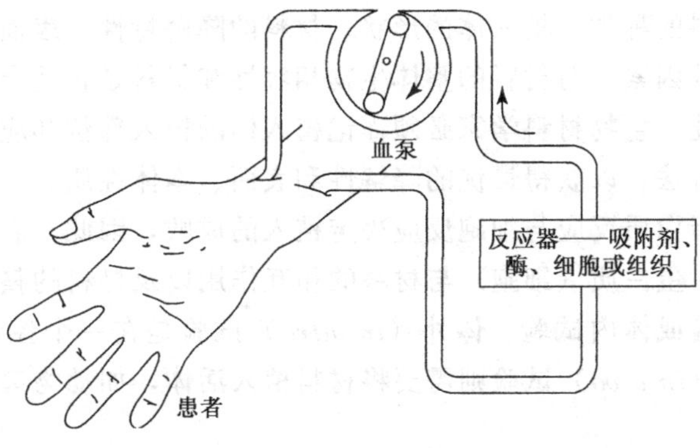

图 1.6　肾透析装置示意图（获准翻印自文献 [5]）

1.1.3　发展方向

在过去的 50 年间，生物材料的发展经历了以下几个阶段：第一个阶段从 20 世纪 60、70 年代开始，这一阶段设计的生物材料主要是惰性的，或者说不与人体发生反应，此为第一代生物材料。到 20 世纪 90 年代，这一概念逐渐被第二代生物材料，即生物活性材料所替代，生物活性材料能与人体发生积极的相互作用，促进组织的局部愈合。

由于生物材料学在几个学科的交叉点上占据着独特的地位，因此，其他各学科取得的进步也推动着生物材料学的发展。新的实验技术使人们对细胞和分子生物学以及遗传学有了更详细的了解，同时，也促使了**“智能”**（smart）或**“启发性”**（instructive）材料的出现，这类材料可引导植入部位的生物响应。外科技术的进步，如微创手术的出现促进了可局部使用且患者痛苦小的可注射材料的出现。材料科学的新发展，如含有纳米级增强剂的复合材料也启发了一系列新型纳米生物材料的创造。

上述学科的进一步发展必将对未来生物材料的发展产生重大影响。随着我们步入21世纪前进的步伐，我们又站在了新一代生物材料——以组织工程生物材料的最新研究为例，即可完全整合的、使受损组织可完全再生的生物材料的边缘。层出不穷的新工艺、新材料使生物材料领域的发展异常活跃。因此，本书的设计是将生物学和材料学的基本原理与目前正在使用的材料和新一代生物材料的设计结合起来进行介绍。

1.2 对生物材料的生物响应

生物材料学家关心的重要问题之一是组织对材料的生物学响应，这决定了材料的生物相容性。材料植入后，通常会立即发生炎症反应，临床上表现为植入部位发红、肿胀、发热和疼痛。但是，这些症状通常只是暂时的，可通过多种方式消除。例如，材料完全整合到周围组织中，或者纤维包囊将植入物与周围组织完全隔离。

根据植入部位和材料的性质不同，也可能引发一些其他的反应，如免疫系统激活、局部血栓形成、感染、肿瘤生成以及植入体钙化等。尽管这些反应中许多是不希望发生的，但是根据植入目的不同，某些反应却是可以接受的。例如，用于支撑骨组织的植入体发生钙化对确保材料与周围骨组织良好的整合可能是必要的。

研究表明，材料的种类、植入体的形状、材料的降解特性、表面化学性质、整体化学性质和机械性能等因素，对材料的整体生物相容性和材料是否适合于某一具体的应用是非常重要的。因此，生物材料学家必须谨记植入体的植入部位和应用目的，仔细筛选材料的种类和加工方法，以获得最优的降解性和表面、本体性质。

从根本上讲，蛋白质反应与细胞反应决定植入的成败，因此，表征蛋白质反应与细胞反应非常必要。对蛋白质（细胞）与材料的相互作用以及材料的整体生物相容性的评价可以采用体外试验或体内试验。**体外**（*in vitro*）试验是在一个控制良好的实验室环境中进行，而**体内**（*in vivo*）试验则需要将材料植入活体，如动物模型中[1]。

例题 1.2

生物材料引发的生物学响应是生物材料学家们最关心的问题。生物学响应必须适合具体的应用。例如，当生物材料用于骨组织时，常常期望植入材料发生钙化，使植入体能与周围骨组织发生适度的整合。那么，由无细胞猪心包膜构成的人工心脏瓣膜发生钙化是有利的生物学反应吗？为什么？

解答：

不是。人工心脏瓣膜的作用是保证心脏内正确的液体流动，以便血液能被泵送到身体的各个部位。因此，心脏瓣膜必须柔韧、耐用，以保证正确的周期性开放和闭合。钙化反应导致材料硬化，从而妨碍心脏瓣膜开关功能，降低心脏输出效率。

1.3 生物材料制品测试与FDA许可

医疗器械在植入人体后才会发生体内事件。但基于伦理问题，在器械植入人体前，必须先进行一系列的体外和体内生物相容性试验。实验标准由**美国试验与材料协会**（ASTM）和**国际标准化组织**（ISO）规定。ASTM和ISO负责材料、制品、体系及服务等技术标准的编写。本书后续章节中将介绍相关标准的具体内容。

生物材料制品的生产程序则由诸如美国食品与药品管理局（Food and Drug Administration，FDA）这样的管理机构制定。在美国，药品必须获得该机构的认证才可销售。生物医药制品的开发通常包括以下几个阶段（引自文献[8]）：

1. 体外试验；
2. 利用健康动物进行的体内试验；
3. 利用疾病动物进行的体内试验（如果需要）；
4. 临床试验。

完成上述试验后将试验结果上报FDA，以证明新器械是安全且有效的。试验项目以及是否需要进行临床试验，一般根据拟申请产品潜在的危害程度来确定。根据应用不同，生物医药制品可分为Ⅰ类、Ⅱ类或Ⅲ类[9]。其中，Ⅲ类制品最复杂，最直接地参与挽救或维持人体生命。因此，这类产品必须符合更严格的标准，通常都需要临床试验。在这里必须指出，FDA许可的是医疗器械而不是生物材料。因此，具体的生物材料只能在医疗器械成品获得许可的情况下才能使用。

1.4 生物材料类型

生物材料学家的一个主要任务是针对某一具体的应用选择合适的材料。一般来说，根据材料是否含有碳元素，材料可分为有机材料和无机材料。另外，生物材料还可分为金属、陶瓷和高分子材料这三大类型。

1.4.1 金属材料

金属属于无机材料，依靠自由电子形成无方向的金属键（1.7节）。表1.2为常用的生物医用金属和合金。金属除能够导电以外，还具有强度高且易于加工成复杂形状的特点，因此适合于外科矫形替代物（髋或膝）（图1.4）、牙科填充物、颅面修复植入体，以及心血管方面的器械，如支架和起搏器电极等。

表1.2 生物医学领域常用的金属材料

金属	应用
钴-铬合金	人工心脏瓣膜、假牙、外科矫形固定板、人工关节、血管支架
金和铂	牙齿填充物、人工耳蜗植入电极
银-锡-铜合金	牙科汞齐
不锈钢	假牙、外科矫形固定板、血管支架
钛合金	人工心脏瓣膜、种植牙、人工关节、矫形螺钉、心脏起搏器、血管支架

1.4.2 陶瓷材料

陶瓷材料属于无机材料，由供电子元素与受电子元素间形成的离子键构成。离子键无方向性。表1.3为常用作生物材料的陶瓷材料。具有晶体结构的陶瓷类似于金属，另外还有非晶态的（或**无定形的**，amorphous）玻璃。与金属相比，陶瓷更硬，在多数环境下比金属更难降解。但是，由于离子键的原因，陶瓷通常都很脆，只能用在负载较小的部位。陶瓷因其化学性质与骨组织很相似，而常被用作矫形植入体或牙科材料（图1.4）。

表1.3 常用的生物医用陶瓷材料

陶　瓷	应　用
氧化铝	人工关节替代部件、承载矫形植入体、植入体涂层、种植牙
生物活性玻璃	矫形植入体涂层、种植牙涂层、种植牙、颅面修复部件、骨移植替代材料
磷酸钙	矫形植入体涂层、种植牙涂层、种植牙、骨移植替代材料、骨水泥

1.4.3 高分子材料

与金属和陶瓷不同，高分子材料是通过有方向的共价键结合而成的具有长链结构的有机材料（图1.7）。高分子材料因其物理化学性质范围宽而广泛应用于生物医学领域（图1.4）[10]。表1.4为常见的用作生物材料的合成高分子材料及其应用。除合成高分子材料以外，天然衍生高分子材料，如常见于人体中的蛋白质，也被广泛用作生物材料。

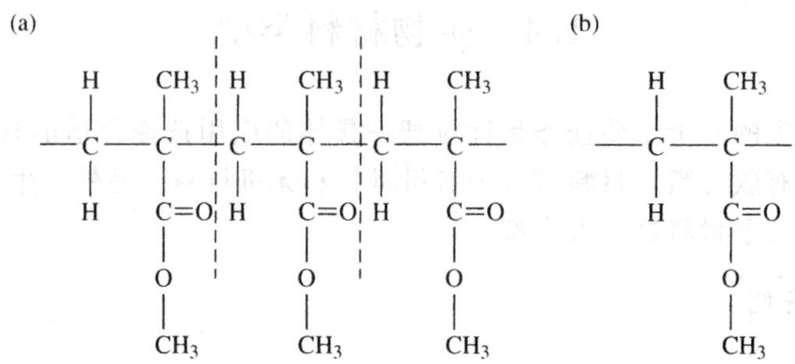

图1.7 聚甲基丙烯酸甲酯的化学结构。聚甲基丙烯酸甲酯常用作骨水泥。(a) 聚合物的链结构，虚线部分为重复单元，如 (b) 所示

表1.4 常见的生物医用合成高分子材料和天然衍生高分子材料

高分子材料	应　用
合成材料	
聚甲基丙烯酸羟乙酯	隐形眼镜
聚二甲基硅氧烷	乳房假体、隐形眼镜、关节置换
聚乙烯	人工关节植入体
聚乙二醇	医用填料、创伤敷料
聚对苯二甲酸乙二酯	人造血管、缝合线
聚己内酯	药物投递装置（drug delivery device）、缝合线

续表

高分子材料	应　用
聚乳酸-甘醇酸（PLGA）	可吸收网、缝合线
聚甲基丙烯酸甲酯	骨水泥、诊断用角膜接触镜片（diagnostic contact lens）
聚四氟乙烯	人造血管、缝合线
聚异戊二烯	医用手套
聚丙烯	缝合线
天然衍生材料	
海藻酸盐	创伤敷料
壳聚糖	创伤敷料
胶原	整形修复基质、神经修复基质、组织工程基质
弹性蛋白	皮肤修复基质
纤维蛋白	止血产品、组织封闭剂
黏多糖	整形修复基质
透明质酸	整形修复基质

无论是合成高分子材料还是天然衍生高分子材料，均可再分为几个亚类。由于每个亚类都有其特别适合的组织类型，因此这种分类对生物材料学家来说是一种很有用的分类方法。例如，**弹性体**（elastomer）在低应力条件下即可发生很大的形变，应力释放后又会迅速恢复其原始尺寸[1]。因此，这种材料适用于对弹性要求很高的心血管系统；另一类高分子材料为**水凝胶**（hydrogel），能够在大量的水中保持溶胀[1]，由于其高含水量，被广泛应用于各种软组织中。

为改善生物材料的本体或表面性质，也可将两种或两种以上化学性质不同的材料（其中一种材料常常是高分子材料）组合形成**复合材料**（composite）[11]，通过该方法可以优化材料的力学性能，如纤维增强材料（通常是碳）分散在整个高分子材料中，可形成纤维增强的复合材料。本章不详细讨论复合材料，但在此需要指出的是，大多数人都认为人体组织的结构与纤维增强的复合材料相似。

1.4.4　天然衍生和人工合成高分子材料

天然高分子材料来源于生物体内的物质（胶原蛋白、纤维蛋白、透明质酸）或生物体外的物质（壳聚糖、海藻酸盐）。其中最常见的一种天然高分子材料是**胶原蛋白**（collagen）。不同的组织中存在不同类型的胶原，其中有几种类型的胶原，尤其是Ⅰ型和Ⅱ型胶原已被开发为生物材料；另一种生物材料是**纤维蛋白**（fibrin），是凝血因子纤维蛋白原与凝血酶联合作用形成的。胶原蛋白和纤维蛋白均已经被应用于组织工程修复软骨缺损和其他矫形外科。

除蛋白质以外，还有从糖（碳水化合物）中获得的天然高分子材料。**透明质酸**（hyaluronic acid）是一种人体组织中含有的碳水化合物分子，已被用作生物材料。另外还有通过其他途径获得的糖衍生高分子材料，其中壳聚糖是从节肢动物外骨骼中提取的糖基物质；琼脂糖从海藻中提取；海藻酸盐来自海草。目前正在研究这些糖基天然衍生高分子材料作为生物材料在生物医学领域中的应用。例如，壳聚糖与海藻酸盐结合可用作创伤敷料。

天然高分子材料与合成高分子材料各有优缺点，其性质的优劣与具体的应用有关。在很多情况下，天然高分子材料具有与替代组织相似的化学组成。因此，天然高分子材料与合成高分子材料相比更易于与周围组织相容，或者更容易被改变（或重塑）以响应组织需要的变化。但是，天然衍生高分子材料存在其数量难以满足临床应用需求、力学性能相对较差，以及不易消除病原菌的安全性保证等问题。此外，天然衍生高分子材料的一些成分可能被人体免疫系统识别为**"异物"**（foreign），产生材料**"排斥反应"**（rejection）。如果生物材料不是源于单一的天然衍生高分子材料，而是源于**脱细胞基质**（decellularized tissue），则会引发更多的潜在问题。其中，产生不期望发生的钙化反应从而导致器械失败是一个尤其需要关注的问题（第 14 章）。

相反，合成高分子材料易于进行大规模生产和灭菌，因此不存在供应不足的问题。合成高分子材料的物理、化学、力学和降解特性也可以根据具体要求而加以改变。但在未经特殊处理的情况下，大部分合成材料都不能与组织发生主动作用，因而无法介导或帮助植入位点周围组织修复。目前，只有极少数合成材料被相关管理机构批准用于人体。

无论来源如何，本节介绍的所有材料都是高分子材料，在性质上有许多相似性，因此可以采用相似的技术进行修饰或加工。鉴于此，后续章节中提到的**"高分子"**（polymer）一般包括天然高分子材料与合成高分子材料。

例题 1.3

肌腱是一种在低应力条件下必须保持很大的变形，在应力撤除后又必须能迅速恢复其原始尺寸的组织。下列哪类材料最适合用于加工人工肌腱？为什么？

(a) 金属

(b) 陶瓷

(c) 高分子

解答：

(c) 适用于加工人工肌腱。高分子材料一般具有很宽的力学性能，因此不难找到有弹性的高分子材料。而金属和陶瓷都是典型的断裂拉伸变形小的材料，需要很大的应力才能产生很小的伸长率。

1.5 生物材料的加工

除材料类型以外，加工方法是生物材料学家需要考虑的另一个重要内容。加工方法既能影响材料的本体性质（如强度），也能影响材料的表面性质。而目前开发的很多加工方法只改变材料的表面物理或化学性质而不影响材料的本体性质。例如，在金属髋关节植入体表面喷涂一层陶瓷涂层，可以增强材料与周围骨组织的整合；在导管表面喷涂抗生素，可以防止细菌感染（第 7 章）。

材料必须通过加工才能形成特定的形状。材料的形状可改变材料的比表面积，进而影响材料的降解特性与生物学特性。植入体的几何形状一般由替代组织的几何特征决定。例如，用于皮肤移植的生物材料可加工成片状、用于人造血管的材料可加工成圆筒状，而髋关节的替代材料则需加工成球形-杯形相结合的形状。

1.6 生物材料的重要性质

生物材料的加工方法的选择主要由材料的降解性、表面性质和本体性质决定。正如后面将解释材料的降解性、表面性质和本体性质会直接影响材料的生物学响应。因此，在选择植入材料时，必须优先考虑上述性质。

1.6.1 生物材料的降解特性

植入体的形状、尺寸、植入位置，生物材料的本体和表面化学、物理、力学性能都影响材料的体内降解。尽管人体温度和体液的 pH 都较温和，但在炎症期间，细胞会聚集至植入部位，产生活性物质，使植入区域的环境恶化，从而加速材料的降解。

某些器械植入后不希望发生降解，但有些植入器械正是根据高分子材料的这种化学性质进行设计的，目前有关可降解生物材料作为细胞和生物活性因子的载体正用于组织工程的研究。无论哪种情况，器械寿命（即环境稳定性）均是植入器械设计的关键参数。另外，是生物相容性问题，一般在考虑植入材料生物相容性的同时，还必须考虑材料降解产物的生物相容性。由于材料的降解性能、降解程度与植入部位的化学特征及力学要求密切相关，因此，通常还要进行体内试验，以准确评估生物材料的降解时间与可能的炎症反应。

1.6.2 生物材料的表面性质

材料的生物响应在很大程度上受其表面附着（吸附）的蛋白质影响，而蛋白质在材料表面的吸附取决于生物材料的表面性质。因此，材料的表面性质是生物材料学家需要考虑的一个重要问题。材料的**表面**（surface）是指材料外表面的几个原子层。一些特殊的加工工艺可以只改变材料的最外层几个原子，或者材料与细胞、蛋白质间的相互作用，从而使材料的表面性质不同于材料其余部分——**本体**（bulk）的性质。

材料的表面性质包括化学、物理性质。其中，**疏水性**（hydrophobicity）是材料表面的一种化学性质，疏水性［字面上为**“惧水的”**（water-fearing）］材料含有许多不能与水发生**良好**（favorable）作用的化学结构[1]。相反，**亲水性**（hydrophilicity）［字面上为**“喜水的”**（water-loving）］材料与水有亲和性[1]。在水溶液环境中，如在体内环境中，疏水性是影响蛋白质在生物材料表面吸附的最重要的参数之一。

材料表面物理性质，如表面粗糙度，也影响蛋白质、细胞对材料的生物响应。一个粗糙的表面拓扑结构可以物理地将一些生物组分**捕获**（trap）于植入体表面，从而改变生物材料与周围组织的相互作用。

例题 1.4

疏水性材料还是亲水性材料更适合用于隐形眼镜？为什么？是熔点（T_m）高于37℃还是低于37℃的高分子材料更适合用于隐形眼镜？为什么？

解答：

亲水性材料更适合于隐形眼镜，因为亲水性材料更适合于接触眼睛这种水溶液环境。另外，熔点高于37℃的材料更适合于隐形眼镜，因为我们不希望材料在体温37℃时就熔化。

例题 1.5

将1 ml水滴到材料A和B上，如图所示。哪一种材料的亲水性更强？说明原因。

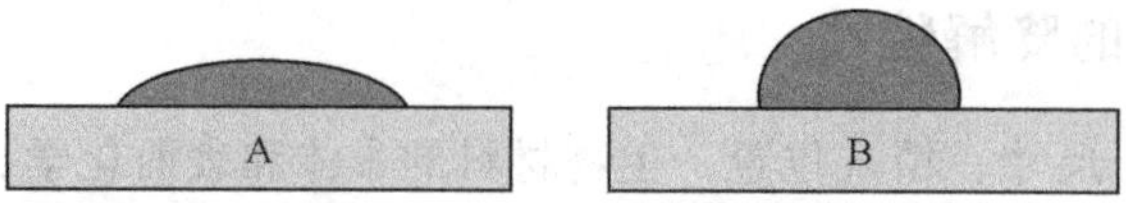

解答：

材料A的亲水性更强。在水体积一定的情况下，A材料与水的作用表面积更大，因此其亲水性更强，即A比B对水具有更大的亲和力。

1.6.3 生物材料的本体性质

材料的生物相容性与本体性质有一定的关系，同时本体性质又是决定一种材料是否适合于某一应用的最重要参数。与材料的表面性质相比，本体性质对初始炎症反应的影响要小些。但是，本体性质具有长期的影响，不合适的本体性质很可能导致器械植入失败。

生物材料的本体性质包括力学性能、物理性质和化学性质。材料的**力学性能**（mechanical property），如强度和刚度，对生物材料来说极其重要，必须尽可能地与替代组织的力学性能相匹配。机体组织在不同的方向可能表现出完全不同的力学性能（**各向异性**，anisotropy），这与组织的特殊功能相关。例如，腿部的长骨在竖直方向比其他方向能承受更大的负荷，这是因为人在站立和行走时大部分作用力是沿这个方向施加的。因此，即使某一特定部位对力学的要求很复杂，我们在选择合适的替代材料时还是必须考虑到这些力学要求。此外，材料的疲劳性质也是一个很关键的力学性能，因为许多植入产品都需要反复承受加载，以便能再现组织的正常功能。例如，一个普通人的心脏瓣膜平均每年开关4000万次，因此材料的疲劳性质是设计人工心脏瓣膜时必须考虑的关键参数。

材料的力学性能在很大程度上受其物理性质与化学性质的影响。材料的本体物理性质包括结晶性、热转化（如熔点）。材料的结晶性除影响材料的力学性能外，还可改变材料的吸水性，进而影响材料的降解性及其与周围细胞、蛋白质的相互作用，因此，**结晶性**（crystallinity）是生物材料的一个重要性质。生物材料在体温下必须保持长期稳定，因此，材料的热相变温度（如熔点）对生物材料至关重要。

材料的本体**化学组成**（chemical composition）与其表面化学组成一样，决定了其本体性质。本体材料的一个主要化学性质也是疏水性。从最根本上讲，材料的许多化学性质是由材料中存在的键型决定的（1.7节）。

1.6.4 表征技术

为更好地了解材料的降解性能、表面性质及本体性质对细胞或组织生物学响应的影响机制，首先需要对材料进行表征。材料表征方法包括**定量的**（quantitative）和**定性的**（qualitative），本章将对其详细讨论。定量表征可以确定某种性质的数值指标（以绝对单位或相对单位的方式）；定性表征可以确定材料的总体性质，而不提供具体数值。例如，在显微镜下观察材料的检测是定性的，而以下讨论的各种技术则是定量的。

一般采用光谱、色谱或力学检测对材料的降解性能及本体性质进行定量表征。**光谱**（spectroscopy）用于测定化合物对不同类型能量的吸收；**色谱**（chromatography）可以根据分子的化学特征，如电荷和大小，采用各种手段对分子进行物理分离；**力学检测**是利用力学测试仪按照预设的加载速率对样品进行拉、压或弯曲加载等测试。

材料表面具有化学活性，因此在进行表面分析前，需采用特殊的制备方法或设备以防表面污染。虽然表面表征存在诸多限制，目前仍已开发出了多种表面测定方法，如光谱法，这些方法经调整后可用于材料本体性质的表征。此外，很多定性检测方法，如各种显微技术，可提供关于材料表面结构和拓扑结构的相关信息。

例题 1.6

请指出下列测定水凝胶降解情况的方法是定量检测还是定性检测：

(a) 在每个时间点进行的外观检测

(b) 在每个时间点检测水凝胶的质量

解答：

(a) 是定性检测，(b) 是定量检测。

1.7 化学原理

一般来讲，生物材料学家在为某一个具体的应用设计或选择最佳的生物材料时，其首先考虑的是材料的化学组成，因为材料的化学组成决定其所有的重要性质。本节简单介绍了一些基本的化学原理，以帮助理解各类材料的特性。在后续章节中，将介绍材料化学结构与其宏观性质的关系。

1.7.1 原子结构

本书中，采用简化的原子模型将原子分为原子核和轨道电子（图 1.8）。原子核包括质子和中子，其质量远远大于轨道电子。原子的质子数［每个质子带有 1.67×10^{-19} C（库仑）正电荷］是原子的**原子序数**（Z）(atomic number)。一个电中性原子的正电荷被等量的电子抵消。一个电子带有一个负电荷，其电荷数在数量上与一个质子的电荷数相等。中子是电中性的，但对**原子质量**（atomic mass）的贡献很大。

原子质量通常用**原子质量单位**（atomic mass unit，amu）来度量。一个原子质量单位粗略地等价于一个质子或中子的质量（1.66×10^{-24} g）。例如，碳有 6 个质子和 6 个中子，其原子质量为 12 amu。元素的**原子量**（atomic weight）可以用原子质量单位或克/摩尔（g/mol）来表示。1摩尔（1 mol）材料含有6.023×10^{23}（**阿伏伽德罗常数**，Avogadro's number）个分子。1个原子质量单位/分子（1 amu/分子）=1克/摩尔（1 g/mol）。

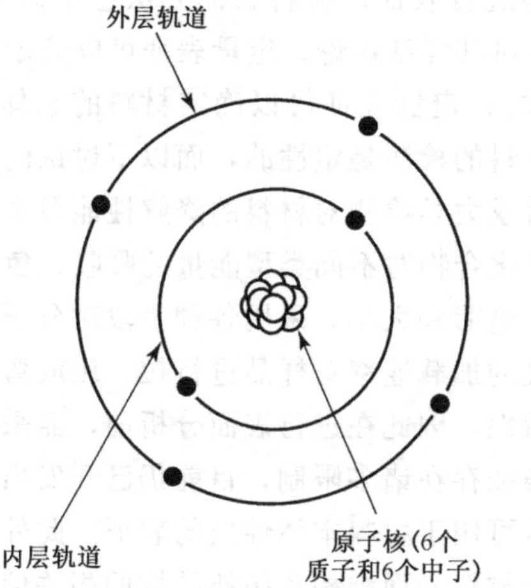

图1.8 波尔原子模型，原子分为原子核（包括质子与中子）和轨道电子。对电中性原子，其正电荷被等量的电子抵消。在这个模型中，电子被描述成在离散的能量状态或轨道（orbits）中沿原子核做圆周运动（获准翻印自文献［12］）

1.7.2 原子模型

20世纪，在**量子力学**（quantum mechanics）的基础上出现了一种完善的理论，该理论解释了围绕原子核运动的电子同时具有波动性和粒子性。本书不深入讲解电子的波粒二象性，只给出了两种描述电子波粒二象性的简单模型。在本书后续章节也都会用到这两种模型来描述材料现象。

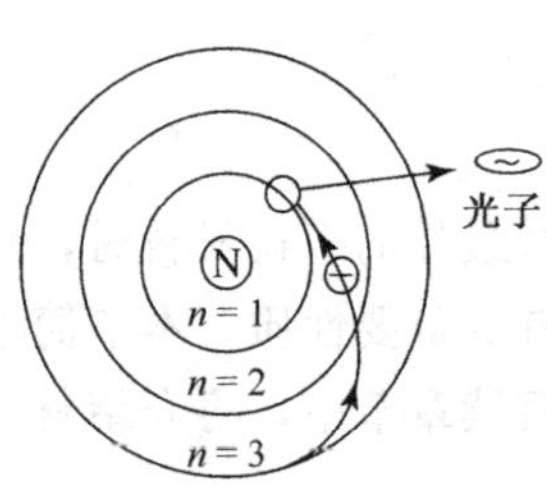

图1.9 如果原子处于一定频率的能量场中，原子就可能进入激发态，激发一个或多个电子跃迁到高能量轨道。当电子跃迁到高能量轨道后，电子常会以光子的形式发射能量，回到其正常的轨道（基态）。发射的光子能量大小等于初始轨道与激发态轨道之间的能量差（获准翻印自文献［13］）

1.7.2.1 波尔原子模型

根据量子力学原理建立的第一个也是最简单的一个模型是**波尔原子模型**（Bohr model of the atom）（图1.8）。波尔原子模型认为，电子处于不连续的能态或轨道上绕原子核做圆周运动；不同轨道的能级不同，因此，当电子从一个轨道运动到另一轨道时，会获得或失去一定能量。处于某一频率能量场的电子，可能获得这一具有不连续数值的能量，从而激发电子向更高能量的轨道跃迁（图1.9）。当电子跃迁到高能量轨道后，一般以光子的形式发射能量，回到其正常的轨道（基态）。光子能量的大小等于初始轨道与激发态轨道之间的能量差。光子发射是很多材料表征技术的基础，这将在第2章讨论。

1.7.2.2 波动-力学模型

波尔原子模型不能解释多电子原子的某些现象，因此建立了原子的**波动-力学模型**（wave-mechanical model）。该模型认为电子不具有粒子性，而是具有波动性，可以用波的运动方程来描述。该模型认为，轨道是特定电子在原子核外空间某处出现的概率，用**概率函数**（probability function）（**电子云**，electron cloud）来表征。图 1.10 比较了利用波尔原子模型和波动-力学模型，在氢原子核外某一距离处发现氢电子的概率。

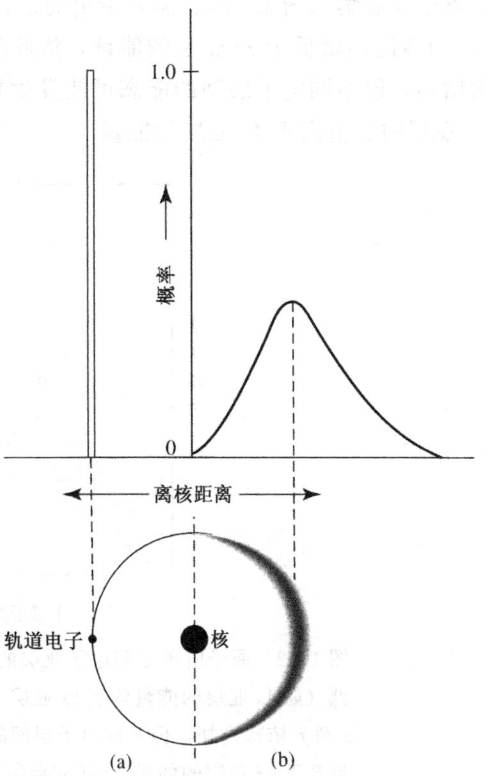

图 1.10　波尔原子模型（a）和波动-力学模型（b）中的氢电子分布。在两个模型中，轨道都是具有不连续的能级。但在波动-力学模型中，轨道被看成是特定电子在原子核外空间某处出现的概率，用概率函数（电子云）来表征（获准翻印自文献［14］）

1.7.3　原子轨道

1.7.3.1　原子亚层（轨道）形状

根据波动-力学模型，3/4 **量子数**（quantum number）可决定电子概率函数，即轨道的大小、形状和方向。波动-力学模型将波尔原子模型中不连续的能量状态称为**电子层**（electron shell），电子层可再分为**亚层**（subshell），常被称作“轨道”。亚层用小写字母 s、p、d 和 f 来表示。每个亚层可能有几个能态，能态的数目由第三个量子数，即**磁量子数**（magnetic quantum number）决定。例如，d 亚层有 5 种能态，p 亚层有 3 种能态，而 s 亚层只有一种能态。绘制波函数的三维图形发现，每个亚层只有一种特征形状。不同的能态可用形状相同的沿不同方向取向的亚层来描绘（对 p 亚层，一般沿 x、y、z 三个方向定位；图 1.11）。因此，波动-力学模型将波尔原子模型进一步细化，将电子层划分为亚层，每个亚层有其对应的能量值。

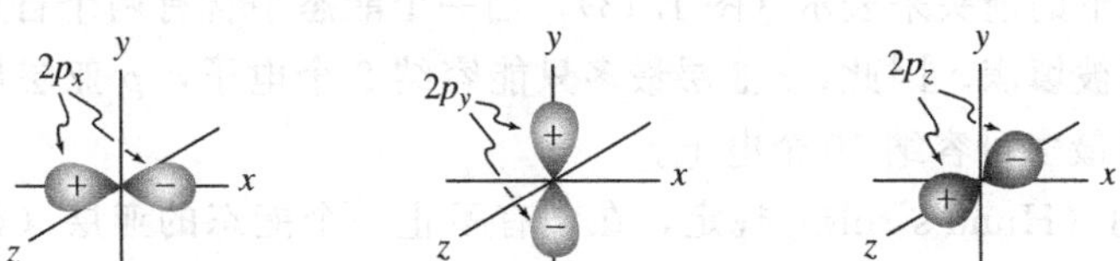

图 1.11　$2p$ 亚层的能态图。根据电子的概率函数，每个亚层只有一种特征形状（p 亚层的形状是哑铃形）。因此，p 亚层的各个能态就用形状相同的沿不同坐标轴（x、y、z 轴）取向的亚层来表示（获准翻印自文献［15］）

1.7.3.2　亚层顺序与构造原理

利用所有可能的量子数求解**波动方程**（wave equation），可给出任一元素的电子层和电子亚层集（图 1.12）。需要指出的是，在这个体系中，电子层数越低，则能量越低（1*s* 轨道的能量低于 2*s* 轨道的能量，依此类推）；同一电子层中亚层的能量从 *s* 到 *f* 依次增加，但不同电子层间的能态可能发生重叠——这对 *d* 亚和 *f* 亚层尤为如此。例如，3*d* 亚层的能量高于 4*s* 亚层的能量。

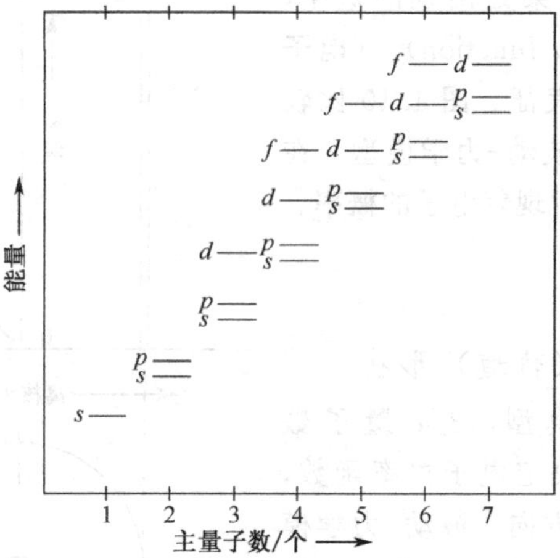

图 1.12　原子电子层和电子亚层的相对能量。电子层数越低，则能量越低（如 1*s* 亚层的能量低于 2*s* 亚层的能量）。同一电子层中亚层的能量从 *s* 到 *f* 依次增加，但不同电子层间的能态可能发生重叠（如 3*d* 亚层的能量高于 4*s* 亚层的能量）（获准翻印自文献 [14]）

根据这些能态规律可合理地推断：电子总是优先占据可供占据的能量最低的能态。因此，电子是按照能量递增的顺序填充电子层和电子亚层。这一规则与另一量子力学理论——**Pauli 不相容原理**（Pauli exclusion principle）（每个能态最多容纳两个自旋方向相反的电子）相结合，则可预测原子的**电子构型**（electron configuration）。电子依次填充到各个能态需遵循的原理叫做**构造原理**（aufbau principle）。构造原理遵循以下规律：

1. 电子在占满能量较低的能态后才能进入能量较高的能态。

2. 每个能态最多只能容纳两个电子，且每个电子的方向必须不同于其**内禀角动量**（intrinsic angular momentum）（自旋，spin）的方向。一个电子可能有两个自旋方向，分别用向上和向下的箭头来表示（图 1.13）。当一个能态中含有两个自旋方向相反的电子时，该能态则被填满。因此，*s* 亚层最多只能容纳 2 个电子，*p* 亚层最多能容纳 6 个电子，而 *d* 亚层最多可容纳 10 个电子。

3. **洪特规则**（Hund's rule）规定，在含有不止一个能态的亚层（如含三个能态的 *p* 亚层）中，电子总是尽先以相同的自旋状态分占亚层的各个能态，然后再填入自旋方向相反的第二个电子。

电子构型通常采用电子层与电子亚层，再加上表示亚层电子数的上标数字来表示。例如，H 原子用 $1s^1$ 表示，C 原子用 $1s^2 2s^2 2p^2$ 表示。表 1.5 给出了一些常见元素的电子构型。实际上，每种原子可能有很多种电子构型。其中，根据上述各原理可以预测的一种电子构型叫原子的**基态**（ground state）。原子可以通过很多方式使其一个或多个电子从低能态跃迁到高能态，从而从基态进入**激发态**（excited state）。原子激发是许多光

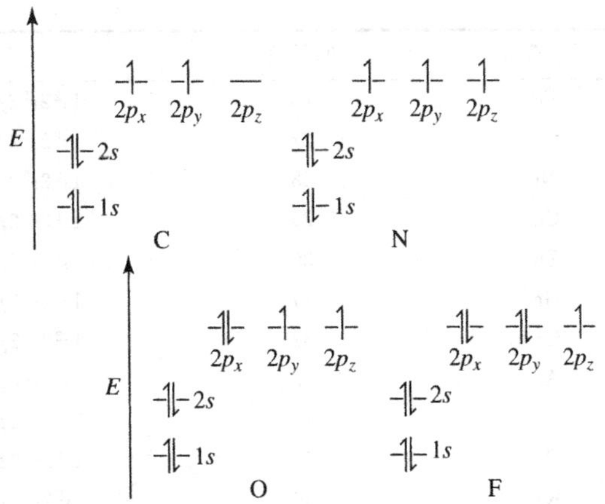

图 1.13　C、N、O、F 原子的稳定电子构型。根据 Pauli 不相容原理，每个能态最多只能容纳两个与其内禀角动量方向不同的电子（用向上和向下的箭头表示）。因此，s 亚层最多容纳 2 个电子，p 亚层最多可容纳 6 个电子，d 亚层最多可容纳 10 个电子。在这 4 个例子中，s 亚层是填满的，而 p 亚层没有填满（C 原子的 p 亚层含有 2 个电子，而 F 原子的 p 亚层含有 5 个电子）（获准翻印自文献［15］）

谱技术的检测基础，这将在后面的章节中讨论。

表 1.5　部分元素的基态电子层结构

元素	元素符号	原子数	电子层结构
氢	H	1	$1s^1$
氦	He	2	$1s^2$
锂	Li	3	$1s^2 2s^1$
铍	Be	4	$1s^2 2s^2$
硼	B	5	$1s^2 2s^2 2p^1$
碳	C	6	$1s^2 2s^2 2p^2$
氮	N	7	$1s^2 2s^2 2p^3$
氧	O	8	$1s^2 2s^2 2p^4$
氟	F	9	$1s^2 2s^2 2p^5$
氖	Ne	10	$1s^2 2s^2 2p^6$
钠	Na	11	$1s^2 2s^2 2p^6 3s^1$
镁	Mg	12	$1s^2 2s^2 2p^6 3s^2$
铝	Al	13	$1s^2 2s^2 2p^6 3s^2 3p^1$
硅	Si	14	$1s^2 2s^2 2p^6 3s^2 3p^2$
磷	P	15	$1s^2 2s^2 2p^6 3s^2 3p^3$
硫	S	16	$1s^2 2s^2 2p^6 3s^2 3p^4$
氯	Cl	17	$1s^2 2s^2 2p^6 3s^2 3p^5$
氩	Ar	18	$1s^2 2s^2 2p^6 3s^2 3p^6$
钾	K	19	$1s^2 2s^2 2p^6 3s^2 3p^6 4s^1$
钙	Ca	20	$1s^2 2s^2 2p^6 3s^2 3p^6 4s^2$
钪	Cs	21	$1s^2 2s^2 2p^6 3s^2 3p^6 3d^1 4s^2$
钛	Ti	22	$1s^2 2s^2 2p^6 3s^2 3p^6 3d^2 4s^2$
钒	V	23	$1s^2 2s^2 2p^6 3s^2 3p^6 3d^3 4s^2$
铬	Cr	24	$1s^2 2s^2 2p^6 3s^2 3p^6 3d^5 4s^1$
锰	Mn	25	$1s^2 2s^2 2p^6 3s^2 3p^6 3d^5 4s^2$

元素	元素符号	原子数	电子层结构
铁	Fe	26	$1s^2 2s^2 2p^6 3s^2 3p^6 3d^6 4s^2$
钴	Co	27	$1s^2 2s^2 2p^6 3s^2 3p^6 3d^7 4s^2$
镍	Ni	28	$1s^2 2s^2 2p^6 3s^2 3p^6 3d^8 4s^2$
铜	Cu	29	$1s^2 2s^2 2p^6 3s^2 3p^6 3d^{10} 4s^1$
锌	Zn	30	$1s^2 2s^2 2p^6 3s^2 3p^6 3d^{10} 4s^2$
镓	Ga	31	$1s^2 2s^2 2p^6 3s^2 3p^6 3d^{10} 4s^2 4p^1$
锗	Ge	32	$1s^2 2s^2 2p^6 3s^2 3p^6 3d^{10} 4s^2 4p^2$
砷	As	33	$1s^2 2s^2 2p^6 3s^2 3p^6 3d^{10} 4s^2 4p^3$
硒	Se	34	$1s^2 2s^2 2p^6 3s^2 3p^6 3d^{10} 4s^2 4p^4$
溴	Br	35	$1s^2 2s^2 2p^6 3s^2 3p^6 3d^{10} 4s^2 4p^5$
氪	Kr	36	$1s^2 2s^2 2p^6 3s^2 3p^6 3d^{10} 4s^2 4p^6$

1.7.4 价电子与元素周期表

根据构造原理，一些原子的轨道被完全填满，而其他元素的轨道只被部分填满。轨道被完全填满的电子构型称为**闭壳层构型**（closed-shell configuration），而未被完全填满的电子构型称为**开壳层构型**（open-shell configuration）。具有闭壳层构型的元素很稳定，不参与大多数化学反应。

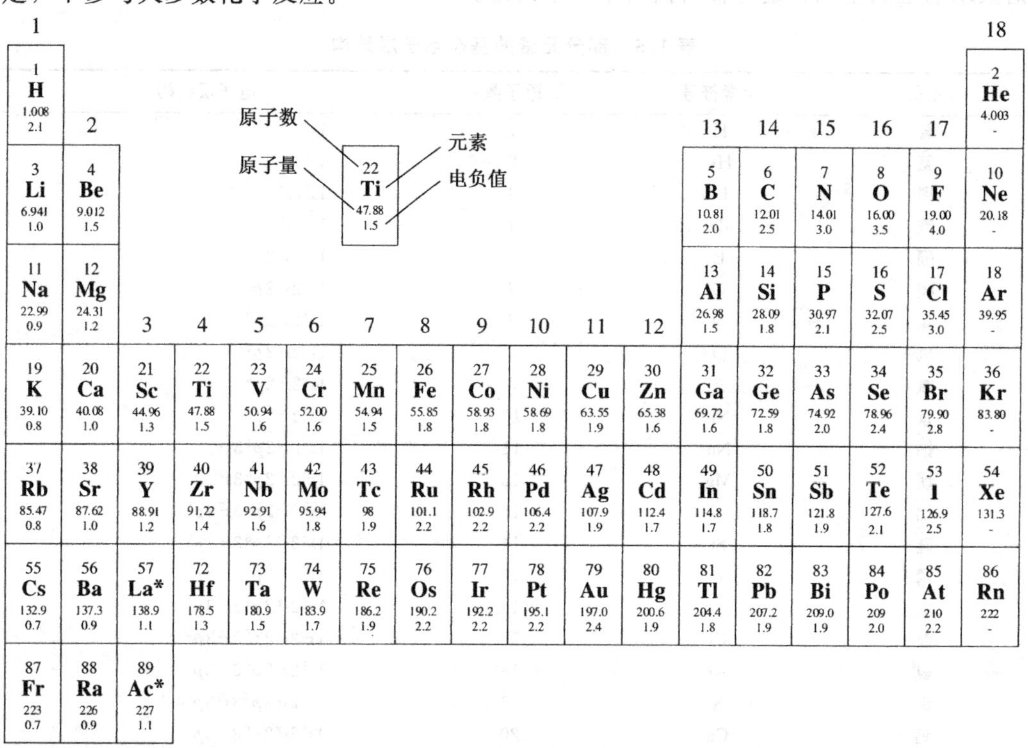

图 1.14　元素周期表，根据价电子数按原子序数递增的顺序排列。第 18 族元素具有闭壳层构型。＊表示镧系元素（lanthanoids）和锕系元素（actinoids）的位置（未列出）（获准翻印自文献［16］，及 L. Pauling. The Nature of The Chemical Bond and The Structure of Molecules and Crystals：An Introduction to Modern Chemistry，3rd ed.[14]）

价电子（valence electron）是指元素的最外层电子（这里我们最关心的是 s 亚层和 p 亚层）。如果一个元素**价壳层**（valence shell）的 s 亚层和 p 亚层没被电子填满，这个元素就会与其他元素共享或交换价电子，以形成更稳定的电子构型。这是主价键形成的理论基础，后面章节将做讨论。

周期表（periodic table）是按原子序数逐渐增加的顺序排列元素（图 1.14）。元素排列在 7 个横行（称为**周期**，period）中，每一纵列（称为**族**，group）元素因价电子数相同而具有相似的性质。具有闭壳层构型的元素在第 18 族。一般来讲，周期表靠左侧元素的电子数通常比满价壳层所需要的电子数多 1 或 2 个，因此趋于失去电子变为带正电荷的离子。这些元素称为**电正性**（electropositive）元素。相反，周期表靠右侧元素易于接受电子变为满价壳层的负离子，这些元素称为**电负性**（electronegative）元素。图 1.14 所示为所有元素的**电负值**（electronegativity value）。两元素间的电负值差异可用于确定两元素间形成的价键类型，后续章节中将进行讨论。

1.7.5 离子键

1.7.5.1 键和力-距离曲线

主价键（primary bond）涉及价电子的共享或转移，比次价键的强度大。将两个相距很远的原子逐渐拉近，考查这一过程中发生的现象，则可形象地描述主价键的方程（图 1.15）。当两个原子相距太远时，原子间不发生相互作用；随两个原子越来越靠近，二者开始相互施加**吸引力**（attractive force）和**排斥力**（repulsive force）。吸引力和排斥力的大小与原子间的距离有关。产生吸引力的原因随成键类型的不同而不同，但吸引力是原子在中程距离时发生的主要的相互作用力。当原子距离太近时，两原子的原子实和价电子层重叠，从而产生很强的排斥力。

当原子间距为 r 时，两原子间的总作用力（F_{total}）等于吸引力（F_A）和排斥力（F_R）之和

$$F_{\text{total}}(r) = F_A(r) + F_R(r) \quad (1.1)$$

如图 1.15 所示，当两原子的间距达到某一数值 r_0 时，吸引力与排斥力达到平衡，合力为零

$$F_A(r) + F_R(r) = 0 \quad (1.2)$$

由于间距为 r_0 时两原子间的合力为零，因此原子趋向于保持这种间隔距离，抗拒任何

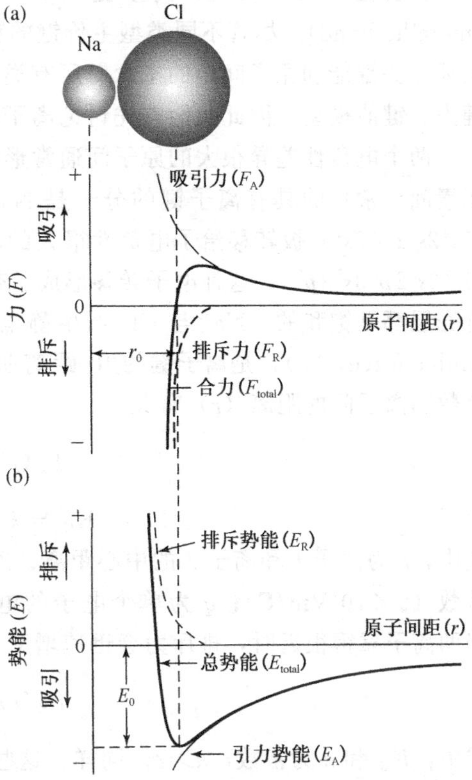

图 1.15 (a) 原子吸引力、排斥力和合力与原子间距的关系。吸引力和排斥力的大小与原子间距的大小有关。原子间距小时，因原子中心和价电子层发生重叠而主要表现为原子斥力。(b) 原子引力势能、排斥势能和总势能与原子间距的关系。总势能曲线在 r_0 处出现了一个最小值，其对应的势能（E_0）是原子对的键能（获准翻印自文献 [12] 和 [14]）

迫使其进一步靠近或分开的作用力。r_0 是指两个原子中心间的距离，称作**键长**（bond length）。

能量（E）是力（F）与作用距离（r）的乘积。因此，力沿无穷大间隔距离积分，则可将式（1.1）中的力转化为能量：

$$E_{\text{total}}(r)=\int_{\infty}^{r}F_{\text{total}}(r')\mathrm{d}r'=\int_{\infty}^{r}F_{\mathrm{A}}(r')\mathrm{d}r'+\int_{\infty}^{r}F_{\mathrm{R}}(r')\mathrm{d}r'=E_{\mathrm{A}}(r)+E_{\mathrm{R}}(r)\tag{1.3}$$

图 1.15（b）所示为原子间距为 r 时原子间的引力势能（E_{A}）、排斥势能（E_{R}）和总势能（E_{total}）。与力-距离曲线［图 1.15（a）］一样，两原子间的总势能曲线也是引力势能和排斥力的势能之和。同样，与力曲线相对应，总势能曲线中 r_0 处的总势能最小。这个势能就是两原子的**键能**（bonding energy），表示将两个原子分开至无限远时所需要的能量。

1.7.5.2 离子键的特征

主价键有三种类型：**离子键**（ionic bond）、**共价键**（covalent bond）和**金属键**（metallic bond）。尽管不同类型主价键的势能曲线和力曲线的大小、形状可能不同，但上述有关键能和原子间距的概念对所有类型的主价键都适用。其中，离子键最符合上述键力、键能模型，因此我们首先讨论离子键。

两个电负性差异很大的原子间通常形成离子键，如第 1 族元素与第 16 族或第 17 族元素间。常见的具有离子键的分子是 NaCl。在 NaCl 中，Na 原子价电子层的单电子（$1s^2 2s^2 2p^6 3s^1$）被转移给了电负性很大的、价壳层还差一个电子就达到饱和的 Cl 原子（$1s^2 2s^2 2p^6 3s^2 3p^5$）。这种电子转移形成了带正电的 Na^+ 和带负电的 Cl^-，且两种离子的价壳层都是饱和的。Na^+ 与 Cl^- 产生静电吸引力。这种静电吸引力称为**库仑力**（coulombic force，F_{C}），是离子键的力-距离曲线中吸引力的主要来源，其大小与离子的电荷数和离子间的距离（r）有关

$$F_{\mathrm{C}}(r)=\frac{-K_{\mathrm{C}}}{r^2}\tag{1.4}$$

$$K_{\mathrm{C}}=k_0(Z_1q)(Z_2q)\tag{1.5}$$

式中，r 为离子 1 和离子 2 的中心距离；Z_1 和 Z_2 为两个带电离子的化合价；k_0 为比例常数（$9\times10^9\,\mathrm{Vm/C}$）；$q$ 为单个电子的电荷。离子键对应的排斥力（F_{R}）方程表明，当两离子靠得很近时，排斥力会迅速增大

$$F_{\mathrm{R}}(r)=\frac{-K_{\mathrm{R}}}{r^n}\tag{1.6}$$

式中，K_{R} 和 n 为常数，$n>2$。同样，这些公式积分后也可得到对应的引力势能和排斥势能。

离子键在各个方向上的强度相同，因此是无方向的。为保证离子键的稳定性，每个负离子在三维空间上都必须被正离子包围，反之亦然。这就限制了离子晶体的结构。离子键在陶瓷中普遍存在。陶瓷所表现出的独特力学性能（硬和脆）与这种离子键型有直接关系。

1.7.6 共价键

共价键（covalent bond）是通过价电子共享形成的，不像离子键那样通过完全的电

子转移形成。共价键中的元素都是电负性的。由于共价键中没有离子形成，因此力-距离曲线中出现的吸引力不是严格意义上的库伦力，但**原子实**（atomic core）和共享电子间确实存在吸引力。当原子实与电子相互靠近时，就会产生相应的排斥力。高分子类生物材料中就含有共价键。

1.7.6.1 原子轨道与杂化

一个原子可以形成的共价键数目取决于原子的价电子数。如前所述，原子亚层（也称轨道）有特定的形状与方向。为增大形成共价键的可能性，这些轨道的能量、形状可能发生改变，即**杂化**（hybridize）。例如，碳原子在 $2s$ 轨道和 $2p$ 轨道上各有两个价电子。在 CH_4 分子中，碳原子获得了足够的能量，使 $2s$ 轨道上的一个价电子跃迁到第三个 $2p$ 轨道上，使所有的**价键轨道**（valence orbital）发生改变，从而形成了 4 个 sp^3 杂化轨道。尽管轨道杂化时电子跃迁需要能量，但新形成的杂化轨道有一个很大的**波瓣**（lobe）（图 1.16），该波瓣易于向其他原子取向，从而促进共价键的形成。

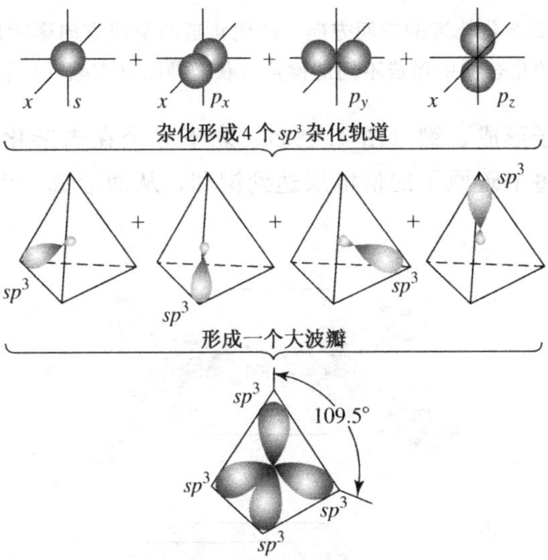

图 1.16 由 1 个 $2s$ 价电子和 3 个 $2p$ 价电子形成的 4 个 sp^3 杂化轨道。新形成的杂化轨道有一个很大的波瓣，该波瓣易于向其他原子取向，从而促进共价键的形成（获准翻印自文献［17］）

根据价电子数目不同，可形成 sp、sp^2 或 sp^3 杂化轨道。每种杂化轨道中大波瓣的方向稍有不同。杂化轨道的大波瓣会因电子间存在静电排斥作用而分开，以获得最稳定的原子结构。图 1.17 给出了常见杂化轨道的空间方向。杂化轨道的空间方向影响成键的位置，从而在不同的化合物中形成不同的键角。键角对天然衍生高分子材料和合成高分子材料的物理性质有重要的影响。

与离子键不同，共价键的共用电子在两原子间成线性排列，因此具有方向性。这种方向性影响共价键型材料的总体性质。沿两个原子的核间轴形成的共价键称为 **σ 键**（σ bond），这是最常见的共价键型。但在双键和三键［如乙烯（C_2H_4）和乙炔（C_2H_2）（图 1.18）］中，还存在第二种共价键型，即 **π 键**（π bond）。在乙烯中，每个碳原子有 3 个价电子在 sp^2 杂化轨道上，1 个价电子在常规的 p 轨道上。sp^2 杂化轨道分别与 2 个

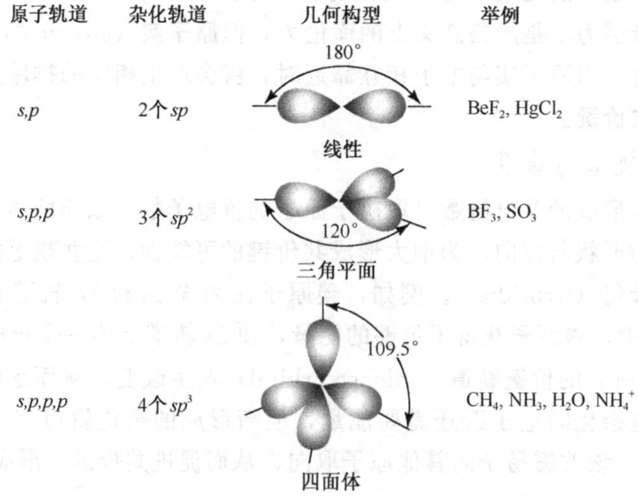

图 1.17　常见杂化轨道的空间方向。杂化轨道的空间方向影响成键的位置，从而在不同的化合物中形成不同的键角（获准翻印自文献［17］）

氢原子和另一个碳原子形成 σ 键（图 1.18a）。剩下 2 个在未杂化 p 轨道上的电子，通过侧面发生重叠，使每个碳原子的价电层达到饱和，从而形成一个平行于原子核间轴的 π 键。

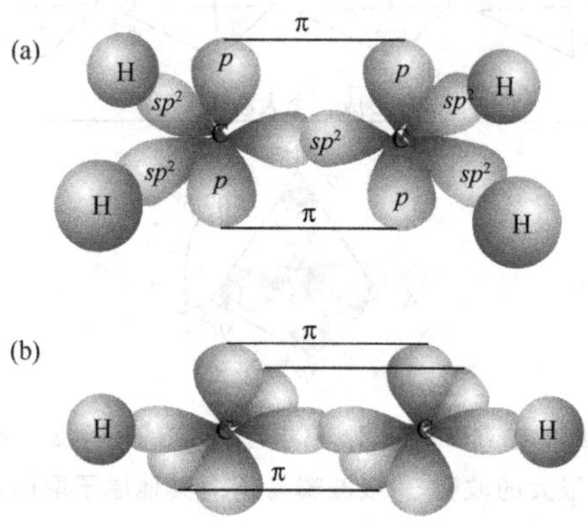

图 1.18　乙烯和乙炔分子中的 π 键。(a) 乙烯分子中存在的共价键。σ 键是沿两个原子核间轴形成的共价键，如碳原子的 sp^2 杂化轨道与氢原子，以及两个碳原子的 sp^2 杂化轨道之间形成的共价键。剩下的 2 个在未杂化 p 轨道上的电子则从侧面相互重叠，使每个碳原子的价壳层达到饱和，从而形成平行于核间轴的 π 键。(b) 乙炔分子中存在的共价键。乙炔分子按照类似于乙烯分子的方式形成第二个 π 键。π 键强度低于 σ 键，但 π 键的存在影响蛋白质和合成高分子的性质和活性（获准翻印自文献［17］）

乙炔分子按照类似于乙烯的方式形成第二个 π 键，如图 1.18（b）所示。π 键的强度低于 σ 键，但 π 键将分子的某些部分限制在同一平面上，从而影响材料的刚性。因此，π 键对蛋白质和合成高分子的性质和活性有重要的影响。

例题 1.7

请确定下列聚合物骨架的轨道结构：

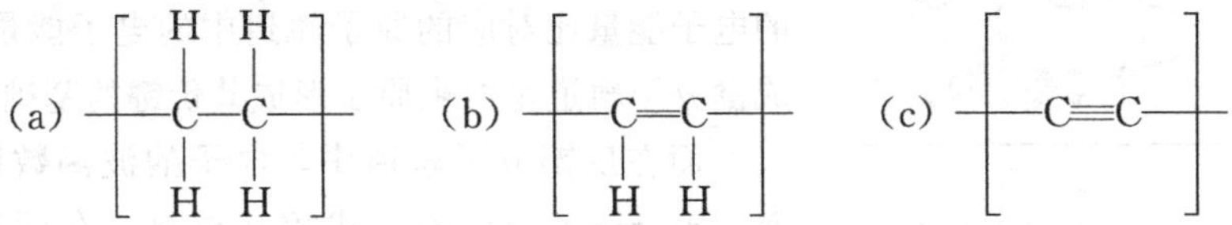

解答：

(a) 聚乙烯骨架中 2 个碳原子之间通过 2 个 sp^3 杂化轨道重叠形成 1 个 σ 键。

(b) 聚乙炔骨架中 2 个碳原子之间通过 sp^2 杂化轨道重叠和 p 轨道重叠分别形成 1 个 σ 键和 1 个 π 键。

(c) 聚炔烃骨架中 2 个碳原子之间通过 sp 杂化轨道重叠和 p 轨道重叠分别形成了 1 个 σ 键和 2 个 π 键。

1.7.6.2 分子轨道

尽管原子轨道及杂化理论可以解释共价键的许多性质，但为了更全面地描述许多光谱技术涉及的能量吸收与激发态，尚需要另一种模型——**分子轨道**（molecular orbital）。分子轨道的许多性质与原子轨道相似，但分子轨道与整个分子有关。分子轨道也有确定的能级，每个能级也只能容纳两个自旋方向相反的电子。分子轨道包括两类：**成键分子轨道**（bonding molecular orbital）和**反键分子轨道**（antibonding molecular orbital）（图 1.19）。

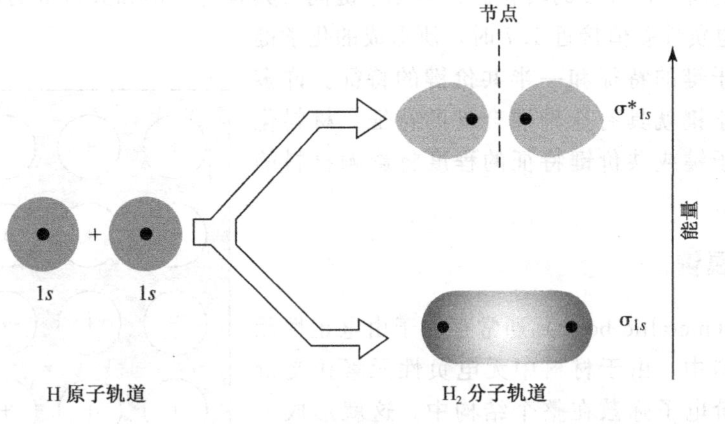

图 1.19 氢分子（H_2）中 2 个 1s 原子轨道分别形成 1 个成键分子轨道（σ）和 1 个反键分子轨道（σ^*）。在成键分子轨道中，原子轨道中电子的波函数以增强的方式相互重叠。因此，成键分子轨道非常稳定，轨道中的电子能量比对应的原子轨道中的电子能量低。而在反键分子轨道中，电子的波函数以相消的方式相互重叠，在两原子核间的区域相互抵消［在原子核间形成一个节点（node）］。由于反键分子轨道中电子远离价键形成的区域，因此其能量比对应的原子轨道能量高，稳定性更差（获准翻印自文献［17］）

在成键分子轨道中，来自不同原子轨道电子的波函数以增强的方式相互重叠，因此，

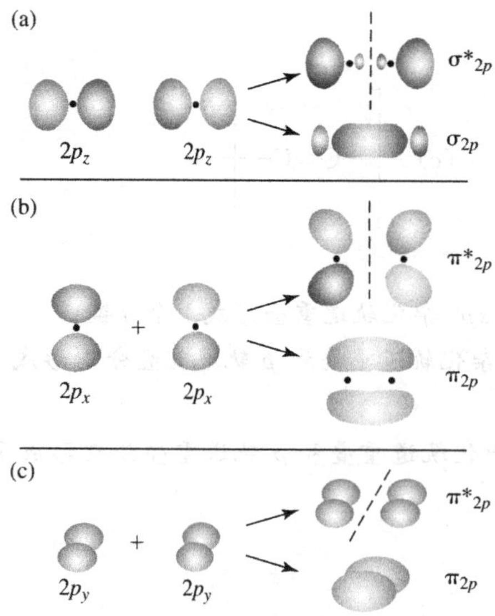

图 1.20　(a) σ 分子轨道、σ 键及其反键分子轨道是反映两原子核间的电子密度。(b、c) π 分子轨道、π 键及其反键分子轨道是由原子轨道侧面重叠而成，因此是反映原子空间方向上的电子密度，而不是沿原子核间轴的电子密度（获准翻印自文献［17］）

沿原子核间轴的区域找到电子的概率大，对原子核的吸引力强。这种轨道非常稳定，轨道中的电子能量比对应的原子轨道中的电子能量低。成键分子轨道是两个原子形成共价键的基础。

而在反键分子轨道中，电子的波函数以**相消**（destructive）的方式相互重叠，在两原子核间的区域相互抵消，使得最大电子密度出现在原子核的反面（图 1.19）。由于反键分子轨道中电子远离价键形成的区域，因此其能量比对应的原子轨道能量高，稳定性更差。

与原子轨道一样，分子轨道中也存在 π 键和 σ 键（图 1.20）。σ 键及其反键分子轨道反映两原子核间的电子密度；π 键及其反键分子轨道是由原子轨道侧面重叠形成，反映原子空间取向上，而不是原子核间轴的电子密度(图1.20)。

1.7.6.3　混合键

根据上述价键类型的叙述，可以假设：化合物中两种元素的电负性差异大时，主要形成离子键，而电负性差异小时则主要形成共价键。但这只是一种简单的解释。事实上，离子键与共价键之间存在缓慢的转化。许多化学键同时具有离子键和共价键的特征。计算结果表明，当电负性差值接近 1.7 时，所形成的化学键具有一半离子键的特征和一半共价键的特征。许多陶瓷中的化学键就具有这种混合键的特征。材料化学键呈现离子键或共价键特征的程度将影响材料的物理性质。

1.7.7　金属键

金属键（metallic bond）通常存在于由电正性元素组成的材料中。由于材料中无电负性元素接受价电子，因此价电子弥散在整个结构中。这就形成了一种运动的、包围着金属离子芯的电子“云”或电子“海洋”（图 1.21）。与共价键一样，金属键也存在电子共享，但与离子键类似，无方向性。在金属键中，价电子被认为是离域的，且与任何金属离子缔合的概率是相同的。金属中电子的流动性使金属具有良好的导电性。

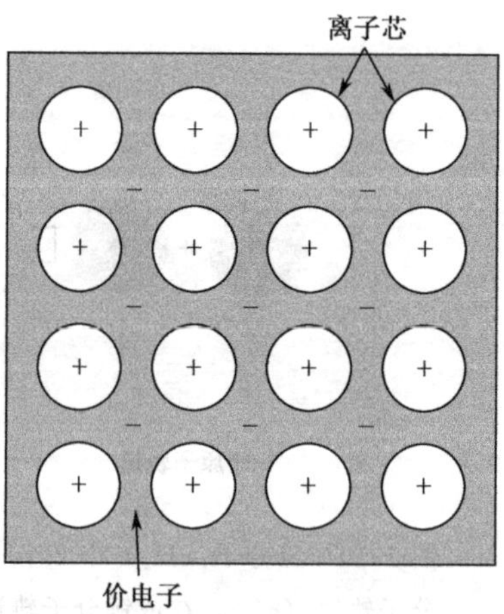

图 1.21　金属键的示意图。由于没有电负性元素接受价电子，所以价电子弥散在整个结构中。这就形成了一种运动的、包围着金属离子芯的电子“云”或电子“海洋”（获准翻印自文献［14］）

在金属键中，力-距离曲线中出现的吸引力是带正电的金属离子与带负电的电子云间的静电吸引力产生的。与其他化学键相似，当金属离子实的饱和价壳层开始重叠时就会产生排斥力。

1.7.8 次级键

除材料的主价键外，**次级键**（secondary bond）或称作**范德华键**（van der Waals bond）对其许多性质也起着很重要的作用。次级键中的原子引力既不需要电子转移也不需要电子共享，因此其强度比主价键的强度弱很多。一些分子因各种原因而使自身的一部分略带正电荷而另一部分略带负电荷。一个分子的正电端与另一分子的负电端则通过**库仑吸引力**（Coulombic attraction）结合，形成三维的网络结构。这些分子中略带电荷的部分称为**分子偶极**（molecular dipole）。

尽管也存在**临时偶极**（波动偶极，fluctuating dipole）分子，它们之间也会产生**范德华力**（van der Waals force），但只有在**永久偶极**（permanent dipole）分子之间才会形成最强的次级键。这些永久偶极分子称作“**极性分子**”（polar molecule）。水就是一种极性分子。在水中，电负性的氧将电子拉离氢原子核，并与氧原子的外层未成键电子相结合，使水分子的氧原子端带部分负电荷（图 1.22）。然后，氢原子再与另一水分子带部分负电荷的氧原子端作用，形成**氢键**（hydrogen bond）。氢键对解释水的某些特性如高热容以及由液态变为固态时体积膨胀等特性非常重要。在后续章节中我们同样会看到，氢键对于合成高分子材料和天然衍生高分子材料（如蛋白质的结构和功能）也是非常重要的。

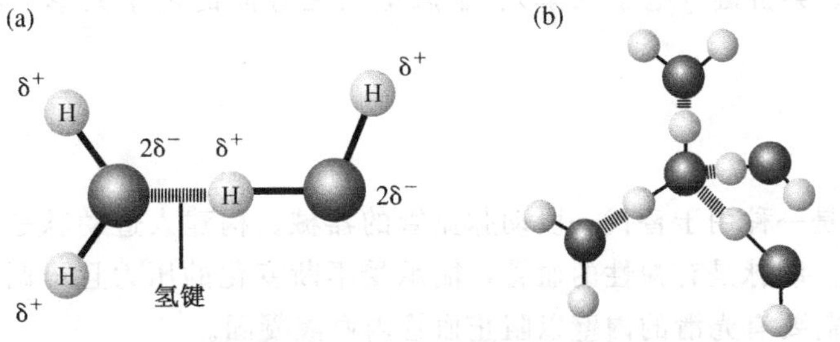

图 1.22 (a) 水分子间形成的氢键。电负性氧原子将电子拉离氢原子核，并与氧原子的外层未成键电子结合，使氧原子端带部分负电荷。然后，氢原子再与另一水分子的负电荷端（氧端）作用，形成氢键。(b) 水中氢键的一个空间点阵图（获准翻印自文献 [18]）

小结

- 生物材料学是一门研究广泛的学科，主要涉及材料的开发、表征、应用。与生物系统直接接触后，可实现评价、治疗或增强生物系统生物功能且同时产生适宜宿主反应的材料。
- 生物材料学从 20 世纪 40 年代工业材料被用作为生物材料开始，发展到现在已涌现出了更多的设计型材料（designer material），广泛应用于生物医学领域，如人工心脏瓣膜、替代人工髋关节及肾透析膜等。
- 生物系统对材料的生物学响应在很大程度上受材料性质的影响，包括材料的形状、降解性、表面化学、本体化学和力学性能。生物学响应反过来又对材料产生影响。
- 生物材料主要包括三类：金属、陶瓷和高分子材料。

- 高分子材料包括合成高分子和天然衍生高分子材料。天然衍生高分子材料来源于生物系统，因其更接近待替代的目标组织，从而能更好地整合到周围组织中。但天然衍生材料的来源有限，力学性能较差，且存在病菌传播的危险。而合成高分子可大量生产和灭菌，其结构可量身定做以满足特定的应用需要，但合成高分子材料通常不能与周围组织发生主动的相互作用。
- 生物材料的最终应用决定了材料的性质和设计标准。材料的表面性质，如表面粗糙度和疏水程度取决于材料最外面的几个原子层，显著影响材料与周围生物环境的相互作用，尤其是短期作用。材料的本体性质包括力学性能、物理性质和材料的化学组成，显著影响着材料的整体性能和植入体的长期稳定性。
- 生物材料的加工方法赋予材料一定的外形或几何形状，从而影响材料的性质和组织对材料的生物学响应。例如，薄片适合于皮肤替代，而弹性的中空圆柱体则适合于人造血管。
- 选择生物材料时需考虑材料的化学组成。分子化学的基本模型认为，原子是由居于中心的原子核和大量绕核做圆周运动的电子组成；原子核由质子和中子组成；电子的数目与质子的数目相等。电子在轨道中的准确位置可以用不连续的能态（波尔原子模型）或者用占据空间的概率（波动-力学模型）来描述。构造原理、Pauli 不相容原理和洪特规则三者相结合，为预测原子的电子构型提供了一种预测机制。电子构型不同的原子可以通过不同的方式以各种各样的键合形式相互作用，包括离子键（电子转移）、共价键（电子共享）、金属键（无方向的电子共享）和次级键（如氢键）等。

习题

1.1 人造动脉是一种用于替代一段动脉血管的器械。构建人造动脉是生物材料常见的一种应用。动脉是有弹性的血管，能承受不断变化的压力且可调节血液流动。动脉血管还需要有光滑的内壁以阻止血管内血液凝固。

(a) 你需要设计一种人造动脉。请先列出金属、陶瓷和高分子材料这三大类生物材料的优缺点，然后确定你将选择哪种生物材料来制作人造动脉？

(b) 用于人造动脉的生物材料需考虑它的哪些具体特征？

(c) 你将使用天然的还是人工合成的高分子材料来制作人造动脉？各有什么优缺点？

1.2 许多生物材料都可用于关节替代，如人工髋关节（图 1.4）。人工髋关节必须承受较大的通常通过髋关节进行传递的力量（单腿站立施加到股骨头上的负荷是身体重量的 2.4 倍[19]，跳动和跑动时受力更大），且人工髋关节必须能正确地旋转。

(a) 金属、陶瓷和高分子材料这三大类生物材料中，你将选择哪种生物材料来制作股骨柄？为什么？

(b) 股骨柄与周围组织整合是否是有利的生物学响应？为什么？

（付春华　罗彦凤　王远亮　译校）

参考文献

1. Williams, D.F. *The Williams Dictionary of Biomaterials*. Liverpool: Liverpool University Press, 1999.
2. Ratner, B.D., A.S. Hoffman, F.J. Schoen, and J.E. Lemons. "Biomaterials Science: A Multidisciplinary Endeavor," in *Biomaterials Science: An Introduction to Materials in Medicine*, B.D. Ratner, A.S. Hoffman, F.J. Schoen, and J.E. Lemons, Eds., 2nd ed. San Diego: Elsevier Academic Press, pp. 1–9, 2004.
3. Ratner, B.D. "A History of Biomaterials," in *Biomaterials Science: An Introduction to Materials in Medicine*, B.D. Ratner, A.S. Hoffman, F.J. Schoen, and J.E. Lemons, Eds., 2nd ed. San Diego: Elsevier Academic Press, pp. 10–19, 2004.
4. Park, J.B. and R.S. Lakes, *Biomaterials: An Introduction*, 2nd ed. New York: Plenum Press, 1992.
5. Malchesky, P.S. "Extracorporeal Artificial Organs," in *Biomaterials Science: An Introduction to Materials in Medicine*, B.D. Ratner, A.S. Hoffman, F.J. Schoen, and J.E. Lemons, Eds., 2nd ed. San Diego: Elsevier Academic Press, pp. 514–526, 2004.
6. Padera, Jr., R.F. and F.J. Schoen. "Cardiovascular Medical Devices," in *Biomaterials Science: An Introduction to Materials in Medicine*, B.D. Ratner, A.S. Hoffman, F.J. Schoen, and J.E. Lemons, Eds., 2nd ed. San Diego: Elsevier Academic Press, pp. 470–494, 2004.
7. Guida, G. and D. Hall, "Hip Joint Replacements," in *Integrated Biomaterials Science*, R. Barbucci, Ed. New York: Kluwer, pp. 491–525, 2002.
8. Galletti, P.M. "Prostheses and Artificial Organs," in *The Biomedical Engineering Handbook*, J.D. Bronzino, Ed., 1st ed. Boca Raton: CRC Press, pp. 1828–1837, 1995.
9. http://www.fda.gov. "United States Food and Drug Administration." Washington, DC.
10. Mark, J.E. *Physical Properties of Polymers Handbook*. Woodbury: American Institute of Physics, 1996.
11. Migliaresi, C. and H. Alexander. "Composites," in *Biomaterials Science: An Introduction to Materials in Medicine*, B.D. Ratner, A.S. Hoffman, F.J. Schoen, and J.E. Lemons, Eds., 2nd ed. San Diego: Elsevier Academic Press, pp. 181–197, 2004.
12. Shackelford, J.F., *Introduction to Materials Science for Engineers*, 5th ed. Upper Saddle River: Prentice Hall, 2000.
13. Pollack, Herman W. *Materials Science and Metallurgy*, 4th ed. Englewood Cliffs, NJ: Prentice Hall, 1998.
14. Callister, Jr., W.D. *Materials Science and Engineering: An Introduction*, 3rd ed. New York: John Wiley and Sons, 1994.
15. Vollhardt, K.P.C. and N.E. Schore, *Organic Chemistry*, 2nd ed. New York: W. H. Freeman, 1994.
16. Schaffer, J.P., A. Saxena, S.D. Antolovich, J. Sanders, T. H., and S.B. Warner, *The Science and Design of Engineering Materials*, 2nd ed. Boston: McGraw-Hill, 1998.
17. Brown, T.L., J. LeMay, H.E., and B.E. Bursten, *Chemistry: The Central Science*, 6th ed. Englewood Cliffs: Prentice Hall, 1994.
18. Alberts, B., D. Bray, J. Lewis, M. Raff, K. Roberts, and J. Watson, *Molecular Biology of the Cell*, 3rd ed. New York: Garland Publishing, 1994.
19. Villarraga, M.L. and C.M. Ford. "Applications of Bone Mechanics," in *Bone Mechanics Handbook*, S.C. Cowin, Ed., 2nd ed. Boca Raton: CRC Press, 2001.

推荐阅读

Bhat, S.V. *Biomaterials*, 2nd ed. Harrow: Alpha Science International Ltd., 2005.

Duncan, E. "Development and Regulation of Medical Products Using Biomaterials," in *Biomaterials Science: An Introduction to Materials in Medicine*, B.D. Ratner, A.S. Hoffman, F.J. Schoen, and J.E. Lemons, Eds., 2nd ed. San Diego: Elsevier Academic Press, pp. 788–793, 2004.

Galletti, P.M. and C.K. Colton. "Artificial Lungs and Blood-Gas Exchange Devices," in *The Biomedical Engineering Handbook*, J.D. Bronzino, Ed., 1st ed. Boca Raton: CRC Press, pp. 1879–1897, 1995.

Hallab, N.J., J.J. Jacobs, and J.L. Katz. "Orthopedic Applications," in *Biomaterials Science: An Introduction to Materials in Medicine*, B.D. Ratner, A.S. Hoffman, F.J. Schoen, and J.E. Lemons, Eds., 2nd ed. San Diego: Elsevier Academic Press, pp. 526–555, 2004.

Lemons, J.E. "Voluntary Consensus Standards," in *Biomaterials Science: An Introduction to Materials in Medicine*, B.D. Ratner, A.S. Hoffman, F.J. Schoen, and J.E. Lemons, Eds., 2nd ed. San Diego: Elsevier Academic Press, pp. 783–788, 2004.

Silver, F.H. and D.L. Christiansen. *Biomaterials Science and Biocompatibility*. New York: Springer, 1999.

Temenoff, J.S., E.S. Steinbis, and A.G. Mikos. "Biodegradable Scaffolds," in *Orthopedic Tissue Engineering: Basic Science and Practice*, V.M. Goldberg and A.I. Caplan, Eds. New York: Marcel Dekker, pp. 77–103, 2004.

Voet, D. and J.G. Voet. *Biochemistry*, 3rd ed. New York: John Wiley and Sons, 2004.

Vogler, E.A., "Role of Water in Biomaterials," in *Biomaterials Science: An Introduction to Materials in Medicine*, B.D. Ratner, A.S. Hoffman, F.J. Schoen, and J.E. Lemons, Eds., 2nd ed. San Diego: Elsevier Academic Press, pp. 59–65, 2004.

Yannas, I.V. "Natural Materials," in *Biomaterials Science: An Introduction to Materials in Medicine*, B.D. Ratner, A.S. Hoffman, F.J. Schoen, and J.E. Lemons, Eds., 2nd ed. San Diego: Elsevier Academic Press, pp. 127–137, 2004.

2. 生物材料的化学结构

主要目的

了解各种键型以及各键型形成金属、陶瓷和高分子材料**亚基**（subunit）的方式。

具体目标

1. 比较/对比高分子材料、金属和陶瓷的结构单元；
2. 了解并掌握金属、陶瓷中简单晶体结构的晶格参数；
3. 比较/对比金属与陶瓷的缺陷类型和杂质种类；
4. 了解并能够运用简单的扩散模型；
5. 了解聚合物合成的一般方法；
6. 理解聚合物的化学结构影响聚合物规则结构（晶体）形成的机制；
7. 理解本章中提到的各种化学组分表征技术的理论基础及其可能存在的局限性。

2.1 概述：键型与生物材料结构

本章重点讨论第1章提到的各种键型在三维尺度上相互关联形成各类生物材料的机制。为了更全面地理解金属、陶瓷和高分子材料之间的差异，本章对这些材料的结构进行比较和对比。

首先，了解**结晶材料**（crystalline material）与**无定形材料**（amorphous material）的差别。在**结晶**（crystalline）物质中，原子周期性地排列形成远程有序结构，而**无定形**（amorphous）材料则缺少这种系统的原子排列，其分子结构更像液体的分子结构。金属通常都是结晶物质，但陶瓷和高分子材料则可能是结晶的也可能是无定形的，这取决于它们的化学组分和加工方法。

2.2 金属的结构

我们首先讨论金属生物材料的化学结构。金属生物材料已广泛应用于各种生物医学领域，其中被人们最为熟知的是作为关节替代材料。金属是结晶材料。由于金属键是无方向性的，因此金属原子构型的多样性就可能形成大量不同类型的晶体结构。

2.2.1 晶体结构

材料的许多物理性质与其晶体结构有关。为了便于理解，晶体结构通常以**晶胞**（unit cell）为基础进行描述。晶胞是指晶体中某一小区域的原子排列，晶胞在三维空间不断重复即形成最终的晶体材料。虽然晶胞的界限可以任意选择，但标准的晶胞是平行六面体，其顶角与原子中心重合。图2.1所示为简单立方晶胞的结构示意图及其与三维原子结构的关系。

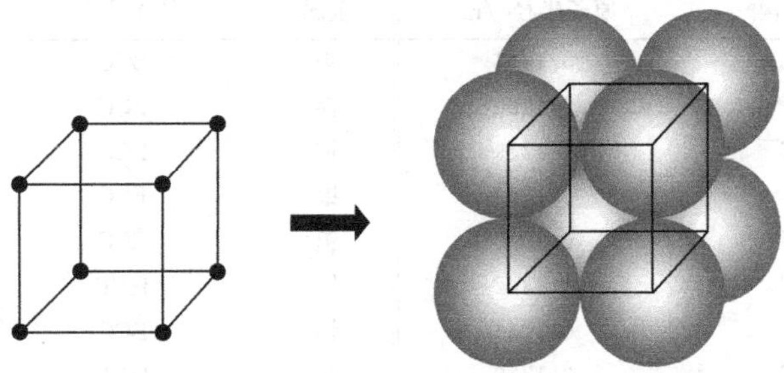

图 2.1　简单立方晶胞及其与三维原子结构的关系。晶胞的顶角与原子中心重合（获准翻印自文献［1］）

在讨论晶体结构时，常用**配位数**（coordination number）和**原子填充因子**（atomic packing factor，APF）来比较晶体的结构。晶体中每个原子都有一个配位数，其大小等于与其最邻近原子的数目。APF 是根据**原子硬球模型**（atomic hard-sphere model）提出的，用于表征特定晶体结构中未被原子占据的空间。原子硬球模型假设，晶胞中每个原子都是需要具有某个固定体积的球体（图 2.2）。APF 的计算公式如下：

$$\text{APF}=\frac{\text{晶胞中原子的体积}}{\text{晶胞的总体积}}$$

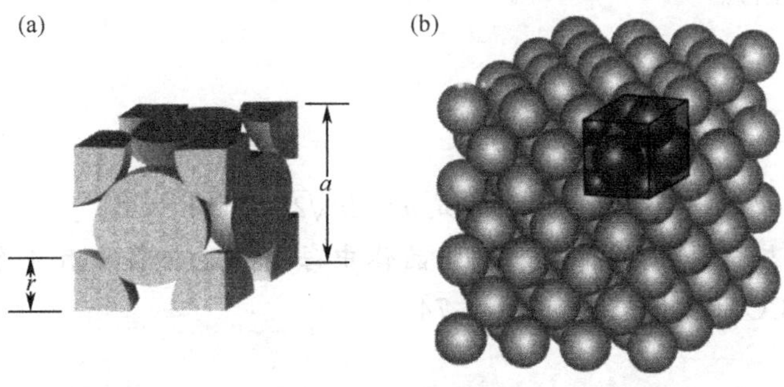

图 2.2　(a) 面心立方（FCC）单位晶胞的原子硬球模型。参数 a 是单位晶胞的边长，r 是原子半径。原子位置排列在每一个角和所有立方体的面心位置。FCC 晶体的原子填充因子为 0.74，配位数为 12。(b) FCC 晶体中单位晶胞与晶体结构间的关系。注意到多个单位晶胞间是如何共享原子（或格点）的（例如，每个顶点原子被 8 个单位晶胞共享，而面心原子却只被 2 个单位晶胞共享）（获准翻印自文献［2］和［3］）

2.2.1.1　面心立方晶体结构

图 2.1 所示的简单立体晶胞尽管很易想象，但在现实中，只有极少数材料具有这种晶体结构。实际上，根据温度、加工和**合金制造**（alloying）过程的不同，金属的晶体结构类型很多。其中，许多金属都具有的一种晶体结构是**面心立方**（face-centered cubic，FCC）晶体结构。铝、铜、铅、银和金在室温下就是 FCC 晶体结构（表 2.1）。在 FCC 结构中，原子位于立方体的每个顶角以及每个平面的中心（图 2.2）。根据图 2.2 所示的原子硬球模型，可推导出晶胞的边长（a）和原子半径（r）具有如下关系：

$$a = 2r\sqrt{2} \tag{2.1}$$

表 2.1　常见金属的晶体结构

金属	晶体结构[a]	原子半径[b]/nm	金属	晶体结构[a]	原子半径[b]/nm
铝	FCC	0.1431	钼	BCC	0.1363
镉	HCP	0.1490	镍	FCC	0.1246
铬	BCC	0.1249	铂	FCC	0.1387
钴	HCP	0.1253	银	FCC	0.1445
铜	FCC	0.1278	钽	BCC	0.1430
金	FCC	0.1442	钛	HCP	0.1445
铁	BCC	0.1241	钨	BCC	0.1371
铅	FCC	0.1750	锌	HCP	0.1332

a FCC＝面心立方，HCP＝紧密堆积六方，BCC＝体心立方；

b 1 nm＝10^{-9} m；10 nm＝1 Å。

（获准翻印自文献［4］）

在 FCC 晶体中，8 个晶胞共用一个顶点原子，2 个晶胞共用一个面心原子。因此，每个晶胞拥有$\left(8\times\frac{1}{8}\right)+\left(6\times\frac{1}{2}\right)=4$ 个原子。利用球和立方体的体积计算公式可计算出 APF 为 0.74。这是利用半径相同的原子进行计算时所能得到的最大 APF 值。

此外，如图 2.2 所示，FCC 晶体的配位数为 12。以晶胞正面的面心原子为例，它有 4 个最近邻的顶角原子，4 个从后面接触的面心原子，还有 4 个位于其前面晶胞中的面心原子（未标出）。

例题 2.1

考虑图 2.2 所示的 FCC 晶体。

(a) 说明为什么 r 与 a 之间的关系是 $a=2r\sqrt{2}$。

(b) 应用 r 与 a 的关系式以及 FCC 晶体中每个晶胞相当于有 4 个原子这一知识，说明 FCC 晶体的 APF 值是 0.74。

解答：

(a) 只考虑如下图所示的 FCC 晶体的一个侧面：

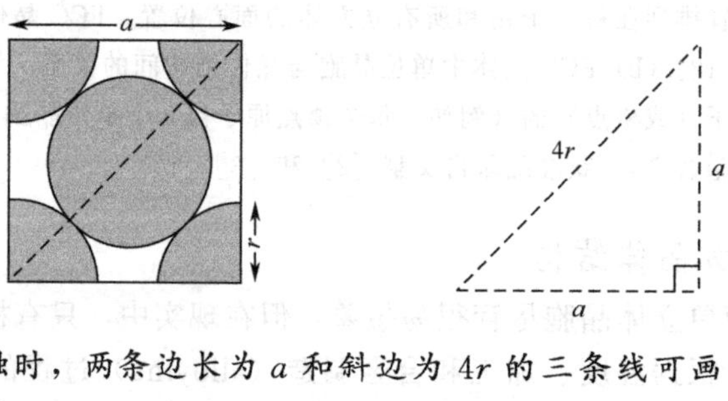

当原子相互接触时，两条边长为 a 和斜边为 $4r$ 的三条线可画出一个直角三角形。根据勾股定理，可得

$$a^2+a^2=(4r)^2$$
$$2a^2=16r^2$$
$$a^2=8r^2$$
$$a=2r\sqrt{2}$$

(b) 晶胞的体积为：$V_{\text{unit cell}} = a^3$

将 (a) 中得到的关系式带入上式可得：$V_{\text{unit cell}} = (2r\sqrt{2})^3$

一个 FCC 晶胞中相当于有 4 个原子，因此一个晶胞中原子占据的体积为：

$$V_{\text{atoms}} = 4 \times \left(\frac{4}{3}\pi r^3\right)$$

APF 是指晶胞中原子占据晶胞的体积分数，可用如下公式表示：

$$\text{APF} = \frac{V_{\text{atoms}}}{V_{\text{unit cell}}} = \frac{(16/3)\pi r^3}{16r^3\sqrt{2}} = \frac{\pi}{3\sqrt{2}} = \underline{0.74}$$

2.2.1.2 体心立方晶体结构

另一种常见的金属晶体结构是**体心立方**（body-centered cubic，BCC）晶体结构，如铬或铁金属的晶体结构（表 2.1）。这种晶胞的结构如图 2.3 所示：立方体的 8 个顶角和中心都有原子。根据此图，BCC 晶胞的边长（a）与原子半径（r）之间的关系满足式（2.2）：

$$a = \frac{4r}{\sqrt{3}} \tag{2.2}$$

在 BCC 晶体中，8 个晶胞共享一个顶点原子，而中心原子不被共享。因此，每个 BCC 晶胞拥有$\left(8\times\frac{1}{8}+1\right)=2$ 个原子，相应的 APF 为 0.68，小于 FCC 晶体的 APF。同样，BCC 晶体的配位数也更低（为 8）。体心原子有 8 个最近邻的顶点原子，以体心原子为例可很容易地推出 BCC 的 APF 和配位数（图 2.3）。

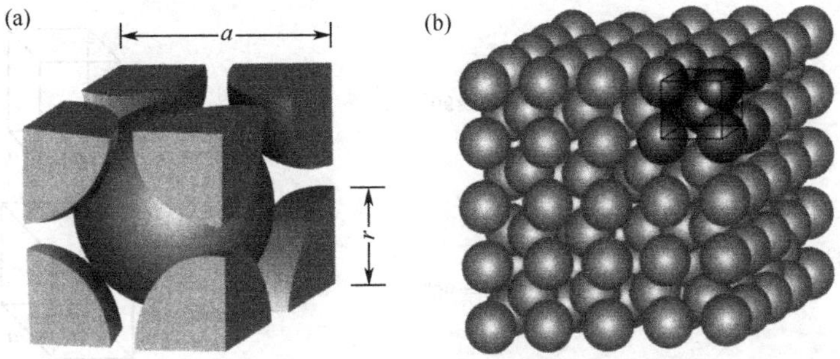

图 2.3 (a) 体心立方（BCC）单位晶胞的原子硬球模型。参数 a 是单位晶胞的边长，r 是原子半径。在体心立方几何结构中，立方体的 8 个角和立方体的中心都有原子。BCC 晶体的原子填充因子为 0.68，配位数为 8。(b) BCC 晶体中单位晶胞与晶体结构间的关系。请注意：只有顶点原子被多个（8 个）单位晶胞共享（获准翻印自文献［2］和［3］）

虽然我们重点讨论的是立方晶胞，但实际上金属还有其他许多晶胞类型，其中常见的一种是基于**六角结构**（hexagonal structure）的晶体结构，如**六方紧密堆积**（hexagonal close-packed，HCP）晶胞。具有 HCP 晶胞结构的金属包括钴和钛（表 2.1）。本章不详细介绍 HCP 晶胞结构，也不介绍其他更复杂的晶胞结构。

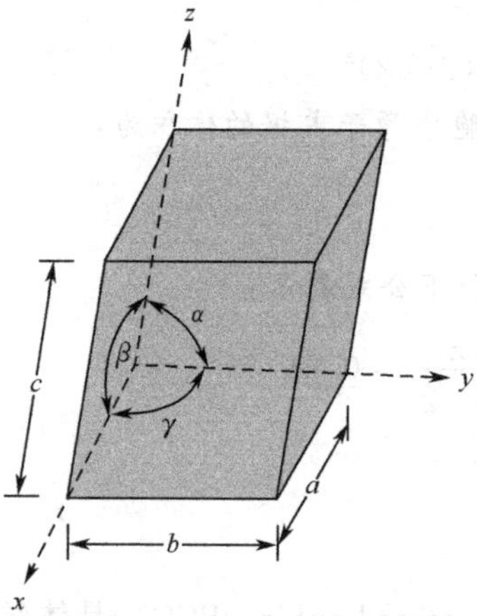

图 2.4　晶胞的通用晶格结构。晶胞可用晶胞的边长（a、b、c）和两晶轴之间的夹角（α、β、γ）来表示（获准翻印自文献［4］）

2.2.2　晶系

如上所述，晶体结构类型很多，因此用**晶格结构**（lattice structure，图 2.4）来表示晶体结构将更方便。在晶格结构中，晶胞的顶角称为**晶格点**（lattice point）。晶胞的边长（a、b、c）和晶轴夹角（α、β、γ，图 2.4）确定后，晶胞就完全确定了。这 6 个值称为**晶格参数**（lattice parameter）（注意：在晶系中不考虑晶胞中单个原子的准确位置）。

6 个晶格参数有 7 种不同的组合方式，每种组合方式就是一种**晶系**（crystal system）。这 7 种晶系包括上述的立方晶系和六方晶系，以及如表 2.2 所示的其他几种晶系。图 2.5 表明，一种晶系可形成一个以上的晶体结构，如 FCC 晶体和 BCC 晶体都是立方晶系。

表 2.2　7 个主要晶系及对应的晶格参数

体系	轴长及角度[a]	几何结构
立方晶系	$a=b=c$，$\alpha=\beta=\gamma=90°$	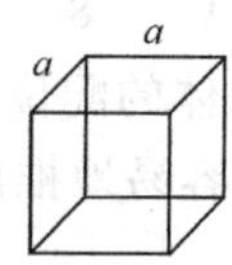
四方晶系	$a=b\neq c$，$\alpha=\beta=\gamma=90°$	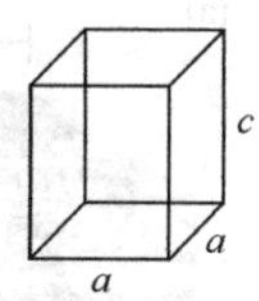
斜方晶系	$a\neq b\neq c$，$\alpha=\beta=\gamma=90°$	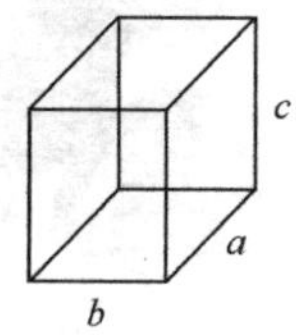
菱方晶系	$a=b=c$，$\alpha=\beta=\gamma\neq 90°$	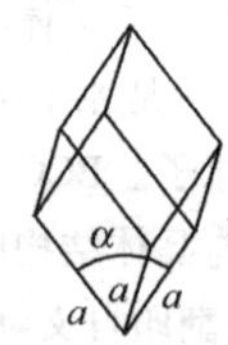
六方晶系	$a=b\neq c$，$\alpha=\beta=90°$，$\gamma=120°$	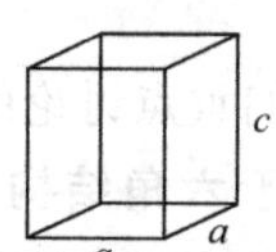

续表

体系	轴长及角度[a]	几何结构
单斜晶系	$a \neq b \neq c$，$\alpha = \gamma = 90° \neq \beta$	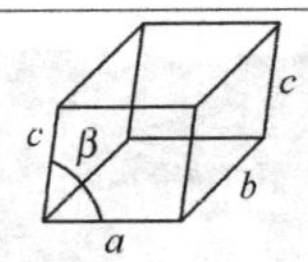
三斜晶系	$a \neq b \neq c$，$\alpha \neq \beta \neq \gamma \neq 90°$	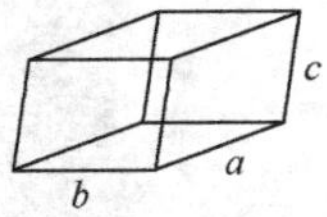

a 晶格参数 a、b、c 是晶胞的边长，晶格参数 α、β、γ 是晶胞相邻两边的夹角。其中，α 是沿 a 轴观察到的夹角（即 b 轴和 c 轴之间的夹角）。不等号（≠）表示不要求一定相等，但在某些结构中存在相等的情况。

（获准翻印自文献［1］）

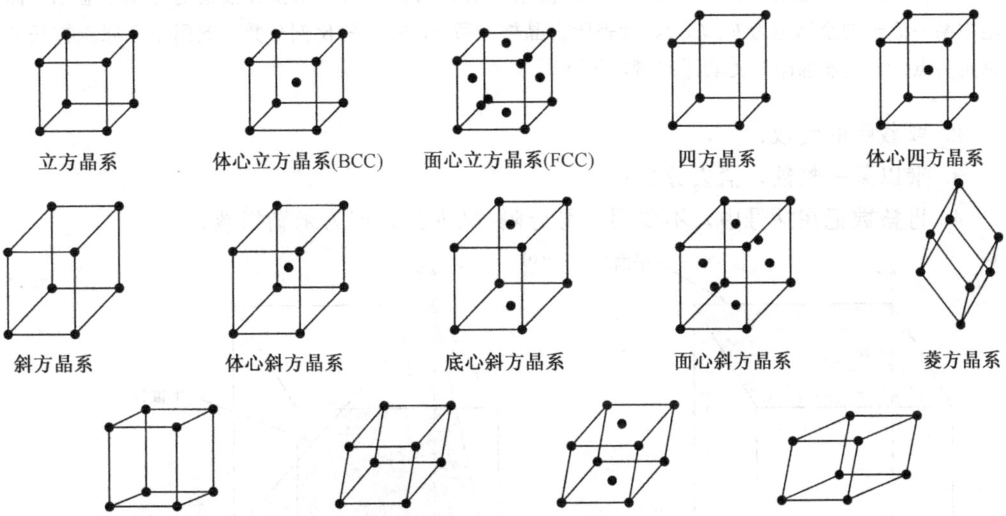

图 2.5　与立方晶系、四角晶系、斜方晶系、菱形晶系、六角晶系、单斜晶系和三斜晶系相关的晶体结构（获准翻印自文献［1］）

为了进一步扩大晶格这一概念的应用，又提出了另一种坐标系，即**米勒指数**（Miller indices），标明晶格点的位置和晶格结构中平面的方向。由于某些晶系的几何结构很复杂，所以我们将只对立方晶系采用米勒指数来进行讨论。接下来我们将以 FCC 晶体为例来说明米勒指数是如何快速有效地标明 FCC 晶胞的晶格点的（图 2.6）。

如图 2.6 所示，米勒指数使用的是右手笛卡儿坐标系，该坐标系与晶胞的边对齐。晶胞中某一原子的坐标记为 h，k，l，分别代表所占晶格参数 a，b，c 的比例分数。根据这些规则，可将 B 点的原子坐标记为 0，1，0；D 点的原子记为 1，1，1；而面心原子如 H 点，记为 1/2，1，1/2。

晶体结构中的平面也可以用米勒指数来表示。同样，坐标轴与晶胞的边对齐（图 2.7），然后按以下步骤操作：

1. 确定平面与 x、y、z 轴的截距。如果平面平行于某轴，则平面在该轴的截距为无穷大（∞）；

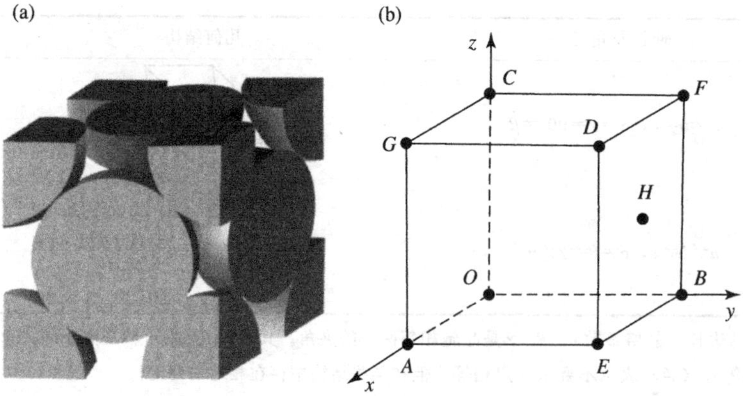

位置	坐标
O	0, 0, 0 (原点)
A	1, 0, 0
B	0, 1, 0
C	0, 0, 1
D	1, 1, 1
E	1, 1, 0
F	0, 1, 1
G	1, 0, 1
H	1/2, 1, 1/2

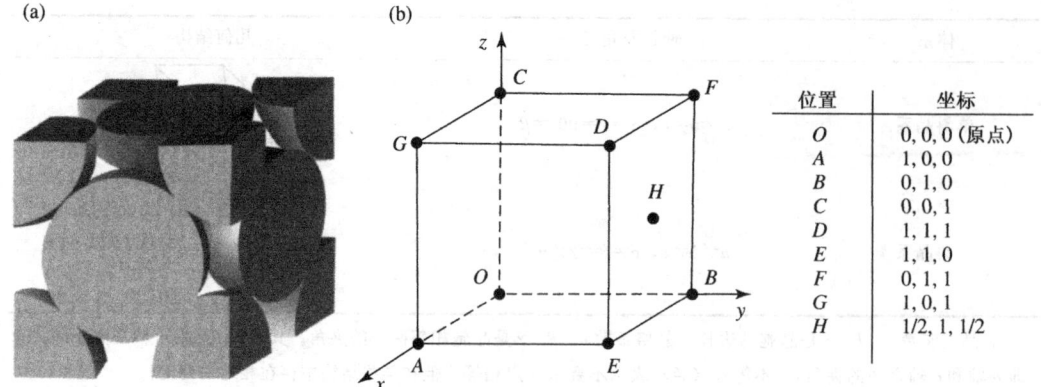

图 2.6 (a) 面心立方 (FCC) 晶胞的硬球模型。(b) 对应的用米勒指数描绘的晶胞示意图。晶胞中某一原子的坐标记为 h，k，l，代表所占晶格参数 a，b，c 的比例分数。此图中，原点被任意确定为点 O (获准翻印自文献 [2] 和 [5])

2. 取截距的倒数；
3. 乘以某一整数，消去分数；
4. 将整数记在括号中，不要用逗号分隔 ($h\ k\ l$)，即为米勒指数；

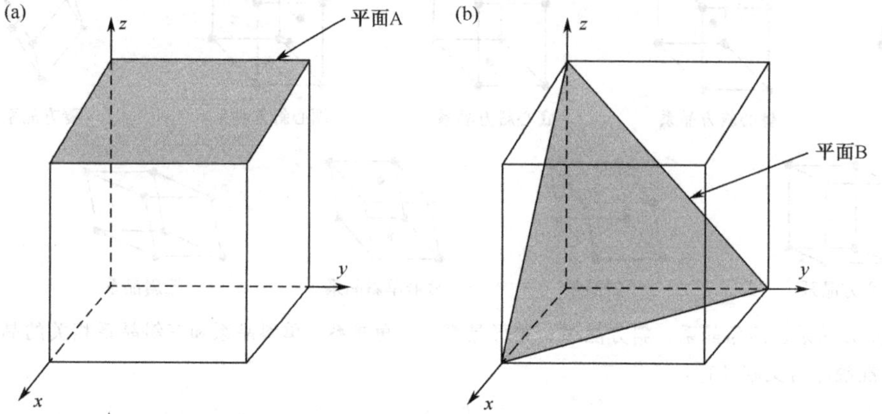

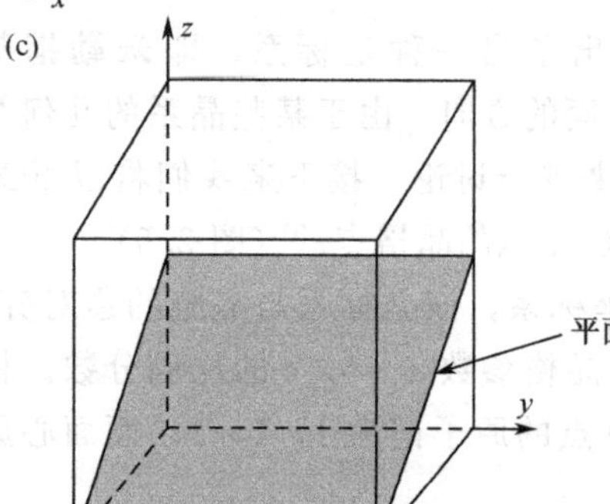

平面	截距	米勒指数
A	∞, ∞, 1	(0 0 1)
B	1, 1, 1	(1 1 1)
C	1, ∞, 1/2	(1 0 2)

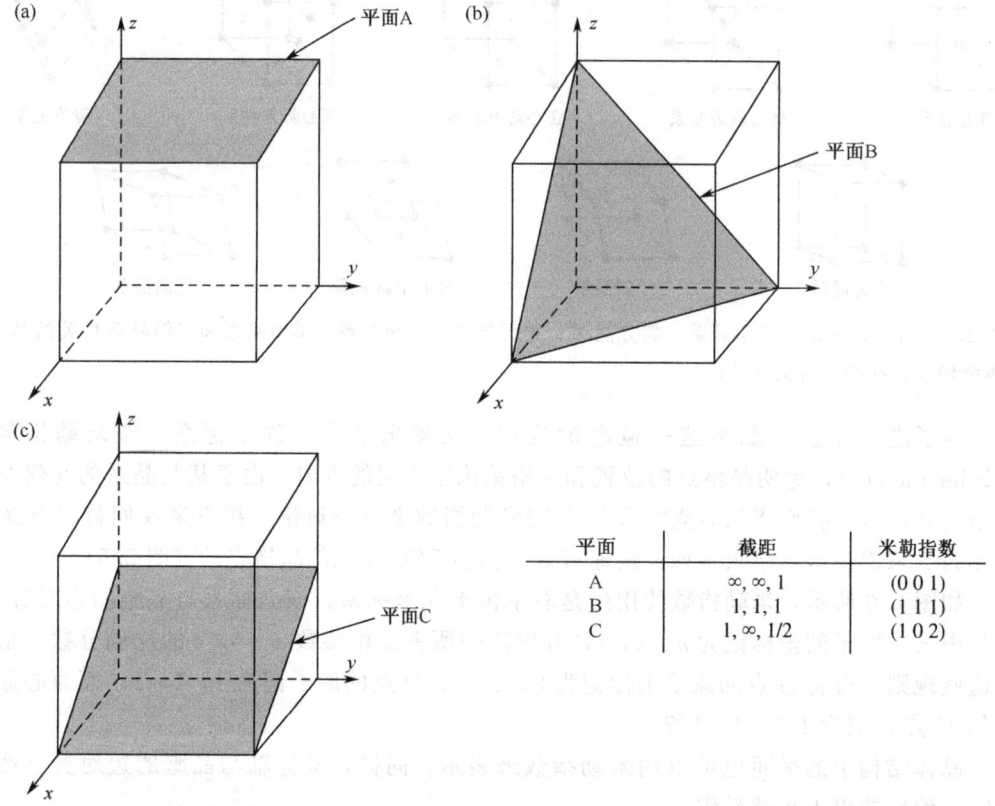

图 2.7 立方晶系中三个平面及其米勒指数。平面的米勒指数用于表示平面的方向，是根据平面与坐标轴的截距的倒数计算出来的 (获准翻印自文献 [5])

5. 如果米勒指数中有负数，则应在对应的整数上方加一条短横线。

按照上述程序操作，则图 2.7 中平面 A 与坐标轴的截距为∞，∞，1，其米勒指数为（0 0 1）。同样，平面B的截距为1，1，1，米勒指数为（1 1 1），而平面C的截距为1，∞，1/2，米勒指数为（1 0 2）。

例题 2.2

计算平面 A、B、C 的米勒指数。注意，米勒指数中的负数按惯例是用带上短横线的整数表示，而不是在数字前面加负号。

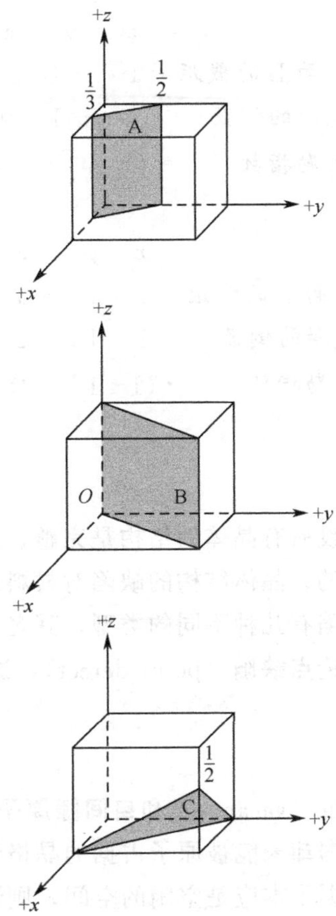

解答：

对平面 A：

	x	y	z
平面 A 的截距	1/3	1/2	∞
截距的倒数	3	2	0
米勒指数	(3	2	0)

对平面 B：

平面 B 是一个特例，它通过了原点（O），因此必须将原点按下图所示的方式移动到晶胞的一条边上：

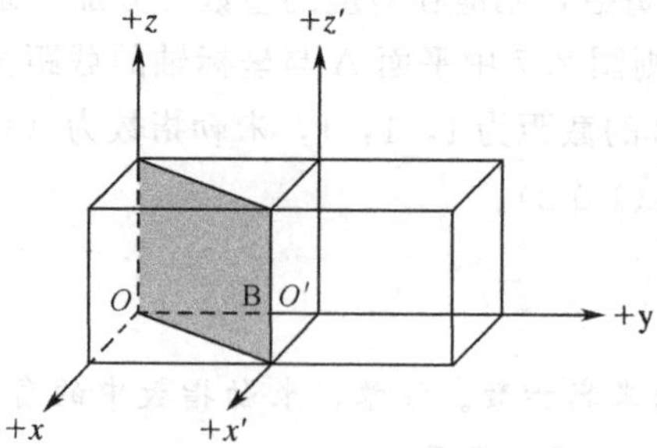

然后用新的原点确定平面的截距：

	x	y	z
平面B的截距	1	−1	∞
截距的倒数	1	−1	0
米勒指数	(1	$\bar{1}$	0)

对平面C：

	x	y	z
平面C的截距	1	1	−1/2
截距的倒数	1	1	2
米勒指数	(1	1	$\bar{2}$)

2.2.3 晶体结构缺陷

上一节的相关讨论都是假设所有晶体的结构是完整、无缺陷的。但实际上，在正常条件下是不可能形成完整晶体的。晶体结构的缺陷对材料的物理和力学性质可能是有害的，也可能是有利的。晶体缺陷有几种不同的类型，其名称是根据缺陷影响晶体结构的维数来命名的。本章将重点讨论**点缺陷**（point defect），这种缺陷只涉及晶体中一个或两个原子。

2.2.3.1 点缺陷

最常见的点缺陷类型是**空位**（vacancy）和**自间隙原子**（self-interstitial），如图 2.8 所示。**空位**是指本应被原子占据却未能被原子占据的晶格位点。而原子从晶格位点被挤到相邻两原子的间隙空间，占据了本应是空闲的空间，则形成**自间隙原子**。

晶体缺陷是晶体生长热力学的一个自然结果。本书不深入讨论晶体的形成过程，只是简单解释一下缺陷生成导致体系的熵增大，从而对材料性能有利的原因。晶体中空位的数目（N_v）与热力学温度（T）之间满足以下关系式：

$$N_v = Ne^{\frac{-Q_v}{kT}} \tag{2.3}$$

式中，N 为原子位点总数（原子+空位）；Q_v 为空位形成的活化能；k 为玻耳兹曼常数[1.38×10^{-23}J/(atom·K)或8.62×10^{-23}eV/(atom·K)]。

尽管缺陷形成在热力学上是有利的，但空位和自间隙原子都会在局部晶格结构上引起应变（**晶格应变**，lattice strain）。实际上，由于金属材料中原子的体积远大于间隙空间的体积，形成自间隙原子将会在晶格结构中产生很大的局部变形，因此间隙原子缺陷

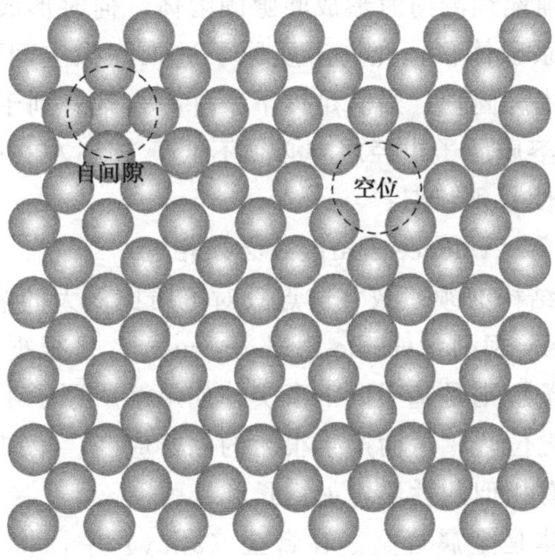

图 2.8 晶体结构中的点缺陷。空位是本应被原子占据的却没有被原子占据的晶格位点。当原子从晶格位点被挤到相邻两原子的间隙空间，占据了本应是空闲的空间，则形成自间隙原子（获准翻印自文献［2］）

在金属材料中并不常见。

2.2.3.2 杂质

广义上讲，材料中杂质的存在可看成是一种点缺陷，因为杂质影响局部晶格结构并产生一定程度的晶格应变。杂质可能是材料加工的典型产物，也可能是为改变材料的最后性质而故意加入的。与晶体缺陷一样，杂质的加入也会增加体系的熵。

如果杂质加入后仍能保持正常的晶体结构，则会形成**固溶体**（solid solution）。与液体溶液中组分的混合一样，固溶体中的混合也是原子水平的混合，混合生成的新物质中所有原子都均匀分布。在这种情况下，**主体材料**（host material）是**溶剂**（solvent），而杂质是**溶质**（solute）。溶质原子可填充在溶剂原子的间隙空间中，形成**间隙固溶体**（interstitial solution），也可置换溶剂原子，形成**置换固溶体**（substitutional solution）（图 2.9）。

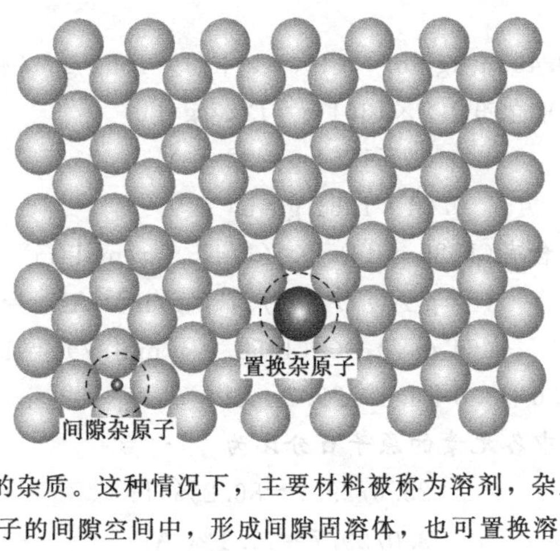

图 2.9 晶体结构中的杂质。这种情况下，主要材料被称为溶剂，杂质被称为溶质。溶质原子可填充在溶剂原子的间隙空间中，形成间隙固溶体，也可置换溶剂原子，形成置换固溶体（获准翻印自文献［5］）

尽管不可能完全准确地预测何时形成间隙固溶体，何时形成置换固溶体，但是，当溶质原子体积小于溶剂原子体积，允许溶质原子进入间隙空间而没有过大的晶格应变时，通常形成间隙固溶体。同理，当满足以下条件时，则有利于形成置换固溶体：

1. 溶剂原子半径与溶质原子半径之差必须不低于15%左右；
2. 两种原子的电负性必须相似；
3. 两种原子的**价电荷**（valence charge）必须相近；
4. 两种原子的晶体结构必须一致（这点只对溶质比例大的溶液重要）。

这就是 **Hume-Rothery 规则**（Hume-Rothery rule），是根据首次提出这些规则的人的姓名来命名的。第一条规则是基于以下事实：如果溶质原子半径太大，溶质原子会把溶剂原子挤离其平衡成键位置，从而产生很大的晶格应变。第二条和第三条规则是保证溶质原子和溶剂原子具有相似的性质，如键长和键强度。

最为人熟知的固溶体是金属合金。在**合金**（alloy）中，将一定浓度的杂质原子加入到主体材料中以改善主体材料的性质，如提高纯金属的强度（第 4 章），赋予耐腐蚀性（第 5 章），或者改善其电性质等。钢（碳铁合金）是常见的间隙固溶体，它是加工不锈钢**矫形植入体**（orthopedic implant）的基础材料。而与钢具有相似用途的钴-铬合金则是一种典型的置换固溶体。合金中不同元素的浓度可以用**重量百分含量**（weight percent composition）来表示，它是指合金中某一种元素的重量占合金总重量的百分比；也可用**原子百分含量**（atom percent composition）来描述，表示合金中某一元素的摩尔数占合金中所有元素的总摩尔数的百分比。

例题 2.3

钛合金 Ti-6Al-4V 是制造矫形植入体常用的金属材料。该合金的重量百分含量是 90% 钛，6%铝，4%钒。请为 Ti-6Al-4V 人工髋关节的股骨头组件计算（股骨头质量为 3.0 lb）：

(a) 每种元素的质量（克）。

(b) 每种元素的摩尔数。

(c) 原子百分含量。

解答：

(a) (3.0 lbs)×(0.4536 kg/lb)×(1000 g/kg)＝1361 g （股骨头组件的质量）

则股骨头组件中含有0.9×1361 g＝1225 g Ti

0.06×1361 g＝82 g Al

0.04×1361 g＝54 g V

(b) 股骨头组件中含有(1225 g Ti) × (1/47.9 g/mol Ti) ＝25.6 mol Ti

(82 g Al) × (1/27.0 g/mol Al) ＝3.0 mol Al

(54 g V) × (1/50.9 g/mol V) ＝1.1 mol V

(c) 总摩尔数＝25.6＋3.0＋1.1＝29.7 mol

则股骨头组件中各元素的原子百分比为

25.6/29.7＝86.2% Ti

3.0/29.7＝10.1% Al

1.1/29.7＝3.7% V

2.2.4 固相扩散

在前一节中有关点缺陷（和杂质）的讨论都是基于“点缺陷（和杂质）是固定在晶格中”这一假设来进行的。而事实上情况并非如此。缺陷和杂质的运动在整个材料中都可能存在。这种运动是通过**扩散**（diffusion）作用（一种借助原子的运动实现的物质运动方式）发生的。由于大多数金属在室温下是固体，因此常把金属中发生的扩散称为**固相扩散**（solid diffusion）。扩散可在纯金属中通过原子位置交换完成，这种扩散叫**自扩散**（self-diffusion），或者是一种原子扩散进入另一种金属中，这种扩散叫**互扩散**（inter-diffusion）或**杂质扩散**（impurity diffusion）。其他元素扩散进入金属，或晶体缺陷在金属内部扩散都对金属材料的整体物理性质和力学性质有重要的影响。

2.2.4.1 扩散机制

扩散可以看成是晶体中原子从一个位置到另一位置发生的一系列的跳跃。原子要完成这些跳跃，相邻位点上必须有空位，且原子必须有足够的能量来改变位置。由于原子总是在其成键范围内不断振动，因此，在任一时间点总有一定比例的原子拥有足够的振动能，从而克服原子断键以及原子扩散进入相邻位点过程中晶格应变增大所产生的能垒。拥有足够能量的原子比例随材料温度的提高而增大。

金属中主要存在两种扩散类型。第一种是**空位扩散**（vacancy diffusion）。顾名思义，在这种扩散中，原子跳跃到相邻的空位上，从而与空位的位置发生交换［图 2.10

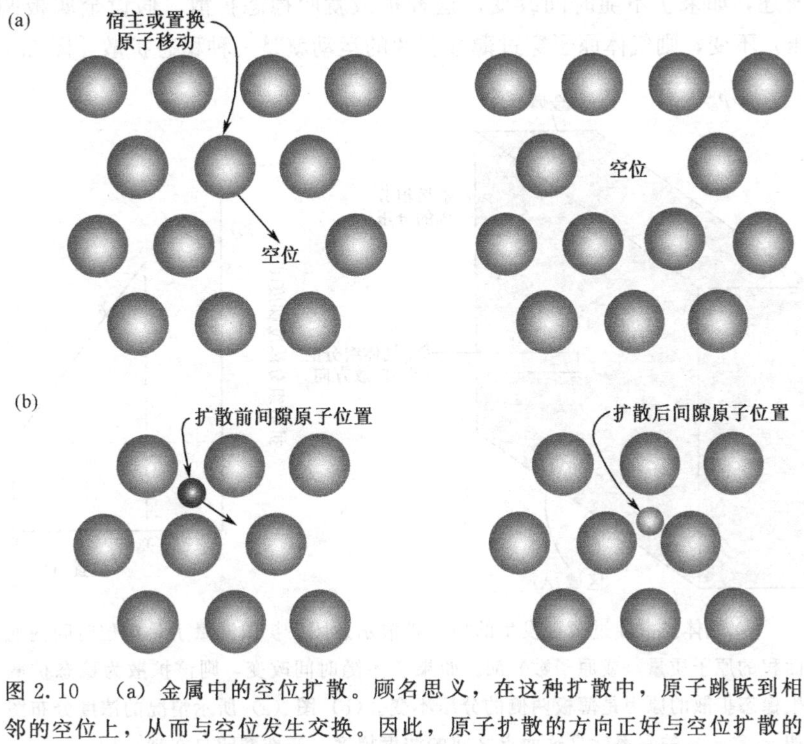

图 2.10 (a) 金属中的空位扩散。顾名思义，在这种扩散中，原子跳跃到相邻的空位上，从而与空位发生交换。因此，原子扩散的方向正好与空位扩散的方向相反。(b) 金属中的间隙扩散。在这种扩散中，原子从一个间隙位置迁移到相邻的间隙位置。只有直径小、容易置入间隙空间的原子，如氢、碳、氮和氧等，通常才会发生这种类型的扩散（获准翻印自文献［4］）

(a)]。因此，原子扩散的方向正好与空位扩散的方向相反。

金属中存在的第二种扩散是**间隙扩散**（interstitial diffusion）。在这种扩散中，原子从一个间隙位置迁移到相邻的间隙位置[图 2.10 (b)]。只有直径小，容易置入间隙空间的原子，如氢、碳、氮和氧等，通常才会发生这种类型的扩散。由于扩散原子的直径小，运动灵活，因此间隙扩散的速度通常比空位扩散的速度快。

2.2.4.2 扩散模型

目前已建立了各种描述扩散过程的数学模型，这些模型都涉及微分方程。其中的许多方程是同时适用于气体、液体和固体的普适方程。下面我们将重点讨论**稳态扩散**(steady-state diffusion)，其扩散通量不随时间改变。

在一定条件下能够发生的扩散量与几个因素有关。其中一个因素是发生原子运动的时间。表示原子迁移速率的一个概念是**扩散通量**（diffusion flux，J），指单位时间（t）内通过一定截面积（A）的原子质量 M（或原子数），可记为

$$J = \frac{M}{At} \tag{2.4}$$

或者写成微分方程

$$J = \frac{1}{A}\frac{\mathrm{d}M}{\mathrm{d}t} \tag{2.5}$$

式中，J 的单位通常是"$\mathrm{kg/(m^2 \cdot s)}$"或者"原子数$/(\mathrm{m^2 \cdot s})$"。

如前所述，如果 J 不随时间改变，这种扩散就叫稳态扩散。假设金属板两边的气体浓度（分压）不变，则气体原子穿过薄金属片的运动就是一种稳态扩散[图 2.11 (a)]。

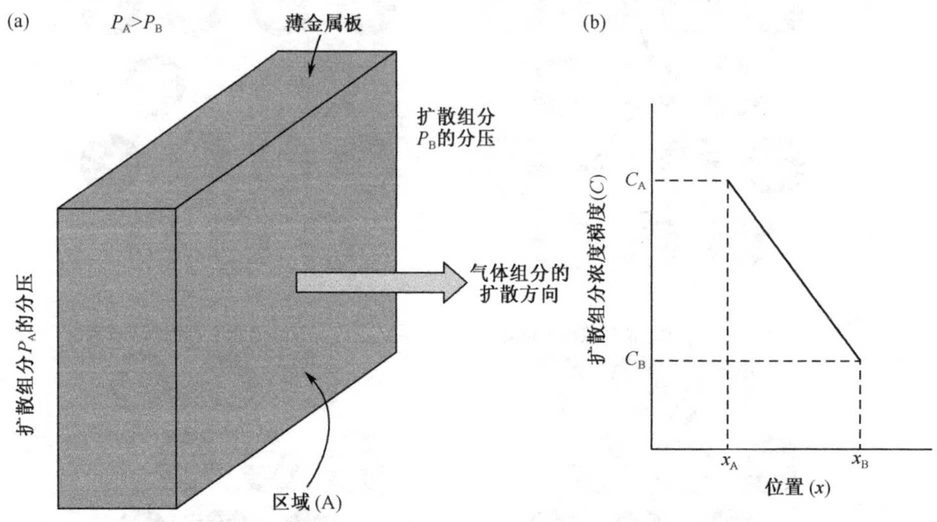

图 2.11　(a) 气体扩散通过薄板发生的稳态扩散示意图。扩散通量 J 是单位时间内通过某一特定截面积的原子质量（或原子数）M。如果 J 不随时间改变，则该扩散为稳态扩散。本图中，发生稳态扩散的原因是薄板两侧的分压不变。(b) 图 (a) 所示情况的浓度分布图。两点之间（如 x_A，x_B）的斜率就是这两点之间的浓度梯度（获准翻印自文献[4]）

如果以气体原子的浓度（C）对薄片的位置（x）作图，所得的图称为**浓度分布图**(concentration profile)。两个位置（如 x_A 和 x_B）之间的斜率称作这两点之间的**浓度梯**

度（concentration gradient）

$$浓度梯度 = \frac{dC}{dx} \tag{2.6}$$

如图 2.11（b）所示，对稳态扩散，浓度梯度可以看成是线性的，因此

$$\frac{dC}{dx} = \frac{\Delta C}{\Delta x} = \frac{C_A - C_B}{x_A - x_B} \tag{2.7}$$

对扩散问题，浓度通常用单位体积固体的扩散原子（这里是气体原子）质量来表示（kg/m^3 或 g/cm^3）。

对图 2.11（a）所描述的情况，扩散通量与浓度梯度成正比

$$J = -D\left(\frac{dC}{dx}\right) \tag{2.8}$$

这个表达式称为**菲克第一扩散定律**（Fick's first law of diffusion），负号表示原子沿浓度梯度方向移动（从高浓度到低浓度）。D（**扩散系数**，diffusivity）是比例系数，单位为 m^2/s。它与给定体系的参数如晶面间距有关，也与温度有关。D 可以表示为

$$D = D_0 e^{\frac{-Q}{RT}} \tag{2.9}$$

式中，D_0 为常数，单位为 m^2/s；Q 为扩散活化能；R 为摩尔气体常量[8.314 J/(mol·K)]；T 为体系的热力学温度。

例题 2.4

合金 $TiAl_3$ 容易氧化生成 Al_2O_3 层。假设氧原子在 Al_2O_3 层的扩散活化能为 337.66 kJ/mol，频率因子（D_0）为 167.2×10^{-4} m^2/s。请确定以下各项：

(a) 室温（25℃）条件下氧在 Al_2O_3 层中的扩散系数；

(b) 体温（37℃）条件下氧在 Al_2O_3 层中的扩散系数；

(c) Al_2O_3 熔化温度（2045℃）条件下氧在 Al_2O_3 层中的扩散系数；

(d) Ti 熔化温度（1662℃）条件下氧在 Al_2O_3 层中的扩散系数；

(e) 绝对零度条件下氧在 Al_2O_3 层中的扩散系数；

(f) 根据分子运动解释为什么在 Al_2O_3 的熔融温度条件下氧在 Al_2O_3 层中的扩散系数比室温或体温条件下高许多个数量级？

解答：

(a) 根据式（2.9）计算扩散系数（D）：

$$D = D_0 e^{\frac{-Q}{RT}}$$

已知 Q=337.66 kJ/mol，D_0=167.2×1010^{-4} m^2/s，摩尔气体常量 R=8.314 J/mol·K。将摄氏温度（℃）转化为开尔文温度（K）：K=℃+273，则

$$D = 167.2\times10^{-4}\ [m^2/s]\ \times e^{\frac{-337.66\times10^3\ J/mol}{(8.314\ J/mol)\times(298K)}};$$

$$\underline{D = 1.41\times10^{-61}\ m^2/s}$$

(b) $$D = 167.2\times10^{-4}\ [m^2/s]\ \times e^{\frac{-337.66\times10^3\ J/mol}{(8.314\ J/mol)\times(310K)}};$$

$$\underline{D = 2.18\times10^{-59}\ m^2/s}$$

(c) $$D = 167.2\times10^{-4}\ [m^2/s]\ \times e^{\frac{-337.66\times10^3\ J/mol}{(8.314\ J/mol)\times(2318K)}};$$

$$\underline{D=4.25\times10^{-10}\ \mathrm{m^2/s}}$$

(d) $$D=167.2\times10^{-4}\ [\mathrm{m^2/s}]\times e^{\frac{-337.66\times10^3\ \mathrm{J/mol}}{(8.314\ \mathrm{J/mol})\times(1935\mathrm{K})}};$$

$$\underline{D=1.34\times10^{-11}\ \mathrm{m^2/s}}$$

(e) 绝对零度是 0 K，0 K 时完全没有分子运动。没有分子运动，就不能发生扩散，因此扩散系数是 0；

(f) 本题是考查氧在 $TiAl_3$ 的 Al_2O_3 层中的扩散系数。由于 Al_2O_3 的熔融温度是 2045℃，所以，Al_2O_3 在 25℃（室温）和 37℃（体温）时是固态。材料处于固态时其热能低，分子运动受到限制。因此，氧原子在 Al_2O_3 层中的扩散严重受阻。而在熔融温度条件下，材料的热能很大，使分子运动更加容易。因此，在熔融状态下，氧原子在 Al_2O_3 层中的扩散更加容易。

2.3 陶瓷的结构

与金属材料一样，陶瓷材料因其高强度和优良的耐磨性而主要用作关节植入体。从本质上讲，陶瓷材料的化学键部分或全部都是离子键，因此，陶瓷材料的晶体结构是由离子而不是原子组成。陶瓷材料化学组成的变化可形成比金属材料更多的晶体结构。下面将讨论几种最常见的陶瓷晶体结构。

2.3.1 陶瓷的晶体结构

陶瓷的晶体结构受两个参数影响：电荷大小和离子的物理尺寸。由于离子晶体必须保持电中性，因此，NaCl 的晶体结构要求一个 Na^+ 应该与一个 Cl^- 配对，而 CaF_2 的晶体结构要求一个 Ca^{2+} 必须与两个 F^- 作用。

第二个参数是要求知道构成陶瓷材料的阳离子（r_c）和阴离子（r_a）半径（表 2.3）。电子-电子排斥作用随价壳层电子的失去而减弱，原子核也因此能将剩余电子拉

表 2.3 构成陶瓷材料的阳离子（r_c）和阴离子（r_a）的离子半径（配位数为 6）

阳离子（r_c）	离子半径/nm	阴离子（r_a）	离子半径/nm
Al^{3+}	0.053	Br^-	0.196
Ba^{2+}	0.136	Cl^-	0.181
Ca^{2+}	0.100	F^-	0.133
Cs^+	0.170	I^-	0.220
Fe^{2+}	0.077	O^{2-}	0.140
Fe^{3+}	0.069	S^{2-}	0.184
K^+	0.138		
Mg^{2+}	0.072		
Mn^{2+}	0.067		
Na^+	0.102		
Ni^{2+}	0.069		
Si^{4+}	0.040		
Ti^{4+}	0.061		

（获准翻印自文献 [4]）

得更近，所以阳离子的半径通常比阴离子的半径小。最稳定的晶体结构要求阳离子能与尽可能多的阴离子接触（反之，对阴离子也是如此）。在离子晶体中，离子的配位数是指最邻近的带相反电荷的离子数目，与 r_c/r_a 有关。从图 2.12 可以看出，某些 r_c/r_a 使阳离子与阴离子不能紧密接触，从而形成不稳定的晶体结构。

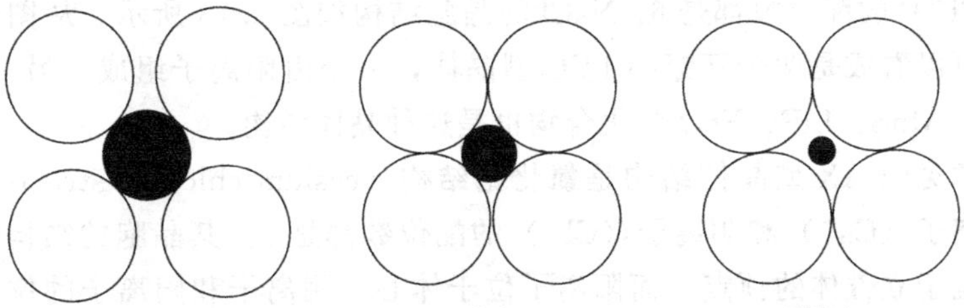

图 2.12　离子晶体中稳定配位和不稳定配位（黑圈代表阳离子）。离子的配位数是指最邻近的带相反电荷的离子数目。如本图所示，相同的配位数既可能形成稳定的晶体结构，也可能形成不稳定的晶体结构，这取决于阴离子和阳离子的相对大小（获准翻印自文献 [4]）

根据这一概念，要形成稳定的晶体结构，每一种配位数都有一个确定的最小 r_c/r_a（表 2.4）。此外，每种离子配位数对应特定的**最近邻离子几何形状**（nearest-neighbor geometry）。例如，配位数为 4 时，阳离子位于四面体的体心，而阴离子位于顶点（表 2.4）。对陶瓷材料而言，最常见的离子配位数是 4、6 和 8。

表 2.4　各种配位数的临界 r_c/r_a 比值及对应的最近邻离子形成的几何外形

配位数	较低临界（r_c/r_a）值	（r_c/r_a）稳定范围	几何形状*
2	0	$0<r_c/r_a<0.155$	均可
3	0.155	$0.155<r_c/r_a<0.225$	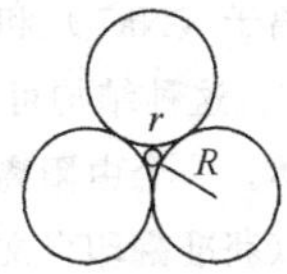
4	0.225	$0.225<r_c/r_a<0.414$	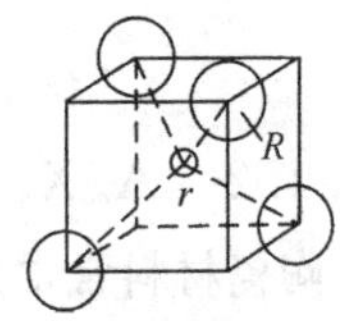
6	0.414	$0.414<r_c/r_a<0.732$	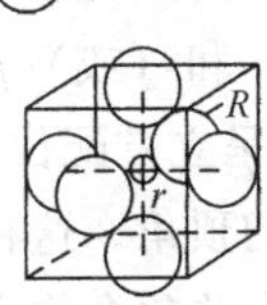
8	0.732	$0.732<r_c/r_a<1$	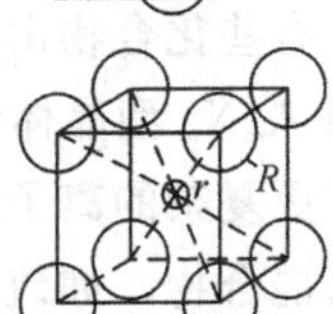

* 此列中，$r=r_c$，$R=r_a$。

（获准翻印自文献 [5]）

2.3.1.1 AX 型晶体结构

由带有相同电荷数的阴、阳离子组成的陶瓷材料，其稳定晶体结构中的阴离子数目和阳离子数目是相等的。这类晶体称为 AX 型晶体，A 代表阳离子，X 代表阴离子。最常见的 AX 型晶体结构是**氯化钠结构**（sodium chloride structure），其阳离子（Na^+）和阴离子（Cl^-）的配位数都是 6。NaCl 的晶胞结构如图 2.13 所示。从图中可以看出，氯化钠结构可以看成是两个互穿的 FCC 型晶体，一个由阳离子组成，另一个由阴离子组成。MgO、MnS、LiF、FeO 等化合物也是这种晶体结构。

另一种常见的 AX 型晶体结构是**氯化铯结构**（cesium chloride structure）。在这种结构中，阳离子（Cs^+）和阴离子（Cl^-）的配位数都是 8。其晶胞的结构如图 2.14 所示，阴离子位于立方体的顶点，而阳离子位于体心。阴离子和阳离子的位置可以互换，形成相同的晶体结构。尽管看起来像 BCC 晶体结构，但由于这种结构涉及两种不同的原子（离子），因此它实际上不是 BCC 晶体结构。

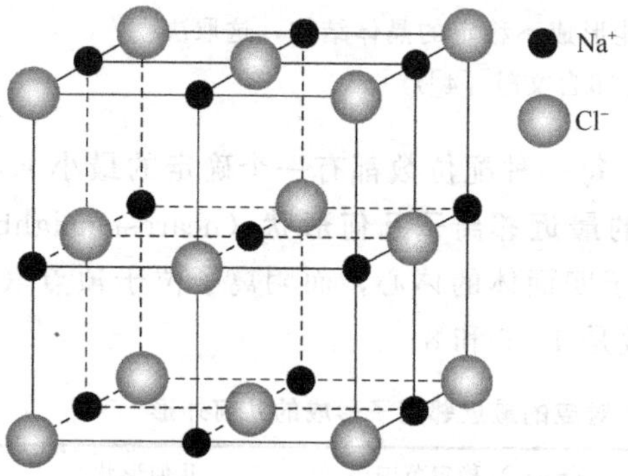

图 2.13 具有 NaCl 结构的离子晶体的晶胞。阳离子（Na^+）和阴离子（Cl^-）的配位数都是 6。这种结构可以看成是两个互穿的 FCC 型晶体，一个由阳离子组成，另一个由阴离子组成（获准翻印自文献 [4]）

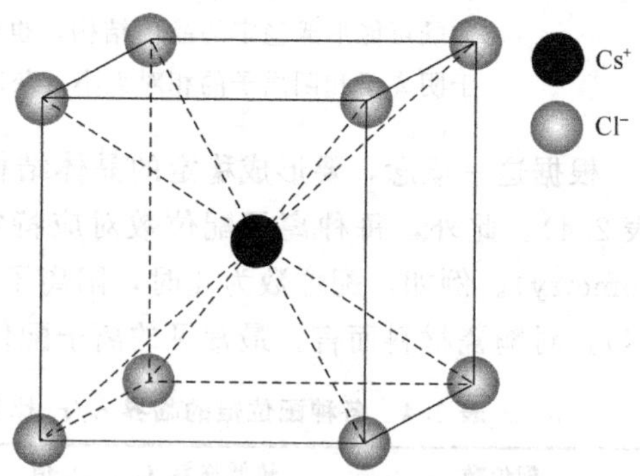

图 2.14 具有 CsCl 结构的离子晶体的晶胞。Cs^+ 和 Cl^- 的配位数都是 8。在这种晶胞中，阴离子位于立方体的顶角，而阳离子位于体心。尽管看起来像 BCC 晶体结构，但由于这种结构涉及两种不同的原子（离子），因此它实际上不是 BCC 晶体结构（获准翻印自文献 [4]）

2.3.1.2 A_mX_p 型晶体结构

陶瓷材料常常是由电荷数不同的阳离子和阴离子组成，形成化学式为 A_mX_p 的化合物，m 和（或）p 不等于 1。氟石（CaF_2）就是常见的例子，其 Ca^{2+} 的配位数是 8。CaF_2 呈立方配位的几何外形（图 2.15），阳离子位于立方体的体心，而阴离子位于立方体的顶角。这种结构与 CsCl 的晶体结构相似，只是只有一半体心位置被 Ca^{2+} 占据。

有些化合物由一种以上的阳离子组成，形成 $A_mB_nX_p$ 型晶体结构。这种结构比 AX 型和 A_mX_p 型晶体结构更为复杂。在陶瓷生物材料中可发现这些类型的晶体结构，甚至还有更复杂的离子组合方式，这主要是因为大多数生物医用陶瓷材料都是多种离子化合物的混合物，如硫酸锌-磷酸钙（ZSCAP）陶瓷，包括 $ZnSO_4$、ZnO、CaO 和 P_2O_5，或铁钙磷氧化物（FECAP）陶瓷，包括 Fe_2O_3、CaO 和 P_2O_5。

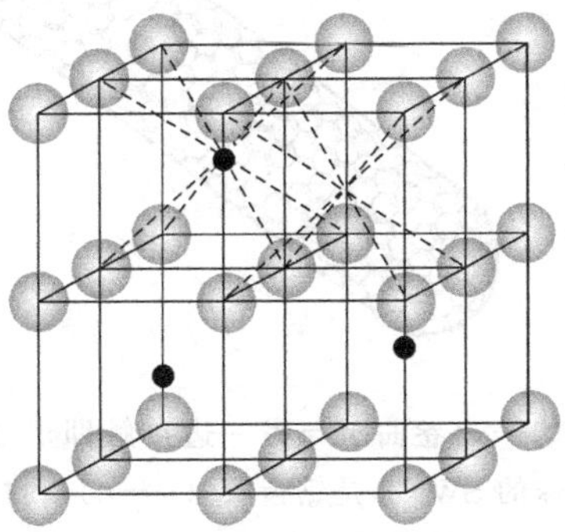

图 2.15　具有氟石（CaF_2）结构的离子晶体的晶胞。阳离子和阴离子的电荷数不等。阳离子位于立方体的体心，而阴离子位于立方体的顶角。这种晶体结构与 CsCl 相似，只是只有一半体心位置被 Ca^{2+} 占据（获准翻印自文献 [4]）

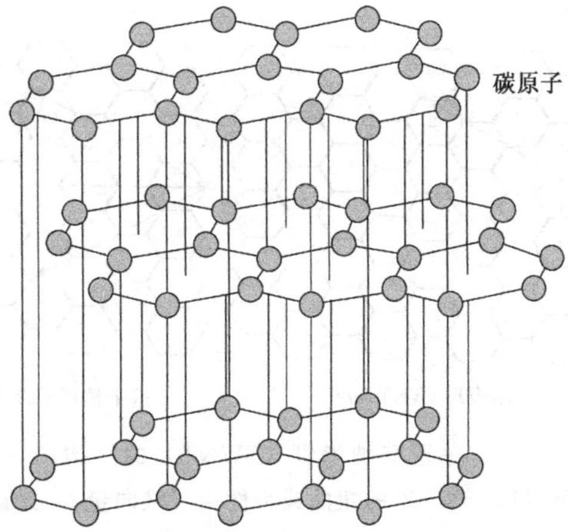

图 2.16　石墨的晶体结构。石墨晶体结构是由碳原子排列形成的六角形平面组成。在平面内，每个碳原子与三个相邻碳原子以共价键连接，而第四个价电子则与它上面的平面产生范德华相互作用。热解碳是一种石墨基生物材料，气态碳沉积到石墨表面即形成热解碳（获准翻印自文献 [4]）

2.3.1.3　碳基材料

虽然碳基材料不完全属于金属、陶瓷或高分子材料，但碳是最常见的一种形式，**石墨**（graphite）通常被认为是陶瓷。石墨没有标准的晶胞，但仍属于晶体。如图 2.16 所示，石墨的晶体结构是由碳原子排列形成的六角形平面组成。在平面内，每个碳原子与三个相邻碳原子以共价键连接，而第四个价电子则与它上面的平面产生**范德华相互作用**（van der Waals interaction）。对生物材料学来说，石墨很重要的一个性质是它能吸附气体。利用这一性质，将气态碳沉积到石墨表面上，就形成了**热解碳**（pyrolytic carbon）。热解碳已被应用于大量的心血管器械中，如人工心脏瓣膜。

碳的另一种合成形式存在于**单壁碳纳米管**（single-walled nanotube，SWNT）和**多壁碳纳米管**（multi-walled nanotube，MWNT）。单壁碳纳米管可以看作单层石墨片层卷成的管，而多壁碳纳米管则是多层石墨片层卷成的管。这些碳纳米管的直径通常为几个纳米，长度则在微米级。对 SWNT，可用**手性度**（degree of chirality）或“扭曲”度来表征。为描述 SWNT 的手性度，可定义一个二维向量 C_h（图 2.17）

$$C_h = na_1 + ma_2 \equiv (n, m) \tag{2.10}$$

SWNT 的结构则由两个基本向量 a_1 和 a_2 的指数 n 和 m 确定，这里 n 和 m 必须是整数。$n=m$ 的碳纳米管，称为**扶手椅管**（armchair tube）；$m=0$ 的碳纳米管称为**锯齿管**（zigzag tube）。“扶手椅”或“锯齿”是指沿向量 C_h 方向看到的碳原子排列图形。n 和 m 为其他整数值的碳纳米管叫**手性管**（chiral tube）。在手性碳纳米管中，碳链沿碳纳米管螺旋上升。SWNT 可用于生物材料的力学增强，如增强合成高分子，用于整形外科植入体。

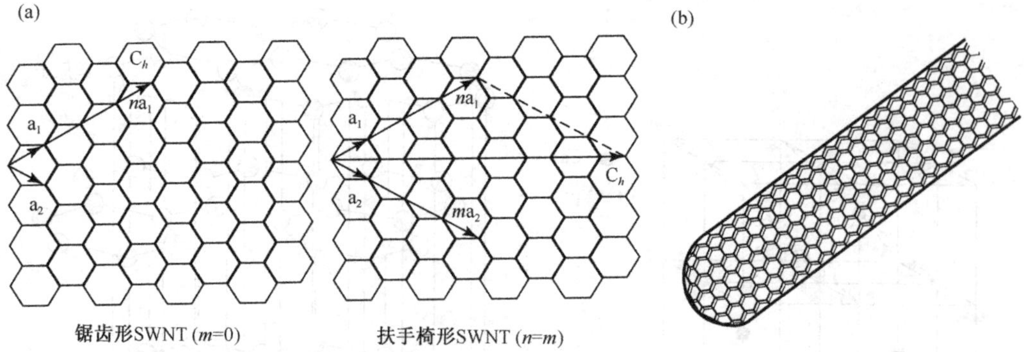

图 2.17 单壁碳纳米管（SWNT）的结构。（a）石墨片层的一边卷曲至与另一边接触即形成SWNT。SWNT 的扭曲或手性由二维向量 C_h 来确定。两种特殊的 SWNT 是锯齿管（$m=0$）和扶手椅管（$n=m$）。“扶手椅”或“锯齿”是指沿向量 C_h 方向看到的碳原子排列图形。（b）碳纳米管的三维结构

2.3.2 陶瓷晶体结构中的缺陷

2.3.2.1 点缺陷

与金属材料一样，陶瓷材料的晶体中也存在许多包括点缺陷在内的缺陷类型。阳离子或阴离子都可能发生间隙点缺陷和空位点缺陷。但需要指出，与金属材料相比，陶瓷材料的缺陷形成还有另一个限制条件。因为陶瓷本质上是离子键构成的，所以缺陷不应该影响陶瓷的电中性。因此，在陶瓷材料中不会发生单个点缺陷而是形成一群缺陷，因为单个点缺陷会使晶体带净电荷，从而破坏陶瓷的电中性。

其中一种缺陷群叫**肖特基缺陷**（Schottky defect）。在这种缺陷群中，等量的阳离子空位与阴离子空位同时存在，以保持晶体的电中性。图 2.18 给出了两种不同型的

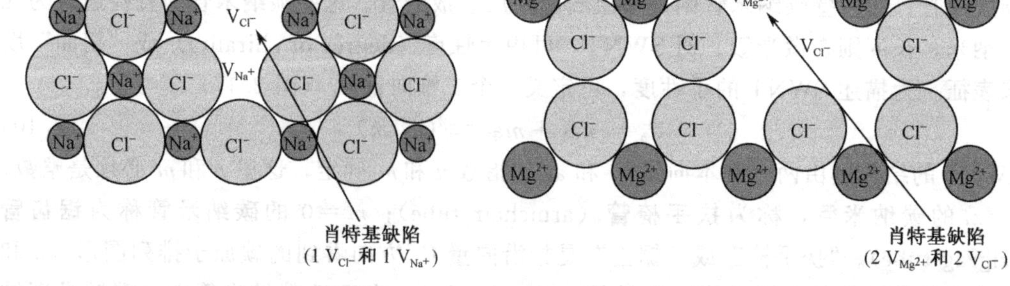

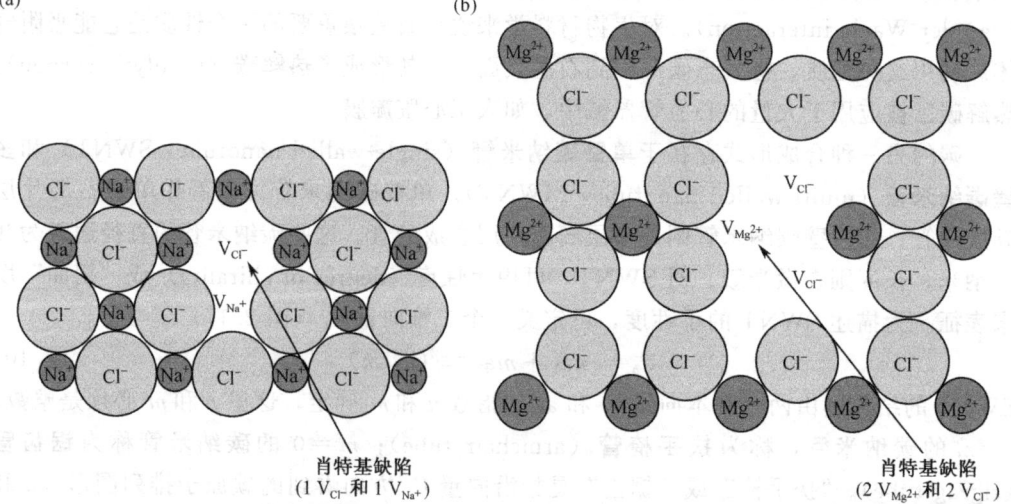

图 2.18 陶瓷晶体中的肖特基缺陷。对 AX（a）和 A_mX_p（b）型离子晶体，阳离子和阴离子中按正确的比例同时形成空位，保持晶体的电中性。尽管此图显示空位在空间上是成群聚集的，但实际上，阴离子空位与阳离子空位间可能分隔很远的距离（获准翻印自文献［5］）

AX 晶体中的肖特基缺陷。尽管此图显示，空位在空间上是群聚在一起的，但实际上阴离子空位和阳离子空位可能相隔很远。离子晶体中驱动空位形成的热力学原理与金属晶体中的原理一样，都是体系熵增加。因此，可用类似的表达式来表示 AX 型材料中**肖特基缺陷数**（number of Schottky defect）与热力学温度（T）之间的关系：

$$N_{v,cat} = N_{v,an} = Ne^{\frac{-Q_{vp}}{2kT}} \tag{2.11}$$

式中，$N_{v,cat}$为阳离子空位数；$N_{v,an}$为阴离子空位数；N 为总的原子位点数（等于空位数＋原子数）；Q_{vp}为形成阴/阳离子空位对的活化能；k 为**波尔兹曼常数**（Boltzmann's constant）。

陶瓷晶体中存在的另一种常见缺陷群是**弗兰克尔缺陷**（Frenkel defect）。在这种缺陷群中，空位与间隙离子成对出现，以保持晶体的电中性。由于阴离子体积太大，需要很大的晶格应变才能进入间隙空间，所以通常只有阳离子才会形成这种缺陷。典型的弗兰克尔缺陷如图 2.19 所示。描述弗兰克尔缺陷数与热力学温度（T）之间关系的方程如下：

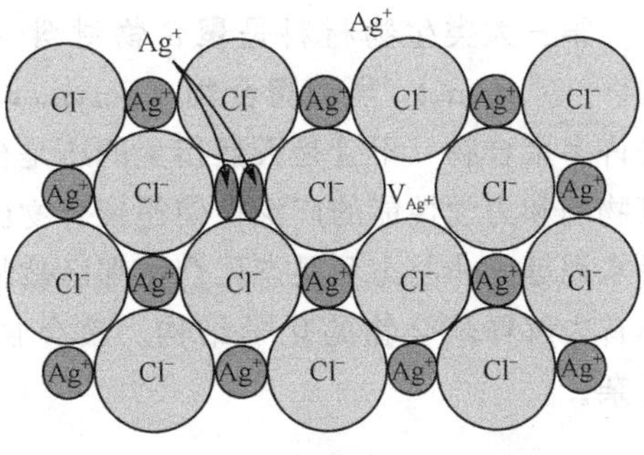

图 2.19　陶瓷晶体中的弗兰克尔缺陷。在这种缺陷中，空位/间隙离子对保持晶体的电中性。由于阴离子体积太大，需要很大的晶格应变才能进入间隙空间，所以通常只有阳离子才会形成这种缺陷（获准翻印自文献［5］）

$$N_v = N_i = Ne^{\frac{-Q_{vi}}{2kT}} \tag{2.12}$$

式中，N_v 为空位数；N_i 为间隙离子数；N 为总的原子位点数（等于空位数＋原子数）；Q_{vi}为形成一个空位和一个间隙离子的活化能；k 为波尔兹曼常数。陶瓷晶体中肖特基缺陷和弗兰克尔缺陷的含量影响陶瓷生物材料的力学性能，因为这些缺陷群可能成为**应力集中源**（stress concentrator）（见 4.3.3 节）。

2.3.2.2　杂质

陶瓷晶体中也会存在与金属晶体中类似的杂质。陶瓷材料也能形成固溶体，同样的术语如溶剂和溶质在陶瓷材料中也同样适用。尽管在陶瓷材料中也存在置换固溶体和间隙固溶体，但作为溶质的阴离子由于其体积太大不易填入间隙空间，因此主要形成置换固溶体。相反，阳离子则既容易形成置换固溶体，也容易形成间隙固溶体（图 2.20）。

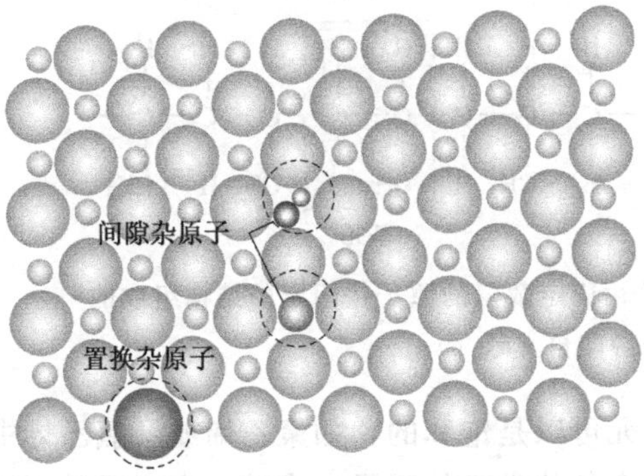

图 2.20　陶瓷晶体中的杂质。尽管陶瓷材料中既存在置换固溶体也存在间隙固溶体，但作为溶质的阴离子由于其体积太大不易填入间隙空间，因此主要形成置换固溶体。相反，阳离子则既容易形成置换固溶体，也容易形成间隙固溶体（获准翻印自文献［6］）

对于上面讨论到的点缺陷群，在陶瓷材料中，杂质的加入绝对不能影响主体材料的电中性。为保持稳定，溶质离子的大小和电荷数必须与溶剂离子相似，否则，晶格常常会通过排斥宿主离子形成空位进行补偿，以保持材料的电中性。例如，如果 Ca^{2+} 置换了

NaCl 中的 Na^+，则晶格就排斥另一个 Na^+ 形成空位来进行补偿，以保持材料的电中性。这样形成的空位不同于公式（2.11）和公式（2.12）中所描述的正常热空位。

与金属材料一样，陶瓷材料中也会发生点缺陷和杂质的扩散。扩散的速率与温度有关，可利用与金属材料相同的方程来进行模拟。但陶瓷材料中的扩散与金属材料的一个主要区别是前者必须同时存在至少两种缺陷粒子（离子和空位）的扩散，以保持材料的电中性。

2.4 聚合物的结构

第三大类生物材料是**聚合物材料**（polymeric material）。由于其分子质量可达到 $10^5 \sim 10^6$ g/mol，所以**聚合物**（polymer）也叫**高分子**（macromolecule）。碳-氢共价键是许多聚合物（不管是天然衍生的还是合成的）的一个主要化学键。聚合物的多样性及其物理和力学性能的广泛性使得聚合物已被应用于各种各样的医疗器械，如人造血管和骨水泥等。非晶态和晶态聚合物都已被临床应用。在描述聚合物的晶体结构之前，我们需首先解释聚合物的化学结构。聚合物的化学结构远比金属或陶瓷材料的化学结构复杂。

2.4.1 一般结构

2.4.1.1 重复单元

聚合物的最小结构单元叫**基元**（mer）[聚合物（polymer）字面意思就是许多个基元]。一个基元就是一个由固定数量的原子按固定的结构组成的结构个体，它不断重复就形成了聚合物（图 2.21）。因此，聚合物的基元常称为聚合物的**重复单元**（repeat unit）。只含有一个基元的分子叫做**单体**（monomer），而由 2～10 个基元组成的分子叫做**寡聚体**（oligomer）。

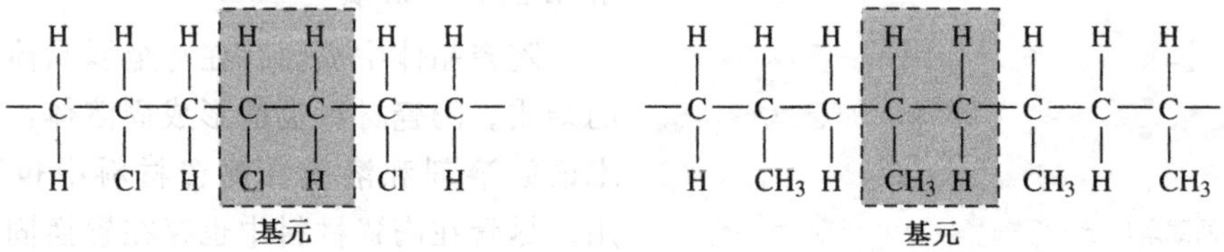

图 2.21 聚合物中的基元。一个基元就是一个由固定数量的原子按固定的结构组成的结构个体，它不断重复就形成了聚合物（获准翻印自文献 [4]）

从表 2.5 可以看出，常见聚合物的重复单元可以是饱和的，如聚乙烯或聚氯乙烯中的重复单元，碳与四个原子（两个碳原子和两个其他类型的原子）成键，也可以是不饱和的，如聚异戊二烯中的重复单元，两个碳原子以双键相连（图 2.26）。聚合物中不饱和重复单元的存在会影响聚合物的结晶和交联，这在第 3 章中将会讨论。此外，尽管许多重复单元，如上面所讨论的重复单元，是**双官能度的**（bifunctional）（其两端可以和其他基元成键），但也有许多其他的重复单元，如酚醛树脂中的重复单元含有三个能与其他基元成键的活性键。这样的重复单元叫做**三官能度的**（trifunctional）重复单元，可以形成聚合物网络，这在本章后续内容中将做叙述。

表 2.5　常见聚合物的结构

聚合物	结　构
聚乙烯（PE）	$-[CH_2-CH_2]_n-$
聚乙二醇（PEG）	$-[CH_2-CH_2-O]_n-$
聚苯乙烯（PS）	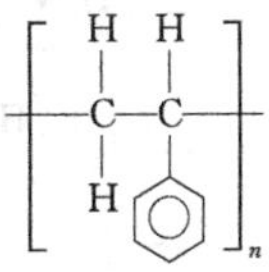
聚甲基丙烯酸甲酯（PMMA）	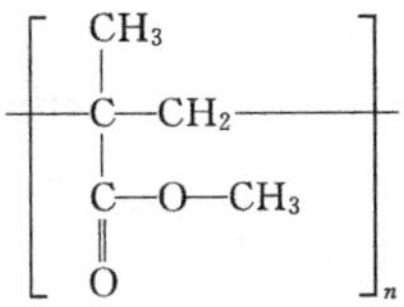
聚羟基乙酸（PGA）	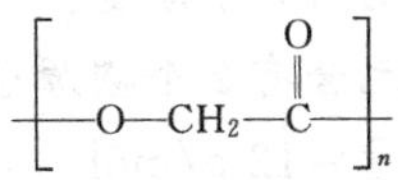
聚乳酸（PLA）	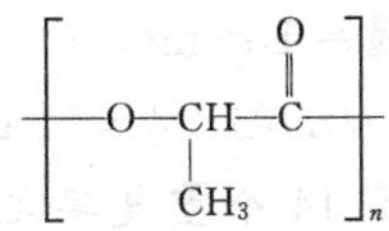
聚四氟乙烯	$-[CF_2-CF_2]_n-$

2.4.1.2　分子质量测定

大多数聚合物的一个突出特征就是链很长。链的长度可用**聚合度**（degree of polymerization）（聚合物的重复单元数）来表征，在聚合物的化学式中常用字母 n 表示。

例如，

$$\cdots CH_2-CH_2-CH_2-CH_2-CH_2-CH_2-CH_2-CH_2\cdots$$

可以简写为

$$-[CH_2-CH_2]_n-$$

聚合物的大小也可以用聚合物链的分子质量来描述。

例题 2.5

请确定以下聚合物的分子质量：

(a) 聚乙烯，一种常用于髋关节的髋臼磨损面的修复材料。

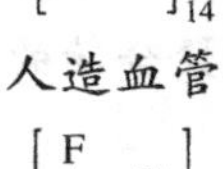

(b) 聚四氟乙烯，一种常用于加工人造血管的材料。

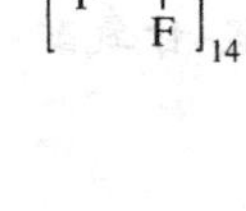

(c) 聚甲基丙烯酸甲酯，一种在整形过程中常用作骨水泥的材料。

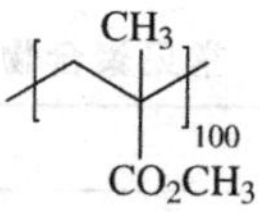

(d) 多肽序列（RGD，或精氨酸-甘氨酸-门冬氨酸），常用于材料改性以增强细胞对材料的黏附。

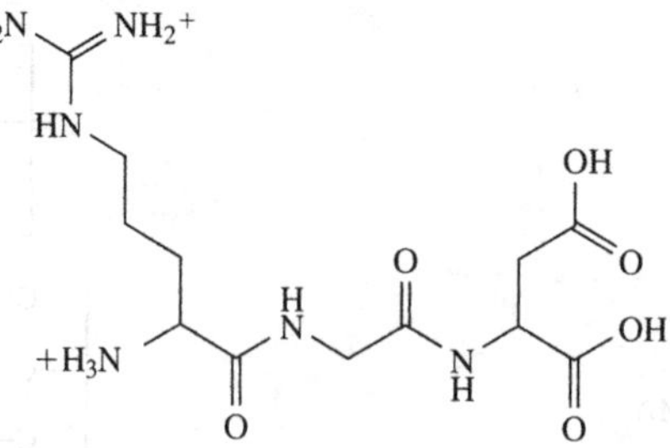

解答：

(a) 重复单元的分子质量：

每个重复单元含有 2 个碳原子和 4 个氢原子

碳的原子质量=12 g/mol

氢的原子质量=1 g/mol

则：2×(12 g/mol)+4×(1 g/mol)=28 g/mol/重复单元

聚合物链中有 14 个重复单元，故聚合物的分子质量等于重复单元分子质量的 14 倍，再加 2 个链端氢原子的原子质量：

28 g/mol/重复单元×14个重复单元+2个氢原子×(1g/mol 氢原子)=394 g/mol

(b) 重复单元分子质量：

每个重复单元含有 2 个碳原子和 4 个氟原子

碳的原子质量=12 g/mol

氟的原子质量=19 g/mol

2×(12 g/mol)+4×(19 g/mol)=100 g/mol/重复单元

聚合物链中有 14 个重复单元，故聚合物的分子质量等于重复单元分子质量的 14 倍，再加 2 个链端氢原子的原子质量：

100 g/mol/重复单元×14个重复单元+2个氢原子×(1 g/mol 氢原子)=1402 g/mol

(c) 重复单元分子质量：

每个重复单元有 5 个碳原子、8 个氢原子和 2 个氧原子

碳的原子质量=12 g/mol

氢的原子质量=1 g/mol

氧的原子质量=16 g/mol

5×(12 g/mol)+ 8×(1 g/mol)+2×(16 g/mol)=100 g/mol/重复单元

聚合物链中有 100 个重复单元，故聚合物的分子质量等于重复单元分子质量的 100 倍，再加 2 个链端氢原子的原子质量：

100 g/mol/重复单元×100个重复单元+2个氢原子×(1 g/mol 氢原子)=10 002 g/mol。

(d) 这是一个多肽（RGD 或精氨酸-甘氨酸-门冬氨酸），没有重复单元。多肽的元

素组成如下：

碳原子：12 个；氢原子：24 个；氮原子：6 个；氧原子：6 个。

因此，多肽的分子质量计算如下：

12×(12 g/mol C)+24×(1 g/mol H)+ 6×(16 g/mol O)= 348 g/mol。

聚合物合成过程中会形成具有一定分子质量分布的聚合物。因此，测定的分子质量通常都是聚合物的平均分子质量。平均分子质量有两种定义：数均分子质量（$\overline{M}_\mathrm{n}$）和重均分子质量（$\overline{M}_\mathrm{w}$）。将聚合物链分成一系列的大小范围，计算每一种大小的聚合物链所占的比例，即可根据下式得到数均分子质量$\overline{M}_\mathrm{n}$：

$$\overline{M}_\mathrm{n} = \sum_i x_i M_i \tag{2.13}$$

式中，

$$x_i = \frac{N_i}{\sum_i N_i} \tag{2.14}$$

式中，N_i 为分子质量为 M_i 的聚合物链的数量；M_i 为选定分子质量范围的聚合物链的平均分子质量。

重均分子质量$\overline{M}_\mathrm{w}$ 是利用选定大小范围的聚合物链的重量分数来计算得到的，即

$$\overline{M}_\mathrm{w} = \sum_i w_i M_i \tag{2.15}$$

式中，

$$w_i = \frac{W_i}{\sum_i W_i} \tag{2.16}$$

$$W_i = N_i M_i \tag{2.17}$$

应该指出，随着选择的限定 N_i 和 M_i 的聚合物大小范围越来越窄，式（2.13）和式（2.15）所得到的聚合物分子质量就越趋近于每条单链的分子质量。之所以计算两种平均分子质量，是因为$\overline{M}_\mathrm{n}$ 是同等地对待所有大小的聚合物链，而对$\overline{M}_\mathrm{w}$，分子质量越大的聚合物链对$\overline{M}_\mathrm{w}$ 值的贡献越大。在有些情况中，$\overline{M}_\mathrm{w}$ 与材料的力学和物理性质的关系更直接（表 2.6）。

表 2.6 聚乳酸的分子质量与力学性质之间的关系

重均分子质量	抗拉模量/MPa	弯曲模量/MPa
50 000	1200	1400
100 000	2700	3000
300 000	3000	3250

多分散指数（polydispersity index，PI）是两种平均分子质量之比：

$$\mathrm{PI} = \frac{\overline{M}_\mathrm{w}}{\overline{M}_\mathrm{n}} \tag{2.18}$$

PI 的最小值是 1.00（即所有聚合物具有相同的分子质量），其大小随聚合物分子质量分布变宽而增大（图 2.22）。

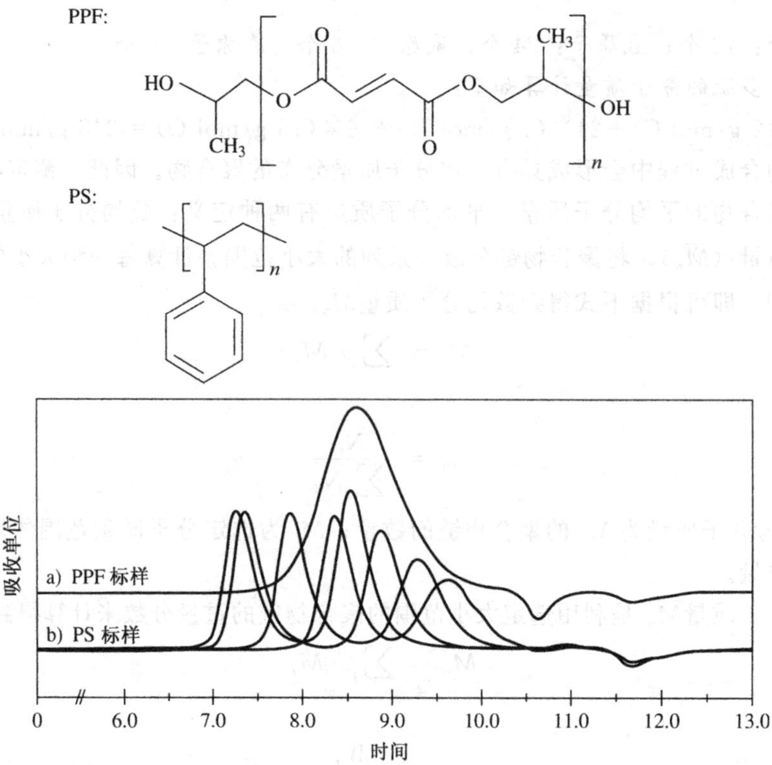

图 2.22　聚丙烯反丁烯二酸酯（PPF）和不同聚苯乙烯（PS）标样的体积排阻色谱（凝胶渗透色谱）图。在这种色谱中，大分子质量的聚合物先流出色谱柱，因而先被检测到。PPF：$\overline{M}_n=3580$；PS 标样（从左到右）：$\overline{M}_n=26\ 600$，$\overline{M}_n=23\ 300$，$\overline{M}_n=10\ 000$，$\overline{M}_n=4620$，$\overline{M}_n=3260$，$\overline{M}_n=1790$，$\overline{M}_n=869$，$\overline{M}_n=423$。

注意：PPF 的峰比标样的峰宽。尽管实验室合成的 PPF 的多分散指数接近 2，但实验室可以合成出 PI 接近于 1 的 PS。分子质量越低，实现 PI 接近 1 就越困难。因此，分子质量最低的 PS 标样（$\overline{M}_n=423$）PI 为 1.22

例题 2.6

某一给定聚合物样品中不同分子质量的聚合物的含量如下表所示：

组分	分子质量	聚合物链数
1	5 000	1 000
2	10 000	1 000
3	1 000 000	3

(a) 计算聚合物的数均分子质量。

(b) 计算聚合物的重均分子质量。

(c) 分子质量为 1 000 000 的 3 条链对哪种平均分子质量的检测影响最大？为什么？

(d) 计算聚合物的多分散指数。

解答：

(a) $\overline{M}_n = \dfrac{\sum_i N_i M_i}{\sum_i N_i}$

$\overline{M}_n = [(1000 \times 5000) + (1000 \times 10\,000) + (3 \times 1\,000\,000)]/(1000 + 1000 + 3) = 8987\ \text{Da}$ （注：$1\ \text{Da} = 1\ \text{g/mol}$）

(b) $\overline{M}_w = \dfrac{\sum_i N_i M_i^2}{\sum_i N_i M_i}$

$\overline{M}_w = [1000 \times (5000)^2 + 1000 \times (10\,000)^2 + 3 \times (1\,000\,000)^2 +]/[(1000 \times 5000) + (1000 \times 10\,000) + (3 \times 1\,000\,000)] = 173\,611\ \text{Da}$

(c) 分子质量为 1 000 000 的 3 条链对重均分子质量的影响最明显。由于重均分子质量是以加权的方式考虑聚合物样品中每条聚合物链的分子质量，因此，分子质量越高的聚合物链就比分子质量小但分子数多的聚合物链对重量分数的影响大，对重均分子质量的影响也就越大。

(d) $\text{PI} = \dfrac{\overline{M}_w}{\overline{M}_n}$

则 PI＝(173 611 Da)/(8987 Da)＝19 （注：PI 没有单位）。

2.4.1.3 基元的构型

聚合物最突出的一个特征，也是聚合物区别于金属和陶瓷的一个特征是大分子链可呈现许多不同的形状。这主要是由聚合物骨架中的碳原子旋转引起的，聚合物链中单个链接位置的变化可改变整条链的路径（图 2.23）。因此，聚合物链可以自身向后折叠，或含有很多**弯曲**（bend）和**扭结**（kink）（图 2.24）。这些类型的**分子缠绕**（entanglement）对聚合物的力学性质起很重要的作用，这将在第 4 章讨论。

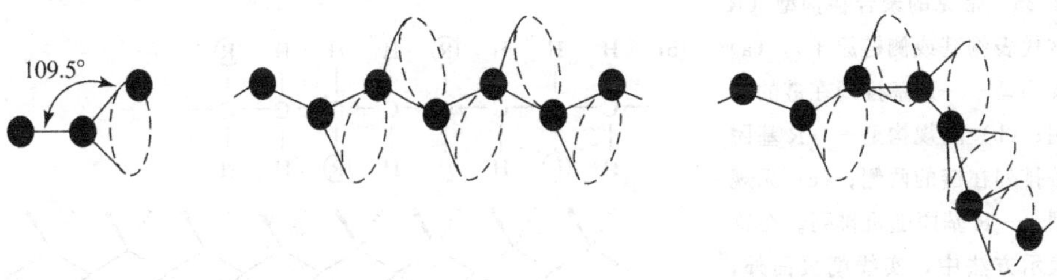

图 2.23 聚合物的构象。一条大分子链可呈现多种形状，这主要是由于聚合物骨架中碳原子的旋转引起的（获准翻印自文献 [8]）

在分子水平上，聚合物分子的弯曲是由单个重复单元的构象变化所引起的。**“构象”**（conformation）是指分子结构中可绕单键旋转而发生结构变化的结构部分。重复单元（以及聚合物）的构象受其化学组成的严重影响。聚合物链中存在体积大的侧基（像聚苯乙烯中的苯环）会破坏聚合物链绕骨架的旋转。更极端的一种情况是：当聚合物链中存在刚性的碳-碳双键时，则没有绕骨架的旋转，其构象被有效地**“冻结”**（frozen）了。

聚合物的构象还受重复单元键接方式的影响。**“构型”**（configuration）是指分子中只能通过主价键**断裂**（breaking）并**重新形成**（reforming）新的主价键才能够改变的结构部分。图 2.25 给出了几种常见的聚合物构型。其中，R 代表侧基或侧链原子（如聚苯乙烯中的苯环或聚氯乙烯中的 Cl 原子）。若 R 基排在聚合物链的同侧，则称作**全规构型**（isotactic configuration）；若 R 基交替排列在聚合物链的两侧，则称作**间规构型**（syndiotactic configuration）；若 R 基随机排列，则称作**无规构型**（atactic configuration）。从这些例子中很容易看出，两种构型间的转换需要化学键的断裂，而不同构象之间的转换仅涉及化学键的旋转。现实中，任何聚合物都是不同构型聚合物的混合物，何种构型占支配地位则主要取决于合成方法。

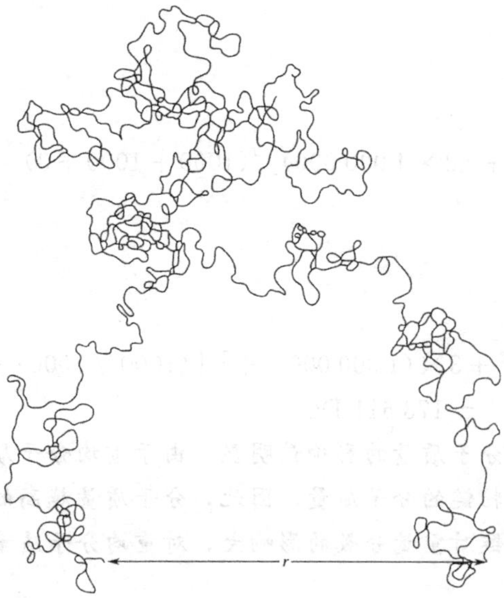

图 2.24　典型的聚合物分子构象。聚合物分子中存在许多弯曲和扭结。这些类型的缠绕对聚合物的力学性质有很重要的作用。聚合物的末端距用 r 来表示（获准翻印自文献［9］）

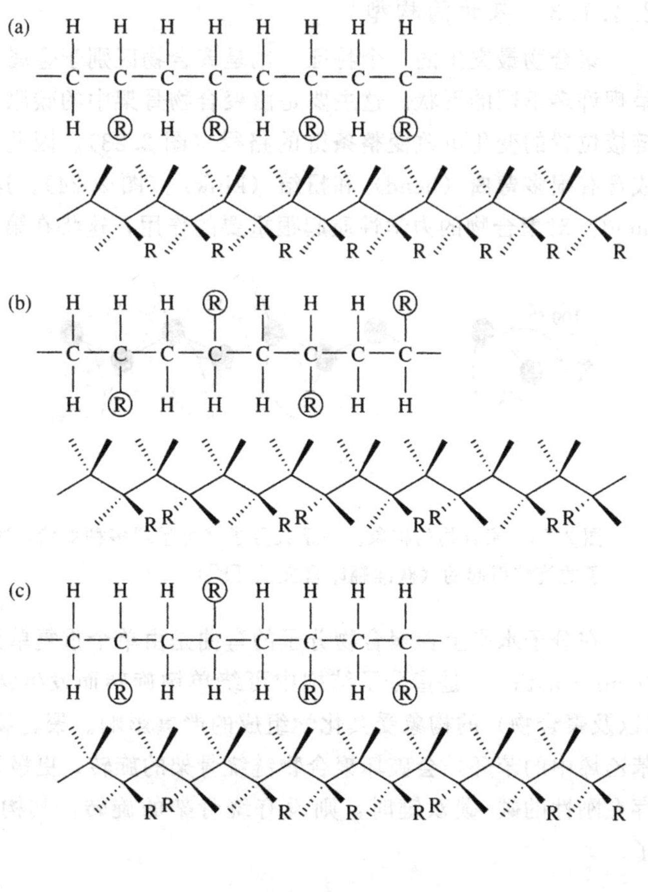

图 2.25　常见的聚合物构型（R 通常代表侧基或侧链原子）。(a) 全规构型——R 基排列在链的同一侧；(b) 间规构型——R 基团交替排列在链的两侧；(c) 无规构型——R 基团随机排列。在这种表示方法中，实线朝页面外，虚线朝页面内（获准翻印自文献［4］）

对重复单元中含有 C—C 双键的聚合物，其聚合物链可能有两种构型（图 2.26）。以**聚异戊二烯**［poly（isoprene）］为例，当 CH_3 和 H 位于 C—C 双键的同侧时，这种构型称为**顺式**（*cis*）构型［顺式聚异戊二烯（*cis*-isoprene）就是天然橡胶］。相反，CH_3 和 H 位于双键的两侧时，则称为**反式**（*trans*）构型。由于构型的差别，反式聚异戊二烯（*trans*-isoprene）具有与天然橡胶明显不同的力学性质。

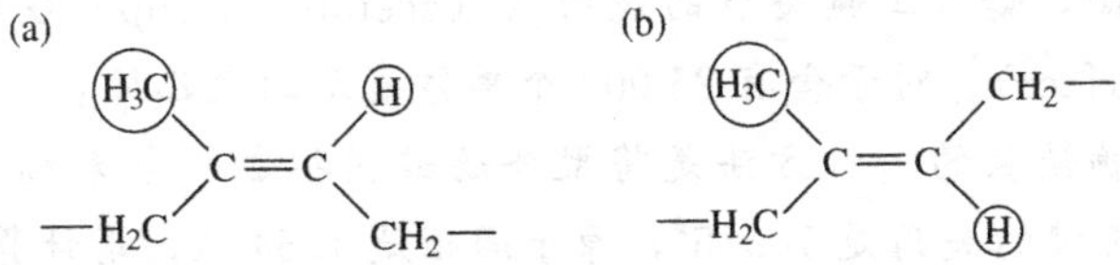

图 2.26　含 C—C 双键聚合物的常见构型（本图示例：聚异戊二烯）。（a）顺式（*cis*-）构型——CH_3 和 H 位于 C—C 双键的同一侧［顺式聚异戊二烯（*cis*-isoprene）就是天然橡胶］；（b）反式（*trans*-）构型——CH_3 和 H 位于 C—C 双键的两侧（获准翻印自文献［4］）

2.4.1.4　聚合物的结构

除了构象和构型外，聚合物还可能有其他的各种整体结构（图 2.27）。如前所述，聚合物可以是**线性的**（linear），重复单元的末端相连。相反，某些合成条件可产生副反应，从聚合物主链上分叉形成支链，这样的聚合物叫做**支化**（branched）聚合物。

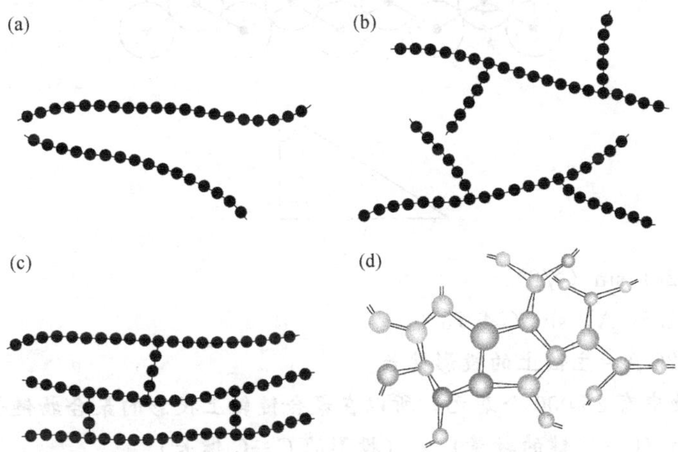

图 2.27　聚合物的整体结构。（a）线性聚合物——重复单元末端相连；（b）支化聚合物——某些合成条件促进聚合物主链分叉形成支链，从而形成支化聚合物；（c）交联聚合物——相邻聚合物链在某些位点通过共价链连接形成三维聚合物网络。线性聚合物和支化聚合物都可以被交联；（d）网络聚合物有 3 个或 3 个以上的基元单位（mer unit），因而可与单体或其他聚合物键合形成体型网状结构（获准翻印自文献［4］）

线性聚合物和支化聚合物都可发生交联，形成**交联聚合物**（crosslinked polymer）。在交联聚合物中，相邻聚合物链在某些位点通过共价链连接，形成三维聚合物网络。交联可在合成过程诱导产生，也可在合成之后利用不可逆化学反应诱导产生。从某种意义上说，交联提高了聚合物的分子质量。另一种形成体型聚合物结构的方法是通过使用**网络聚合物**（network polymer）来实现。如前所述，网络聚合物有 3 个或 3 个以上的官能基元单位（mer unit）。与双官度单体相比，这些网线聚合物可与单体或其他聚合物以更复杂的形式键合形成体型网络结构，而前者则主要形成线性聚合物。

例题 2.7

聚乙烯是一种广泛应用于生物医学领域的聚合物。其常见的一个应用是用于加工整形植入体的磨损表面，如人工髋关节的髋臼窝（acetabular cup）或人工膝关节的关节面（articulating surface）。对于含有 25 000 个单体基元的聚乙烯：

(a) 估算聚合物链长的一种方法是将聚合物链模拟成一条末端相连并向外延伸的链。已知 C—C 共价键的夹角是 109.5°，原子间距是 1.54 Å，请计算聚乙烯链的长度。

(b) 与事实更接近的情况是将聚合物链模拟成随机的卷曲体。一条随机卷曲的聚合物链的平均末端距离（L）可以根据关系式 $L=l\sqrt{m}$ 计算，式中 l 是原子间距，m 是原子间距为 l 的化合键的数目。请利用随机卷曲模型计算聚乙烯链的平均末端距离 L。

解答：

(a) 已知键角 ϕ 为 109.5°，键长为 1.54 Å，因此可以确定 1/2 键长 r 为 0.77 Å。设 y 为两个共价键合的碳原子在聚合物链轴上的投影距离，如下图所示：

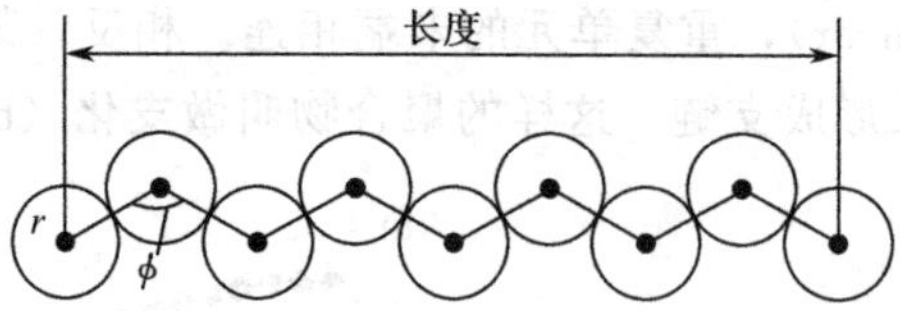

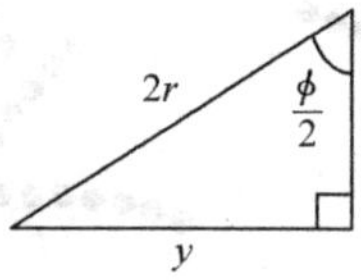

则 $y=(2r)\sin(\phi/2)$

$y=(1.54\ \text{Å})\sin(54.75°)$

$y=1.26\ \text{Å}=$主链上的投影键长

因为聚合物中有 25 000 个基元，所以在聚合链轴上投影的聚合物链长为：

链长=（C—C 键的数量）×（投影的 C—C 键长）

链长=（2×25 000−1）×（1.26 Å）（每个基元有 2 个碳原子）

链长=62 999 Å=6.3 μm

(b) 根据随机卷曲末端距离公式：

$$L = l\sqrt{m}$$

$$L = 1.54\ \text{Å} \times (2 \times 25\,000 - 1)^{1/2}$$

$$L = 344\ \text{Å}$$

2.4.2 聚合物的合成

聚合物的合成，也叫**聚合**（polymerization），是通过反复进行的化学反应将各个单体基元连接形成长链而实现的。聚合反应可分为三大类：**加成聚合**（简称加聚，addition polymerization）、**缩聚**（condensation polymerization），以及**通过基因工程实现的聚合物合成**（polymer synthesis through genetic engineering）。下面将详细介绍这些聚合反应。

2.4.2.1　加成聚合

乙烯单体通过加聚反应形成聚乙烯的反应如图 2.28 所示。加聚反应要求单体是双官能度单体。与缩聚反应不同，加聚反应的产物具有与单体基元相同的化学结构。加聚反应还需要**引发剂**（initiator）来启动反应，因此在加聚反应中常用到易于形成**自由基**（free radical）的引发剂分子，如图 2.28 所示的 I。

引发

$$I \xrightarrow{k_d} 2R\cdot$$

$$R\cdot + M \xrightarrow{k_i} M_1\cdot$$

延长

$$M_n\cdot + M \xrightarrow{k_p} M_{n+1}\cdot$$

终止

$$M_n\cdot + M_m\cdot \xrightarrow{k_{tc}} M_{n+m} \quad \text{耦合} \quad ①$$

$$M_n\cdot + M_m\cdot \xrightarrow{k_{td}} M_n + M_m \quad \text{歧化反应} \quad ②$$

图 2.28　加聚反应或连锁聚合反应的机制。引发加聚反应或连锁聚合反应的自由基（R·）通常是通过引发剂（I）离解产生的。在引发的第二步，自由基（R·）被加成到单体分子上，从而形成聚合物链引发中心（M_1·）。在链增长这一步中，单体分子（M）被逐步加成到活性链端（M_n·），形成聚合物。链增长的终止可以通过很多方法来完成，图示两种：①通过两条扩增链的活性单体（M_n·和M_m·）间的反应形成一条长链（耦合反应）来实现链终止；或②通过歧化反应来实现链终止。聚乙烯、聚丙烯、聚氯乙烯和聚苯乙烯都是加聚反应合成的聚合物。参数 k_d、k_i、k_p、k_{tc}、k_{td} 分别是引发剂离解、引发、增长、耦合终止以及歧化终止的动力学参数（获准翻印自文献 [10]）

加聚反应包括三个不同的步骤：**链引发**（initiation）、**链增长**（propagation）和**链终止**（termination）。链引发需要通过自由基反应（对自由基聚合反应）、阴离子反应（对阴离子聚合物）或阳离子反应（对阳离子聚合）来激活单体；然后单体在链增长阶段逐步连接到聚合物链上，提高聚合物的分子质量。需要指出的是：在链增长过程中，聚合物链在逐步延长的过程中其活性位点同时也被转移给了通过加成反应新加入的单体。

加聚反应的链终止有以下几种方式。对自由基聚合，链终止反应是通过自由基间的反应导致活性位点破坏来实现的。自由基间发生反应的一种方式是两条扩增链的活性端（M_n·或 M_m·）发生化学反应形成更长的聚合物链（M_{n+m}），从而终止两条扩增链的链增长（见图 2.28）；另一种方式是一条扩增链的活性碳原子与引发剂分子的一个自由基反应，从而终止这条扩增链的链增长。链增长还可通过一条扩增链的氢原子转移到另一条扩增链上发生**歧化反应**（disproportionation）来终止。然而，对阴离子聚合和阳离子聚合，链终止通常是通过扩增链的带电活性位点与溶剂中的痕量水反应，或依据溶剂的性质，与溶剂本身反应来实现的。阳离子聚合还可通过其他的副反应如**阴-阳离子重组**（anion-cation recombination）和**阴离子分裂**（anion splitting）来实现链终止。

由于自由基聚合的链终止反应是随机进行的，因此采用这种聚合方法可同时得到具有各种链长的聚合物，导致其 PI ＞1.00。聚乙烯、聚丙烯、聚氯乙烯和聚苯乙烯就是采用自由基聚合合成的聚合物。与自由基聚合相比，采用离子聚合得到的聚合物其分散性通常更低。采用阴离子聚合得到的聚合物包括聚苯乙烯、聚甲基丙烯酸甲酯和聚乙二醇。此外，聚苯乙烯还可通过阳离子聚合合成。

2.4.2.2 缩聚反应

与加聚反应不同，缩聚反应或逐步聚合反应通常涉及一种以上的单体，且不需要引发剂。由于这个原因，尽管缩聚反应是逐步进行的，但其链引发、链增长和链终止之间没有明显的差别。如图 2.29 所示，缩聚反应是通过消除一个小分子（通常是水分子）来实现的。因此，与加聚反应不同，缩聚反应的产物结构与任一单体的化学结构都不一样。采用这种聚合方法想获得高分子质量的聚合物，则需要反应时间长且单体消耗接近完全。在缩聚反应过程中也会生成不同链长的聚合物，因此其 PI 值与加聚反应中的 PI 值相似。尼龙和聚碳酸酯就是采用缩聚反应得到的聚合物。而天然聚合物，如多糖和蛋白质，也是这种合成反应的产物。

(a)

$$n\text{A—A} + n\text{B—B} \longrightarrow \text{—}\!\left(\text{A—AB—B}\right)_n\text{—}$$

$$n\text{H}_2\text{N—R—NH}_2 + n\text{HO}_2\text{C—R'—CO}_2\text{H} \longrightarrow \text{H}\!\left(\text{NH—R—NHCO—R'—CO}\right)_n\text{OH} + (2n-1)\text{H}_2\text{O}$$

(b)

$$n\text{A—B} \longrightarrow \text{—}\!\left(\text{A—B}\right)_n\text{—}$$

$$n\text{H}_2\text{N—R—CO}_2\text{H} \longrightarrow \text{H}\!\left(\text{NH—R—CO}\right)_n\text{OH} + (n-1)\text{H}_2\text{O}$$

图 2.29　根据反应中涉及的单体类型不同，缩聚反应或者逐步聚合反应机制可分为两大类。(a) 第一类的单体是双官能度或多官能度单体，每种单体只有一种官能团；(b) 第二类只涉及一种单体，但这种单体含有两种不同的官能团。本图中，每种反应机制的一般反应方程（A 和 B 是两种不同类型的官能团）后面都跟有一个实例（获准翻印自文献 [10]）

2.4.2.3 基因工程法制备聚合物

加聚反应和缩聚反应合成的聚合物其链长和序列范围都较宽，这是由反应的随机性造成的。然而，当合成纤维蛋白以及类似的天然聚合物时，基因工程法制备聚合物则为更好地控制聚合物的构造和分子质量分布提供了可能。但是采用这种方法不能制备合成高分子，如聚乙烯或聚苯乙烯。

本书不详细介绍基因工程法制备聚合物，但需要指出，蛋白质聚合物的基因工程法涉及编码蛋白质的基因载体在宿主（通常是细菌）体内的表达。首先，将编码蛋白质聚合物的 DNA 从自然产生该蛋白质的有机体中分离出来，然后将 DNA 编码单元引入到宿主菌的 DNA 中进行表达和聚合物制备。编码蛋白质的 DNA 也可先化学合成，然后再引入到宿主中。第二种方法应用更广泛，可更高水平地控制蛋白聚合物的氨基酸序列。此外，化学合成法还可优化 DNA 序列，使宿主表达效率最高。采用基因工程方法制备的聚合物有丝绸、胶原、病毒蛋白以及各种人工结构蛋白质。

2.4.3 共聚物

在前述讨论中，我们重点讨论的是**均聚物**（homopolymer），即只含一种重复单元的聚合物的合成和结构。然而，为改善聚合物的性质，常常合成含有两种或两种以上重复单元的聚合物，即**共聚物**（copolymer）。以共混单体为反应原料，采用传统的缩聚反应或加聚反应也可制备共聚物。

图 2.30 给出了几种类型的共聚物，图中用不同的颜色表示不同的重复单元。在**无规共聚物**（random copolymer）中，两种单体基元沿聚合物链随机分布。**交替共聚物**（alternating copolymer），顾名思义，就是单体基元在聚合物链上交替分布的共聚物。而当各种重复单元沿聚合物链聚集排列时则形成**嵌段共聚物**（block copolymer）。如果均聚物链作为侧链被连接到由另一种重复单元组成的主链均聚物上，这样得到的共聚物叫**接枝共聚物**（graft copolymer）。最常用的一种生物医用共聚物是乳酸和乙醇酸随机共聚形成的生物可降解聚（乳酸-*co*-乙醇酸）。这种无规共聚物已被应用于**手术缝合线**（suture）、**药物投递装置**（drug delivery device），以及**组织工程支架**（tissue engineering scaffold）。

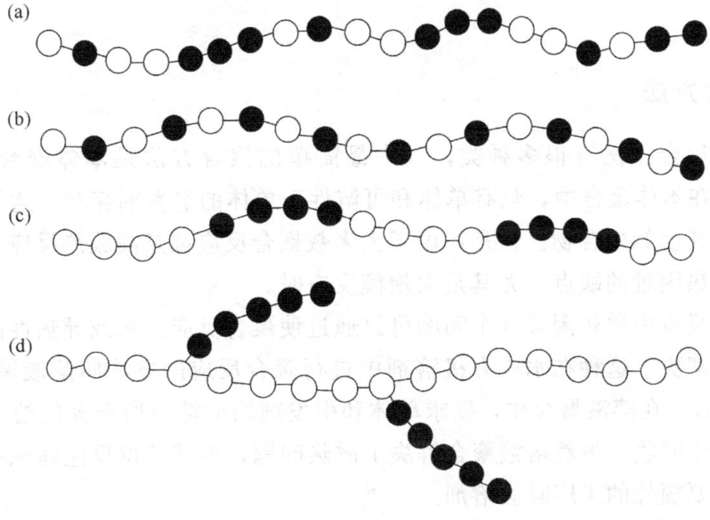

图 2.30 共聚物的种类。(a) 无规共聚物——两种单体基元沿聚合物链随机分布；(b) 交替共聚物——单体基元沿聚合物链交替排列；(c) 嵌段共聚物——每种重复单元沿聚合物链聚集排列；(d) 接枝共聚物——均聚物链作为侧链被连接到由另一种重复单元组成的主链均聚物上（获准翻印自文献 [4]）

例题 2.8

聚（乳酸-*co*-乙醇酸）(PLGA) 是一种常用作生物可降解手术缝合线的共聚物。已知 PLGA 的分子结构如下图所示，请确定以下各项的分子质量：

(a) 共聚物中每个重复单元的分子质量。

(b) $n=5$、$m=7$ 时共聚物的分子质量。

(c) $n=7$、$m=3$ 时共聚物的分子质量。

解答：

(a) 左边重复单元（重复单元数为 n）的分子质量计算如下：

3个碳原子×(12 g/mol C)＋ 2个氧原子×(16 g/mol O)＋ 4个氢原子×(1 g/mol H)＝ 72 g/mol(n)

右边重复单元（重复单元数为 m）的分子质量计算如下：

2个碳原子×(12 g/mol C)＋2个氧原子×(16 g/mol O)＋ 2个氢原子×(1 g/mol H)＝ 58 g/mol(m)

(b) 给定聚合物的分子质量计算如下：

5×(72 g/mol n)＋ 7×(58 g/mol m)＋(16 g/mol O)＋ 2×(1 g/mol H)＝ 784 g/mol

(c) 所给定聚合物的分子质量计算如下：

7×(72 g/mol n)＋ 3×(58 g/mol m)＋(16 g/mol O)＋ 2×(1 g/mol H)＝ 696 g/mol

2.4.4 聚合方法

聚合物的聚合方法有很多种类，其中最简单的聚合方法是**本体聚合**（bulk polymerization）。在本体聚合中，只有单体和可溶性于单体的引发剂存在。这种方法可以得到高产率、高纯度的聚合物。但是，由于大多数聚合反应都是高放热反应，所以这种聚合方法存在散热困难的缺点，尤其是大规模反应时。

本体聚合反应中散热困难这个问题可以通过使聚合反应在水或导热性高的有机溶剂中进行而得到解决。这种在水或有机溶剂中进行聚合反应的方法叫**溶液聚合**（solution polymerization）。在溶液聚合中，要求单体和引发剂均能溶于所选择的溶剂，且溶剂在反应结束后易于回收。虽然溶液聚合解决了散热问题，但其单位反应体积的聚合物产率低，而且还需要额外的工序除去溶剂。

悬浮聚合（suspension polymerization）是另一种传热能力强的聚合方法。在悬浮聚合过程中，不溶于水的单体和引发剂在搅拌下被加入到装满水的反应器中。不溶性单体在机械搅拌下形成了含有引发剂的小液滴。这些小液滴在添加剂——**胶体**（colloid）的作用下稳定存在，并充当聚合反应的小反应器。反应结束后，过滤回收形成的聚合物小珠并洗涤，即得到目的聚合物。

另一种与悬浮聚合相似的聚合方法叫**乳液聚合**（emulsion polymerization）。这种聚合方法也是在搅拌下将疏水性单体、水溶性引发剂和**表面活性剂**（surfactant）或称**乳化剂**（emulsifier）加到装有水的反应器中（有关表面活性剂的详细内容请见第 7 章）。根据反应条件和所用表面活性剂的不同，乳液聚合可得到聚合物珠或聚合物棒。乳液聚合的机制如图 2.31 所示。

此外，聚合反应也可在气相中通过**气相聚合**（gaseous polymerization）方法或在固

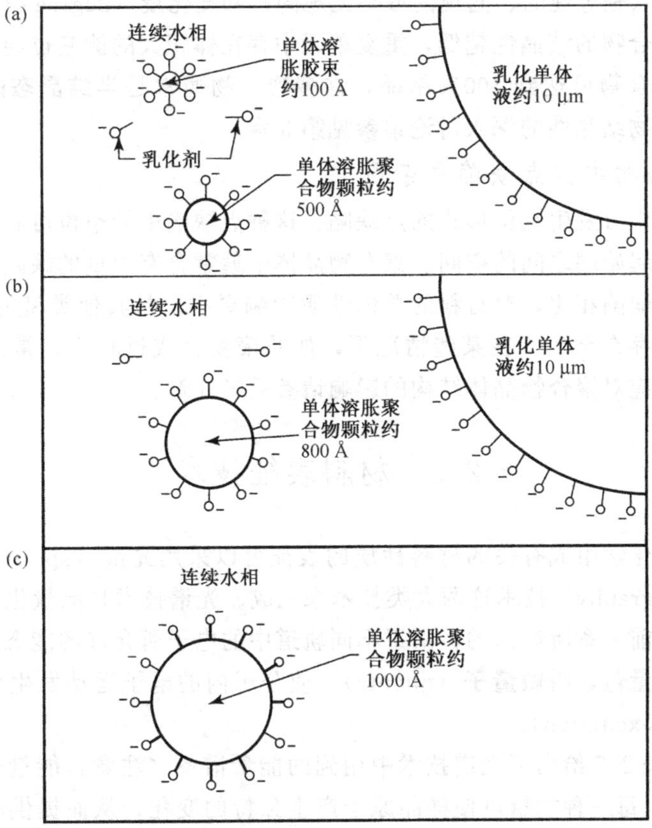

图 2.31 乳液聚合机制。乳液聚合在水中进行，引发剂是水溶性的，但单体是疏水的。为了分散疏水性单体，需要加入表面活性剂（或叫乳化剂）。由于表面活性剂有亲水区域和疏水区域，因此它可在单体珠和聚合物珠表面形成一层涂层，促进单体珠和聚合物珠与水溶液环境的相互作用。(a) 反应早期存在三种不同的颗粒：乳化单体液滴（emulsified monomer droplet）、溶有单体的乳化剂胶束、被表面活性剂稳定的和被单体溶胀的聚合物颗粒。(b) 随着聚合物颗粒增大，越来越多的表面活性剂被用于稳定聚合物颗粒，直到所有的乳化剂胶束被耗尽。(c)（被单体溶胀的）聚合物颗粒继续增大，直到所有的乳化单体液滴被耗尽，只剩下被表面活性剂稳定的聚合物颗粒（获准翻印自文献 [11]）

相中通过**固相聚合**（solid-state polymerization）方法完成。在固相聚合中，单体以晶体状态在热或辐射的作用下发生聚合。这种聚合方法得到的聚合物链沿晶体结构的方向取向。最后，聚合反应也可在等离子环境中通过一种叫做**等离子聚合**（plasma polymerization）的方法进行。这种方法可在表面有效地沉积形成高度均一的聚合物薄膜，从而改变表面性质，如**表面润湿性**（wettability）（第 7 章）。

2.4.5 聚合物的晶体结构和缺陷

2.4.5.1 聚合物的晶体结构

与金属和陶瓷一样，聚合物也能形成晶体结构，只是聚合物的晶胞更复杂，组成原子更多。聚合物的很多化学结构指标都会影响聚合物的结晶能力，包括聚合物的**构型规**

整度（tacticity）（是等规的、间规的或是无规的）和**支化度**（degree of branching）。支化度越高，则聚合物的结晶性越低，重复单元中存在体积大的侧基也会降低聚合物的结晶性。极少的聚合物可达到 100%结晶，许多聚合物通常是**半结晶态的**（semicrystalline）。有关聚合物结晶性的深入讨论请参见第 3 章。

2.4.5.2 聚合物中的点缺陷和杂质

聚合物晶体中可发生空位形式的点缺陷。这种点缺陷中的空位可看成是一条链的末端与另一条链的起始端之间的空间。聚合物晶体中通常含有大量的缺陷，但这些缺陷与金属和陶瓷中的缺陷相比，对材料的总体性质影响更小。与其他类型的生物材料一样，聚合物晶体中也存在杂质。在某些情况下，如共聚物合成过程中，常故意加入一些杂质。有关共聚反应对聚合物晶体结构的影响请参见第 3 章。

2.5 材料表征技术

与生物材料化学组成有关的材料性质的表征可以采用**光谱**（spectroscopy）技术和**色谱**（chromatography）技术这两大类技术来完成。光谱技术是测量化合物对不同类型能量的吸收。如前一章所讨论的，由于不同轨道中的电子所允许的能态不同，所以分子可吸收离散的能量包，叫做**量子**（quanta），使分子内的电子运动发生变化，从而使样品处于**激发态**（excitation）。

图 2.32 和表 2.7 给出了光谱技术中用到的能量谱系（注意：能量越大，则频率越高，波长越短）。每一种能量可使样品原子产生独特的变化，从而提供不同的样品化学结构信息。按能量依次降低的顺序，X 射线促使电子从内层跃迁到外层，而紫外-可见光只激发价电子（常常是从成键轨道跃迁到反键轨道），红外线能量使键振动，无线电波，也是这里讨论的最低能量，产生核自旋中的跃迁（常用于核磁共振光谱）。

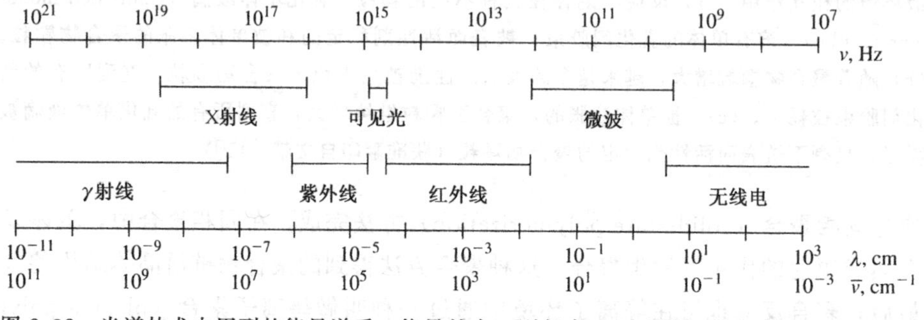

图 2.32 光谱技术中用到的能量谱系。能量越大，则频率（ν）越高，波长越短。参数 $\bar{\nu}$ 表示波数（wavenumber）（获准翻印自文献 [12]）

表 2.7 常见光谱技术中用到的能量及对应的原子跃迁

光谱类型	通常的波长范围*	通常的波数范围/cm^{-1}	量子跃迁类型
γ 射线发射	0.005～1.4 Å	—	原子核
X 射线吸收、发射、荧光、衍射	0.1～100 Å	—	内层电子
真空紫外吸收	10～180 nm	1×10^{6}～5×10^{4}	成键电子
紫外可见吸收、发射、荧光	180～780 nm	5×10^{4}～1.3×10^{4}	成键电子

续表

光谱类型	通常的波长范围*	通常的波数范围/cm^{-1}	量子跃迁类型
红外吸收和拉曼散射	0.78～300 μm	1.3×10^4～3.3×10	分子旋转/振动
微波吸收	0.75～3.75 mm	13～27	分子旋转
电子自旋共振	3 cm	0.33	磁场中电子自旋
核磁共振	0.6～10 m	1.7×10^{-2}～1×10^3	磁场中核自旋

* 1 Å=10^{-10} m=10^{-8} cm；

1 nm=10^{-9}m=10^{-7}cm；

1 μm=10^{-6} m=10^{-4} cm。

（获准翻印自文献 [12]）

与光谱技术不同，色谱技术是根据物质电荷或分子质量等化学性质的不同，采用各种手段对物质进行物理分离。光谱技术和色谱技术都是确定生物材料化学组成的重要技术，常提供互补的数据信息。每种技术提供的材料信息可能略有不同，有些技术可能比其他技术更适合于某些材料。例如，知道了材料的晶体类型就可能了解材料的化学组成，因此，X 射线衍射经常用于金属和陶瓷的组成分析，而其他技术，如紫外、红外、核磁共振光谱以及质谱和高效液相色谱则提供更多有关聚合物化学组成的信息。

2.5.1 X 射线衍射

X 射线是一种高能量的电磁辐射，常用于各种表征方法。如前所述，X 射线可用作一些光谱技术的能源，改变内层电子的能态。这种方法叫做 **X 射线荧光**（X-ray fluoresence），包括两种主要的类型：**能量色散 X 射线光谱**（energy dispersive X-ray spectroscopy，EDS）和**波长色散 X 射线光谱**（wavelength dispersive X-ray spectroscopy，WDS）。与 WDS 相比，EDS 的检测速度更快，但其分辨率比 WDS 低。X 射线在生物材料表面分析技术如**电子能谱化学分析技术**（electron spectroscopy for chemical analysis，ESCA）中也很重要，这将在第 7 章做进一步的讨论。另一种利用 X 射线进行成像的技术叫**显微断层扫描技术**（microcomputed tomography，μCT），这将在第 14 章深入讨论。本节将重点讨论另一种与 X 射线有关的表征方法——**X 射线衍射法**（X-ray diffraction）。这种方法不是测量 X 射线吸收对样品的影响，而是把 X 射线看成如可见光一样的波，考查 X 射线入射到材料中后如何从材料原子中衍射出来。X 射线衍射法通常用于检测材料的晶体结构，包括米勒指数和晶胞大小的计算。

2.5.1.1 基本原理

因为 X 射线的波长（0.5～50 Å）与固体中的原子间距大小接近，因此 X 射线是探索晶体结构中原子排列状态的理想能源。当入射射线被原子散射后其散射波互相干涉增强，则形成 X 射线衍射。如图 2.33（a）所示，波长（λ）和振幅（A）相同的两个波（波 1 和波 2）在点 O/O'处于同一相位，散射后得到的两个散射波的相位仍然相同（波 1′和波 2′），则它们形成**相长干涉**（constructive interference）。产生的衍射波与入射波的波长相同，但振幅加倍，为 $2A$。只有当波 1 和波 2 的光程差为波长的整数倍时才会发生这种情况。

另一种情况如图 2.33（b）所示，当两个入射波（波 3 和波 4）的光程差为 1/2 波

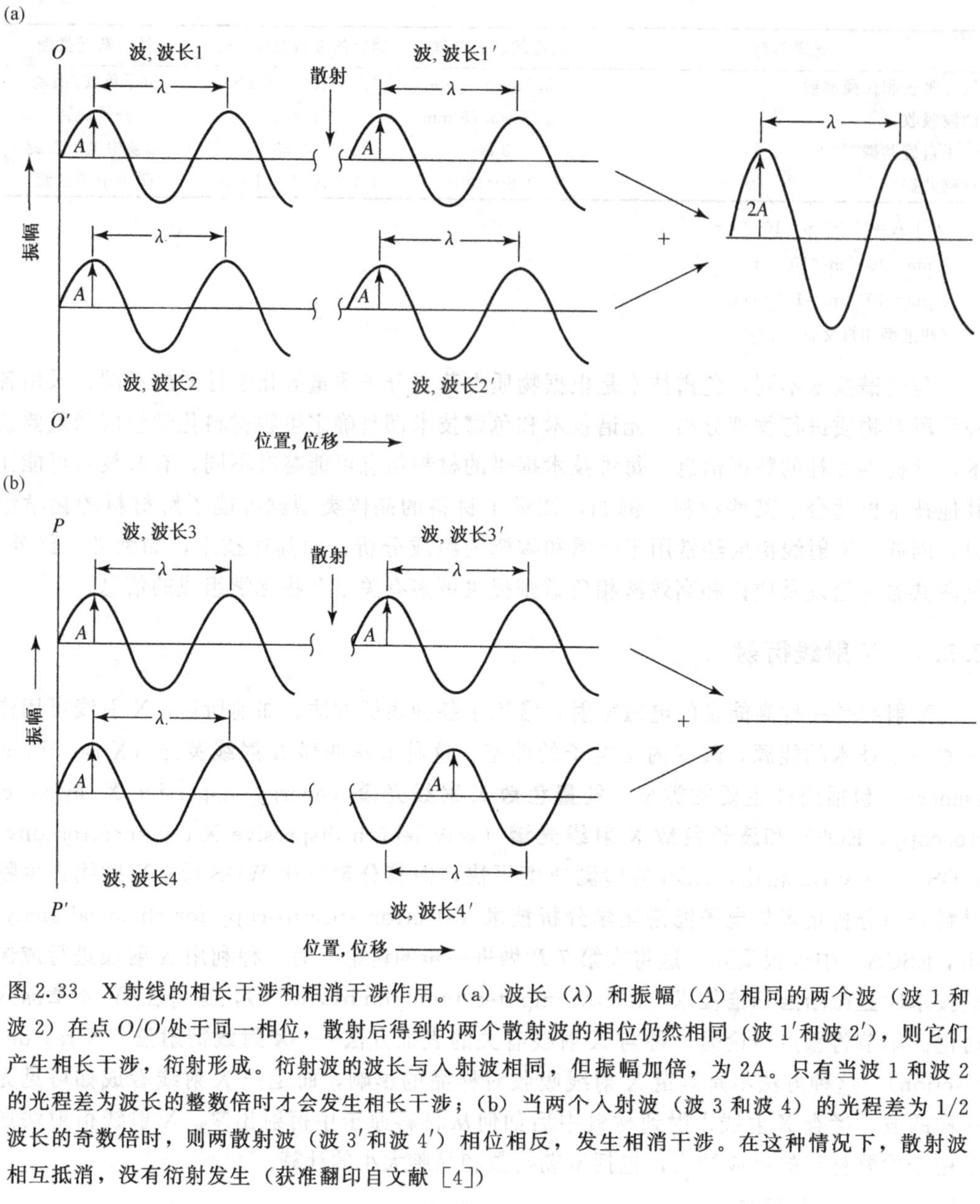

图 2.33　X射线的相长干涉和相消干涉作用。(a) 波长 (λ) 和振幅 (A) 相同的两个波（波 1 和波 2）在点 O/O′处于同一相位，散射后得到的两个散射波的相位仍然相同（波 1′和波 2′），则它们产生相长干涉，衍射形成。衍射波的波长与入射波相同，但振幅加倍，为 2A。只有当波 1 和波 2 的光程差为波长的整数倍时才会发生相长干涉；(b) 当两个入射波（波 3 和波 4）的光程差为 1/2 波长的奇数倍时，则两散射波（波 3′和波 4′）相位相反，发生相消干涉。在这种情况下，散射波相互抵消，没有衍射发生（获准翻印自文献 [4]）

长的奇数倍时，则两散射波（波 3′和波 4′）相位相反，发生**相消干涉**（destructive interference）。在这种情况下，散射波相互抵消，没有衍射发生。散射波间还有许多界于这两种极端情况之间的相差，这些情况只导致入射波的部分增强。

X射线进入样品后，被每个原子/离子的电子散射到各个方向。大多数情况下都会产生相消干涉，检测不到干涉后的 X 射线。但对某些原子排列，衍射可以发生，也能记录下 X 射线图案。在图 2.34 中，原子面 A/A′和 B/B′有相同的米勒指数 (*hkl*)，相距 d_{hkl}（**面间距**，interplanar spacing）。考虑波长相同 (λ)、相位相同的两条平行 X 射线（波 1 和波 2）沿入射角 ϕ 角撞击样品后的**路径**（path）。波 1 被原子 P 散射，波 2 被

原子 Q 散射。我们知道，两条波要发生衍射，其光程差必须是波长的整数倍，因此，我们可以写成

$$n\lambda = SQ + QT \tag{2.19}$$

式中，n 为整数。我们也可以利用几何关系将上式改写成关于面间距（d_{hkl}）的表达式

$$n\lambda = d_{hkl}\sin\phi + d_{hkl}\sin\phi = 2d_{hkl}\sin\phi \tag{2.20}$$

这个表达式就是**布拉格定律**（Bragg's law）。如果不满足上式，则在这一组平面间不会产生衍射。

如在 X 射线衍射实验中观察到的，面间距是晶体米勒指数和晶格参数的函数。对立方晶系，其函数关系式是

$$d_{hkl} = \frac{a}{\sqrt{h^2 + k^2 + l^2}} \tag{2.21}$$

式中，a 为晶胞的边长。其他晶系的这种关系式更为复杂。尽管如此，根据 X 射线衍射实验得到的数据，利用这种关系式可以测定晶胞的大小和其他重要的晶体结构参数。

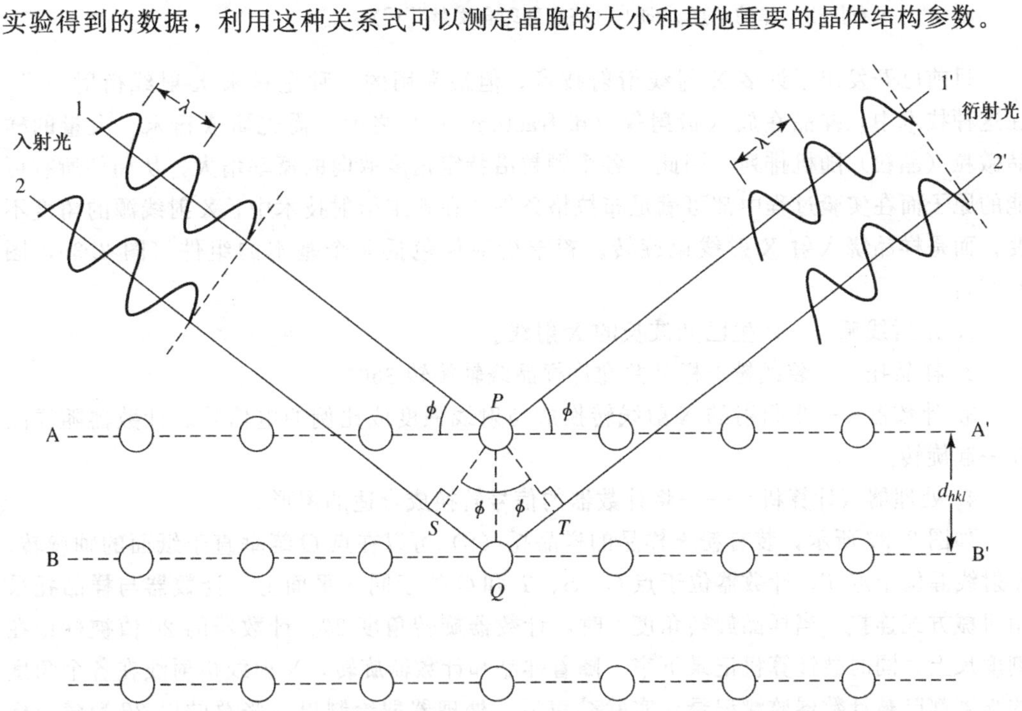

图 2.34　晶体材料中电子产生的 X 射线散射。原子面 A/A′和 B/B′的米勒指数（hkl）相同，相距 d_{hkl}（面间距）。波 1 和波 2 是两条波长相同（λ）、相位相同的平行 X 射线，沿入射角 ϕ 撞击到样品上。波 1 被原子 P 散射，波 2 被原子 Q 散射。要发生衍射，波 1 和波 2 的光程差必须是波长的整数倍。这可以表示成晶体面间距（d_{hkl}）的一个函数表达式：$n\lambda = d_{hkl}\sin\phi + d_{hkl}\sin\phi = 2d_{hkl}\sin\phi$，这就是布拉格定律（获准翻印自文献［4］）

2.5.1.2　仪器

图 2.35 所示为铝粉典型的 X 射线衍射图，表示的是强度（y 轴）对 2θ（x 轴）的函数，其中 θ 是 X 射线的入射角。对一组特定的平面，衍射峰出现在满足布拉格定律的角度方向上。图 2.35 中还标出了铝的每个原子面的米勒指数。

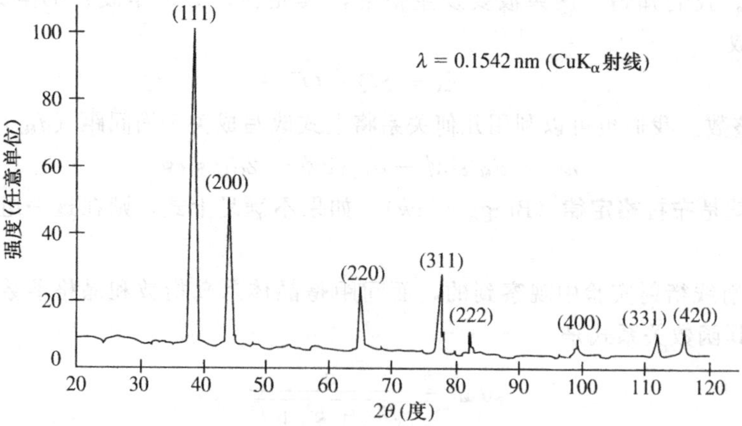

图 2.35　铝粉典型的 X 射线衍射图。对一组特定的平面，衍射峰出现在满足布拉格定律的角度方向上（获准翻印自文献 [1]）

目前已开发出了许多 X 射线衍射技术，但最常用的一种是粉末 X 射线衍射技术。在这种技术中，样品在放入**衍射仪**（diffractometer）之前，需先研成粉末。大量的样品微粒（晶粒）随机排列，因此，各个颗粒沿特定角度取向的概率增大，从而使所有可能的原子面在实验过程中都可满足布拉格条件。在粉末衍射技术中，X 射线源的角度不变，而是样品绕入射 X 射线束旋转。粉末衍射仪包括 4 个基本的组件（图 2.36，图 2.37）：

1. X 射线源——产生已知波长的 X 射线。

2. 样品托——装载粉末样品并允许样品绕轴旋转 360°。

3. 计数器——把衍射的 X 射线转换成与射线强度成比例的电信号。计数器随样品托一起旋转。

4. 处理器（计算机）——将计数器的信号转换成合适的图形。

如图 2.37 所示，装有粉末样品的样品托（S）可以在点 O 绕垂直于纸面的轴旋转。X 射线源位于点 T，计数器位于点 C。S、T 和 C 位于同一平面上。计数器与样品托采用机械方式连接。当样品旋转角度 θ 时，计数器旋转角度 2θ。计数器的 2θ 值被标记在刻度尺上，同时被计算机记录下来。随着样品和计数器旋转，X 射线衍射线在各个角度的强度都已被计数器监测记录。实验结束后，处理器即绘制出一张总的以 2θ 为横坐标的衍射图形。

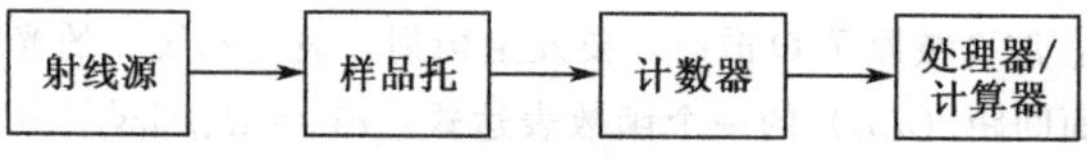

图 2.36　粉末 X 射线衍射仪的组成部分。4 个基本的组件是 X 射线源（产生已知波长的 X 射线）、样品托（装载粉末样品并允许样品绕轴旋转 360°）、计数器（把衍射的 X 射线转换成与射线强度成比例的电信号，计数器随样品托一起旋转。）和处理器/计算机（将计数器的信号转换成合适的图形）

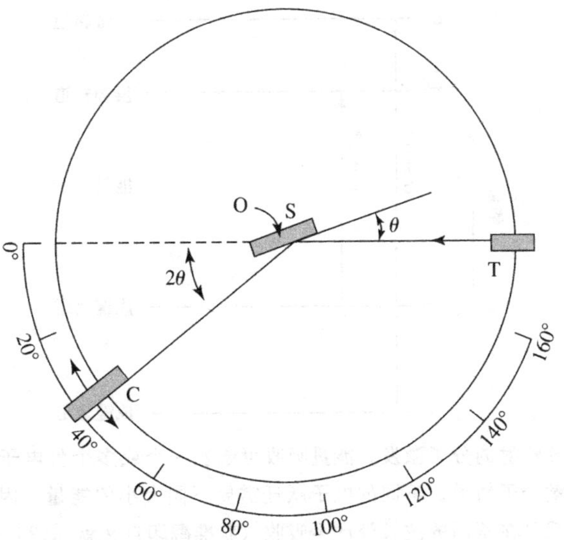

图 2.37　粉末 X 射线衍射仪的示意图。装有粉末样品的样品托（S）可以在点 O 绕垂直于纸面的轴旋转。X 射线源位于点 T，计数器位于点 C。S、T 和 C 位于同一平面上。计数器与样品托采用机械方式连接。当样品旋转角度 θ 时，计数器旋转角度 2θ。计数器的 2θ 值被标记在刻度尺上，同时被计算机记录下来。随着样品和计数器旋转，X 射线衍射线在各个角度的强度都已被计数器监测记录（获准翻印自文献［4］）

2.5.1.3　提供的信息

X 射线衍射是一种探索固体中原子排列和分子排列的强有力的工具，可用于检测所有的晶体材料，包括金属、陶瓷以及聚合物。根据出峰的角度可确定晶胞的大小和几何形状，根据峰的高度可确定原子在晶胞中的排列。此外，将实验结果与已知物质的衍射图进行比较可以进行化合物鉴定。

2.5.2　**紫外可见光谱（UV-VIS）**

2.5.2.1　基本原理

一个分子（M）吸收紫外可见光（UV-VIS）［波长（λ）为 185～1100 nm］后可激发分子中的一个或多个价电子跃迁到更高的能态，从而使分子激发到一个新的能态（M^*）：

$$M + hv = M^* \tag{2.22}$$

式中，v 为辐射频率；h 为普朗克常数（6.6×10^{-34} J・s）。

分子吸收紫外可见光后，其价电子通常从 σ 成键分子轨道或 π 成键分子轨道跃迁到反键分子轨道（第 1 章有关分子轨道的讨论）。不同的电子跃迁需要不同大小的能量。因此，根据分子化学结构的不同，就可在不同的波长处产生吸收。图 2.38 提供了常见电子跃迁中涉及的能量情况。表 2.8 给出了一些有机分子的特征吸收波长。

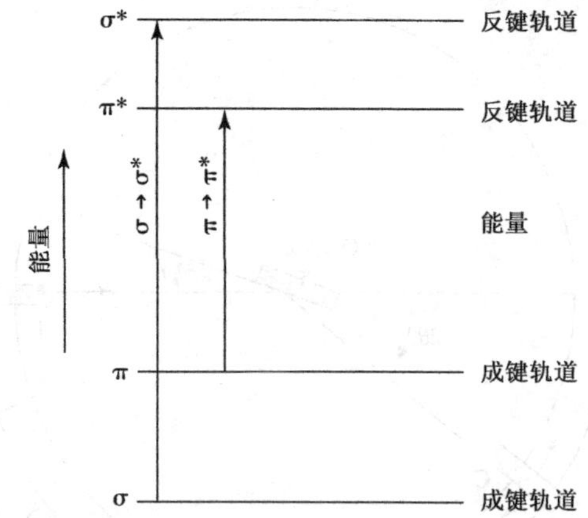

图 2.38 UV-VIS 辐射的分子激发。能量吸收可激发一个或多个价电子从 σ 或 π 成键分子轨道跃迁到反键分子轨道。不同的电子跃迁需要不同大小的能量。因此，根据分子化学结构的不同，就可在不同的波长处产生吸收（获准翻印自文献 [12]）

表 2.8 常见发色基团及其对应的 UV-VIS 特征吸收波长

发色基团	化合物示例	溶剂	$\lambda_{max\ abs}$/nm
烯烃	$C_6H_{13}CH{=}CH_2$	正己烷	177
			178
炔烃	$C_5H_{11}C{\equiv}C{-}CH_3$	正己烷	196
			225
羰基	$CH_3C(=O)CH_3$	正己烷	186 280
	$CH_3C(=O)H$	正己烷	180 293
羧基	$CH_3C(=O)OH$	乙醇	204
酰胺基	$CH_3C(=O)NH_2$	水	214
偶氮	$CH_3N{=}NCH_3$	乙醇	339
硝基	CH_3NO_2	异辛烷	280
亚硝基	C_4H_9NO	乙醚	300 665
硝酸酯	$C_2H_5ONO_2$	1,4-二氧六环	270

分子被激发后，可将其激发能转化为其他形式的能量，如热能，从而从激发态又回到基态。这个过程叫做**弛豫作用**（relaxation），可表示为

$$M^* = M + heat \tag{2.23}$$

激发态的分子可以通过很多方式回到基态，其中一个非辐射性弛豫就是**荧光**（fluorescence），这将在第 8 章中作为一种观察蛋白质的手段进行讨论。

2.5.2.2 仪器

图 2.39 是聚（乳酸-*co*-乙醇酸）（PLGA），一种常用的手术缝合线材料典型的 UV-VIS 光谱图。UV-VIS 光谱图通常绘制成吸光度（y 轴）对波长（或波数）（x 轴）的函数。目前已开发出了许多类型的**紫外可见分光光度计**（UV-VIS spectrophotometer）。紫外可见分光光度计通常包括 4 个基本的组件：

1. 光源——提供一定波长范围的能量；

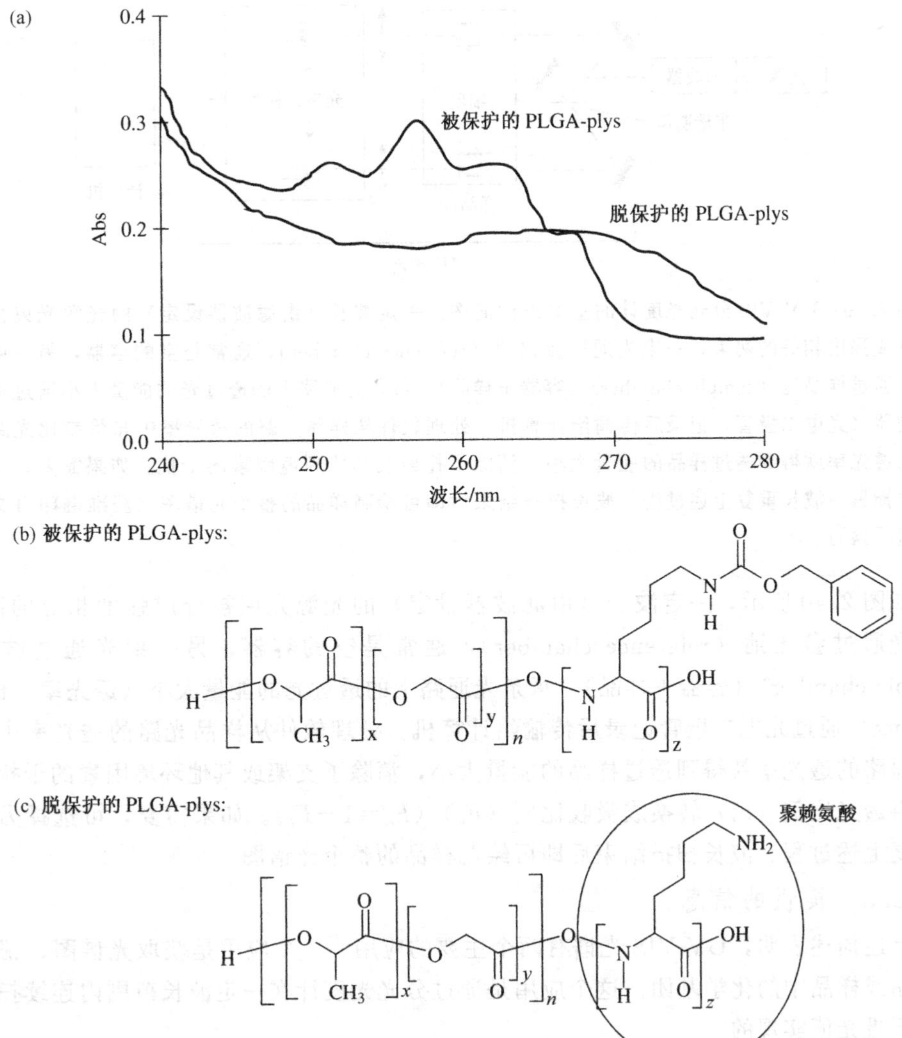

图 2.39　聚（乳酸-*co*-乙醇酸）-聚赖氨酸（PLGA-plys）在脱保护前和脱保护后的 UV-VIS 光谱图。257 nm 处的最大吸收峰对应于保护后的聚合物的 CBZ（苄氧羰基）保护基团（图中圆圈部分的结构）。在脱保护阶段，CBZ 保护基团被除去，图谱中对应的峰的强度降低证明了这点。PLGA-plys 嵌段共聚物是 PLGA 与聚（ε-苄氧羰基-L-赖氨酸）的羧基端偶联形成的。PLGA-plys 是一种同时含有生物分子（氨基酸）和合成聚合物（PLGA）的高分子材料（获准翻印自文献 [13]）

2. 波长**选择器**（selector）或**滤波器**（filter）——需要时允许使用者选择特定的波长；

3. 检测器——将透过样品的能量转换成电信号；

4. 处理器（计算机）——把电信号转换成合适的光谱图。

在紫外可见光谱中，样品置于波长选择器之后、检测器之前。接下来我们将重点讨论最常用的一种仪器：**双光束分光光度计**（double beam spectrophotometer)(图 2.40)。

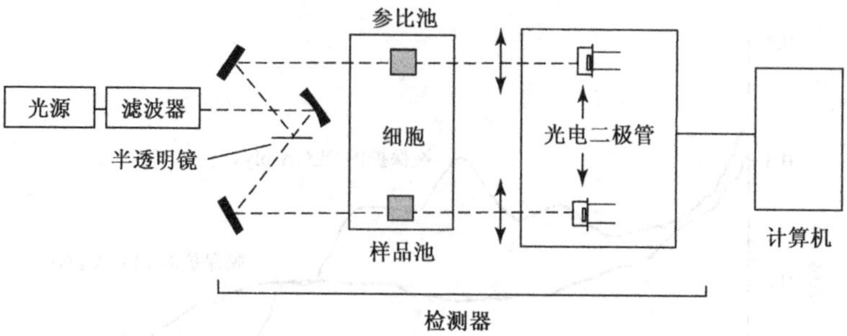

图 2.40　UV-VIS 分光光度计的基本组件简图。一定波长（由滤波器设定）的光源光束被分成强度相等的两束，一束光通过参比池（reference chamber），通常是空的容器，另一束光通过样品池（sample chamber）（容器+样品）。每条光通路上的透过光的能量大小通过检测器（光电二极管）记录后传输给计算机。处理软件从样品光路的透光率中扣除参比光路的透光率就得到透过样品的能量大小，消除了托架或其他环境因素的干扰。如果需要，可选择另一波长重复上述过程。波长扫描结束后即可绘制样品的整个光谱图（获准翻印自文献 [14]）

如图 2.40 所示，一定波长（由滤波器设定）的光源光束被分成强度相等的两束，一束光通过**参比池**（reference chamber），通常是空的容器，另一束光通过**样品池**（sample chamber）（容器+样品）。每条光通路上的透过光的能量大小（**透光率**，transmittance）通过光电二极管记录后传输给计算机。处理软件从样品光路的透光率中扣除参比通路的透光率就得到透过样品的能量大小，消除了支架或其他环境因素的干扰。最后，将透光比例（F_t）转换成吸收比例（F_a）（$F_a=1-F_t$）。如果需要，可选择另一波长重复上述过程。波长扫描结束后即可绘制样品的整个光谱图。

2.5.2.3　提供的信息

上述描述表明，UV-VIS 光谱有两个主要的应用。一个应用是获取光谱图，帮助鉴别样品或样品中的化学基团。这个应用是通过分光光度计在一定波长范围内连续扫描并记录下吸光值实现的。

此外，UV-VIS 光谱还常用于定量检测混合物或溶液中某一化合物的含量。当然，只有当化合物在某一波长处的紫外吸收量大且波长已知的情况才可进行定量检测。在这种情况下，不需要重复扫描，用户只需选择合适的波长后，计算机即可记录下该波长处的吸光值。采用这种方法既可检测无机物的浓度也检测有机物的浓度，但在有机生物材料领域应用更普遍些（表 2.8）。

应用**比尔-朗伯定律**（Beer-Lambert's law）可对样品进行定量分析：

$$A=\varepsilon lC \tag{2.24}$$

式中，A 为分光光度计测得的吸光值；l 为光通过的样品厚度；C 为化合物的摩尔浓度；ε 为化合物在给定波长处的摩尔吸收系数。许多物质的参数 ε 都已被检测出来了，其大小受温度、溶剂性质以及波长的影响。

比尔-朗伯定律的一个直接应用是获取化合物的标准曲线：首先测定不同浓度的纯净物在固定波长的吸光值，然后根据比尔-朗伯定律绘制该物质的标准曲线，最后根据标准曲线即可得到吸光值与浓度的线性关系式（图 2.41）。根据这一线性关系式，将未知样品在该波长处的吸光值与标准曲线得到的吸光值进行比较，即可测得未知样品中该化合物的浓度。

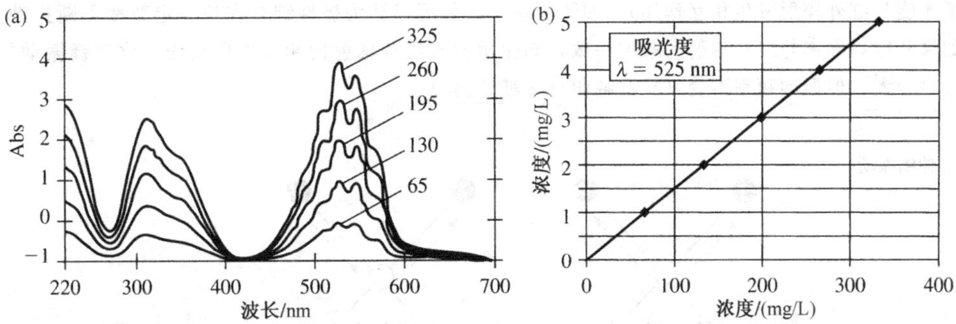

图 2.41　高锰酸钾的标准曲线。标准曲线通常是通过测量已知浓度（在这里检测了 5 个点）的样品在设定波长处的 UV-VIS 吸收度来绘制的。然后根据比尔-朗伯定律就可得到吸光度与浓度的线性方程（获准翻印自文献 [14]）

由于 UV-VIS 方法定量分析简便，使得它已成为一种常用的检测技术，如定量检测细胞功能产物，这将在本书的后半部分进行讨论。此外，UV-VIS 检测器常常也是色谱技术的一个组成部分，如 HPLC（见 2.5.6 节），用于检测从混合物中分离出的各组分的含量。

2.5.3　红外光谱（IR）

2.5.3.1　基本原理

红外光谱（infrared spectroscopy，IR 光谱）的光源一般产生波长范围为 0.78～1000 μm 的电磁辐射，但大多数红外分析是在 2.5～25 μm 波长范围内进行的。红外辐射与待分析分子间的作用很复杂，我们用弹簧连接起来的两个小球这一简单的模型（小球-弹簧模型）来近似地表示两原子间形成的化学键（图 2.42）。根据这个模型可理解红外光谱的一些基本概念。应该指出，化学键必须存在永久偶极子才能与红外辐射发生相互作用。因此，O_2、N_2 和 Cl_2 这样的分子在红外光谱中是没有吸收的。

如图 2.43 所示，我们可以认为极性键是在按一定频率不断振动。由于这种振动是在三维空间方向上发生的，因此对某一给定的化学键，它可能存在多种振动方式，包括伸缩振动、弯曲振动和摇摆振动等。常见的各种振动类型如图 2.43 所示。

如果化学键的振动频率与红外辐射的频率一致，则化学键与红外辐射的相互作用增强，化学键振动的振幅增大，但振动频率不变。这样就可观察到分子在这一频率（或波长）处的吸收。由于一个分子中存在多种化学键，而每种化学键又有多种振动形式，因

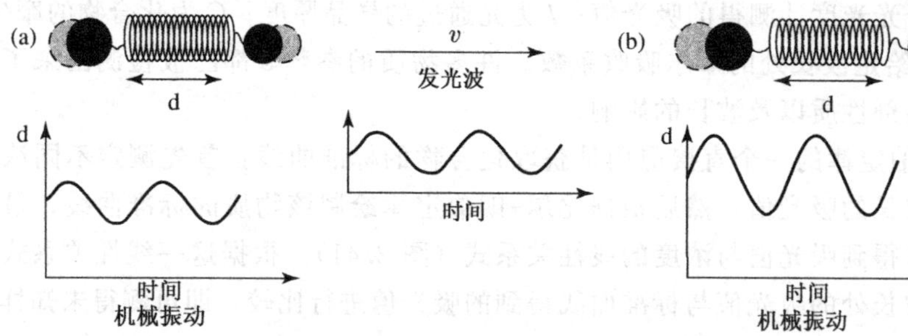

图 2.42 IR 辐射能与化学键相互作用的小球-弹簧模型（应该指出，化学键必须存在永久偶极子才能与红外辐射发生相互作用）。如图所示，我们可以认为极性键是在按一定频率不断振动。如果其振动频率与红外辐射的频率一致，则化学键与红外辐射的相互作用增强，化学键振动的振幅增大，但振动频率不变（获准翻印自文献 [14]）

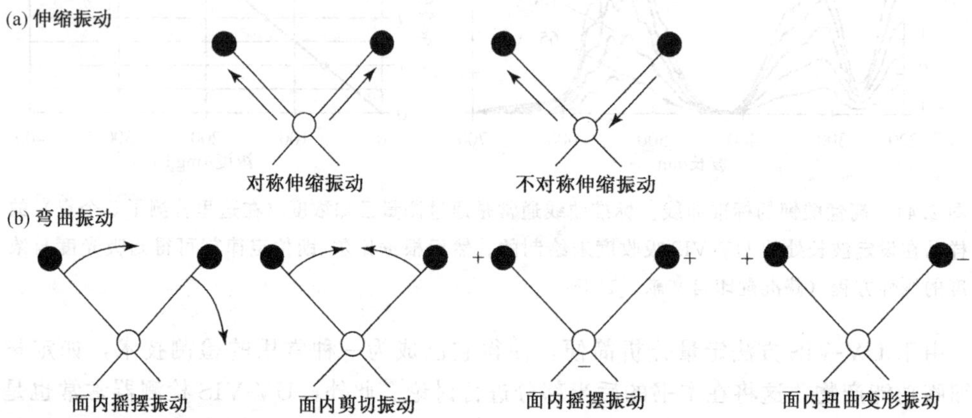

图 2.43 化学键的常见空间振动类型。“+”表示向纸面外运动（获准翻印自文献 [12]）

此，根据分子化学结构的不同，分子就可在各个不同的波长处产生吸收。表 2.9 给出了常见化学基团的 IR 吸收频率。

表 2.9 常见化学基团的 IR 吸收频率

化学键	化合物类型	频率范围/cm^{-1}	强度
C—H	烷烃	2850～2970	强
		1340～1470	强
C—H	烯烃 （$\mathrm{>C=C<^{H}}$）	3010～3095	中
		675～995	强
C—H	炔烃（ —C≡C—H ）	3300	强
C—H	芳香环	3010～3100	中
		690～900	强
O—H	游离的醇、酚	3590～3650	可变
	有氢键作用的醇、酚	3200～3600	可变，有时是宽峰
	游离羧酸	3500～3650	中
	有氢键作用的羧酸	2500～2700	宽

续表

化学键	化合物类型	频率范围/cm^{-1}	强度
N—H	胺、酰胺	3300～3500	中
C═C	烯烃	1610～1680	可变
C═C	芳香环	1500～1600	可变
C≡C	炔烃	2100～2260	可变
C—N	胺、酰胺	1180～1360	强
C≡N	腈	2210～2280	强
C—O	醇、醚、羧酸、酯	1050～1300	强
C═O	醛、酮、羧酸、酯	1690～1760	强
NO_2	硝基化合物	1500～1570	强
		1300～1370	强

（获准翻印自文献［12］）

2.5.3.2 仪器

聚苯乙烯典型的红外光谱图如图 2.44 所示。与 UV-VIS 相反，IR 光谱图通常绘制成透光率而不是吸光值（y 轴）对波长（或波数）（x 轴）的函数。IR 光谱仪与 UV-VIS 光谱仪很相似，也包括光源（IR 光源）、波长选择器、检测器和处理器 4 个部分［图 2.45（a）］。虽然 IR 分析中也常用到双光束，但与 UV-VIS 光谱仪不同，IR 光谱仪中样品是直接放在光源之后的，这主要是因为 IR 辐射的能量强度不足以破坏材料。

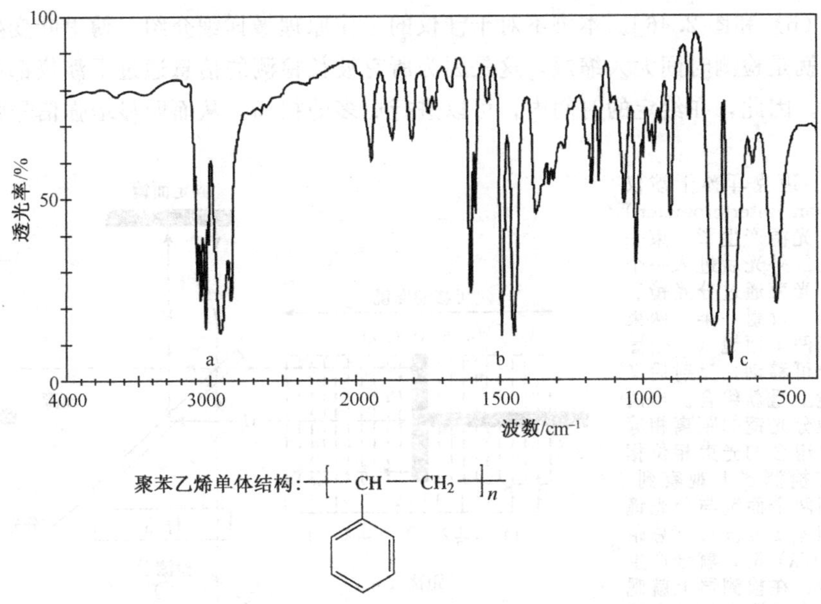

图 2.44 聚苯乙烯典型的红外光谱图。与 UV-VIS 相反，IR 光谱图通常绘制成透光率而不是吸光值（y 轴）对波长（或波数）（x 轴）的函数，因此 IR 光谱图中的峰是倒立的。利用材料的 IR 光谱图，再与表 2.9 中列出的参考数据相比较，就可以确定材料的化学结构。例如，本图所示的 IR 光谱图中在 2800～3100 cm^{-1}（a）、1400～1600 cm^{-1}（b）和 600～900 cm^{-1}（c）处出现了三个峰。表 2.9 中的参考数据明显地指出，芳环在 2800～3100 cm^{-1}、1400～1600 cm^{-1} 和 600～900 cm^{-1} 处会产生吸收峰。结合这两点就可得出结论，该材料中应该含有芳香环结构。重复上述过程，就可确定出整个分子的化学结构（获准翻印自文献［15］）

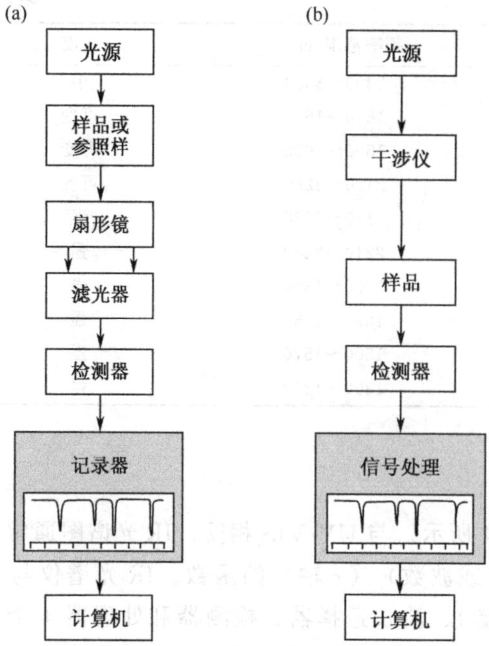

图 2.45 IR 分光光度计的组成部分。(a) IR 光谱仪的基本结构与 UV-VIS 的结构相似，包括 IR 光源、波长选择器、检测器和处理器。但与 UV-VIS 不同，IR 光谱仪的样品通常直接放在光源后，这主要是因为 IR 辐射的能量强度不足以破坏材料；(b) 傅里叶变换红外光谱技术 (FT-IR) 是改进的 IR 光谱仪，其中加入了干涉仪。FT-IR 仪器的基本组成如图所示（获准翻印自文献 [14]）

IR 光谱仪进一步发展后出现了**傅里叶变换红外光谱技术**（Fourier transform infrared spectroscopy，FT-IR）。这种技术中包含一个叫做**干涉仪**（interferometer）的镜子[图 2.45 (b) 和图 2.46]。本书不对干涉仪的工作原理做详细介绍。傅里叶变换的一个突出优点就是检测时间大大缩短，这是因为所有波长检测的信息通过干涉仪都可同时到达检测器。因此，在给定的时间内，可以进行更多的扫描，从而明显增强信号强度（信

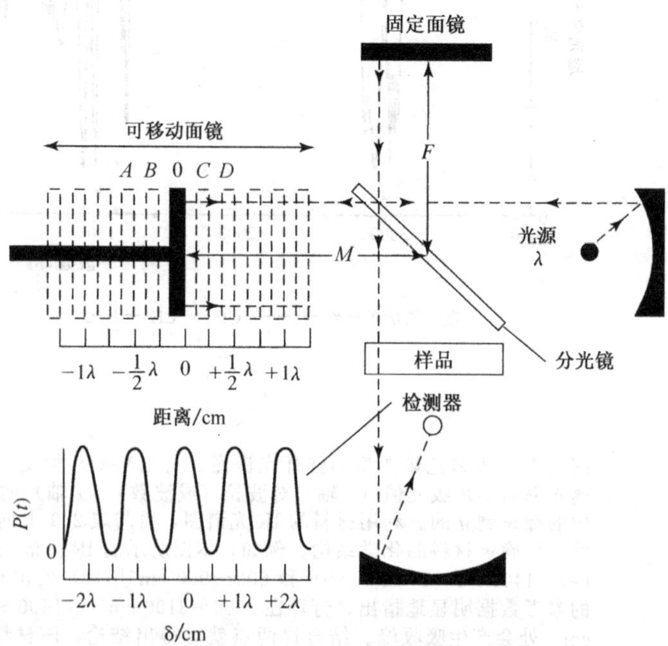

图 2.46 迈克耳孙干涉仪（Michelson interferometer）的详图。光源产生了一束一定波长的红外光后进入一个分光镜，光束通过分光镜后透过一半，反射一半。两束光分别经两个面镜（一个固定，一个可移动）反射后又在分光镜上重新组合。当两个面镜距分光镜的距离相等时，重新组合的光束相位相同，可在检测器上观察到。但是，当两个面镜与分光镜的距离相差 1/4 波长（总距离相差 1/2λ）时，就会产生相消干涉，在检测器上就观察不到。由于是重新组合后的光束通过样品，因此可用傅里叶变换技术将光束通过样品后的吸收信息转化成传统的 IR 光谱。傅里叶变换技术的优点是，由于所有波长的信号可同时到达检测器，因此扫描时间大大缩短，信噪比也明显提高（获准翻印自文献 [12]）

噪比)。傅里叶变换的这一优点对分析物质含量少的样品尤为重要，如分析生物材料的表面结构信息。FT-IR 在表面分析中的应用将在第 7 章做进一步的讨论。

2.5.3.3 提供的信息

由于 IR 光谱分析的样品也遵循比尔-朗伯定律，因此与 UV-VIS 一样，IR 也可用于物质的定量分析。但这种方法最常用于生物材料的表征，尤其是聚合物分子的表征。

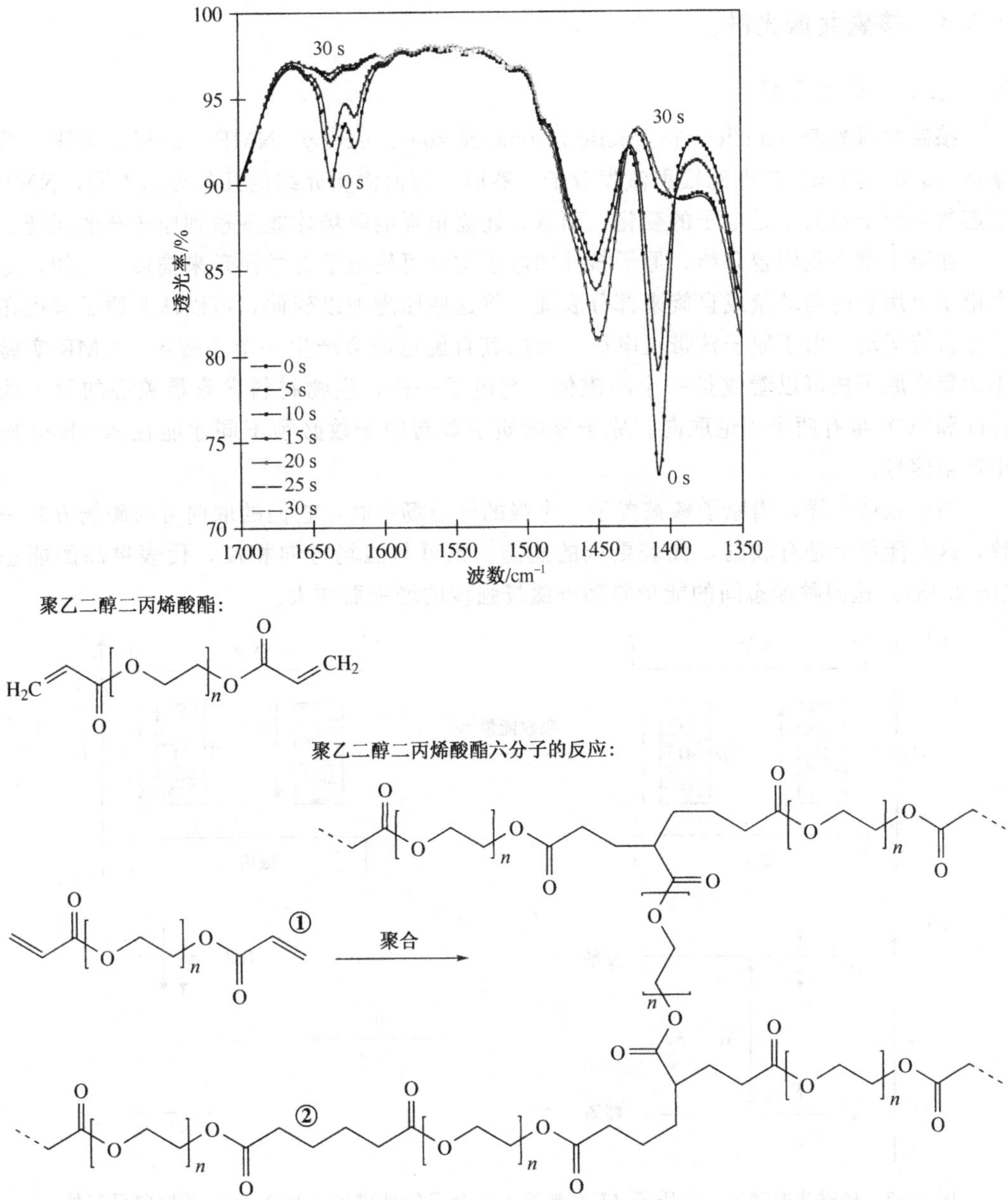

图 2.47 UV 光聚合聚乙二醇二丙烯酸酯过程中采集到的 ATR/FT-IR 谱图（衰减全内反射傅里叶变换红外光谱，attenuated total internal reflectance Fourier-transform infrared spectroscopy）。随着反应的进行，丙烯酸的碳-碳双键（C=C）（图中的①）被转化成碳-碳单键（C—C）（图中的②）。测定末端C=C 双键在 1635 cm^{-1} 处的伸缩振动峰和 C=C—H 在 1410 cm^{-1} 处的弯曲振动峰在几个时间点的减少就可确定原料中双键数量的减少（获准翻印自文献 [16]）

每种材料都有其独特的 IR 光谱，形成“分子指纹图谱”，通过图谱比对就可鉴别不同的材料。这种分析方法的功能非常强大，比大多数其他表征技术能提供更多有关聚合物结构和组成的信息。

红外光谱的另一个常见应用是跟踪某种化学键的吸收峰随时间的变化，如表 2.9 所示。同时，检查产物峰的出现和单体峰的消失也是监测聚合反应的两个手段（图 2.47）。

2.5.4 核磁共振光谱

2.5.4.1 基本原理

核磁共振光谱（nuclear magnetic resonance spectroscopy，NMR）是利用无线电频率区（0.5～75 m）的电磁辐射激发分子。然而，与前面所介绍的几种光谱不同，NMR 引起的是原子核而不是电子的变化。而且，还需很强的磁场才能观察到原子核的跃迁。

在第 1 章中我们曾介绍，原子核外的电子构型可用量子力学原理来描述，例如，每个电子可用它的角动量或自旋来部分表征。将这些原理加以延伸，可以认为原子核也在发生自旋运动。由于原子核带正电荷，因此其自旋运动会产生一个小磁场，NMR 实验中的每个原子核可以看成是一个小磁体。与电子一样，生物材料学家最关心的原子核（^{1}H 和 ^{13}C）也有两个理论取向。原子核的质子数与中子数必须不同才能在 NMR 分析中产生信号。

与小磁体一样，当原子核被置于一个强的外磁场中时，它们的取向可与磁场方向一致，这在能量上是有利的，代表更低的能态，也可与磁场方向相反，代表更高的能态（图 2.48）。这两种能态间的能量差随外磁场强度的增强而增大。

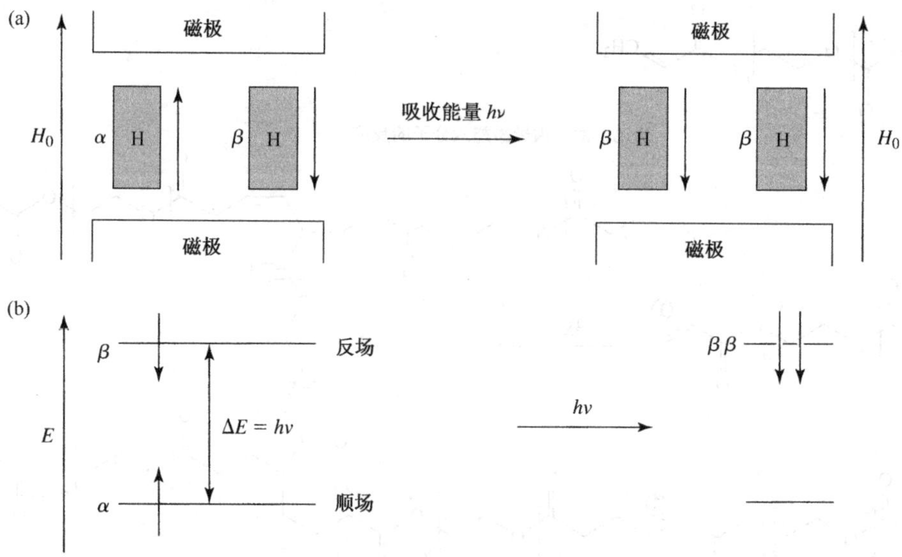

图 2.48 核磁共振理论。当质子（H）被置于一个强的外磁场（H_0）时，其取向可与外磁场方向相同，这在能量上是有利的，因而代表更低的能态（α），也可与外磁场方向相反，代表更高的能态（β）。这两种能态间的能量差（ΔE）等于 hν。如果原子核处于能量频率为 v（共振频率）的无线电波中，原子核就能吸收这一能量，原子核自旋就会从 α 能态跃迁到 β 能态。这个时候的原子核就处于共振状态。共振频率与每个原子核的局部环境密切相关（获准翻印自文献 [17]）

在固定的外磁场中加入能量大小足以填补原子核两能态间能量差的无线电波后，一些原子核就会被激发到更高的能态。这个时候的原子核就处于**共振**（resonance）状态。原子核吸收一定频率——**共振频率**（resonance frequency）的无线电波就表明原子核处于共振状态。共振发生后，与其他类型的光谱一样，激发态的原子核也会通过各种方式发生分子弛豫。

不同的分子在同一外磁场中发生共振所需要的能量不同（因为不同分子的共振频率不一样）。其部分原因是因为原子核（通常是^{1}H）的局部环境不同。为了更全面地解释这一点，我们接下来将详细地讨论氢氟键（如 HF）和氢碳键（如 CH_3）中的原子核。

除了受外磁场的影响外，^{1}H 也受到其周围电子旋转所产生的小磁场的影响。电子旋转产生磁场，磁场的强度与电子云密度成正比。电子产生的小磁场与外界磁场的贡献相反（图 2.49）。在 H—C 中，H 核附近的电子云比普通氢原子周围的电子云密度大，这个时候我们就说 H 核被**屏蔽**（shielded）了，诱导 H 核产生共振所需要的能量更低。

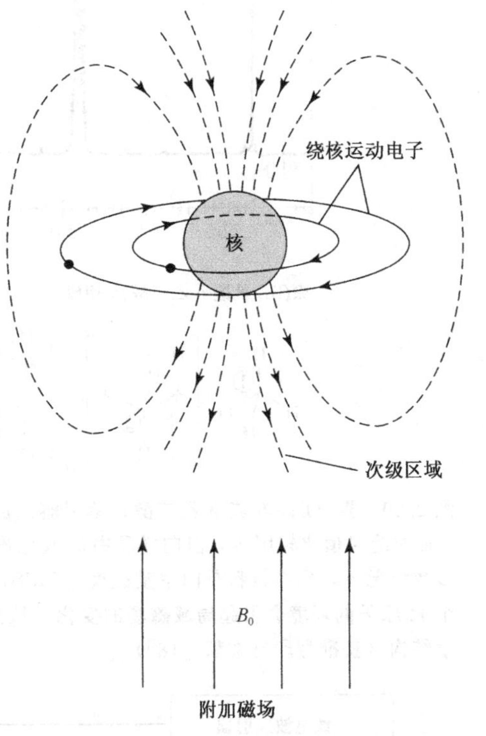

图 2.49 外加磁场和二级磁场对 H 核的影响。原子核受到其周围电子旋转产生的小磁场的影响。产生的小磁场与外磁场（B_0）的贡献相反，从而降低了产生共振所需要的能量（获准翻印自文献 [12]）

另一方面，当氢原子与吸电子能力（电负性）更强的原子成键时，如与 F 原子形成 HF，氢核周围的电子云密度就比正常情况下的电子云密度低，这时候的原子核被**去屏蔽**（deshielded）。在这种情况下，则需要更多的能量才能诱导 H 核发生共振，从而可记录到更高的共振频率。^{1}H NMR 的这些原理，还有其他更复杂的一些原理一起被用于鉴别样品中每个质子的局部环境，从而确定样品的分子结构。

2.5.4.2 仪器

图 2.50 是聚（DL-乳酸-b-乙二醇）单甲醚二嵌段共聚物的 NMR 谱图。NMR 光谱图通常是以峰强度为 y 轴，以化学位移（单位：ppm*）为 x 轴。虽然要得到 NMR 光谱 x 轴的绝对值比较困难，但向样品中加入标准物（**内标**，internal standard）后则可较容易地测得其相对位移。多数情况下，参比材料是四甲基硅烷［TMS，$(CH_3)_4Si$］，它在图 2.50 中 0 ppm 处产生了一个强峰。剩余的峰代表其他化学结构的共振吸收频率，在 TMS 质子吸收峰的基础上发生了一定的化学位移（^{1}H NMR 的化学位移通常在 1～13ppm）。

保持外磁场恒定，通过改变无线电波的频率，或保持无线电波频率恒定，通过改变磁场强度都可以得到 NMR 图谱。这两种情况需要的设备相似。为方便解释，我们将重

* ppm$=10^{-6}$

点讨论前者。NMR 仪器由 5 个基本部分组成（图 2.51）：

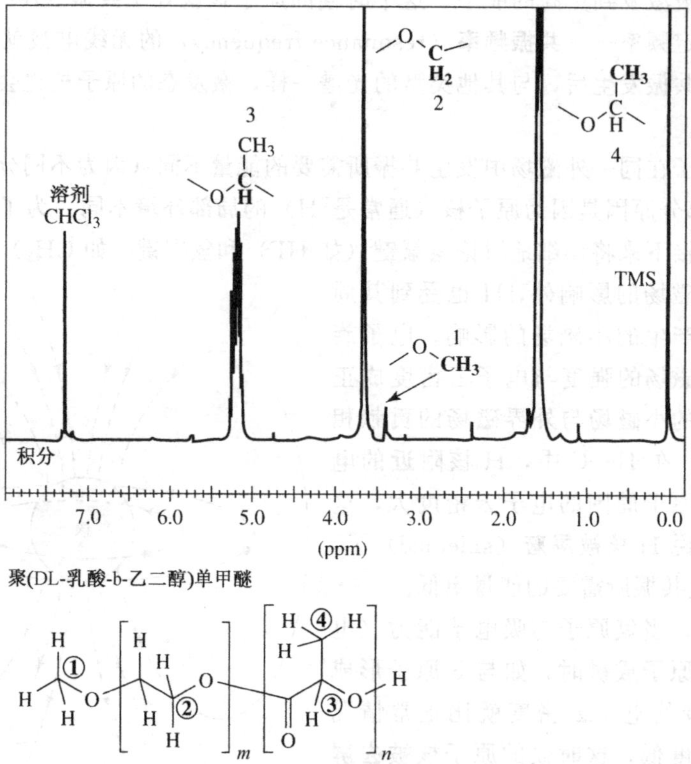

图 2.50　聚（DL-乳酸-b-乙二醇）单甲醚二嵌段共聚物的[1]H-NMR 光谱。直接获取 NMR 光谱 x 轴的绝对值比较困难，但向样品中加入标准物（内标）后则可比较容易地测得其相对位移。多数情况下，标准材料是四甲基硅烷［TMS，$(CH_3)_4Si$］，它在 0 ppm 处产生了一个强峰。单个 H 原子的环境会引起局域磁场的变化，从而产生不同的化学位移。根据化学位移即可分辨化学结构（获准翻印自文献［18］）

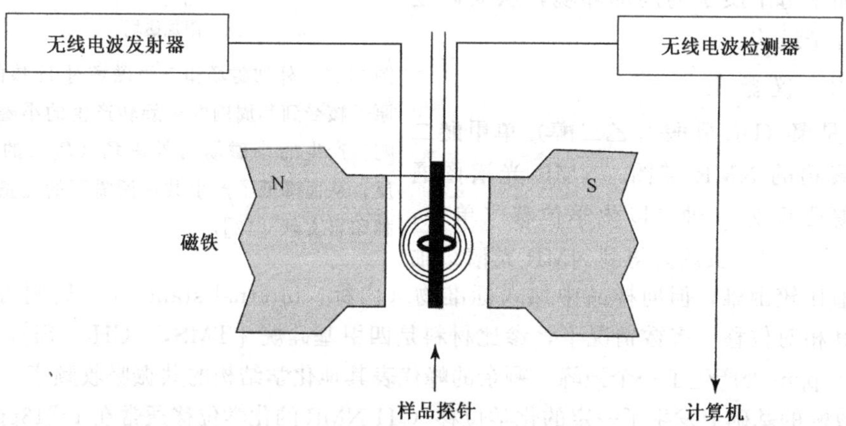

图 2.51　NMR 仪器的组成部分。样品放入探针后，再置入由磁体产生的恒定磁场中。以可控的方式改变无线电波发射器产生的电波频率，未被样品吸收的频率被检测器记录下来。当所有频率都扫描结束后，计算机把样品信号转化成合适的谱图（获准翻印自文献［14］）

1. 磁体——产生一个强的均匀磁场；

2. 样品探针——将样品插入到磁场中；

3. 无线电波发射器——产生各种频率的无线电波；

4. 无线电波接收器或检测器——将样品未吸收的无线电波的频率转换成电信号；

5. 处理器（计算机）——将检测器输出的信号转换成合适的谱图。

如图 2.51 所示，样品被放入探针后，再置入由磁体产生的恒定磁场中；然后以可控的方式改变无线电波发射器产生的电波频率，未被样品吸收的频率被检测器记录下来；当所有频率都扫描结束后，计算机就把样品信号转换成合适的谱图。与 IR 光谱相似，傅里叶变换 NMR 由于其更高的灵敏性而在现代实验室中普遍应用，但是本书不讨论傅里叶变换 NMR。

2.5.4.3 提供的信息

NMR 是一种阐明无机分子和有机分子化学结构的强有力的工具。利用不同化学基

表 2.10 常见化学基团的特征 NMR 化学位移

δ和 τ 值及范围‡

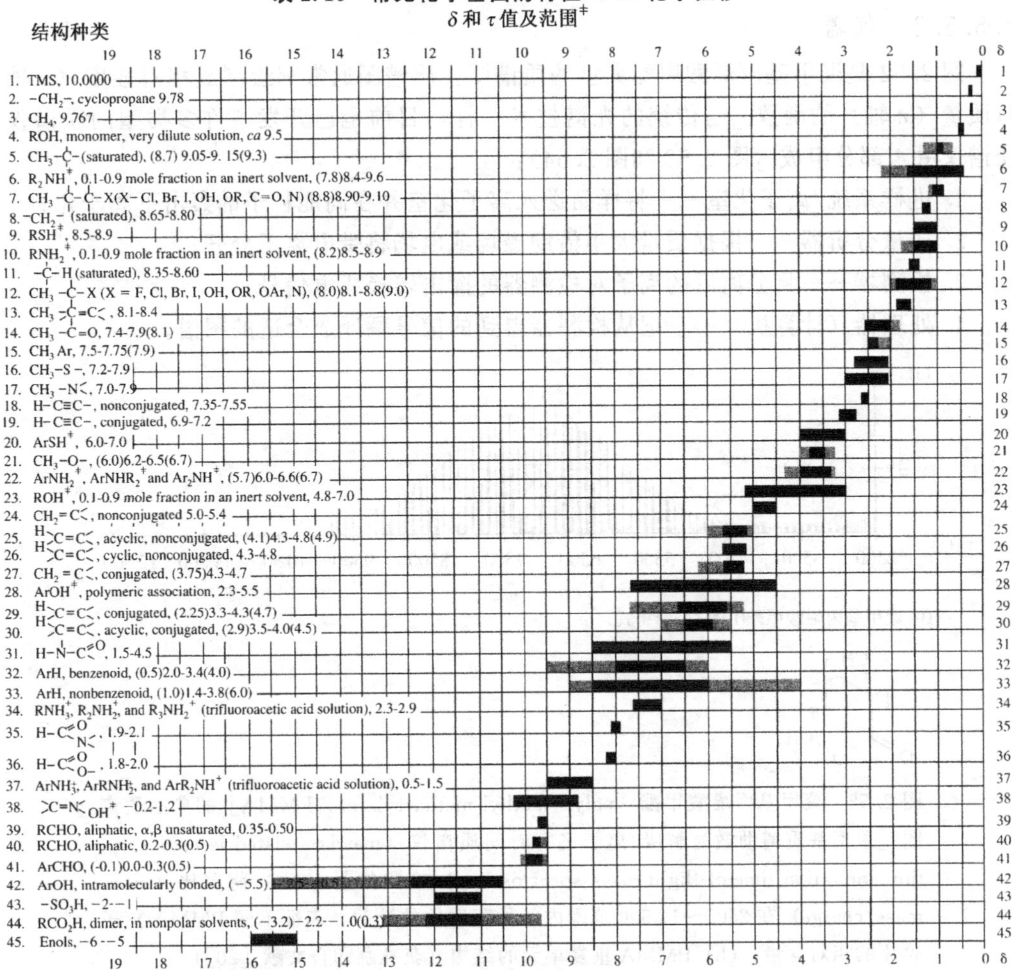

一般情况下，“+”表示功能基团的吸收峰出现在图中所示的范围内。偶尔，也表示功能基团的吸收峰将超出这一范围。括号中所列数值及图中阴影部分表示吸收峰波动的范围。

‡ 表示基团的吸收位置具有基团浓度依赖性，在稀溶液中，基团吸收峰向高 T 方向偏移。

（获准自文献［1.9］）

团的特征化学位移可以确定样品中某些类型化学键的存在，如表 2.10 所示。利用 NMR 也可轻松地获得样品中不同化学状态的原子的相对含量。NMR 在生物材料领域中最普通的应用就是表征聚合反应的产物，以确保产物质量和纯度。

2.5.5 质谱

2.5.5.1 基本原理

尽管**质谱**（mass spectroscopy）在名称和图形（也叫谱图）上都与 X 射线、UV-VIS、IR 或 NMR 很相似，但质谱不是一种光谱，因为它并不涉及电磁辐射的吸收。相反，它测定的是材料中不同片段的原子质量或分子质量。为了测定这些原子质量或分子质量，样品需首先用高能粒子（通常是电子）轰击使其电离；电离产生的带电粒子通过一个磁场，并与磁场发生作用后偏移直线路径。由于质量轻的粒子比质量重的样品偏移更多，所以根据质量大小可将这些带电粒子分离开。这种方法对于质量差异特别敏感，它甚至可以分离同位素。

2.5.5.2 仪器

图 2.52 是聚甲基丙烯酸甲酯典型的质谱图。质谱图通常都绘制成相对强度（y 轴）对质量（x 轴）的函数。与传统的光谱技术一样，目前也已开发了许多类型的质谱仪。质谱仪由 4 部分组成（图 2.53 和图 2.54）：

1. 进样系统/离子化室——将样品送入离子化室并在高能粒子的轰击下离子化；
2. 质量分析器——根据质量大小借助磁场或电场将带电离子分开；
3. 检测器——将分离后的离子对检测器的撞击转换成电信号；
4. 处理器（计算机）——把从检测器得到的信号翻译成合适的图谱。

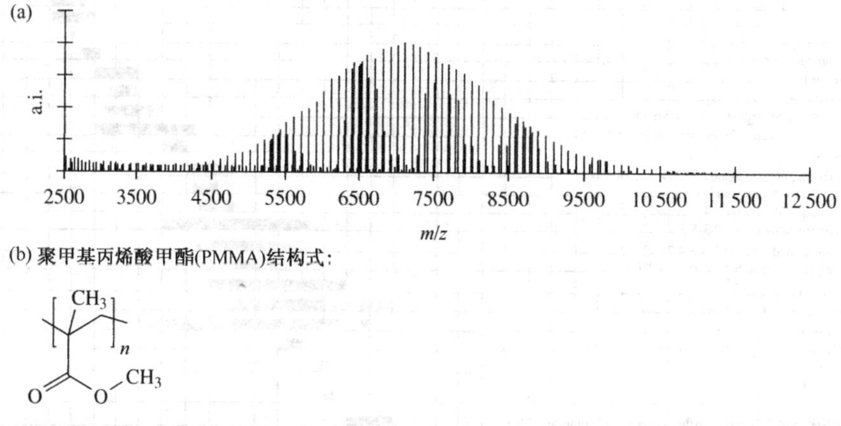

图 2.52 聚甲基丙烯酸甲酯［poly（methyl methacrylate)，PMMA］的典型质谱图［采用基质辅助激光解吸/离子飞行时间质谱仪（matrix-assisted laser desorption/ionization time-of-flight mass spectroscopy）检测的］。（a）荷质比（m/z，mass/charge）在 2500～12 500 范围内每种荷质比的计数，表征不同 PMMA 离子碎片的相对含量；（b）PMMA 重复单元的结构（获准翻印自文献［20］）

接下来我们将重点介绍最常用的一种质谱仪：**扇形磁场质谱仪**（magnetic sector spectrometer)，之所以叫这个名字是因为只使用了一个磁场来分离带电离子（图 2.54）。

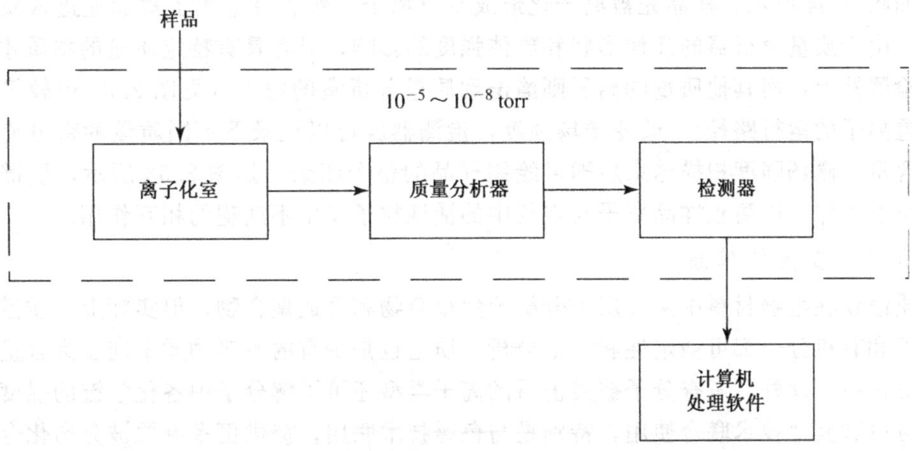

图 2.53　质谱仪的基本组成部分。4 个基本组成部分是：进样系统/离子化室（将样品送入离子化室并在高能粒子的轰击下离子化）、质量分析器（根据质量大小借助磁场或电场分离产生的带电离子）、检测器（将分离后的离子对检测器的撞击转换成电信号）、处理器/计算机（把从检测器得到的信号翻译成合适的图谱）（获准翻印自文献 [12]）

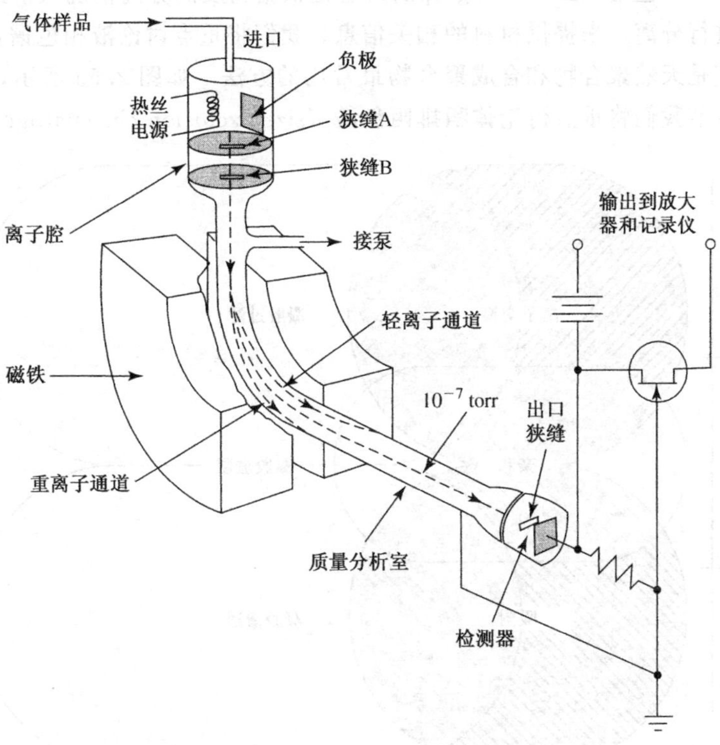

图 2.54　质谱仪示意图。样品先被离子化形成带电离子，然后带电离子被加速进入质量分析室。由于质量分析器的几何形状和磁体强度的影响，只有具有特定质量的物质才能撞击到检测器上，而其他质量的离子则撞击到质量分析室的壁上。改变磁场强度，检测器就可以记下不同质量的带电离子碎片的含量。磁场强度扫描结束后即可绘制样品的整个图谱（获准翻印自文献 [12]）

如图 2.54 所示，样品先被离子化形成带电离子，然后带电离子被加速进入质量分析室。由于质量分析器的几何形状和磁体强度的影响，只有具有特定质量的物质才能撞击到检测器上，而其他质量的离子则撞击到质量分析室的壁上（见图 2.54 中较轻离子和较重离子的运行路径）。改变磁场强度，检测器就可以记录下不同质量的带电离子碎片的含量。磁场强度扫描结束后即可绘制样品的整个图谱。如图 2.53 所示，质谱仪需在真空下工作，以防止样品离子与空气中的活性粒子发生不期望的相互作用。

2.5.5.3 提供的信息

质谱仪在生物材料中主要用于分析天然聚合物和合成聚合物，但实际上，质谱对无机分子和有机分子都可做定性和定量分析。质谱也是少有的鉴定物质中同位素含量的几种方法之一。此外，考查分子被轰击后的离子类型还可了解分子中各化学键的强度。质谱仪可以和其他技术联合使用，特别是与色谱技术联用，提供更多有关被分离化合物的信息。另一种改进的质谱仪——二次离子质谱仪（SIMS）常用于生物材料的表面分析，这将在第 7 章深入讨论。

2.5.6 高效液相色谱（HPLC）：体积排阻色谱

与质谱一样，**色谱**（chromatography）也是根据物质的分离情况（借助物质的大小或电荷多少进行分离）来提供材料的相关信息。我们将重点讨论液相色谱，它是分析生物材料，尤其是天然聚合物和合成聚合物最常用的方法。如图 2.55 所示，液相色谱的类型很多，本节我们将重点讨论**体积排阻色谱**（size-exclusion chromatography，SEC），

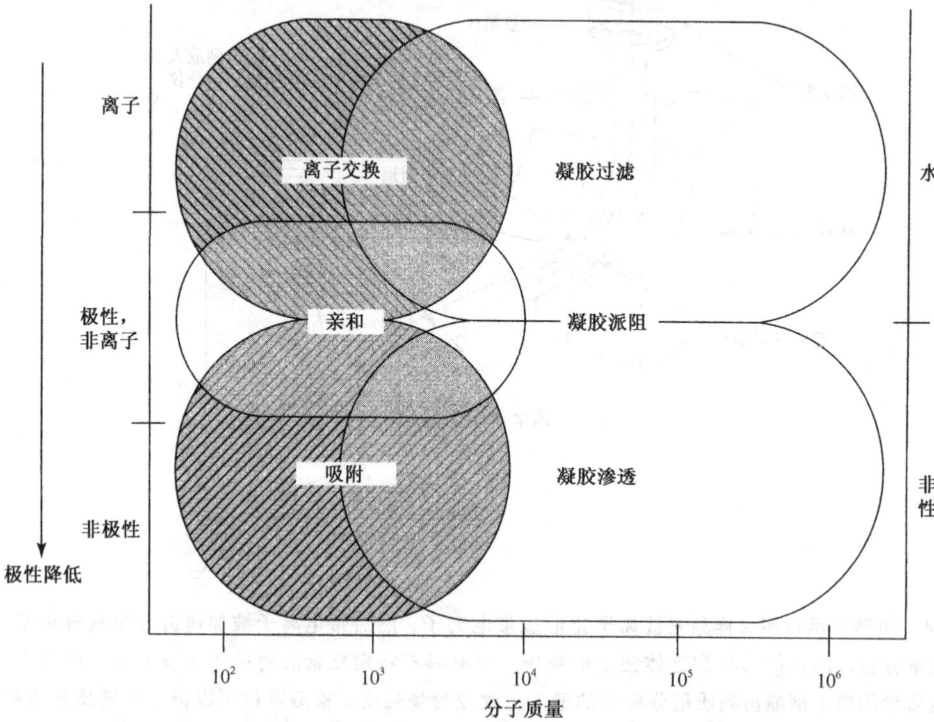

图 2.55 液相色谱分类。色谱是根据物质的分离情况（借助物质的大小或电荷多少进行分离）来提供材料的相关信息

包括**凝胶渗透色谱**（gel permeation chromatography，GPC）和**凝胶过滤色谱**（gel filtration chromatography，GFC）。**亲和色谱**（affinity chromatography）将在第 8 章介绍。

2.5.6.1 基本原理

SEC 是一种根据分子大小进行分离的色谱技术。SEC 系统包括**流动相**（mobile phase）和**固定相**（stationary phase）。流动相是一种液体溶剂，样品溶液就注射到流动相中。固定相是由细小（粒径约 10 μm）的多孔硅胶或聚合物珠组成，其中布满了大小均匀、开放的孔穴网络，当流动相流经分离系统时，样品和溶剂就可随流动相进入固定相中。尽管待分析物是在多孔结构中，但随流动相的流动，它可从多孔结构中洗脱出来。因此，物质在被洗脱出来之前被认为是**保留**（retained）在固定相中。

待测物的大小对其在固定相中的**保留时间**（retention time）有非常重要的影响。尺寸大于平均孔径的分子不能进入固定相中，因而不能被固定相保留，而那些尺寸很小的待测物则可渗透进入固定相的孔穴网络，并在固定相中保留一段时间。因此，首先从固定相中流出的是尺寸最大的分子（分子质量最大的分子），而分子质量最小的化合物最后流出（**洗脱**，elute）（图 2.56）。分子质量介于两者之间的化合物则根据分子在多孔网络中的穿透程度不同而保留不同的时间，从而根据分子质量的大小将待测样品分离开。

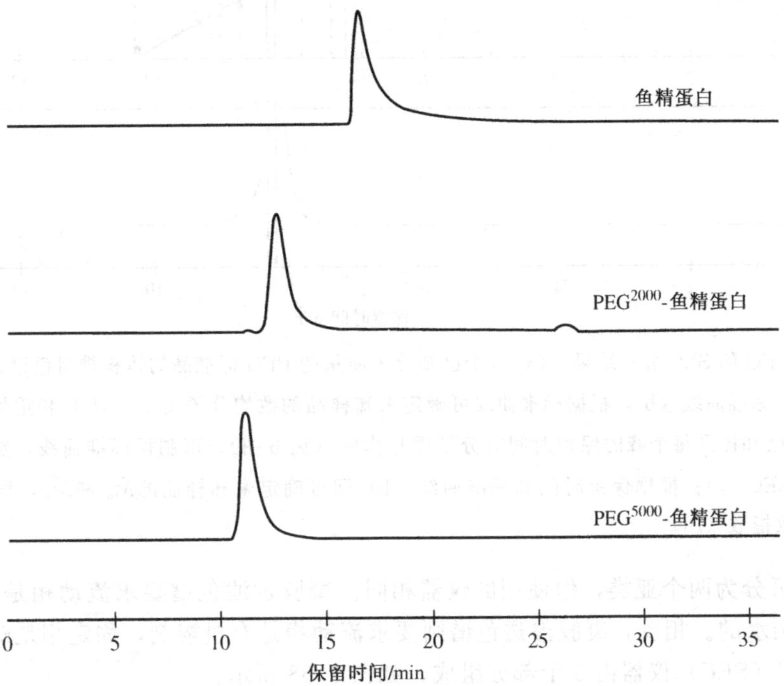

图 2.56　鱼精蛋白的体积排阻色谱。蛋白质与聚乙二醇（PEG）键合在一起，PEG 的分子质量为 2 kDa，蛋白质的分子质量为 5 kDa。在体积排阻色谱中，高分子质量的物质比低分子质量的物质先被洗脱出来（获准翻印自文献 [21]）

2.5.6.2 仪器

图 2.57 是 PEG 典型的 SEC 图。SEC 图通常绘制成峰强度（y 轴，其单位与检测器的种类有关）与时间（x 轴）的函数关系。

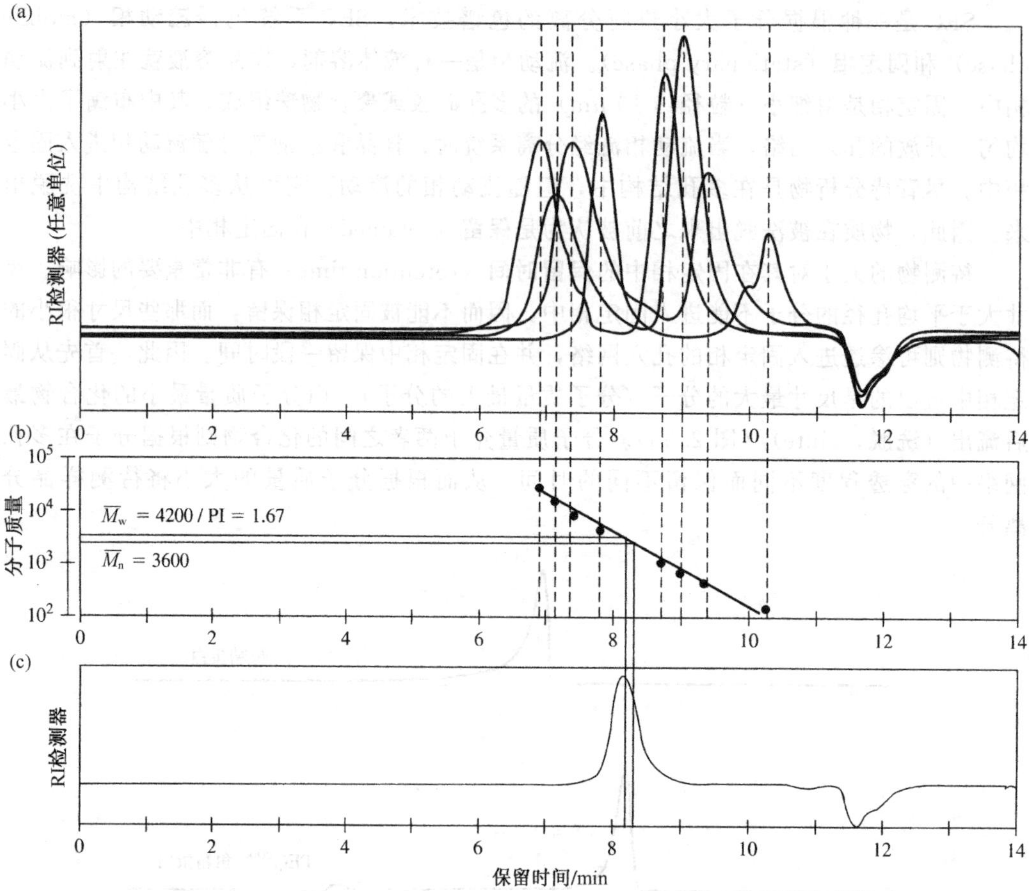

图 2.57 PEG 的 SEC 分析结果。(a) 8 个已知分子质量的 PEG 标准品的体积排阻色谱。这些数据可用来制作标准曲线（b），根据标准曲线可确定未知样品的数均分子质量（$\overline{M}_n$）和重均分子质量（$\overline{M}_w$）。以已知样品每个峰的保留时间对分子质量作图（见 b 图），可制得标准曲线，然后让未知样品通过 SEC（c）；根据保留时间和标准曲线（b）即可确定未知样品的$\overline{M}_n$ 和$\overline{M}_w$，根据$\overline{M}_w/\overline{M}_n$ 计算多分散指数（PI）

SEC 可分为两个亚类，但使用的仪器相同。凝胶过滤色谱要求流动相是水性溶剂，固定相是亲水的。相反，凝胶渗透色谱则要求流动相是有机溶剂，固定相是疏水性的。

HPLC（SEC）仪器由 5 个部分组成，如图 2.58 所示：

1. 泵——循环流动相；
2. 进样器——把已知质量的样品注入流动相中；
3. 色谱柱——根据保留时间分离不同大小的分子；
4. 检测器——把流动相中待分析物的含量转化成电信号；
5. 处理器（计算机）——把来自检测器的信号转换成峰强度对时间的色谱图。

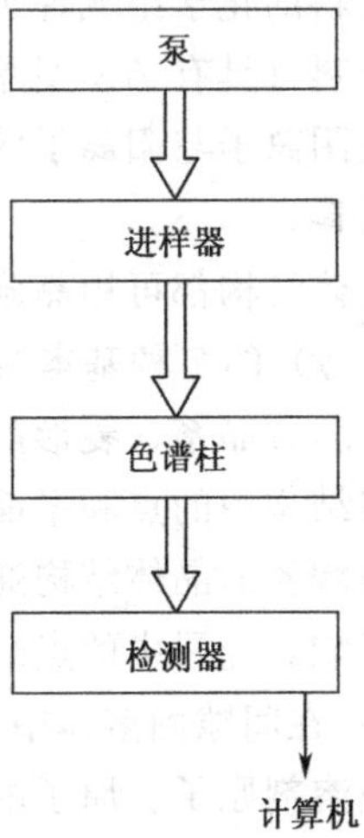

图 2.58 HPLC 仪（SEC）的基本组成简图。HPLC 仪（SEC）包括 5 个部分：泵（使流动相循环流动）、进样器（把已知质量的样品注入流动相中）、色谱柱（根据保留时间分离不同大小的分子）、检测器、处理器/计算机（把来自检测器的信号转换成峰强度对时间的色谱图）（获准翻印自文献［14］）

HPLC（SEC）的检测器类型很多，但多数还是基于本章前面介绍的一些技术，如 UV 或 IR。质谱作为 HPLC 检测器的情况比较少见，但目前在某些检测系统中已有应用。这里所指的检测器是指整个分光光度计，而不仅仅只是指将透射光转化成电信号的装置。

为防止气泡包埋在仪器中，需要对流动相进行脱气处理。样品首先是被注射到脱气溶剂（流动相）中，然后溶剂和待测物在泵的作用下以恒定的流速流经色谱柱。待测物与填充在柱子中的多孔球相互作用而保留在固定相中，最后到达色谱柱尾进入检测器。当所有样品都流出色谱柱后，处理软件就可绘制出峰强度对时间的色谱图。

2.5.6.3　提供的信息

SEC 的一个主要应用是检测合成聚合物或天然聚合物的分子质量。利用分子质量已知的聚合物标准品还可对样品进行定量分析。与 UV-VIS 光谱用于定量分析一样，SEC 也需要做标准曲线，是分子质量对时间的标准曲线（图 2.57）。将未知样品的流出时间与标准曲线上的流出时间进行比较，即可测得未知样品的分子质量。

SEC 测得的聚合物曲线实际上就是 2.4.1.2 节中看到的聚合物重量分数或数量分数对分子质量的曲线（如图 2.22 所示）。因此，软件程序可采用前述相似的方法计算 $\overline{M}_n$、$\overline{M}_w$ 和 PI：首先确定两个洗脱时间之间洗脱出的所有聚合物的质量分数，然后根据标准曲线确定该质量分数聚合物的平均分子质量。一旦这些信息确定下来后，就可利用方程来计算 $\overline{M}_n$、$\overline{M}_w$ 和 PI。除此以外，SEC 也常用于监测聚合反应和（或）保证反应产物的一致性。

小结

- 如果组成原子的排列在分子水平以长程有序的方式排列，则材料的分子结构是结晶态的；如果缺乏这种长程有序排列，则材料的分子结构是非结晶态的。同时含有结晶区和非结晶区的材料，包括一些聚合物，是半结晶态的。
- 金属和陶瓷材料都是结晶材料，但陶瓷的晶体结构是由离子而不是原子构成。由于陶瓷材料的化学组成种类繁多，因此陶瓷的晶体结构类型比金属的晶体结构类型多。陶瓷材料可具有 AX 型晶体结构（阴离子与阳离子的电荷数相同）或 A_mX_p 型晶体结构（阴离子与阳离子的电荷数不相等）。碳基材料如石墨和单壁碳纳米管可看成是陶瓷材料。

- 各种晶体结构都可用晶胞来表征并用晶格参数来表示。晶格参数（a、b、c）和夹角（α、β、γ）的 7 种基本组合方式可用于描述最常见的几种晶系，即立方晶系、四角晶系、斜方晶系、菱形晶系、六角晶系、单斜晶系和三斜晶系。米勒指数可用于标记晶格结构中的点和平面。
- 金属和陶瓷的晶体结构通常都含有各种缺陷和杂质，这对材料的化学和力学性质有重要影响。金属中的点缺陷包括空位（缺原子）和自间隙原子（额外原子）。杂质（溶质）在间隙固溶体中可填充主体金属原子（溶剂）间的空间，也可在置换固溶体中置换溶剂原子。原子的半径、电负性和价电荷严重影响材料中的杂质类型。以可控的方式加入杂质后可赋予材料优良的性能，如合金。
- 陶瓷材料中存在的一种典型缺陷是斯托克缺陷。在这种缺陷中，阴离子空位和阳离子空位保持合适的比例以维持陶瓷的电中性。弗兰克尔缺陷是通过形成空位/间隙对来保持陶瓷材料的电中性。尽管陶瓷与金属一样都存在杂质，但在陶瓷中主体材料和杂质的电荷数明显影响杂质的稳定性。
- 依靠原子运动实现材料的转运就是扩散。发生在固体材料中的扩散叫固相扩散，包括空位扩散和间隙扩散。在稳态扩散中，扩散通量（J）不随时间而变化。
- 聚合物材料通常是共价键合的碳氢键所形成的长链。聚合物最小的结构单元是单体基元，含有固定数量的原子和特定的化学结构。基元不断重复即形成聚合物。聚合物材料可具有各种各样的力学和化学性质。
- 由单体聚合形成聚合物的反应机制很多，包括加聚反应和缩聚反应等。加聚反应涉及自由基（对自由基聚合反应）或活性离子基团（对离子聚合反应），通常包括多个不同的反应步骤。缩聚反应通过消除小分子化合物（通常是水）来实现聚合。此外，蛋白质，如丝蛋白和弹性蛋白可以使用宿主有机体通过基因工程的方法制得。
- 聚合物可以是结晶态的、非结晶态的或半结晶态的，也可在聚合物链端之间以空位的形式形成点缺陷。聚合物的化学组成、规整度和支化度等参数强烈影响聚合物的结晶能力。聚合物主链上含有大体积的侧链以及高支化度都阻碍聚合物链间的紧密排列，从而阻碍聚合物晶体结构的形成。
- 用于表征生物材料化学组成的技术多种多样，其中应用范围很广的一种技术是光谱技术。这种方法主要测定待测化合物对不同类型能量的吸收情况。X 射线衍射、紫外可见光谱、红外光谱、核磁共振光谱以及质谱就是常见的光谱技术。另一种应用广泛的表征技术是色谱技术。这种技术是根据待测物质的化学特征如电荷数或分子质量对待测物质进行物理分离后获取待测物的组成信息。凝胶渗透色谱和凝胶过滤色谱就是常见的色谱仪技术。

习题

2.1　你正在评价几种新材料是否可用于加工人工髋关节的股骨柄。

(a) 材料 a 和 b 的晶体结构示意图如下图所示。

(a)

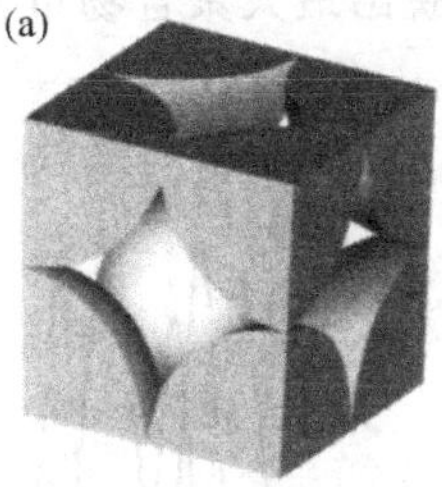

(b)

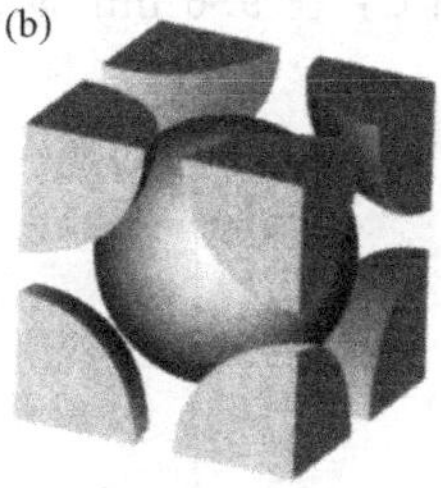

请鉴别晶体结构类型，并计算每种晶体结构的配位数，推导 r（球的半径）与 a（立方体的边长）的关系，以及确定 APF 值。

(b) 假设有第三种材料 c，其结构尚未表征。你将使用哪些分析技术来检测它的晶体结构和晶胞大小？

(c) 假设你测得该材料 c 的晶体结构是六方紧密堆积结构，如下图所示：

(c)

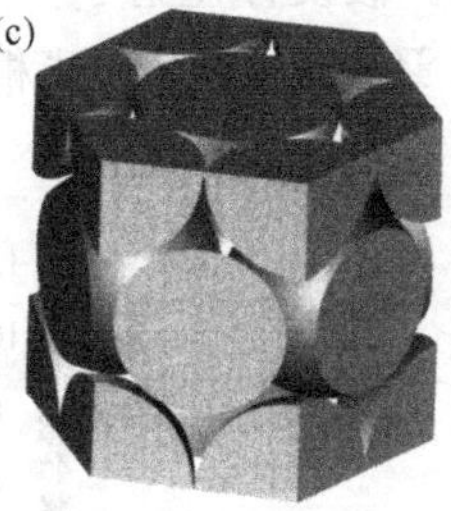

请计算这种材料的 APF 值。已知 r/a 为 1.633（注：晶胞的中心层相当于含有三个完整的原子，原子半径是 r）。

(d) 你能在这三种材料中发现间隙缺陷吗？为什么？

2.2 你在考查一种共聚物是否可用于人造血管。同时，你在思考这种材料的结晶度是高一些好呢还是低一些好。请问：对共聚物而言，哪种结构具有更高的结晶能力？

2.3 聚己内酯被认为是人造血管的理想材料。在一批聚己内酯被生产出来后，有人为你提供了各组分分布的数据如下，要求你计算这批聚己内酯的$\overline{M}_n$、$\overline{M}_w$ 和 PI。

W_i	0.10	0.10	0.30	0.40	0.10
M_i (kg/mol)	25	30	40	70	100

2.4 你收到 4 种聚合物材料（A、B、C、D)，考查它们是否适合用作人造血管。现要求你用体积排阻色谱检测这些未知聚合物的近似分子质量。你获得了前三种聚合物（A、B、C）的信息如下：

(a) 假设这三种聚合物是单分散样品，则每种聚合物的分子质量为多少？

标准品 1：分子质量 50 000 g/mol

标准品 2：分子质量 40 000 g/mol

标准品 3：分子质量 35 000 g/mol

标准品 4：分子质量 20 000 g/mol

标准品 5：分子质量 10 000 g/mol

未知样品 A：在 7.4 min 时洗脱出最大聚合物量

未知样品 B：在 8.4 min 时洗脱出最大聚合物量
未知样品 C：在 9.6 min 时洗脱出最大聚合物量

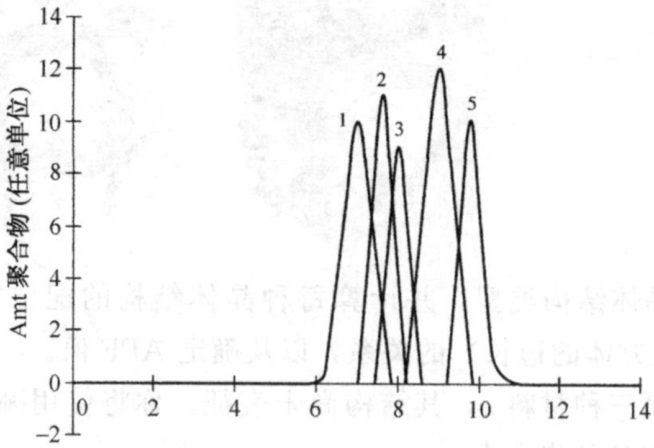

（b）SEC 常遇到的一个问题是：当注射了高浓度样品时会出现色谱柱过载，导致色谱图中峰形变宽。假设你注射了一个高浓度的未知样品 D 到色谱柱中，你认为会出现曲线 X 还是曲线 Y？请根据色谱柱中样品分子的相互作用进行解释。

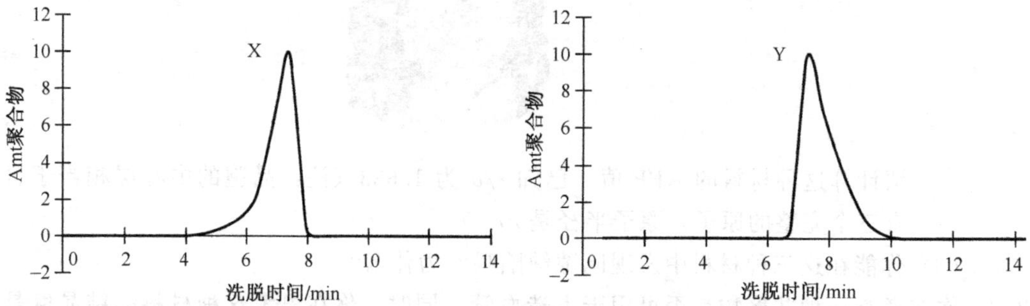

2.5 计算以下平面的米勒指数，要求给出必要的推论步骤。（注：$x=a$ 轴，$y=b$ 轴，$z=c$ 轴）

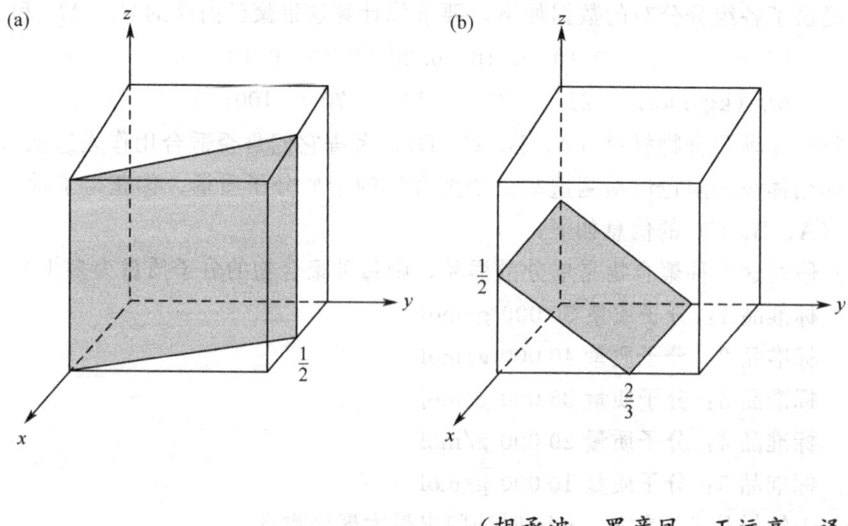

（胡承波　罗彦凤　王远亮　译校）

参考文献

1. Shackelford, J.F. *Introduction to Materials Science for Engineers*, 5th ed. Upper Saddle River: Prentice Hall, 2000.
2. Shackelford, J.F., *Introduction to Materials Science for Engineers*, 4th ed. Upper Saddle River: Prentice Hall, 1996.
3. Atkins, P. and L. Jones, *Chemistry: Molecules, Matter, and Change*, 3rd ed, New York: Freeman, 1997.
4. Callister, Jr., W.D. *Materials Science and Engineering: An Introduction*, 3rd ed. New York: John Wiley and Sons, 1994.
5. Schaffer, J.P., A. Saxena, S.D. Antolovich, T.H. Sanders Jr., and S.B. Warner. *The Science and Design of Engineering Materials*, 2nd ed. Boston: McGraw-Hill, 1999.
6. Kingery, W.D., et al., *Introduction to Ceramics*, 2nd ed. New York: John Wiley & Sons, 1976.
7. Engelberg, I. and J. Kohn. "Physico-Mechanical Properties of Degradable Polymers Used in Medical Applications: A Comparative Study," in *Biomaterials*, vol. 12, pp. 292–304, 1991.
8. Askeland, Donald R. *The Science and Engineering of Materials*, 2nd edition, Boston: PWS-KENT Publishing Company, 1989.
9. Treloar, L.R.G., *The Physics of Rubber Elasticity*, 2nd ed, Oxford: Oxford University Press, 1958.
10. Odian, G. *Principles of Polymerization*, 3rd ed. New York: John Wiley and Sons, 1991.
11. Ray, W.H. and R.L. Laurence. "Polymerization Reaction Engineering," in *Chemical Reactor Theory: A Review*, L. Lapidus and N.R. Amundson, Eds. Englewood Cliffs: Prentice Hall, pp. 532–582, 1977.
12. Skoog, D.A. and J.J. Leary. *Principles of Instrumental Analysis*, 4th ed. Orlando: Saunders College Publishing, 1992.
13. Lavik, E.B., J.S. Hrkach, N. Lotan, R. Nazarov, and R. Langer. "A Simple Synthetic Route to the Formation of a Block Copolymer of Poly(Lactic-Co-Glycolic Acid) and Polylysine for the Fabrication of Functionalized, Degradable Structures for Biomedical Applications," in *Journal of Biomedical Materials Research*, vol. 58, pp. 291–294, 2001.
14. Rouessac, F. and A. Rouessac. *Chemical Analysis: Modern Instrumental Methods and Techniques*. New York: John Wiley and Sons, 2000.
15. SDBS, National Institute of Advanced Industrial Science and Technology(Japan).
16. Mellott, M.B., K. Searcy, and M.V. Pishko. "Release of Protein from Highly Cross-Linked Hydrogels of Poly(Ethylene Glycol) Diacrylate Fabricated by UV Polymerization," in *Biomaterials*, vol. 22, pp. 929–941, 2001.
17. Vollhardt, K.P.C. and N.E. Schore. *Organic Chemistry*, 2nd ed. New York: W. H. Freeman, 1994.
18. Lucke, A., J. Tessmar, E. Schnell, G. Schmeer, and A. Gopferich. "Biodegradable Poly(D,L-Lactic Acid)-Poly(Ethylene Glycol)-Monomethyl Ether Diblock Copolymers: Structures and Surface Properties Relevant to Their Use as Biomaterials," in *Biomaterials*, vol. 21, pp. 2361–2370, 2000.
19. Taylor, *Applications of Absorption Spectroscopy by Organic Compounds*. Englewood Clifffs, NJ: Prentice Hall, 1965.
20. Wetzel, SJ, CM, Guttman, JE Girad, "The influnce of matrix and laser energy on the molecular mass distribution of synthetic polymers obtained by MALDI-TOFMS," *Int J.Mass Spect*, vol 238, pp.215–225, 2004.
21. Chang, L.C., H.F. Lee, M.J. Chung, and V.C. Yang. "PEG-Modified Protamine with Improved Pharmacological/Pharmaceutical Properties as a Potential Protamine Substitute: Synthesis and in Vitro Evaluation," in *Bioconjugate Chemistry*, vol. 16, pp. 147–155, 2005.

推荐阅读

Ewing, G.W *Analytical Instrumentation Handbook*, 2nd ed. New York: Marcel Dekker, 1997.

Park, J.B. and J.D. Bronzino. *Biomaterials: Principles and Applications*. Boca Raton: CRC Press, 2003.

Park, J.B. and R.S. Lakes. *Biomaterials: An Introduction*, 2nd ed. New York: Plenum Press, 1992.

Rabek, J.F. *Experimental Methods in Polymer Chemistry*. New York: John Wiley and Sons, 1980.

3. 生物材料的物理性能

主要目的

了解第 2 章提到的材料亚基相互作用形成本体材料的机制；理解热处理过程对各种材料三维结构的影响。

具体目标

1. 比较（对比）晶体中线缺陷、面缺陷和体缺陷的异同点；
2. 能够绘制和应用柏格斯（Burger）矢量符号来确定线性位错的类型；
3. 了解位错造成晶体材料变形的机制，并与非晶体材料的变形（黏性流动）进行比较；
4. 比较（对比）晶体材料中各种面缺陷的异同点，并了解面缺陷对材料化学反应活性的影响；
5. 举例说明三维缺陷（体缺陷）及其应用；
6. 了解聚合物的晶体结构模型；
7. 了解晶体材料与非晶体材料热转变间的差异；
8. 了解示差扫描量热分析法（一种热分析技术）的基本原理。

3.1 概述：从原子基团到本体材料

本章将把重点从原子如何相互作用形成生物材料亚基转向亚基如何相互作用形成本体材料上。对金属与陶瓷等多晶材料而言，多个晶体间的相互作用决定了材料的物理性能。材料物理性能包括很多方面，但对金属和陶瓷等多晶材料而言，最重要的两个物理性能是晶体内部或晶体之间的位错数量和位错类型。这些特征将会影响材料的力学性能和材料的加工性（第 4 章、第 6 章）。

对聚合物而言，亚基是指**基元**（subunit）形成的**片段**（section）。亚基相互作用如何形成结晶区与非结晶区也同样决定了聚合物的物理性能。聚合物最重要的一个物理特征是聚合物的**结晶性**（crystallinity），对材料的力学性能和降解性能有重要影响（第 4 章、第 5 章）。

材料物理性能如何随温度发生变化是材料研究的另一个关键。本章将从分子水平解释晶体材料与非晶体材料的热转变，这一性质对生物材料的加工尤其重要（第 6 章）。

3.2 结晶性与线缺陷

第 2 章中曾讨论过晶体材料含有点缺陷，该缺陷会影响材料的力学性能。除点缺陷外，晶体中还可能存在线缺陷、面缺陷等较大面积的缺陷。据估计，在金属材料中，每

100 000 000 个原子中大约只有 5 个原子参与线缺陷。虽然线缺陷的发生率很低，但线缺陷对材料的最终强度却有很大的影响。同时，还必须指出，材料中尤其是金属材料中存在这些缺陷也正是材料可以被加工成各种复杂形状的基础（第 6 章）。

3.2.1 位错

位错（dislocation）有两种基本类型：**刃型位错**（edge dislocation）和**螺型位错**（screw dislocation）。其他类型的位错，如**混合位错**（mixed dislocation）介于二者之间。

3.2.1.1 刃型位错

晶体可具有几种类型的**线缺陷**（linear defect）或**一维缺陷**（one-dimensional defect）。其中一种线缺陷是刃型位错，见图 3.1。当一个原子面在晶体内部突然终止形成多余的**半原子面**（half-plane）时，即产生刃型位错。这种缺陷实际上是多余半原子面末端形成的一条线，叫**位错线**（dislocation line）。在图 3.1 中，位错线与纸面垂直，采用符号“⊥”表示刃型位错，“⊥”的交叉位置代表位错线的位置。晶体中半原子面的插入可能有多种原因，如晶体生长过程中的偶发事件、来自晶体中其他缺陷的内应力，或者是塑性形变过程中既存位错的相互作用（本章后面将对此做深入讨论）。

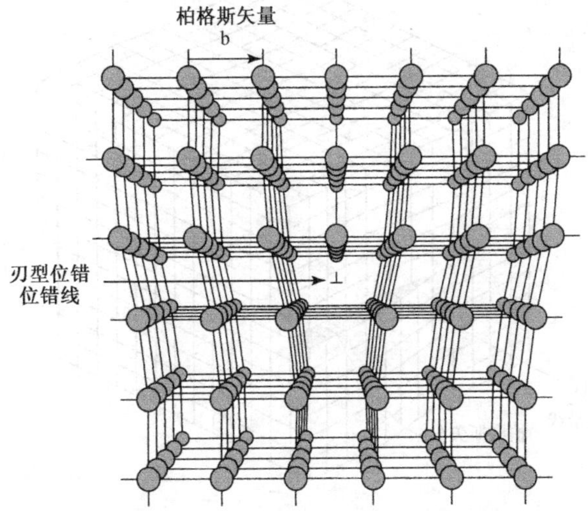

图 3.1 刃型位错示意图。刃型位错是晶体中的一种线缺陷。当一个原子面在晶体内部突然终止形成多余的半原子面（half-plane）时，即产生刃型位错。这种缺陷实际上是多余半原子面末端形成的一条线，叫位错线。在刃型位错中位错线与纸面垂直。采用符号“⊥”表示刃型位错，“⊥”的交叉位置表示位错线的位置（获准翻印自文献 [1]）

位错的两个重要特征是原子滑移的大小与滑移方向，这可通过在晶体中围绕位错区域绘制一条回路来确定。如图 3.2 所示，沿位错区域绘制的回路（b）与无缺陷区绘制的回路（a）具有相同的原子跃阶。因此，如果没有缺陷存在，该回路自身应该是闭合的。但是，在刃型位错中，由于缺陷存在，必须增加一个矢量才能形成闭合的原子回路，该矢量称作**柏格斯矢量**（Burger's vector）。刃型位错的柏格斯矢量垂直于位错线（图 3.1）。

3.2.1.2 螺型位错与混合位错

另一种线缺陷是螺型位错，这种位错在概念上可理解为材料某一部位受到剪切力后引起一部分晶体发生滑移的结果。如图 3.3 所示，上段晶体的一部分相对于下半段晶体向右移动了一个原子的距离，即形成螺型位错。由于位错线周围的原子面形成一个连续

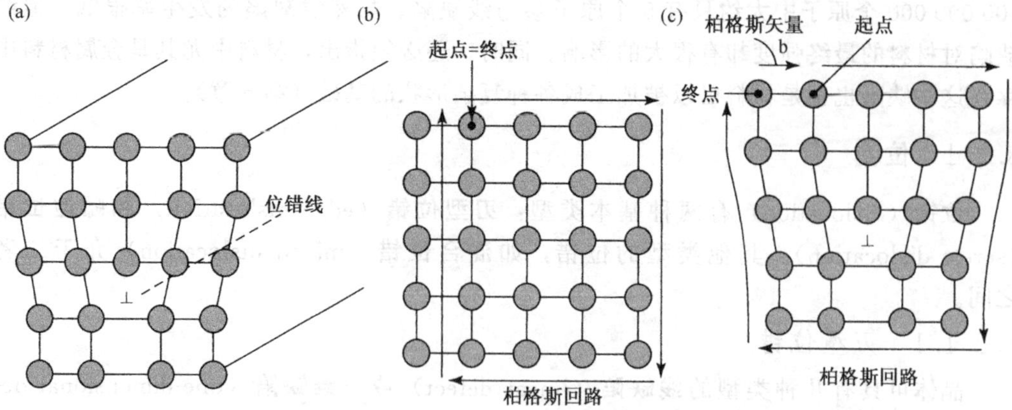

图 3.2　柏格斯矢量的绘制。(a) 刃型位错；(b) 无缺陷区。在晶体中围绕位错区域绘制一条回路，根据这一回路可确定线缺陷中原子滑移的大小和方向。沿位错区域绘制的回路 (b) 与无缺陷区绘制的回路 (a) 具有相同的原子跃阶。因此，如果没有缺陷存在，该回路自身应该是闭合的。但是，在刃型位错中，由于缺陷存在，必须增加一个矢量（柏格斯矢量）才能形成闭合的原子回路 (c)（获准翻印自文献 [1]）

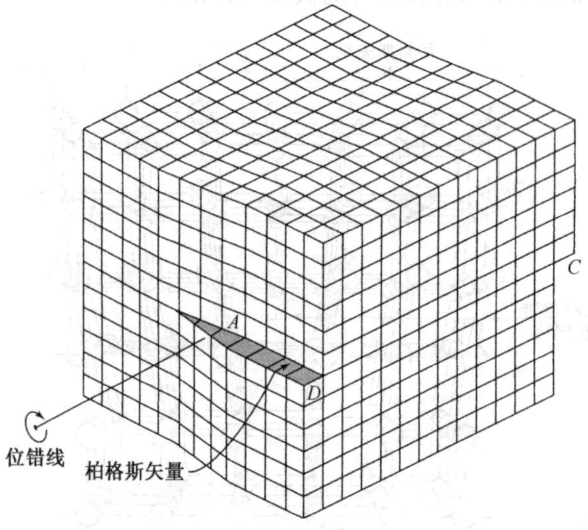

图 3.3　螺型位错：晶体中的一种线缺陷。晶体材料某一部位受到剪切力导致部分晶体发生滑移，则产生螺型位错。上段晶体的一部分相对于下半段晶体向右移动了一个原子距离，即形成螺型位错。由于位错线周围的原子面形成一个连续的螺旋形坡面，故命名为螺型位错，用符号"↻"表示（获准翻印自文献 [2]）

的螺旋形坡面，故命名为螺型位错，用符号"↻"表示（图 3.3）。在螺型位错中，柏格斯矢量平行于位错线。

大部分线缺陷同时具有刃型位错和螺型位错的特征，称为**混合位错**（mixed dislocation），如图 3.4 所示。两个滑移面之间的位错既非完全螺旋形也非完全刃型，而表现出混合特性。考查柏格斯矢量（对给定缺陷，柏格斯矢量是恒定的）的取向就可最好地说明这点。在图 3.4 所示的更复杂的缺陷中，位错线不断变化，使晶体不同区域内位错线的取向与柏格斯矢量的方向不同。当位错线既非完全垂直于也非完全平行于柏格斯矢量方向时，这就是混合位错区域。

3.2.1.3　位错的特征

位错具有许多重要的特征，归纳如下：

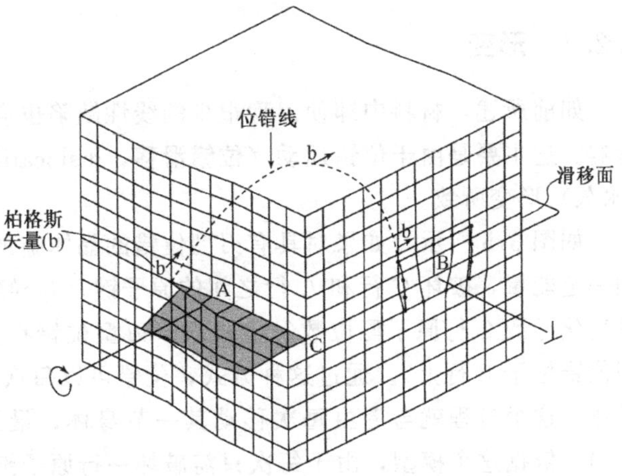

图 3.4 混合位错。不同晶体区域内的位错线取向相对于柏格斯矢量在改变。刃型位错的位错线与柏格斯矢量垂直（B 点附近的区域），螺型位错的位错线与柏格斯矢量平行（A 点附近的区域）。当位错线既非完全垂直也非完全平行于柏格斯矢量时，则为混合位错区（获准翻印自文献 [2]）

1. 位错会导致局部晶格应变的形成。例如，在刃型位错中，位错线上方的原子被压缩在一起，而位错线下方的原子则被拉离。

2. 位错的分类是根据柏格斯矢量与位错线的关系来进行的。

3. 柏格斯矢量是恒定的（对给定缺陷保持不变）。

4. 位错不能终止在晶体的无缺陷区域，但可以终止在晶体表面；位错间可相互连接。

5. 位错发生滑移的平面同时包含柏格斯矢量和位错线，是一个原子密度很高的平面（详见以下对滑移面的讨论）。

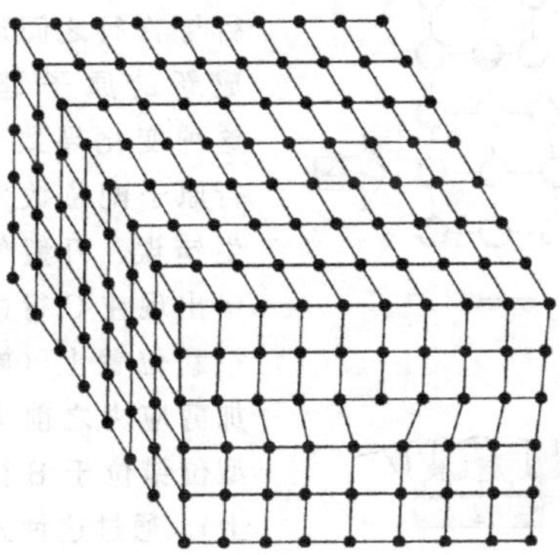

例题 3.1

分析左图所示的晶体结构，请确定位错的位置，并围绕该位错画出柏格斯回路。画出位错的柏格斯矢量。确定位错类型，并利用绘制的柏格斯矢量阐释答案的合理性。最后用正确的位错符号标记位错。

解答：

位错位置、柏格斯回路、柏格斯矢量见下图。由图可知，柏格斯矢量垂直于位错线，因此该位错属于刃型位错。

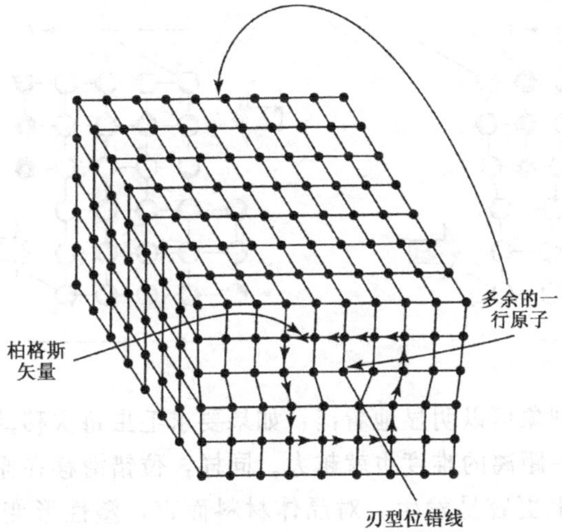

3.2.2 形变

如前所述，材料中即使出现很少的线性缺陷也会对整个材料的力学性能产生很大的影响。这主要是由于位错运动（**位错滑移**，dislocation glide）导致晶体材料发生了塑性（永久）形变所致。

如图 3.5 所示，如果对具有刃型位错的晶体施加剪应力（τ），则在该体系上就会增加一定能量，破坏 C 行和 A 行之间的原子键，并导致 B 行与 A 行之间形成原子键。这种变化导致 C 行原子配位数发生错误，刃型位错在新的位置出现（施加剪应力之前刃型位错位于 B 行上）。通过这种方式，位错可以每次只滑移一个原子的距离直至其退出晶体。这个过程就与毛虫每次移动其一节身体，最终影响其整个身体的移动一样（图 3.5）。依据这个模型，由于每次只需破坏一行原子键，而不是所有原子键，因此只需很小的剪应力就可导致晶体变形。

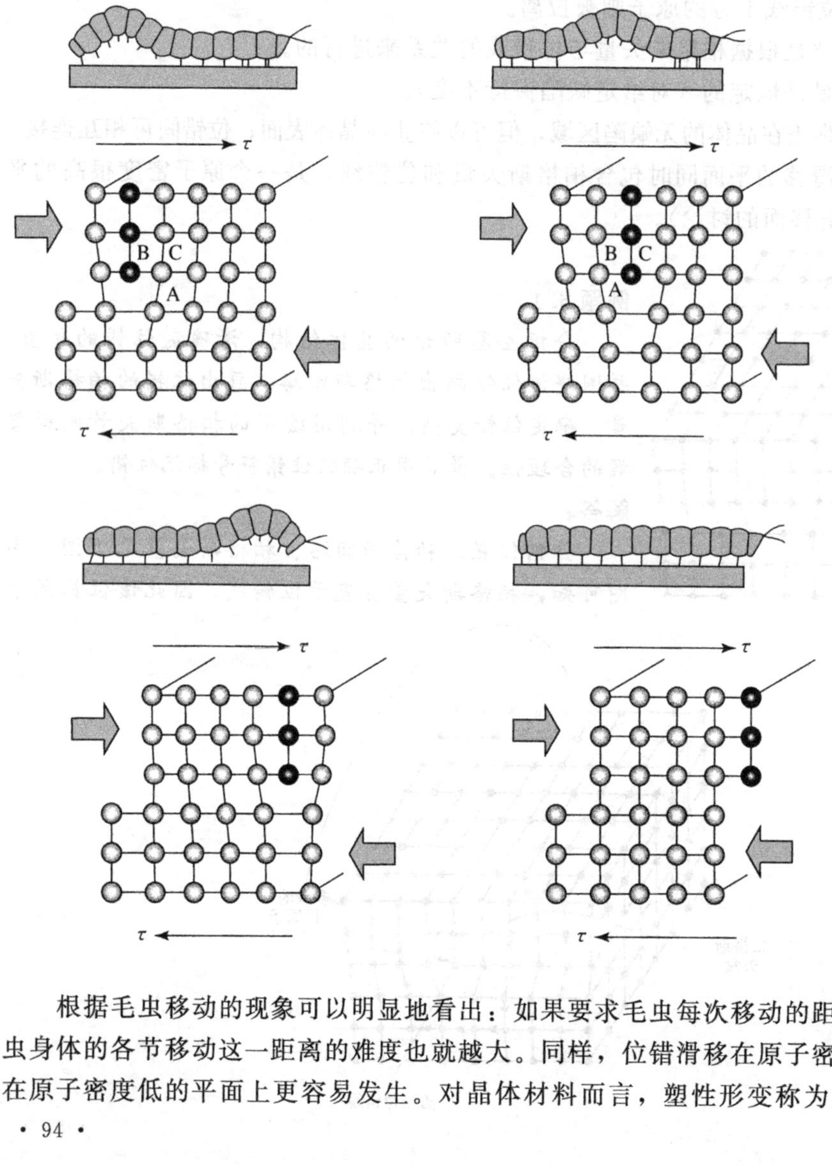

图 3.5　晶体材料中的位错滑移示意图。如果对系统施加足够能量，C 行与 A 行间的原子键将被破坏，同时在 B 行与 A 行之间形成新的原子键。这种变化导致 C 行原子配位数发生错误，刃型位错出现在 C 行这一新位置上（施加剪应力之前刃型位错位于 B 行上）。通过这种方式，位错可以每次只滑移一个原子的距离直至其退出晶体。这个过程就像毛虫每次移动其一节身体，最终影响其整个身体的移动（获准翻印自文献[1] 和 [3]）

根据毛虫移动的现象可以明显地看出：如果要求毛虫每次移动的距离越大，那么毛虫身体的各节移动这一距离的难度也就越大。同样，位错滑移在原子密度高的平面上比在原子密度低的平面上更容易发生。对晶体材料而言，塑性形变称为**滑移**（slip），发生变形的平面称为**滑移面**（slip plane）。因此，如上所述，只有当位错的几何学平面（由柏格斯矢量确定）与晶体学滑移平面（原子密度最高的平面）相吻合时，晶体中才会发生位错滑移。

对金属而言，根据晶体结构的不同，金属的各个原子面上都可形成滑移面。表 3.1 列举了几种常见晶体结构的主要滑移面。**滑移系统**（slip system）包括滑移发生的晶体学平面和沿滑移面可发生滑移的方向数。滑移系统越多的金属（如铝）越容易变形（延展性越好），而滑移系统少的金属（如镁）在很小的变形下即发生断裂（脆性大）。

陶瓷中也存在各种类型的线缺陷，但线缺陷的移动受陶瓷电中性要求的限制。这意味着陶瓷的柏格斯矢量比金属的长（图 3.6），且可以发生滑移的平面并不是原子密度最高的平面（如带相似电荷的两个原子不能相邻排列）。由于这些原因，所以陶瓷中的滑移比金属少，从而更容易发生脆性断裂。

表 3.1　常见晶体结构的主要滑移面及滑移系统

晶体结构	滑移面	滑移系统数	晶胞	举例
BCC	{110}	6×2=12	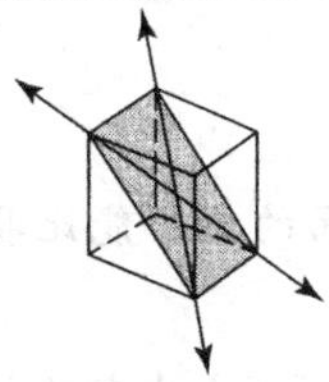	α-Fe、Mo、W
FCC	{111}	4×3=12	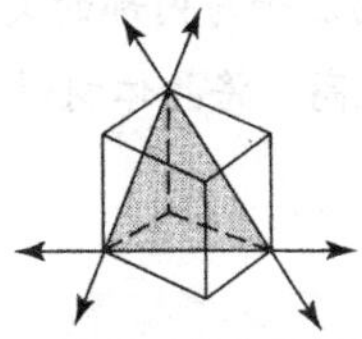	Al、Cu、γ-Fe、Ni
HCP	{001}	1×3=3	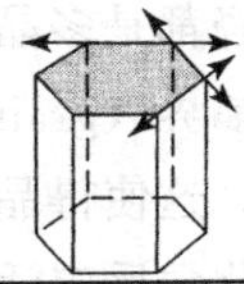	Cd、Mg、α-Ti、Zn

注：α-Fe、γ-Fe、α-Ti 分别表示铁的 BCC、FCC 和钛的 HCP 晶胞结构。
（获准翻印自文献[4]）

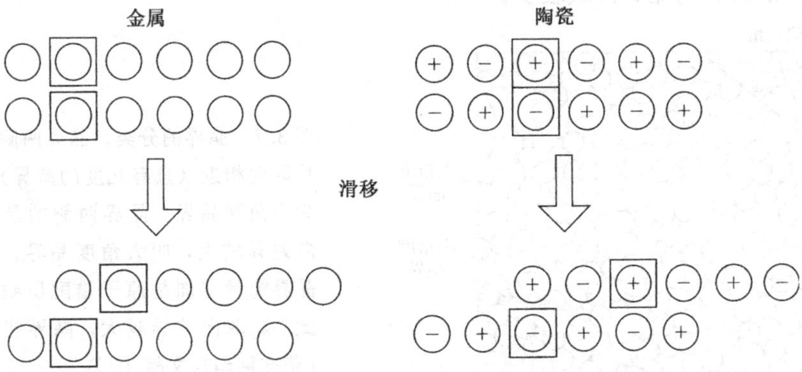

图 3.6　金属和陶瓷中的位错滑移。在金属中，位错可移动一个原子的距离，而陶瓷由于电中性的要求，位错必须移动两个原子的距离。因此，陶瓷的柏格斯矢量比金属的长。根据方块位置的变化可看出滑移量，其中一对方块表示关联的原子对

3.3 结晶性与面缺陷

接下来我们将介绍二维缺陷（面缺陷）。所有生物材料都有材料表面，故也就有表面缺陷，这对生物材料的生物相容性极其重要（第 7 章）。金属和陶瓷材料的晶界属于面缺陷。

3.3.1 外表面

材料表面原子所键合的最近邻原子的数目未能达到其理论最大原子数，因此表面能量比高于晶体内部，这部分增加的能量称作**表面自由能**（surface free energy）或**表面张力**（surface tension），用单位面积的能量来表示。材料表面存在高能量位点，导致其热力学不稳定性，因此需要降低表面能，使材料表面发生化学反应。表面张力对水和蛋白质与生物材料的相互作用将在第 8 章讨论；改变生物材料表面张力的各种技术方法将在第 7 章具体讲述。

例题 3.2

为什么晶体表面的原子能比晶体内部高？增加的这部分能量称作什么？

解答：

晶体材料表面的原子与内部的大多数原子不同，它们没能与最大数量的最近邻原子键合，因此，表面原子能较高。将晶体材料表面增加的这部分能量称作表面自由能或表面张力。

3.3.2 晶界

大部分金属、陶瓷都是多晶结构，由许多小的、随机取向的晶体或晶粒组成。这些晶粒之间的界面就叫**晶界**（grain boundary）。晶粒排列是无序性的，因此晶界原子通常不具有最佳的配位数，这使得晶界原子与材料外表面原子一样，具有比晶粒中心原子更高的能量，晶界区的化学反应活性也比晶粒其他区域的化学反应活性高。例如，金属的腐蚀常常首先发生在金属的晶界区（第 5 章）。晶粒越大的材料，其界面能越低，这是因为晶粒大的材料内晶界区域较少。

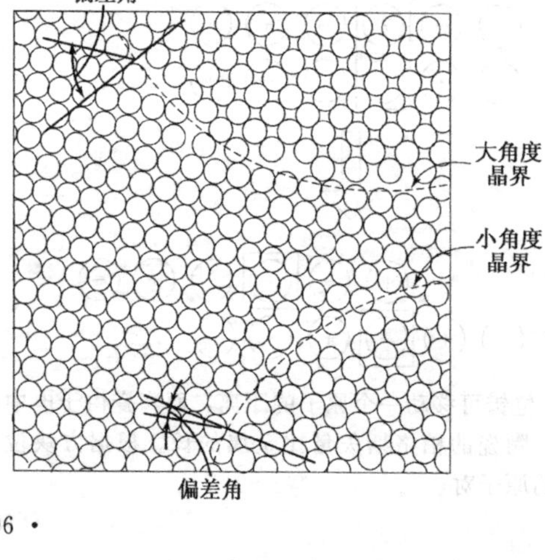

图 3.7 晶界的分类。晶界两侧的晶粒取向相近（只有几度的差异），称为小角度晶界；晶界两侧的晶粒取向差异较大，叫大角度晶界。由于晶界能量增加是原子错配所致，因此晶粒取向差异越大，晶界能越高（获准翻印自文献 [3]）

通过显微镜观察可以将晶界分成两种类型（图 3.7）：一种是晶界两侧的晶粒取向相近（只有几度的差异），称为**小角度晶界**（small-angle grain boundary）；另一种是**大角度晶界**（high-angle grain boundary），晶界两侧的晶粒取向差异较大。由于晶界能量增加是因原子错配所致，因此晶粒取向差异越大，晶界能越高。**倾斜晶界**（tilt boundary）和**扭转晶界**（twist boundary）是两种常见的小角度晶界。其中，倾斜晶界是由刃型位错构成，而扭转晶界是由螺型位错构成。图 3.8 给出了位错形成倾斜晶界（倾斜角为 θ）的示意图。

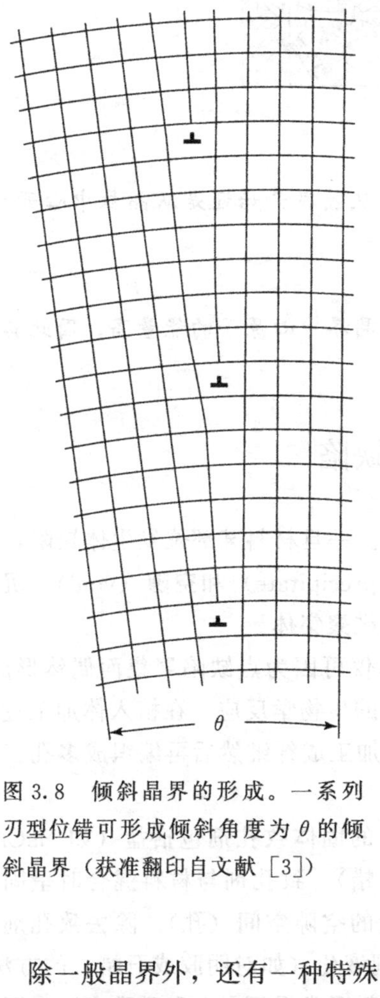

图 3.8　倾斜晶界的形成。一系列刃型位错可形成倾斜角度为 θ 的倾斜晶界（获准翻印自文献 [3]）

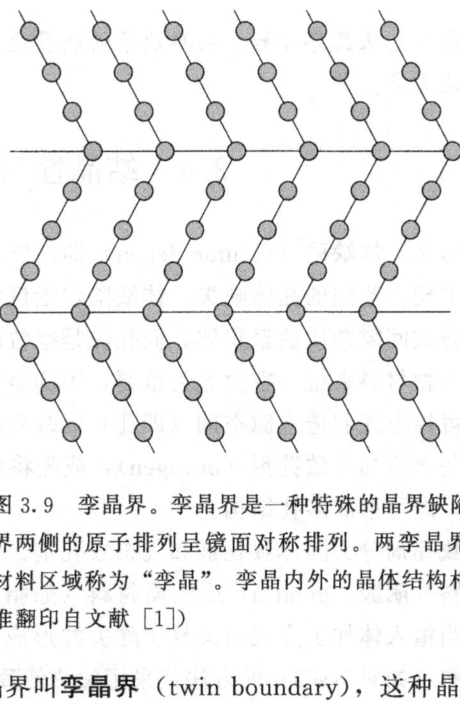

图 3.9　孪晶界。孪晶界是一种特殊的晶界缺陷。孪晶界两侧的原子排列呈镜面对称排列。两孪晶界之间的材料区域称为“孪晶”。孪晶内外的晶体结构相同（获准翻印自文献 [1]）

除一般晶界外，还有一种特殊的晶界叫**孪晶界**（twin boundary），这种晶界两侧的原子排列呈镜面对称排列。两孪晶界之间的材料区域称为**“孪晶”**（twin）（图 3.9）。孪晶内外的晶体结构相同。对材料施以剪切力或进行退火处理均可形成孪晶，前者形成的孪晶叫**变形孪晶**（deformation twin），后者形成的孪晶叫**退火孪晶**（annealing twin）。

例题 3.3

观察下图所示的两种金属样品：两种金属样品由同一元素组成，两种样品唯一的差别是材料中晶粒大小不同。请问：哪个样品的总界面能更大？为什么？

解答：

样品（b）的晶粒更小，具有更大的晶界区域，因此其总界面能更高。

这是由于随晶粒尺寸下降，晶粒间的总界面面积增加，而晶界原子的能量通常高于晶粒中心原子的能量，因此界面大的晶体总界面能更高。

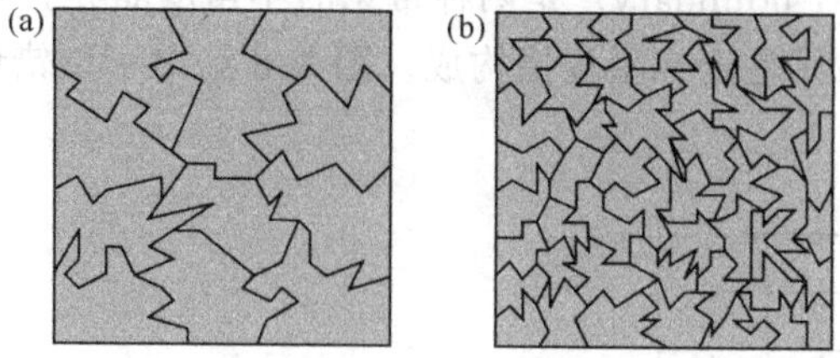

例题 3.4

如果将一根多晶铁棒插入一杯盐水中，腐蚀首先从晶界开始还是从晶粒中心开始？为什么？

解答：

腐蚀应首先从晶界开始。晶界原子的能量通常比晶界中心原子的能量高，因此其反应活性也就更高。

3.4 结晶性与体缺陷

顾名思义，**体缺陷**（volume defect）即三维缺陷。一旦材料某部位发生体缺陷，则材料就会出现大范围的晶体缺失。体缺陷包括**沉淀**（precipitate）和**空隙**（void）。沉淀是置换杂质或间隙杂质的聚集体，而孔隙是空位的三维聚集体。

对于生物材料来说，空隙尤为重要，因为空隙不仅可因为点缺陷聚集而偶然形成，也可通过可控方式制造空隙空间（即孔）以改变材料的生物学反应。在植入体加工过程中，在某些部位加入**致孔剂**（porogen），或先将材料加工成纤维然后再编织成多孔三维网状结构，即可形成多孔结构。

常见致孔剂分为固体致孔剂和气态致孔剂。常见的固体致孔剂包括盐（如 NaCl）、胶原基材料（**明胶**，gelatin）或蜡质材料（如脂或石蜡）。致孔剂与材料混合时呈固体状态，而当植入体加工完成后又易于除去并形成大量的空隙空间（孔）。除去致孔剂可采用水溶解（如对 NaCl）的方法或采用加热使致孔剂液化（如对明胶或石蜡）的方法，这类致孔剂主要用于聚合物生物材料的致孔。陶瓷材料通常采用另一种致孔方法，即加入第二陶瓷相。第二陶瓷相在材料加工成型过程中被分解，从而在剩余材料中形成孔结构。固体致孔剂的用量影响最终材料的孔隙率，而致孔剂的形状则影响孔的几何形状。

气体致孔剂，如 N_2 或 CO_2，主要用于聚合物致孔。这些气体可在聚合过程中释放出来，也可在聚合物处于熔融状态时鼓泡通过聚合物，聚合物冷却即形成泡沫状三维结构。改变通气量、通气速率和通气时间就可形成不同孔隙率和孔形状的材料。

目前，纤维已被成功用于制备大孔隙产品，尤其是多孔金属或聚合物。当材料被拉成纤维后（第 6 章），纤维就可被编织在一起形成含有大空隙体积的三维网络。材料的孔隙率、孔形状与纤维的直径及编织密度有关。

如上所述，所有的生物材料都可采用合适的方法致孔。多孔结构的优点是利于液体和气体在材料内进行深入交换，促进组织生长入植入体及植入体的锚定。多孔材料利于营养物和废物自由扩散，因此多孔材料上接种细胞后能适应多种组织工程需求。但是，孔结构的存在降低了材料的力学性能，改变了植入体的降解和腐蚀性能。因此，对给定的材料，必须对孔隙率进行优化以满足最终的应用要求。

3.5 结晶性与聚合物材料

结晶度是聚合物的一个关键物理性质。与金属、许多陶瓷这类几乎完全结晶的材料相比，聚合物的结晶度变化范围要宽得多。如第 2 章的简要讨论所言，聚合物的晶体结构与其他材料的晶体结构有很大不同。聚合物是大分子结构，因此聚合物的晶胞相对更复杂一些。图 3.10 所示为聚乙烯的典型晶胞（斜方形）及其与聚合物链的关系。可以通过 X 射线衍射实验了解聚合物的晶体结构（第 2 章有关 X 射线衍射技术的介绍）。

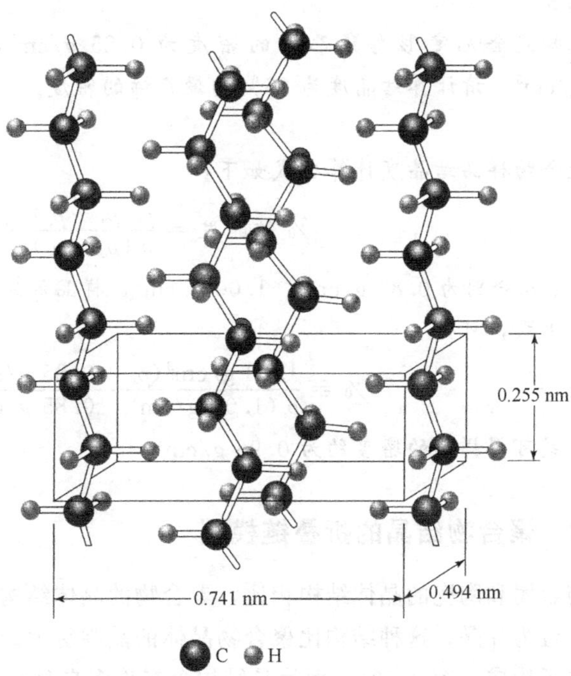

图 3.10 聚乙烯的典型晶胞（斜方形）及其与聚合物链之间的关系。晶胞是由相邻聚合物链上的原子构成（获准翻印自文献 [5]）

3.5.1 聚合物的结晶度

在很大程度上，聚合物结晶区的比例决定于**基元**的化学结构与聚合物的构型。任何阻止聚合物链整齐排列（如扭结）或阻止链间次级键形成的因素均使聚合物的结晶度降低。影响聚合物结晶度的因素如下：①基元的侧链基团；②链的支化程度；③立构规整度；④共聚物中基元排列的规则程度。

侧链基团（从聚合物骨架凸出来的原子团）是影响结晶度的重要因素。当侧链基团长且体积大时，会阻止相邻分子链靠近，从而阻止晶体结构的形成。例如，侧链有苯环的聚苯乙烯是一种无定形聚合物。同样，支化聚合物的结晶度比直链聚合物的结晶度低。

侧链基团的位置也影响聚合物的结晶度。无规聚合物的侧链基团使相邻分子链之间无法通过某种有序的方式聚集，因此相对于等规和间规聚合物，无规聚合物更难结晶。同样，如果共聚物中两种**基元**（mer）排列规则，如交替共聚物和嵌段共聚物，则更容易形成结晶区。

聚合物材料的结晶度很难达到100%。这是由于聚合物分子体积大、柔软、容易自身折叠或与其他分子相互混合，形成复杂、无序的缠绕结构，因此不利于晶体结构的形成。计算聚合物的结晶度可为聚合物物理结构的研究提供相关的有用信息。结晶度计算的依据是：结晶区的聚合物链比无定形区堆砌更紧密，故其密度更大（密度差高达20%）。因此，测出聚合物样品的密度（ρ_s）、该聚合物完全（接近完全）结晶态的密度（ρ_c）、完全无定形态的密度（ρ_a），则通过式（3.1）可计算出该聚合物样品的结晶度：

$$\%\text{结晶度} = \frac{\rho_c(\rho_s - \rho_a)}{\rho_s(\rho_c - \rho_a)} \times 100 \tag{3.1}$$

例题 3.5

已知完全无定形态聚乙烯的密度为 0.85 g/cm³，完全结晶态聚乙烯的密度为 1.00 g/cm³。请计算结晶度为 75%的聚乙烯的密度。

解答：

聚合物样品结晶度计算公式如下：

$$\%\text{结晶度} = \frac{\rho_c(\rho_s - \rho_a)}{\rho_s(\rho_c - \rho_a)} \times 100$$

已知 ρ_a、ρ_c分别为 0.85 g/cm³、1.00 g/cm³，样品的结晶度为 75%，ρ_s未知。将上述各值代入上式，可得

$$75\% = \frac{1.00\ \text{g/cm}^3(\rho_s - 0.85\ \text{g/cm}^3)}{\rho_s(1.00\ \text{g/cm}^3 - 0.85\ \text{g/cm}^3)} \times 100$$

计算上式可得样品的密度约为 0.96 g/cm³。

3.5.2 聚合物结晶的折叠链模型

与金属和陶瓷的晶体结构相比，聚合物的晶体结构相对更复杂。聚合物晶体结构的基本单位为片晶，这种结构比聚合物晶体的晶胞更大。聚合物晶胞是由相邻聚合链上的几个原子构成（图 3.10），而片晶结构含有许多自身折叠的聚合物链（图 3.11）。因此，这种折叠结构被命名为聚合物结晶的**折叠链模型**（chain-folded model）。这种折叠发生在片晶的表面，而片晶内部则为规则排列的聚合物链段。

图 3.11 所示为理想的片晶结构，而实际上，只要片晶中含有多个聚合物链，则链的折叠就比理想状态要复杂得多。图 3.12 给出了更接近于实际情况的片晶结构，它包括几条相互混杂的链，每条链都具有结晶区和非结晶区，分别位于片晶内部和片晶外部。

当聚合物从熔融状态结晶出来时，会形成**球晶**（spherulite）。球晶是片晶的三维聚集体：片晶形成径向直线，其链折叠方向垂直于径向；无定形区将片晶分开，同时无定区的**连接分子**（tie molecule）又将片晶粘结形成聚集体（如图 3.13 所示）。球晶中的

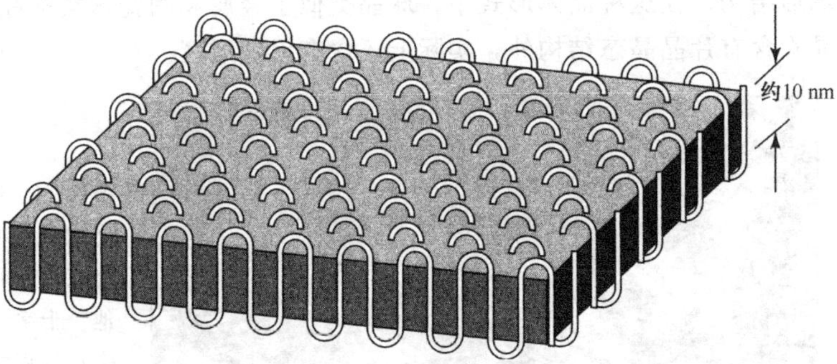

图 3.11 聚合物晶体结构的基本单元——片晶结构图。片晶比聚合物晶体的晶胞要大，是由许多自身折叠的聚合物链组成。这种折叠一般发生在片晶的表面，而片晶内部则为规则排列的聚合物链段（获准翻印自文献［3］）

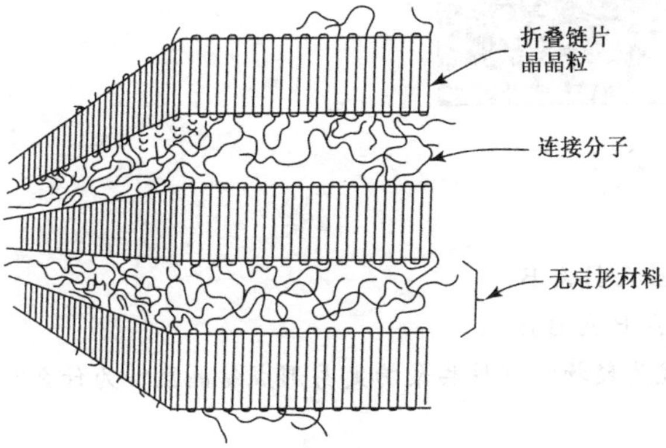

图 3.12 含有多条聚合物链的片晶结构中聚合物链的折叠。图 3.11 所示为理想的片晶结构。实际上，只要片晶含有多条聚合物链，则片晶的结构就比理想状态要复杂得多。本图所示片晶结构包括多条相互混杂的聚合物链，每条链都具有结晶区和非结晶区，分别位于片晶内部和片晶外部（获准翻印自文献［3］）

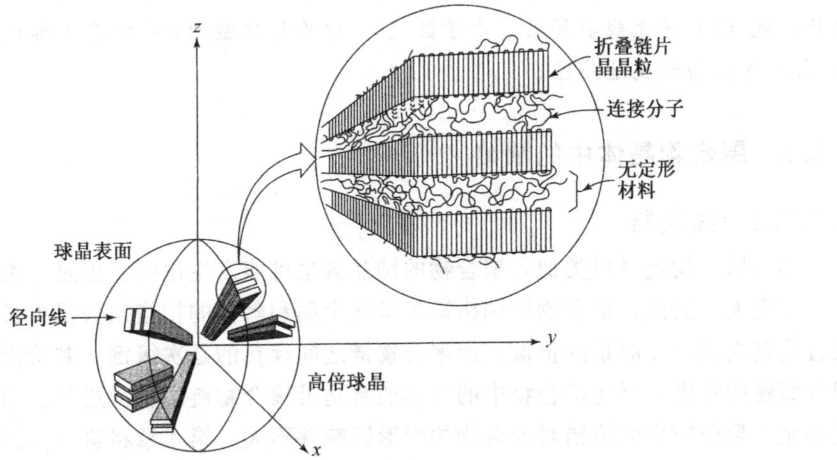

图 3.13 球晶组成。当聚合物从熔融状态结晶出来时，可观察到球晶的形成。如上图所示，球晶是片晶的三维聚集体：片晶形成径向直线，其链折叠方向与径向垂直；无定形区将片晶分开，同时无定区的连接分子又将片晶粘结形成聚集体。球晶中的无定形区还有折叠链（获准翻印自文献［3］）

无定形区还有折叠链。

如图 3.14 所示，球晶在生长过程中，晶体间相互紧密接触，使其形状偏离原来的球形结构。在这种晶体形式中，球晶类似于金属和陶瓷这类多晶态材料的晶粒，只是球晶除含有片晶晶态结构外，实际上还含有无定形区。

图 3.14 偏光显微镜观察到的聚合物球晶结构。采用偏光显微技术，可以发现每个球晶含有一个“马耳他”十字（Maltese cross）。在球晶生长过程中，晶体间相互紧密接触，使其形状偏离原来的球形结构（获准翻印自文献［1］）

例题 3.6

分析下列共聚物链：

(a) -A-B-A-B-A-B-A-B-A-B-A-B-A-B-A-B-

(b) -A-B-B-B-A-A-B-A-B-A-A-A-B-A-B-B-

哪种是交替共聚物，哪种是无规共聚物？哪种共聚物更易形成结晶区？为什么？

解答：

链（a）中单体交替有序排列，链（b）中单体呈无规则排列，故链（a）是交替共聚物，链（b）是无规共聚物。由于链（a）中单体比链（b）中单体排列更规则，所以链（a）更容易形成结晶区。

3.5.3 聚合物晶体中的缺陷

3.5.3.1 线缺陷

与金属、陶瓷材料类似，聚合物的结晶区也可能发生位错。但是，由于聚合物晶胞的尺寸更大，因此，聚合物的柏格斯矢量比金属和陶瓷的柏格斯矢量更长。另外，由于聚合物链内部存在的是共价键，而聚合物链之间存在的是次级键，共价键的强度大于链间次级键的强度，因此聚合物中的滑移通常是沿聚合物链的轴向进行。与金属和陶瓷不同的是，聚合物中的位错对聚合物的变形影响并不大。第 4 章将进一步讨论引起晶态或半晶态聚合物发生变形的其他重要因素。

3.5.3.2 面缺陷与体缺陷

聚合物中也存在面缺陷。与金属、陶瓷类似，聚合物植入体的表面与其内部相比，也具有额外的能量。而且，聚合物中球晶间的边界可看成是与金属、陶瓷中的晶界相似的结构。如前所述，固体致孔剂或气体致孔剂都可加入到聚合物中形成空隙。空隙即为一种体缺陷。

3.6 晶态和非晶体材料的热转变

任何一种生物材料，其最受关注的物理性质是材料亚基随温度的变化情况。这对生物医用植入体的加工和成型尤为重要。晶态材料和无定型材料随温度变化的行为存在很大的不同。依据材料随温度变化的变形情况可以定义几个热转变温度。本章将首先讨论材料的黏性和变形。

3.6.1 黏性流动

本章曾提到，晶态材料中塑性形变是由于位错运动造成的。但在无定型材料中不存在有序结构，因此无定型材料的变形不是由于位错运动，而是由于另一种称为**黏性流动**(viscous flow) 的变形机制造成的。黏性流动是与液体相同的一种变形机制，其形变速率与外力成正比（第 4 章）：

$$\tau = \eta\gamma \tag{3.2}$$

式中，τ 为对材料施加的（剪切）应力；η 为比例常数，也称为材料的**黏度**（viscosity）；γ 为施加的（剪）应变速率，即变形速率。黏度表示材料抵抗变形的能力，单位为泊（P）或帕·秒（Pa·s）。水的黏度 η 为 0.01 P，焦糖的黏度 η 为 50 P。可以看出，黏度的范围很宽，黏度影响材料的可加工性（即加工的难易程度）。玻璃因其原子间键合强度大而使其具有很高的黏度（10^{25} P）。

3.6.2 热转变

3.6.2.1 金属与晶态陶瓷

晶体材料最典型的热转变点是**熔点**（melting point，T_m）。当 $T>T_m$ 时，原子发生剧烈运动，打断了材料的高度有序结构，使材料呈现液体般的流动性，从而通过黏性流动发生变形。而当 $T<T_m$ 时，材料仍保持其高度有序的固体状态，晶体结构和晶界都完好无损。

3.6.2.2 无定形陶瓷（玻璃）

与晶态材料相反，玻璃没有明确的熔点，不会在某个温度点以下就发生固化，而是随温度降低，材料的黏度逐渐增大；当温度足够低时，材料中只存在微小的原子运动，这时材料可视为“固体”。虽然玻璃不存在确切的熔点，但根据材料的黏度变化可确定玻璃的熔点和其他热转变点。

图 3.15 所示为任意选择的玻璃的各个热转变点，这些热转变点对玻璃的成型操作有非常重要的指导作用（第 6 章将具体讨论玻璃加工过程）。从最高温度到最低温度，玻璃黏度为 100 P 时的温度为熔点（T_m）；玻璃黏度为 10^4 P 时的温度被定义为**工作温度**（working point）。温度高于 T_m 时，材料呈液态。温度为工作温度时，材料易于变形，但仍保持一定的固体性质；而低于工作温度时，材料则更接近于固体。当温度低于**玻璃化转变温度**（glass transition temperature，T_g）时，则材料可视为玻璃（即固体）。

3.6.2.3 聚合物

根据温度和分子结构不同，聚合物可以呈现液态、橡胶态或玻璃态。图 3.16 所示为分子质量和温度对聚合物性质的影响（T_m 和 T_g）。

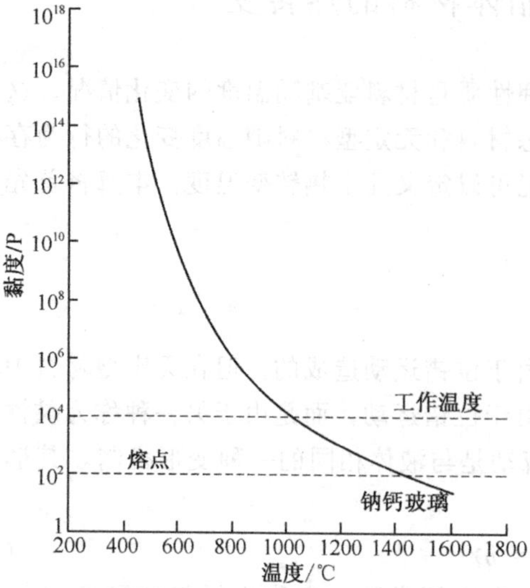

图 3.15 玻璃的热转变。本图所示的各转变点是任意选择的，这些转变点对玻璃的成型操作有非常重要的指导作用。熔点（T_m）是指材料黏度为 100 P 时的温度；高于 T_m 时，材料呈液态。工作温度是指玻璃黏度为 10^4 P 时的温度。在工作温度时，材料易于变形，但仍保持一定的固体性质；而低于工作温度时，材料则更趋近于固体（获准翻印自文献［6］）

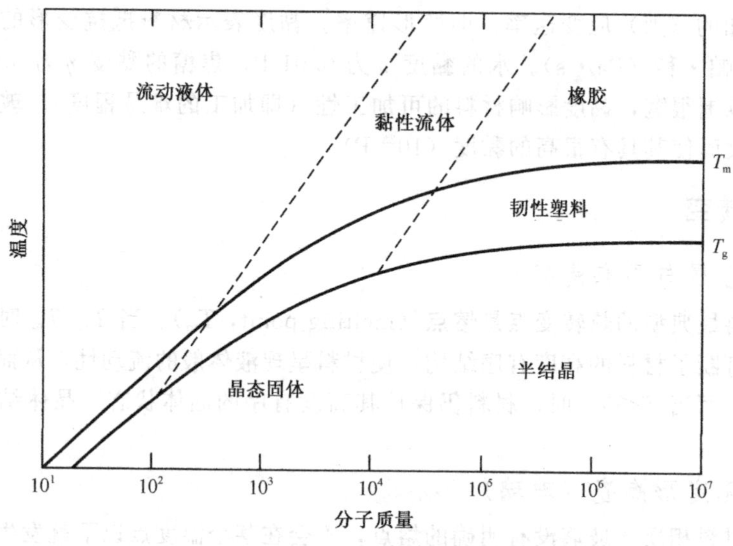

图 3.16 分子质量和温度对聚合物性质（T_g，T_m）的影响。根据温度和分子结构不同，聚合物可以呈现液态、橡胶态或玻璃态。晶态聚合物在 T_m 时熔化。温度低于 T_m 时，聚合物晶体呈高度有序状态，而高于 T_m 时，聚合物链则随机排列，没有重复的晶体结构。聚合物的 T_m 随分子质量的增大而升高。无定形聚合物具有玻璃化转变点（T_g）。T_g 一般低于 T_m。温度低于 T_g 时，聚合物呈玻璃态，具有脆性；而当温度高于 T_g 时，聚合物链的运动性足够大，则形成橡胶态的弹性材料。与 T_m 一样，聚合物的 T_g 也是随聚合物分子质量的增大而升高（获准翻印自文献［7］）

与其他晶体材料一样，晶态聚合物也可在确定的熔点（T_m）温度熔化。温度低于 T_m 时，晶体呈高度有序排列，而高于 T_m 时，聚合物链则随机排列。这是由于温度高于熔点时，聚合物分子获得了足够的能量使其大量的原子或链段发生剧烈振动，导致整个聚合物链的移动（平移）。聚合物链的这种平移可以克服链间次级键的作用，从而打破晶体结构的远程有序性。

由此可知，所有影响聚合物次级键形成的因素均可影响聚合物的熔点，包括影响聚合物结晶度的因素，如支化度，以及其他因素（如分子质量）等。聚合物的支化度越高，则聚合物分子的堆积越疏松，从而越不容易形成范德华力或氢键作用。因此，支化度越高，聚合物的熔点越低。

相反，晶态聚合物的分子质量越大，则其熔点越高（图 3.16）。这是由于聚合物分子质量越高，则聚合物链端越少；而聚合物链端比聚合物链的其他部分更容易运动。因此，聚合物的分子质量越高，则需要更多的能量才能将聚合物链从晶态有序结构中释放出来，使聚合物链发生移动。

另一方面，无定形聚合物没有熔点，而是与陶瓷玻璃一样，具有玻璃化转变点（T_g）。如表 3.2 所示，玻璃化转变温度一般低于熔点。温度低于 T_g 时，聚合物处于玻璃态，具有脆性；高于 T_g 时，聚合物链的可移动性增大，从而形成橡胶态或高弹态材料。这是由于温度高于 T_g 时，聚合物链获得了足够的能量，使聚合物中的原子或链段围绕聚合物主链发生了分子运动。在没有溶剂，温度单位为 K 时，聚合物的 T_m 与 T_g 的比值（T_m/T_g）通常为 1.4～2.0，只有极少数例外[8]。

表 3.2　常见聚合物的典型玻璃化转变温度和熔点

材料	结构	玻璃化转变温度/℃(℉)	熔点/℃(℉)
聚乙烯(低密度)	$-[CH_2-CH_2]_n-$	−110(−166)	115(239)
聚乙烯(高密度)	$-[CH_2-CH_2]_n-$	−90(−130)	137(279)
聚四氟乙烯	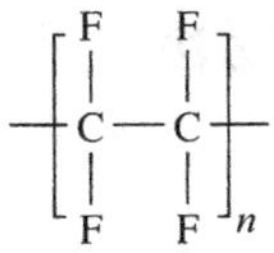	−90(−130)	327(621)
聚丙烯	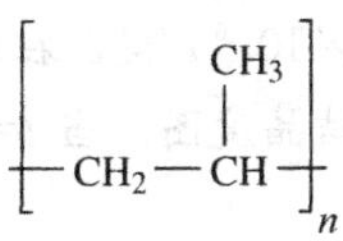	−20(−4)	175(347)
尼龙 6,6	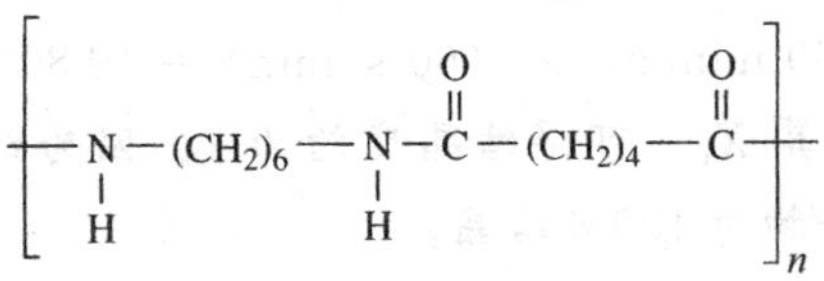	57(135)	265(509)
聚对苯二甲酸乙二酯	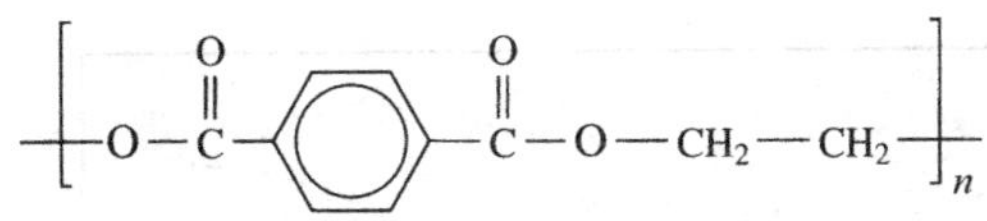	73(163)	265(509)

（获准翻印自文献[3]）

影响聚合物链振动和旋转的因素也明显影响聚合物的 T_g。其中，链的柔性大小是影响玻璃化转变点的一个重要决定因素。链的柔性越大，聚合物链内的分子运动越容易。因此，含有越多柔性分子链的聚合物需要越低的能量即可实现原子或链段绕聚合物骨架的运动，其 T_g 也就越低。

对聚合物链柔性影响最大的因素是聚合物的化学组成。C—O 键比 C—C 键容易旋转，因此聚合物链中存在 C—O 键可降低材料的 T_g。相反，聚合物骨架中引入体积较大的侧基则限制了原子绕聚合物骨架的运动，因而提高了材料的 T_g。极性侧基的引入提高了聚合物链间的相互作用，因而也提高了材料的 T_g。另外，与分子质量对 T_m 的影响机制一样，T_g 也随着聚合物分子质量的增大而增大（表 3.3）。同理，交联降低了整个聚合物分子的移动，因而也提高了 T_g。

表 3.3 两种不同分子质量聚乳酸的玻璃化转变温度和熔点

平均分子质量/Da	玻璃化转变温度/℃	熔点/℃
50 000	54	170
300 000	59	178

（获准翻印自文献[9]）

半晶态聚合物具有结晶区和无定形区，因此，可以推测：半晶态聚合物同时具有玻璃化转变温度和熔点。但是，对结晶度低的聚合物，一般检测不出它的熔点。

对于具有结晶能力的聚合物，在高于 T_g 的某个特征温度，即**结晶温度**（crystalline temperature，T_c）时，聚合物链获得足够的能量后则形成高度有序的结晶态。聚合物排列形成结晶态的过程是放热过程。将聚合物加热至 T_c，保温一段时间 t 后，缓慢降温可以实现聚合物的退火处理。在时间 t 内形成的聚合物结晶度 $X(t)$ 可根据 Avrami 方程表示如下：

$$X(t) = 1 - e^{-kt^n} \tag{3.3}$$

式中，k 为晶体生长过程的动力学常数；n 为表征晶体成核和晶体生长机制的一个数值。进一步将聚合物加热至高于 T_c，达到聚合物的 T_m 时，聚合物的晶体结构被破坏。接下来将详细讨论聚合物热转化的具体测定方法。

例题 3.7

已知某聚合物样品的动力学常数为 $2.5\times10^{-6}\,1/s^3$，在给定条件下该聚合物结晶的 n 值为 3。请绘制该聚合物在 0～125 s 范围内的结晶度图。当 t=3 h 时，材料的结晶度是多少？

解答：

将 3 h 换算成秒为 3 h×（60 min/h）×（60 s/min）＝10 800 s。将此数及其他已知条件代入 Avrami 方程中，计算 X_c，可得结晶度约为 1。因为结晶度不可能超过 1，因此，结晶度约为 1 反映该聚合物为 100%结晶。

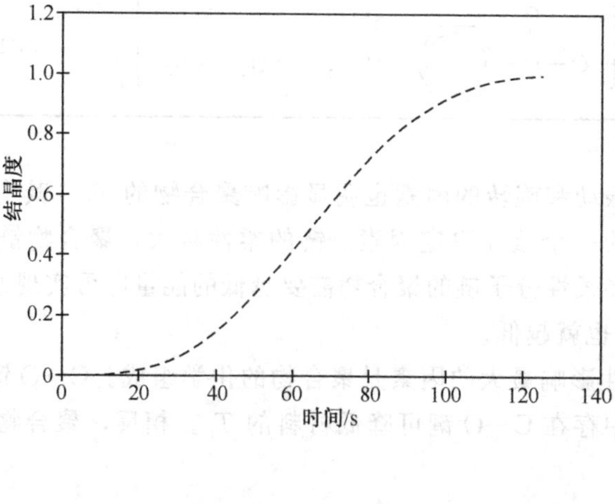

例题 3.8

一些研究人员在他们的实验研究中应用下式所表示的 Avrami 方程：

$$\ln\left(\ln\left(\frac{1}{1-X_c}\right)\right)=\ln(k)+n\cdot\ln(t)$$

请根据文中所示的 Avrami 方程推导上式。

解答：

已知

$$X_c = 1 - e^{-kt^n}$$

两边同时减去 1，然后除以 −1，可得

$$1 - X_c = e^{-kt^n}$$

方程两边同时取自然对数，得

$$\ln(1 - X_c) = -kt^n$$

公式两边同时乘以 −1，得

$$-\ln(1 - X_c) = kt^n$$

根据 $-\ln x = \ln(1/x)^n$，可得

$$\ln\left(\frac{1}{1-X_c}\right)=kt^n$$

公式两边再取自然对数，且根据 $\ln(x\cdot y)=\ln(x)+\ln(y)$, $\ln(x^y)=y\cdot\ln(x)$，可得

$$\ln\left(\ln\left(\frac{1}{1-X_c}\right)\right)=\ln(k)+n\cdot\ln(t)$$

例题 3.9

假设以下三种聚合物制得的材料都含有无定形区，请按玻璃化转变温度（T_g）由低到高的顺序排列聚合物，并阐明理由：

(a) 聚乙烯　$\left[CH_2-CH_2\right]_n$；

(b) 聚对二甲苯

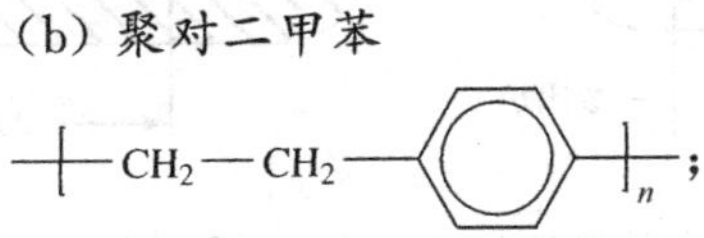

；

(c) 聚乙二醇　$\left[CH_2-CH_2-O\right]_n$；

解答：

三种聚合物的 T_g 由低到高依次为：(c) ＜ (a) ＜ (b)，即聚乙二醇＜聚乙烯＜聚对二甲苯。化学组成是影响聚合物链柔性和 T_g 的最主要的因素。C—O 比 C—C 易于旋转，具有更好的柔性。而聚合物链中体积大的基团，如聚对二甲苯中的苯环则会阻碍原子沿聚合物骨架的旋转，导致更高的 T_g。因此，在其他条件相同时，聚乙二醇中的 C—O 使其在三种材料中具有最好的柔性（最低的 T_g），聚对二甲苯中的苯环使其具有最差的柔性（最高的 T_g）。

3.7 热分析技术简介

如本章前面内容所述，材料对温度变化的响应对材料的加工和最终应用有非常重要的指导作用。在受控环境中，材料对温度变化的响应也可提供有关材料化学组成或物理组成方面的有用信息。**热分析**（thermal analysis）是测定材料（或反应产物）在控制的

温度变化条件下，其物理性质随温度变化的函数。

热分析包括许多众所周知的技术，如**热重分析**（thermogravimetric analysis，TGA）、**动态力学分析**（dynamic mechanical analysis，DMA）等。本节将重点讨论**示差扫描量热分析法**（differential scanning calorimetry，DSC）。DSC 可以提供材料的熔点、玻璃化转变温度、聚合物结晶度等各方面的信息，因此已成为材料分析中最普遍的热分析技术之一。

3.7.1 示差扫描量热法

3.7.1.1 测定原理

在 DSC 中，参比材料和样品材料放在同样的温控台上，热流同时通入样品材料和参比材料，记录通过样品材料和参比材料的热流差对温度的函数，即可测定样品材料的热转变性质。DSC 分为两种类型：**功率补偿型 DSC**（power-compensated DSC）和**热流型 DSC**（heat-flux DSC）。对功率补偿型 DSC，参比池和样品池分别采用独立的加热器加热，保持二者的温差为零，然后比较保持二者温度相等所需要的功率。而在热流型 DSC 中，参比池和样品池采用同一加热器加热，测定二者的温差，然后将温差转化为热流。功率补偿型 DSC 与热流型 DSC 的差异详见图 3.17。下面将详细介绍功率补偿型 DSC。

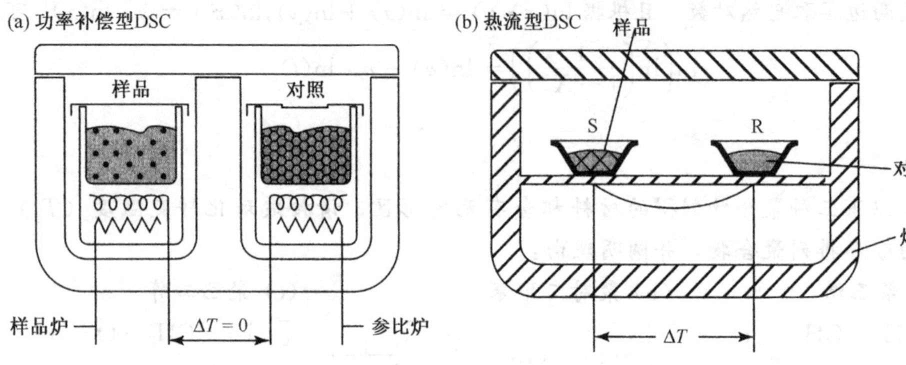

图 3.17 不同类型 DSC。(a) 对功率补偿型 DSC，参比池和样品池分别采用独立的加热器加热，并保持二者的温差为零，然后比较维持二者温度相等所需要的功率；(b) 在热流型 DSC 中，参比池和样品池采用同一加热器加热，测定二者的温差，然后将温差转化为热流（获准翻印自文献 [10]）

3.7.1.2 示差扫描量热计

图 3.18 所示为典型的 DSC 图，一般以热流（单位：单位质量物质的热流）为纵坐标，温度为横坐标。热转变是吸热（需要能量）或放热过程（释放能量）。

示差扫描量热计包括三个基本的组件（如图 3.19 所示）：

1. 加热炉：对样品和参比材料进行加热，加热参数由处理器（计算机）设定。

2. DSC 传感器：装载样品和参比材料，并记录保持样品池和参比池温度相同时的功率变化。

3. 处理器（计算机）：控制加热时间和加热炉的最终温度；借助传感器产生的电信号实时控制样品的温度；绘制曲线。

在进行 DSC 检测时，首先将样品放入热传导性高、与外界隔绝的金属样品池中，

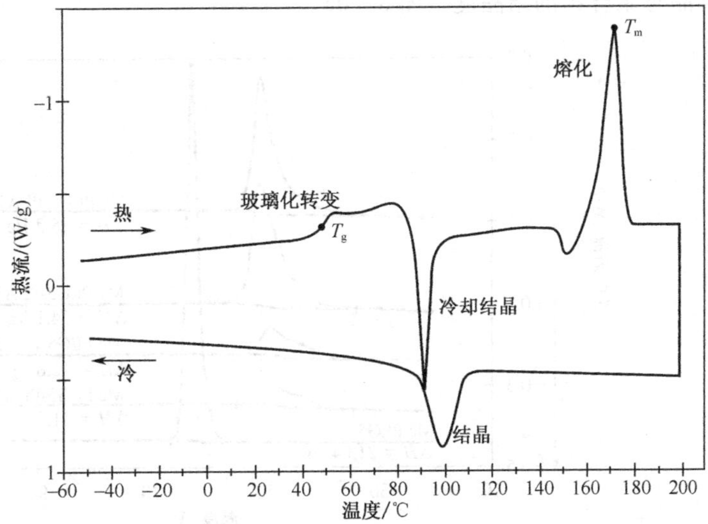

图 3.18 聚（L-乳酸）（PLLA）的 DSC 图。在加热过程中（升温速率为 10℃/min），材料依次发生了玻璃化转变、冷却结晶和熔化，而在冷却过程中（降温速率为 10℃/min）只观察到了材料的结晶。图中标示了玻璃化转变温度（T_g）和熔点（T_m）（获准翻印自文献［11］）

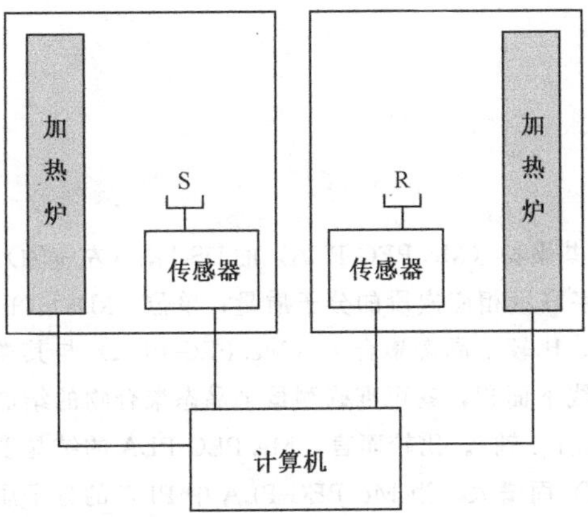

图 3.19 示差扫描量热计的基本组件简图。DSC 检测时，首先将样品（S）放入热导性高、与外界隔绝的金属样品池中，保证受控环境。参比材料（R）通常为空的样品池，也可装入热性能已知的材料。如图 3.17 所示，对功率补偿型 DSC，其参比池和样品池分别由两个加热炉加热，电脑控制软件通过控制加热炉，进而控制样品的温度。计算机（借助装载样品的传感器）记录下保持参比池与样品池温度一致所需的功率大小，并在升温速率确定下来后绘制功率对温度的函数曲线（获准翻印自文献［12］）

按要求形成受控环境。参比材料通常为空的样品池，也可装入热性能已知的材料。对功率补偿型 DSC（图 3.17），其参比池和样品池分别由两个加热炉加热，电脑控制软件通过控制加热炉，进而控制样品的温度。计算机记录下保持参比池与样品池温度一致所需的功率大小，并在**升温速率**（temperature ramp）确定下来后绘制功率对温度的函数曲线。某些示差扫描量热计还配有冷却装置，这样就可升高、降低甚至循环设定升温速率。

3.7.1.3 DSC 提供的信息

如图 3.18 所示，DSC 既可测定 T_g 也可测定 T_m。当温度达到 T_g 时，聚合物发生分子链重排，吸收能量，因此样品的热容增大。T_m 是指峰值温度。由于聚合物中存在的晶体大小不一，因此，聚合物的熔融温度范围通常较宽。尽管利用 DSC 可观察到所有材料的玻璃化转变和熔融过程，但是，由于受 DSC 加热炉工作温度的限制，DSC 主要用于聚合物的表征。

DSC 尤其适用于测定聚合物的结晶度。由于聚合物的熔融吸热与材料的结晶度相关，因此，比较半晶态聚合物与其完全结晶态形式的熔融峰的曲线下面积，就可准确测量半晶态聚合物的结晶度（图 3.20）。

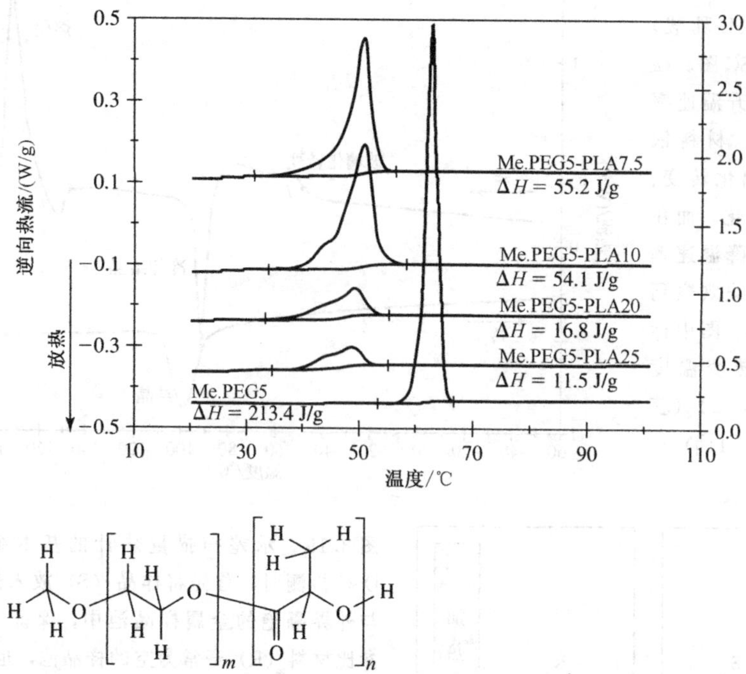

图 3.20 聚（D，L-乳酸）-聚乙二醇-单甲醚二嵌段共聚物（Me. PEG-PLA）的 DSC 图（左 y 轴）。Me. PEG-PLA 的结构见图（Me. PEG-PLA 中的数字表示相应嵌段的分子质量，单位：kDa）。由于聚合物的熔融吸热量与材料的结晶度有关，因此，比较半晶态聚合物（Me. PEG-PLA）与其类似的完全结晶态聚合物（Me. PEG5）的熔融峰的曲线下面积，就可准确测量半晶态聚合物的结晶度。图中，完全结晶态聚合物 Me. PEG5 是对照样（右 y 轴）。比较而言，Me. PEG-PLA 的结晶度随 PLA 嵌段的分子质量降低（从 25 kDa 到 7.5 kDa）而增大。当 Me. PEG-PLA 中 PLA 的分子质量降低时，Me. PEG-PLA 中晶态 Me. PEG5 的相对含量增加（获准翻印自文献［13］）

例题 3.10

下图为多晶聚合物的 DSC 图。将图中的转变温度（A、B、C）与正确的符号（T_g、T_m、T_c）一一对应。根据 DSC 图所提供的信息，T_c 峰是吸热峰还是放热峰？为什么？同理，T_m 是吸热峰还是放热峰，为什么？

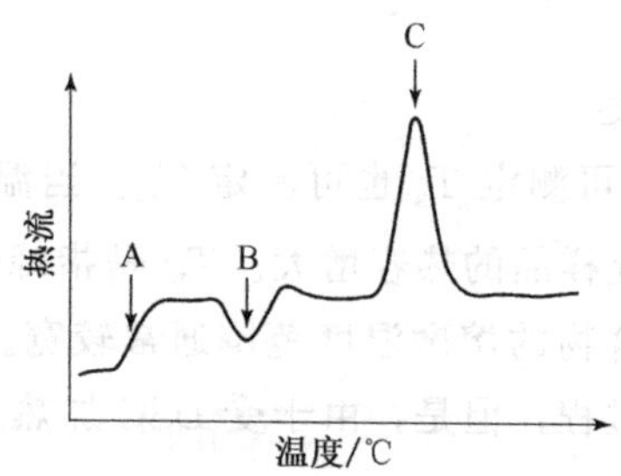

解答：

A 代表 T_g（玻璃化转变温度），B 是 T_c（结晶温度），C 是 T_m（熔点）。因为聚合物链排列成有序的结晶态，所以 T_c 是放热峰（样品释放能量）；由于需要额外的能量打破聚合物的晶体结构，所以 T_m 是吸热峰（样品吸收能量）。

小结

- 晶体缺陷包括一维缺陷（线缺陷）、二维缺陷（面缺陷）和三维缺陷（体缺陷）。
- 晶体结构中存在多种线缺陷，包括刃型位错、螺型位错和混合位错（同时具有刃型位错和螺型位错的特征）。根据柏格斯矢量可对位错进行分类，还可描绘晶体中线缺陷的运动轨迹。
- 晶态材料中存在线缺陷可导致晶格发生局部应变，并导致材料通过位错滑移发生塑性形变。而无定型材料没有高度有序的结构，其变形是通过黏性流动完成的，其变形速率与施加的应力成正比。
- 面缺陷可发生在材料外表面和晶界。由于材料外表面的原子没获得最佳配位数，因此具有过剩的能量，导致材料表面易于发生化学反应。大多数金属和陶瓷都是由大小不一随机取向的晶粒组成。位于晶粒间无序界面（晶界）的原子也没有获得最优的配位数，因此比晶粒内的原子具有更高的能量。晶界的高能量使晶界比本体材料具有更高的反应活性。
- 体缺陷是指丧失了晶体远程有序性的三维区域。体缺陷包括沉淀（杂质的聚集体）和空隙（空位的聚集体）。由于空隙可为新组织生长提供足够的空间，因此，通过加工提高空隙缺陷在组织工程中有着极其重要的应用。
- 聚合物晶体的形状通常比金属或陶瓷晶体的形状复杂得多。聚合物结晶的链折叠模型认为，聚合物在片晶表面自身折叠，并在片晶内规则排列。球晶是片晶的三维聚集体，与陶瓷和金属晶体中的晶粒相似。
- 晶态金属或陶瓷的熔点（T_m）是指高于这个温度时，材料中的原子运动非常剧烈，晶体的高度有序结构被破坏，材料呈黏流态；而低于该温度时，材料呈固态。无定形陶瓷（玻璃）不会在低于某一温度时固化，没有明确的熔点，因此，玻璃的 T_m 是根据材料的黏度来确定的。同理，无定形陶瓷的玻璃化转变温度（T_g）是指低于这个温度时，材料的黏度足够大，可以视为玻璃态（固态）。
- 对晶态聚合物，其熔点（T_m）是指高于这个温度时，聚合物链的振动能很大，足以克服聚合物链间的次级键，允许聚合物链的平移。同样，无定形聚合物的玻璃化转变点（T_g）是指高于这个温度时，聚合物链可获得足够的能量产生围绕聚合物骨架的分子运动，使聚合物呈现橡胶态。T_g 通常低于 T_m。对半晶态聚合物，在 T_g 和 T_m 之间，聚合物链的能量和运动都随温度的升高而逐渐增大，在这过程中可形成高度有序的结晶态。
- 热分析技术可测量材料的物理性能随温度的变化情况，从而可以表征材料的热转变。示差扫描量热法可以表征材料的 T_m、T_g 和其他热转变，还可在合适的条件下测定聚合物的结晶度。

习题

3.1 完整的金属晶体是脆性的还是韧性的？为什么？

3.2 在人工髋关节的股骨柄行使其功能的过程中，你希望材料发生滑移吗？

3.3　以下三种聚合物正在接受考查是否可用于人造血管材料：

(i) 聚苯乙烯

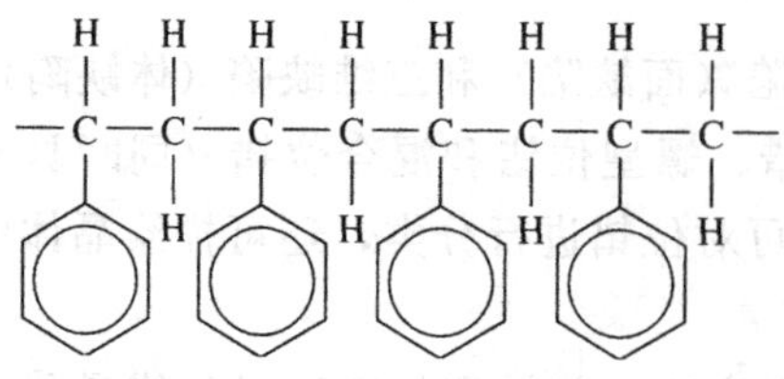

(ii) 聚丙烯腈

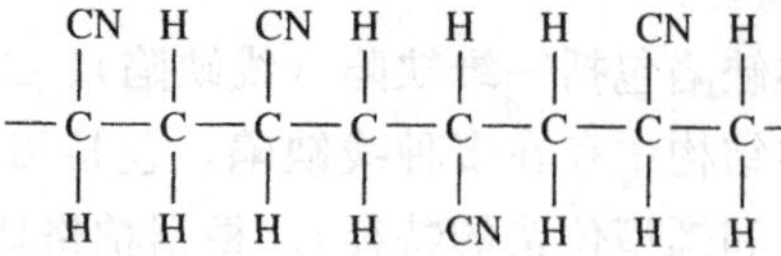

(iii) 聚四氟乙烯

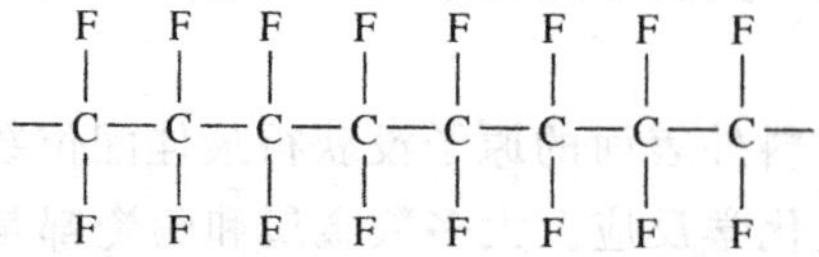

(a) 上述三种材料中哪种材料的结晶度可能最高，哪种材料的结晶度可能最低，为什么？

(b) 采用何种技术可测定各种材料的结晶度？

(c) 假设三种聚合物的 T_g 与 T_m 分别为

材料	i	ii	iii
T_m/℃	38	52	102
T_g/℃	30	28	45

根据上述数据，推测哪种材料更适合用于人造血管？

(d) 这三种聚合物的哪些结构特征会影响聚合物的 T_m 和 T_g？

(e) 假设目前要考查另一种聚合物是否可用作人造血管材料。你对该材料进行了DSC分析，分析结果如下图所示（注：图中吸热反应为正值）。哪个温度是材料的 T_m，哪个温度是材料的 T_g？这种材料适合用作人造血管吗？

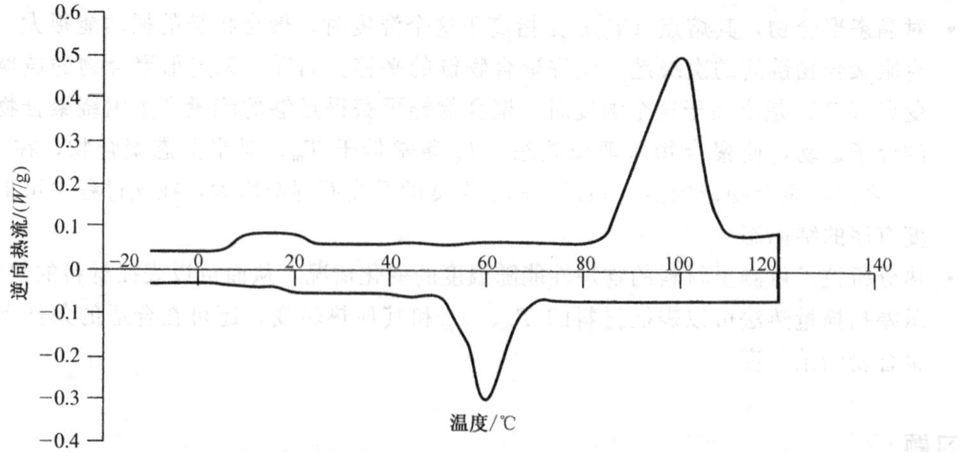

（黄美娜　罗彦凤　王远亮　译校）

参考文献

1. Schaffer, J.P., A. Saxena, S.D. Antolovich, J. Sanders, T.H., and S.B. Warner, *The Science and Design of Engineering Materials*, 2nd ed. Boston: McGraw-Hill, 1999.
2. Shackelford, J.F. *Introduction to Materials Science for Engineers*, 4th ed. Upper Saddle River: Prentice Hall, 1996.
3. Callister, Jr., W.D. *Materials Science and Engineering: An Introduction*, 3rd ed. New York: John Wiley and Sons, 1994.
4. Shackelford, J.F. *Introduction to Materials Science for Engineers*, 5th ed. Upper Saddle River: Prentice Hall, 2000.
5. Bunn, C.W., *Chemical Crystallography*, Oxford: Oxford University Press, 1945.
6. Kingery, W.D., et al., *Introduction to Ceramics*, 2nd ed. New York: John Wiley & Sons, 1976.
7. Park, J.B. and R.S. Lakes, *Biomaterials: An Introduction*, 2nd ed. New York: Plenum Press, 1992.
8. Peppas, N.A. *Structure and Properties of Polymeric Materials: A Study Guide for Students of Che 544*. West Lafayette: Purdue University, 1984.
9. Engelberg, I. and J. Kohn. "Physico-Mechanical Properties of Degradable Polymers Used in Medical Applications: A Comparative Study" *Biomaterials*, vol. 12, pp. 292–304, 1991.
10. Hemminger, W., and S.M. Serge, "Definitions, Nomencature, Terms, and Literature" in *Handbook of Thermal Analysis and Chemistry*, vol.1, pp. 1–74, Amsterdam: Elsevier, 1998.
11. Ljungberg N. and Wesslen, B. "Tributyl Citrate Oligomers as Plasticizers for Poly (Lactic Acid): Thermo-Mechanical Film Properties and Aging." *Polymer*, vol. 44, pp. 7679–7688, 2003.
12. Haines, P.J. *Thermal Methods of Analysis: Principles, Applications, and Problems*, 1st ed. New York: Blackie Academic and Professional, 1995.
13. Lucke, A., J. Tessmar, E. Schnell, G. Schmeer, and A. Gopferich. "Biodegradable Poly(D,L-Lactic Acid)-Poly(Ethylene Glycol)-Monomethyl Ether Diblock Copolymers: Structures and Surface Properties Relevant to Their Use as Biomaterials." *Biomaterials*, vol. 21, pp. 2361–2370, 2000.

推荐阅读

Park, J.B. and J.D. Bronzino. *Biomaterials: Principles and Applications*. Boca Raton: CRC Press, 2003.

Rabek, J.F. *Experimental Methods in Polymer Chemistry*. New York: John Wiley and Sons, 1980.

Skoog, D.A., F.J. Holler, and S.R. Crouch. *Principles of Instrumental Analysis*, 6th ed. Boston: Brooks Cole, 2006.

Young, R.J. and P.A. Lovell. *Introduction to Polymers*, 2nd ed. London: Chapman and Hall, 1991.

4. 生物材料的力学性能

主要目的

了解形成各类材料力学性能的分子机制以及导致生物材料力学性增强或减弱的基本原理。

具体目标

1. 了解并能应用工程应力与应变、剪切应力与剪切应变，以及真应力与真应变的计算方程；
2. 能根据应力-应变曲线计算力学性能；
3. 了解金属、陶瓷和聚合物发生弹性形变和塑性形变的分子机制；
4. 了解弯曲试验的要求及实验装置；
5. 了解金属、陶瓷和聚合物的黏弹行为分子机制；
6. 建立生物材料黏弹行为的简单模型；
7. 了解降解或引入孔结构导致生物材料力学性能减弱的分子机制；
8. 比较/对比材料破坏的类型，并解释应力集中源的作用；
9. 了解疲劳破坏与其他材料破坏的不同以及影响疲劳寿命的因素；
10. 了解材料增强技术的分子机制；
11. 了解材料力学测试的基本理论及限制条件。

4.1 概述：力学测试模型

前述各章节介绍了各种材料的化学组成以及化学组成对材料物理性能如结晶度和热转变的影响。本章将介绍各种生物材料的价键性质和**亚基结构**（sub-unit structure）对力学性能的影响。材料的力学性能包括：

1. 拉伸/压缩性能；
2. 剪切/扭转性能；
3. 弯曲性能；
4. 黏弹性质；
5. 硬度。

本章将重点介绍前 4 项力学性能，尤其会重点讨论每一项力学性能的测试方法和分子机制。

4.2 力学测试方法、结果与计算

材料的力学评价通常采用如图 4.1 所示的**力学试验机**（mechanical testing frame）。

利用该试验机，借助不同的**夹具**（fixture）即可完成各种力学性能的测试。试验机在设计上允许加载条件可控，以满足所有力学性能测试的需要。ASTM 标准（由 ASTM International 编制）提供了大部分力学性能和各类材料的测试指南。为满足生物材料应用的需要，力学试验机在设计上还需符合材料在潮湿条件下的测试要求，从而更准确地模拟体内环境的条件。

图 4.1 测试材料力学性能的力学试验机[1]

4.2.1 拉伸及剪切性能

4.2.1.1 拉伸和剪切测试的计算

图 4.2（a）～（c）所示的力学测试机，可以施加拉伸、压缩或剪切力。**拉伸试验**（tensile testing）是最常见的一种力学测试方法。图 4.3 所示为样品进行拉伸试验的示意图。根据 ASTM 标准，拉伸试验的

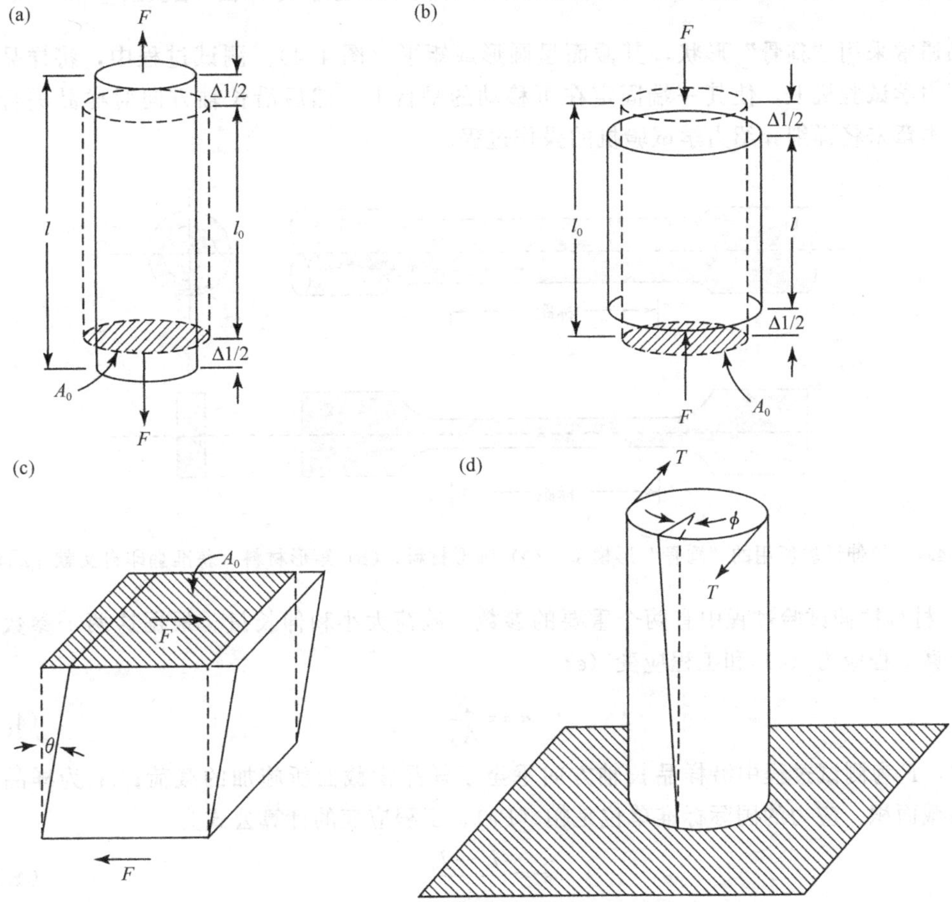

图 4.2 对材料施加的各种外力：(a) 拉力；(b) 压力；(c) 剪切力；(d) 扭转力（获准翻印自文献 [2]）

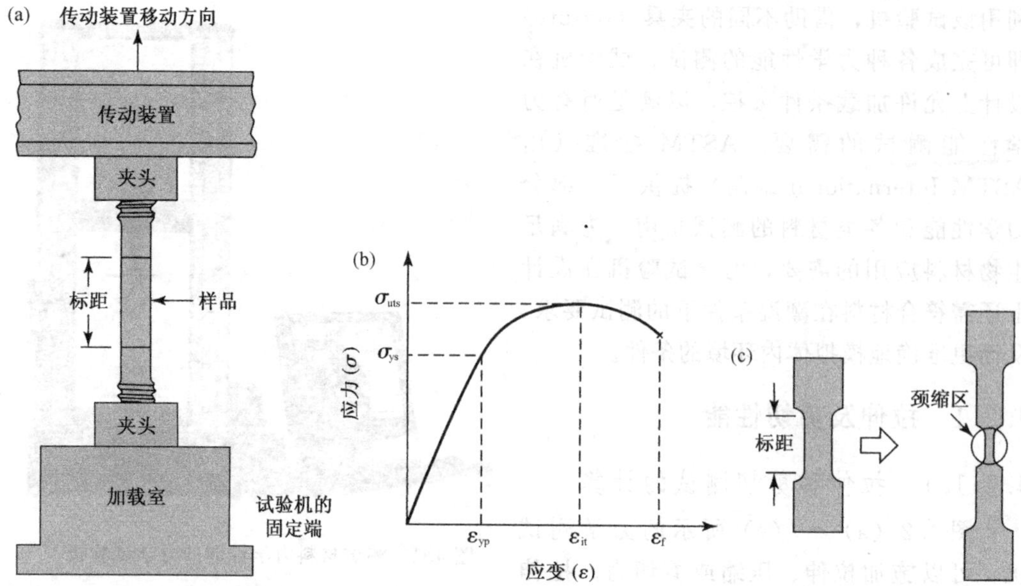

图 4.3　样品拉伸试验的测试装置。(a) 固定在力学试验机上的样品；(b) 应力-应变曲线，根据此曲线可计算样品的力学性能；(c) 样品受拉力作用后其形状的变化（获准翻印自文献［3］）

样品通常采用“狗骨”形状，其截面呈圆形或矩形（图 4.4）。测试过程中，将样品加载于力学试验机上，使其一端固定在可移动的平台上，然后沿长轴方向对样品进行加载。本章末将详细介绍力学试验机的操作过程。

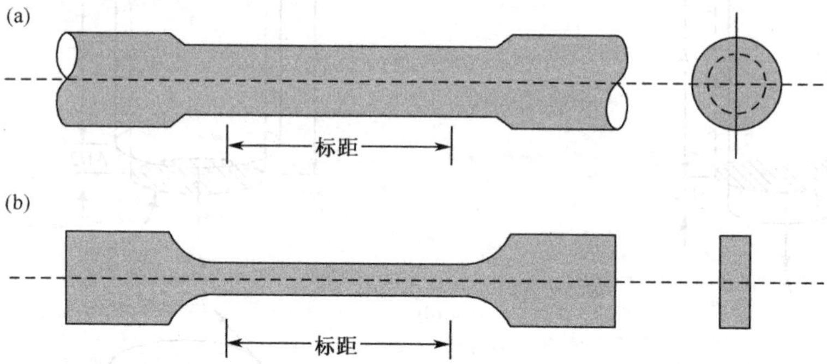

图 4.4　拉伸试验所用的“狗骨”形模型：(a) 圆形材料；(b) 矩形材料（获准翻印自文献［2］）

材料拉伸试验过程中有两个重要的参数：载荷大小和伸长量。根据这两个参数可以计算工程应力（σ）和工程应变（ε）：

$$\sigma = \frac{F}{A_0} \tag{4.1}$$

式中，F 为测试过程中沿样品长轴方向垂至于样品横截面所施加的载荷；A_0 为样品的初始截面积。应力的国际标准单位是帕（Pa）。工程应变的计算公式为

$$\varepsilon = \frac{l_i - l_0}{l_0} \tag{4.2}$$

式中，l_0 为拉伸试验前样品的初始长度；l_i 为拉伸试验过程中，任一时间点的样品长度。

由式（4.2）可知，应变是无量纲的。由于力学性能测试过程与样品几何形状有关，因此应力和应变大小可用于比较不同形状的材料。

生物材料也常需要进行压缩试验［图 4.2（b）］，尤其对使用时需要承受压力的材料，如整形外科植入用生物材料。典型的压缩试样为圆柱形，其长度一般为直径的 2 倍以上。计算拉伸应力和应变的公式也可用于计算压缩应力和压缩应变，但是压力与拉力的作用方向相反，因此 F 是负值，所得应力为负值。另外，由于样品沿应力方向压缩时其长度缩短，l_0大于 l_i，因此计算出的应变为负值。

与拉伸试验和压缩试验不同，**剪切试验**（shear testing）时施加的作用力与样品的顶面和底面平行［图 4.2（c）］。剪应力（τ）的计算公式为

$$\tau = \frac{F}{A_0} \tag{4.3}$$

式中，F 为平行于样品上、下表面施加的作用力；A_0为剪切力的作用面积。

如图 4.2（c）所示，剪切力引起样品发生角度为 θ 的变形，则剪应变（γ）可定义为

$$\gamma = \tan\theta \tag{4.4}$$

在许多情况下，样品并非仅受到剪切力的作用，还常受到**扭力**（torsion force）的作用。如图 4.2（d）所示，扭力 T 使圆柱形样品的一端相对于另一端发生角度为 ϕ 的变形。对式（4.3）和式（4.4）做适当变形后即可用于计算扭力情况下的剪应力和剪应变。

4.2.1.2 应力-应变曲线及弹性形变

图 4.5 所示为各种材料的应力-应变曲线。观察图 4.5 中的材料Ⅰ和图 4.6 可发现，

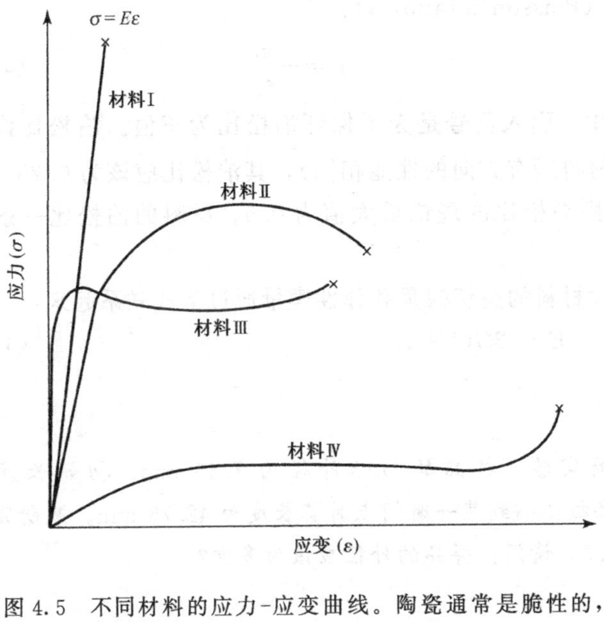

图 4.5 不同材料的应力-应变曲线。陶瓷通常是脆性的，其应力-应变曲线与材料Ⅰ相似，而金属材料的变形曲线与材料Ⅱ相似。聚合物的种类很多，从脆性很大的材料（材料Ⅰ）到塑性形变材料（材料Ⅲ），再到高弹性材料（材料Ⅳ）（获准翻印自文献［2］和［3］）

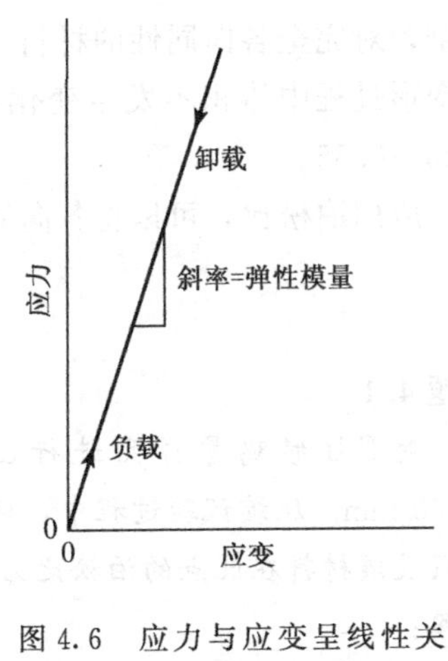

图 4.6 应力与应变呈线性关系的应力-应变曲线。根据这种线性关系可计算材料的弹性模量（曲线斜率）（获准翻印自文献［2］）

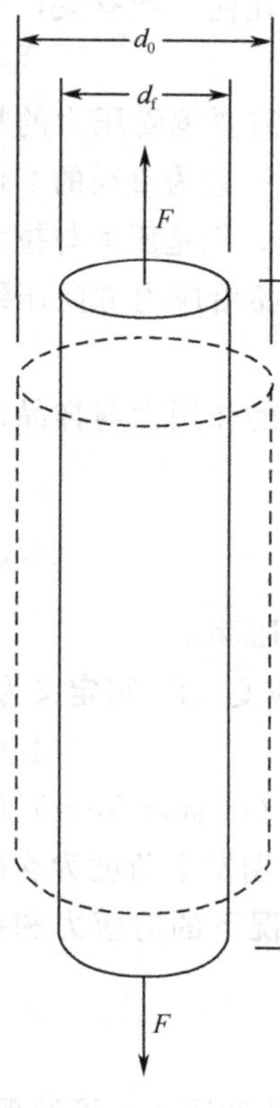

图 4.7　材料发生拉伸变形时其径向收缩示意图。横向应变与轴向应变的比值叫泊松比（ν）（获准翻印自文献［3］）

材料的应力与应变成正比，满足胡克定律（Hooke's law）：

$$\sigma = E\varepsilon \tag{4.5}$$

式中，E 为**弹性模量**（modulus of elasticity）**或杨氏模量**（Young's modulus）（MPa）。曲线中应力与应变满足线性关系的区域，样品发生的是**弹性形变**（elastic deformation），曲线的斜率就是弹性模量，也就是材料的刚性。弹性模量高的材料需要很大的应力才能使材料发生变形。弹性形变不是永久性变形，载荷释放后，材料可恢复其初始形状。

式（4.5）所描述的关系同时适用于拉伸试验和压缩试验。类似地，剪应力与剪应变也可用下式来表示：

$$\tau = G\gamma \tag{4.6}$$

式中，G 为剪切模量，与拉伸/压缩试验一样，剪切模量也代表应力-应变曲线中弹性区域的斜率。

如图 4.7 所示，当样品沿加载方向发生弹性伸长时，样品垂直于加载方向的部位会发生收缩。对圆柱形样品，垂直于试样轴向方向的应变（横向应变）可表示为：$\varepsilon = \Delta d/d_0$，$\Delta d$ 为直径的变化，d_0 为试样的初始直径。横向方向发生的应变（ε_t）与轴向应变（ε_a）的比值称作**泊松比**（Poisson's ratio，ν）：

$$\nu = -\frac{\varepsilon_t}{\varepsilon_a} \tag{4.7}$$

式中，引入负号是为了保证泊松比为正值。泊松比没有量纲，对完全各向同性的材料（材料所有方向的性能相同），其泊松比应该为 0.25。如果变形过程中体积不发生变化，则泊松比的理论最大值为 0.5。材料的泊松比一般为 0.25～0.35。

应用泊松比，可以将各向同性材料的剪切模量和弹性模量通过下式联系起来：

$$E = 2G(1+\nu) \tag{4.8}$$

例题 4.1

对圆柱形鸡骨样品进行压缩实验。样品的初始外径为 7.40 mm，初始长度为 45.00 mm。压缩试验过程中，样品被压缩到某一时间点时其长度为 42.75 mm。某研究人员假设该材料在此点的泊松比为 0.3。请问：样品的外径应该为多少？

解答：

泊松比的定义是样品横向应变与轴向应变的比值：$\nu = -\frac{\varepsilon_t}{\varepsilon_a}$。根据已知条件，可计算轴向应变：

$$\varepsilon_a = (42.75\ \text{mm} - 45.00\ \text{mm})/(45.00\ \text{mm}) = -0.05$$

已知泊松比为0.3，计算得到轴向应变为−0.05，则样品的横向应变为

$$\varepsilon_t = -(\nu\varepsilon_a) = -[0.3\times(-0.05)] = 0.015$$

根据 $\varepsilon=\Delta d/d_0$，已知 d_0 为 7.40 mm，求解方程得

$$\varepsilon_t = (d_t - 7.40\ \text{mm})/(7.40\ \text{mm}) = 0.015$$

$$0.111\ \text{mm} + 7.40\ \text{mm} = d_t$$

$$d_t = \underline{7.511\text{mm}}。$$

4.2.1.3 弹性形变的分子机制

从分子水平来说，弹性形变是原子间距微小变化和化学键伸缩的结果。原子之间的键合力抵抗材料的弹性形变。价键强度越高的材料越不容易变形（具有更高的弹性模量）。回顾第一章描述的力-距离曲线（图 1.10）可发现，原子间距为平衡键长 r_0 时，E 与曲线的斜率成正比：

$$E \propto \left(\frac{\mathrm{d}F}{\mathrm{d}r}\right)_{r_0} \tag{4.9}$$

由图 4.8 可知，弹性模量 E 高的材料（刚性大的材料），其力-距离曲线很陡，因此，需要更多的能量才能将原子移出平衡位置。陶瓷中的化学键是离子键，离子键的属性使陶瓷的弹性模量通常高于金属的弹性模量，而陶瓷和金属又比大多数聚合物的弹性模量高。但是，必须指出，由于聚合物链的结构特征，使聚合物的力学性能呈现高度的方向依赖性。沿聚合物链的轴向方向，原子间的化学键是主价键（共价键），因此具有与金属和陶瓷相近的强度和刚性，但在其他由次级键连接的方向上，材料的力学性能通常要低得多。

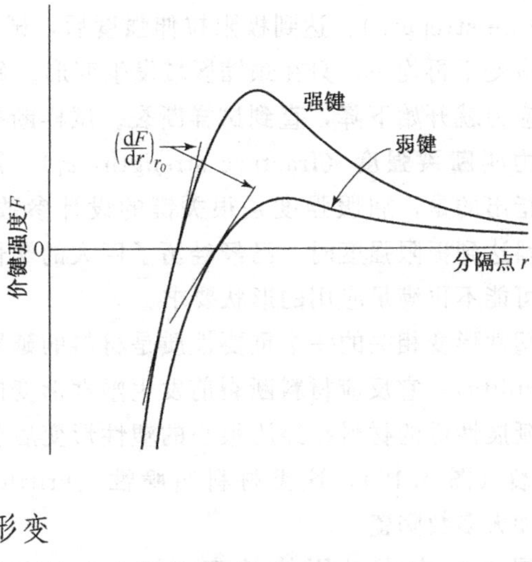

图 4.8　材料的弹性模量（E）与价键强度（F）之间的关系图。E 与 $\frac{\mathrm{d}F}{\mathrm{d}r}$ 成正比，因此弹性模量高（刚性大）的材料，其力-距离曲线更陡，从而需要更多的能量才能将原子移离平衡位置（获准翻印自文献［2］）

4.2.1.4 应力-应变曲线及塑性形变

第 3 章曾提到，材料成型过程中也可能发生**塑性形变**（plastic deformation），且塑性形变在材料成型过程中起到非常重要的作用，尤其是对金属和聚合物。与弹性形变不同，塑性形变是永久性的，因此发生塑性形变之后，材料不能完全回复到初始形状。材料发生塑性形变的一个明显证据就是在直线的弹性形变区后出现了非线性区域，如图 4.5 中的材料Ⅱ、Ⅲ、Ⅳ。

下面将讨论拉伸试验中材料的塑性形变。发生塑性形变的起点是应力-应变关系不再满足胡克定律的那一点，即曲线从线性变为非线性的转折点。曲线中弹性形变末端对应的应力称作**屈服强度**（yielding strength，σ_y），对应的应变称作**屈服点应变**（yield point strain，ε_{yp}）。但是某些材料的这种转变并不明显，其变化点也很难准确定位（图4.9）。对这种情况，普遍采用0.2%的应变偏移量来确定屈服点。

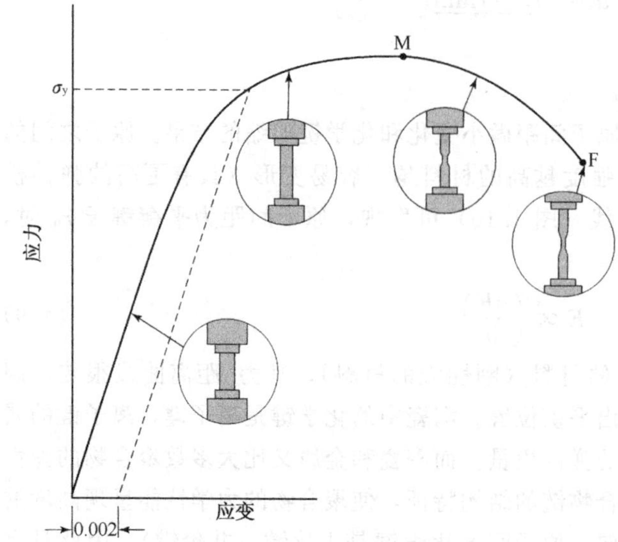

图4.9 材料弹性形变和塑性形变过程中的应力-应变曲线。弹性形变区无颈缩现象，卸载后，材料可以回复到初始状态。在此曲线中，很难确定线性区与非线性区的交界点，因此使用0.2%应变偏移量来确定交界点：画一条平行于弹性区的直线，该直线起点的应变偏移量为0.002（0.2%）；该直线与应力-应变曲线的交点即为屈服点，对应的应力为屈服强度（σ_y）。从屈服点开始到极限拉伸强度（M点），材料发生的是塑性形变，即卸载后，材料不能回复到原始状态。M点以后，试样开始发生颈缩现象，直至试样断裂（点F）（获准翻印自文献［2］）

材料发生屈服后，需增大应力才能使材料继续发生塑性形变，直到达到最大应力。这个最大应力称为**极限拉伸强度**（ultimate tensile strength，σ_{uts}），或者就称作**拉伸强度**（tensile strength）。达到极限拉伸强度后，试样开始出现颈缩现象（图4.9），试样各点的应变不再均一，只在颈缩区域发生变形。颈缩现象一旦出现，继续发生塑性形变所需的应力就开始下降，直到试样断裂。试样断裂时的应力叫**断裂强度**（fracture strength，σ_f）。需要特别指出的是，屈服强度是很关键的设计参数，因为材料达到极限强度时，已经经历了巨大的塑性形变，可能不再满足应用的形状要求。

与塑性形变相关的一个重要性质是材料的**延展性**（ductility），它反应材料断裂前发生塑性形变的能力。延展性低的材料在经历很小的塑性形变后就发生断裂（图4.10），这类材料叫**脆性**（brittle）材料，如大多数陶瓷。

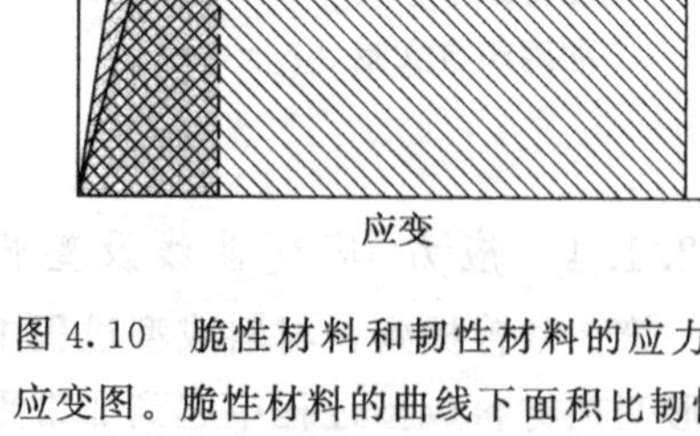

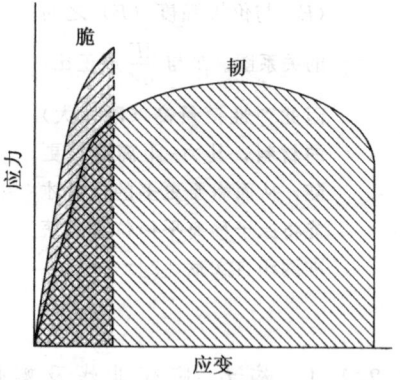

图4.10 脆性材料和韧性材料的应力-应变图。脆性材料的曲线下面积比韧性材料小（获准翻印自文献［2］）

延展性的大小可用伸长率（% elongation，%EL）或截面收缩率（% area reduction，%AR）来表征。伸长率（%EL）的计算公式为

$$\%EL = \frac{l_f - l_0}{l_0} \times 100 \tag{4.10}$$

式中，l_f 为试样断裂时的长度；l_0 为试样的**标距**（gauge length）（“狗骨”形试样较薄这一截的初始长度，见图 4.4）。截面收缩率（%AR）的计算公式为

$$\%AR = \frac{A_0 - A_f}{A_0}100 \tag{4.11}$$

式中，A_0 为试样初始截面积；A_f 为试样断裂时的截面积。%EL 与试样的标距有关，因此在给出材料的伸长率时需同时给出试验时的标距。相反，%AR 与试样的参数无关。对给定的试样，%EL 通常不等于%AR。

需要特别指出的是，聚合物，尤其是半晶态聚合物的塑性形变与晶体材料如金属的塑性形变（图 4.9）略有不同。图 4.11 为半晶态聚合物在拉伸状态下的宏观变形，它在屈服点之后也发生颈缩现象，这与金属材料类似。但是，聚合物在发生颈缩过程中，聚合物链开始沿载荷方向取向。如前所述，轴向取向的聚合链因强主价键作用的存在而具有更强的抗变形能力。因此，颈缩区沿标距扩大的同时也导致试样伸长，并伴随聚合物链在这一区域的有序性增强。这与金属试样的变形相反，金属变形过程中的延长只限定在初始颈缩区域（图 4.9）。从图 4.11 还可看出，半晶态聚合物试样发生断裂时所需要的变形应力突然增大，这对应于克服有序排列的聚合物链内主价键的强度所需的能量。

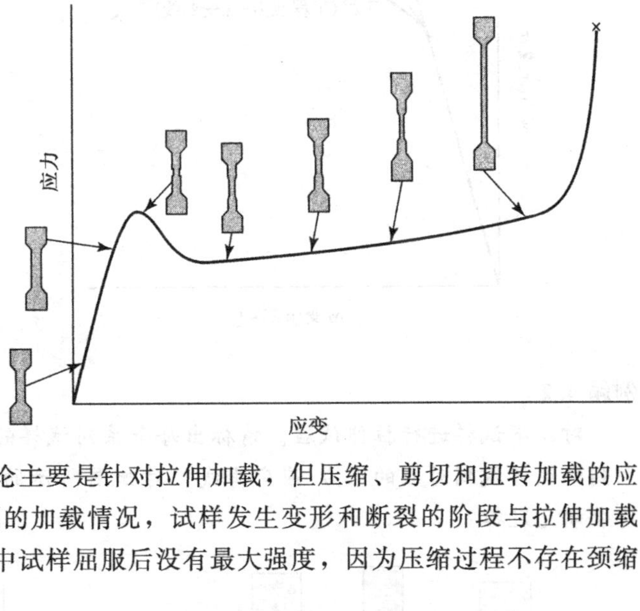

图 4.11 半晶态聚合物在拉伸过程中的应力-应变曲线。半晶态聚合物在屈服点之后也发生颈缩现象，这与金属材料类似。聚合物在发生颈缩过程中，由于轴向排列的聚合物链抗变形能力更强（强的主价键相互作用），聚合物链开始沿载荷方向取向。因此，颈缩区沿标距扩大的同时导致试样伸长，并伴随聚合物链在这一区域的有序性增强（获准翻印自文献［3］和［4］）

尽管上述有关塑性形变的讨论主要是针对拉伸加载，但压缩、剪切和扭转加载的应力-应变曲线与之相似。只是不同的加载情况，试样发生变形和断裂的阶段与拉伸加载可能会有不同。例如，压缩试验中试样屈服后没有最大强度，因为压缩过程不存在颈缩现象。

如果假设试样在测试过程中其尺寸变化可以忽略不计，则可根据试样的初始尺寸计算材料的应力和应变。这样计算出的应力和应变叫**工程应力**（engineering stress）和**工程应变**（engineering strain）。但这样计算的结果并不完全准确，尤其是存在颈缩现象时。因此，在某些情况下，使用**真应力**（true stress）和**真应变**（true strain）则更有效。力（F）除以试样任一时间点的面积（瞬时面积，A_{in}）即得真应力（σ_t）：

$$\sigma_t = \frac{F}{A_{in}} \tag{4.12}$$

同样，根据工程应变式（4.2）可衍生出真应变（ε_t）。将式（4.2）重写为式

(4.13)

$$\varepsilon = \frac{l_i - l_0}{l_0} \tag{4.13}$$

以测试过程中某一时间点（t）为参照，对上式进行变形：分子变为长度的微分（dl_i），分母变为试样在该点的瞬时长度（l_i）而不是初始长度（l_0）。对变形后的公式积分就可得到试验到达时间点 i 所发生的总应变：

$$\varepsilon_t = \int_{l_0}^{l_i} \frac{dl}{l} \tag{4.14}$$

上式可简化为

$$\varepsilon_t = \ln\left(\frac{l_i}{l_0}\right) \tag{4.15}$$

式中，l_0 为样品的初始长度。图 4.12 给出了典型的工程应力-应变曲线与对应的真应力-应变曲线间的差别。

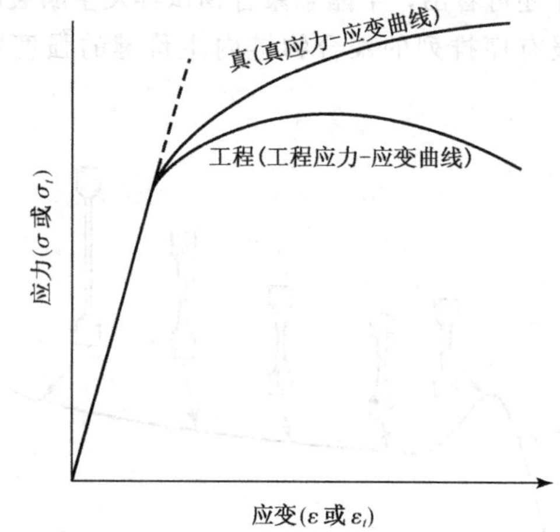

图 4.12　工程应力-应变曲线与真应力-应变曲线的区别。真实样品在整个测试过程中其真应力并没有下降，而工程应力-应变曲线中应力的下降只是工程应力-应变计算所产生的人为现象（获准翻印自文献［3］）

例题 4.2

对以下试样进行拉伸试验。请标出每个系列试样的变形类型，并说明理由。为每个系列的试样找到对应的应力-应变曲线。对如图所示的整个试验，哪个系列的力学变形符合胡克定律？

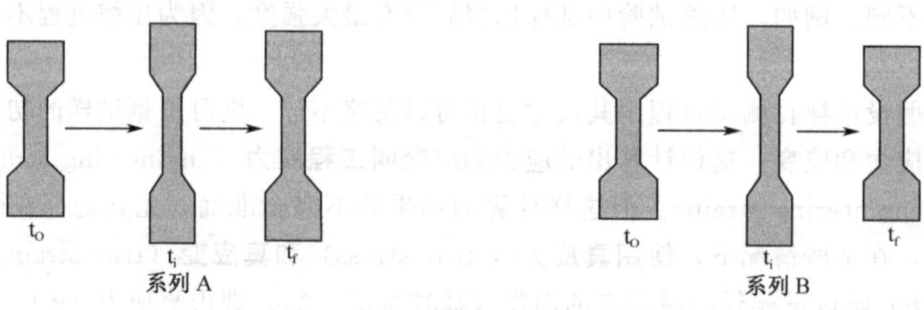

解答：

在如图所示的拉伸试验中，样品在拉力作用下都发生了变形。但是，系列 A 在拉伸测试结束后没有回复到原始尺寸，属于塑性形变；而样品 B 在拉伸试验结束后回复到了原始尺寸，属于弹性形变。因此，系列 B 在整个拉伸过程中满足胡克定律。曲线 1 代表弹性形变，因为其应力-应变曲线在整个过程中保持线性；而曲线 2 代表塑性形变，因为其应力-应变曲线在应变较高时偏离了线性区，样品开始屈服。因此，曲线 1 对应于系列 B，而曲线 2 对应于系列 A。

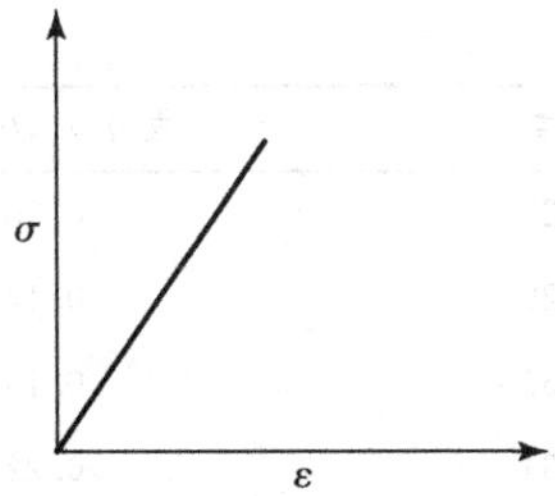

曲线 1

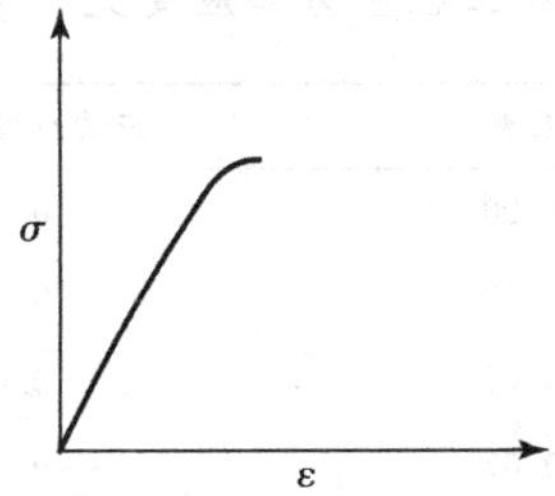

曲线 2

例题 4.3

对一块鸡皮进行拉伸试验。其矩形试样的初始尺寸为：长 30 mm，宽 15 mm，平均厚度为 3 mm。力学测试过程中，加载速率为 5 mm/s。测试得到的数据如下：

计量长度/mm	拉力/N	计量长度/mm	拉力/N
20.0	0.0	25.2	4.7
20.5	0.1	25.7	6.2
21.0	0.3	26.3	7.9
21.5	0.5	26.8	9.7
22.0	0.8	27.4	11.4
22.5	1.1	27.9	12.9
23.1	1.6	28.5	14.5
23.6	2.0	29.0	16.4
24.2	2.7	29.6	18.3
24.6	3.6	30.1	19.6

(a) 根据上述数据计算工程应力和工程应变，并绘制出工程应力-应变曲线。假设夹具每端所夹的试验长度为 5 mm，则样品的实际初始长度为 20 mm。

(b) 在获得上表最后一个数据时，发现试样的平均宽度为 8 mm，平均厚度为 0.75 mm。请根据这一信息确定试验在最后数据点时的真应力和真应变。

(c) 比较最后一点时的真应力、真应变与工程应力、工程应变。

解答：

(a) 因为样品的初始标距为 20 mm，而每一个数据点上的标距已知，因此，根据公式可计算工程应变：

$$\varepsilon = \frac{l_i - l_0}{l_0}$$

$$\varepsilon = \frac{l_i - 20\ \text{mm}}{20\ \text{mm}}$$

每个时间点的外力除以该点试样的截面积可计算出工程应力。试样的截面积等于样品的宽度（15 mm）乘以样品的平均厚度（3 mm），即

$$A = 15\ \text{mm} \times 3\ \text{mm} = 45\ \text{mm}^2$$

$$\sigma = F/A_0 = F/45\ \text{mm}^2$$

计算所得的工程应力和应变见下表：

应变	应力/(N/mm²)	应变	应力/(N/mm²)
0.00	0.00	0.26	0.10
0.02	0.00	0.29	0.14
0.05	0.01	0.31	0.18
0.07	0.01	0.34	0.22
0.10	0.02	0.37	0.25
0.12	0.02	0.39	0.29
0.15	0.03	0.42	0.32
0.18	0.05	0.45	0.36
0.21	0.06	0.48	0.41
0.23	0.08	0.51	0.44

根据上表数据绘制工程应力-应变曲线：

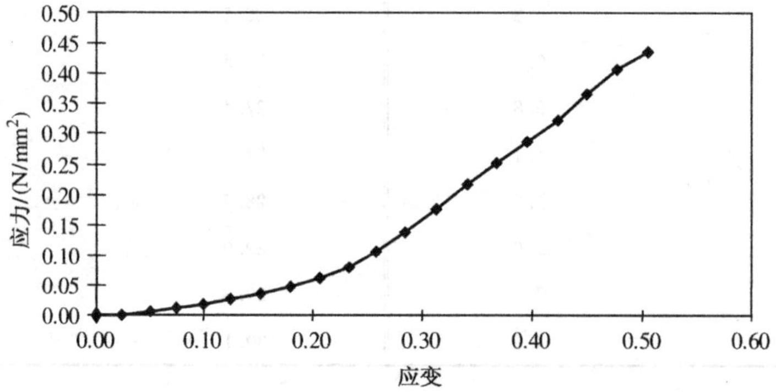

(b) 试样的真应力考虑了试样尺寸随时间的变化，所以，真应力的计算公式为

$$\sigma_t = F/A_t$$

式中，A_t 为检测时间点的试样截面积。在最后数据点，时刻 t 的试样尺寸为：宽8 mm，厚 0.75 mm，则该时间点的试样截面积为：(8 mm) × (0.75 mm) = 6 mm²。

因此，该时间点的真应力可计算如下：

$$\sigma_t = (19.6\ \text{N})/(6\ \text{mm}^2) = \underline{3.27\ \text{N/mm}^2}$$

最后一个检测点的真应变可根据式

$$\varepsilon_t = \ln(l_i/l_0)$$

计算如下：

$$\varepsilon_t = \ln(30.1\ \text{mm}/20\ \text{mm}) = \underline{0.41}。$$

(c) 从上述数据可知，最后一个检测点的真应力 3.27 N/mm²，远大于该点试样的

工程应力 0.51 N/mm²。两者之间的差别主要是由于样品截面积发生很大变化所致（从初始的 45 mm² 下降至 6 mm²）。如果载荷不变，而截面积降低，如本题所述情况，则应力必然增加。但最后一个检测点的工程应变与真应变之间的差异很小。

4.2.1.5 塑性形变的分子机制

图 4.5 给出各类材料的应力-应变曲线。如前所述，陶瓷通常是脆的，其变形行为与材料Ⅰ相似，而金属材料的应力-应变曲线与材料Ⅱ相似。聚合物的变形范围则很宽，从脆性很大的材料（如材料Ⅰ），到塑性形变材料（如材料Ⅲ），再到高弹性材料（如材料Ⅳ）。

聚合物的前两类力学行为与陶瓷和金属的力学行为类似，但第三类力学行为，**弹性**（elasticity）则只有一类聚合物——**弹性体**（elastomer）才具有这一力学特征。最常见的弹性体是橡胶。弹性材料是指在低应力作用下即可产生较大的可复性应变的材料。接下来将讨论这一独特力学行为的分子机制。

4.2.1.6 塑性形变的分子机制——金属与晶态陶瓷

本节将在原子水平上具体讨论各类材料发生塑性形变的详细情况。第 3 章曾讨论到，金属和晶态陶瓷可因位错沿**滑移面**（slip plane）滑移导致材料变形。滑移面通常具有很高的原子密度。陶瓷因必须满足电中性而使其内部的滑移面数量有限。因此，陶瓷很难发生塑性形变，导致其脆性很高。

当沿与滑移面相同的方向施加足够大的外力时，便会产生滑移。为简化起见，我们以由单晶组成的材料为例来说明这点。如图 4.13 所示，单晶组成的材料在受到拉力作用时，除与拉力方向完全垂直的平面以外，其他所有的平面都存在剪切力。正是这些剪切力为诱导位错滑移（第 3 章）提供了足够的能量。因此，滑移面所感受到的切应力大小（分切应力，resolved shear stress，τ_r）是一个很重要的参数，可根据下式计算：

$$\tau_r = \sigma \cos\phi \cos\lambda \qquad (4.16)$$

式中，σ 为拉伸应力；ϕ 为滑移面法线与外力之间的夹角；λ 为滑移方向与外力之间的夹角。当滑移面方向的分切应力大于某个值（临界分切应力，τ_{crss}）时，则滑移开始。τ_{crss} 随材料不同而不同，是决定材料屈服强度的一个因素。

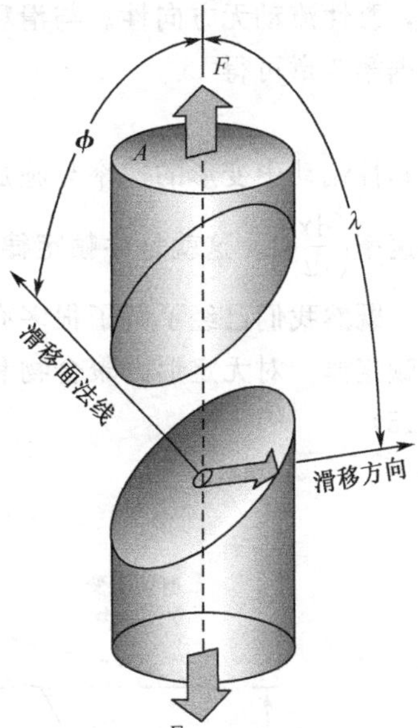

图 4.13 样品在拉伸作用下发生滑移的示意图。拉伸样品中的滑移是切应力造成的，除与拉力相垂直的方向以外，其他任何方向都可发生滑移。利用拉伸力和图中所示的两个角度（ϕ 和 λ）则可计算滑移面上的分切应力（获准翻印自文献 [2]）

多晶材料因每个晶粒都是随机取向的，因此其变形更为复杂：某些晶粒的排列可能有利于外力产生滑移，而其他晶粒则不利于外力产生滑移。对单个晶粒，滑移总是沿取向最有利的平面进行。图 4.14 所示为多

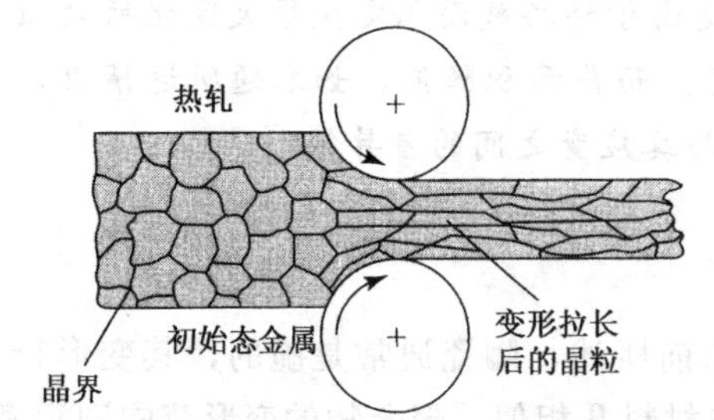

图 4.14　金属热轧加工小截面制品过程中（第 6 章）发生的宏观伸长。此图表明，金属变形是各个晶粒变形所致，而不是晶界开放所致（获准翻印自文献［5］）

晶材料的宏观变形。由图可知，多晶材料的变形是由于单个晶粒的变形而不是晶界改变或晶界开放所造成的。

多晶材料因受相邻晶粒的限制，其强度通常比其等价的单晶材料的强度大，即具有更高的屈服强度。在多晶材料中，即使某一晶粒的取向允许其在较低的应力水平发生滑移，但是其相邻晶粒的取向可能不利于该晶粒的变形，因此，除非相邻晶粒也发生变形，否则第一个晶粒不可能发生变形。所以，要使取向不利于变形的晶粒发生变形，则需要施加更高的应力（另一种思考方式是晶界阻止材料的整体滑移，4.5 节将对此做深入讨论）。

4.2.1.7　塑性形变的分子机制——无定形的聚合物和陶瓷（玻璃）

第 3 章曾讨论的非晶态的聚合物和陶瓷（玻璃）是通过黏性流动发生变形的。在这种变形中，原子或离子的滑移通过化学键的不断破坏和重建而相互粘贴。但与位错不同，黏性流动无方向性。与滑移一样，剪应力在黏性变形过程中亦起到很重要的作用。根据第 3 章可得

$$\tau = \eta\dot{\gamma} \tag{4.17}$$

即黏性流动中变形的速率与施加的应力成正比。比例常数 η 是材料的黏度，$\dot{\gamma}$ 是剪切变形速率$\left(\frac{d\gamma}{dt}\right)$。这就是**牛顿定律**（Newton's law）。

既然我们已经了解了很多有关材料力学性能的知识，我们可以根据这些知识来推导牛顿定律。对无定形的聚合物和陶瓷，牛顿定律可视为剪应力/剪应变关系的延伸（图 4.15）

$$\tau = G\gamma \tag{4.18}$$

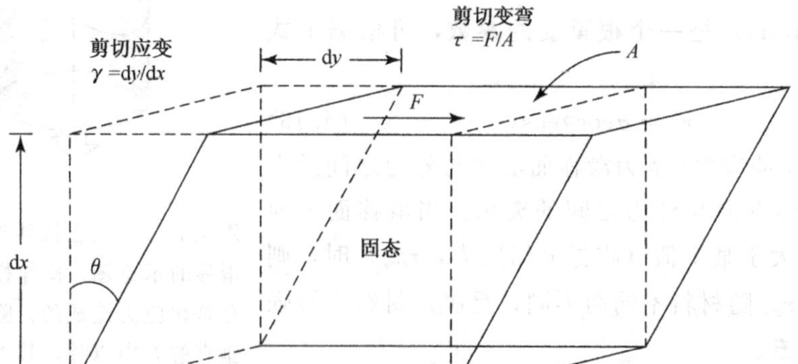

图 4.15　晶态材料受剪切应力作用时的变形示意图（获准翻印自文献［3］）

根据图 4.15，γ 的另一种形式可表示为

$$\gamma = \tan\theta = \frac{dy}{dx} \tag{4.19}$$

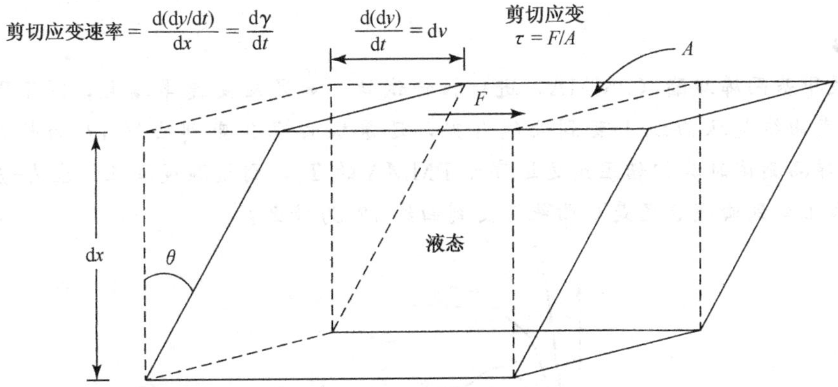

图 4.16　无定型材料受剪切应力作用时的变形示意图（获准翻印自文献 [3]）

如第 3 章所讨论的，无定型材料可看成是**冷却液体**（cooled liquid）。因此，如果用等体积的液体替代固体样品，则可得到如图 4.16 所示的关系。在这种情况中，剪切力产生的不是单一的应变值，而是变形随时间在持续进行。变形速率 [d(dy/dt)] 与剪切力（F）成正比：

$$F \propto d(dy/dt) \tag{4.20}$$

用面积对剪切力进行归一化可得到剪应力（τ），用高度（dx）对位移速率归一化，则上表达式可转化为

$$\tau \propto \frac{d(dy/dt)}{dx} \tag{4.21}$$

因为 dx 是常数，所以将上式重排可得

$$\tau \propto \frac{d(dy/dx)}{dt} \tag{4.22}$$

用 γ 代替 dy/dx，用 η 来表示比例常数，则可得

$$\tau = \eta\left(\frac{d\gamma}{dt}\right) = \eta\dot{\gamma} \tag{4.23}$$

4.2.1.8　塑性形变的分子机制——聚合物

与金属和陶瓷材料相比，聚合物力学性能的测试结果更容易受测试条件的影响。温度对材料的力学行为有非常显著的影响，加载速率也同样影响材料的力学性质。提高测试温度或降低加载速率可使测得的弹性模量 E 和拉伸强度降低，使延展性增大。下面将讨论这些现象的分子机制。

对所有含有无定形区的聚合物而言，测试温度是高于 T_g 还是低于 T_g 对材料的力学性能有重要影响。测试温度低于 T_g 时，聚合物链处于“冻结”状态，聚合物是脆的；而测试温度高于 T_g 时，聚合物链可围绕骨架旋转，且相互之间可发生相对移动，因此聚合物的韧性增大。

应变速率对材料力学性能的影响在一定程度上与前面提到的颈缩现象有关。如果聚合物样品被拉伸过快，则颈缩区的聚合物链没有足够的时间沿加载方向取向。因此，应变速率越快，材料变形越小，表现出的脆性越大，其总体强度也越大。

例题 4.4

对聚甲基丙烯酸酯（PMMA）进行拉伸试验。如果应变速率增大，则下图所示的应力-应变曲线是从曲线 1 变到曲线 3 呢，还是从曲线 3 变到曲线 1？为什么？假设 PMMA 样品测试时其初始温度远远高于 PMMA 的 T_g，则随温度降低，应力-应变曲线是从曲线 1 变到曲线 3 还是从曲线 3 变到曲线 1？为什么？

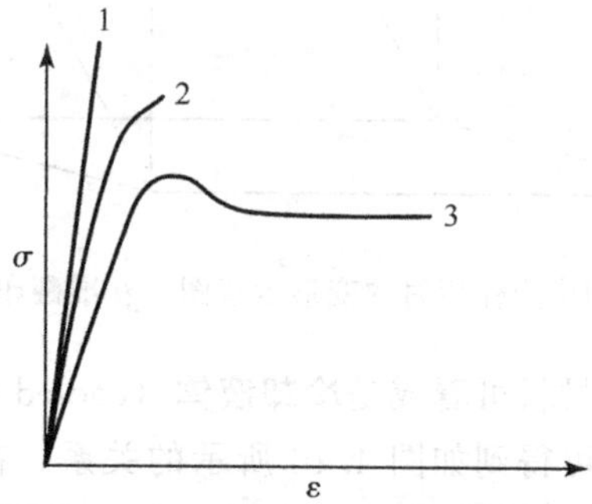

解答：

应变速率增加时，应力-应变曲线将从曲线 3 变到曲线 1。原因：随应变速率增加，聚合物链沿加载方向取向的时间越少。因此，应变速率越高，聚合物链表现出的脆性越大，其强度也越高。当 PMMA 试样测试时的初始温度远远高于 T_g时，由于聚合物链有足够的能量沿外力方向重排，因此，其形变曲线与曲线 3 类似。随温度向 T_g降低，由于可供聚合物链运动的能量减少，聚合物表现出更大的脆性，因此其应力-应变曲线向曲线 1 移动。

4.2.1.9 塑性形变的分子机制——半晶态聚合物与弹性体

作为聚合物中两个特殊的亚类，半晶态聚合物和弹性体具有独特的应力-应变性质。因此，本节将对其变形做详细的讨论。本文对这两类聚合物的相关讨论与 Callister 的描述一致[2]。图 3.12 所示，半晶态聚合物是由球晶组成，而球晶含有由中心向外辐射的片晶区。片晶之间为无定形区，其中的**连接分子**（tie molecule）将相邻片晶连接起来。

半晶态聚合物的变形在概念上可看成是片晶与无定形区间在拉力作用下的相互作用。如图 4.17 所示，其拉伸过程存在几个伸长阶段。在第一阶段，连接分子的聚合物链伸展，片晶相互滑移；在第二阶段，片晶自身重新取向，使其折叠链沿外力方向排列；然后，晶相区彼此分离，但分离的晶相区内相邻片晶间仍由连接分子连接在一起；最后，晶相区和连接分子都沿外力方向取向。通过这种方式，拉力可诱导半晶态聚合物中的聚合物链发生明显的重排取向（就像上述颈缩现象中看到的聚合物链重排取向）。与多晶金属和陶瓷类似，拉伸过程也会引起球晶形状发生变化。

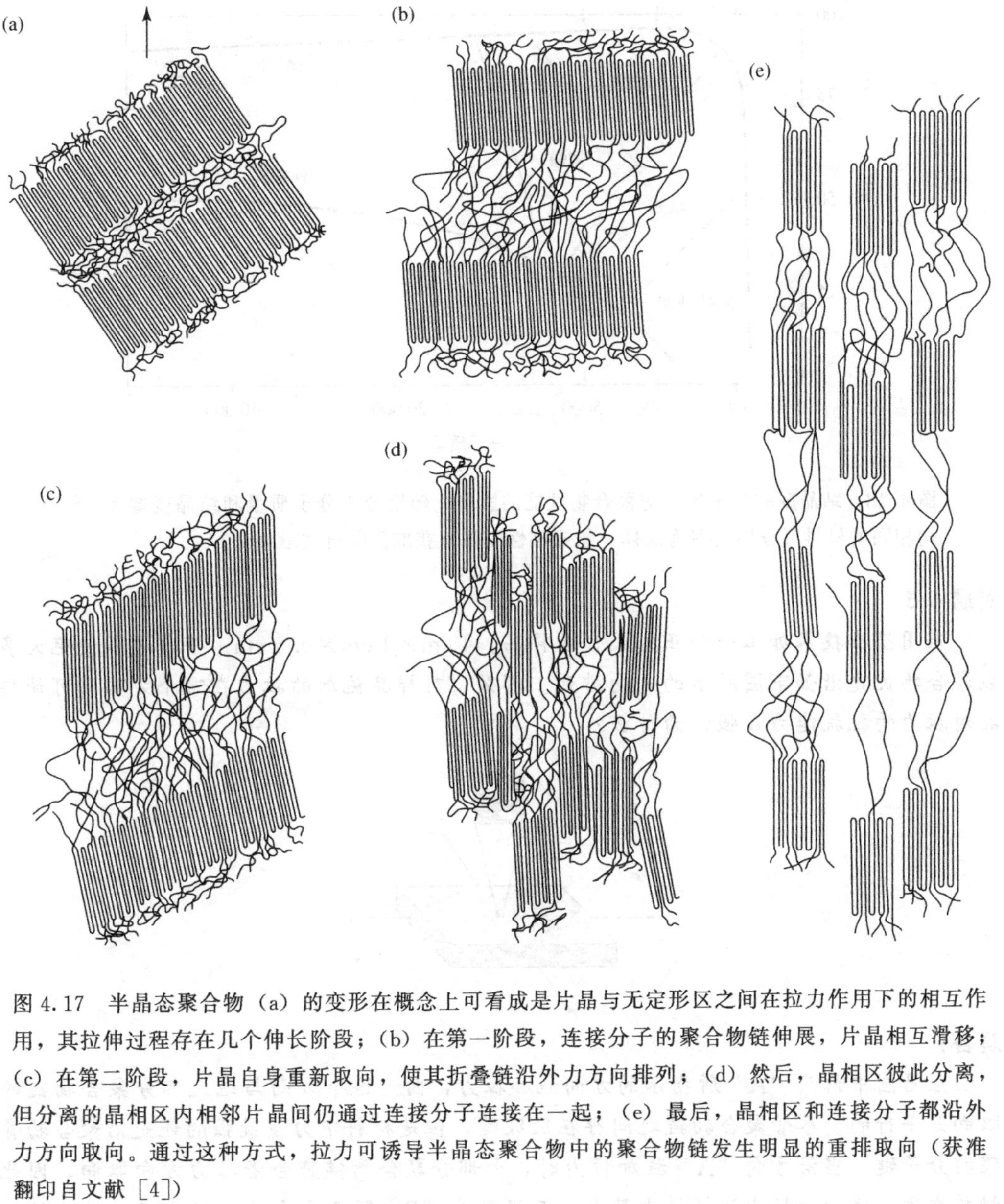

图 4.17 半晶态聚合物（a）的变形在概念上可看成是片晶与无定形区之间在拉力作用下的相互作用，其拉伸过程存在几个伸长阶段；（b）在第一阶段，连接分子的聚合物链伸展，片晶相互滑移；（c）在第二阶段，片晶自身重新取向，使其折叠链沿外力方向排列；（d）然后，晶相区彼此分离，但分离的晶相区内相邻片晶间仍通过连接分子连接在一起；（e）最后，晶相区和连接分子都沿外力方向取向。通过这种方式，拉力可诱导半晶态聚合物中的聚合物链发生明显的重排取向（获准翻印自文献［4］）

半晶态聚合物，其变形很容易受其合成和加工参数的影响（图 4.18）。在半晶态聚合物内，任何阻碍聚合物链移动的变化都会提高其表观强度，降低其韧性。这些变化包括聚合物的结晶能力增强、分子质量增大以及聚合物交联等。另外，晶态区内存在的次级键也可有效限制聚合物链的运动。因此，结晶度对聚合物的力学性能有显著影响。聚合物分子质量增大也会因为大分子之间的物理缠绕阻碍聚合物链的运动而使聚合物强度增大。最后，共价连接，如交联过程中形成的共价连接也同样会阻碍聚合物链的运动，提高聚合物的强度和脆性。

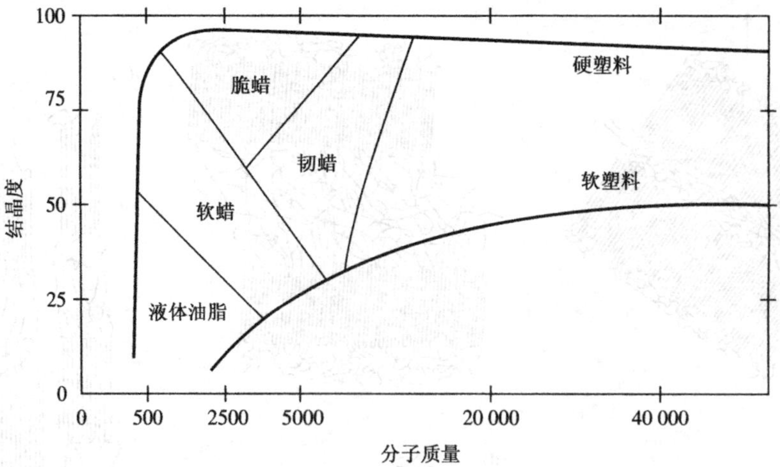

图 4.18　结晶度和分子质量对聚合物性能的影响。随聚合物分子质量和结晶度增大，结构相同的材料可分别表现为液体、蜡或刚性固体（获准翻印自文献［6］）

例题 4.5

采用挤出技术加工一个正方聚合物样品：4 cm×4 cm×0.5 cm。挤出过程使绝大多数聚合物优先沿如下图所示的方向排列。那么，对样品施加的拉力在哪个方向时可使样品对拉力的抵抗能力最强？为什么？

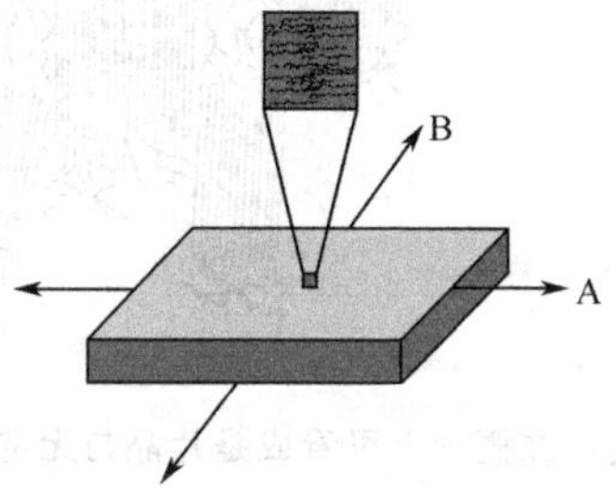

解答：

应沿图中箭头“A”所指示的方向施加拉力，因为这个方向与绝大部分聚合物链的取向是平行的。尽管聚合物链之间存在次级键，但是材料中力量最强的还是沿聚合物骨架的分子键。当沿方向“A”施加拉力时，大部分聚合物链都会沿拉力方向取向，因此材料在这一方向对拉力的抵抗力最大。而沿箭头“B”所示方向施加拉力时，抵抗拉力的只有聚合物链之间的缠绕和链间可能存在的次级键。这些力都比聚合物链自身存在的共价力要弱得多。

弹性体因其特殊的链结构而使其具有独特的力学性质，即在低应力作用下就可发生很大的弹性形变。弹性体在无应力状态下为无定型材料，由卷曲的聚合物链组成，其化学键几乎可绕聚合物骨架作自由旋转（图 4.19）。聚合物链在某些位点发生交联，以阻止聚合物链彼此滑移，从而阻止材料发生塑性形变。

人体内的一种弹性体是**弹性蛋白**（elastin），它赋予了许多组织良好的**韧性**（resili-

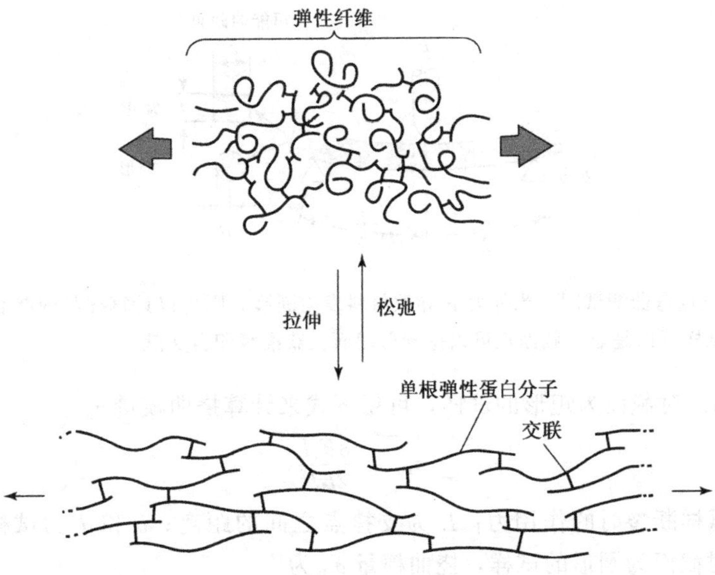

图 4.19 分别处于松弛状态和应力状态的弹性蛋白。弹性体在无应力状态下是无定形的，由卷曲的聚合物链组成，其化学键几乎可绕聚合物骨架作自由旋转。拉力使各个弹性蛋白链展开并沿拉力方向排列。弹性蛋白分子间交联即形成弹性蛋白网络。当外力撤除后，弹性蛋白因热力学因素而恢复其未拉伸状态（获准翻印自文献 [7]）

ency）和**伸长性**（extensibility）（第 9 章）。弹性蛋白是许多必须进行大量拉伸-松弛周期性运动的组织极其重要的组分，如肺的气囊。与其他弹性体类似，弹性蛋白纤维也是以交联的卷曲蛋白链的形式存在。

当温度高于弹性体的 T_g时，施加到样品上的拉力使卷曲的聚合物链展开，并沿拉力方向排列（图 4.19）。拉力卸载后促使弹性体回复到其预应力状态的驱动力是热力学。无定形态聚合物的熵比拉伸后有序状态的聚合物的熵大。由于无序度越大熵越大，因此，熵使材料回复到其初始状态。弹性体可用满足胡克定律的小弹簧模型来表示。下一节将深入讨论这一模型及其应用。

4.2.2 弯曲性能

材料的应力-应变行为也可用弯曲试验来测定。尽管所有材料都可进行弯曲试验，但通常是对陶瓷材料进行弯曲试验，因为陶瓷材料太脆，很容易被夹具弄碎，所以很难做拉伸试验。

弯曲试验的试样截面可以是矩形也可以是圆形，图 4.20 所示，其试验方法可以采用三点弯曲或四点弯曲。弯曲试验的缺点是试样各点承受的应力大小和应力类型不一致。试样顶部承受的是压力，而试样底部承受的是拉力，这使试样的应力计算比其他力学测试方法更复杂——必须同时考虑试样的厚度、**弯曲力矩**（bending moment，M）和**惯性矩**（moment of inertia，I）。图 4.20 标注出了弯曲试验中一些重要的参数。

弯曲试验可测得的一个重要力学指标是材料的**折断模量**（modulus of rupture，σ_{mr}）（也称作**挠曲强度**，flexural strength），即试样折断时需要的应力。材料的折断模量与

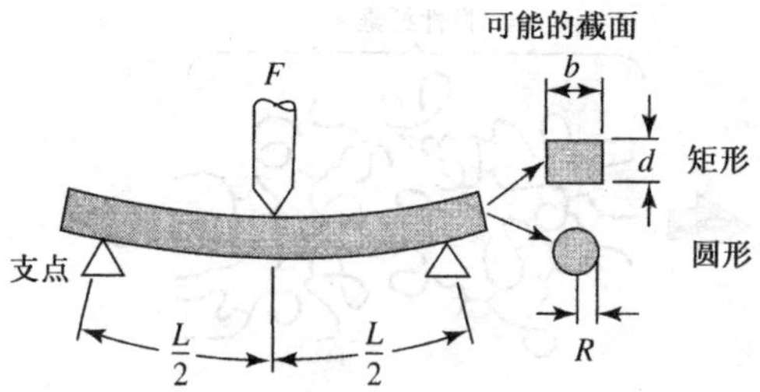

图 4.20　三点弯曲测试图。当外力 F 导致材料发生断裂，则可以计算样品的断裂模量。弯曲试验的试样可以是矩形截面也可以是圆形截面（获准翻印自文献［2］）

弹性模量不同。对截面为矩形的试样，可用下式来计算挠曲模量 σ_{mr}：

$$\sigma_{mr} = \frac{3F_f L}{2bd^2} \tag{4.24}$$

式中，F_f 为试样断裂时的作用力；L 为支撑点之间的距离；b 和 d 为试样的几何尺寸（图 4.20）。对截面为圆形的试样，挠曲模量 σ_{mr} 为

$$\sigma_{mr} = \frac{3F_f L}{\pi R^3} \tag{4.25}$$

式中，R 为试样的半径。

根据弯曲试验的数据可得到与拉伸试验类似的应力-应变曲线。由于弯曲试验的材料几乎不存在塑性形变，因此试样的应力-应变曲线在断裂前是呈线性关系的。与拉伸试验一样，应力-应变曲线的斜率就是材料的弹性模量。

例题 4.6

下图是采用三点弯曲试验测定氧化铝（一种陶瓷）所得到的应力-应变曲线：

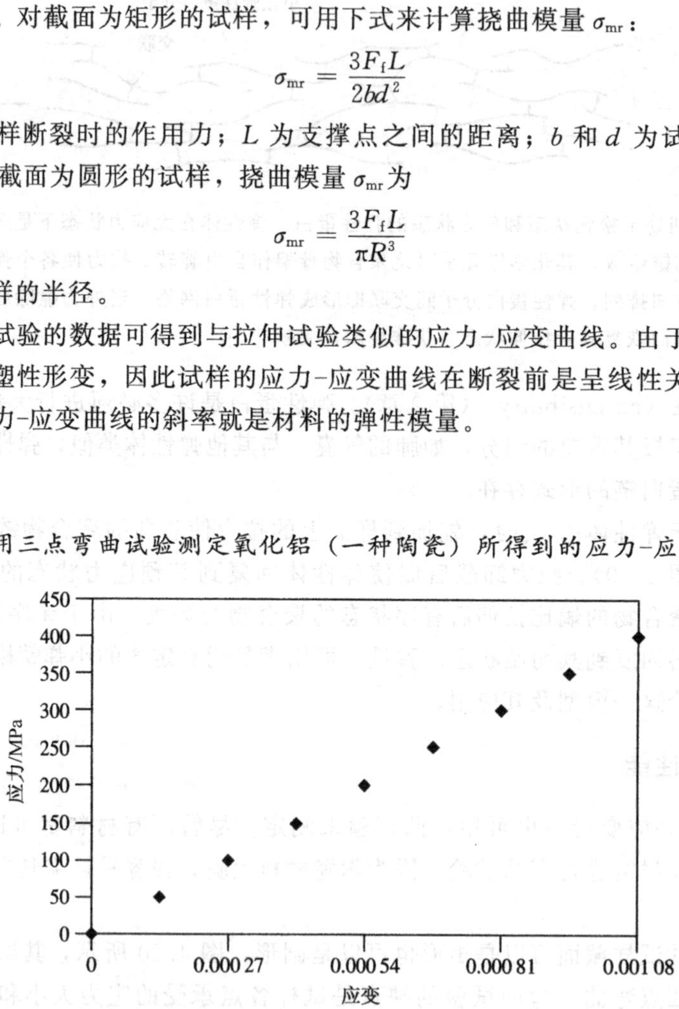

(a) 计算氧化铝试样的弹性模量？

(b) 根据已知条件计算材料的折断模量？

(c) 如果氧化铝试样是圆柱形的，其半径为 1 cm，试样下端两支撑点的距离为 10 cm，则使样品断裂所需的作用力应该为多少？

(d) 假设下图是矩形试样的三点弯曲试验示意图，请问：试样的哪部分承受的是

压力，哪部分承受的是拉力？

解答：

(a) 根据应力-应变曲线的线性部分可计算材料的弹性模量：

$$E=\frac{\Delta\sigma}{\Delta\varepsilon}=\frac{400-0\ \text{MPa}}{0.00108-0}=\underline{370\ \text{MPa}}$$

(b) 试样的折裂模量就是试样折断时的应力，约为 400 MPa。

(c) 解式 (4.25)，可得断裂应力 F_f

$$F_f=\frac{\sigma_{mr}\pi R^3}{3L}=\frac{400\,000\times\pi\times0.01^3}{3\times0.1}\approx\underline{4.2\ \text{N}}$$

(d) 试样上部面向冲头的那部分承受的是压力，而试样下部面向两支撑点的部位承受的是拉力。

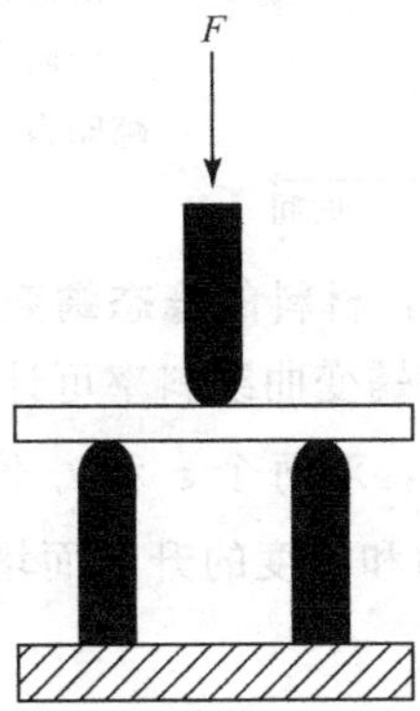

4.2.3　与时间有关的力学性能

传统的力学测试方法，如上述的拉伸试验、剪切试验或弯曲试验，并不能提供材料完整的应力-应变行为，因为这些方法都是测定材料在短时间内的应力-应变行为。但是，有些材料在长时间承受载荷时会在分子水平发生变化，从而引起其力学性能发生改变。接下来将讨论两个与时间有关的力学性能：**蠕变**（creep）和**应力松弛**（stress relaxation）。

4.2.3.1　蠕变

蠕变是指样品在长时间承受恒定载荷时发生的塑性形变。所有材料都可发生蠕变，但对金属材料，只有在温度高于 $0.4T_m$（T_m：热力学温度）时才会出现蠕变这个问题，而陶瓷发生蠕变的温度则更高。相反，有些聚合物在室温即可发生蠕变。

蠕变试验的方法是：在维持测试温度恒定的情况下对试样施加恒定的载荷（一般为拉力），然后记录应变-时间关系。图 4.21 是金属和陶瓷材料典型的蠕变曲线。

该曲线可分为三个明显不同的阶段。变形开始后即出现第一阶段——初期蠕变。在这一阶段，应变随时间增大，而蠕变速率（曲线斜率）随时间减小。这是由于材料的某些结构如位错等响应载荷重新定位所致。随着载荷继续施加，材料的**亚结构**（substructure）内部建立了一种平衡，蠕变速率达到最小——这是二级蠕变。这一阶段的蠕变应变与时间呈线性关系，其持续的时间也通常最长。最后一个阶段，即三级蠕变导致材料破坏，材料内部出现**明显缺陷**（gross defect），如晶界分离、裂纹或空隙等。此时，材料快速伸长，直至破坏。

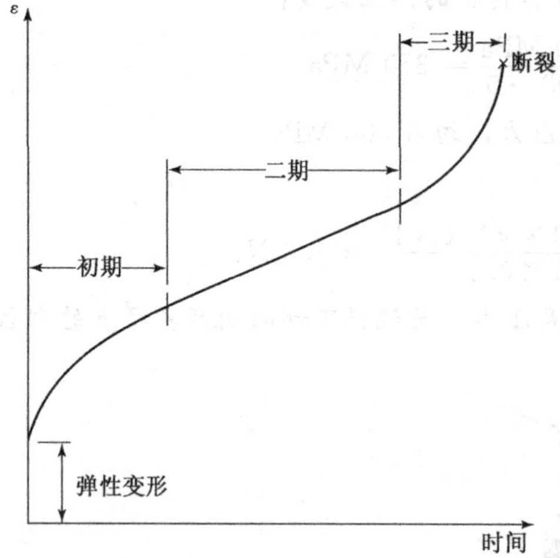

图 4.21　金属和陶瓷典型的蠕变曲线。应变随时间而变化。蠕变曲线可分为三个明显不同的阶段。变形开始后即出现第一阶段——初期蠕变。这一阶段的应变随时间增大，而蠕变速率（曲线斜率）随时间减小，这是由于材料的某些结构如位错等响应载荷重新定位所致。随着载荷继续施加，材料的亚结构内部建立了一种平衡，这就是二级蠕变。这一阶段的蠕变应变与时间呈线性关系。最后一个阶段，即三级蠕变导致材料破坏（获准翻印自文献［3］）

蠕变试验可得到两个重要参数：材料的**稳态蠕变速率**（steady state creep rate，$\dot{\varepsilon}$）和断裂时间（t_r）。根据二级蠕变的蠕变曲线斜率可计算 $\dot{\varepsilon}$。但是，由于外力和测试温度对材料的蠕变行为都有影响，因此，对每个 $\dot{\varepsilon}$ 和 t_r 值，必须指明外力和测试温度这两个参数。由图 4.22 可知，$\dot{\varepsilon}$ 随应力和温度的升高而增大，而 t_r 则随应力和温度升高而减小。

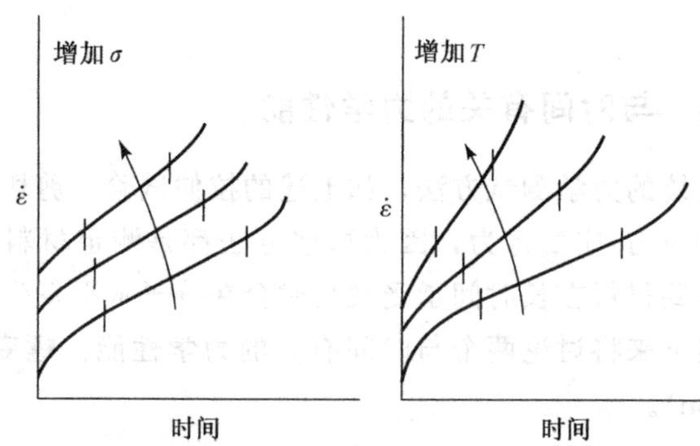

图 4.22　应力和温度对蠕变行为的影响。材料的稳态蠕变速率（$\dot{\varepsilon}$）随应力和温度的增大而增大（获准翻印自文献［8］）

图 4.23 所示，聚合物的蠕变曲线与金属和陶瓷的蠕变曲线相似，但聚合物蠕变变形的各个阶段的差异相对更小。图 4.23 还表明，即使在较低的温度和应力条件下，聚合物也会发生蠕变。因此，当设计在体内要求保持特定几何形状的植入体时，必须考虑聚合物在体温环境中的蠕变行为。例如，用聚合物加工的韧带替代物在体内使用多年后会失效的一个原因就是聚合物的蠕变。聚合物蠕变后，韧带替代物不再能把关节保持在正确的位置。

4.2.3.2　蠕变的分子机制——金属

在原子水平，蠕变的机制有很多种，因材料类型而异。金属的蠕变是晶界相互滑移或空位迁移的结果。由于温度越高，原子扩散越快（第 2 章），所以高温加速空位迁移。空位迁移有两种主要的蠕变机制：**应力诱导空位扩散**（stress-induced vacancy diffusion）和**位错攀移**（dislocation climb）。

图 4.24 所示为应力诱导空位扩散示意图。加载使垂直于应力方向（AB 和 CD）的晶粒表面产生了新的空位。这些新的空位具有向平行于应力方向的晶粒表面（AC 和 BD）迁移的趋向。原子扩散的方向与空位扩散的方向相反，使得晶粒沿应力方向伸长。这种应力诱导空位扩散称作 **Nabarro-Herring 蠕变**（Nabarro-Herring creep）。如果空位是沿晶界而非沿整个晶粒扩散，这种蠕变被称作 **Coble 蠕变**（Coble creep）。

位错攀移，顾名思义，是指整行空位扩散到多余的原子面，导致位错移动（或攀移）一个原子间距。只有刃型位错才会发生位错攀移。图 4.25 所示，原子移动的方向与位错攀移的方向相反。

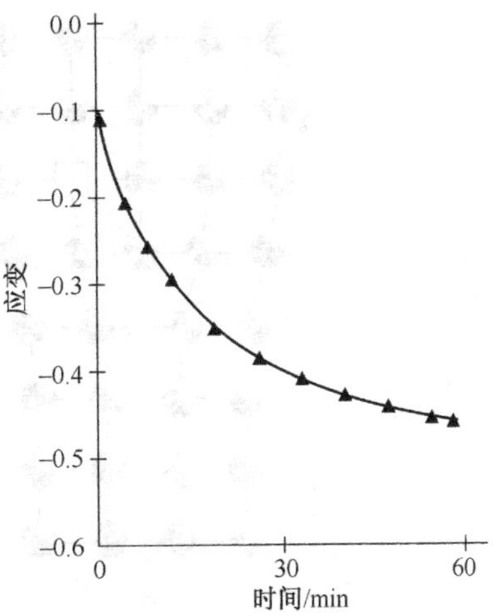

图 4.23 多孔聚合物［聚（乳酸-*co*-乙醇酸），PLGA 50:50］在承受 9.5 kPa 应力时的典型蠕变曲线（对材料施加的是压力而非拉力，故应变是负值。材料在压力作用下其长度持续变化）。聚合物的蠕变曲线与金属和陶瓷的蠕变曲线相似，但聚合物蠕变变形的各个阶段的差异更小。即使在较低的温度和应力条件下，聚合物也会发生蠕变（获准翻印自文献［9］）

4.2.3.3 蠕变的分子机制——陶瓷

陶瓷的蠕变机制与金属类似，但是陶瓷抵抗蠕变变形的能力比金属强，其原因很多。由于陶瓷材料需要保持电中性，阴离子和阳离子的扩散速率又不同，所以陶瓷材料内很难发生离子扩散和空位扩散。此外，陶瓷内的点缺陷比金属少。陶瓷材料的这些限制使晶界滑移成为陶瓷生物材料内生物微结构重排和蠕变变形的主要方式。

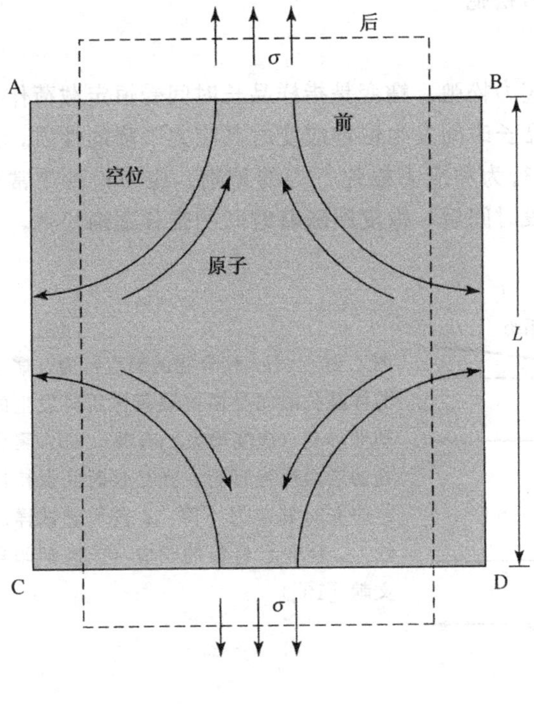

图 4.24 应力诱导空位扩散示意图。加载使垂直于应力方向（AB 和 CD）的晶粒表面上产生了新的空位。这些新的空位具有向生产自救于应力方向的晶粒表面（AC 和 BD）迁移的趋向。原子扩散的方向与空位扩散的方向相反，导致晶粒沿应力方向伸长。L 是晶粒的初始长度，σ 是施加的应力（获准翻印自文献［3］）

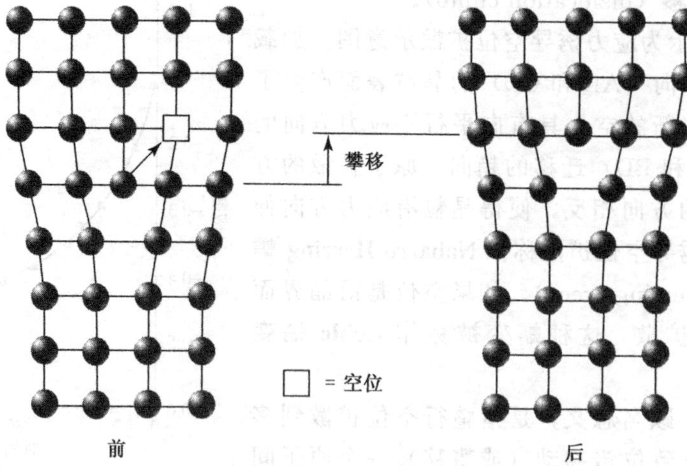

图 4.25 位错攀移示意图（轴向视图，end-on view）。整行空位扩散到多余的原子面上，导致位错移动（或攀移）一个原子间距。只有刃型位错才会发生位错攀移（获准翻印自文献 [3]）

4.2.3.4 蠕变的分子机制——聚合物

半晶态聚合物和无定形态聚合物的蠕变变形与其无定形区的聚合物链能否通过黏性流动发生移动以及移动的程度有关。因此，聚合物的结晶度和测试温度（是高于 T_g 还是低于 T_g）对聚合物的蠕变行为有非常大的影响。聚合物的结晶度越大，则无定形区的比例越小，聚合物的蠕变敏感性也相应降低。当温度低于 T_g 时，无定形区的聚合物链不能旋转或滑移，因此观察不到与时间相关的变形，只能观察到弹性形变，直到试样断裂。而当温度高于 T_g 时，聚合物链可以通过黏性流动而相互移动，因此可以观察到与时间有关的力学性能——蠕变和应力松弛。

4.2.3.5 应力松弛及其机制

另一种与时间有关的力学性能是应力松弛。蠕变是指样品长时间受恒定载荷作用时发生的塑性形变，而应力松弛是指样品长时间发生恒定应变时其应力下降的性质，是聚合物的主要性质。图 4.26 所示为蠕变行为和应力松弛行为的差别。应力松弛最常见的一个例子是用橡皮圈绑缚一沓物件一段时间后，橡皮圈随着时间的推移逐渐松弛，不再能将这沓物件紧紧地绑缚在一起。

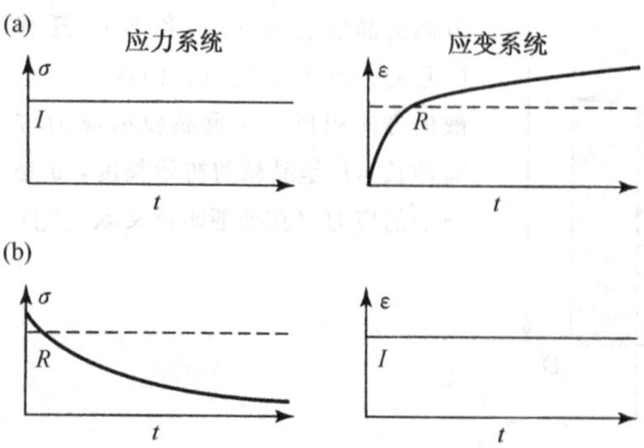

图 4.26 (a) 聚合物的蠕变行为，蠕变与样品长时间受恒定载荷作用时发生的塑性形变（应变增大）有关；(b) 聚合物的应力松弛行为，样品长时间保持恒定应变时其应力下降。I 表示对试样的输入，R 表示材料的响应（获准翻印自文献 [10]）

应力松弛试验的方式与蠕变试验的方式相似。但是，在应力松弛试验中，试样需在较大的应力作用下产生一个较小的应变；然后，保持体系温度不变，监测维持某一恒定应变所需的应力随时间的变化。

聚合物发生应力松弛的原因与发生蠕变的原因一样，与无定形区的聚合物链的运动有关。因此，聚合物的结晶度以及测试温度（是高于 T_g 还是低于 T_g）也同样影响应力松弛行为。与蠕变一样，只有温度高于 T_g 时，聚合物链可以进行黏性流动，才能观察到应力松弛。

4.2.3.6 黏弹行为的数学模型

当温度低于聚合物的 T_g 时，材料为弹性固体；温度高于 T_m 时，材料为黏性流体。但是当温度介于 T_g 与 T_m 之间时，聚合物材料则同时具有黏性和弹性，即黏弹性。图 4.27 所示为三种材料承受阶跃应力时的不同响应。当对材料施加如图 4.27（a）所示的阶跃应力时，弹性材料会立即发生应变并保持应变恒定［图 4.27（b）］，黏性材料的应变会随时间呈线性增大图 4.27（d），而黏弹性材料在立即产生应变后会进一步变形，变形的大小与时间有关［图 4.27（c）］。因此，黏弹性材料具有与时间有关的力学性能，如上节所讲的蠕变和应力松弛。

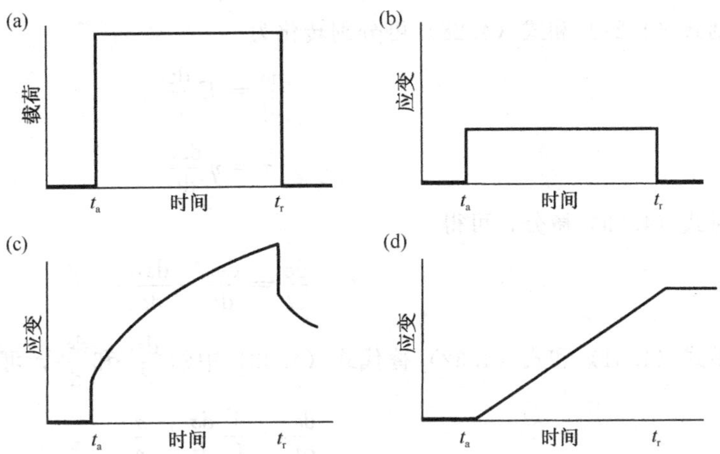

图 4.27 不同材料在承受阶跃应力时的应变响应。t_a 表示施加阶跃应力的起始时间，t_r 表示应力被释放的时间。(a) 施加的阶跃应力；(b) 弹性材料立即产生应变并保持应变恒定；(c) 黏弹性材料在立即产生应变后会进一步变形，变形的大小与时间有关；(d) 黏性材料的应变随时间线性增大（获准翻印自文献［2］）

常见的一种黏弹物质是硅酮聚合物，其著名的一个商标是 Silly Putty®。如果将这种材料制成球，然后投掷它，球会弹跳起来（表现出弹性行为）；而如果缓慢地拉球，球会像黏性流体一样伸长/流动。与其他黏弹性材料一样，Silly Putty® 的应变速率决定了它的行为方式。应变速率高，如弹跳时，材料的弹性行为占主导，而应变速率低时，则黏性行为占主导。

为更全面地研究蠕变、应力松弛等黏弹性行为，研究人员提出了大量的研究模型。接下来的讨论是根据文献［2］提供的信息展开的。黏弹行为的一个理想模型是：黏弹性是由弹性元件和黏性元件组成。假设弹性元件是理想弹簧，符合胡克定律：

$$\sigma = E\varepsilon \tag{4.26}$$

其微分形式为

$$\frac{d\sigma}{dt} = E\frac{d\varepsilon}{dt} \tag{4.27}$$

类似地，假设黏性元件是理想**阻尼器**（dashpot），符合牛顿定律（图 4.28）（阻尼器就像汽车的减震器，装有符合牛顿流体定律的减震液，因而具有与黏弹材料类似的时间依赖性力学性能）。采用这些简化模型得到的剪切应力-应变与拉伸/压缩应力-应变之间没有差别。因此，为了符号方便，牛顿定律可以转化为

$$\tau = \eta \frac{d\gamma}{dt} = \sigma = \eta \frac{d\varepsilon}{dt} \tag{4.28}$$

以不同的方式将这些元件组合起来，即模拟聚合物的黏弹行为。目前已经推导出了由多个弹簧元件和阻尼器元件构成的复杂模型，但本节将重点讨论两个简单的模型：**Maxwell 模型**（Maxwell model）和 **Voigt 模型**（Voigt model）。

4.2.3.7 黏弹行为——Maxwell 模型

Maxwell 模型由一个弹簧和一个阻尼器串联而成，如图 4.28 所示。模型承受应力 σ 时，体系产生应变 ε。ε 等于两元件的应变之和

$$\varepsilon = \varepsilon_1 + \varepsilon_2 \tag{4.29}$$

式中，ε_1 为弹簧产生的应变；ε_2 为阻尼器产生的应变。由于两元件串联，因此每个元件承受的应力与总应力相同

$$\sigma = \sigma_1 = \sigma_2 \tag{4.30}$$

则式（4.27）和式（4.28）可分别转化为

$$\frac{d\sigma}{dt} = E \frac{d\varepsilon_1}{dt} \tag{4.31}$$

$$\sigma = \eta \frac{d\varepsilon_2}{dt} \tag{4.32}$$

对式（4.29）微分，可得

$$\frac{d\varepsilon}{dt} = \frac{d\varepsilon_1}{dt} + \frac{d\varepsilon_2}{dt} \tag{4.33}$$

用式（4.31）和式（4.32）替代式（4.33）中的 $\frac{d\varepsilon_1}{dt}$ 和 $\frac{d\varepsilon_2}{dt}$，可得

$$\frac{d\varepsilon}{dt} = \frac{1}{E}\frac{d\sigma}{dt} + \frac{\sigma}{\eta} \tag{4.34}$$

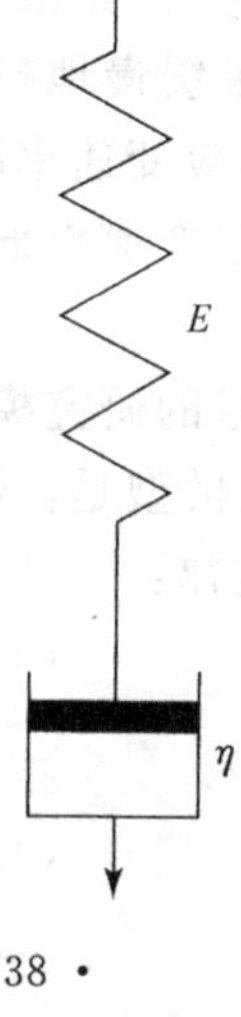

图 4.28 Maxwell 模型示意图。Maxwell 模型是由弹簧和阻尼器串联而成（阻尼器就像汽车的减震器，装有符合牛顿流体定律的减震液，因而具有相似的时间依赖性力学性能）。E 表示弹性元件的弹性模量，η 表示黏性元件的黏度（获准翻印自文献［10］）

将此模型用于预测聚合物在蠕变和应力松弛条件下的力学响应，以验证这一模型的有效性。在蠕变过程中，应力恒定，$\sigma=\sigma_0$，因此，$\frac{d\sigma}{dt}=0$，式（4.34）可转化为

$$\frac{d\varepsilon}{dt}=\frac{\sigma_0}{\eta} \tag{4.35}$$

该公式表明，根据 Maxwell 模型，聚合物在蠕变过程是牛顿流体，其应变随时间呈线性增大。但是，这一结论与图 4.26（a）的情况明显不符。因此，Maxwell 模型对聚合物的蠕变过程几乎没有预测价值。

另一方面，在应力松弛过程中，应变恒定，$\varepsilon=\varepsilon_0$，因此，$\frac{d\varepsilon}{dt}=0$，式（4.34）可转化为

$$0=\frac{1}{E}\frac{d\sigma}{dt}+\frac{\sigma}{\eta} \tag{4.36}$$

或

$$\frac{d\sigma}{\sigma}=\frac{E}{\eta}dt \tag{4.37}$$

假设，$t=0$ 时，$\sigma=\sigma_0$，对上式积分可得

$$\sigma=\sigma_0 e^{\frac{-Et}{\eta}} \tag{4.38}$$

由该公式可知，应力随时间呈指数下降，这与聚合物在应力松弛过程中观察到的情况［图 4.26（b）］相似。

图 4.29 同时给出了 Maxwell 模型预测的聚合物在蠕变和应力松弛条件下的力学响应。

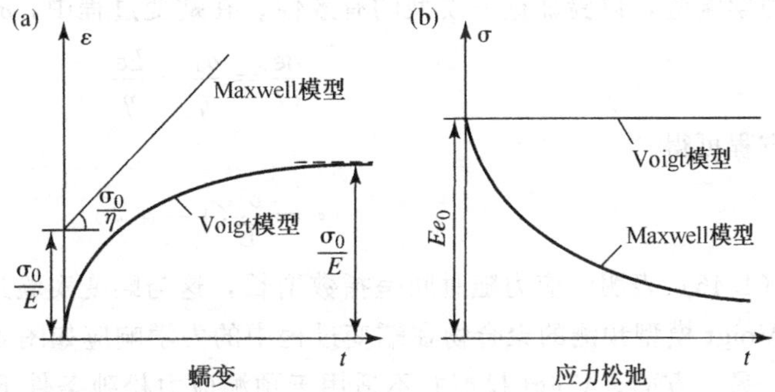

图 4.29 Maxwell 模型和 Voigt 模型预测出的力学响应。(a) 蠕变过程；(b) 应力松弛过程（获准翻印自文献［10］）

4.2.3.8 黏弹行为——Voigt 模型

Voigt 模型也是用弹簧和阻尼器来模拟黏弹行为，但两元件的连接方式是并联而不是串联（图 4.30）。因此，在 Voigt 模型中，两组件的应变相同，而体系承受的总应力是两组件承受的应力之和：

$$\varepsilon=\varepsilon_1=\varepsilon_2 \tag{4.39}$$

$$\sigma=\sigma_1+\sigma_2 \tag{4.40}$$

同样，下标 1 表示弹簧，下标 2 表示阻尼器。根据式（4.26）和式（4.27）可得到 σ_1 和 σ_2：

$$\sigma_1=E\varepsilon \tag{4.41}$$

$$\sigma_2 = \eta \frac{\mathrm{d}\varepsilon}{\mathrm{d}t} \tag{4.42}$$

将 σ_1 和 σ_2 的表达式代入式（4.40）中，可得

$$\sigma = E\varepsilon + \eta \frac{\mathrm{d}\varepsilon}{\mathrm{d}t} \tag{4.43}$$

或

$$\frac{\mathrm{d}\varepsilon}{\mathrm{d}t} = \frac{\sigma}{\eta} - \frac{E\varepsilon}{\eta} \tag{4.44}$$

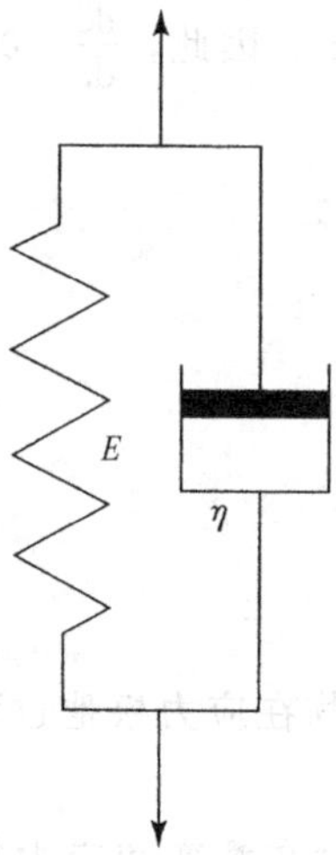

图 4.30 Voigt 模型示意图，由弹簧和阻尼器并联而成。E 表示弹性元件的弹性模量，η 表示黏性元件的黏度（获准翻印自文献［10］）

与 Maxwell 模型类似，也可将 Voigt 模型用于预测聚合物在蠕变和应力松弛条件下的力学响应，以验证这一模型的有效性。在蠕变过程中，$\sigma=\sigma_0$，式（4.44）可转化为

$$\frac{\mathrm{d}\varepsilon}{\mathrm{d}t} = \frac{\sigma_0}{\eta} - \frac{E\varepsilon}{\eta} \tag{4.45}$$

解方程可得

$$\varepsilon = \frac{\sigma_0}{E}(1 - \mathrm{e}^{-\frac{Et}{\eta}}) \tag{4.46}$$

式（4.46）表明，应力随时间呈指数增长，这与蠕变实验过程中观察到的现象一致。采用 Voigt 模型预测的聚合物在蠕变过程中的力学响应如图 4.29 所示。

另一方面，Voigt 模型并不适用于预测应力松弛条件下的力学响应。在应力松弛过程中，应变恒定，$\varepsilon=\varepsilon_0$，$\frac{\mathrm{d}\varepsilon}{\mathrm{d}t}=0$，式（4.45）可转化为

$$\frac{\sigma_0}{\eta} = \frac{E\varepsilon_0}{\eta} \tag{4.47}$$

或

$$\sigma = E\varepsilon_0 \tag{4.48}$$

这就是胡克定律。因此，在应力松弛条件下，Voigt 模型没有考虑聚合物力学响应的黏性元件（图 4.29），因而不适用于预测聚合物在应力松弛条件下的力学响应。

由上述讨论可清楚看到，Maxwell 模型适用于预测聚合物的应力松弛行为，而 Voigt 模型适用于预测聚合物的蠕变行为。将这两种模型组合起来就可同时预测聚合物

的蠕变行为和应力松弛行为，其中一种简单的组合模型叫**标准线性固体模型**（standard linear solid model），如图 4.31 所示。这里需要指出，不管模型的复杂程度如何，弹簧-阻尼器模型都可用于描述聚合物的一般力学行为，但这些模型不能解释聚合物与时间相关的力学性质如蠕变或应力松弛的分子机制。

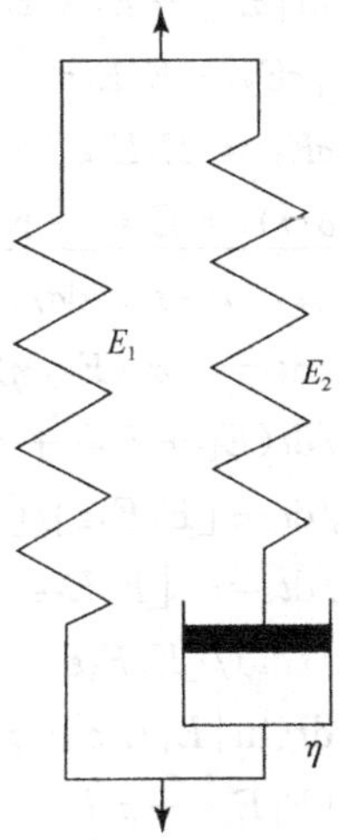

图 4.31　标准线性固体模型，由 Maxwell 模型和 Voigt 模型组合而成。E 表示弹性元件的弹性模量，η 表示黏性元件的黏度（获准翻印自文献[10]）

例题 4.7

根据图 4.31 所示的标准线性固体模型，推导该模型的微分方程，并应用该微分方程推导（a）应力松弛；（b）蠕变过程的力学响应关系式。

解答：

$$E_1 = \sigma_1/\varepsilon_1$$
$$E_2 = \sigma_2/\varepsilon_2$$
$$\eta = \sigma_\eta/(\mathrm{d}\varepsilon_\eta/\mathrm{d}t)$$
$$\varepsilon_1 = \varepsilon_2 + \varepsilon_\eta = \varepsilon \longrightarrow \varepsilon = \varepsilon_1 \text{ 和 } \mathrm{d}\varepsilon/\mathrm{d}t = \mathrm{d}\varepsilon_1/\mathrm{d}t$$
$$\mathrm{d}\varepsilon_1/\mathrm{d}t = \mathrm{d}\varepsilon_2/\mathrm{d}t + \mathrm{d}\varepsilon_\eta/\mathrm{d}t = \mathrm{d}\varepsilon/\mathrm{d}t$$
$$\sigma_2 = \sigma_\eta$$
$$\sigma = \sigma_2 + \sigma_1 = \sigma_\eta + \sigma_1$$
$$\mathrm{d}\sigma/\mathrm{d}t = \mathrm{d}\sigma_2/\mathrm{d}t + \mathrm{d}\sigma_1/\mathrm{d}t = \mathrm{d}\sigma_\eta/\mathrm{d}t + \mathrm{d}\sigma_1/\mathrm{d}t$$
$$\mathrm{d}\varepsilon/\mathrm{d}t = \sigma_\eta/\eta + [\mathrm{d}\sigma_2/\mathrm{d}t]/E_2$$
$$\sigma_\eta = [\mathrm{d}\varepsilon/\mathrm{d}t - (\mathrm{d}\sigma_2/\mathrm{d}t)/E_2]/\eta$$
$$\mathrm{d}\sigma_2/\mathrm{d}t = \mathrm{d}\sigma/\mathrm{d}t - \mathrm{d}\sigma_1/\mathrm{d}t$$
$$\sigma_1 = E_1\varepsilon_1 = E_1\varepsilon$$
$$\mathrm{d}\sigma_1/\mathrm{d}t = E_1\mathrm{d}\varepsilon_1/\mathrm{d}t = E_1\mathrm{d}\varepsilon/\mathrm{d}t \longrightarrow \sigma_\eta = [\mathrm{d}\varepsilon/\mathrm{d}t - (\mathrm{d}\sigma/\mathrm{d}t - E_1\mathrm{d}\varepsilon/\mathrm{d}t)/E_2]\eta$$
$$\sigma_{E_1} = E_1\varepsilon_1 \longrightarrow \sigma = [\mathrm{d}\varepsilon/\mathrm{d}t - (\mathrm{d}\sigma/\mathrm{d}t - E_1\mathrm{d}\varepsilon/\mathrm{d}t)/E_2]\eta + E_1\varepsilon$$
$$\sigma/\eta = \mathrm{d}\varepsilon/\mathrm{d}t - (\mathrm{d}\sigma/\mathrm{d}t - E_1\mathrm{d}\varepsilon/\mathrm{d}t)/E_2 + E_1\varepsilon/\eta$$
$$\sigma(E_2/\eta) = E_2\mathrm{d}\varepsilon/\mathrm{d}t - \mathrm{d}\sigma/\mathrm{d}t + E_1\mathrm{d}\varepsilon/\mathrm{d}t + (E_1E_2/\eta)\varepsilon \longrightarrow \mathrm{d}\sigma/\mathrm{d}t +$$
$$\sigma(E_2/\eta) = \mathrm{d}\varepsilon/\mathrm{d}t(E_1 + E_2) + \varepsilon(E_1E_2/\eta)$$

对应力松弛，$\varepsilon=\varepsilon_0$，$\mathrm{d}\varepsilon/\mathrm{d}t=0$，将此条件代入上微分方程可得

$$\mathrm{d}\sigma/\mathrm{d}t + \sigma(E_2/\eta) = \varepsilon_0(E_1E_2/\eta)$$

$$d\sigma/dt = \varepsilon_0(E_1E_2/\eta) - (E_2/\eta)\sigma$$
$$d\sigma/dt = (1/\eta)[E_1E_2\varepsilon_0 - E_2\sigma]$$
$$[d\sigma/dt]/[E_2\sigma - E_1E_2\varepsilon_0] = -(1/\eta)$$
$$d/dt(\ln|\sigma E_2 - E_1E_2\varepsilon_0|) = -E_2/\eta$$
$$\ln|\sigma E_2 - E_1E_2\varepsilon_0| = (-E_2/\eta)/t + C, C \text{ 为常数}$$
$$|\sigma E_2 - E_1E_2\varepsilon_0| = e^C\exp[(-E_2/\eta)/t]$$
$$\sigma E_2 = E_1E_2\varepsilon_0 + k\exp[(-E_2/\eta)t], k \text{ 为常数}$$
$$\underline{\sigma(t) = E_1\varepsilon_0 + K\exp[(-E_2/\eta)t], K \text{ 为大于 0 的实常数}}$$

对于蠕变过程，$\sigma=\sigma_0$，$d\sigma/dt=0$，将该条件代入微分公式得

$$d\sigma/dt = -\sigma_0(E_2/\eta) + d\varepsilon/dt(E_1+E_2) + \varepsilon(E_1E_2/\eta) = 0$$
$$d\varepsilon/dt(E_1+E_2) + \varepsilon(E_1E_2/\eta) = \sigma_0(E_2/\eta)$$
$$d\varepsilon/dt + [E_1E_2\varepsilon]/[\eta(E_1+E_2)] = \sigma_0E_2/[\eta(E_1+E_2)]$$
$$d\varepsilon/dt = -[E_1E_2\varepsilon]/[\eta(E_1+E_2)] + \sigma_0E_2/[\eta(E_1+E_2)]$$
$$(d\varepsilon/dt)/[E_1E_2\varepsilon - \sigma_0E_2] = -1/[\eta(E_1+E_2)]$$
$$d/dt(\ln|E_1E_2\varepsilon - \sigma_0E_2|) = -(E_1E_2)/[\eta(E_1+E_2)]$$
$$\ln|E_1E_2\varepsilon - \sigma_0E_2| = -(E_1E_2)/[\eta(E_1+E_2)]t + C, \text{ C 为常数}$$
$$|E_1E_2\varepsilon - \sigma_0E_2| = e^C\exp\{-(E_1E_2)t/[\eta(E_1+E_2)]\}$$
$$\varepsilon E_1E_2 = \sigma_0E_2 + k\exp\{-(E_1E_2)t/[\eta(E_1+E_2)]\}, k \text{ 为常数}$$
$$\varepsilon = \sigma_0/E_1 + k\exp\{-(E_1E_2)t/[\eta(E_1+E_2)]\}$$
$$\underline{\varepsilon(t) = \sigma_0/E_1 + K\exp\{-(E_1E_2)t/[\eta(E_1+E_2)]\}, K \text{ 为大于 0 的实常数}}$$

4.2.4 孔隙率及降解对材料力学性能的影响

如第 3 章所述，通过加入致孔剂可在生物材料中引入并控制孔结构。孔也可能是材料加工过程中因样品中包埋了气体或烧结不完全（第 6 章）而产生的副产物。不管孔结构形成的原因是什么，孔的存在总会降低材料的弹性模量和强度。材料中加入孔结构导致材料断裂强度降低的原因有两个：一是孔的存在降低了试样承受载荷的截面积；二是孔成为应力集中源（4.3.3 节），在很大程度上增大了试样局部区域的应力。

由于生物可降解材料的力学性能随时间而不断变化，因此，将生物可降解材料应用于植入体更极具挑战性。例如，结晶度为 50%的聚乳酸用作可降解手术缝合线时，在降解 2～4 周后就会丧失其大部分力学强度（图 4.32）[11]。

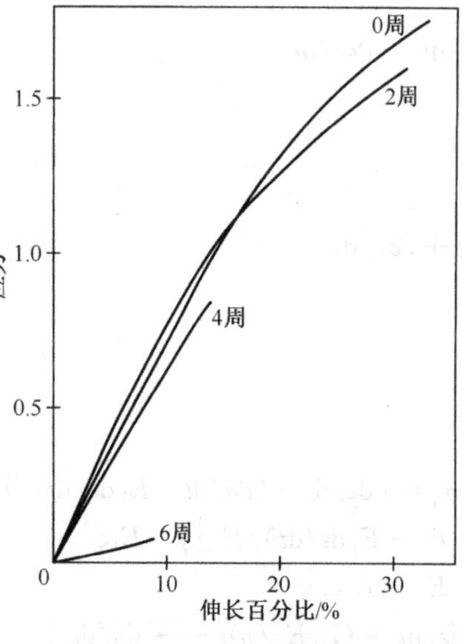

图 4.32 50%结晶聚乳酸的力学性能随时间的变化。该材料在降解 2～4 周后就丧失了大部分力学强度（获准翻印自文献 [11]）

化学结构、孔等诸多因素都会影响材料的降解速率（第 5 章）。在设计组织工程支架时就必须考虑这些因素，以保证支架在足量组织生成，能够替代支架功能之前能维持足够的力学性能。因此，降解的时间和伴随的力学性能降低是设计可生物降解植入体用生物材料时必须考虑的两个关键设计参数。

4.3 断裂与破坏

4.3.1 塑性断裂与脆性断裂

如果材料持续发生时间相关性的或与时间无关的变形，材料最终会发生断裂。如果材料在断裂前经历的是塑性形变，则材料的断裂是**韧性断裂**（ductile fracture），而如果断裂前的塑性形变很小，则材料的断裂属于**脆性断裂**（brittle fracture）。为了简单起见，接下来将只讨论拉伸试验过程中的断裂。

在**裂缝**（crack）区域中存在塑性形变是韧性断裂的典型特征。图 4.33 中试样断裂处呈现的锥形外观即表明该断裂是韧性断裂。如果没有额外施加应力，裂缝不会继续伸长，所以裂缝的扩展速率很慢，裂缝基本可看成是稳定的。韧性断裂是材料破坏中希望发生的一种破坏模式，因为材料在韧性断裂前会发生塑性形变，使试样的形状发生变化，从而预报材料的破坏。这在生物医学应用中极其重要。如果医疗器械，如人工心脏瓣膜在手术过程中突然破坏，则很可能会导致患者立即死亡。此外，引起韧性断裂所需的应变能量通常也比脆性断裂大。金属和某些聚合物的断裂就是韧性断裂。

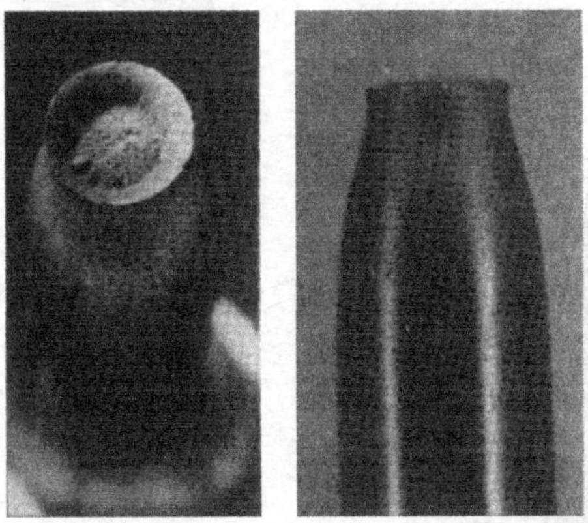

图 4.33 金属材料的韧性断裂，裂缝区存在塑性形变是其典型特征，如图中试样断裂处呈现的锥形端口（获准翻印自文献 [12]）

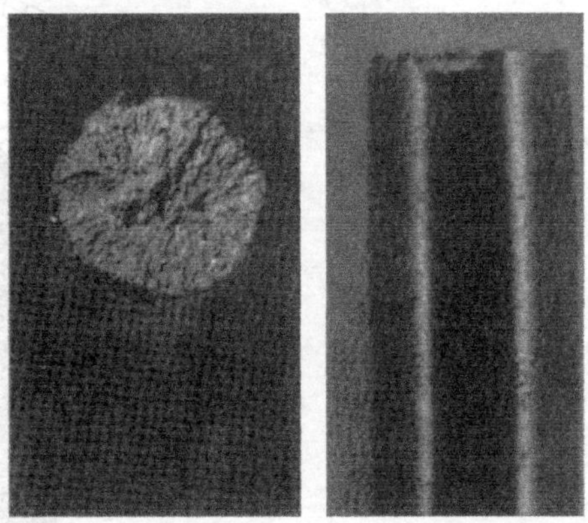

图 4.34 金属材料的脆性断裂，裂缝区域几乎没有塑性形变是其典型特征（获准翻印自文献 [12]）

另一方面，在脆性断裂中，裂缝周围很少出现塑性形变（图 4.34）。脆性断裂发生快，几乎没有任何预兆，常导致材料的突发破坏。由于陶瓷中位错滑移数量少，所以陶瓷多发生脆性断裂。某些聚合物也是发生脆性断裂。

Charpy 冲击试验（Charpy impact test）和 **Izod 冲击试验**（Izod impact test）是两种常用于评价材料断裂性能的标准测试方法。图 4.35 所示为冲击试验的一般装置，用于测量摆锤冲击样品时的冲击能量。这些装置还可用于测量材料的**韧脆转变温度**（ductile-brittle transition temperature）。这一特征温度与聚合物的玻璃化转变温度相似，低于这一温度时材料主要表现为脆性断裂。金属的韧脆转变温度范围较大，而陶瓷则需在温度高于1000℃时才会发生韧脆转变。

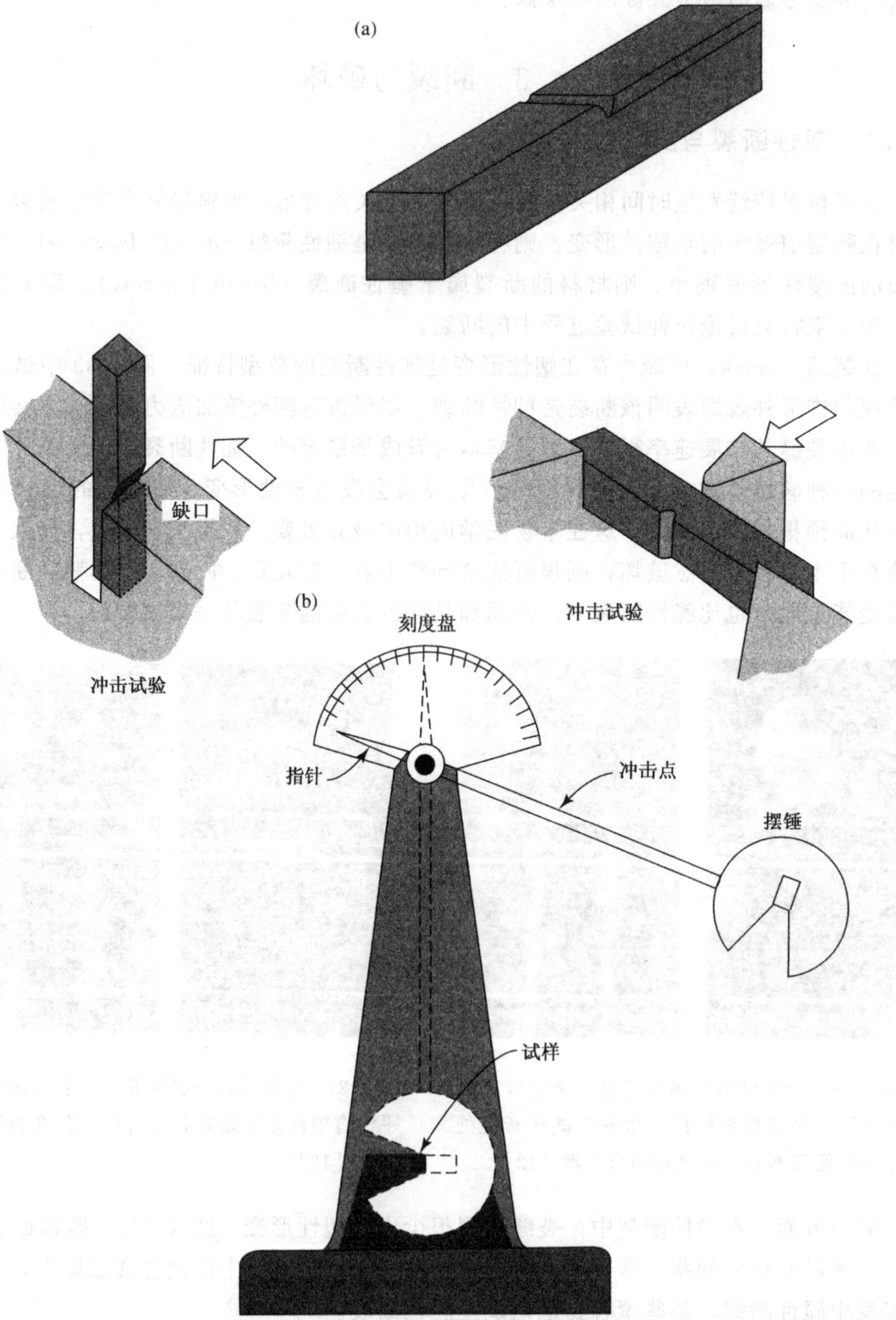

图 4.35　Charpy 冲击试验和 Izod 冲击试验。（a）试样；（b）测试机/测试装置。Charpy 冲击试验和 Izod 冲击试验的试样不同，但操作相似，都是改变摆锤的高度直至试样断裂，然后从刻度盘上读出对应的冲击能（获准翻印自文献［13］）

4.3.2 聚合物的银纹

如上所述，因化学组成和测试温度不同，聚合物可发生韧性断裂或脆性断裂。**银纹**（crazing）是某些无定形热塑性聚合物（可反复加热和冷却的聚合物，6.6.1节）在发生断裂过程时出现的另一种现象。与**裂缝**（crack）类似，银纹也是在划痕或缺陷附近应力很高的区域开始形成。银纹的方向通常垂直于拉力方向。

聚合物的银纹中存在一些局部屈服的区域，这些区域的聚合物链高度取向，形成微纤束。银纹中也会形成一些相互连接的小空隙区域。与裂缝不同，银纹区可以承载，只是其断裂前能承受的最大载荷低于未形成银纹的材料。如果对材料施加足够大的应力，则银纹中的微纤束结构会降解，导致空隙扩大，从而在银纹区形成裂缝。

4.3.3 应力集中物

如前所述，材料中的小缺陷或裂缝能导致形成更大的裂缝或在相邻区域形成新的银纹。这是由于外加的应力在缺陷尖部被放大所致。图4.36所示为材料中心存在的椭圆形裂缝，该裂缝边缘的应力（σ_m）比外加应力（σ_0）大（图4.37）。随着与裂缝的距离增大，对应的局部应力逐渐减小，直到与外加的整体应力（σ_0）相等。由于缺陷导致应力局部剧增，所以这些缺陷被称为**应力集中点**（stress concentrator）或**应力集中源**（stress raiser）。

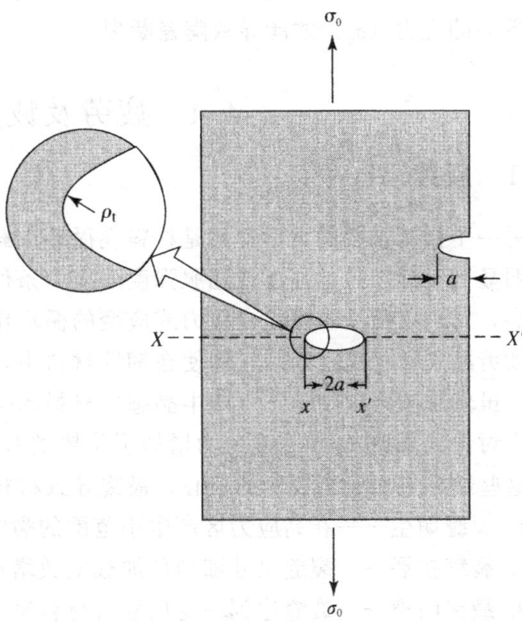

图4.36 材料中心的椭圆形裂缝示意图。这一裂缝导致其附近的局部应力高于σ_0（获准翻印自文献[2]）

对于椭圆形裂缝，可根据下式估算裂缝的最大应力（σ_m）：

$$\sigma_m = 2\sigma_0\left(\frac{a}{\rho_t}\right)^{\frac{1}{2}} \tag{4.49}$$

式中，ρ_t为裂缝尖部的曲率半径；a为表面裂缝的长度或内部裂缝的1/2长度（图4.36）。

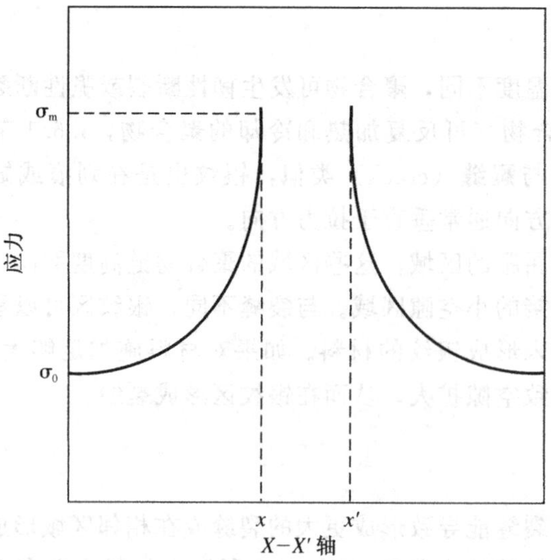

图 4.37　椭圆形裂缝边缘的应力变化图。σ_0 是对材料施加的整体应力，σ_m 是裂缝尖部的最大应力（获准翻印自文献 [2]）

其他应力集中源包括缺口、尖角、孔等。采用与式 4.49 相似的方程也可估算其他各种缺陷的局部最大应力。由于塑性形变可降低缺陷附近区域的局部应力，因此应力集中物在脆性材料中的作用比在韧性材料中的作用更明显。应力集中源这一概念也可用于解释陶瓷材料在压缩时比拉伸时具有更高的断裂强度。尽管在压缩和拉伸时都会出现引起应力增大的缺陷，但在压缩时局部应力的放大作用比拉伸时小，从而导致压缩时需要施加更高的应力（σ_0）才能导致陶瓷断裂。

4.4　疲劳及疲劳试验

4.4.1　疲劳

另一个极其重要的力学性质是材料在循环加载条件下的力学行为。循环加载可使材料在明显低于静态拉伸强度或屈服强度的应力条件下就发生破坏。这种类型的破坏叫疲劳断裂，材料在遭受多次交变应力或应变的循环作用之后突然断裂。

疲劳断裂属于脆性断裂，即使在韧性材料中，疲劳断裂区的附近也基本不存在塑性形变。虽然加载可以使晶态（或半晶态）材料的强度增大（此现象叫应变硬化，第 6 章将深入讨论此现象），但重复应力增加了位错的数量，并在晶体结构中造成了更多的缺陷。这些缺陷进而充当裂缝的核心，最终导致材料破坏。疲劳破坏分为三个阶段：

1. 裂缝萌生——在高应力区产生小范围的裂缝；
2. 裂缝扩展——裂缝尺寸随循环加载次数增加而增大；
3. 最终断裂——裂缝达到一定尺寸后材料迅速断裂。

因此，材料疲劳寿命（N_f，4.4.2 节）可表示为裂缝萌生所需的循环次数（N_i）加上裂缝尺寸扩大到断裂所需的临界尺寸时所需的循环次数（N_p）：

$$N_f = N_i + N_p \tag{4.50}$$

4.4.2　疲劳试验

材料的疲劳试验可用如图 4.38 所示的旋转-弯曲装置或单轴拉伸-压缩试验机（本

章末将介绍这种装置）来完成。在疲劳试验过程中，首先对试样施加周期性的高应力作用（通常为静态拉伸强度的 2/3），观察材料破坏时的循环次数；然后逐渐降低应力，测试其他试样在较低的循环应力作用下发生断裂时的循环次数；绘制应力-断裂循环次数曲线（*S-N*）。*S-N* 曲线中 *S* 通常代表**应力振幅**（stress amplitude），即最大应力与最小应力之差的一半。

$$S=\frac{\sigma_{\max}+\sigma_{\min}}{2} \tag{4.51}$$

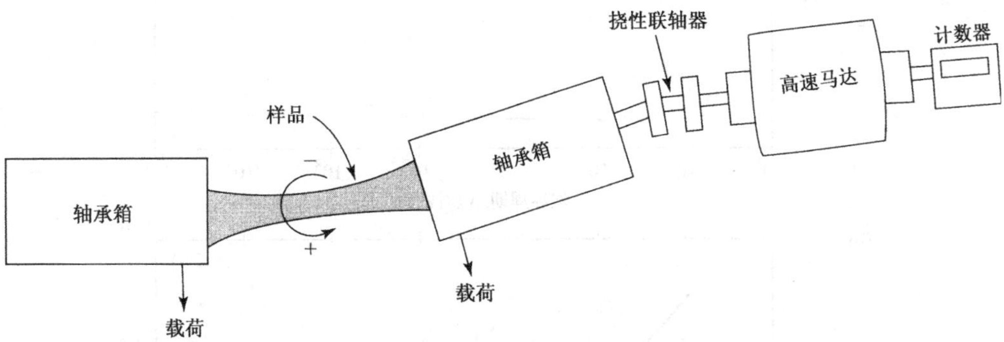

图 4.38　疲劳试验装置——旋转-弯曲装置。该装置对试样同时施加拉力和扭力（获准翻印自文献［14］）

图 4.39 所示为两种典型的 *S-N* 曲线。对某些金属，如某些钛合金，当应力低于某个应力值时，即使材料遭受无穷次循环应力作用，材料也不会发生疲劳破坏。这个应力值叫材料的**疲劳极限**（fatigue limit，endurance limit）。在这个应力水平条件下，*S-N* 曲线是一条水平线［图 4.39（a）］。

相反，有些金属合金如铝合金没有明确的疲劳极限，其 *S-N* 曲线随应力下降而持续下降。对这类材料则用**疲劳强度**（fatigue strength）来表征材料的疲劳性能。疲劳强度是指在给定循环次数条件下引起试样断裂所需的应力。图 4.39（b）所示为循环次数为 N_1 时的疲劳强度。

综上所述，**疲劳寿命**（fatigue life，N_f）是材料的一个重要参数，是指试样在给定应力条件下导致试样断裂所需的应力循环次数［图 4.39（b）］，它与裂缝扩展的动力学有关。

4.4.3　影响疲劳寿命的因素

与其他类型的破坏一样，生物材料中缺陷引起的应力增大成为裂缝形成的中心，因而也最终导致材料的疲劳断裂。因此，任何可以提高局部应力的因素都可影响器械的疲劳寿命。从图 4.39 所示的 *S-N* 曲线可以看出，应力振幅是其中一个影响因素。随着应力增大，试样断裂所需的循环次数显著减少。

在很多情况下，最大应力是在材料的表面产生的，所以表面杂质也可能降低疲劳寿命。因此，生物材料的表面处理可能影响被处理区域的局部应力。同样，在设计植入器械时应避免出现缺口或尖角等应力集中源，以提高植入体的疲劳寿命。此外，可降解材料因降解导致其力学性能下降并在植入体内部造成更多的缺陷，使得可降解材料在其使

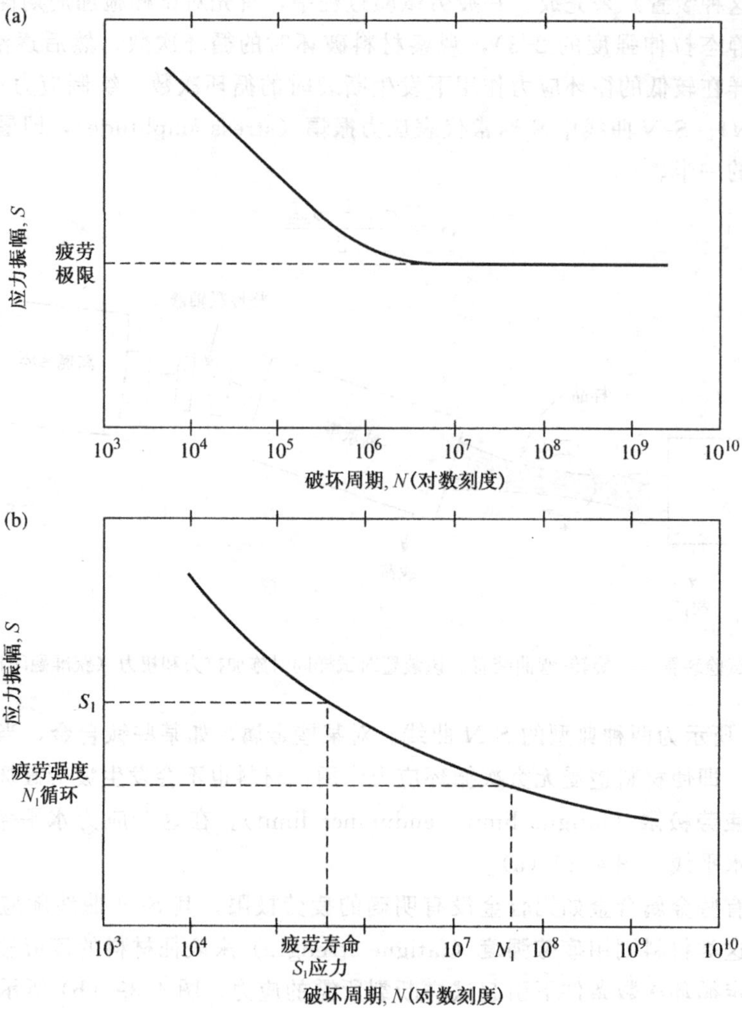

图 4.39 疲劳试验中两种典型的 S-N 曲线。(a) 具有疲劳极限的材料（当应力低于疲劳极限时，不管循环次数多大，材料都不会发生疲劳断裂）；(b) 无疲劳极限的材料。根据以上信息可以确定材料在给定应力条件下，材料发生疲劳断裂所需的循环次数（获准翻印自文献 [14]）

用后期极易发生疲劳断裂。

除植入体自身的因素以外，植入体所处的环境也会影响它的疲劳寿命。例如，人体组织含有许多活性物质，如水、盐、蛋白质等。这些活性物质可能与生物材料发生化学反应。由于周期性应力与化学攻击相结合导致的材料破坏称为**腐蚀疲劳**（corrosion fatigue）。这类疲劳断裂对需要长时间停留在体内的植入器械是一个很严重的问题。

4.5 改善力学性能的方法

如前所述，金属、陶瓷和聚合物因存在位错滑移而都可发生塑性形变。因此，降低位错的运动可以增强材料的力学性能。有关降低位错运动的方法将在第 6 章具体讨论，本节只对其做简单的概述，并重点讲述相关的概念。

引入添加剂或改变加工技术都可降低材料中的位错滑移。以金属合金为例，由于杂质原子有助于抵消位错引起的晶格应变，从而稳定位错并阻止位错的运动，因此合金的力学强度比纯金属的力学强度大。在聚合物中加入**填料**（filler）也提高材料的强度。填料通常是一些陶瓷颗粒或其他类型的聚合物。填料在聚合物中可提供额外的缠绕或交联，限制聚合物链的运动，从而提高聚合物的强度。常见的一种力学增强填料是单壁碳纳米管（第 2 章）。

加工工艺也可影响材料中位错滑移的难易程度。如前所述，多晶材料通常比对应的纯单晶材料的强度高，部分原因是由于晶界可阻止位错的滑移。另外，晶粒较小的材料因单位体积材料内的晶界数目更多，所以其强度通常比晶粒较大的材料高。在金属和陶瓷的加工过程中，材料的冷却速率（假设材料已被加工成了一定的形状）会影响晶粒的大小，温度越高越有利于晶粒生长。

与金属和陶瓷一样，冷却速率也同样影响聚合物材料的力学强度。在聚合物的晶态区内，相邻聚合物链之间的相互作用比无定形区强。因此，半晶态聚合物的结晶度越高，其力学强度也越大。图 4.40 所示为聚乙烯的强度与其结晶度之间的关系。聚合物的结晶与时间有关，聚合物链在冷却过程必须有足够的时间完成其聚合物链的有序排列。因此，快速冷却通常导致聚合物的结晶度低，聚合物的整体强度也相应下降。

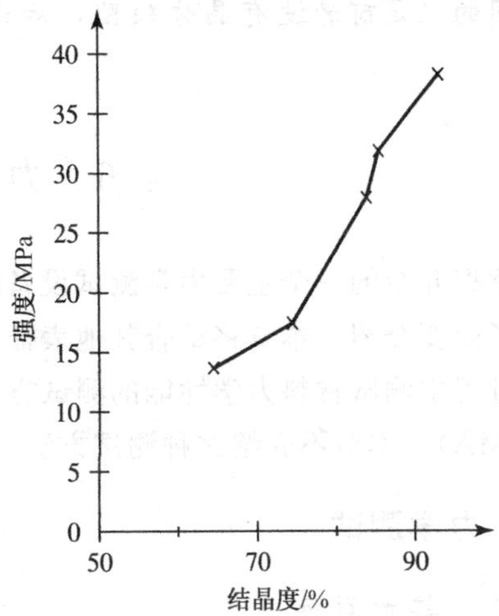

图 4.40　聚乙烯的强度与结晶度的关系。晶态区内相邻聚合物链之间的相互作用比无定形区强。因此，半晶态聚合物的结晶度越高，其力学强度也更大（获准翻印自文献[15]）

从这些例子可以看出，材料加工过程中所经历的热历史对其力学性能有很大的影响。第 6 章将具体讨论生物材料的加工过程。

例题 4.8

假设可以制备一种纯的理想晶态铝棒（没有晶体缺陷或杂质）：

(a) 在其他条件（样品尺寸、温度、应变速率）相同的情况下，折断理想铝棒所需要的能量与折断实际铝棒（存在缺陷或杂质）所需要的能量相比是更高还是更低？

(b) 如果一根铝棒含有大量的缺陷，普通人一开始就可用手轻易使其弯曲，那么随着弯曲循环次数增加，铝棒是更容易被弯曲还是更难被弯曲？为什么？

(c) 纯铝棒与实际铝棒相比，其应力-应变曲线弹性部分的斜率是更高还是更低，为什么？

解答：

(a) 理想铝棒不含杂质，因此其晶体结构是完整的。而实际金属通常都含有杂质和缺陷，杂质和缺陷的运动使无需破坏金属原子之间的化学键就可导致金属的变形。因此，金属中的杂质赋予了金属宏观的力学性质。但是，当晶体绝对没有缺陷时，则外力必须破坏晶面中的原子键才能使材料变形。因此，折断理想铝棒比折断含有杂质或缺陷的铝棒所需的能量高。

(b) 铝棒一开始时就含有大量的位错和缺陷，由于刚开始时缺陷和位错之间的相互作用不多使得铝棒易于被弯曲。但是，当铝棒被弯曲时，铝棒内的位错移动，产生了更多的刃型位错和线缺陷。随着铝棒弯曲循环次数增多，铝棒内的位错和缺陷也越多，缺陷之间的相互作用相应越多，导致使铝棒弯曲需要克服的能量越大，因此铝棒的运动也就越难。铁匠趁金属还是热的时候反复锤打金属，结果使金属硬度增大，就是类似的道理。铁匠用锤子每冲击一次金属，就会在金属中产生更多的位错和缺陷，缺陷之间的相互作用也越多，从而提高了金属的硬度。

(c) 理想铝棒与实际铝棒的应力-应变曲线在弹性部分的斜率是相同的，因为这部分的斜率反映的是材料内部原子间化学键的强度。理想铝棒与实际铝棒的原子组成相同，不同的只是前者没有晶体缺陷，后者有晶体缺陷，所以二者在弹性部分的斜率相同。

4.6 力学分析技术

本章将介绍的一个主要力学测试设备就是图 4.1 所示的力学测试机。尽管前面已对其进行了简要介绍，本章将结合其他表征技术进行更深入的介绍。需要指出的是，在振荡加载过程中测试材料力学性能的测试方法叫**动态力学分析**（dynamic mechanical analysis，DMA），本节不介绍这种测试方法。

4.6.1 力学测试

4.6.1.1 基本原理

力学测试机的设计要求是，在载荷大小和加载速率可控的条件下能对试样作单轴加载，加载可以是一个试样加载一次，也可以是重复加载，如疲劳试验时就需要重复加载。试样的形状需结合可供试验的材料量和最终的应用，根据 ASTM 标准来确定。对拉伸试验，常常是将棒状或膜状材料加工成“狗骨”形（图 4.4）。这样的试样形状在截面积较小的部位可有效地提高应力，从而使所有样品的断裂部位具有重现性。同时，“狗骨”形也削弱了某些人为因素的影响，如夹具引起的应力集中造成试样在夹具附近断裂。另外，力学试验对试样来说通常都是破坏性的，也就是说，测试过程会持续到样品被破坏为止。

4.6.1.2 仪器

力学测试所得到的典型曲线如图 4.5 所示，通常是应力（y 轴）对应变（x 轴）的函数曲线。应力和应变的计算公式见式（4.1）和式（4.2）。

图 4.41 所示为力学测试装置的基本组件，包括：

1. 夹头/传动装置——固定样品，夹头与传动装置相连，传动装置带动夹头运动，从而沿试样轴向对试样加载；

2. 测压仪——记录试样承受的瞬时载荷并将信息传输到处理器/电脑；

3. 伸长计——记录试样的瞬时长度并将信息传输到处理器/电脑；

4. 处理器（电脑）——将测压仪和伸长计传来的电信号转换成应力-应变曲线。

在测试过程中，试样被放在力学测试机内，并用夹头夹紧。如图 4.41 所示，一个夹头是与可移动的传动装置相连，传动装置以恒定的速度移动，从而沿纵轴对试样加载。当传动装置移动时，测压计就会记录试样所承受的载荷，而伸长计就会测量试样的长度变化。最后，处理器将载荷-伸长量的信息转换为应力-应变曲线。

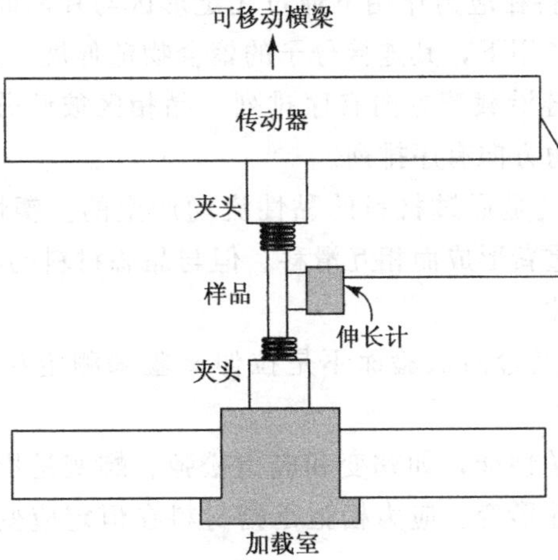

图 4.41　力学测试装置的简图（获准翻印自文献［16］）

4.6.1.3　提供的信息

力学测试可获得各种试验方式的应力-应变曲线或应力/应变-时间曲线。最常见的试验方式包括拉伸、压缩、弯曲、蠕变和应力松弛试验等。根据这些曲线可计算出如模量、屈服强度和拉伸强度等一系列的特征力学性能。如前所述，疲劳寿命和其他参数可以通过在力学测试机上进行单轴疲劳试验来确定。如果已知某组织的载荷参数，则通过力学试验就可确定生物材料是否适合用于该组织。

小结

- 通过拉伸、压缩、弯曲、剪切或扭转等力学测试可以表征材料的力学性能。在拉伸测试中，先测量出试样的载荷和伸长量，然后用试样的几何尺寸分别对载荷和伸长量进行归一化，即可得到应力（力/面积）和应变（长度/长度）。应力-应变曲线因待测材料性质的不同而千差万别。
- 试样在载荷释放后可回复到其初始形状，则材料发生的是弹性形变。应力-应变曲线的线性部分就代表试样的弹性形变，服从胡克定律（$\sigma=E\varepsilon$）。线性部分的斜率就是材料的弹性模量或杨氏模量。

- 弹性形变是原子间距微小变化和化学键伸缩的结果。材料的刚性直接反映将材料中的原子移离其平衡位置所需要的能量大小。因此，陶瓷的刚性大于金属，而聚合物的刚性通常都具有方向依赖性。
- 塑性形变是永久性变形，载荷释放后试样不能回复其初始形状。弹性区末端对应的应力称为屈服应力，对应的应变叫屈服点应变。越过屈服点之后，需增大应力才能继续产生塑性形变直到应力达到极限拉伸强度。达到极限强度之后，继续施加应力，试样则会出现颈缩现象，最终断裂。
- 金属和晶态陶瓷借助位错沿滑移面的滑移而发生塑性形变。陶瓷因其电中性要求使其滑移面数量有限，因此陶瓷通常是脆性的。多晶材料是通过单个晶粒的变形而不是晶界改变或开放而发生塑性形变的。
- 半晶态聚合物的塑性形变是材料在应力作用下通过无定形区与片晶间的相互作用而产生的。半晶态聚合物在应力作用下，其连接分子的聚合物链伸展，片晶相互滑移；然后，片晶重新取向，使折叠链沿载荷方向有序排列，晶相区彼此分离；最后，分离的晶相区和连接分子都沿外力方向有序排列。
- 无定形聚合物和陶瓷的塑性形变是通过材料的黏性流动产生的。塑性形变过程中，原子通过原子键的不断打断和重新形成而相互滑移。但与晶态材料的塑性形变不同，无定型材料的变形无方向依赖性。
- 对陶瓷材料，常采用三点或四点弯曲试验而不是拉伸试验来测定材料的断裂模量(断裂时的应力)。
- 某些材料具有与时间有关的力学性能，如蠕变和应力松弛。蠕变是指材料在恒定载荷作用下，材料随时间发生塑性形变。应力松弛是指材料在恒定应变作用下，其应力随时间逐渐减小。
- 金属的蠕变源于晶界的相对滑移或空位的迁移。陶瓷的蠕变机制与金属相似，但陶瓷因电中性的要求而比金属具有更强的抗蠕变能力。半晶态聚合物和无定形聚合物的蠕变与其无定形区的聚合物链能否通过黏性流动发生移动以及移动的程度有关。
- 目前已形成了许多研究材料黏弹性的模型，以便更全面地研究材料的黏弹反应。Maxwell 模型是由弹簧和阻尼器串联而成，通常适用于预测材料的应力松弛行为；Voigt 模型是由弹簧和阻尼器并联而成，通常适用于预测材料的蠕变行为。
- 材料的断裂方式很多。如果材料在断裂前发生了塑性形变，则材料的断裂叫韧性断裂；而如果材料在断裂前几乎没有塑性形变，则材料的断裂叫脆性断裂。材料中一些小的缺陷或裂缝因导致局部应力增大，故称为应力集中源。由于塑性形变可以降低缺陷周围的局部应力，故脆性材料中的应力集中源比塑性材料中的应力集中源对材料力学性能的影响更显著。
- 许多组织工程用生物材料中都需要引入孔隙或孔结构。这些孔隙和孔结构充当应力集中源而在很大程度上减弱了材料的力学性能。另外，体内降解会明显降低材料的力学性能，因此，在植入体设计时必须考虑这一因素。
- 材料在循环载荷或应变的作用下会发生疲劳破坏。疲劳试验过程中重复应力会导致晶体结构中的缺陷和位错增加。缺陷成为裂缝的核心，裂缝扩展，最终导致材料断裂。任何提高局部应力的因素都会降低材料的疲劳寿命。

- 提高材料力学性能的方法很多，如在聚合物中加入填料，填料通过提高聚合物链的缠绕而使聚合物的力学性能增强。
- 力学试验的方法很多，但力学测试装置通常包括夹头、传动装置、压力计、伸长计和数据处理器等组件。

习题

4.1 现要求你选择一类可用于加工人造血管的生物材料，重点关注材料在血液脉冲流动过程其周长的扩张和收缩。

(a) 你认为哪类材料是人造血管的理想材料？为什么？

(b) 请设计一个体外实验装置，考查材料被加工成血管形状之后沿圆周方向的疲劳敏感性。在设计该装置时，你还需要考虑一种能模拟材料在体内所经历的应力条件和生理条件的实验方法。在设计这个装置时你需要考虑的重要参数有哪些？

(c) 假设另一种材料，Dacron®可用于加工人造血管，现要求你测试该材料的拉伸强度。采用正常的狗骨形试样进行拉伸试验，当应变速率为 1 mm/min 时你测得材料的弹性模量为 3 GPa。你将应变速率变为 5 mm/min 后重复该试验，你认为测得的弹性模量应该是 0.3 GPa 还是 30 GPa 这个数量级，为什么？(请从分子角度加以解释)

4.2 你想考查某聚合物材料能否用作人工关节的承载表面。该聚合物在载荷作用下的变形是需要考虑的一个问题。已知只有当材料的泊松比低于 0.1 时才能做进一步的试验。现有一圆柱形试样，其直径为 10 mm，高度为 3 mm。在压缩试验过程中，你沿试样轴向对试样施加了 20%的应变，试样最宽点的直径增大了 0.4 mm。请问：该试样的泊松比是多少？该试样是否通过了筛选试验？

4.3 如第 1 章习题 1.2 所述，如果你单腿站立，你的髋关节承受的载荷是你体重的 2.4 倍。假设用一个简单的圆柱体作为髋关节植入体，其截面积为 5.6 cm^2。请计算体重为 175 Gb 的人其髋关节植入体所承受的应力 (MPa)。如果人工髋关节是用 Ti6Al4V (弹性模量为 124 GPa) 制造的，那么在给定载荷条件下其应变是多少？

4.4 有人给你一根在患者体内植入了 15 年后在中央部位断裂的人工髋关节的股骨柄。

(a) 用你学过的知识分析导致其断裂的主要原因有哪些？你认为这个断裂在性质上是属于塑性断裂还是脆性断裂？

(b) 当已经确定上述材料不再适合用作股骨柄后，你决定考查一种新的材料。该新材料的拉伸试验结果如下表所示。试样为圆柱形的“狗骨”，直径为 12.8 mm，试验区的长度为 60 mm。材料的弹性模量为多少？在材料不能用于股骨柄之前你想对该材料施加的最大应力是多少？材料的极限拉伸强度是多少？

外力/N	长度/mm	外力/N	长度/mm
0	60	105 517	60.42
15 442	60.06	107 834	60.48
30 883	60.12	109 506	60.54
46 325	60.18	110 150	60.60
61 766	60.24	110 664	60.66
77 208	60.30	108 992	60.72
92 649	60.36	106 547	60.78

(c) 已知材料的加工过程是：将材料浇铸成型后取出，然后室温冷却。你想提高材料的刚性。你将如何改变加工工艺来提高材料的刚性？为什么这种工艺可以改变材料的弹性模量？

(d) 一位同事提出从下面两种形状的试样中选择一种来替代“狗骨”形试样，对这种新材料进行拉伸试验。这两种形状的试样有可用于拉伸试验的吗？为什么？

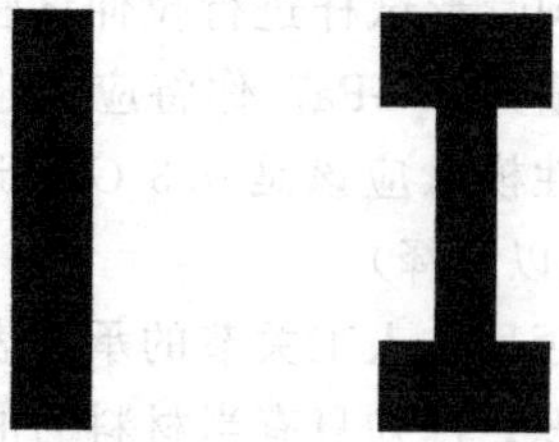

4.5 比较用 Ti6Al4V 加工人工髋关节股骨柄的两种加工方法，这两种方法得到的材料结构如下图所示。请问：哪种加工方法制得的样品具有更高的极限拉伸强度？为什么？

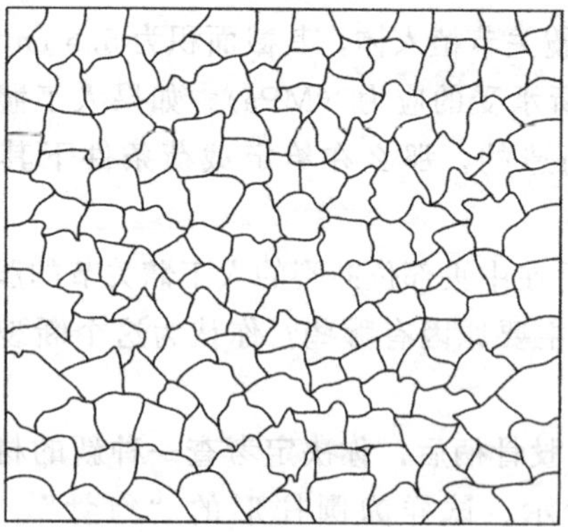

方法A

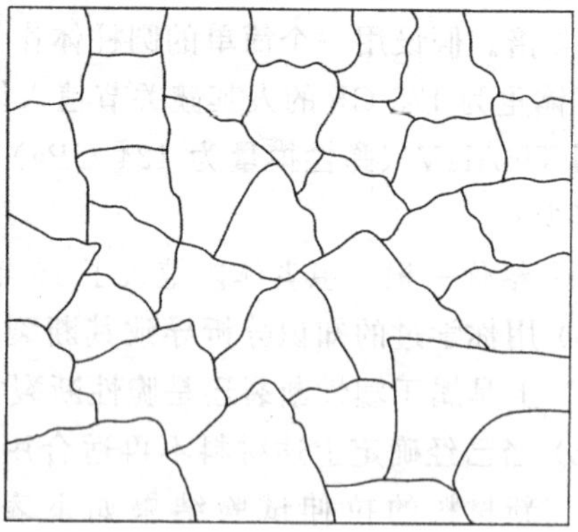

方法B

（黄美娜　罗彦凤　王远亮　译校）

参考文献

1. Instron Corporation, www.*instron.com*.
2. Callister, Jr., W.D. *Materials Science and Engineering: An Introduction*, 3rd ed. New York: John Wiley and Sons, 1994.
3. Schaffer, J.P., A. Saxena, S.D. Antolovich, T.H. Sanders, Jr., and S.B. Warner. *The Science and Design of Engineering Materials*, 2nd ed. Boston: McGraw-Hill, 1999.
4. Schultz, J.M., *Polymer Materials Science*, 1st, ed. Englewood Cliffs, NJ: Prentice Hall, 1974.
5. Kalpakjian, S., *Manufacturing Engineering and Technology* 2nd ed. New York: Addison-Wesley, 1991.
6. Richards, R.B. "Polyethylene—Structure, Crystallinity and Properties," *J Appl Chem*, vol. 1, p. 370, 1951.
7. Alberts, B., D. Bray, J. Lewis, M. Raff, K. Roberts, and J. Watson. *Molecular Biology of the Cell*, 3rd ed. New York: Garland Publishing, 1994.
8. Shackelford, J.F. *Introduction to Materials Science for Engineers*, 5th ed. Upper Saddle River: Prentice Hall, 2000.
9. Mikos, A.G., G. Sarakinos, S.M. Leite, J.P. Vacanti, and R. Langer. "Laminated Three-Dimensional Biodegradable Foams for Use in Tissue Engineering." *Biomaterials*, vol. 14, pp. 323–330, 1993.
10. Young, R.J. and P.A. Lovell. *Introduction to Polymers*, 2nd ed. London: Chapman and Hall, 1991.
11. Mark, J.E. *Physical Properties of Polymers Handbook*. Woodbury: American Institute of Physics, 1996.
12. *Metals Handbook*, 9th ed., Vol. 11, "Failure Analysis and Prevention," Materials Park, OH: ASM International, 1986.
13. Pollack, H.W. *Materials Science and Metallurgy*, 4th ed. Englewood Cliffs, NJ: Prentice-Hall, 1998.
14. Keyser, C.A. *Materials Science in Engineering*, 4th ed., New York: Macmillan, 1986.
15. Boeing, H.V. *Polyolefins: Structure and Properties*, Lausanne: Elsevier Press, 1966.
16. Shackelford, J.F. *Introduction to Materials Science for Engineers*, 4th ed. Upper Saddle River NJ: Prentice Hall, 1996.

推荐阅读

Cooke, F.W. "Bulk Properties of Materials." In *Biomaterials Science: An Introduction to Materials in Medicine*, B.D. Ratner, A.S. Hoffman, F.J. Schoen, and J.E. Lemons, Eds., 2nd ed. San Diego: Elsevier Academic Press, pp. 23–32, 2004.

Koski, J.A., C. Ibarra, and S.A. Rodeo. "Tissue-Engineered Ligament: Cells, Matrix, and Growth Factors." *The Orthopedic Clinics of North America*, vol. 31, pp. 437–452, 2000.

Laurencin, C.T. and J.W. Freeman. "Ligament Tissue Engineering: An Evolutionary Materials Science Approach." *Biomaterials*, vol. 26, pp. 7530–7536, 2005.

Park, J.B. and R.S. Lakes. *Biomaterials: An Introduction*, 2nd ed. New York: Plenum Press, 1992.

5. 生物材料的降解

主要目的

了解金属、陶瓷及高分子聚合物在人体内降解的分子机制。

具体目标

1. 区分材料的可控降解与不可控降解；
2. 了解氧化还原反应如何导致腐蚀；
3. 对比/比较各种类型的腐蚀；
4. 了解材料植入位置对材料降解速率的影响；
5. 对比/比较金属、陶瓷和聚合物的降解差异；
6. 区分水解与氧化对聚合物链断裂的作用差异；
7. 了解影响高分子和陶瓷可控降解的因素；
8. 区分可降解聚合物本体侵蚀与表面侵蚀间的差异。

5.1 概述：生物环境下的降解

第 4 章阐述了不同类型生物材料的物理性质和力学性能依赖于材料的原子/分子结构。本章将讲述原子/分子结构是如何影响材料的体内降解，降解过程又如何影响材料整体的物理性质及力学性能。

生物材料应用过程中，不希望发生**不可控的**（uncontrolled）降解，因为这类降解可能导致材料结构的崩溃，使植入器件的功能提前丧失。相比而言，降解**可控的**（controlled）材料，可应用于组织工程或药物释放。在这两个应用领域中，材料只是起到临时组织替代或释放生物活性因子的作用。本章首先讨论生物材料的不期望降解，然后讨论某些器件应用中的期望降解。

人体为器件植入提供了一个中性温和的环境，但是体内的水溶性离子（表 5.1）会

表 5.1　血浆和细胞外液中几种离子浓度

阴/阳离子	血浆/(mmol/L)	细胞外液/(mmol/L)
Cl^-	96～111	112～120
HCO_3^-	16～31	25.3～29.7
HPO_4^{2-}	1～1.5	1.93～2
SO_4^{2-}	0.35～1	0.4
$H_2PO_4^-$	2	—
Na^+	131～155	141～145
Mg^{2+}	0.7～1.9	1.3
Ca^{2+}	1.0～3	1.4～1.55
K^+	3.5～3.6	3.5～4

侵蚀金属植入体。此外，某些反应如细胞炎症反应，可以使器件植入部位的化学环境改变。第10章讲述，特异性炎泡可以黏附在材料表面并分泌强氧化性介质（如过氧化物），使局部 pH 显著下降，导致材料的腐蚀或降解。

人体的特殊环境导致很难预测生物材料在体内的降解是否可控制降解。因此，在临床应用前，必须对新材料进行体内测试，以评估其在植入部位的降解性能（具体参见本章最后一部分）。

5.2 金属和陶瓷的腐蚀/降解

由体液的化学组成在植入体降解中的作用来考察，金属材料相对于陶瓷材料更容易发生体内降解。金属材料的降解称作**腐蚀**（corrosion），通常发生在生物医用金属植入体上。通过对金属材料腐蚀的表征和预测，可以预测金属材料在人体内的发生结构改变或功能失效的时间。了解有关腐蚀的基础知识对预测植入体的生物相容性至关重要。腐蚀过程中，金属表面浸出的离子会释放到环境中，产生暂时性或长期性的生物学后果，因此，在选择适宜的植入金属器件时，必须对此予以考虑。

5.2.1 腐蚀的基本因素

5.2.1.1 氧化-还原反应

腐蚀是一个**电化学**（electrochemical）过程，电子从一种物质转移到另一种物质。腐蚀是通过两个反应实现的：氧化反应产生电子，还原反应消耗电子。二者结合称为氧化-还原反应。如果金属 M 具有 n 价电子，氧化作用可以表示为

$$M \longrightarrow M^{n+} + ne^-$$

式中，e^- 表为自由电子。氧化反应发生的部分称为**阳极**（anode）。

相应地，还原反应依赖于腐蚀发生的环境。如果环境呈酸性（如可能发生在炎症细胞黏附下的材料或材料周围），H^+ 会被还原形成 H_2：

$$2H^+ + 2e^- \longrightarrow H_2$$

由于体液中有溶解的氧气，交换反应包括氧在酸性溶液中的还原反应，即

$$O_2 + 4H^+ + 4e^- \longrightarrow 2H_2O$$

或者，在中性或碱性溶液中，发生如下反应：

$$O_2 + 2H_2O + 4e^- \longrightarrow 4OH^-$$

还原反应发生在**阴极**（cathode）。

一个简单的氧化-还原反应耦合的例子是化学电池（电镀），也称为原电池，将一个条形锌棒，浸入到含有锌离子的溶液中，另外将一个铜棒浸入另一含有铜离子溶液的容器中（图 5.1）。

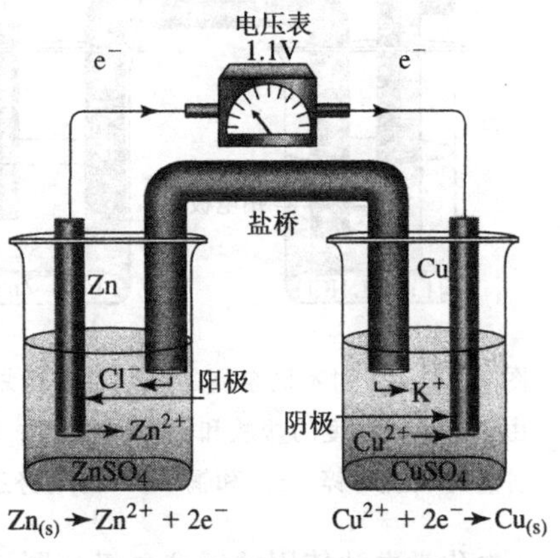

图 5.1 化学（电镀）电池的结构分别将锌棒和铜棒浸入含有相应离子的溶液中。两种溶液通过可以快速离解出离子的物质（如氯化钾）的盐桥相连。整个循环系统将两个金属棒（电极）完全连接，使电子能够从一个电极流向另一个电极，一个电压表记录两个电极间的电位差（本例中为 1.1 V）（获准翻印自文献 [2]）

这两种溶液之间通过**盐桥**（salt bridge）相连，盐桥可以释放游离的离子，如氯化钾。这个循环系统将两个金属棒电极（electrodes）完全连接，使电子能够从一个电极流向另一个电极。在该循环系统中加入一个电压表，以记录两个电极之间的电位差。

化学反应在发生每个容器，又称为**半电池**（half-cell）中。如锌氧化：

$$Zn \longrightarrow Zn^{2+} + 2e^-$$

而另一个半电池，铜离子发生还原反应：

$$Cu^{2+} + 2e^- \longrightarrow Cu$$

结果是阳极锌棒逐渐溶解，阴极铜棒上有铜沉积。电桥的作用是提供离子，保持每一个半电池的电中性。如果每个容器中的离子浓度为 1mol/L，室温下（标准环境下），电压表指示为 1.1 V。

5.2.1.2 半电池电位

为什么图 5.1 所描述的系统锌棒为阳极而铜棒为阴极？这取决于哪种金属更容易释放电子（即被氧化）。为了把不同金属被氧化的潜能排序，提出了半电池的**标准还原电势**（standard hydrogen potential）概念。每种金属的电势差异用**标准氢电极**（standard hydrogen electrode）进行测定。图 5.2 所示，氢电极的组成是在 1 mol/L 的盐酸溶液中，鼓入氢气，将铂棒插入溶液中。固体铂棒不参与化学反应，而是为氢离子的氧化或还原提供了一个表面。

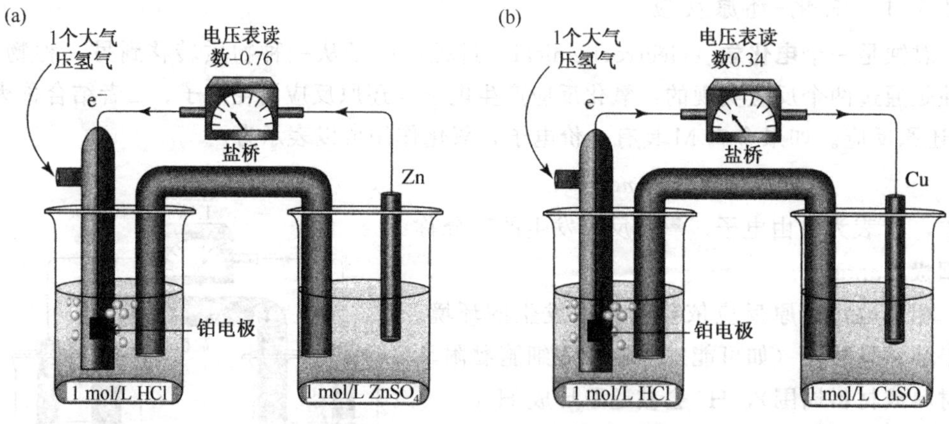

图 5.2 为了对不同金属的氧化性进行划分，每种金属的电势用标准氢电极进行测量。氢电极由 1 mol/L 浓度的盐酸和铂棒（提供一个惰性表面使氢离子可以被氧化或还原）构成。通过这种特殊装置对锌（a）和铜（b）的电势进行测定（获准翻印自文献 [2]）

电化学电池使用的标准电极（图 5.2）与上述的锌-铜系统类似。该装置用来测定大量金属的还原电势，部分数据表 5.2 所示。在**标准电动势序列**（standard electromotive force series）中，越是靠近序列表的下方，金属越容易被氧化，活性越高。正如锌-铜电极的例子所示，具有相对于标准还原电势负值越大的金属，一般作为阳极。

标准还原电势可以用来比较各种金属的相对活性，实验中很少将纯金属放入 1mol/L离子溶液。离子浓度变化也要影响还原电势，可用能斯特方程［式（5.2)］考察。标准还原电势中溶剂的真实变化很难用模型模拟来解释。所以发展了**电偶序**（gal-

表 5.2　标准电动势(EMF)序列

	电极反应	标准电动势 E^0/E
	$Au^{3+} + 3e^- \longrightarrow Au$	+1.420
	$O_2 + 4H^+ + 4e^- \longrightarrow 2H_2O$	+1.229
↑	$Pt^{2+} + 2e^- \longrightarrow Pt$	约+1.2
惰性增强	$Ag^+ + e^- \longrightarrow Ag$	+0.800
（阴极）	$Fe^{3+} + e^- \longrightarrow Fe^{2+}$	+0.771
	$O_2 + 2H_2O + 4e^- \longrightarrow 4(OH)^-$	+0.401
	$Cu^{2+} + 2e^- \longrightarrow Cu$	+0.340
	$2H^+ + 2e^- \longrightarrow H_2$	+0.000
	$Pb^{2+} + 2e^- \longrightarrow Pb$	−0.126
	$Sn^{2+} + 2e^- \longrightarrow Sn$	−0.136
	$Ni^{2+} + 2e^- \longrightarrow Ni$	−0.250
	$Co^{2+} + 2e^- \longrightarrow Co$	−0.277
	$Cd^{2+} + 2e^- \longrightarrow Co$	−0.403
	$Fe^{2+} + 2e^- \longrightarrow Fe$	−0.440
活性增强	$Cr^{3+} + 3e^- \longrightarrow Cr$	−0.744
	$Zn^{2+} + 2e^- \longrightarrow Zn$	−0.763
（阳极）	$Al^{3+} + 3e^- \longrightarrow Al$	−1.662
↓	$Mg^{2+} + 2e^- \longrightarrow Mg$	−2.363
	$Na^+ + e^- \longrightarrow Na$	−2.714
	$K^+ + e^- \longrightarrow K$	−2.924

（获准翻印自文献[3]）

vanic series)，电偶序是通过收集金属在海水中腐蚀的数据，提供各种金属在盐溶液（这与体液相似）中的相对活性。电偶序的数据列在表 5.3 中。电偶序尽管没有给出每种金属的准确电势（如电动势），但是靠近表下侧的金属比上方的金属更容易被氧化。

表 5.3　金属在海水中的电偶序

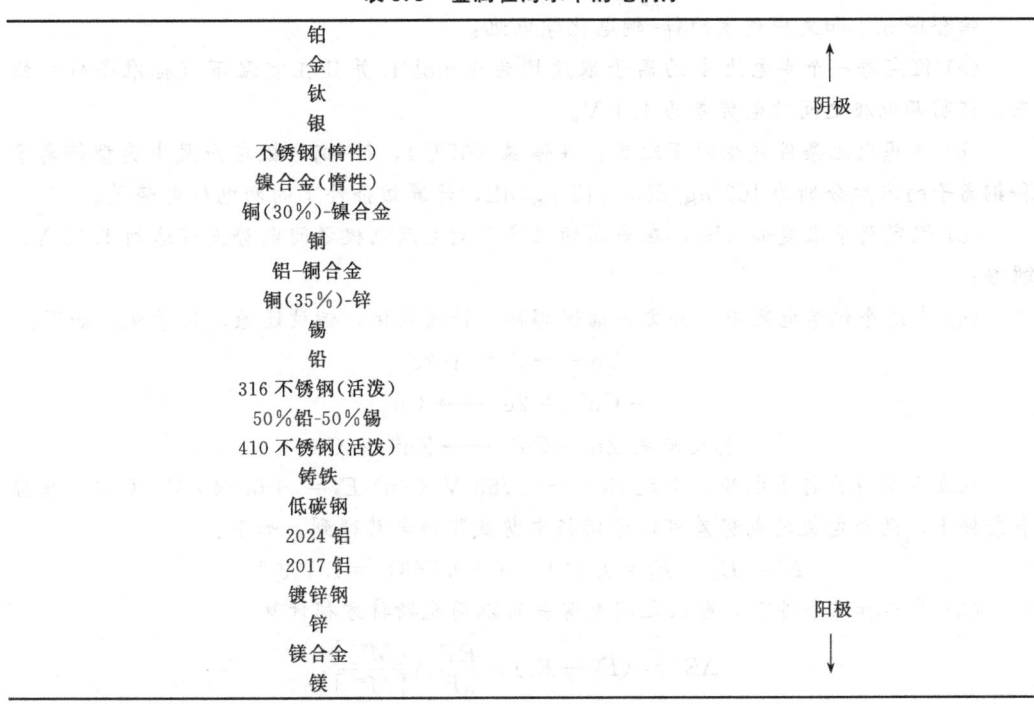

铂	
金	↑
钛	阴极
银	
不锈钢(惰性)	
镍合金(惰性)	
铜(30%)-镍合金	
铜	
铝-铜合金	
铜(35%)-锌	
锡	
铅	
316 不锈钢(活泼)	
50%铅-50%锡	
410 不锈钢(活泼)	
铸铁	
低碳钢	
2024 铝	
2017 铝	
镀锌钢	
锌	阳极
镁合金	↓
镁	

5.2.1.3 能斯特方程

如前所述，化学电池两个电极之间的电势测定与温度及每个半电池的金属离子浓度有关。任一个参数的改变都会影响整个电势的测定值，这可以用**能斯特方程**（Nernst equation）来描述。

对一个普通的双金属电池，如锌-铜电池，反应及相应电势的测量可以用以下公式表示：

$$M_1 \longrightarrow M_1{}^{n+} + ne^- \qquad -E_1^0\text{（金属 }M_1\text{ 被氧化）}$$

$$M_2{}^{n+} + ne^- \longrightarrow M_2 \qquad E_2^0\text{（金属 }M_2\text{ 被还原）}$$

式中，E_1^0 和 E_2^0 值为表 5.2 中的标准还原电势。因为 M_1 被氧化，其还原电势相反（$-E_1^0$）。

总反应式为

$$M_1 + M_2^{n+} \longrightarrow M_1^{n+} + M_2$$

与标准半电池的电势相加，得整个电池的电势能

$$\Delta E^0 = (E_2^0 - E_1^0) \qquad (5.1)$$

考虑测量还原电势时环境（温度或离子浓度）的改变以及标准还原电势的测量偏差，式（5.1）转化为

$$\Delta E^0 = (E_2^0 - E_1^0) - \frac{RT}{nF}\ln\frac{[M_1^{n+}]}{[M_2^{n+}]} \qquad (5.2)$$

式中，R 为摩尔气体常量［8.314 J/（K·mol)］；T 为热力学温度；F 为法拉第常数（96 500 C/mol)；n 和 E_1^0 及 E_2^0 如前所述，这就是能斯特方程。

例题 5.1

结合图 5.1 和文中描述的锌-铜电化学电池：

(a) 假定每一个半电池中的离子浓度均为 1 mol/L 并且在室温下（标准条件）检测，证明两电极之间的电势差为 1.1 V。

(b) 考虑电池条件发生以下改变：在体温（37℃），锌-铜电极在血浆中典型锌离子和铜离子的浓度分别为 107 μg/dL，115 μg/dL，计算该条件下的两电极电势差。

(c) 假定离子浓度如（b)，在多高的温度下侧定两电极之间电势差可达到 1.15 V。

解答：

(a) 在这个化学电池中，如文中描述那样，锌被氧化，铜被还原，化学反应如下：

$$Zn \longrightarrow Zn^{2+} + 2e^-$$

$$+\ Cu^{2+} + 2e^- \longrightarrow Cu$$

$$\text{总反应式 } Zn + Cu^{2+} \longrightarrow Zn^{2+} + Cu$$

从表 5.2 查找标准电势，发现 $E_1^0 = -0.763$ V（Zn）$E_2^0 = +0.340$ V（Cu)，在标准条件下，两个电极的电势差可以通阴极电势减阳极电势得到，如下：

$$E^0 = E_2^0 - E_1^0 = 0.340 - (-0.763) = 1.103 \text{ V}$$

(b) 在非标准条件下，电极之间电势差可以用能斯特方程计算：

$$\Delta E^0 = (E_2^0 - E_1^0) - \frac{RT}{nF}\ln\frac{[M_1^{n+}]}{[M_2^{n+}]}$$

这里的标准电动势序列值与前述相同，R 为摩尔气体常量［8.314 J/（K·mol）］，F 为法拉第常数（96 500 C/mol），$n=2$，热力学温度已经给定（37℃＝310 K），锌浓度通过已给信息计算如下：

0.00107（g/dL）（mol/63.59g Zn）（10 dL/L）＝0.0164 μmol/L Zn

类似的，铜浓度计算如下：

0.00115（g/dL）（mol/63.55g Zn）（10 dL/L）＝0.0181 μmol/L Zn

将这些值带入能斯特方程：

$$\Delta E^0 = [0.340 - (-0.763)] - \frac{8.314 \times 310}{2 \times 96500} \ln \frac{[0.0164]}{[0.0181]}$$

$$\Delta E^0 = 1.104 \text{ V}$$

(c) 运用 (b) 中相同的公式，将结果 $\Delta E^0 = 1.15$ V，代入公式：

$$1.15 = (0.340 + 0.763) - \frac{8.314 \times T}{2 \times 96500} \ln \frac{[0.0164]}{[0.0181]}$$

通过计算求 T，结果温度必定接近 11.06 K 时，两电极的电势差为 1.15 V。

5.2.1.4 电腐蚀

符合上述的电化学电池描述的腐蚀形式是最常见的腐蚀形式，又称作**电腐蚀**（galvanic corrosion）。当两种不同的金属植入人体时，就相互耦合形成了如图 5.1 导线相连的两个电极。生理流体就充当盐桥，完成了一个电流循环。这种条件，会加速较活泼的金属溶解。例如，不锈钢与其他金属形成合金制作人造关节，常常会经历阳极金属溶解。

然而，由于腐蚀或降解是一个很复杂的过程，仅根据表 5.3 的金属活泼性，很难来预测金属的降解。在此需要指出的是，氧化-还原反应的速率必须相等。如果植入部位局部因素使其中一个反应的速率降低，整体腐蚀过程可能会显著下降。最明显的例子就是金属的钝化，将在后面进行讨论。

5.2.2 普尔贝图和钝化作用

对金属而言，除了上面的参数外，它的腐蚀活性还与所浸溶液的 pH 有关。为进一步明确金属在各种环境下的腐蚀，可制作**普尔贝图**（Pourbaix diagram），图 5.3 是铁的普尔贝图。该普尔贝图描述了电池电势、pH 引起的腐蚀区域和非腐蚀区域。普尔贝图可依据能斯特方程的计算结果、可降解产物的溶解性以及其他因素来绘制。图中对角虚线表示水的作用，水侵蚀发生在两个虚线之间的环境条件。

普尔贝图分为三个主要区域：腐蚀区、免疫区和钝化区。腐蚀区被主观定义为在平衡态溶液中金属离子浓度大于 10^{-6} mol/L 的区域。当金属离子低于该浓度时，金属可能会落入另两区域（免疫或钝化）之一。在**免疫**（immune）区域，金属的活性不足以发生腐蚀（溶解）。当金属不能作为阳极时，这种阳极现象也被称为**阴极保护**（cathodic protection）。

钝化（passivation）是指表面发生氧化形成稳固的膜（一般是氧化物或氢氧化物），对金属进行保护。在该区域，金属即使具有较高活性，也因膜的绝缘屏障阻止了金属内外的电子传递，从而使金属的腐蚀作用减速或终止。尤其是金属铬、铁、镍、钛和铝，

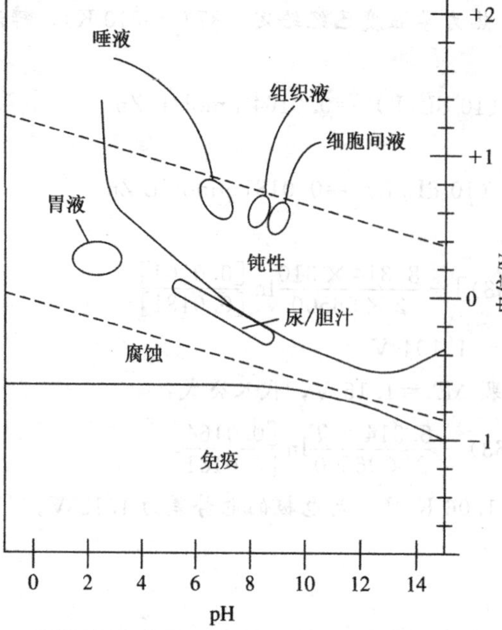

图 5.3 铁的普尔贝图，描述了腐蚀和非腐蚀与电势和 pH 关系。假定该图是在一定条件下形成了一个纤铁矿的薄膜（金属氢氧化物，γ FeOOH)，该膜有抗腐蚀功能。对角虚线表示纯水的作用。如果水侵蚀发生，就在两条虚线之间的环境。样本生理环境如唾液和胃液也标在图上（获准翻印自文献 [5]）

更容易形成这种保护膜。

图 5.3 还包括一个不同体液的组成区域。根据此图，可以预测某种金属对体内不同植入位置的响应。该区域可以表示金属在体内发生哪类反应，但是不能预测反应的速率。该速率通常以单位表面积电流量来定义，与其他许多因素有关，如阴极周围可能的离子消耗。关于腐蚀速率计算本章不做详细介绍。

例题 5.2

材料植入引起创伤部位的 pH 显著下降呈酸性，一般为 5 或低于 5。设想一下：经过外科手术植入骨固定钢板，该材料为具有铁涂层的不锈钢表面，假定炎症反应使组织周围的 pH 下降到 5，另外，医疗小组误将一枚铝钉遗忘在植入组织附近。如果铝、铁与细胞外液之间发生了电化学电池反应。根据图 5.3 的普尔贝图，当电势差为 0.10 V 时，你认为铁是否会发生腐蚀？当电势差为−0.40 V 时，是否会发生腐蚀？

解答：

根据普尔贝图，铁在 pH 为 5、电动势−0.30 V～+0.30 V 附近可以发生腐蚀的，因此在电动势+0.10 V，pH 为 5 时，铁可以发生腐蚀。但是电动势为−0.40 V、pH 为 5，铁不可能发生腐蚀，因为环境超出了水稳性曲线（如图 5.3 所示）。

5.2.3 加工参数的影响

除金属组成外，还有其他因素促进金属在体内降解，如材料的加工过程、处理工艺等，力学加载、蛋白质、细胞和微生物的影响，将在后面章节中介绍。任何可能造成植入材料微观结构改变的因素都能改变离子浓度进而影响腐蚀速率。这些可能是器件组装和设计时应考虑的，以免引起金属植入器件的瑕疵和裂缝，造成不良的后果。

5.2.3.1 缝隙腐蚀

顾名思义，**缝隙腐蚀**（crevice corrosion）指发生在窄且深的裂缝处的腐蚀，如螺钉和钢板在骨固定位置（图 5.4）。用于外科矫正器件特定的金属常常会发生这类腐蚀，如不锈钢；其他如钛、钴-铬合金则不易发生这类腐蚀。尽管缝隙腐蚀的机制尚不完全清楚，但是一般认为腐蚀开始于裂缝中氧的损耗。从这点上讲，在裂缝上只能发生阳极反应，在该区域发生金属的氧化反应，剩余的金属变成阴极。在裂缝外面，氧气被还原造成 pH 上升，图 5.5 所示。

图 5.4 在一个用于骨固定的钢板装置发生裂缝腐蚀的例子，腐蚀发生在骨钉（图上未显示）和钢板上窄而深的裂缝处，箭头指示为腐蚀发生位置（获准翻印自文献 [1]）

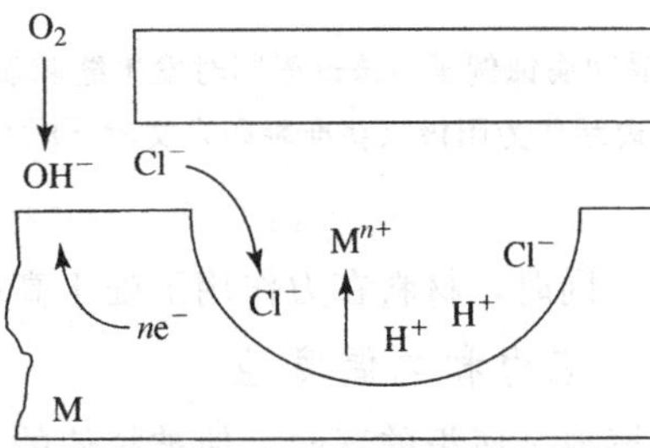

图 5.5 裂缝腐蚀的机制，裂缝内部发生氧消耗，裂缝位置产生金属氧化物，而部件其余部分则作为阴极（获准翻印自文献 [6]）

在如人体生理环境的氯化钠溶液中，Cl^- 会扩散至裂缝以平衡金属发生阳极反应所产生的正离子 M^{n+}，进而加速了裂缝腐蚀。某些化合物还可以进一步反应生成不溶性氢氧化物和自由氢离子。

$$MCl_n + nH_2O \longrightarrow M(OH)_n + nH^+Cl^-$$

局部 pH 下降会造成一个更利于腐蚀的环境，大大提高裂缝中金属的溶解速度。

5.2.3.2 点腐蚀

点腐蚀（pitting corrosion）的机制与缝隙腐蚀相同。图 5.6 所示，不锈钢发生点腐蚀。材料加工和处理过程造成的细小瑕疵，或是表面钝化膜的断裂，均导致相对较小的阳极和较大的阴极的形成，阴阳极的面积不相等，而氧化-还原反应又必定相等，最终导致阳极区域显著溶解。这种腐蚀可以小到无法检测的地步，因此对植入体危害相当大。

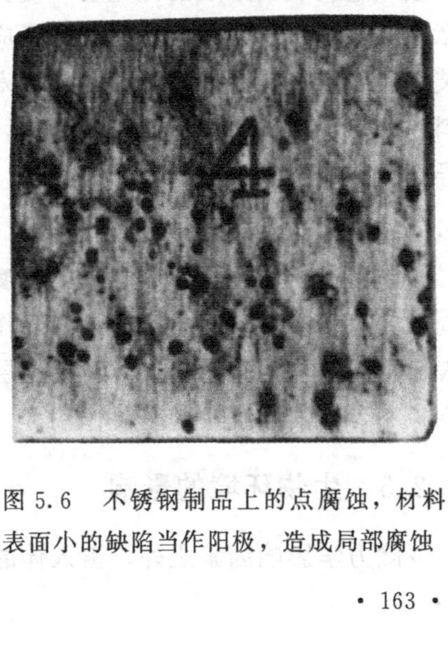

图 5.6 不锈钢制品上的点腐蚀，材料表面小的缺陷当作阳极，造成局部腐蚀

5.2.3.3 晶间腐蚀

铸造制得的器件（第 6 章）往往含有多晶粒，很容易发生**晶间腐蚀**（intergranular corrosion）。如第 3 章所述，晶粒边界处于高能量状态，因此反应活性高。特别是对于合金，该腐蚀会导致晶粒

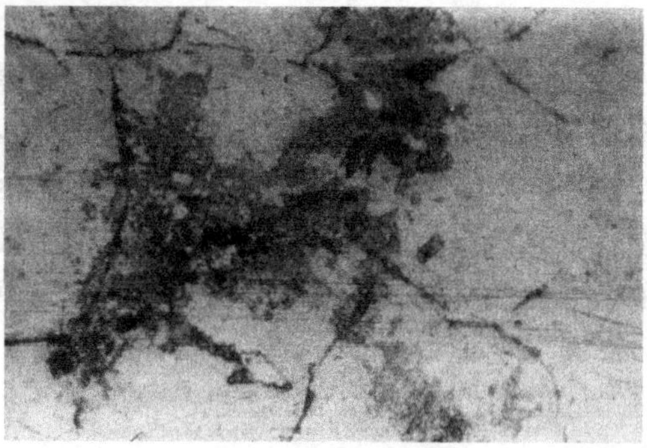

图 5.7　晶间腐蚀例子，该过程同时发生缝隙腐蚀，粒子边缘作为阳极（获准翻印自文献 [8]）

间攻击（图 5.7）。这类腐蚀的一个常见例子就是不锈钢晶粒边界的铬消耗。铬是金属表面形成钝化层所需要的元素，如果钝化层被破坏，该区域就会很快腐蚀，甚至碎裂成小碎片。

5.2.4　力学环境的影响

除了加工、处理参数之外，植入部位对植入体在体内的使用时间也产生重要影响。如果植入部位的器官处于持续的运动和负重状态，其降解速率会显著高于应力较小的位置。压力可使金属产生大量微小裂痕，强化腐蚀进程。同时，材料在力作用下处于高能量态，更容易发生化学反应造成腐蚀。

5.2.4.1　应力和电偶腐蚀

金属棒或金属板的弯曲，使被拉伸的一面成为阳极，被压缩的一面成为阴极，从而刺激金属发生电腐蚀。相反，如果没有弯曲作用，金属两面的化学电位没有差异，就没有电腐蚀发生。同样的影响也会发生在诸如器件的空洞和尖角处的应力集中区（第 4 章）。

5.2.4.2　应力腐蚀开裂

当金属同时受到张力和处在腐蚀环境时，就会发生**应力腐蚀开裂**（stress corrosion cracking），但材料仍具有较好的耐受性。开裂一旦发生，就会扩散并导致材料脆性折断，金属的延展性变差。对合金而言，特别是不锈钢，在盐溶液存在时很容易发生这类降解。

5.2.4.3　疲劳腐蚀

在**疲劳腐蚀**（fatigue corrosion）中，植入体周围持续的弯曲、负载或移动，可能会破坏金属表面形成的钝化层，使其原始的表面结构暴露，导致该区域发生腐蚀。第 4 章中讨论，材料的疲劳特性以记录应力加载装置能承受多少循环来进行测定，该加载使装置经受特定应力而不断裂（疲劳寿命）。在疲劳腐蚀中，随着加载循环次数增加，材料的断裂最大应力逐步减小。因此，这类腐蚀可以大大缩短植入体的疲劳寿命，并可能导致装置的过早失效。

5.2.4.4　剥落腐蚀

与上述的腐蚀类型不同，**剥落腐蚀**（fretting corrosion）与负载无关，而与植入体周围的运动有关。这类腐蚀是力学作用将金属表面的钝化层去除的后果。这可能产生于表面不能钝化的裂口，或者新钝化层形成后又被重复破坏。一般认为剥落腐蚀在骨固定钢板和骨钉的降解中起重要作用。

5.2.5　生物环境的影响

除力学影响因素之外，植入体的植入部位能从其他方面影响材料的腐蚀。生物环境中的化学、细胞成分会显著影响材料的降解速率。必须注意的是：植入体植入的局部环境几乎没有恒定的，离子扩散、细胞迁移、化学反应都时刻发生，进一步增加了复杂层次上预测材料在体内降解速率的难度。

植入体周边的生理液体和组织富含蛋白质和细胞。植入体植入后，炎症细胞在植入部位的富集可能极大地改变植入体周围的化学环境，包括 pH 下降和释放强氧化介质。尽管看起来这些反应会加速腐蚀，但是研究发现有些金属在炎症反应中释放强氧化介质可以促进表面钝化层的形成，因此在材料应用于人体之前必须评价周围细胞对材料腐蚀的影响。

蛋白质在金属表面（第 7 章、第 8 章）的黏附也会产生大量影响。蛋白质可以通过形成屏障降低氧扩散到金属表面从而改变钝化层的性质，进而降低植入材料上氧化层的稳定性。蛋白质作为电子载体同样会影响电化学电位，变化的细胞参数使植入金属处于普尔贝图的钝化区域外。最后，某些特定的蛋白质需要金属离子才能发挥其功能，因此它们本身具有对金属的亲和性。金属植入体吸附的蛋白质如果能够消耗腐蚀清除下来的产物，就会改变平衡和进一步加速溶解。

微生物在材料植入过程中或在植入后的期间可以被吸附在材料上，导致植入器件感染，相关内容将在第 14 章进一步讨论。微生物新陈代谢的副产物可以改变材料周围的 pH，从而影响材料的表面钝化层的稳定性。另外，微生物可以消耗氢，阴极常常可以发现氢离子。这种情况就像蛋白质可以清除金属一样，平衡条件的改变可能加速阳极溶解。

5.2.6 腐蚀的控制方法

尽管由生物环境引起的金属腐蚀往往是不能控制的，但是在设计和制备植入体时，通过某些方法降低腐蚀还是可能的。例如，应力诱导腐蚀可以在设计植入体过程中减少应力集中点来缓解；类似地，可以选择两种电偶序接近的两种金属结合从而阻止电偶腐蚀；理想情况是，选择惰性金属如金、银、铂等非反应性（阴极化）的材料来制备植入体，但在许多情况下，这些金属的力学特性又限制了其应用。因此，作为折中方案，一些能形成表面钝化层活泼金属（纯金属或合金）通常被用来制备植入体，以达到抗腐蚀和满足力学性能需求。

另外，可采用额外的加工过程处理材料，以防止特殊类型的腐蚀。例如，热处理不锈钢可以减少晶间腐蚀。此外，在植入前，将金属用硝酸预处理形成钝化膜（第 7 章）。这是使金属植入材料形成保护膜的一个实例。其他可以通过各种方法在金属表面形成金属材料、陶瓷、聚合物膜，从而为活性金属和环境之间提供一个屏障，减少金属的腐蚀和溶解。

5.2.7 陶瓷降解

金属的溶解称作腐蚀，而陶瓷的解体被定义为**降解**（degradation）。金属表面的钝化层通常是陶瓷材料，这也表明，与金属相比，陶瓷在生理环境下的稳定性更好。这是因为构成陶瓷的化学键主要是离子键，破坏它们需要更多的能量。

但是，有的陶瓷在水环境中溶解度较高。从而将陶瓷分类为：惰性陶瓷和可吸收陶瓷或可控表面活性陶瓷。可吸收陶瓷和表面活性可控陶瓷将在生物降解材料部分详细讲述。

无论陶瓷的降解类型如何，其降解与金属一样，取决于其力学环境和陶瓷植入体的设计。陶瓷在力作用下可以发生应力-诱导降解。如果陶瓷含有裂缝，拉伸应力可以导致缝隙点进一步溶解，最终导致材料断裂。陶瓷微孔同样对陶瓷降解产生重要影响。微孔是应力集中点，导致裂缝形成和加速裂缝生长。另外，微孔加速降解还表现在增加了材料与周围环境的接触面积（5.4 节）。

5.3 高分子材料的降解

与金属、陶瓷一样，生物医用高分子在体内与周围体液和组织发生相互作用，导致不期望的降解发生。表现为植入后材料的褪色、开裂、力学性质的显著变化。相关特殊的降解机制，将在后面部分讨论。同其他类型生物材料相同，聚合物植物体在体内的位置，包括与水分、蛋白质、炎症细胞和理学应力作用，对聚合物的降解起很大的作用。

5.3.1 高分子降解的主要方式

高分子降解主要包括两步机制：溶胀/溶解和链断裂。许多含亲水性组成单元的聚合物在生理环境中会**溶胀**（swell），即溶剂/水分子被聚合物吸收，滞留在高分子链之间的空隙中。这些水分子相当于增塑剂，降低了链间次级键作用力，使材料的韧性增强，溶胀还会影响聚合物的结晶度。吸收的溶剂影响高分子材料的力学性能和热力学性质（如玻璃化转变温度）。如果聚合物是可溶的，且链之间几乎没有共价键结合，聚合物可以完全溶解在水溶液中，这是极端的例子。

相反，如果链断裂主要是**链断裂**（chain scission）而不是次级键。高分子主链从键断裂处开始断裂成片段，使整体分子质量下降。如前面章节所讨论一样，链的断裂也会对力学性质和热力学性质产生显著影响。链断裂可通过水解和氧化反应实现。

5.3.2 水解造成的链断裂

根据聚合物化学基团的敏感性，水分子可能促进大分子中特定键的断裂，这个过程称为**水解**（hydrolysis），是缩聚物的共同降解机制。图 5.8 呈现出了的许多能以水解断开的化学基团。许多种因素都可以影响聚合物的水解程度，如

1. 聚合物骨架中基团的活性；
2. 链间作用键的程度；
3. 聚合物所能接触到的介质（如水）的量。

如下例子可以说明材料的物理、化学性质如何影响水解速率。对水解敏感性植入聚合物往往含有大量可被水解的基团（如图 5.8 所示），使得水能深入材料中。当聚合物材料的初始分子质量相对较低、交联度较轻、链间几乎没有连接或者共价键时，材料的结晶度较低或者没有结晶，T_g 低于体温，因此材料处于无定型、橡胶态，这种材料有利于水的渗入。

为进一步促进聚合物水解，可以在植入器件加工时增加比表面积，从而提高水介质

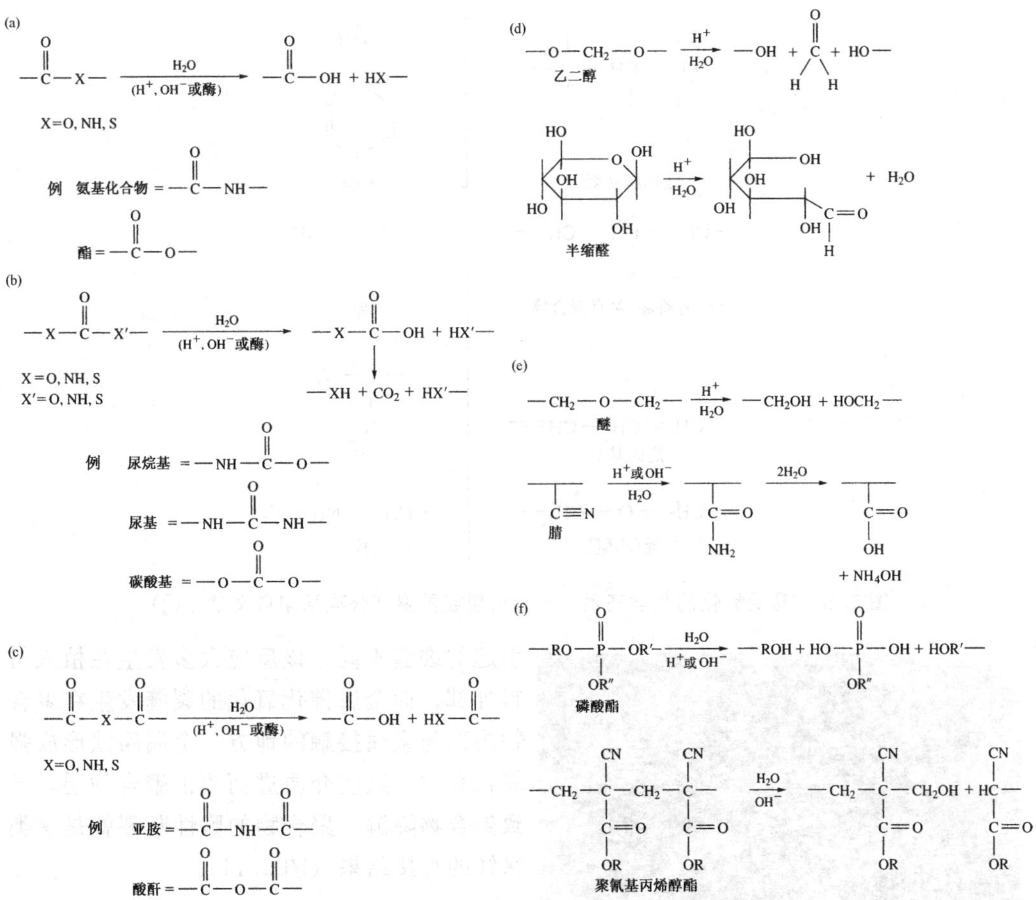

图 5.8 易水解断裂的化学基团（获准翻印自文献［9］）

与植物体接触的面积。

5.3.3 氧化造成的链断裂

除水解外，氧化反应也可以造成链断裂。这里，**氧化**（oxidation）是指高活性分子（如自由基）进攻高分子的活性基团，使共价键断裂。与水解不同，该反应包括到引发、传递和终止步骤，与第 2 章的描述相似。引发步骤包括聚合物链的均裂或异裂（图 5.9）。

均裂：$R—R \longrightarrow 2R\cdot$

异裂：$R—R \longrightarrow R^{+}+R^{-}$

图 5.9 聚合物链氧化断裂的两种不同的引发方式（均裂和异裂）（获准翻印自文献［9］）

与水解相比，氧化降解程度部分取决于聚合物中包含的易被氧化的化学基团数量（图 5.10）。另外，分子质量低、分子链间交联度差的聚合物降解更快，这是因为这类聚合物缺少保持材料整体的主要键和次级键。

体内经常发生氧化反应。这是由于细胞在炎症反应期间释放出活性因子，如高活性自由基（第 10 章）。然而，还有金属催化氧化发生，特别是对心脏起搏器。与环境应力

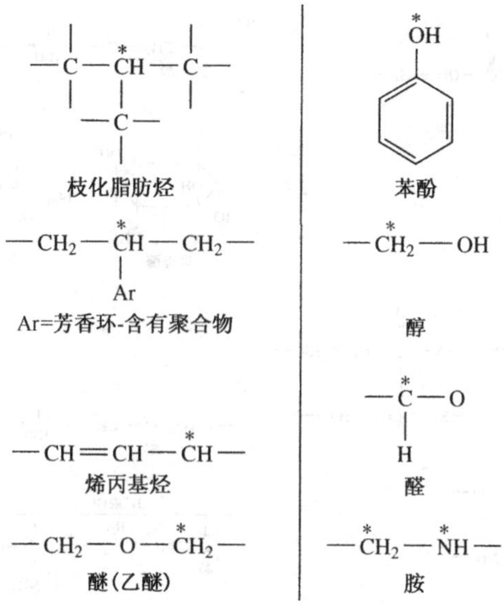

图 5.10　易受氧化的化学基团。* 为均裂或异裂（获准翻印自文献 [9]）

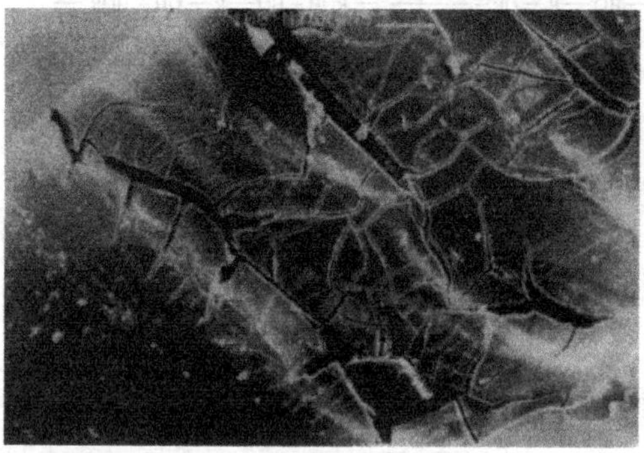

图 5.11　聚合物的脆性断裂，这是金属催化氧化的特征，最先发生在与聚合物接触的金属上，金属腐蚀产生的强氧化因子催化聚合物降解（获准翻印自文献 [9]）

引起的裂缝不同，该反应大多发生在植入材料外部，而金属催化氧化的裂缝发生在聚合物内部与金属接触的地方。金属腐蚀形成强氧化介质，这些介质进而攻击聚合物层，导致聚合物降解。聚合物的脆性断裂就是这类腐蚀的直接结果（图 5.11）。

5.3.4　其他降解方式

除上述聚合物降解的主要机制之外，生理环境还可能通过其他方式促进聚合物的降解。与金属和陶瓷一样，由植入体的植入位置或植入器械的设计因素导致的应力，会加速聚合物的降解。同样，某些对聚合物中化学基团有亲和性的蛋白质存在，也会促进聚合物化学键断裂。

5.3.4.1　环境应力开裂

聚合物的**环境应力开裂**（environmental stress cracking）与金属的应力腐蚀相似。当聚合物在生理环境受到足够的拉伸应力时，与主负载轴垂直方向的植入体外侧会产生深的裂缝（图 5.12）。然而，与金属催化氧化不同的是，环境应力开裂被认为是韧性断裂。尽管这种降解方式的机制尚不清楚，但是在环境应力开裂之前有炎症细胞存在（或这些细胞释放出反应性介质）是确定的。

5.3.4.2　酶催化降解

在生物医用植入体周围的组织和体液中所有的诸多蛋白质中，酶对聚合物中的特定化学基团具有亲和性。这时酶充当催化剂，可以降低特异化学反应所需要的活化能，该反应通常涉及具有亲和性的化学基团。体内需要的各种不同的酶，以达到合成及裂解天然聚合物（第9章）。如果聚合物含有与酶靶向位点相似的化学官能团，这些酶的作用既可能导致合成聚合物的水解，也可能产生氧化降解。由于酶的生成量存在个体差异，因此对个体而言，很难预测酶降解对聚合物整体降解的影响程度。

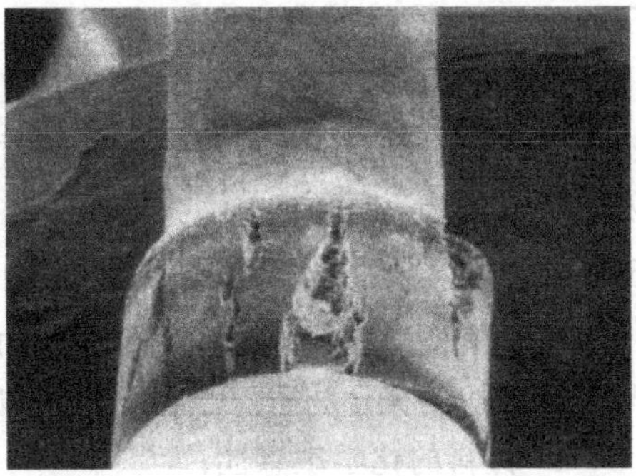

图 5.12　聚合物环境应力图

5.3.5　孔隙率的影响

孔隙率对聚合物降解的影响与孔隙率对陶瓷和金属的影响相似。因为孔是应力集中点，应力诱导的降解在多孔聚合物中会增强。同时，孔隙率增加了植入体的表面积，为水和氧化介质之类的环境因子提供更多的断裂位点。因此，通常多孔聚合物材料比无孔聚合物的降解速度快。

5.4　生物可降解材料

与前面章节讨论的非期望的、非可控降解相比，生物材料的可控降解在组织工程和药物控释治疗中发挥着重要作用。在这些应用方面，材料的可降解性使其成为促进局部组织愈合或释放生物活性因子的理想载体，不需要二次手术将植入体取出。

但是，在详细描述材料的可调控降解特性前，几个定义必须明确。尽管国际组织试图将与生物可降解植入体有关的术语标准化，但许多表达仍没有被严格定义，且显得冗长。接下来的讨论是部分基于 Kohn 等的描述[10]。一般来说，降解是指材料内部化学键的断裂，而腐蚀是材料尺寸与形状的改变，这些并不一定是由降解引起的。尽管前缀“生物”被定义为一种生理介质（如酶、细胞、细菌）的特异行为致使材料损坏，但文献中术语生物降解和生物侵蚀往往仅用来描述这些在体内发生的过程。

因此，在本书中，所指的**生物降解**（biodegradation）是由于生理环境因素（如水、离子、细胞、蛋白质和微生物）所造成的材料垮塌。**生物侵蚀**（bioerosion）泛指材料的垮塌，包括化学降解或其他过程中并不一定需要化学键的断裂（如物理溶解），仅由生理环境中的某一成分介导材料发生降解。

尽管生物可降解材料的使用可以为患者带来一些益处，尤其如前面所述的应用，但可降解也展示出更为复杂的生物相容性问题，因为不仅是材料本身，而且任何降解产物都必须是无毒的。第10章和第11章将给出有关可降解材料的体内、体外生物相容性测试更详细的信息。生物降解植入体几乎无一例外是陶瓷和聚合物，本章将对其进行详细介绍。

5.4.1　生物降解陶瓷

生物降解陶瓷通常是磷酸钙类型的陶瓷材料，如羟基磷灰石[HA，$Ca_{10}(PO_4)_6(OH)_2$]或磷酸三钙[TCP，$Ca_3(PO_4)_2$]，还可以由硫酸钙（$CaSO_2 \cdot 2H_2O$）和生物活性玻璃组成。可降解陶瓷的结构与自然骨组织相似，生物降解陶瓷常用作骨科材料。

5.4.1.1 侵蚀机制

生物降解陶瓷在生理环境中的侵蚀是溶解和物理解体共同作用的结果。溶解程度取决于陶瓷自身的溶解性和植入体植入部位的 pH。晶粒边缘的材料总是优先溶解，然后发生材料的物理解体。

5.4.1.2 影响降解速率的因素

由于陶瓷生物侵蚀的发生主要是由于其与水的相互作用，因此调控腐蚀速率的因素与前面讲述的聚合物水解相似，包括以下几点：

1. 材料的化学敏感性；
2. 结晶成分的量；
3. 介质（水）的量；
4. 材料的比表面积。

研究发现陶瓷的化学组成对其降解速率有显著影响，含有水合结构（如水合硫酸钙）的腐蚀比没有水合的对照组降解快。另外，羟基磷灰石中 CO_3^{2-}、Mg^{2+} 或 Sr^{2+} 的离子取代会使整体降解速度减缓，而 F^- 取代可以降低材料的溶解敏感性。

陶瓷降解与水的渗透有关，有致密晶体结构外壳的材料在水中的溶解性降低，而非晶态的材料却恰恰相反。多晶材料晶体因其活性边界而比单晶结构的陶瓷降解速度快。基于同样的原因，含有许多较小晶粒的陶瓷材料要比那些含有大晶粒的材料更易于溶解。

降解速率还受溶液量和植入体表面积大小的影响。因此，高孔隙率的材料与环境的作用面积大，因此较同样具有低孔隙率的陶瓷溶解更快。

除上述因素外，陶瓷如果处在高应力作用区域，则生物侵蚀会增加。如前面所述，陶瓷溶解性受到生理液体因素的影响，如由于炎症细胞存在而引起的 pH 下降。

5.4.2 生物降解聚合物

5.4.2.1 生物可降解材料简介及定义

尽管已合成大量的生物可降解材料，但美国 FDA 仅批准了少数几种聚合物作为临床医学材料，包括常用于缝合线的聚乳酸、聚乙醇酸和用作骨固定的聚对二氧环己酮。另外，聚己内酯和聚酸酐也被用于药物释放载体。上述聚合物重复单元的化学结构，图 5.13 所示。

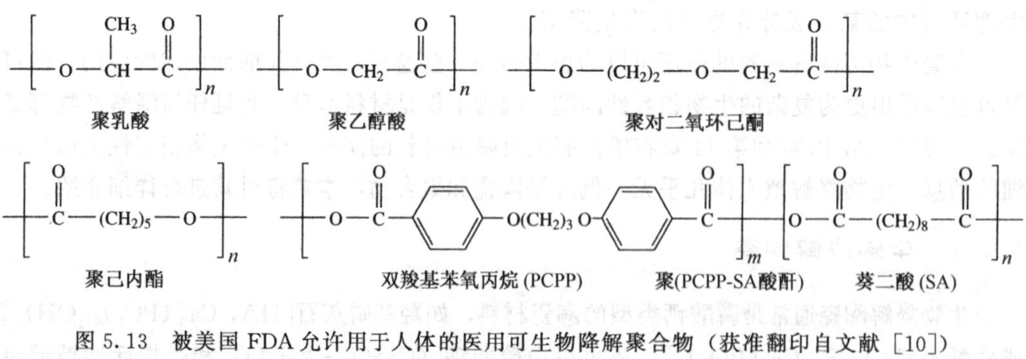

图 5.13 被美国 FDA 允许用于人体的医用可生物降解聚合物（获准翻印自文献［10］）

合成聚合物可以设计成在水性环境中水解降解，或对特异酶产生响应。天然高分子衍生物往往通过酶剪切来实现链的断裂。水解降解仅与有效水浓度有关，在患者个体之间比较差异不大。而酶的浓度因人而异，因此预测酶响应材料的降解速率存在一定的困难。然而，有些活性酶只存在于一些特殊的器官中，则酶降解聚合物可以实现定位降解，可作为药物靶向载体。

聚合物的水解有两种不同的机制：本体降解和表面降解。**本体降解**（bulk degradation），水浸入材料的速率要比材料降解成水溶性降解产物（水解）的速率快，植入材料在彻底降解之前会发生裂缝和开裂。大部分聚合物按这种方式降解，这种降解方式会使材料的力学性能快速下降，植入体坍塌成许多小碎片，从而限制了这些聚合物材料的应用，尤其需要负载应用受到限制。

而另一方面，水浸入材料的速度远远小于水解降解速率，就会发生**表面降解**（surface degradation）。在这种情况下，植入体材料厚度会减小，但是在降解过程中保持整体的力学性能。表面降解材料在所有合成材料中所占比例非常小。产生表面降解的可生物降解聚合物，只有聚酸酐的降解方式属于表面腐蚀。表面降解材料必须拥有高度易水解的化学键及强疏水性基团，以阻止过多的水浸入到植入体的内部。表面降解材料的一个缺点就是材料表面不断变换，在体内很难与周围肌体组织整合。

例题 5.3

在下图给出的聚合物中，哪些是本体降解，哪些是表面降解？对应的应力-应变曲线是哪一个图所示（能做最佳解释）？

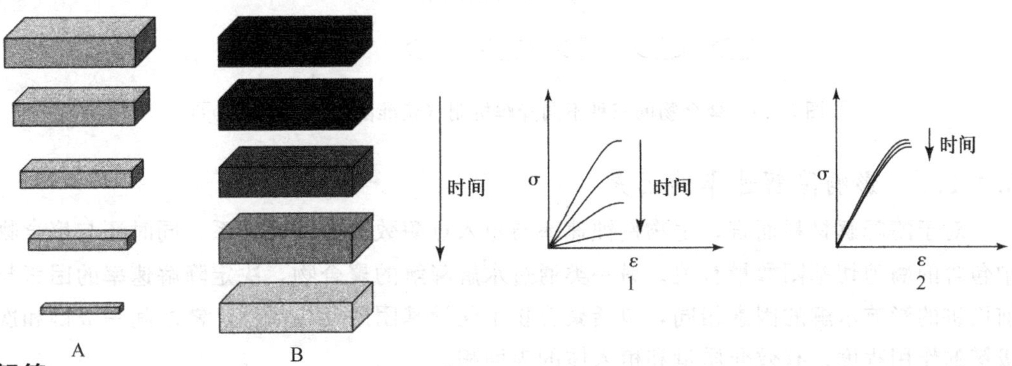

解答：

A 系列是表面降解材料，随着材料的降解，其尺寸不断缩小。但是，材料的结构随着时间的推移几乎不变，因此力学性能变化很小，其对应为第二个应力-应变曲线；B 系列的降解方式为本体降解，材料的形状大小没有显著变化，但其力学性能下降，对应第一个应力-应变图。

5.4.2.2 降解机制

聚合物的生物降解，无论是水解还是酶解方式，都包含有三种降解机制。这是因为两种降解方式的目的通常都是生成水溶性小分子产物，能被人体系统清除而排出体外。

图 5.14 所描述，通过聚合物链间交联化学键的断裂使聚合物降解的称为水溶性机

制（机制Ⅰ）；另外，疏水性侧链可以被剪断暴露亲水性基团，因此使整个材料变为亲水性（机制Ⅱ）；聚合物的骨架键受到攻击，降解成水溶性单体（机制Ⅲ）。事实上，聚合物在降解期间往往同时存在两种或两种以上的机制。

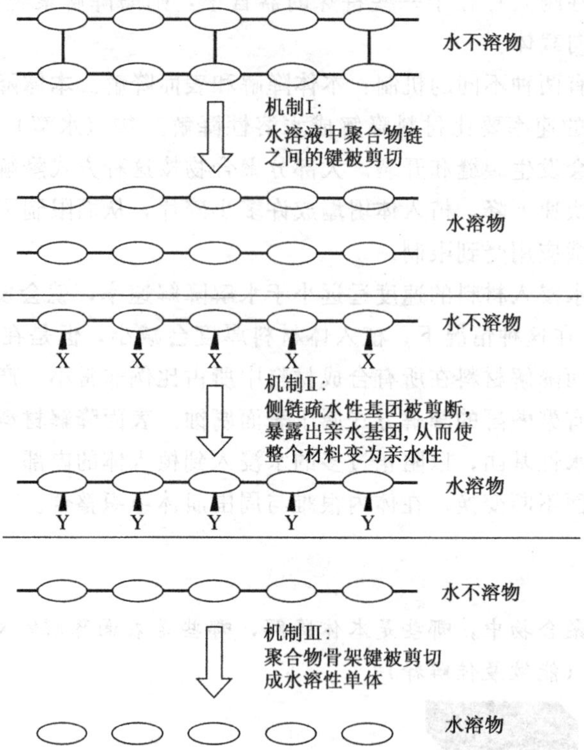

图 5.14 聚合物的三种不同降解机制（获准翻印自文献［10］）

5.4.2.3 影响降解速率的因素

对于酶降解材料而言，生物侵蚀速率与植入点酶数量有很大关系，同时还与聚合物中包含的酶剪切基团数量有关。另一类通过水解降解的聚合物，决定降解速率的因素与前面讲的影响水解的因素相同，包括聚合物中化学基团的反应活性、链之间一级键和次级键的作用程度、有效介质量和植入体的表面积。

5.5 降解程度的测定方法

生物材料（期望或非期望）的降解程度可以通过体内和体外实验进行定量测量。一个新材料，通常先进行体外实验，如果降解速率可接受，进一步做体内实验。体外实验一般是将材料剪成标准尺寸，然后放入盛有模拟体液的容器中，该溶液的 pH 和离子含量都与体内溶液相似。

体内实验最为复杂，必须选取恰当的动物模型，材料植入部位的特性与最终需要植入人体内的部位相似。这一点非常重要，因为如前所述，植入部位的参数（如 pH 和力学载荷）在器件发挥其功能的过程中都对降解速率有重要影响。关于选择合适动物模型的更多知识将在第 11 章中介绍。

通过体内实验和体外实验，分析样品在一定时间内的降解程度，包括样品损失重量和物理、化学性质的检测，肉眼可观察的某些变化，如颜色、裂缝大小等。通常，材料的表面性质需要利用光学显微镜或电子显微镜进一步检测，表面性质的一些检测技术将在第 7 章中介绍。

要评估植入到体内的金属材料的腐蚀，仅仅检测重量的变化是不够的，因为在腐蚀的过程中，金属的重量变化微不足道。因此发展了多种检测金属降解的分析方法（第 11 章、第 12 章）。其中一项重要的技术就是电化学检测，根据测量电流来检测被测金属在模拟体液中的电动势改变。这种方法的依据是金属腐蚀的氧化-还原反应，本质是产生电子移动（即电流）。根据数据绘图，以电动势位为 y 轴，以电流为 x 轴，所获得的曲线可以用于评价体内环境下金属的腐蚀速率。

小结

- 一般不希望在生物材料应用过程中发生不可控降解，该类降解常常会造成材料结构的破坏和功能的失效。但是，可以根据需要、降解影响因素设计可控降解材料，如控制释放生物因子。
- 金属降解（腐蚀）是通过氧化-还原反应发生的，其结果是氧化（阳极）端的金属缓慢溶解。
- 金属腐蚀的影响因素很多，能斯特方程和普尔贝图谱可以预测金属在各种条件下的腐蚀活性。
- 金属的加工、处理都会影响其腐蚀，金属内部或两个金属接触面的细小裂缝可以导致金属的裂缝腐蚀，整个过程中缝隙区作为阳极；金属钝化层表面上的细微瑕疵可使金属发生点腐蚀；当晶界表面处于高能状态，可以作为阳极发生晶间腐蚀。
- 力学环境也会影响金属的腐蚀，弯曲的金属棒或平板会使拉伸边缘作为阳极，而受压一侧作为阴极，发生电偶腐蚀；金属的细小裂缝在腐蚀环境中受拉力会使金属变脆，发生应力腐蚀断裂；植入体内金属的钝化层处在重复弯曲、负载和运动的状态下，这会导致疲劳腐蚀；疲劳腐蚀不涉及负载，但与力学因素将金属表面的钝化层破坏有关。
- 金属所处的生物学环境也可以影响其降解速率，如蛋白质的存在、细胞或细菌等。
- 陶瓷降解主要通过溶解方式，且对应力诱导的降解非常敏感；而聚合物典型的降解方式是溶胀/溶解或断链，链断裂降解的机制是通过水解（由于水的存在）或氧化（由于活性自由基的存在）来实现的。
- 生物可降解陶瓷一般通过溶解实现降解（受到陶瓷中各成分溶解性和介质 pH 的影响），降解过程伴随着物理解体。陶瓷的降解速率决定于其材料的化学敏感性、结晶程度、有效水的量、材料的比表面积，降解还与材料所处的力学环境有关。
- 聚合物的酶解取决于可供酶剪切的基团数量和酶的有效浓度，聚合物的水解可以通过以下方法来控制：聚合物中活性基团、链间次级键、有效水量和材料的表面积。
- 当水浸入材料内部的速率大于材料水解速率时，会发生本体水解；当水浸入材料内部的速率小于水解速率时，会发生表面水解。

习题

5.1 现有一植入关节，主干部分有 Ti6Al4V 组成，头部由 CoCr 组成。

(a) 选择下列两种腐蚀机制描述它们是如何影响该人造器官的应用的：电偶腐蚀、缝隙腐蚀、点腐蚀、应力腐蚀和疲劳腐蚀。

(b) 根据 5.5 节提供的检测方法，你选用哪一种方法检测这些潜在的腐蚀问题？

5.2 对比下列两种聚合物作为血管支架材料的降解敏感性：

聚对苯二甲酸乙二酯

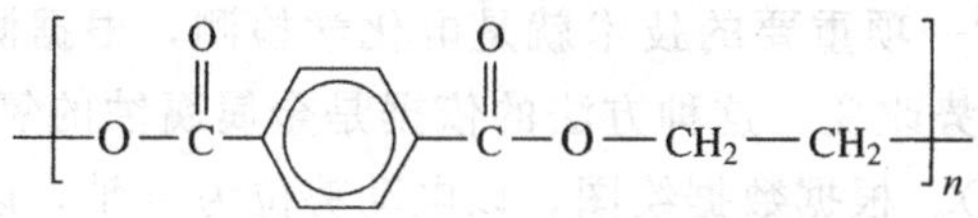

聚四氟乙烯

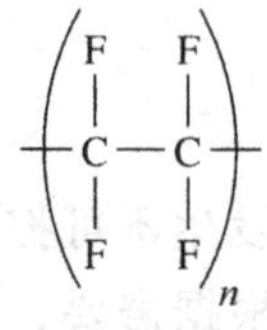

(a) 哪一个聚合物容易水解断链？为什么？

(b) 如果这两个聚合物加工成圆筒形状，作为血管替代品，是内壁还是外壁更容易降解？

5.3 你需要判定哪种材料用作组织工程支架材料来代替骨缺损（骨缺损是指不能自我修复的骨损伤），当细胞增殖和生成新骨组织时，支架就会降解提供空穴以供新组织的生长，你对该支架聚合物选择哪种降解方式（水解、酶解、本体降解还是表面降解）？为什么？

5.4 以下是你对聚（D，L-丙交酯-乙交酯）支架的体内和体外降解实验结果，分子质量半降解周期分别是多少？为何会有差异？

体内		体外	
周	相对分子质量	周	相对分子质量
0	104 300	0	101 800
1	82 539	1	74 070
2	65 318	2	53 894
3	51 690	3	39 213
4	40 906	4	28 532
5	32 371	6	15 105
6	25 617		
8	16 043		
10	10 047		
12	6 292		

5.5 你研究了两种水降解系统来控制治疗性生长因子（GF）的释放，在第一个系统，GF 分散在可水解的水凝胶聚合物中；第二个系统是将 GF 植入一种明胶微球中，即第一个系统的下一步实验。分别用检测 GF 的体外释放效果，①是 PBS 溶液；②是 PBS 中含有胶原酶（一种凝胶水解酶）。下图是检测结果，两张图分别表现的哪一个释放系统？

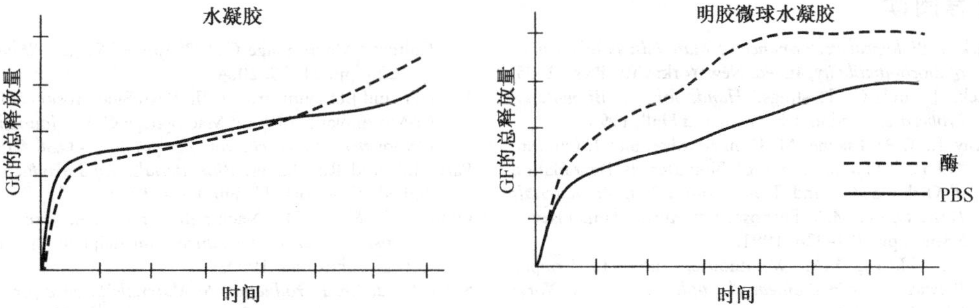

5.6 请你比较两种不同的 Ti6Al4V 加工股关节主干的方法，下面两张图是两种加工方法的结果，哪一个加工方法获得的产品更容易腐蚀？

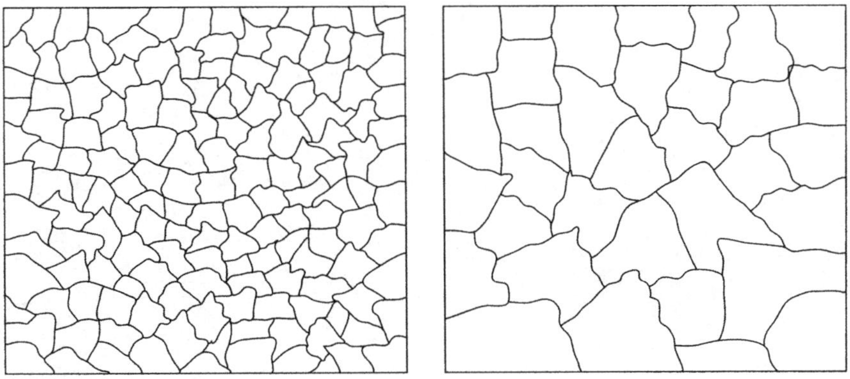

方法 A　　　　　　方法 B

（付春华　蔡开勇　王远亮　译校）

参考文献

1. Williams, D.F. and R.L. Williams. "Degradative Effects of the Biological Environment on Metals and Ceramics." In *Biomaterials Science: An Introduction to Materials in Medicine*, B.D. Ratner, A.S. Hoffman, F.J. Schoen, and J.E. Lemons, Eds., 2nd ed. San Diego: Elsevier Academic Press, pp. 430–439, 2004.
2. Myers, R. *The Basics of Chemistry*. Westport: Greenwood Press, 2003.
3. Callister, Jr., W.D. *Materials Science and Engineering: An Introduction*, 3rd ed. New York: John Wiley and Sons, 1994.
4. *Metals Handbook*, 8th ed., Vol. 1, "Properties and Selection of Metal", Materials Park, OH: ASM International, 1961.
5. Pourbaix M., "Electrochemical Corrosion of Metallic Biomaterials" *Biomaterials*, vol.5, pp. 122–134, 1984.
6. Angelini, E., A. Caputo, and F. Zucchi. "Degradation Process on Metallic Surfaces." In *Integrated Biomaterials Science*, R. Barbucci, Ed. New York: Kluwer, pp. 297–324, 2002.
7. Fontana, M.G., *Corrosion Engineering*, 3rd ed. New York: McGraw-Hill, 1986.
8. Williams, D.F. and R.L. Williams. "Degradative Effects of the Biological Environment on Metals and Ceramics." In *Biomaterials Science: An Introduction to Materials in Medicine*, B.D. Ratner, A.S. Hoffman, F.J. Schoen, and J.E. Lemons, Eds., 1st ed. San Diego: Elsevier Academic Press, pp. 260–267, 1996.
9. Coury, A.J. "Chemical and Biochemical Degradation of Polymers." In *Biomaterials Science: An Introduction to Materials in Medicine*, B.D. Ratner, A.S. Hoffman, F.J. Schoen, and J.E. Lemons, Eds., 2nd ed. San Diego: Elsevier Academic Press, pp. 411–430, 2004.
10. Kohn, J., S. Abramson, and R. Langer. "Bioresorbable and Bioerodible Materials." In *Biomaterials Science: An Introduction to Materials in Medicine*, B.D. Ratner, A.S. Hoffman, F.J. Schoen, and J.E. Lemons, Eds., 2nd ed. San Diego: Elsevier Academic Press, pp. 115–127, 2004.
11. Bundy, K.J. "Corrosion and Other Electrochemical Aspects of Biomaterials." *Critical Reviews in Biomedical Engineering*, vol. 22, pp. 139–251, 1994.
12. Lemons, J.E., R. Venugopalan, and L.C. Lucs. "Corrosion and Biodegradation." In *Handbook of Biomaterials Evaluation*, A. von Recum, Ed., 2nd ed: Taylor Francis Inc., pp. 155–170, 1999.

推荐阅读

Black, J. *Biological Performance of Materials: Fundamentals of Biocompatibility*, 4th ed. New York: CRC Press, 2005.

Black, J. and G. Hastings. *Handbook of Biomaterial Properties*. London: Chapman and Hall, 1998.

Burny, F., Y. Andrianne, M. Donkerwolke, and J. Quintin. "Clinical Manifestations of Biomaterials Degradation in Orthopaedics and Traumatology." In *Biomaterials Degradation*, M.A. Barbosa, Ed. Amsterdam: Elsevier Science, pp. 291–326, 1991.

Lamba, N.M.K., K.A. Woodhouse, and S.L. Cooper. *Polyurethanes in Biomedical Applications*. New York: CRC Press, 1998.

Lin, H.Y. and J.D. Bumgardner. "Changes in Surface Composition of the Ti–6Al–4V Implant Alloy by Cultured Macrophage Cells." *Applied Surface Science*, vol. 225, pp. 21–28, 2004.

Lin, H.Y. and J.D. Bumgardner. "In Vitro Biocorrosion of Co-Cr-Mo Implant Alloy by Macrophage Cells." *Journal of Orthopaedic Research*, vol. 22, pp. 1231–1236, 2004.

Park, J.B. and R.S. Lakes. *Biomaterials: An Introduction*, 2nd ed. New York: Plenum Press, 1992.

Oxtoby, D.W., N.H. Nachtrieb, and W.A. Freeman. *Chemistry: Science of Change*. Philadelphia: Saunders College Publishing, 1990.

Shackelford, J.F. *Introduction to Materials Science for Engineers*, 6th ed. Upper Saddle River: Prentice Hall, 2004.

6. 生物材料的加工工艺

主要目标

理解生物材料的强度提高、成形和灭菌等方面的要求及加工技术。

具体目标

1. 理解提高金属和高聚物强度的分子机制；
2. 理解热处理过程对金属和高聚物材料分子结构、宏观性能的影响；
3. 比较金属、陶瓷和高聚物的成型技术；
4. 理解不同灭菌技术的灭菌机制和各种技术的局限。

6.1 概述：生物材料加工的重要性

前面章节中已介绍了金属、陶瓷和高聚物等生物材料的制备方法和降解的化学机制。本章重点介绍这些材料加工成型的实用技术，以及加工方法对化学结构的影响。

生物材料加工工艺通常改变材料的宏观性能或表面特性，得到想要的材料形态或灭菌后的器件，甚至提高材料的生物相容性。本章先描述加工中材料宏观性能变化的机制，之后讨论成型技术以及提高生物相容性的工艺。材料表面特性的技术在后续的章节中介绍。

6.2 提高生物材料宏观性能的工艺

材料在成型加工工艺中的宏观性能主要指材料的力学性质。迄今，人们已经开发出提高不同生物材料强度的许多方法。正如在第 4 章中提及的，为了制备强度和硬度更好的材料，需要减少材料的位错运动，还需要更多的能量使材料发生弹性形变。以下章节介绍防止位错运动发生的方法，从而提高材料的可加工性。

6.2.1 金属材料

金属材料的加工工艺会影响其力学性能。对于所有的金属材料，都可以在其晶格结构中引入一些缺陷，以阻止发生位错运动。晶格缺陷可以是点、线、面的形态，通过下述不同机制引入。这里总结了不同的加工工艺，6.3 节讲述加工工艺对表 6.1 所列的材料强度的影响。

表 6.1 不同加工方法对金属材料性能的影响

增强性能	减弱性能
炼制合金	退火
冷作硬化	热加工
沉积硬化	空隙化

（获准翻印自文献［2］）

6.2.1.1 合金化

合金的强度通常比纯金属高，且具有更高的抗腐蚀性能。因为合金是一种固体溶液，就像是在金属中引入了多种辅助的点缺陷。这些点缺陷可以引起局部晶格应变，图 6.1 所示。如果加入的杂质原子比金属本身小，可以引起张力应变［图 6.1 (a)］。同样，如果加入的辅助原子比金属本身的原子大，则可以导致局部压缩应变［图 6.1 (b)］。

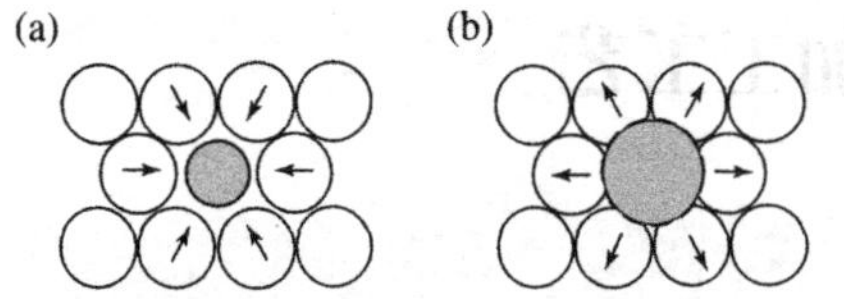

图 6.1 合金的点缺陷可以引起局部晶格应变。如果加入的杂质原子比金属本身小，可以引发张力应变 (a)。相反，如果加入的辅助原子比金属本身的原子大，则可以导致局部压缩应变 (b)

位错附近的晶格会产生张力或压力使得材料变形，该过程取决于原子相对于位错的分布位置。图 6.2 所示，杂原子聚集在位错周围，有助于消除晶格应变。例如，位于位错边缘“张力侧”的大原子会更稳定，在这些位置的原子由于位错的存在已经轻微离位。如果位错移离杂质，系统中的晶格应变能力就会提高。这样就增强了剪切力而引发位错运动，对此必须克服才能够提高金属材料的强度。

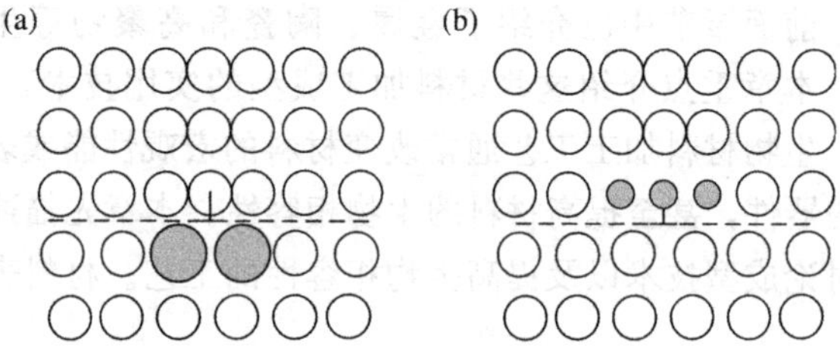

图 6.2 位错周围的晶格错位，杂原子聚集在位错区域周围可以帮助消除晶格应变。(a) 较大的原子聚集在位错的张力侧；(b) 较小的原子聚集在位错的压力侧（获准翻印自文献［1］）

例题 6.1

316L 不锈钢是一种含 70%铁以及 30%其他金属的合金，通常是铬和镍。现有一种合金含 70%铁、18%铬和 12%镍，思考以下问题：

(a) 这种合金的力学性能与纯铁相比是强还是弱，为什么？

(b) 如果铁原子半径 1.24 Å，铬原子半径 1.25 Å，镍原子半径 1.25 Å。问晶格中铬原子和镍原子可以导致张力应变还是压力应变？为什么？

(c) 给铜原子加入后产生的缺陷类型命名。

解答：

(a) 该种合金的力学强度比纯铁的要大，因为合金中杂原子充当晶格中的点缺陷，引发晶格应变，从而提高了位错运动所需的能量。

(b) 因为作为杂质的镍和铬原子比铁原子的半径稍大，所以这些杂质原子的存在可以引发材料的局部压缩应变。

(c) 杂质铜原子充当辅助点缺陷。

6.2.1.2 应变硬化

与点缺陷可以提高金属的强度一样，增加线缺陷同样可以制造出较高强度的金属材料。金属材料强度的提高是由于其形成了弹性形变，这个现象被称为**应变硬化**（strain hardening），是由于在这个过程中的位错（线缺陷）数目增多引起的。由上述可知，每个位错都有一个晶格应变，因此某个位错的应力场要脱离多个位错形成的局部应变中，需要更多的能量。弹性形变过程中位错数目持续提高，因此理论上需要越来越高的力来维持形变。

应变硬化也称为**冷加工**（cold working），因为该工艺温度低于金属的熔点。尽管该工艺可以提高金属的强度，但同时伴随延性降低。如果冷加工后金属的延性不能达到应用的需求，可以通过退火工艺来降低应变硬化的影响。

6.2.1.3 晶粒微化

通常应用的金属均为多晶态，包含共享同一晶界的许多不同取向的晶粒。由于塑性形变，位错必须跨越不同的晶粒。然而，如果相邻晶粒的取向不同，位错运动的方向必定在晶界处发生改变。随着晶粒位差的提高，改变位错运动方向更加困难。此外，这种晶粒取向的非匹配可能导致晶粒间滑移面中断，进一步减弱位错运动。

由于这些因素，可知对同一材料来说，含较小晶粒的材料强度通常高于含较大晶粒的材料强度。本质上，面缺陷以晶粒晶界的形式被引入到较小粒子的材料中。晶粒的尺寸受到热加工过程的影响，将在下面章节讲述。上面已经讨论过，除了晶粒的尺寸，晶粒的取向也可以影响材料整体的力学性能。大角度的晶界相对于小角度晶界更能有效阻止位错运动。

6.2.1.4 退火

冷加工提高了金属的强度，但同时降低了金属的热延性，而且对金属的耐腐蚀性能也有负面影响。因此，需要采取热处理工艺对其性质进行恢复。**退火**（annealing）是热处理的一种形式，一般是将材料加热到一定的高温，保温相对较长的时间，以提高材料的热延性或硬度，减小内应力（内应力减小通常可提高材料的耐腐蚀性能，第 5 章），或产生特定结构的晶粒。

有大量影响晶粒尺度的热处理方式，其中最重要的是，晶界处过剩的能量，降低这类晶界的数量，主要借助于热力学过程。所以，在高温下诱发原子扩散，当较小的晶粒减少时自动生成较大的晶粒，从而引发晶体粒度的提高，随之减少晶界面积。

退火过程分为三个明显的阶段：加热到所需要的温度、维持或者使材料各部分都达到该温度、控制冷却的速度（**淬火**，quenching）。在退火工艺中影响最终产品性能的参数包括材料结构和淬火速度。淬火速度取决于材料的去热速度，因为材料的外部冷却速度通常比内部冷却快。这种冷却的温度梯度影响材料的最终晶粒结构，并且影响材料的整体性能。

材料淬火时热量的去除依赖于所用的介质，水中冷却速度比油中快，油中冷却速度比空气中快。如果在材料表面的介质是流动的，会加快淬火速度。同样地，因为冷却最先发生在材料表面，所以具有较大表面积的材料淬火速度较快。

例题 6.2

假设欧洲中世纪后的一个材料科学家（是一位铁匠），想制造一个髋假肢。这位铁匠会制造大腿股骨假肢，他认为这种力学性能不足以用作髋假肢。经过思考，这个铁匠用钳子夹紧这个假肢，把它放入燃烧的木炭中烧了几分钟，然后取出，在铁砧上反复的用锤子锤击。当火红的假肢变暗时候，铁匠就把它重新放到火热的炭火中烧，然后再锤击，这样反复几次。

(a) 反复的锤击这个火热的假肢是否能够提高它的力学强度？为什么？

(b) 如果假肢的强度通过锤击得到提高，它的热延性是否受到影响？为什么？

(c) 给铁匠采用的工艺技术命名。

(d) 铁匠认为材料在经过他几轮的锤击后已经变得足够坚硬。他决定把这个假肢放到烧热的炭火中一整夜，早上取出来在空气中冷却。这个过程能否提高假肢的热延性？为什么？

(e) 经过在炭火中加热一整夜后，铁匠意识到他有几种冷却火红的假肢的选择：①把它浸入从屋后小溪中取来的一桶水中；②直接把它放入屋后流动的小溪中；③把它浸入一桶油中；④坚持最初的计划，把它放到空气中冷却。把这几种冷却方法按照冷却速度由慢到快排列。

解答：

(a) 对加热后的假肢进行几轮锤击能够提高它的强度，因为锤击可以将线缺陷引入到金属的晶体结构中。随着锤击次数增多，材料的位错数目增多，这些位错互相作用逐渐增强。位错数目的逐渐增多和晶格应变增强，材料的弹性形变就需要更大的力或能量。

(b) 通过几轮锤击之后提高了金属的强度，同时降低了材料的热延性。因为在弹性形变的时候需要更多的能量，金属在所给的力下不容易产生形变，那么它的热延性就降低。

(c) 铁匠采用的是应变硬化或者冷加工。很有趣的是铁匠这个词也是由锤击衍生来的（而锤击是由击和打组成的）。

(d) 加热假肢到低于金属熔点的高温，并且保温一定时间，然后冷却可以提高假肢的热延性，因为这个过程降低了金属的内应力。温度高条件下的能量促使晶格中原子级别的扩散，从而形成更大的晶粒（相应减少晶界相互作用）。晶界的减少提高了材料的热延性，因为降低了弹性形变所需的能量。

(e) 在空气中冷却＜在油桶中冷却＜在水桶中冷却＜在小溪水中冷却。

6.2.1.5 沉积硬化

前面介绍了将惰性点、线、面缺陷引入到金属材料中以减少位错运动的方法。同样地，体积缺陷也可以通过沉积硬化引入。这类沉淀是在金属晶体材料的内部形成的，因此会形成局部晶格应变。这些应变为该区域的位错运动设置了障碍，提高金属的强度。

6.2.2 陶瓷

因为陶瓷材料中离子键的性质，位错运动在陶瓷中是很困难的。因此，进一步减少位错运动的技术对陶瓷材料来说没有什么用途。另一方面，陶瓷材料加工中存在的一个大问题是如何提高滑动结构，以提高其热延性。此类技术不在本书的讨论范围之内。

6.2.3 高聚物

由于位错运动发生在离子键型的材料之中，而在具有共价键型的材料中位错运动很难发生。但是，许多高聚物本身处于半结晶态，通过提高现有材料的结晶度来提高材料的强度是可行的。其中一种途径是热处理。如果聚合物在加热后缓慢冷却，就会使聚合物链有足够的时间规则排列，这样就提高了材料的结晶度。这种提高结晶度的方法在第3章讨论 Avrami 方程［式（3.3）］时已经介绍过。

另外一种提高聚合物强度的方法是应用预拉伸工艺，这个工艺类似于金属材料的应变硬化。在第4章讨论过，高聚物链在变形时规则排列，如样品在经历张力实验的瓶颈部分。如果预拉伸工艺用于制作中或者材料后加工时（对高聚物纤维的处理在后面会介绍），可以增强材料沿负载轴的强度。

高聚物材料的强度和硬度可以通过交联来提高，因为交联可以降低高聚物材料分子链的相互滑移。交联过程可以通过将已经成型的高聚物材料放到化学诱导剂中或者高的辐射能场来实施。

例题 6.3

一个学生完成了一个6包苏打水的包装，并且决定打开绑缚金属罐的聚合物环。该学生将每只手的食指和中指放在环的相反方向，然后将手沿反方向向外拉伸，解开聚合物环。他发现，起初拉伸该聚合物环所需外力较大，然后所需外力逐渐减小，最后外力稍微增大，聚合物环断裂。画出可以描述该聚合物换力学性能的应力-应变曲线（不需标注具体数值）。从分子学水平解释上述力学行为。在最大应力范围内，张力如何影响聚合物的结晶度？

解答：

聚合物样品在张力测试过程中发生颈缩现象。上述试验的应力-应变曲线表示如下：

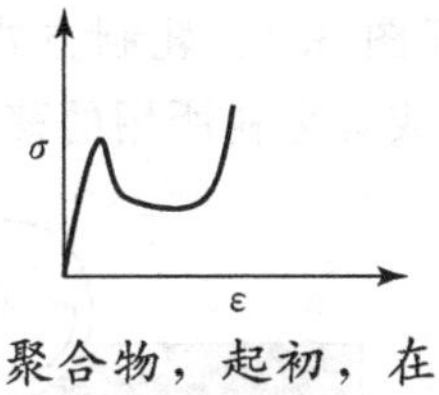

从现象推测该聚合物是半晶态聚合物，起初，在外力作用下聚合物链（薄片层和缠结的分子）沿轴向伸长。这一沿轴向排列排列的过程表现为曲线起始处的斜线。接着表现出应变增大，应力几乎不变的现象表明聚合物发生晶相分离，并沿力的方向进行有序排列。一旦聚合物发生有序排列，则需要更大的力发生应变以克服聚合物内部的相互作用，因此导致聚合物环发生断裂。在最大应力范围内，聚合物链沿轴向的有序排列导致聚合物的结晶度增大。

6.3 成型工艺

材料强度的增强机制涉及其塑性变形能力的降低，这对于提高生物材料的最终性能非常重要。需要指出的是塑性变形对材料的应用至关重要，因为它能确保将材料加工出复杂形状。制造特定形态的医用移植体的加工方法有很多种，如模锻、铸造、粉末成型、机械加工、拼接等。而且，在20世纪还发展出快速制备技术（也称为快速成型）。

6.4 金属材料加工

6.4.1 模锻

模锻（forming）加工是金属材料通过弹性形变成型的方法。锻造、压制、热模压和退火是模锻的常用技术。如果所有这些加工过程温度处于或高于0.3T_m（金属重结晶温度），这类加工称为**热加工**（hot working）。如果形变温度低于金属重结晶温度，称为冷加工。热加工的优势是可以发生较大的形变，而且形变过程中所需的能量比冷加工中的小。然而，在热加工过程中，材料表面会被氧化，会导致材料的抛光性能变差。

相比较而言，冷加工的金属强度比较高，而且具有较好的表面抛光性能。此外，在低温下加工成型更容易控制最终产品的尺寸。冷加工的缺点包括形变小，材料的热延性和耐腐蚀性能会降低。

6.4.1.1 金属锻造

几个世纪以来，铁匠们利用**锻造**（forging）来制造工具、马掌和珠宝。现代锻造的常用类型是闭模锻造，图6.3所示。在该工艺中，在两个半模具上施加压力，使得在模具中金属变形，占据模具形状的空隙。该方法被广泛应用于制备不同金属的骨植入体，包括不锈钢和钛。

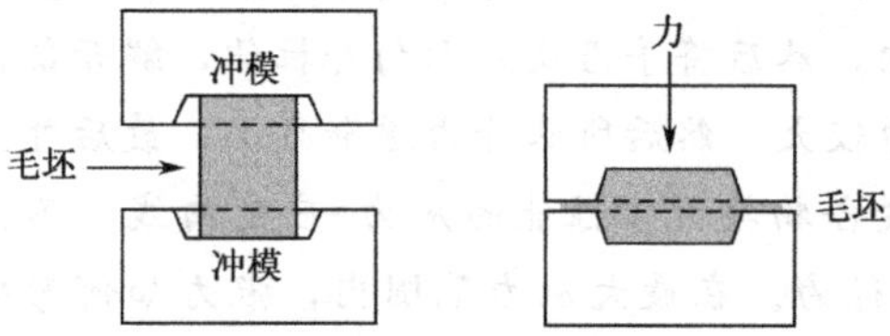

图6.3 闭模锻造示意图。两个模锻锤施力压制毛坯成特定的形状（获准翻印自文献[1]）

6.4.1.2 金属轧制

轧制（rolling）是将金属材料置于两个辊轮之间，两个辊轮向材料施加压缩力，减低材料的厚度，该过程的示意于图6.4。轧制方式先用于制造材料（棒、杆等）原型，以利于进一步加工成整形外科或者齿科所用的移植体。

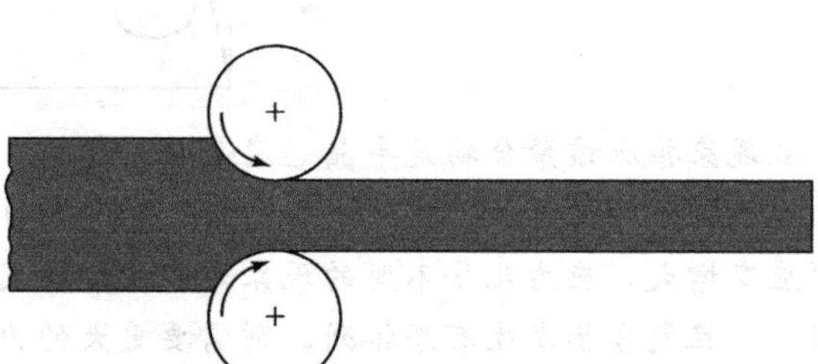

图6.4 金属轧制过程示意图。金属放在两个辊轮之间，当材料被放到两个辊轮的空隙中时，辊轮挤压金属材料以减小其厚度。这个过程可以在室温下进行，也可以在高温下进行（获准翻印自文献[1]）

6.4.1.3 挤出成型

金属的**挤出**（extrusion）过程图6.5所示，条状的金属材料被推进带有小口的冲模中，通过液压机给冲模的孔施加压力。挤出所需形状的器件，且比加工前的金属多出一个横截面。这种技术应用于制造金属线，如用于畸齿矫正的材料。

6.4.1.4 拉伸成型

拉伸（drawing）成型和挤出成型相似，但不是在入口一端推进金属材料，而是在

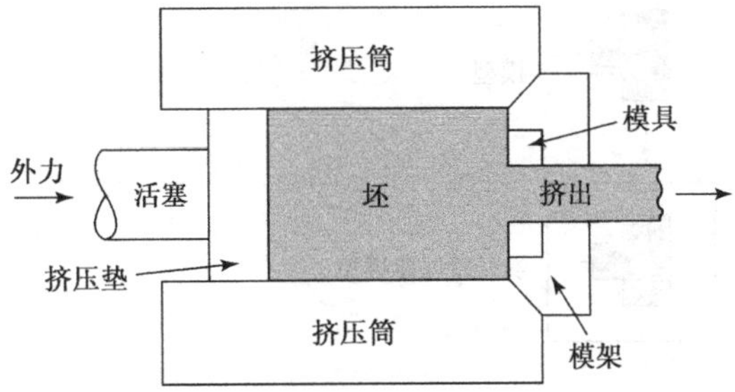

图 6.5 挤出成型示意图。条状的金属被塞进有所需形状的带一个小口冲模中。改变冲模可以制造出具有不同的横截面的材料（获准翻印自文献 [1]）

出口锥形孔处将材料拉出（图 6.6）。拉伸成型可得到小截面且较长的材料。拉伸机可以连续使用几次，可以得到不同尺寸的成品。金属线和金属管经常通过这种方法来生产。拉伸也用于生产条块状的整形外科和牙科植入件。

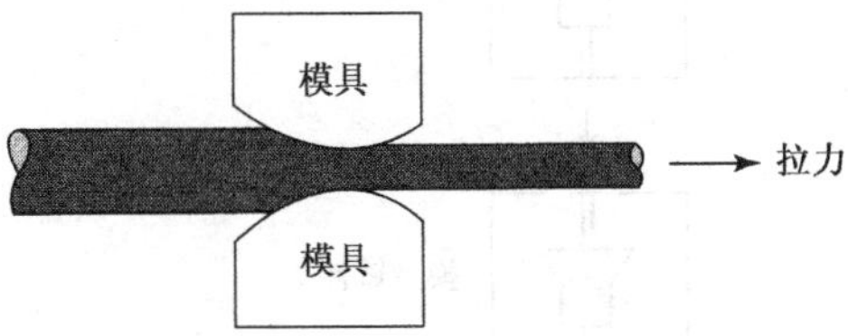

图 6.6 拉伸成型示意图。与挤出成型类似，条状的待加工材料是被拉进冲模具中，而不是推进冲模具中

第 3 章介绍过，挤压和拉伸后，细金属纤维可以编织成三维的网眼，近而被用作组织工程的支架材料。虽然有很多网眼的成型工艺技术，金属材料通常形成非织物网眼。金属纤维被排列起来，然后以热力学或力学方式绑在一起成为一个特殊的形状（如用于下面要讲述的热压技术）。需要明确的是，金属网眼材料应用于组织工程领域有一定局限性，因为这类材料很明显是非生物降解材料。

6.4.2 金属铸造

铸造（casting）是金属的另一种加工成型方式。一般来说，铸造是将熔融的金属倒入模具中，然后冷却成型的过程。待金属变硬之后就保持了模具的形状，但总有些收缩现象。铸造成型方法的优点是很容易制造出复杂的形状，即使热延性不高的材料也经常用此法来加工成型。而且，相对来说，这种加工方式比较经济。然而，铸造成型加工出来的器件有些内部缺陷（如小孔），而且晶体结构也不是很好。与其他方式的加工方法相比，这些缺陷的发生更加频繁。下面就介绍铸造的两种类型：砂型铸造和熔模铸造。

6.4.2.1 砂型铸造

最简单、常用的铸造方式是砂型铸造。砂型铸造的过程是：先在与要制造的样品一样的模型周围压紧砂子，用砂子制造出一个可以分为两片的模具，之后从砂子中取走模具，在模具中浇入熔融的金属，金属冷却后，将模具移开，制造出和模型一样的器件（图 6.7）。

6.4.2.2 熔模铸造

熔模（investment）铸造或蜡模铸造与砂型铸造相似，只是熔模铸造中的样品模型是由石蜡或低熔点的高聚物制成。首先石蜡制造的样品模型被包入黏浆中（通常是熟石膏）制造出模具，其次整个物件被加热直到模具内部的样品模型被熔出，然后模型（现在内部有一个空腔）中被灌满熔融的金属，最后冷却，该过程如图 6.8 所示。通常用来制备髋部和膝关节植入物的钴铬合金一般就采用这种方法加工。

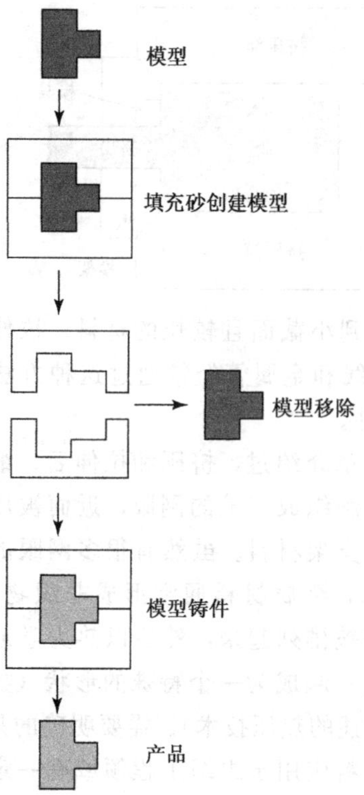

图 6.7 砂型铸造示意图。首先，砂子堆在模型周围，制造可以分为两片的模具，然后从模具中取走模型，熔融金属倒入模具中成型，冷却后，分开模具，得到所要的产品

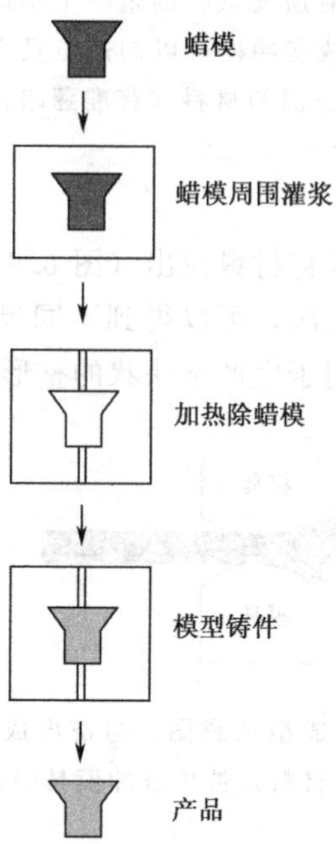

图 6.8 熔模铸造示意图。首先石蜡制造的样品模型被包入黏浆中（通常是熟石膏）制造出模具，其次整个物件被加热直到模具内部的样品模型被熔出，然后模型（内部有一个空腔）中被灌满熔融的金属，最后冷却。分开模具之后，就得到需要的器件

6.4.3 粉末成型

粉末成型（powder metallurgy）加工工艺或称粉末冶金（P/M），通常用于热延性低或者高熔点的金属成型加工。加工工艺过程是：先将金属磨成细粉，再把磨好的细粉放到模型中挤压，使各个粒子之间紧密压缩在一起，成致密的材料，这个阶段完成后的材料称为生坯。

生坯再在一个较高的温度下进一步压缩，这个过程称为**热等静压**（hot isostatic pressing）。在热等静压过程中，压力一般可达 100 MPa 以上，温度有时可达 1100℃。在热等静压过程中，金属粉末被烧结，或者通过此过程除去粉末粒子之间的空隙（图 6.9）。材料烧结的动力来自大量金属微粒之间形成的高表面积所具有的高能量。因此，在高温下，这些粒子融合在一起，以减少这个体系的能量。采用这种方法可以制造出无孔的金属材料。粉末冶金技术也可以制造低孔隙度的器件。钴铬合金除了熔模铸造外，也可以通过热静压工艺进行加工。

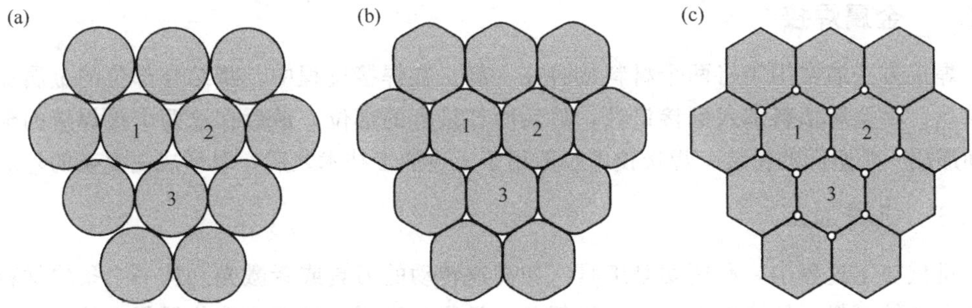

图 6.9 粉末冶金过程中采用的烧结过程示意图。毛坯（a）被压紧，然后加热（b），直到粒子之间的小孔隙被除去（c）（获准翻印自文献［3］）

6.4.4 金属快速加工成型工艺

近十年来，快速成型技术已经达到可以精确控制材料尺寸目的，开始普遍应用。这种方法一开始被称为快速原型法，现在通过发展提高已经可以很快制造出很精细的元件，而不是简单的原型法。现在对这种加工方法的一个更确切的称谓是**快速加工成型工艺**（rapid manufacturing），或**自由实体造型技术**（solid freedom fabrication，SFF）。金属快速加工先要用计算机 CAD 软件辅助设计画出产品的三维图形，然后将生产原料和产品的图形一并输入加工机械控制系统进行处理，生成所需要的几何图形。

应用于金属的快速加工成型工艺有多种，最常用的是**选择性激光烧结技术**（selective laser sintering，SLS）。与粉末冶金原理类似，选择性激光烧结过程为：金属粉末均匀平铺在一个可移动的平台上，一束激光照射粉末的表面，提供足够的能量烧结粉末中需要烧结的部位，经过激光照射的部位形成一个小的固体层，这就是最终产品的一部分（图 6.10），随后放金属粉末的平台向下移动，使激光能够继续加工下面的一层。因为激光的直接作用范围很小，一些复杂的几何形状（如光纤、管道内部相互连接的小孔）都可以通过这个工艺进行加工。

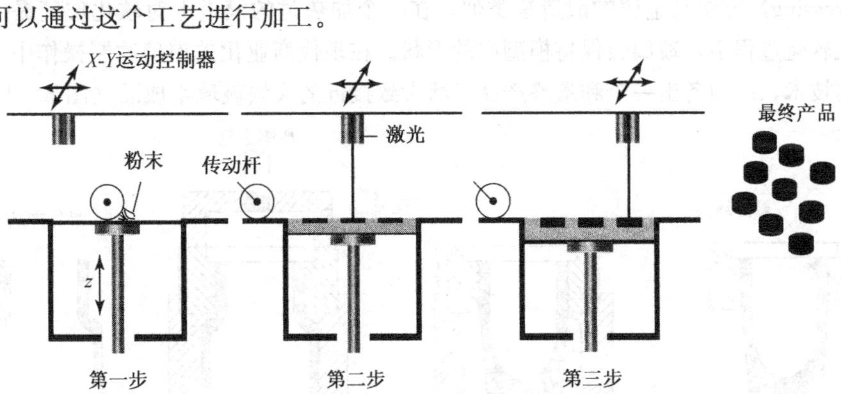

图 6.10 选择性激光烧结示意图。第一步，金属粉末均匀平铺到可移动的平台上；第二步，一束激光照射平台的表面，提供足够的能量使平铺在平台上部的金属粉末烧结，烧成一个薄层，这个薄层是所设计产品的一部分。第三步，平台向下移动，重复第一步、第二步中的工作，制造出产品的另外一部分。通过这种方法，可以制造出复杂的形状（获准翻印自文献［4］）

6.4.5 金属焊接

焊接方法通常用于将两个材料接合在一起。在焊接过程中，将结合部位的金属加热至熔点，将金属填料加入到接口处，然后冷却接合的部位，最后在这两个被焊接的金属之间形成一个坚固的桥接。焊接技术一般用于上述加工技术之后，以形成更复杂的外形。

6.4.6 机械加工

机械加工过程中，利用切割工具（如高速转动的刀具或者激光）从一个条块材料上切去多余的材料，最终加工出一个很复杂，且比前面所述的方法造价低很多的产品。机械加工技术通常在其他技术加工后，作为金属材料和高聚物的第二步加工，陶瓷太脆，不宜采用机械加工方法。

6.5 陶瓷加工技术

有多种医用陶瓷材料，包括玻璃、结晶陶瓷和玻璃陶瓷。每种材料都有不同的加工方法和完全不同的性质。虽然有多种加工工艺可供选择，各类陶瓷材料最常用的加工成型工艺，将在下面各节中分别介绍。第 7 章将讨论，采用等离子喷涂法，可以在预成型的材料表面覆盖上一层陶瓷涂层。

6.5.1 玻璃成型技术

玻璃完全是无定型的（无晶粒存在），因此可以通过加热成型得到所需形状，且热加工方法对其力学性能的改变并不明显。**玻璃的软化点**（softening point）指当玻璃的黏度达到 4×10^7Pa 时的温度。这是玻璃的最高温度，在该温度下玻璃可以被提起而不产生较明显的形变。在更高的温度下，比如说在**加工温度**（working point）（该温度下黏度是 10^4Pa），玻璃很容易变形。因此，玻璃的加工成型一般是在这两个温度之间。

在这个温度范围之内，玻璃可以通过几种方法成型，包括压制、吹制、拉伸等。玻璃的**压制**（pressing）方法与金属的锻造法类似，在一个加热过的模板上对软化玻璃提供平稳的压力。在软化过程中，玻璃会保持模型中的形状。在现代商业化的玻璃吹制操作中，首先要应用压制技术，以制备出一个和最终产品形状大致接近的大块玻璃半成品（图 6.11）。然后

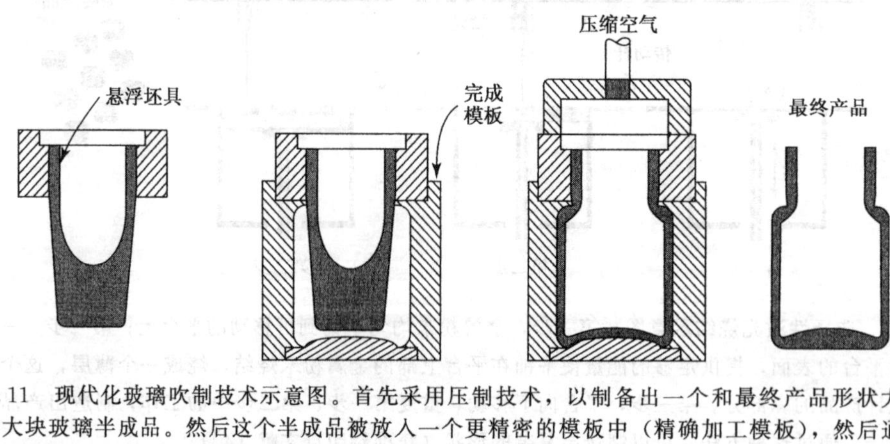

图 6.11 现代化玻璃吹制技术示意图。首先采用压制技术，以制备出一个和最终产品形状大致接近的大块玻璃半成品。然后这个半成品被放入一个更精密的模板中（精确加工模板），然后通过气流施力将软化的玻璃吹制成模板的形状（获准翻印自文献 [5]）

这个半成品被放入一个更精密的模板中（精确加工模板），通过气流施力将软化的玻璃吹制成模板的形状。

玻璃的拉伸过程与金属的拉伸过程类似。在玻璃加工过程中，在拉伸机械轴上，可以将融化的玻璃拉伸成很长的器件，比如说长条或长管（图 6.12）。玻璃还可以从加热罐子的小孔中被拉出以形成纤维。与前面金属加工过程一样，也可以用玻璃纤维形成三维支架供组织工程使用，但是玻璃支架还没有被广泛研究与应用，因为它们缺乏生物可降解性。有些生物活性玻璃已经被应用，目的是提高牙科中骨的固定力（第 7 章）。

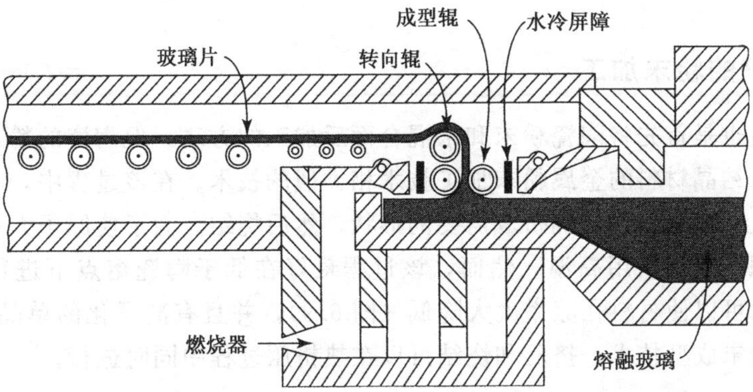

图 6.12 玻璃拉制过程示意图。玻璃的拉伸过程和金属的拉伸过程类似。在玻璃加工过程中，融化的玻璃在拉伸机械轴上方可以被拉伸成很长的器件，如长条或是长管（获准翻印自文献 [1]）

6.5.2 陶瓷的铸造和烧结

6.5.2.1 陶瓷铸造

与金属一样，陶瓷也能通过铸造的方法来生产特定的几何形状。陶瓷铸造一般用于结晶型陶瓷材料和玻璃陶瓷，不能用于无定型玻璃。通常用前述各种方式制备出基本无孔的模具后，再将陶瓷微粒与水以及有机黏合剂材料混合，注入或者压入模具中待成型。

陶瓷浇模后是干燥。当水蒸发完后，陶瓷收缩离开模具表面，这有助于陶瓷与模具分离。在此阶段，铸造材料是生坯，因为它仍保留水分和黏合剂，比最后成型的器件含有更多的孔，因而更脆弱。进一步的干燥将排除不需要的水分，但这一过程需要监控，因为如果材料表面比内部干得快，可能导致收缩和破碎。

6.5.2.2 陶瓷烧结

干燥后，为了烧掉黏合剂，增加材料的密度和提高材料的力学性能，将铸件 900～1400℃烧结。如第 3 章所提述，这个过程可能制造出多孔的陶瓷材料。因为烧结引入二相陶瓷材料，而这种二相陶瓷材料在低于本体陶瓷材料致密化升温的过程中被烧尽，在本体材料中留下空隙。铸造和烧结是制备矫形外科和牙齿陶瓷移植体最普通的方法。

依据烧结温度与时间的变化，可以形成不同种类的陶瓷材料。陶瓷烧结与金属的煅烧过程类似。通过加热并维持材料的温度在陶瓷的熔化温度以上，接下来快速冷却，可以制备出多晶态陶瓷。该过程如果允许晶体的生长，则产生大晶粒材料。大晶粒材料由于力学性能差，通常不具有商业用途。

当粉末状的陶瓷烧结并维持低于熔点的温度，能产生玻璃化材料。玻璃化是软玻璃逐渐形成的过程。软玻璃在晶粒周围流动，填充一些空缺区域。冷却后，导致玻璃化区域围绕未反应微粒和残留孔的固体。玻璃化的程度与烧结时间和温度有关。

玻璃陶瓷是始于玻璃材料，经过加工处理而变为多晶态陶瓷材料而得名。为了实现这一过程，初始玻璃化材料首先在500～700℃进行处理形成高浓度的晶核。然后，像金属中的晶粒增长一样，提高陶瓷的温度来促使晶体长大。最后的材料含有任意取向的完好晶体。

6.5.3 陶瓷的粉末加工

尽管铸造也是首先将陶瓷粉末和水混合而后加工的方法，但陶瓷的粉末加工通常是指与前述用于结晶材料的金属粉末加工技术相类似的技术。在该过程中，将陶瓷粉末与少量的水以及（或者）黏合剂挤成需要的形状，然后烧结。为了使原子大量扩散以减少材料总表面积，必要采用高温。然而，该过程最好在低于陶瓷熔点下进行。与金属一样，这种技术可以使材料孔隙率大大降低（图6.9），并且有离子化的单晶体彼此结合。类似于金属粉末成型技术，挤压和烧结可以在热挤压过程中同时进行。

6.5.4 陶瓷的快速制备

与金属一样，快速成型制备技术引进用于粉末陶瓷加工，且生产出具有复杂几何形状的产品。如6.4.4节描述的烧结技术就能用于陶瓷加工。其他加工方法也被普遍采用，包括一个基于黏合剂方法叫做**三维打印**（three-dimensional printing，3DP）。

3DP类似于选择性激光烧结技术，但在3DP中，不使用激光，而是利用一个打印头扫描含粉末的平台顶部（图6.10）。在计算机的指导下，打印头滴下少量的液体黏合剂在一定的区域。对陶瓷而言，通常采用一种二氧化硅黏合剂，促使微粒聚集成固体。上一层粉末选择性黏接之后，平台降低，未黏接的粉末散开并除去，再布上新一层粉末，继续加工，这样重复加工直到整个器件被制备出来。

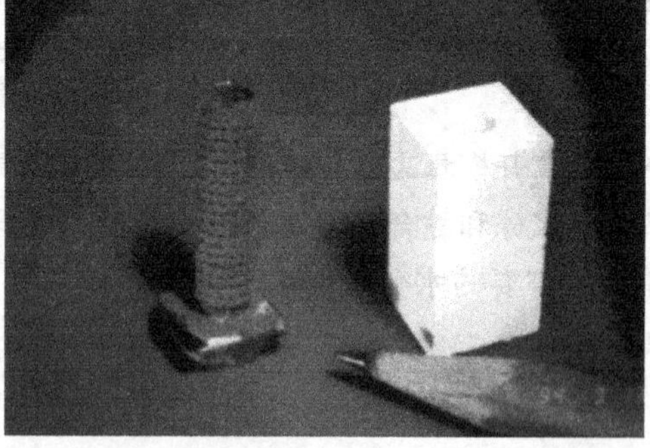

图6.13 快速原型成型可用于制备金属物件的模具。右图中显示以快速原型成型技术制备的陶瓷模具，进而用于加工如左图的金属螺钉（铅笔用来指示相对尺度）。该制备技术也可用来制备复杂形状的物件（获准翻印自文献［6］）

尽管快速制备法通常获得陶瓷片，它也可能使用SFF生产一个模具而不是最后器件本身。尔后，在该模具中铸入另外用传统方法得到的材料，图6.13所示。这种方法已经用来制备陶瓷模具，生产具有纹理表面的矫形外科移植体，这种方法可以提高植入体与周围骨头的整合性。需要记住的是，用快速制备方法得到最后的物件时，必须留有足够的物件形状所需空间。

6.6 聚合物的加工

6.6.1 热塑性与热固性

与陶瓷类似，聚合物的转变温度，如 T_g 和 T_m，是选择适当加工方法的重要的参数。另一个关键参数是确定聚合物是热塑性的还是热固性的。**热塑性聚合物**（thermoplastic polymer）加热时软化（液化），冷却时固化。这是由于在高温下，热塑性聚合物的链间次级键结合力减小，高分子链彼此相对滑动。大多数线性聚合物是热塑性的。在加工过程中，这些聚合物能被反复加热和冷却，但当温度达到分子运动量过大，主链共价键断裂时，聚合物会产生降解。

相反，**热固性聚合物**（thermosetting polymer）是不能反复加工的硬性材料，当它们加热到很高温度时也不会软化。这是因为当提高温度时，该种类型的聚合物链间产生了共价交联。高度交联的大分子不能彼此相对滑动和发生可塑性形变。热固性聚合物包括硫化橡胶、环氧树脂。对热固性材料而言，过分加热也会由于交联键的断裂，引起聚合物降解。

这些聚合物都可制备复杂形状的物件。对热固性材料，最常用的成型技术是铸造，特别是压缩模塑；然而，后述成型和铸造方法都可用于热塑性聚合物。此外，在第 3 章曾讨论过，在熔融热塑过程中鼓泡，可以生产多孔泡沫。在加工期间，热固性材料可在高温下从模具中移出；但对热塑性聚合物而言，必须在冷却到小于 T_g 之前应保持恒定的温度，以确保从模具中取出时维持合适的形状。

例题 6.4

一个生物材料生产经理采用适当的热固性树脂制备 40 000 个心瓣小叶。制备过程包括高温处理来固化这些心瓣小叶。不幸的是，生产后发现一个计算错误，导致所有的人工心瓣小叶太大而不能使用。为了减少错误导致的经济损失，生产经理问你是否能将心瓣小叶熔融循环再利用来生产适当尺寸的小叶。你将怎样回答，请证明你的答案？

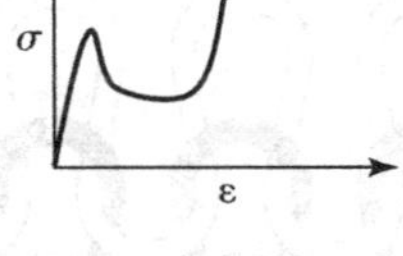

解答：

既然用一种热固性聚合树脂制备小叶，且高温处理来固化这些树脂，这种材料是不能循环利用的。该处理导致了聚合物链之间共价交联的形成。因而材料不能熔化和重新利用。当用足够的热量打破聚合物的交联键时，也将打破聚合物主链上的键，因而导致聚合物的分解。

6.6.2 聚合物成型

6.6.2.1 聚合物的挤出成型

聚合物的挤出成型类似于金属的挤出成型，是基于材料的塑性变形。一条螺杆在填有聚合物物料的加热腔中运动，使物料熔融并形成均匀连续的黏稠性物料。之后使这些黏稠体通过喷管经喷嘴喷出，用水或者空气对喷嘴进行外部冷却并固化形成最后的形状。像金属一样，这种方法常常用于生产一定长度的聚合物环或管。在生物医学领域，挤出成型常常用于制备有延展性的 PTFE（GORE-TEX）血管移植体。

6.6.2.2 聚合物的纤维纺丝

聚合物挤出成型的一个变通方法是纤维纺丝。在纤维纺丝过程中，熔融的聚合物被泵压送并通过具有许多小孔的板（吐丝器）中（图 6.14）。从每个孔挤出聚合物形成单根丝，丝在空气中冷却。如在 6.2.3 节介绍的，聚合物沿纤维轴的强度可以通过施加应力（叫做牵引或牵伸）而提高。

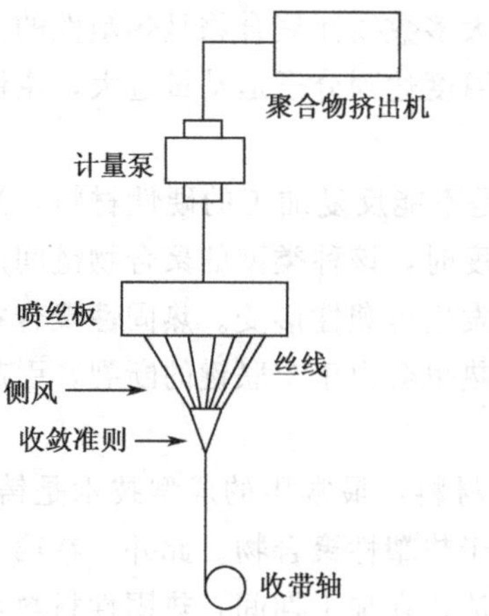

图 6.14 纤维纺丝示意图。熔融聚合物被泵压通过具有许多小孔的板（吐丝器）中。从每个孔挤出聚合物形成单根丝，丝在空气中冷却。这些细丝包装与绕线管上供保存或运输（获准翻印自文献 [7]）

与金属和陶瓷纤维一样，聚合物纤维可制备成网孔。因为许多聚合物能在体内降解，网孔聚合物材料可作为细胞或生物活性分子的载体，应用于组织工程。迄今，已开发出几种利用纤维形成三维结构的方法（图 6.15），包括编织、针织纤维成特殊的结构。在这些网孔中，孔隙率与纤维的尺寸和编织密度有关。编织材料已应用于人造血管和人造肌腱/韧带。

如果要获得小于 10 μm 尺寸的纤维，采用特殊的纺丝方式。当前为此正在研究一种称之为**静电纺丝**（electrospinning）的方法，图 6.16 所示。在静电纺丝中，熔融聚合物从喷嘴中挤出后进入一个强静电场中（电压为5～30 kV）。这个电场克服了液体的表面张力，还加速了在目标总体方向上部分液体的冷却。液体各部分与空气接触冷却而成型。该法可获得环状纤维。根据环形纤维的性质，可如图 6.15 所示收集得到非三维编织结构材料。

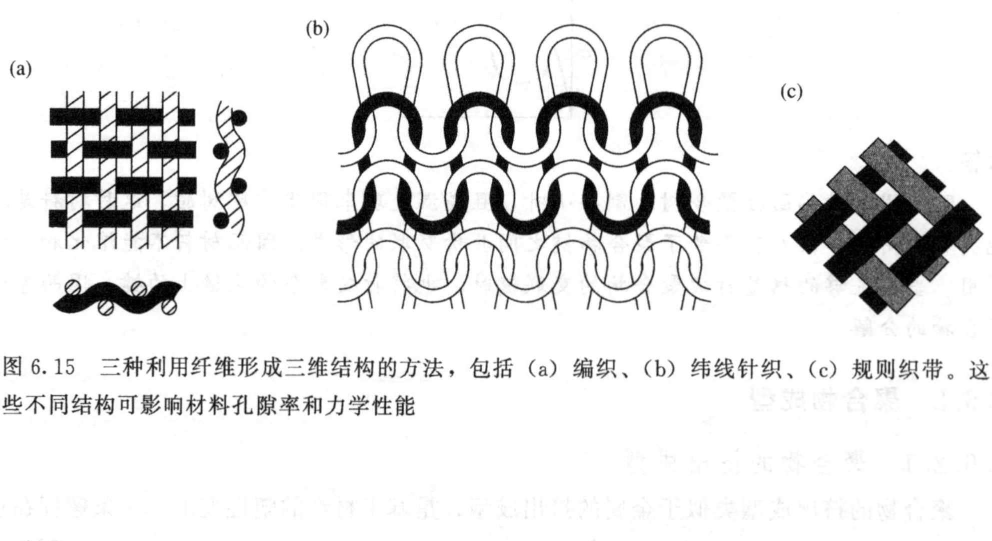

图 6.15 三种利用纤维形成三维结构的方法，包括（a）编织、（b）纬线针织、（c）规则织带。这些不同结构可影响材料孔隙率和力学性能

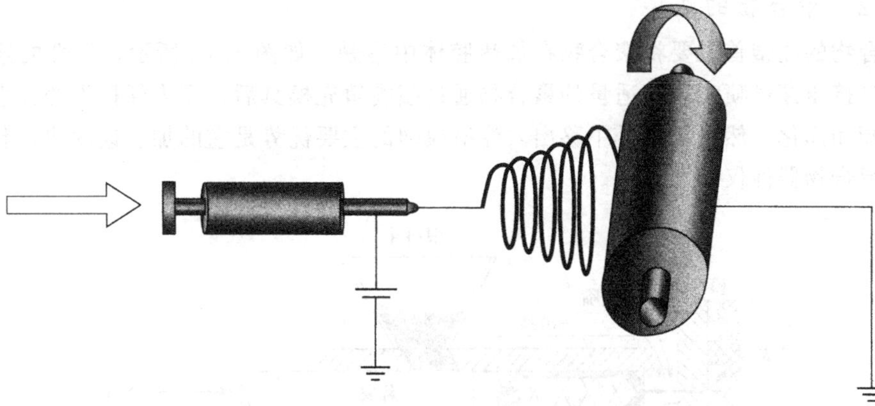

图 6.16 在静电纺丝中，熔融聚合物从喷嘴中挤出进入一个强静电场中。这个场克服了液体的表面张力，以及加速了在目标总体方向上部分液体的冷却。液体各部分与空气接触冷却而成型为环状纤维（获准翻印自文献 [8]）

6.6.3 聚合物浇铸

与金属和陶瓷一样，聚合物能浇铸到模具中，并且固化。但是，聚合物材料的这一过程通常称作塑型。下面介绍三种常用的塑形方法。

6.6.3.1 聚合物的压缩模塑

在压缩模塑中，聚合物材料置于热的模具之中。模具的一半是可移动的，与聚合物材料相接触。聚合物材料通过加热、加压压进需要形状的模具中（图 6.17）。如前所述，这是热固性材料的一种普通塑型方法，但它也用于热塑性材料。例如，高分子质量的聚乙烯能采用这种方法进行加工来形成矫形外科植入体。

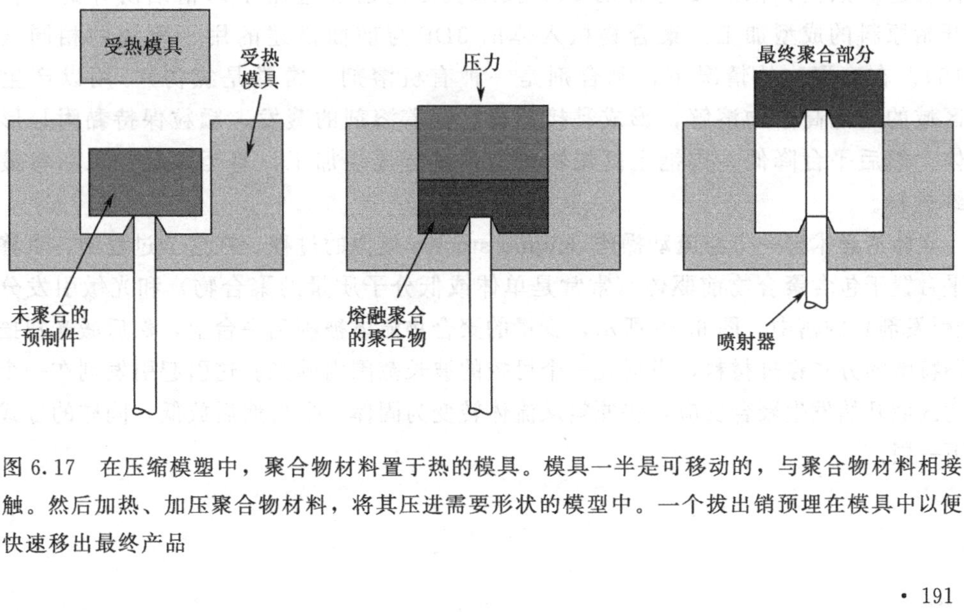

图 6.17 在压缩模塑中，聚合物材料置于热的模具。模具一半是可移动的，与聚合物材料相接触。然后加热、加压聚合物材料，将其压进需要形状的模型中。一个拔出销预埋在模具中以便快速移出最终产品

6.6.3.2 聚合物的注塑

聚合物的注塑首先要将聚合物在加热腔体中熔融。如图 6.18 所示，黏性的聚合物流体通过挤压穿过喷嘴。当适量的聚合物通过喷嘴填充模具后，压力保持不变，直到聚合物冷却和固化，然后从模具中移出。注射模塑的主要优势是它的加工速度快，制备一个新的聚合物器件仅需几秒钟。

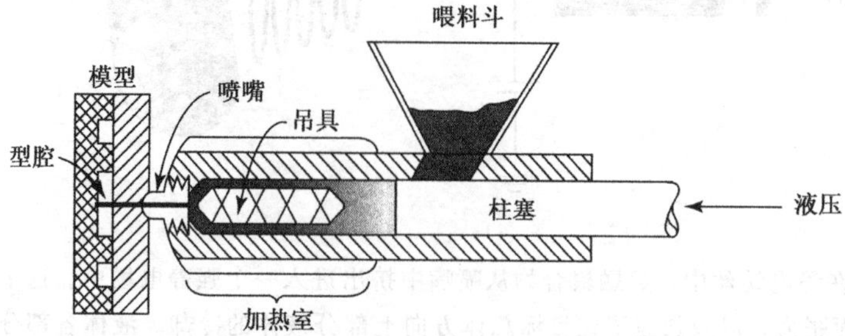

图 6.18 注塑流程示意图。首先，片状聚合物加入到送料口，并进入加热腔。熔融后，黏性的聚合物流体通过挤压穿过喷嘴。当适量的聚合物通过喷嘴填充模具后，压力保持不变，直到聚合物冷却和固化。利用拔出销移出产品，与压缩模塑工艺相似

6.6.3.3 聚合物的吹塑

聚合物的吹塑与玻璃吹塑非常类似，用于制备孔状物体。熔融聚合物型坯置于热的模具中，然后吹空气或水蒸气使聚合物与模型的形状一致。

6.6.4 聚合物的快速制备

尽管当前有许多生物医学聚合物快速制备技术正在研究之中，但在此我们仅以其中两种聚合物 SFF 的成型技术为例进行介绍：三维印刷术（3DP）和**立体造影术**（stereolithography）。对聚合物材料而言，粉末加工技术没有在金属和陶瓷中应用那样普遍。然而，像 3DP 这样的 SFF 技术实际上已经应用于以精细研碎的聚合物为开始原料的成型加工。聚合物植入体的 3DP 与前面描述的用于陶瓷的相同（图 6.10）。在高聚物的情况下，黏合剂是一种有机溶剂（常常是氯仿），用以产生特定区域的局部高聚物溶解，形成黏接颗粒。随着溶剂的蒸发，颗粒保持黏附且形成固体。然后平台降低，再铺上高聚物粉末，进行逐层加工，直至顶层加工制备最后三维材料。

立体造影术是一个与**流动操作**（liquid stock）类似的过程。在这个过程中，可移动的平台置于包含聚合物前驱体（常常是单体或低分子质量的聚合物）和光敏引发分子（光引发剂）的槽中。图 6.19 所示，少量的聚合物流体被刷到平台上，然后激光扫描以一种特殊的方式穿过材料，发射在一个可控的波长范围内的光。这引起引发剂在一个确定的区域开始发生聚合反应，将原料从流体转变为固体。平台然后放低，同样的方式制作下一层。

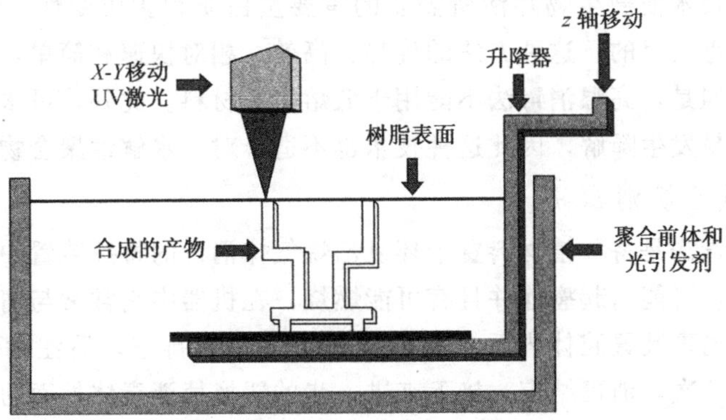

图 6.19　立体造影术示意图。这是一个利用流体的快速加工技术。在这个过程中，可移动的平台置于包含聚合物前驱体（常常是单体或低分子质量的聚合物）和光敏引发分子（光引发剂）的槽中。少量的聚合物流体被刷到平台上，然后激光扫描以一种特殊的方式穿过材料，发射在一个可控的波长范围内的光。这引起引发剂在一个确定的区域开始发生聚合反应，将原料从流体转变为固体。平台然后放低，下一层以同样的方式形成了。重复该过程直至所需三维形状的产品形成（获准翻印自文献 [11]）

6.7　加工提高生物相容性

如第 1 章所述，生物相容性是一个广泛的术语，表明材料在给定的应用中产生一个可接受的宿主反应。生物相容性包含多方面的内容，这些内容却受生物材料的表面性质的决定，下一章会介绍材料生物相容性是否良好，关键考虑两方面的因素：材料是否发生诱导感染或者产生有害的免疫反应（排异反应），后加工在降低这两个反应中扮演着重要的角色。一个是对合成高分子或天然衍生物进行消毒，另一个是降低天然材料的免疫反应。首先讨论消毒，再讨论降低免疫反应的方法。

6.7.1　消毒

生物材料植入体在移植前的消毒是极其重要的，因为生物材料所携带的病原体可能导致机体发生严重感染（第 14 章）。此外，消毒减少了与天然衍生材料连接的病毒的转移。在这一节中，以 Kowalski 和 Morrissey 的讨论内容[12]为基础，了解最常用的消毒/去污染的方法。其他的一些消毒方法如干热消毒、紫外光照消毒在本章末的参考文献中可以找到。

事实上，不可能从移植体中除去所有的病原体，因此提出了**消毒安全线**（sterility assurance level，SAL）的概念。SAL 采用给定设备测定，移植体消毒后，在营养介质中培养，并测定有多少病菌存在。根据这些数据，制备者可以选择消毒的时间和剂量来对移植体进行处理（移植体保持无菌的可能性）。因此，生物材料学家可从下述的消毒方法中作选择，以期获得理想的 SAL 并保证消毒方法与材料及包装材料的适应性，确保生物材料在消毒过程中不降解或变形。

6.7.1.1　蒸汽消毒

顾名思义，需将生物材料置于至少 121℃并且高压条件下进行消毒，因此也称作高压灭菌法。这种技术使微生物存活所需要的重要蛋白质和脂质变性，使微生物不能存活，从而达到消毒的目的。这种方法的优势：高效、相对快速和简单，而且在样品中没有毒性残留物。但是，高温消毒法不能用于低熔点的材料。此外，可水解性的材料在这种条件下特别容易发生降解，因此这种技术也不适合对可水解性聚合物的消毒。

6.7.1.2 环氧乙烷消毒法

环氧乙烷消毒法是将移植材料置于环氧乙烷气体消毒的特殊装置中的消毒方法。环氧乙烷是有毒的，可能引起癌症并且有可能燃烧，在机器中它常常与惰性气体混合。当把植入体放置到消毒装置腔体内后，升温至30～50℃先排空，后注满环氧乙烷，最后用无菌空气冲洗几次，消毒结束。接下来进一步的置换掉消毒体外面的气体有助于排除残留的环氧乙烷。

环氧乙烷使病原体致死的机制主要是与其核酸（DNA、RNA）进行持久性的化学置换。这种消毒方法有效，甚至能够深入到材料的缝隙和孔腔之中去，还是在低温下进行的，能够广泛地应用于各种材料的消毒。但是环氧乙烷可能残留在器件中，其毒性受到很大的关注。另外，由于该气体具有反应能力和可致癌性，因此消毒操作人员必须做适当的防护。

6.7.1.3 辐射消毒

辐射消毒是用伽马射线或电子束的能量辐射的消毒方法。在辐射消毒的过程中，样品置于射线源辐照范围下，并对射线给以控制达到合适的剂量。伽马射线由^{60}Co同位素在一个加速器中产生的中子束。电子束也在加速器中产生，但是没有辐射产生。而^{60}Co源不断的衰减和释放射线，对操作者的健康有害。

辐射作用通过离子化重要的细胞元素，包括核酸，然后杀死材料中附着的微生物。辐射消毒快速、有效、对许多物质都相容，是其优势。它的劣势是在于辐射消毒需要建立辐射源，需要大量的投资；有一些聚合物如聚四氟乙烯或水解性聚合物如聚乳酸易于辐射降解。还有电子束方法渗透深度非常浅，仅适用于薄的器件的消毒。

例题 6.5

考虑一种新颖的血管支架由手术级的钢材制备。支架包裹一种新型的聚合物材料以利于与宿主组织结合并且阻止血管进一步狭窄。对于这种器件将优先选择蒸汽消毒、环氧乙烷消毒还是辐射消毒？为什么？

解答：

环氧乙烷一般优先选择用于包裹支架的消毒。聚合物的熔点比金属低，因而蒸汽消毒是不合适的因为它可能使包裹的聚合物熔解。尽管辐射和环氧乙烷处理都可能损害聚合物材料，但辐射造成损害常常可能性更大。因而，建议使用环氧乙烷消毒该器件并对消毒后的金属和聚合物给以表征以确保没有降解发生。

6.7.2 天然材料的固定

天然衍生材料携带潜在的病原体，此外还可能引起免疫反应（是致敏的），这是因为材料的某些结构区域可能被认为是“异体”。如果发生免疫反应，将引发许多问题

（第 11、12 章），导致降解或排斥植入体，从而降低器件的有效性。

为了降低免疫反应，特别是胶原衍生材料的免疫原性，移植体在制备成一定的形状后经常与固定剂（如戊二醛）交联。尽管这种处理的有效机制还不清楚，戊二醛却被认为是交联加工改变了材料化学结构的“异体”区域，因而这种加工方法引发了不期望的免疫反应。

小结

- 可以通过许多方法对金属进行强化，然而晶体结构缺陷的增加，阻止了错位移动。合金强化的金属通过引入点缺陷增加了错位移动所需的剪切力。应变硬化引入线缺陷到金属中增加了从结合位置的压力到其他错位点移动压场所需的能量。通过引入沉淀到金属中，产生了沉淀固化，这产生了局部应变限制的错位移动。
- 聚合物增强的技术包括热处理。预拉伸过程使聚合物链沿加载轴线方向排列。这些都使聚合物链滑动能力降低。
- 一般情况下，退火导致晶粒尺寸增加、晶粒边界缩小、内部压力下降和金属韧性增加。热退去的速度强烈地影响退火金属的晶粒结构。热处理可增加能量，使聚合物链从无定形转变至有序排列，提高半晶聚合物的结晶度。同退火金属一样，冷却的速度强烈影响着退火聚合物的最后结构。
- 通过许多加工方法可以使金属形成所需要的形状。为了获得所需的形状，在金属成型方法中施加力是必要的，这些方法包括锻造、轴轧、挤出和拉伸。铸造的方法将熔融的金属填充至模具中，其典型作用是使延展变得更加容易，此成型技术能够成型更复杂的材料。粉末加工技术将所选金属粉末填充至模具中，采用高压浓缩，然后在高温下烧结。
- 玻璃能通过压、吹、拉拔来形成所需的形状，所有这些过程都需要施加机械力。铸造技术能用于结晶陶瓷和玻璃陶瓷。陶瓷铸造是将陶瓷颗粒与水、有机黏合剂混合填充至模具中，干燥并烧结陶瓷，除去剩余的水和黏合剂。粉末加工技术能用于陶瓷材料加工，尽管需要在高温下进行，但温度控制在低于陶瓷熔点的范围之内。
- 在确定适当的加工方法之前，必须考虑聚合物的一些参数，如 T_g、T_m 以及聚合物是热塑性还是热固性。与金属和陶瓷一样，聚合物的成型技术包括挤出、纤维纺织和静电纺丝；铸造技术包括压缩、注射和吹塑，这些技术可用于制备特定形状的产品。
- 为了阻止病原体和（或）其他生物污染的传递，生物材料在接触受体前进行消毒是重要的。生物材料的高温消毒采用高压蒸汽使微生物存活所需的蛋白质和脂质变性。环氧乙烷在可控条件下改变微生物的核酸化学结构，对材料进行消毒。生物材料也能通过辐射照射技术进行消毒，辐射照射技术包括伽马射线消毒和电子束消毒。

习题

6.1 比较和对比处理金属、陶瓷和聚合物的铸造方法。同时，比较退火速度对金属和聚合物的影响。

6.2 借助哪一种制备方法来生产多孔的金属、陶瓷和聚合物？对于这三类材料，你选择哪种方法对各类材料实现外部造孔？为什么？

6.3 把髋骨骨干移植到股骨中去，有时要用骨黏结剂将它固定。骨黏结剂由甲基异丁烯酸制备。在移植期间，修复用的髋骨骨干插入股骨之前，骨黏结剂在外科器械中混合再填充进股骨中。使用这些信息和书中所提供的知识，判断这种材料是热塑性材料还是热固性材料？为什么？

6.4 创建一个表格列出三种主要消毒方法（蒸汽、环氧乙烷、辐射）中每一种方法的两个优势和两个劣势。

（鲜成玉　蔡开勇　王远亮　译校）

参考文献

1. Callister, Jr., W.D. *Materials Science and Engineering: An Introduction*, 3rd ed. New York: John Wiley and Sons, 1994.
2. Shackelford, J.F. *Introduction to Materials Science for Engineers*, 5th ed. Upper Saddle River: Prentice Hall, 2000.
3. Ashby M.F. and D.R.H. Jones, *Engineering Materials 2: An Introduction to Microstructures, Processing and Design*, Oxford: Elsevier Science Ltd., Pergamon Imprint, 1986.
4. Sherwood, J.K., S.L. Riley, R. Palazzolo, S.C. Brown, D.C. Monkhouse, M. Coates, L.G. Griffith, L.K. Landeen, and A. Ratcliffe. "A Three-Dimensional Osteochondral Composite Scaffold for Articular Cartilage Repair." *Biomaterials*, vol. 23, pp. 4739–4751, 2002.
5. Pfaender, H., *Schott Guide to Glass*, London: Chapman and Hall, 1996.
6. Melican, M.C., M.C. Zimmerman, M.S. Dhillon, A.R. Ponnambalam, A. Curodeau, and J.R. Parsons. "Three-Dimensional Printing and Porous Metallic Surfaces: A New Orthopedic Application." *Journal of Biomedical Materials Research*, vol. 55, pp. 194–202, 2001.
7. Weinberg, S. and M.W. King. "Medical Fibers and Biotextiles." In *Biomaterials Science: An Introduction to Materials in Medicine*, B.D. Ratner, A.S. Hoffman, F.J. Schoen, and J.E. Lemons, Eds., 2nd ed. San Diego: Elsevier Academic Press, pp. 86–100, 2004.
8. Pham, Q.P., U. Sharma, and A.G. Mikos. "Electrospinning of Polymeric Nanofibers for Tissue Engineering Applications: A Review." *Tissue Engineering*, vol. 12, pp. 1197–1211, 2006.
9. Askeland, D.R. *The Science and Engineering of Materials*, 2nd ed. Boston: PWS-KENT Publishing Company, 1989.
10. Allcock, H.R. and F.W. Lampe, *Contemporary Polymer Chemistry*, Englewood Cliffs, NJ: Prentice Hall, 1981.
11. Cooke, M.N., J.P. Fisher, D. Dean, C. Rimnac, and A.G. Mikos. "Use of Stereolithography to Manufacture Critical-Sized 3D Biodegradable Scaffolds for Bone Ingrowth." *Journal of Biomedical Materials Research*, vol. 64B, pp. 65–69, 2003.
12. Kowalski, J.B. and R.F. Morrissey. "Sterilization of Implants and Devices." In *Biomaterials Science: An Introduction to Materials in Medicine*, B.D. Ratner, A.S. Hoffman, F.J. Schoen, and J.E. Lemons, Eds., 2nd ed. San Diego: Elsevier Academic Press, pp. 754–760, 2004.

推荐阅读

Black, J. and G. Hastings. *Handbook of Biomaterial Properties*. London: Chapman and Hall, 1998.

Brunski, J.B. "Metals." In *Biomaterials Science: An Introduction to Materials in Medicine*, B.D. Ratner, A.S. Hoffman, F.J. Schoen, and J.E. Lemons, Eds., 2nd ed. San Diego: Elsevier Academic Press, pp. 137–153, 2004.

Cooper, K.P. "Layered Manufacturing: Challenges and Opportunities." *Material Research Society Symposium Proceedings*, vol. 758, pp. 23–34, 2003.

Fisher, J.P. and D.M. Yoon. "Polymeric Scaffolds for Tissue Engineering Applications." In *Tissue Engineering and Artificial Organs*, J.D. Bronzino, Ed., 3rd ed. New York: Taylor and Francis, pp. 1–18, 2006.

Hench, L.L. "Ceramics, Glasses, and Glass-Ceramics." In *Biomaterials Science: An Introduction to Materials in Medicine*, B.D. Ratner, A.S. Hoffman, F.J. Schoen, and J.E. Lemons, Eds., 1st ed. San Diego: Elsevier Academic Press, pp. 73–84, 1996.

Murphy, M.B. and A.G. Mikos. "Porous Scaffold Fabrication for Tissue Engineering." In *Principles of Tissue Engineering*, R.P. Lanza, R. Langer, and J.P. Vacanti, Eds., In press.

Park, A., B. Wu, and L.G. Griffith. "Integration of Surface Modification and 3D Fabrication Techniques to Prepare Patterned Poly(L-Lactide) Substrates Allowing Regionally Selective Cell Adhesion." *Journal of Biomaterials Science Polymer Edition*, vol. 9, pp. 89–110, 1998.

Park, J.B. and R.S. Lakes. *Biomaterials: An Introduction*, 2nd ed. New York: Plenum Press, 1992.

Schaffer, J.P., A. Saxena, S.D. Antolovich, T.H. Sanders, Jr., and S.B. Warner. *The Science and Design of Engineering Materials*, 2nd ed. Boston: McGraw-Hill, 1999.

Yannas, I.V. "Natural Materials." In *Biomaterials Science: An Introduction to Materials in Medicine*, B.D. Ratner, A.S. Hoffman, F.J. Schoen, and J.E. Lemons, Eds., 2nd ed. San Diego: Elsevier Academic Press, pp. 127–137, 2004.

7. 生物材料的表面特性

主要目的

了解生物材料的表面特性如何影响蛋白质吸附的热力学性质；不同表面处理方式如何影响生物材料的表面特性。

具体目标

1. 了解基本的热力学原理以及蛋白质吸附到生物材料表面的热力学；
2. 理解生物材料表面的物理、化学特性如何影响蛋白质吸附以及为什么蛋白质吸附对于生物响应至关重要；
3. 区分物理化学表面改性和生物表面改性方法的差异；
4. 比较和对比各种物理化学表面改性方法，了解每一种生物材料最适用的改性方法；
5. 区分共价涂层、非共价涂层和无外层涂层的物理化学表面；
6. 比较/对比各种生物材料的表面改性方法，了解各种生物材料最适用的改性方法；
7. 了解降解、非降解生物材料的表面特性随时间变化的差异性；
8. 区分两种用于基底材料表面图形成型加工方式的差异；
9. 了解现有的表征技术的理论局限性。

7.1 概述：表面化学和生物学概念

第 1～6 章已经讨论了生物材料的**本体特性**（bulk property），如热学、力学、降解特性以及水平因子的相关成因。但是，由于生物材料表面决定材料的生物学响应和后续植入的成败，因此极其重要，本章将集中讨论生物材料的表面特性，包括改性材料固体表面的物理、化学及生物学方法，还有在生物材料表面上形成图形的加工技术。

7.1.1 蛋白质吸附和生物相容性

如第 3 章所述，可以认为材料表面是一种**面缺陷**（planar defect）。由于材料表面的原子在各个方向上未与其他原子键合，有未填充的价电子存在，因此存在剩余能量，将这种能量称为**表面张力（γ）**（surface tension）。这种状态具有热力学不稳态性，通过吸附原子或分子以满足材料表面的不饱和键的需求，可减少表面张力，从而形成一种驱动力。**吸附**（adsorption）就是分子黏附到材料固体的表面。吸附与**吸收**（absorption）有所不同，吸收是分子渗透到另一种材料的本体内，如水被海绵吸收。在以后的几章中将集中讨论蛋白质吸附到生物材料上的问题。

在生理状态下，生物材料表面的**吸附物**（adsorbate）主要是由离子、水和蛋白质组成的。吸附剂涂布于材料表面，与机体发生反应，绝不是纯生物材料本身与机体发生反应。因此，控制生物材料表面的蛋白质吸附是确保生物相容性的关键。首先讨论热力学对生物材料表面吸附蛋白质的影响。

7.1.2 调控蛋白质的表面特性

尽管生物材料表面存在表面张力形式的驱动力，但为了预测蛋白质或其他分子的吸附，需对整个体系进行考察，包括材料表面（本章讨论）、蛋白质、溶剂（第8章详细讨论）。尤其是必须按照热动力学对体系吸附前后进行分析，以确认是否满足吸附发生的能量要求。如下章节将讨论生物材料表面的蛋白质吸附，其他组分的吸附将在第8章中介绍。

运用热力学原理考察吸附前的体系，可以发现以下两种表面特性对吸附具有重大影响：表面疏水性和表面电荷。

如前所述，材料的**疏水性**（hydrophobicity）指的是材料对水响应的量度。为了量化疏水性，生物材料表面可以借助接触角分析（将在本章的后述内容介绍）。例如，一个**疏水性**（hydrophobic，憎水的或排斥水的）的表面像新上腊的汽车一样，在表面上的水形成小球。反之，腊层洗掉后，水滴将在金属层表面铺展开来，谓之**亲水的**（hydrophilic，喜水的）。疏水性生物材料包括大多数的合成聚合物，列于表2.5，尤其是那些富含甲基侧基（如聚甲基丙烯酸甲酯）或者苯乙烯（聚苯乙烯）基团的材料。陶瓷或金属生物材料通常比那些未改性的聚合物更加亲水。尽管很难精确预测某种材料的表面疏水性如何影响蛋白质吸附，但是发现蛋白质吸附通常随着材料表面和蛋白质的疏水性增加而增加。

表面电荷作用与疏水性作用不能完全独立起来考虑，特别是在用接触角测试方法确定疏水性的时候，这是因为接触角对表面电荷也敏感。然而，足够多的表面电荷对蛋白质的电荷区域的吸引或排斥有更大的影响。表面电荷通过材料表面的可离子化基团解离或者从溶液中特异性的离子吸附来产生。因此再次强调，材料表面影响蛋白质吸附的性质与材料表面电荷和蛋白质的电荷有关。

除了上述生物材料表面影响蛋白质吸附的热动力学性质之外，生物材料表面的物理特性也很重要，如空间因素，包括**空间结构**（steric concern）、**表面粗糙度**（surface roughness）。例如，将大而柔的亲水性聚合物链，如聚乙二醇（PEG），接枝到生物材料表面，会导致蛋白质吸附量的减少（图7.1）。这是由于材料表面的大部分被这些不断运动的空间链所占有，这些链移动过快导致蛋白质不能吸附到材料表面，同时由于空间运动链太大，形成墙样的屏障，以至于蛋白质不能穿过并移动到吸附面，这个过程链段是通过**空间排斥**（steric repulsion）阻止生物材料表面的蛋白质吸附。相比之下，高粗糙度的表面可以在材料表面勾缝中物理“截留”蛋白质，从而促进了在材料表面的某些区域的蛋白质吸附。

因此，在材料形成或加工过程中修饰材料的疏水性、电荷性、空间位阻和（或）表面粗糙度，可以改变生物材料表面的蛋白质吸附行为。这是调控材料生物相容性的关键点，当前，已开发出许多改进生物材料的表面特性的方法。这些方法有时是赋予材料的表面特性而不是赋予与蛋白质吸附直接相关的性质（如增加硬度或减少摩擦）。但是有

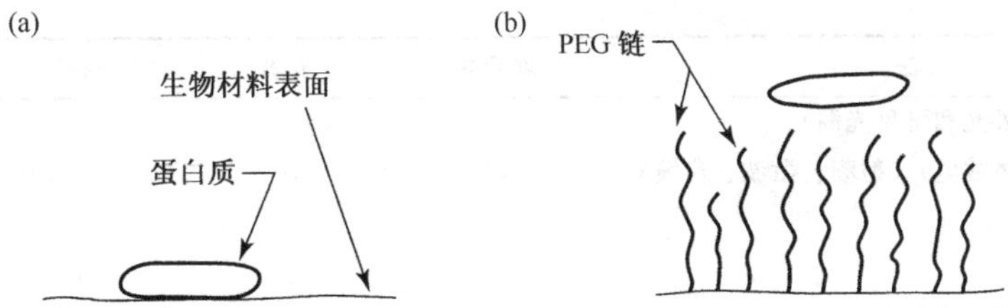

图 7.1　聚乙二醇链的空间位阻示意图。(a) 无空间位阻的材料，蛋白质能自由地吸附到材料表面；(b) 通过物理阻断作用抑制蛋白质吸附到材料表面

一点是非常重要的：表面化学的任何改变都将影响材料表面吸附的蛋白质种类和（或）数量。本章后续部分将概述各类生物医用材料表面改性的与此相关的方法。

例题 7.1

考虑下述的假想蛋白质和两类材料（A）和（B）。设想水接触角直接与材料表面的疏水性相关。试问哪一种材料能够很多地吸附给定蛋白质？为什么？

解答：

尽管材料的接触角没有直接给出，但是可以通过图片推导出材料 B 比材料 A 具有较大的接触角。在这个例子中假设接触角与材料的疏水性直接相关，能够得出这样的结论：材料 B 比材料 A 更加疏水。假设材料 A 和 B 的表面电荷具有可比性，可以预期通过疏水性相互作用，高疏水性蛋白 X 能够很好地吸附到材料 B 的表面上。

7.2　物理化学表面改性技术

7.2.1　表面改性技术简介

包括天然、合成聚合物，金属和陶瓷在内的生物材料改性技术已经很多（表 7.1）。其中有许多是后成型加工技术，类似于第 6 章所讨论方法；另外，某些表面改性方法是从生物材料的化学性质入手（如表面修饰添加剂，见后续讨论）。表面改性不会改变材料的本体性质（如力学性能）的优势。但是，可能在体内发生表面剥离作用，这是一个严重问题。

表 7.1　各种表面改性方法和各类材料的适用方法

方法	聚合物	金属	陶瓷	玻璃
非共价键合				
溶剂涂层	√	√	√	√
Langmuir-Blodgett 薄膜沉积	√	√	√	√
表面活性添加剂	√	√	√	√
碳和金属气相沉积[a]	√	√	√	√
聚对二甲苯（对二甲苯）	√	√	√	√
共价黏附涂层				
辐射接枝（电子加速器和伽马射线）	√	—	—	—

续表

方法	聚合物	金属	陶瓷	玻璃
光学接枝（紫外光和可见光源）	√	—	—	√
等离子体（气体放电）（射频、微波、声波）	√	√	√	√
气相沉积				
离子束溅射	√	√	√	√
化学气相沉积（CVD）	—	√	√	√
火焰喷涂沉积	—	√	√	√
化学接枝（臭氧氧化＋接枝）	√	√	√	√
硅烷化	√	√	√	√
生物改性（生物分子固定化）	√	√	√	√
原始表面改性				
离子束刻蚀（氩、氙气）	√	√	√	√
离子束注入（氮气）	—	√	√	√
等离子体刻蚀（氮气、氩气、氧气、水蒸气）	√	√	√	√
电晕放电（空气中）	√	√	√	√
离子交换	√[b]	√	√	√
紫外辐射	√	√	√	√
化学反应				
非特异性氧化反应（臭氧）	√	√	√	√
功能基团改性（氧化还原）	√	—	—	—
加成反应（乙酰化、氯化反应）	√	—	—	—
转化涂层（磷酸化，阳极极化）	—	√	—	—
机械粗加工和抛光	√	√	√	√

a 一些共价反应可能发生；

b 针对有离子基团的聚合物。

（获准翻印自文献［1］）

因此，理想的表面改性方法具备三项特征：

1. 薄（对整体性质改变最小）；
2. 抗剥离；
3. 简单有效（推动产业化）。

另外，在表面处理过程之中可能会发生，不希望的表面重排，因为重排过程涉及表面自由能持续的变化（7.1节），会使改性无效。因此逐渐出现了多种材料表面处理的标准方法。它们通常归类于**物理-化学改性**（physicochemical modification）和**生物学改性**（biological modification），详见下面章节。

7.2.2 物理化学表面涂层：共价表面涂层

如表7.2的总览，**物理化学**（physicochemical）表面处理是运用物理原理或化学反应去改变试样的表面组成成分。然而，与生物学方法相比，这些方法不涉及黏附活性生物分子。物理化学改性涉及形成涂层或无外层涂饰，但仅限于本节讨论的那些利用涂饰的方法，下一节讨论其他的物理化学方法。表面涂层可能是共价连接的，也可能是非共价连接的。

表 7.2　物理化学表面改性方法总览

常用表面改性方法	示例	常用表面改性方法	示例
共价连接涂层	等离子体处理 化学汽相沉积 物理汽相沉积 辐射接枝/光学接枝 自组装单层	无覆盖层表面改性法	离子束注入 等离子体处理 转换涂饰 生物活性玻璃
非共价连接涂层	溶液涂层 Langmiur-Blodgett 膜 表面修饰添加剂	表面改性激光法	图形加工

首先讨论表面共价连接涂层方法技术，包括等离子体放电技术、化学或物理气相沉积法、辐射接枝或光学接枝聚合、自组装单层膜，已经用于制备生物涂层（7.3 节）。

7.2.2.1　等离子体处理

等离子体放电（plasma discharge）技术是宽泛的术语，包括几种物理化学表面改性技术，其中几种能导致表面涂层，另一些则不能。此外，在等离子环境中暴露的方法也可以作为其他表面改性技术的预处理方式。**等离子体**（plasma）指在原子或分子解离成气体环境中离子体的一个组合的称谓。气相中的离子体包括阳离子和阴离子、自由基、电子、原子、分子和光子。等离子体放电发生在一定的温度范围内（通常为 25℃ 和更高温度），而且最常见的是真空条件。

横贯气体施加电势就可获得等离子环境。图 7.2 所示为一种简化的可成功进行等离子放电的处理技术示意图。此图表明，待处理的表面是阴极，相对于阳极而言有负电势。电子必须从阴极到阳极穿越箱体中的气体。在此过程中，电子和气态环境的分子相互碰撞形成气态离子和自由基。这些离子体继而与试样相互作用，引发各式各样的表面反应。等离子体是不断产生的，因为电子从试样中流出而正离子流向试样。

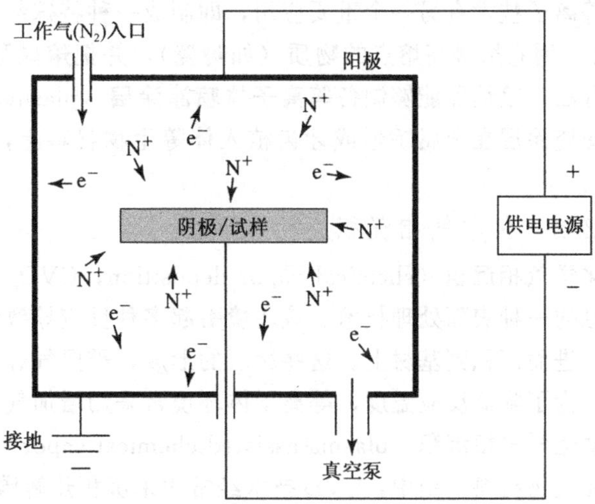

图 7.2　等离子体放电处理示意图。待处理的表面是阴极，相对于阳极而言有负电势。电子必须从阴极到阳极穿越箱体中的气体。在此过程中，电子和气态环境的分子相互碰撞形成气态离子和自由基。这些离子体继而与试样相互作用，引发各式各样的表面反应。等离子体是不断产生的，因为电子从试样中流出而正离子流向试样

沉积与消融/刻蚀之间在试样表面，存在竞争行为。因为形成的离子体是高能量的，它们通过简单的刻蚀作用能够使表面的化学性质发生显著变化。如果该过程很快，将观察不到沉积发生。但在多数情况下，等离子体发生的过程复杂。例如，沉积可能至少由两种方式产生。一种是自由基可以把气相中的分子聚合到试样表面上，另一种是小分子结合成较大的颗粒沉降于材料表面上。

等离子体放电技术常用于把羟基或氨基消除或添加到生物材料表面上，它们是进一步改性的基团（见本章后述的单层膜自组装和生物改性部分）。如上所述，高能等离子体也可以直接把分子通过聚合的方式连接到试样上。例如，将一种共聚物置于另一聚合物表面，暴露在等离子下，将共聚物交联到材料表面。

根据 Ratner 和 Hoffman 的描述[1]，等离子放电处理技术具有几种优势：

1. 均匀一致；
2. 无空洞/针孔缺陷；
3. 制备容易；
4. 从反应器取出时无菌；
5. 产生少量的通过过滤除去的物质；
6. 对基底材料具有良好的黏附作用；
7. 可以制备特殊化学性质的膜；
8. 表征相对容易。

综上所述，等离子处理技术已经广泛应用到聚合物、金属和热解碳基生物材料方面，包括心脏瓣膜替代品、血管移植物、隐形眼镜，甚至组织培养板。然而，任何一种改性技术都存在弊端，等离子处理也同样具有如下缺陷：

1. 反应器中的化学反应不能很好的确定；
2. 设备昂贵；
3. 在狭长腔体内很难获得均匀反应；
4. 试样准备要特别小心，防止加工前后产生试样污染。

等离子技术有另一个重要应用，即制成一种特殊装置——**等离子体喷焰器**（plasma torch），用它熔融高熔点的物质（如陶瓷），并把熔融颗粒加速到高速运动状态。利用这种方法，喷焰器能够制备**等离子体喷涂涂层**（plasma spray coating）。该技术常用于添加陶瓷涂层在金属矫形或牙齿植入体等生物材料上，以提高植入体与周边组织的整合性。

7.2.2.2 化学气相沉积

化学气相沉积（chemical vapor deposition，CVD）是在高温下将气体混合物与试样接触的一种表面处理技术。该环境引起多种反应导致气体混合物中的一种或多种组分分解，进而沉积到基材上。这些涂层的形成，需要气源控制，涂饰箱加热，废气处理的装置。为了降低反应温度，等离子体环境常采用增加气相离子的反应活性，称为**等离子体辅助化学气相沉积**（plasma-assisted chemical vapor deposition）。

在生物材料应用中，CVD 技术经常用来沉积热解碳涂层在诸如钽、钼/铼或石墨等基材上。这时，烃类气体在反应室内经过热分解或热裂解，最终将碳沉积在材料的表面。

7.2.2.3 物理气相沉积

物理气相沉积（physical vapor deposition，PVD）是以物理方法产生原子，沉积到试样上形成表面涂层的技术。PVD技术已经成功应用到矫形移植物，手术器械及正畸矫正器。例如，利用这种方法给金属髋关节合金涂层，增加了耐磨性。

这类技术包括溅射法和热蒸法等。这一节我们将讨论溅射技术，因为它可以用于生物材料表面改性，经常在电镜成像前在非导电样品上形成金属薄层涂层，具体见7.6.6节，关于电镜的详尽描述。

溅射沉积（sputter deposition）过程分为两步。第一步，高能离子或原子轰击靶材料，并将其动量转移到靶材料中的原子上。这就使得一定数量的靶材料表面原子喷射出来。第二步，释放出来靶原子与试样表面相遇，凝结形成一层薄膜。通过这种方法既可以获得共价涂层，也可以获得非共价涂层。

同CVD一样，也有**等离子体辅助**（plasma-assisted）PVD技术，该技术中的等离子体形成是产生高能等离子体去撞击靶材料。此过程示例如图7.3所示。图中的靶材料相比于涂层后的试样具有较大的负电位。在足够的真空环境下，此环境将在靶材料附近形成等离子体，与7.2.2.1节所描述的情形类似。然后，等离子体碰击靶材料释放原子，并沉积到基材表面。

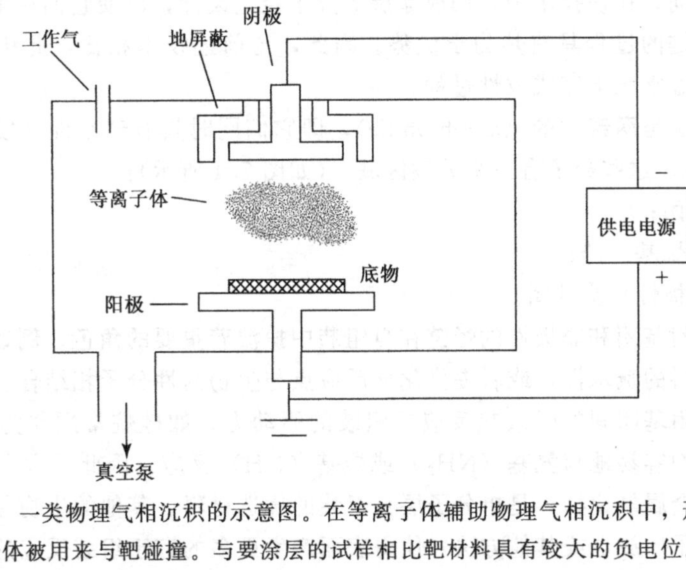

图7.3 一类物理气相沉积的示意图。在等离子体辅助物理气相沉积中，形成的等离子体被用来与靶碰撞。与要涂层的试样相比靶材料具有较大的负电位。在足够的真空环境下，在靶材料附近形成等离子体。然后，等离子体碰击靶材料释放原子并沉积到基材表面（获准翻印自文献[2]）

7.2.2.4 辐射接枝/光学接枝

辐射接枝（radiation grafting）和**光学接枝**（photografting）根据相似的原理在材料表面形成良好键合的表面涂层。首先将基材暴露在高能辐射源下，使表面形成活性等离子体，进而在基材表面形成共价键合涂层。这些方法通常用于将水凝胶键合到疏水基材。该技术提供了一种简单操纵涂层性能的工具，因为混合型单体或其他前体物质均可使用。

互照辐射接枝（mutual irradiation）是辐射接枝技术之一。用此技术时，先将生物材料基材置于单体溶液中，然后用电子束或伽马射线进行辐照，以制备聚合涂层。基材可以在低温或惰性气氛中辐射以稳定表面自由基，然后将涂层前体与样品接触。另一种辐射接枝在空气中而非在惰性气体中进行。在这种情况下，由于辐射物质与氧之间发生相互作用，在基材表面形成活性氧介质，如过氧化物。加热基材将进一步分解过氧化物，在生物材料上产生自由基引发涂层聚合。基底材料可以置于低温下辐照，也可以置于惰性气体环境中先稳定表面的自由基，在将试样置于涂饰用的前体分子中实施辐照。另一种辐射接枝不再惰性气体环境中而是在空气中进行的。此时，反应性氧离子，如过氧化物在基底材料表面形成，产生辐照离子与氧相互作用。加热基底材料进一步分解过氧化物，释放自由基去引发聚合在生物材料表面涂层。

光学接枝与辐射接枝相似，但是，光学接枝采用的是紫外光或可见光。人们已开发了许多化学光敏剂，以使这类表面改性顺利实施。两种常用光敏剂是叠氮苯或二苯甲酮化合物。如果这些功能基团在涂层前体中存在，它们在光的激活下很容易形成自由基或其他活性离子。这些活化分子在基材表面参与反应，使涂层与底层生物材料共价连接。

7.2.2.5 单分子层自组装

单分子层自组装（self-assembled monolayer，SAM）表面处理与上述描述的涂层方法的原理不同。在该技术中，构成涂层的分子经过设计，以便它们在生物材料表面吸附并形成共价键的过程具有热力学优势。因此，与前述技术相比，此法不需要特殊设备，可以在室温常压下完成改性过程。

自组装分子是**两亲性的**（amphiphilic），即它们同时具有亲水性（极性）和疏水性（非极性）区域。这些分子有三个关键区域，（如图 7.4 所示）：

1. 黏附基团；
2. 长烃（烷基）链；
3. 功能（极性）头基团。

其中，黏附基团和非极性的烃链在自组装中扮演着重要的角色。例如，功能集团用以改变基底材料的疏水性，或者提供化学反应点与生物活性分子相结合。

基材与黏附基团间的强放热反应是组装的驱动力。如硅烷常用作为黏附基团（图 7.5），因为它们容易地与氨基（NH_2）或羟基（OH）反应。因此，含有大量羟基的材料（如玻璃和金属氧化物）是单分子层自组装的优选材料。其他的生物材料则可以通过预处理（等离子体放电或其他方法）使得表面产生更多的宜于组装反应的基团数量。

SAM 分子一旦开始在表面聚集，其烷基链的性质就变得重要，分子中即使是非极性区域的范德华力足够靠近，也会使其发生结晶。以确保黏附基团的紧密堆积，涂层离子必须有高的分子运动能力，烷基链可以满足这一要求。

作为表面改性技术，SAM 的优势在于：容易形成、涂层化学稳定（通常比 Langmuir-Blodgett 膜更加稳定，将在以后讨论）、化学构造多样化（包括黏附基团、功能基团）。SAM 技术除了能改变基底生物材料的化学性质以外，还可以用于制备分子光滑表面，从而改变基材的物理性质。

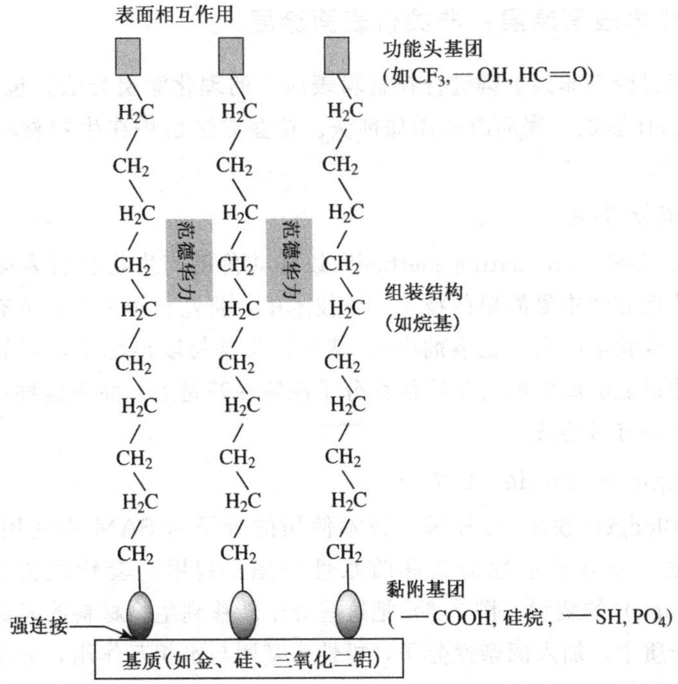

图 7.4　自组装分子的三个关键区域黏附基团、长烃（烷基）链、功能（极性）头基团（获准翻印自文献 [1]）

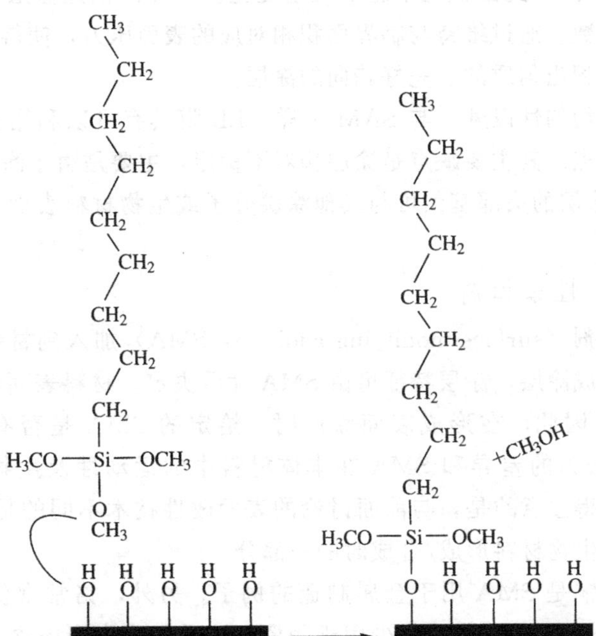

图 7.5　烷基硅烷在含有羟基基材表面的自组装。基材表面的羟基和硅烷的黏附基团间的放热反应是自组装的驱动力（获准翻印自文献 [1]）

7.2.3 物理化学表面涂层：非共价表面涂层

本节将继续讨论以非共价键键合在材料表面上的理化涂层方法。包括溶液涂层法、Langmuir-Blodgett 膜法、表面改性添加剂法。这些方法也用在生物材料上涂覆生物活性分子（7.3 节）。

7.2.3.1 溶液涂层法

溶液涂层法（solution coating method）以非共价键与生物材料表面相连接，是制备涂层的表面改性方法中最简单的技术。该技术中，将基材浸泡在含溶有涂层材料的溶液中（通常是聚合物溶解在有机溶剂中）。然后，将基材取出晾干，溶剂挥发，涂层沉积到表面。此法也能够简单地将生物活性分子涂覆在基材上。而在这种情况下，溶剂经常是水溶液而不是有机溶液。

7.2.3.2 Langmuir-Blodgett 膜法

Langmuir-Blodgett 膜法（LB 膜）技术使用的分子与 SAM 中使用的分子性能相似，是两亲性的，具有亲水性的头和疏水性的尾。利用一套称之为 Langmuir 水槽（Langmuir-Trough）的装置（图 7.6）把这些分子转移到生物材料的表面上去，待涂层的基材置于水介质中，加入两亲性分子，极性头基团与水相互作用，分子剩余部分暴露在空气中。通过移动图右边所示的屏障板的位置，使涂层缓慢压缩直到所有的分子定向排列成膜。

每分子占有面积达到最小且几乎恒定，即**临界面积**（critical area），此时屏障板进一步压缩（增加压力），此面积也不随之发生变化。临界面积是涂层分子的疏水性尾端的种类与大小的函数。通过维持与临界面积相对应的表面压力，使得涂层材料缓慢从槽中取出时，能够沉积出匀质的、完好趋向的涂层。

除了覆盖层的均匀性以外，与 SAM 一样，LB 膜具有可以利用多种涂层分子改变涂层化学性质的优点。其主要缺点是涂层相对不稳定，主要是由于涂层不是化学键合到表面上的。LB 膜涂层的头部基团可与其他涂层分子或生物材料表面交联是克服这个局限的可行方案。

7.2.3.3 表面改性添加剂

表面改性添加剂（surface-modifying additive，SMA）加入到材料本体时，将自发上升到材料表面形成涂层，涂层特征可由 SMA 性质决定。材料表面自由能的减少是这种重排的驱动力。因此，在形成表面涂层时，给定的 SMA 是否有效，依赖于有无 SMA 时材料表面张力的差异和 SMA 在本体材料中的运动性及生物材料周围的环境（如空气或水）。值得注意的是，与前面讨论的表面改性技术不同的是，SMA 处理不是后加工工艺，而是生物材料形成/合成时的一部分。

金合金中掺入铜是 SMA 用于金属制造的例子。另外，铬常常优先移动到钢的表面，呈现出耐腐蚀性。SMA 体系很少用于陶瓷，这是因为陶瓷内含大量离子键，使得陶瓷材料内部的原子缺乏运动性所致。

用于聚合物生物材料的 SMA 设计则相当容易。如图 7.7 所示，一种可行的思路是利用嵌段共聚物，其中 A 段与本体聚合物相容，而 B 段与本体不相容但具有表面亲和

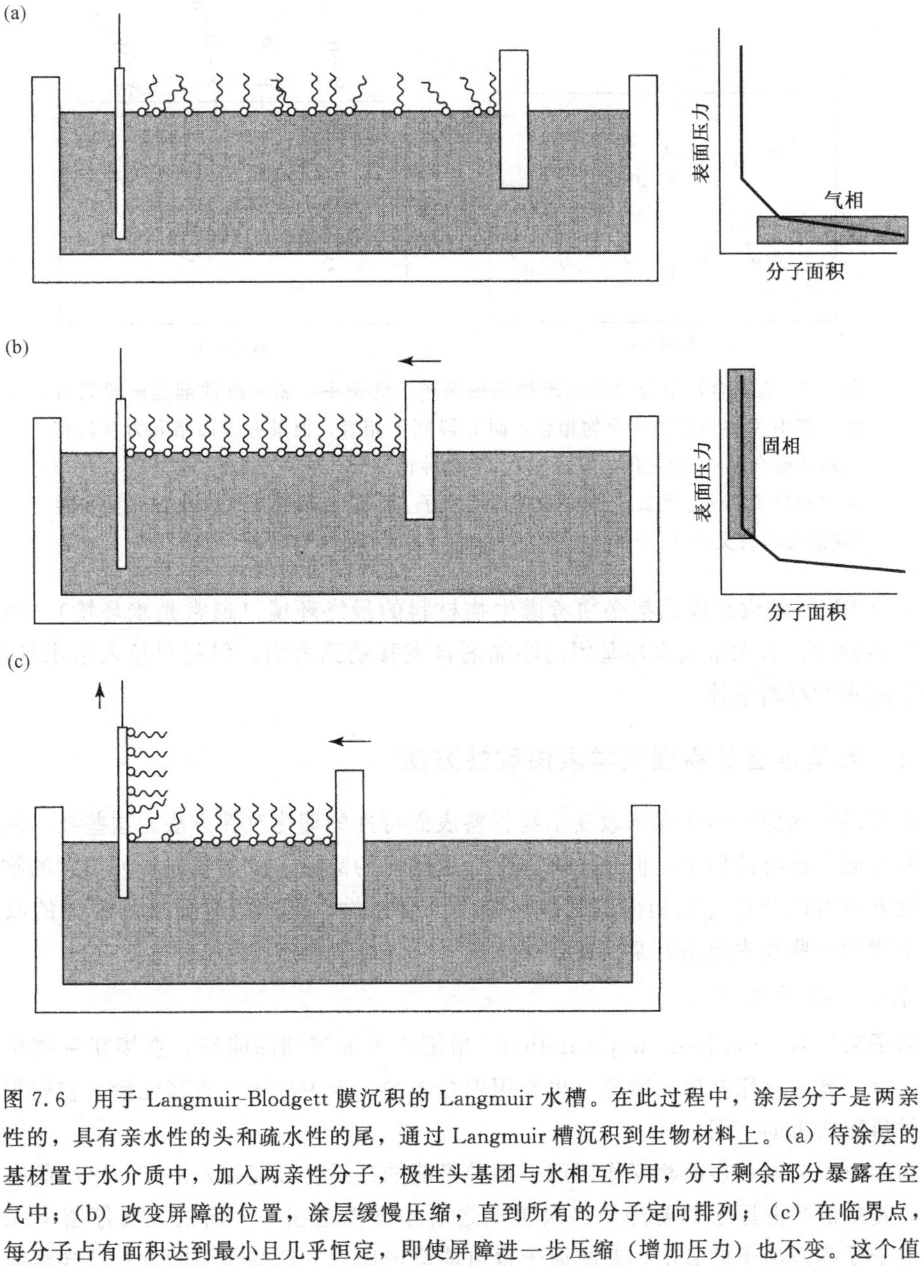

图 7.6　用于 Langmuir-Blodgett 膜沉积的 Langmuir 水槽。在此过程中，涂层分子是两亲性的，具有亲水性的头和疏水性的尾，通过 Langmuir 槽沉积到生物材料上。(a) 待涂层的基材置于水介质中，加入两亲性分子，极性头基团与水相互作用，分子剩余部分暴露在空气中；(b) 改变屏障的位置，涂层缓慢压缩，直到所有的分子定向排列；(c) 在临界点，每分子占有面积达到最小且几乎恒定，即使屏障进一步压缩（增加压力）也不变。这个值称为临界面积，它是分子的疏水尾的种类和尺度大小的函数。对应于临界面积，维持表面压力，待涂层的材料缓慢从槽中取出，匀质的，良好趋向的涂层能够沉积下来（获准翻印自文献 [1]）

力（具有比本体聚合物/A 段更低的表面能）。在此种情况下，A 段作为“锚分子”锚定在聚合物本体内部的分子上，而 B 段透出表面决定表面特性。

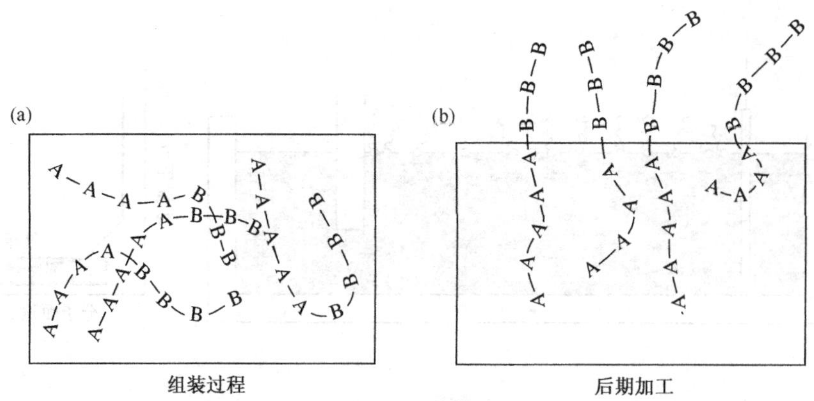

图 7.7　在聚合物中应用表面改性剂的例子。此例中，表面改性剂是嵌段共聚物。其中 A 段与本体聚合物相容，而 B 段则不相容，但具有表面亲和力（具有比本体聚合物/A 段更低的表面能）。在此种情况下，在聚合物本体内部 A 段作为“锚分子”锚定在聚合物本体内部的分子上，而 B 段透出表面决定表面特性（获准翻印自文献 [1]）

所有 SMA 的设计体系都必须考虑生物材料的最终环境（通常是水环境）。当材料与空气接触时，有大量疏水性基团的添加剂自发移动到表面，但材料植入亲水环境时，更利于疏水性材料本体。

7.2.4　无覆盖层的物理化学表面改性方法

本节讲述无涂层形成而却改变生物材料表面特性的理化改性方法。这些技术用来改性材料表面上已有的原子，但是没有黏附形成明显的涂层。虽然前述各种类型的物理化学改性方法可以获得与此相似的结果（如表面疏水性、蛋白质黏附或耐磨性的改变），只是下述的一些技术应用到某些特定类型的材料体系更具有优势。

7.2.4.1　离子束注入

离子束注入（ion beam implantation）指把离子加速到高能态，直接在生物材料上形成表面。此法常用金属和陶瓷，也有用聚合物的。因为离子具有高能量，它们很可能渗入材料形成表面（图 7.8）。

高能离子与材料表面相互作用产生多种可能的结果。高能触发形成一串串的空位和裂缝，其中的受激原子都要经历多次置换之后才慢慢地在一个新的位置停留下来。同时，由于受高能离子的轰击，基材原子也可能溅射出去。这些作用能改变试样整体表面的粗糙度。另外也可能使材料表面的局部加热，改变此区域之内材料的结晶结构及这些区域中缺陷形成的动力学特征。

离子束注入过程：等离子体产生，采集等离子体注入试样。关于离子束注入装置专用设备的说明不再详述。在生物材料中，离子束注入应用于将氮注入钛材料以增加其耐腐蚀性，将硼、碳注入不锈钢以提高其疲劳寿命。这些材料用于矫形植入体，良好的耐磨性和疲劳寿命是最终应用成功的关键。

离子束注入的主要优势之一在于，依据几乎所有的元素都能被离子化，就有可能获

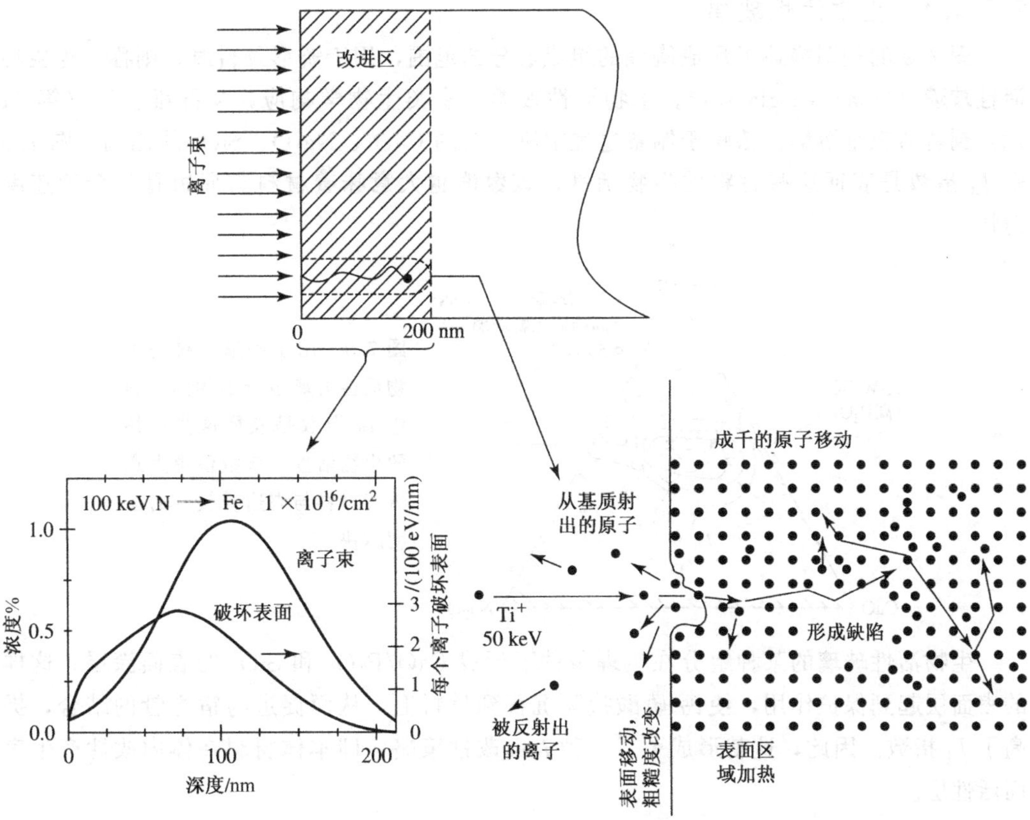

图 7.8 离子束注入法示意图。高能态的离子高速抛射到材料表面，并破坏表面。一旦高能离子进入材料内部，基材内部的一些原子会溅射出去与另外的原子互相碰撞，产生空位和改变结晶结构。利用不同浓度的不同离子能够调控改性程度（获准翻印自文献［1］和［3］）

得各种改性材料性质的可能性，如改变材料的硬度、耐磨损、耐腐蚀性及生物相容性。然而，在这个过程中试样究竟发生了哪些变化被更完全的了解之后，才可能建立良好表面特性控制的技术。另外，在离子束注入处理后空位和间隙缺陷经常存在，因此后续加热处理以消除它们是必要的（这与第 6 章描述的用热处理方法增强力学性能的情形相似）。

7.2.4.2 等离子体处理

如 7.2.2.1 节所述，等离子体放电过程能产生沉积涂层，或能够通过刻蚀和清洗过程改变表面特性。对于这些应用，可以采用先前描述的惰性气体制备等离子体，等离子体的能量以原子/离子形态攻击生物材料表面进而导致表面刻蚀。

7.2.4.3 转换涂层

顾名思义，**转换涂层**（conversion coating）不是覆盖涂层，而是材料表面原子转换状态，如金属植入体表面的原子经过改性形成氧化层。与第 5 章讨论的一样，氧化层非常薄（5～500 nm），而且是化学惰性的，起到电子转移的屏障作用，防止腐蚀。直接用酸处理材料或采用称为阳极氧化（铝和钛）的电化学过程可以制备这样的氧化层。

7.2.4.4 生物活性玻璃

图 7.9 的相图描述了形成陶瓷的组成成分的范围，用于矫形外科时，则称之为**生物活性玻璃**（bioactive glasses）。生物活性玻璃有多类生物学响应，从纤维包裹（第 11 章）到材料完全溶解，依赖于制备过程中所采用的 CaO 、Na_2O、SiO_2 的比例。图 7.9 中 I_B 指数是表征这些材料的生物活性，该数值越大意味着材料与周边骨整合的速度越快。

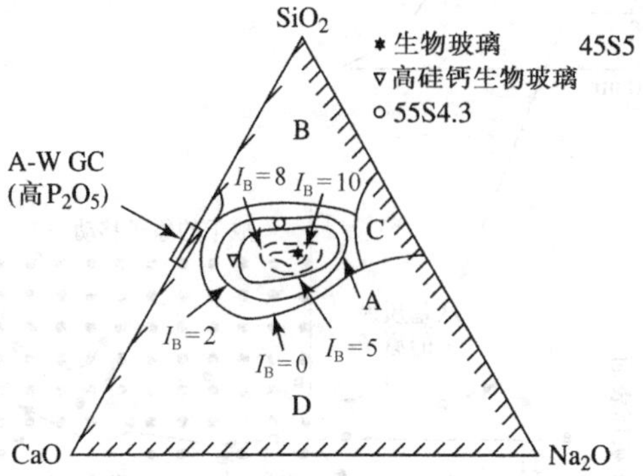

图 7.9 用于矫形外科的生物活性玻璃组分的相图。图中 I_B 指数是表征这些材料的生物活性，该数值越大意味着材料与周边骨整合的速度越快

生物活性玻璃的某种组分在生理条件下形成 CaO/P_2O_5 和 SiO_2 的表面涂层。这样的表面层起到保护作用，使钙-磷酸盐膜沉积到材料上，从而促进与宿主骨的结合，提高了 I_B 指数。因此，这就形成了另一种表面改性策略，即本体材料在体内改性产生表面活性层。

7.2.5 表面改性的激光方法

在许多情况下，激光都能完成前述的表面改性。把高能光束集中在试样上，大量能量快速集中于小的区域，容易发生表面上的退火/合金化、蚀刻、膜沉积和聚合等反应。

当决定激光源或处理状态进行特殊改性时，必须考虑用脉冲还是持续的波束更适合，也要考虑到激光可能对表面产生发热的影响。这些大多依赖于激光能被基材吸收的程度、界面反射和散射的数量。

表面改性使用激光技术具有以下优点：表面处理能够在常压条件下进行，可用的精确波长范围很宽。另外，激光装置能够精确控制反应时间和激发光斑的空间定位。激光也可以使用热和光诱导激发组合来引发期望的反应。

7.3 生物表面改性技术

生物表面改性技术（biological surface modification technique）包括通过各种方法把生物活性分子连接到基材上，其中有许多在前几节提到的物理化学方法。基材连接的生物活性分子继而自由地与细胞上的特定目标区域或者其他的组织化学成分相互作用，后者将在第 9 章详细介绍。因此，利用这项技术首要关注问题是维持所连接分子的生物活性。因为许多生物活性分子对于构象的改变非常敏感，需特别注意涂层后单个分子的取向和旋转能力。

如表 7.3 列出了各类表面改性的生物分子及其应用示例。它们的特性虽然将在后续几章中还要详细介绍，在此需要注意的是，表面改性的生物分子可以是蛋白质或碳水化合物，都可以由各种组织衍化生成，易于与某些类型的细胞产生相互作用。其他还有一些类型的生物活性分子，主要的是核酸衍生物（DNA 或 RNA）或者药物，这些分子加入到材料表面，可以按照可控方式改变特定的细胞功能。

表 7.3　用于表面改性的生物分子及其应用

酶	生物反应器（工业，生物医用） 生物分离 生物传感器 诊断分析技术 生物相容表面	药物	抗血栓表面 药物传递系统
		脂质分子	抗血栓表面 变性蛋白表面
抗体、多肽和其他亲和性分子	生物传感器 诊断分析技术 亲和分离 靶向药物传递 细胞培养	核酸衍生物和核苷酸	DNA 探针 基因治疗

（获准翻印自文献［5］）

尽管可以对所有类型的生物材料进行改性，但本领域的大部分工作集中在聚合物基质。生物分子黏附在可溶性聚合物、固体聚合物，形成三维的多孔固体聚合物，这在水凝胶方面已经获得成功。

7.3.1　共价生物涂层

固定技术包括共价和非共价连接生物分子和基质。本节将讨论这些技术中的几种方法，给出常用固定化反应的大致梗概。与物理化学技术一样，共价连接涂层可以提高稳定性，因此得到广泛应用。然而，这些技术需要具有反应性的基质表面，即基质表面通常含有羟基（—OH）、羧基（—COOH）或氨基（—NH_2）等基团。如果所选生物材料的表面没有这些基团，在固定化反应之前通过改性（如等离子体放电）以增加适当的功能性基团。

图 7.10 描述了共价黏附生物分子的几种方案。在这些例子中，分子可以直接或通过“占空分子”(**空臂**，spacer arm) 键合到基质上。“占空分子”是指在生物分子和基质之间提供物理空间的一种惰性分子。“占空分子”有较大的旋转自由度，有助于改进空间以保障生物分子的活性。另外，可以设计生物可降解型“占空分子”，放置在生物材料植入后的局部区域释放生物分子。

生物分子在基质加工后经过反应连接到基质表面，如图 7.10 (a)～(c) 所示，或作为材料的一部分参与合成［图 7.10 (d)、(e)］。前一种情况，常用**连接剂**（binding agent）把分子与基质连接起来。连接剂像“胶水”或者催化反应一样最终被释放出来。对于结合/合成反应，有两种主要方法：①生物分子可以结合到前体（单体）上之后在三维空间聚合或作为表面涂层［图 7.10 (d)］；②含有亲和生物分子基团的活化前体发生聚合反应，形成的生物材料再与目标分子作用［图 7.10 (e)］。

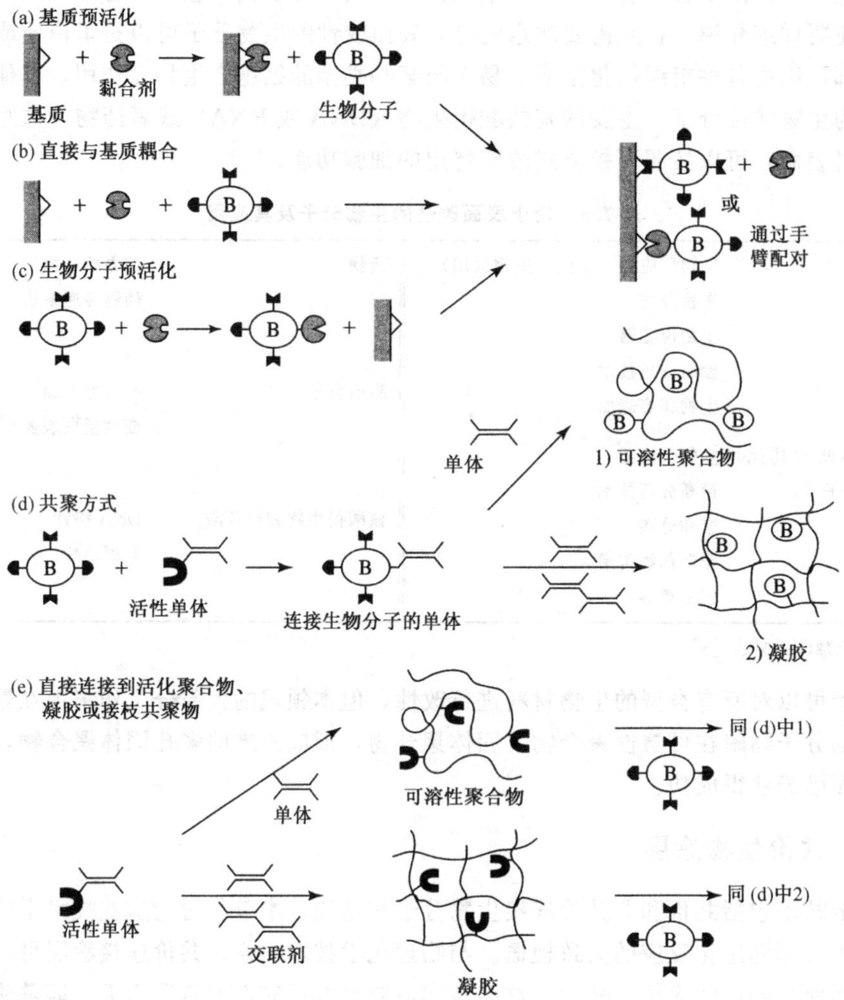

图 7.10　生物分子与生物材料表面共价连接的方法。(a)～(c) 加工后连接法；(d)、(e) 合成连接法。在这里的任一方法中，生物分子 B 可能与或不与占空分子连接（获准翻印自文献 [5]）

例题 7.2

一位研究者制备了一种可生物降解的聚合物植入材料，这种材料通过表面侵蚀机制发生降解，有望成为组织工程支架材料，其材料对细胞的长期黏附就非常重要。最初的研究证实，细胞不能黏附到材料的表面。这位研究者考虑将一种多肽序列通过占空分子（分子质量为 3400 Da 的聚乙二醇）连接到这种材料上，因为这种多肽序列连接在其他材料上可以改进细胞的黏附。你会支持这个想法吗？为什么？利用肽序列进行本体改性是所期望的合适方法吗？

解答：

对特定应用而言，这个想法是不能制备预期效果的材料，不应支持。回顾通过表面侵蚀机制的降解，涉及材料的表面物质的持续损失（如同一块肥皂，随着暴露在水中时间的延长，表面不断的破裂而消失）。这种材料短期内是可行的，直到改性表面降解掉。随着初始表面的降解，细胞将暴露在未改性的材料上，细胞黏附将会很弱。因此，尽管细胞最初是可以黏附的，长时间黏附将不可行。然而，本体改性可能是一种更加可行的技术，因为通过材料的本体改性细胞黏附肽将存在于材料中，因此降解过程中细胞仍可能黏附到材料上。

7.3.2 非共价生物涂层

就某些应用而言，共价生物涂层效果不理想或者所要求的化学反应很困难，可以采用生物分子和基质之间的非共价相互作用对其进行改性。涉及的过程如下：生物分子吸附到生物材料上，然后通过交联提高涂层的稳定性，详见第 8 章。无论某种分子是否聚集在给定的表面上，都可称作**疏水作用和静电相互作用**（hydrophobic and electrostatic interaction）。因此，可以利用这些力把生物分子耦合到特定的基质上。

例如，肝素是一种非常重要的抗凝血的高亲水性的糖基生物分子，将肝素涂层于疏水材料的表面，可增加疏水材料的亲水性。那么，加有生物分子的疏水区与水环境中的基质相互作用，将导致肝素区域向材料表面之外伸展，从而有效地涂覆到了生物材料上（图 7.11）。

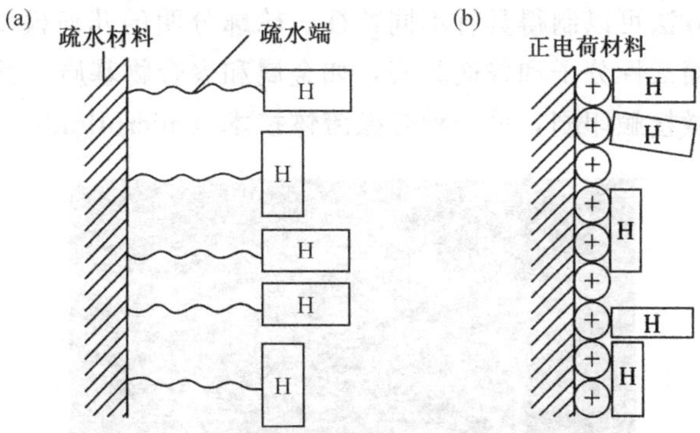

图 7.11　用肝素涂层表面的两种方法。(a) 把肝素分子加到疏水性区。加有生物分子的疏水区与水环境中的基质相互作用，将导致肝素区域向材料表面之外伸展，这就有效地涂覆到了生物材料上。(b) 肝素吸附到正电性材料表面则不需要对肝素的改性，因为肝素带有大量的负电荷，静电吸引使得在正电性的生物材料表面形成肝素层（获准翻印自文献 [5] 和 [6]）

相比之下，肝素因带有大量的负电荷，在吸附到正电性的材料表面时，不需要对其进行改性（图 7.11），静电可将其吸引至正电性的生物材料表面形成肝素层。

7.3.3 固定化酶

将酶分子连接到固态基质（载体）上的过程称之为**酶固定**（enzyme immobilization），这一技术已经高速发展了 50 年，迄今为止各种各样的固定化酶已经应用于生物传感器、控释器件和蛋白质分析领域。酶是蛋白质的一个亚类，促进其他生物分子的特异化学反应，在第 9 章将进一步讨论。就各种应用而言，由于器件的功能依赖于酶的行为，因而酶的生物活性是非常重要的。因此，很多的研究致力于固定化技术，包括从简单吸附到通过占空分子的共价连接的复杂反应。亲水性水凝胶载体（如聚丙烯酰胺或聚乙二醇）和疏水性载体（如尼龙或聚苯乙烯）都可以应用，载体的选用取决于应用酶的特性。

值得关注的是这些器件的酶靶生物分子（**底物**，substrate）必须能够扩散到固定化酶的区域以便相互作用。因此，载体的几何尺寸需要达到足以提供表面积保障酶与底物接触的程度。酶化学活性和基质有效性的参数需要不断地优化，以制备出更加有效的生物医疗器械，例如葡萄糖传感器，它们依赖固定化酶的行为，进而得到可信的结果。

7.4 表面性质和降解

降解特别容易引起表面处理涂层或底层基质的变化。在某些情况下，如转换涂层，表面处理是减少基底材料非期望降解（侵蚀）的一种方法。然而，即使在需要可控降解材料（生物降解聚合物）的情况下，支撑材料的移出或降解副产物的作用，对表面涂层都具有显著的有害影响。在表面侵蚀等极端情况下，不可能找到一种有效、持久的表面处理方法。

7.5 表面图形化技术

表面或基质图形化（surface or substrate patterning）指以可控方式改变生物材料的表面性质。这种方法可以制得具有不同特征、轮廓分明的几何模型（图 7.12）。表面图形化可用各种表面活性分子和普通基底，如金属和聚合物基质。其中两种图形化技术最为常用，一种是微接触印刷，另一种是**微流体技术**（microfluidics）。

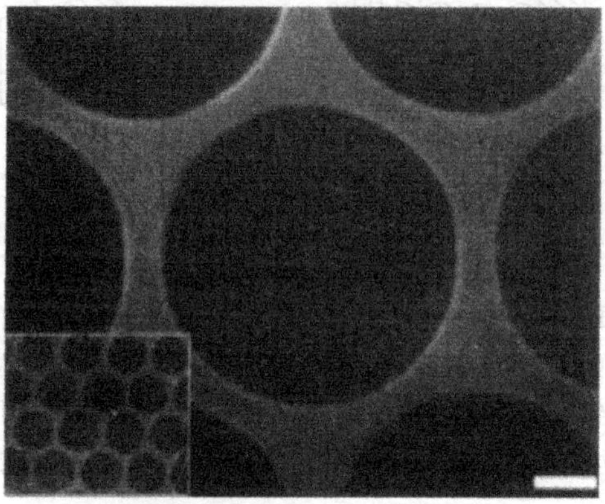

图 7.12　表面基质图形化用于按照可控、精心设计的图形改变表面性质，照片为圆形图案。内图为相同表面的低倍放大照片（获准翻印自文献 [7]）

在**微接触印刷**（microcontact printing）中，先用光刻等技术在硅晶片上蚀刻出预期图形（图 7.13），然后用硅橡胶材料（聚二甲基硅氧烷，PDMS）在模中聚合制备阳性“印章”（stamp），再将印章蘸墨（墨汁是表面改性物质浸入目标分子溶液中形成的），最后压到基质上，小心移除印章后，不断重复该过程以便使印章更清晰，最后制备出多功能表面。

此项技术已经获得一些成功应用，借助物理化学方法（如 SAM），改进了表面某些部分的亲水性，相当于生物改性方法。这时可以把待改性的生物材料暴露于一种或多种

图 7.13 在微接触印刷中，先按预期图形造模，常用光刻技术在硅晶片上蚀刻出图形［(a)～(e)］。然后用硅橡胶材料（聚二甲基硅氧烷，PDMS）在模中聚合制备阳性“印章”［(f)～(h)］。再将印章蘸墨，墨汁是表面改性物质浸入目标分子溶液中形成的，而后将“蘸墨的”印章压到基质上（i）。小心移除印章后，生物材料学家们再重复该过程以便把第一次没被“盖章”的部分给盖上章，从而制备出多功能性的表面（获准翻印自文献［1］）

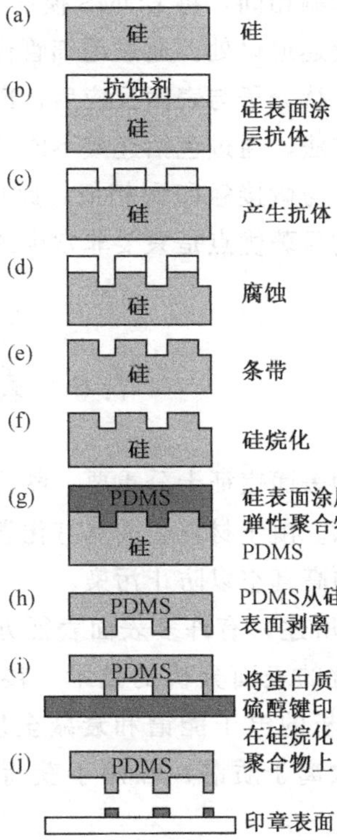

空间取向控制良好的蛋白质，从而使改性后的生物材料能调控细胞黏附及改善植入体与天然组织间的相互作用。

图 7.14 所示为**微流体技术**（microfluidics），图中所示技术采用了许多与微接触印刷相同的材料。基本按照上述方法制模，唯一不同的是该模是凸起的形状。然后将 PDMS 在模中聚合形成所需的通道，再把成型的 PDMS 压在载玻片上，然后用等离子体处理以增加通道内部的亲水性，但通道之间的区域则仍保持疏水性，以维持各通道的完整性。

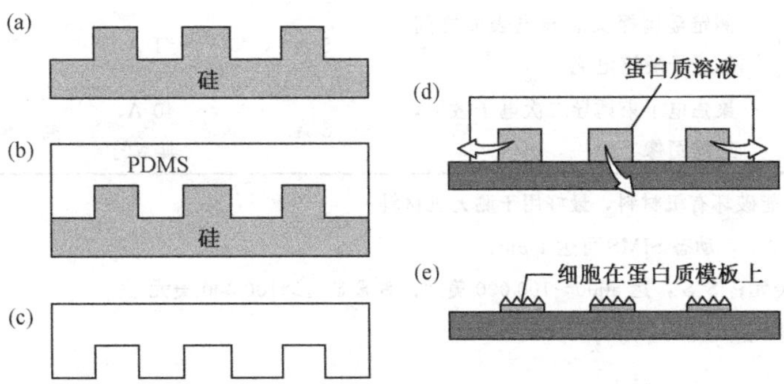

图 7.14 对于微流体技术，(a) 按照上述方法制模，与上述制模不同的是，该模不是凹陷的形状，而是凸起的形状。(b) PDMS 在模具中聚合。(c) 形成的 PDMS 从模具中移除，压在载玻片上。然后用等离子体处理以增加通道内部的亲水性，而通道之间的区域则保持疏水性以维持每一个通道的完整性。(d) 与微接触印刷一样，PDMS 模的形态压印在基质上，少量含目标分子的溶液注入或放置在靠近通道口处。通过毛细管作用驱使液体通过所有的通道。通道下的基质面被适当的修饰。(e) 待分子与表面反应后，PDMS 模具移除，漂洗表面（获准翻印自文献［7］和［8］）

与微接触印刷相同，将PDMS模的形态压印在基质上，少量含目标分子的溶液注入或放置在靠近通道口处。通过毛细管作用驱使液体通过所有的通道，通道下的基质面被适当的修饰。待分子与表面反应后，PDMS模具移除，漂洗表面。

如上所述方法，通过包括连接不同的表面活性分子在内的一系列处理，可以制备出多功能的表面。与微接触印刷相似，此项技术已经用到多种物理化学和生物涂层方法中。这个过程的显著优点是只要非常少的液体体积，因此可以采用昂贵的或不易制备的生化试剂。

7.6 表面表征技术

生物材料的表面表征十分重要，既可以鉴定表面处理的质量，又提供了蛋白质吸附到材料上的信息。由于材料表面具有化学活性，许多表面技术的应用都需要特殊的制备设备或条件，如高真空以防止污染。

如图7.15所述，有许多表面表征方法可以记录不同深度的检测数据。本节介绍最简单、最便宜的表面分析的技术：接触角分析和光学显微镜。另外介绍衰减能谱（如用于化学分析的电子能谱和衰减全反射傅里叶变换红外光谱）；用于表面分析的改进质谱（二次离子质谱）和用于获得形貌信息的电子显微镜和扫描探针显微镜。具体见表7.4。

表7.4 生物材料表面表征方法

方法	原理	分析深度	空间分辨率	分析灵敏度	花费[c]
接触角	以表面液体浸润来估计表面能	3～20 Å	1 mm	与化学相关性可低可高	$
ESCA（XPS）	X射线诱激特征能电子发射	10～250 Å	10～150 μm	0.1原子%	$ $ $
俄歇电子能谱[a]	聚焦电子束激发俄歇电子散射	50～100 Å	100 Å	0.1原子%	$ $ $
SIMS二次离子质谱仪	离子轰击表面溅射的二次离子	10Å～1 μm[b]	100 Å	非常高	$ $ $
FTIR-ATR	红外辐射被吸收，激活分子振动	1～5 μm	10 μm	1原子%	$ $
STM扫描隧道显微镜	测定金属探头和导电表面之间的量子隧道电流	5 Å	1 Å	单个原子	$ $
SEM	聚焦电子束诱导二次电子散射，三维图像	5 Å	40 Å，典型的	高，但不能定量	$ $

a 俄歇电子能谱能破坏有机材料，最好用于测无机材料；

b 静态SIMS≈10 Å，动态SIMS可达1 μm；

c $，达5000美元；$ $，达5000～100 000美元；$ $ $，>100 000美元。

（获准翻印自文献[10]）

7.6.1 接触角分析

7.6.1.1 基本原理

接触角分析经常用于提供表面疏水性的总体信息。按照热力学定义材料的表面自由能或表面张力（γ）为获得新表面在单位面积上所做的功。在大多数接触角试验中，应

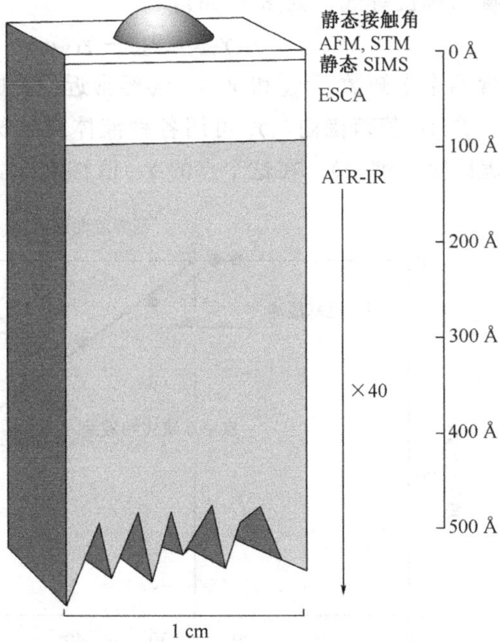

图 7.15　各种表面穿透深度表征方法。实际上，有一些表面分析技术能够穿透材料达到相当的深度（获准翻印自文献［9］）

用三界面体系（对应于γ值）（图 7.16）：液-气表面（γ_{LV}）、固-液表面（γ_{SL}）、固-气表面（γ_{SV}）。大多数情况下，用于生物医用材料测试的液体一般是水。在每一个界面的能量引起水滴形成一个特殊形状（不同扩散程度）。因此，通过精确测量水滴和固体表面的角度（接触角，θ），可以利用下面公式计算表面张力，表示为三表面张力水平分量

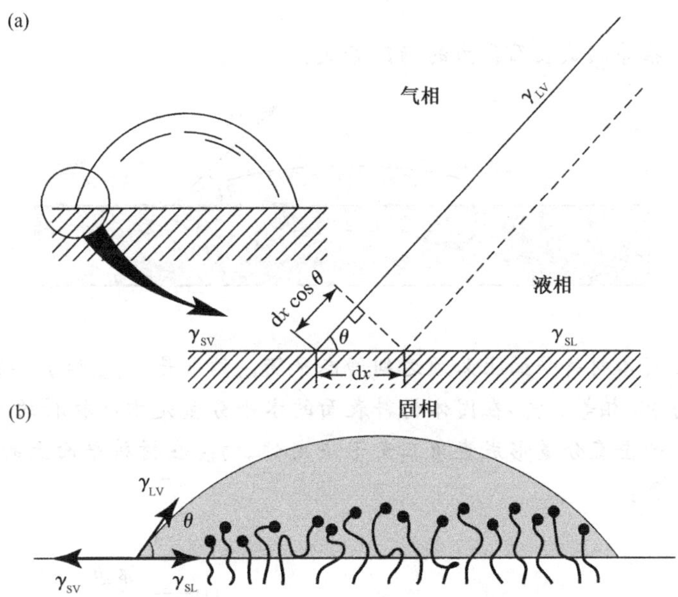

图 7.16　(a) 接触角测试示意图。围绕水滴，存在三种重要界面：液-气表面（γ_{LV}）、固-液表面（γ_{SL}）、固-气表面（γ_{SV}）（获准翻印自文献［11］）。(b) 通过表面改性改变浸润性。在改性表面上的水滴更容易铺展，因为改性减少了液-固界面的表面张力，接触角降低，接触角以杨氏等式（7.1）计算（获准翻印自文献［12］）

间的力平衡（杨氏等式，见图 7.16）：

$$\gamma_{SV} - \gamma_{SL} - \gamma_{LV}\cos\theta = 0 \tag{7.1}$$

式中，包含两个未知数，γ_{SV}和γ_{SL}，γ_{SV}经常近似为临界表面张力（γ_c），Zisman 首先提出该假说。在γ_{LV}值范围内，γ_c可用各种液体测试材料获得。接触角对γ_{LV}作图，外推$\theta=0$（在表面完全铺展）。在这个点的γ_{LV}值称为γ_c，如图 7.17 所示。

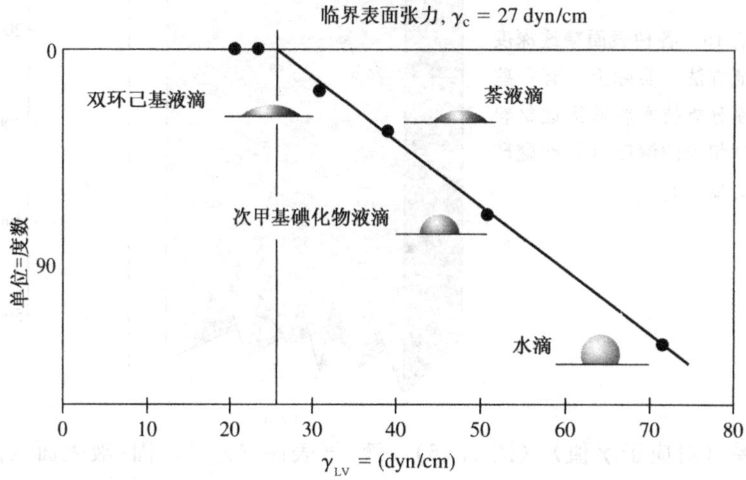

图 7.17　测定临界表面张力示意图。利用各种液体测试材料的接触角，接触角对γ_{LV}作图，外推$\theta=0$（在表面完全铺展）。在这个点的γ_{LV}值称之为γ_c［1dyn（达因）$=10^{-5}$N］

例题 7.3

根据下图，推导测试表面张力的杨氏等式：

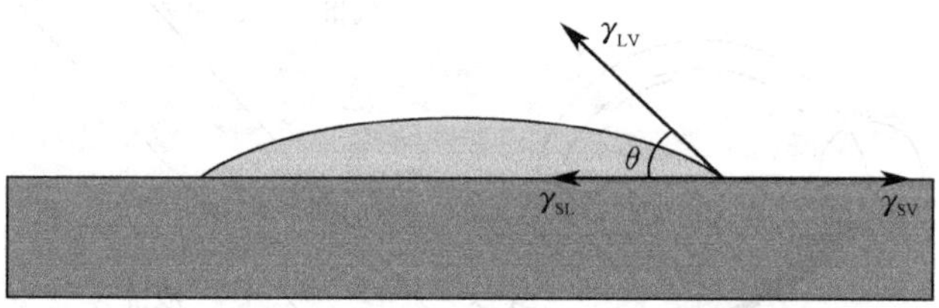

解答：

图中的力在固体材料平面上必须达到静态平衡。结果是，γ_{SL}和γ_{LV}在固体平面上的投影之和必须与γ_{SV}相等。γ_{LV}在固体材料表面的水平分量是由从材料的表面到γ_{LV}向量的末端在平面上的垂直分量形成直角三角形决定的。γ_{LV}在材料平面上的水平分量（p）可以通过下式计算：

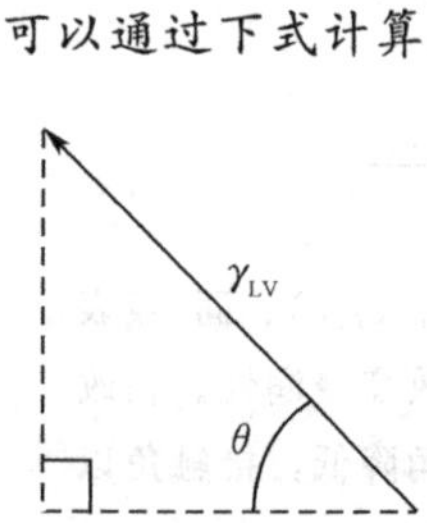

$$\cos = \frac{邻边}{斜边}$$

$$\cos\theta = \frac{p}{\gamma_{LV}}$$

$$p = \gamma_{LV}\cos\theta$$

随后，向量可以平衡形成杨氏等式：

$$\gamma_{SL} + \gamma_{LV}\cos\theta = \gamma_{SV}$$

$$\gamma_{SV} - \gamma_{SL} - \gamma_{LV}\cos\theta = 0$$

7.6.1.2 仪器

不同于其他表征技术结果为图表，接触角分析的结果是单一数字（θ 或 γ_c）。接触角测量的仪器很直观，方法种类很多（图 7.18）。所有类型的接触角仪器具有共同的组成单元是：

1. 固体样本载物台；
2. 液体样本载物台；
3. 决定接触角的方法（可以是自动的）。

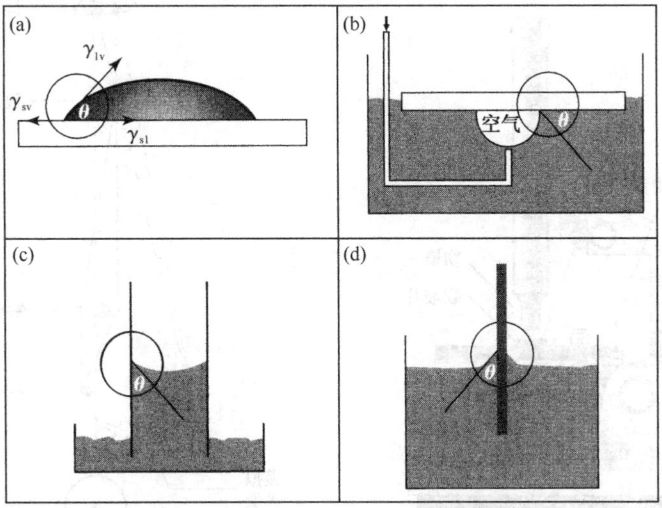

图 7.18 测定接触角的不同的实验方法：(a) 静滴；(b) 封闭气泡；(c) 毛细管上升法；(d) Wilhelmy 平板法。圆圈表示接触角测试点（获准翻印自文献 [10]）

该实验可以不应用计算机控制，因此造价较低，但是在无计算机控制的情况下，人为误差对结果有实质性的影响。当前也有一些较为先进的接触角测试仪可以进行全自动控制，消除了认为误差的影响（译者补充）。

7.6.1.3 提供的信息

尽管接触角数据对于大多数生物医用材料而言是适合的，但该技术不能提供有关表面化学组分的详细信息，因此经常作为表面表征的第一步。**动态接触角测试**（dynamic contact angle measurement）也用来测试**接触角滞后**（contact angle hysteresis）。这些测试技术的共同点是水滴通过注射器缓慢加到表面上，同时测量**前进接触角**（advancing contact angle）。然后，以相同的机制缓慢移除水滴，记录**后退接触角**（receding contact angle）。两种数值之间的差异表示材料的接触角滞后，揭示材料在接触水环境前后的表面张力是如何变化的。滞后现象发生基于多种原因。例如，与水接触后，材料中亲水性区域可以重新定位在表面的外面。然而暴露在疏水性环境例如空气中时，亲水性区域可能隐藏在本体材料内部。

7.6.2 光学显微镜方法

7.6.2.1 基本原理

光学显微镜方法是一种相对简单的技术，通常用作获得关于表面图案定性信息的首要方法，或者用于观察薄样品的截面。**复式显微镜**（compound microscope）是光学显微镜的一种，白光源通过样品投影，目镜和物镜联合反射光，通过这种方式放大样品很多倍，提供一个通常肉眼观察不到的详细的特征图像。这种光镜的光路图如图 7.19 所示。

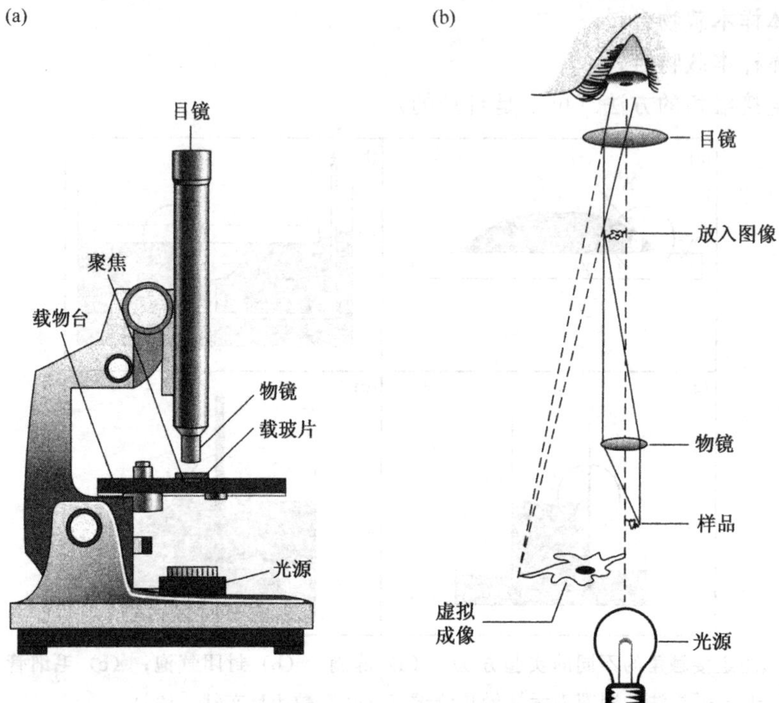

图 7.19 （a）复式显微镜总图。在复式显微镜中，光源在样品下面，样品在上面观察。（b）复式显微镜的光路。样品通过物镜形成放大图像，通过目镜进一步放大虚拟图像

对于透明样品，光源能够定位在样品上面而不是下面。这种仪器的分辨率由于白光源的波长受到限制。分辨率大多说情况下约为 0.2 μm。因此，特征在这个范围以下或接近此范围的不能用这种方法来区分。

7.6.2.2 仪器

光镜图像，如图 7.20 一样，是非常普遍的并且有很多种应用。本节感兴趣的是利用该技术获取在微米数量级的表面图案的图像（图 7.21）。如图 7.22 所示，光学显微镜有 4 个基本部分：

1. 光源——产生白光；
2. 透镜——玻璃透镜集中光束和（或）放大样品图像；
3. 样品台——承载物品；
4. 检测器（相机或人眼）——观察和捕获样品图像。

如果相机用作检测器，图像可以存储在计算机中，可以用作进一步图像分析。

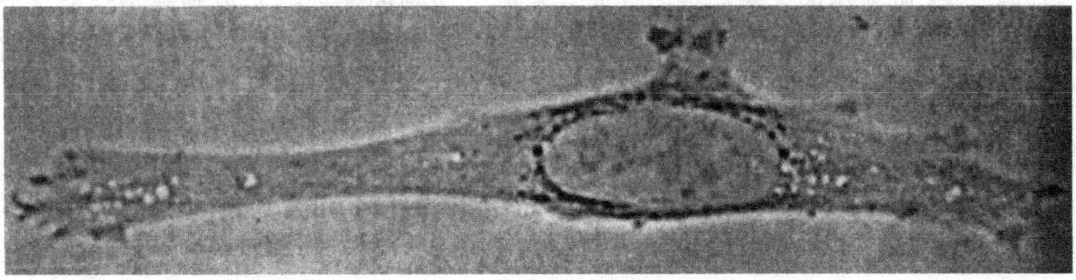

图 7.20　样品的光镜图。在此例子中，成纤维细胞黏附到基质上（获准翻印自文献 [13]）

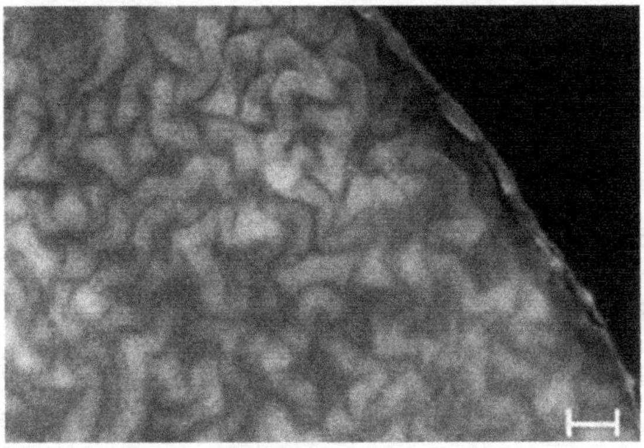

图 7.21　聚合物表面的表面形貌图。样品经过称之为荧光显微镜的特殊光镜观察。标尺为 200 μm（获准翻印自文献 [14]）

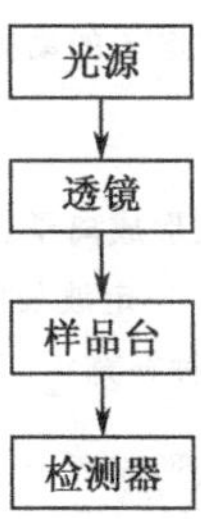

图 7.22　光镜组成部分的方框图。包括光源、透镜、样品台、检测器（相机或人眼）

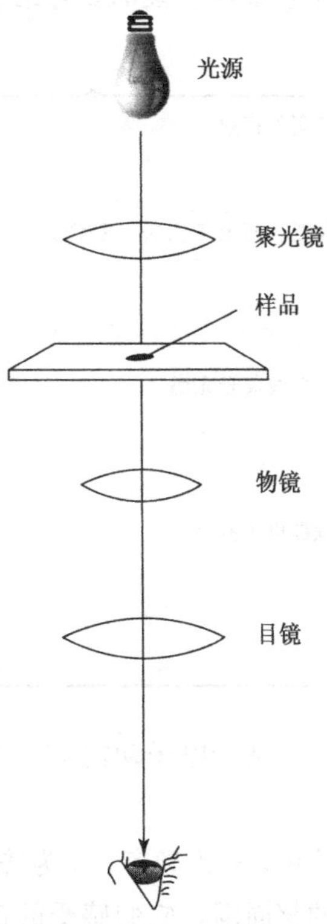

图 7.23　光镜的光路图。样品表面（或从本体上切割的薄样品）放到载物台上。光束在通过样品前通过聚光镜聚焦。当光聚焦在样品上后，物镜和目镜一起放大物品图像。图像然后记录在相机上或直接通过肉眼观察（获准翻印自文献 [13]）

如图 7.23 所描述的，样品表面（或从本体上切割的薄样品）放到载物台上。光束在通过样品前通过聚光镜聚焦。当光聚焦在样品上后，物镜和目镜一起放大物品图像。图像然后记录在相机上或直接通过肉眼观察。

7.6.2.3 提供的信息

光学显微镜技术仅仅用于图像的定性评价。图像可以进一步用特殊软件分析以获得某种颜色或其他用户设定参数的半定量数据。除成像表面拓扑结构外，这种仪器在生物相容性评价（7.2 节）的组织学分析中极其重要。简要地说，体内植入后的样品，包含生物材料和周围组织连续切片，染色，通过光镜观察检测植入体炎症反应程度。

白光显微镜具有不需要真空即可观察样品的优势，但是对于厚样品或者水合样品很难观察，因此在体内直接成像是不可能的。另外，尽管有限于空间分辨率，光镜仍然观测样本表面特征的首选方法。

7.6.3 化学分析电子能谱（ESCA）或 X 射线光电子能谱（XPS）

7.6.3.1 基本原理

X 射线是一种高能电磁射线，它是应用在材料表面的 ESCA 分析（也称 XPS）中的光源。在这类光谱中，X 射线吸收引起原子轨道内层的电子逃逸（不是价电子层）。然后记录下逃逸电子的动能。这种测量溅射电子动能的方法将这种技术与其他种类的 X 射线光谱区分开来。如 X 射线荧光光谱（将在后续的电镜章节中继续讨论）和俄歇电子能谱仪。表 7.5 总结了 X 射线法之间的差异。

表 7.5 X 射线方法之间的差异汇总

X 射线衍射	X 射线与样品材料的电子（X 射线散射引起的）间的相互作用。散射角度提供关于材料的晶体结构的信息
化学分析电子谱法（ESCA）	样品暴露在 X 射线中引起具有一定动能的核心电子移除。通过这个，结合能提供关于材料化学组分的信息，能够计算出。散射出的俄歇电子的动能可以作为伪影被检测到
X 射线荧光光谱	样品暴露在电子束或 X 射线中引起核心电子的移除，且形成离子。离子能够返回基态，如同外层电子之一落入空位一样，在此过程中，一定波长的 X 射线发射。经常用于生物材料的分析，作为电镜观察样品组分的一种补充
俄歇电子能谱	样品暴露在电子束或 X 射线中引起核心电子的移除，且形成离子。离子能够返回基态，如同外层电子之一落入空位一样，在此过程中，具有动能特征的二次电子（俄歇电子）发射出去。俄歇发射核 X 射线荧光竞争事件，通过 X 射线荧光较高原子序数的原子利于舒张

基于电子动能 E_k，可以通过以下公式计算电子的结合能 E_b：

$$E_b = hv - E_k \tag{7.2}$$

式中，v 为频率；h 为普朗克常数（6.6×10^{-34} J-s）。由于电子被吸引，固定在带正电荷的核周围，它们感受的正电荷的影响越大［因为电子靠近核或因为核带有更多的正电荷

(高原子序数)]，它们的结合能就越大。因此，结合能揭示了电子如何紧密的结合到核上，及它如何随着原子种类与相邻原子的原子核相互作用变化而变化。

ESCA 经常用于鉴别材料表面存在的元素。分辨率最高仅约为 100 Å，因为散射电子的能量仅允许逃离最表面的几个原子层。

7.6.3.2　仪器

图 7.24 是聚二甲基硅氧烷的典型 ESCA 图。ESCA 图谱通常表示为电子束（y 轴）作与结合能（x 轴）的函数。图 7.25 所示，电子光谱仪由 4 个基本部分组成：

1. 光源——产生已知波长的 X 射线；
2. 电子分析仪——基于动能的采用静电场分离电子；
3. 检测器——通过分离的电子转换影响为电子信号；
4. 处理器（计算机）—— 将来自检测器的信号翻译成合适的光谱。

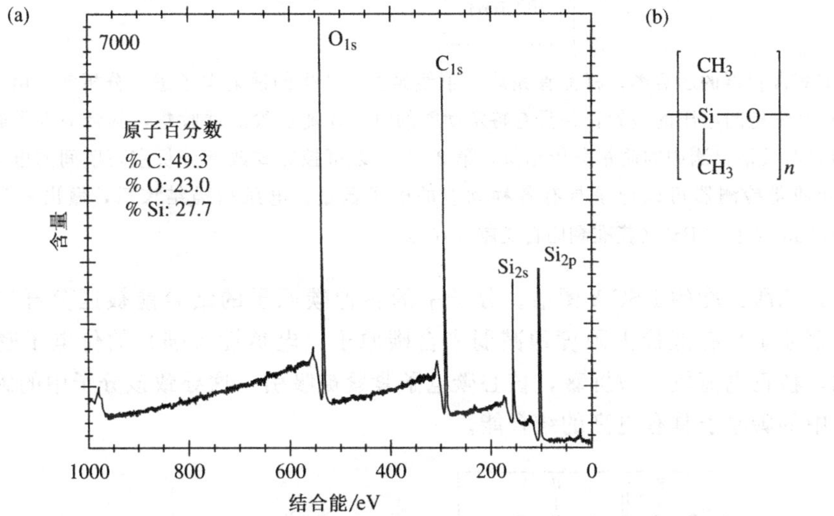

图 7.24　(a) 聚二甲基硅氧烷的典型 ESCA 图，电子束（y 轴）作为结合能（x 轴）的函数而作图。(b) 聚二甲基硅氧烷的化学结构（获准翻印自文献 [9]）

如图 7.26 所示，首先用 X 射线轰击样品，产生的散射电子进入分析室。分析仪的几何特征和两壁间电压的差异，检测器仅收集具有特定动能的电子，其余的电子碰撞到非检测区。（这与质谱检测中的质量分析相似，第 2 章）。以可控方式改变分析室两壁间的电压差，静电场的改变使得检测器可以记录具有各种动能的电子数量。电压扫描结束后，做出样品的全谱。如图 7.26 所示，在真空下进行 ESCA 分析，可以阻止散射电子与空气中气体分子间的相互作用。

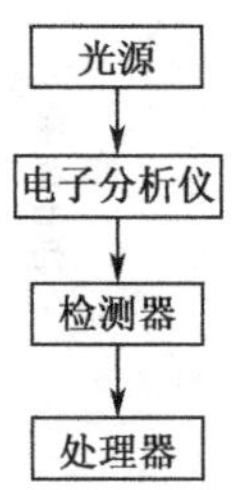

图 7.25　ESCA 仪器的方框图。4 个主要组成部分为 X 光源、电子分析仪、检测器、处理器（计算机）

7.6.3.3　提供的信息

ESCA 方法极其敏感，能检测除了氢和氦外，有机或无机材料的最外层约 100 Å 内，原子浓度低至 0.1% 的所有元素。同时，ESCA 图谱也提供与测定元素相邻的原子信息。例如，如图 7.27

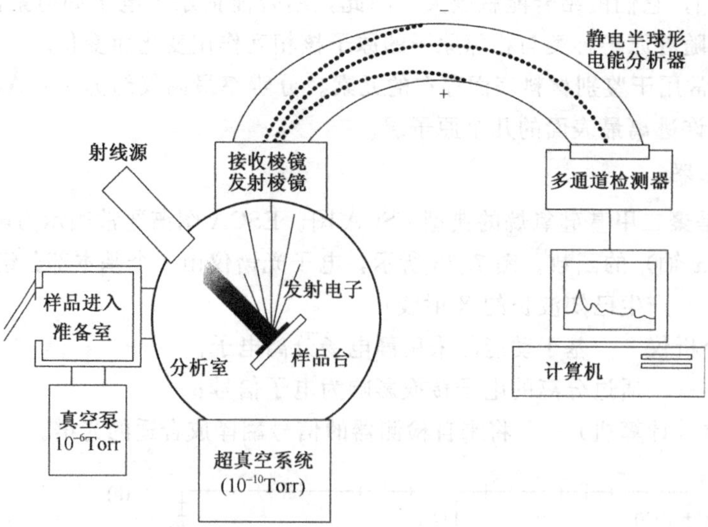

图 7.26 ESCA 仪器的示意图。样品首先被 X 射线轰击。产生的散射电子进入分析室。由于分析仪的几何特征和两壁间电压的差异，仅具有特定动能的电子才能被检测器收集，其余的电子碰撞到非检测区。(这与质谱检测中的质量分析相似，第 2 章)。以可控方式改变分析室两壁间的电压差，静电场的改变使得检测器可以记录具有各种动能的电子数量。电压扫描结束后，做出样品的全谱 (1Torr＝1.333 22×10^2 Pa) (获准翻印自文献 [10])

所示的三氟乙酸乙酯的 ESCA 图谱。分子中的各种碳原子的结合能被区分开来。所有原子中，氟原子具有能最大限度地减弱来自碳原子（电负性最强）的价电子密度的能力。因此，核正电荷较少被屏蔽，核心碳电子紧紧被吸引，这导致该分子中的碳原子比其他分子中的碳原子具有更高的结合能。

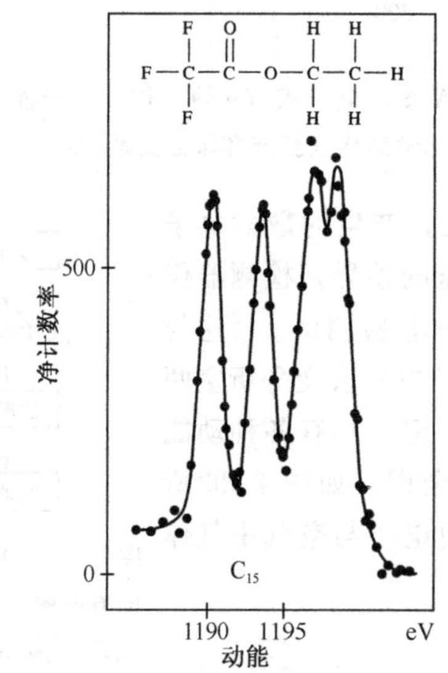

图 7.27 三氟乙酸乙酯的 ESCA 图谱。图中所示：分子中的各种碳原子的结合能被区分开来。所有原子中，氟原子具有能最大限度地减弱来自碳原子（电负性最强）的价电子密度的能力。因此，核正电荷较少被屏蔽，核心碳电子紧紧被吸引。这导致在该分子中的碳原子比其他分子中的碳原子具有更高的结合能 (获准翻印自文献 [15] 和 [16])

7.6.4 衰减全反射傅里叶变换红外光谱（ATR-FTIR）

7.6.4.1 基本原理

ATR-FTIR是从本体表征方法衍生而来的一种分析方法，可以检测材料表面的具体参数。ATR -FTIR的主要识别特征是增加了一个由高折射率的晶体制备的特殊探针，紧密接触到样品表面并传递红外光束。

当一束电磁射线通过由致密到较疏散的介质时，产生反射。反射后，光束渗透入较疏散介质中，这种渗透射线称为**“消失波”**（evanescent wave）。与其他IR方法一样，由于材料中键的振动频率，样品可以吸收消失光束。特定波长的吸收引起光束衰减（该方法名字的由来），并且提供材料化学结构的信息。

为了增加检测限的吸收水平，探针被设计成具有一定入射角度，IR光束被完全反射。因此，当光束接近样品通过时，多次反射和衰减过程发生（图7.28），从而提高了检测信号。将探针与材料接触，ATR-FTIR技术被认为仅记录表面特征，但值得注意的是，实际上，能够获得材料按表面分析标准（1～5 μm）深度的信号。

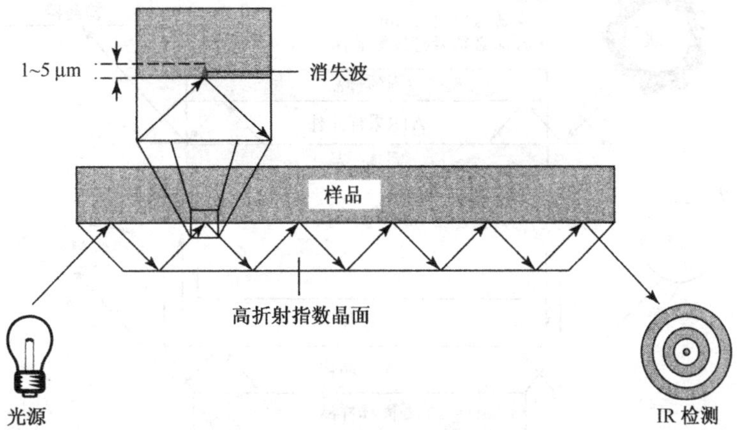

图7.28 ATR-FTIR探针内的光路图。为了增加吸收程度，探针被设计成具有一定入射角度，IR光束被完全反射。因此，当光束接近样品通过时，多次反射和衰减过程发生，从而提高了检测信号

7.6.4.2 仪器

聚二甲基硅烷典型的IR光谱如图7.29。与其他IR光谱比较，ATR-FTIR数据通常通过透射率（或吸光度）（y轴）作为波长（或波数）（x轴）的函数而作图。ATR-FTIR光谱基本的仪器同先前介绍的其他FTIR方法一样，包括红外光源、干扰仪、检测器和处理器。在应用中傅里叶变换技术是必须的，因为它能显著增加信号强度（信噪比）。如先前介绍的一样，小质量的材料表面所能产生信号强度很弱。两种ATR样品室，一种用于固态，另一种用于固/液界面（图7.30）。在利用ATR-FTIR技术研究蛋白质吸附的特殊应用中，样品室允许液体存在。

7.6.4.3 提供的信息

尽管ATR-FTIR光谱是相似的，但与常规的IR光谱是不同的。当以相同波长发生吸收时，关于光谱的峰强度可以改变。ATR-FTIR的许多应用与本体材料表征是相同

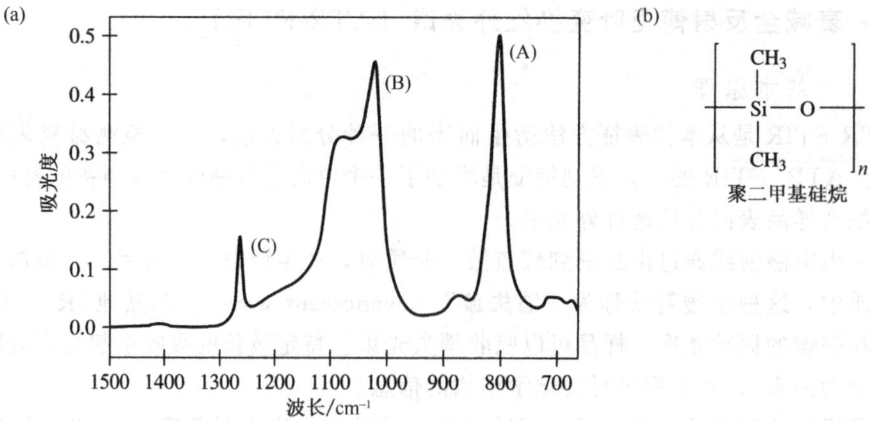

图 7.29 典型的聚二甲基硅烷 IR 光谱。特征峰包括 800 cm^{-1} 处 Si—CH_3 中的 C—H 键（A），1020 cm^{-1} 处的 Si—O—Si 键（B），1260 cm^{-1} 处的 Si—CH_3 中的 C—H 键（C）。

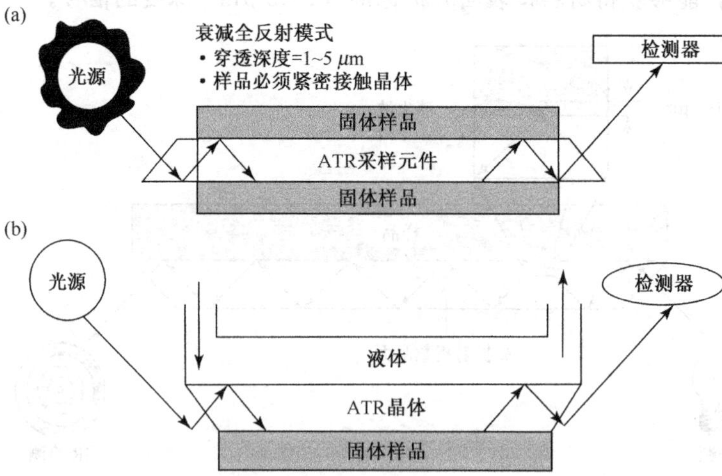

图 7.30 两种类型的 ATR 样品池。(a) 用于固体的；(b) 用于固/液界面（获准翻印自文献 [9] 和 [10]）

的，包括记录光谱以了解生物材料表面化学组分。

另一种常见的应用，是测定与特定键相关的特征峰随着时间而发生的相对变化。例如，考察酰胺键的出现，可以灵敏地监测蛋白质吸附到生物材料上的动力学参数。样品室内允许引入液体/水界面［图 7.30（b）］的技术开发，极大地便利了这类的实验。

7.6.5 二次离子质谱（SIMS）

7.6.5.1 基本原理

与 ATR-FTIR 一样，SIMS 是质谱分析方法的基础上开发的。然而，SIMS 与光谱技术，不涉及电磁射线的吸收。SIMS 的理论与第 2 章介绍的质谱相同，重点是按质量分离离子。表面样本的微小差异是样品离子化的方法，可以运用初级离子和二次离子来区分这些差异（因此给出 SIMS 名称）。

当 O^{2+}、Ar^{+}、Xe^{+} 或 Cs^{+} 等这样一些初级离子从离子枪喷射出来，撞击样品的表面时，离子化开始。这引起表面原子层以中性分子或离子的形式脱落或溅射。(这与溅射涂层中原子从目标溅射或在离子束植入中原子从样品表面移除的过程相似。) 这些散射的离子称之为**二次离子** (secondary ion)，将其投入到分析器按质量分离，这与本体质谱相似。

SIMS 是一种表面分析技术，因为入射离子仅能在样片的表面区域产生一连串的碰撞，并且只有发生在最外层碰撞所产生的二次离子有充足的能量从表面逃逸。目前有静态 SIMS 和动态 SIMS。静态 SIMS 采用相对较小的离子剂量 ($<10^{13}$ 离子/cm^2)，产生较少表面损伤。相比之下，动态 SIMS 以大剂量的离子轰击样品。在实验进行过程中，很多材料受溅射而导致表面侵蚀。这允许进行试样的深度剖析 (监测目标峰的强度随着表面侵蚀的变化)。

7.6.5.2 仪器

如图 7.31 所示，与质谱一样，SIMS 光谱是相对强度 (y 轴) 与质量 (x 轴) 的函

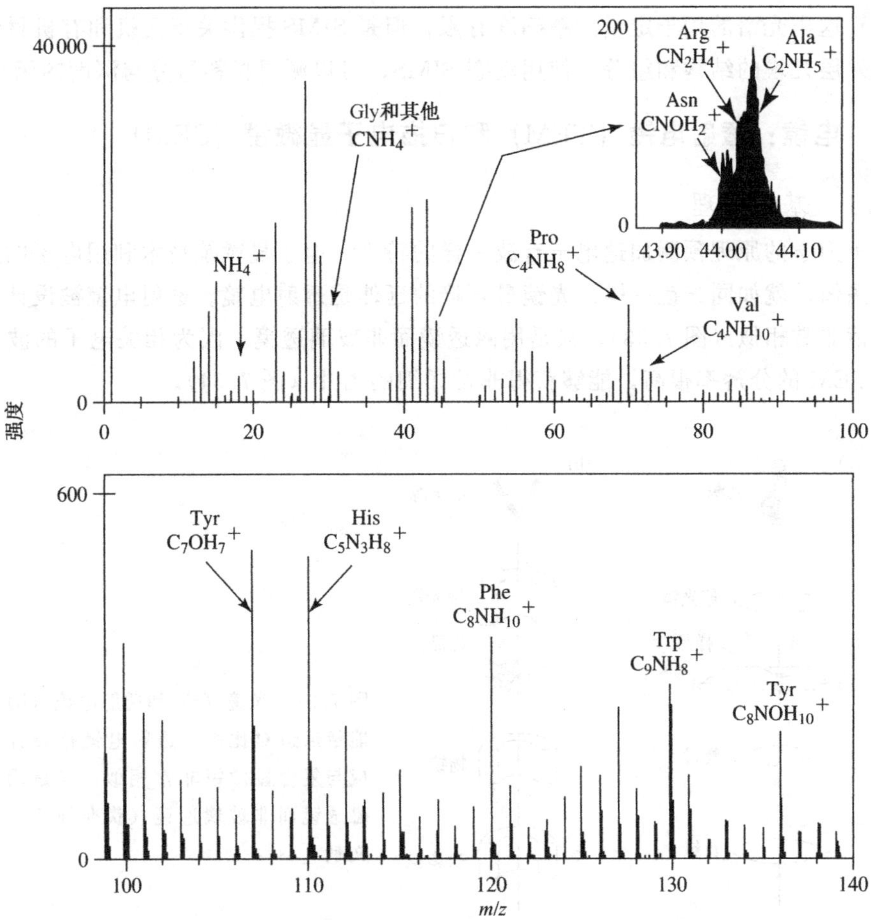

图 7.31　纤连蛋白吸附到聚苯乙烯表面的 SIMS 图 (仅仅记录正离子的飞行时间)。图谱中的各种峰对应于纤连蛋白中的不同氨基酸。通过对比某种峰的峰强，生物材料学家能获得关于蛋白质在每个表面上的定位信息 (获准翻印自文献 [17])

数。SIMS 仪器包括 4 个主要组分（图 7.32）：样品的离子化室、质量分析仪、离子检测器、自检测器的信号翻译成合适光谱的处理器/计算机。与其他种类的质谱相似，SIMS 分析在真空下完成的。

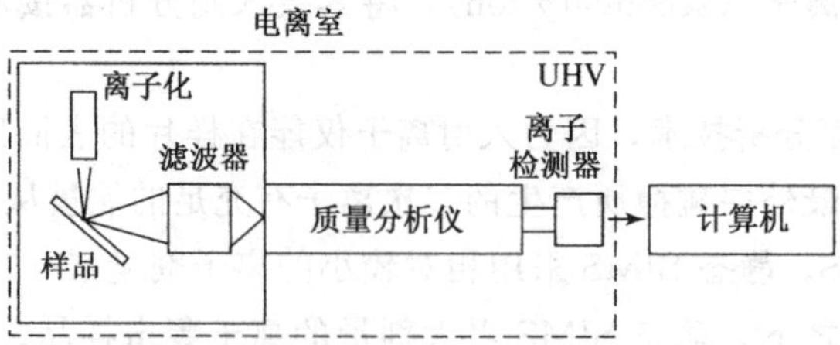

图 7.32　SIMS 仪器的方框图。包括 4 个主要组分：包含样品的离子化室、质量分析仪、离子检测器、自检测器的信号翻译成合适光谱的处理器/计算机。SIMS 分析在高真空（UHV）下进行的

7.6.5.3　提供的信息

尽管这类光谱的用于定量的精确度有限，但是 SIMS 提供关于无机和有机材料的结构和最外层几埃的结构和组分。使用动态 SIMS，可以测得材料组分与深度的函数。

7.6.6　电镜：透射电镜（TEM）和扫描电子显微镜（SEM）

7.6.6.1　基本原理

量子力学的原理预测加速电子有波一样的特性。电子显微镜技术利用电子的这种特性形成图像，就如同光镜一样。光镜最直接的延伸是透射电镜。透射电镜被设计成与复合显微镜非常相似（图 7.33），只是用磁透镜而非玻璃透镜。因为相关电子的波长比白光段，TEM 的分辨率很高，能够获得非常详细的图片（图 7.34）。

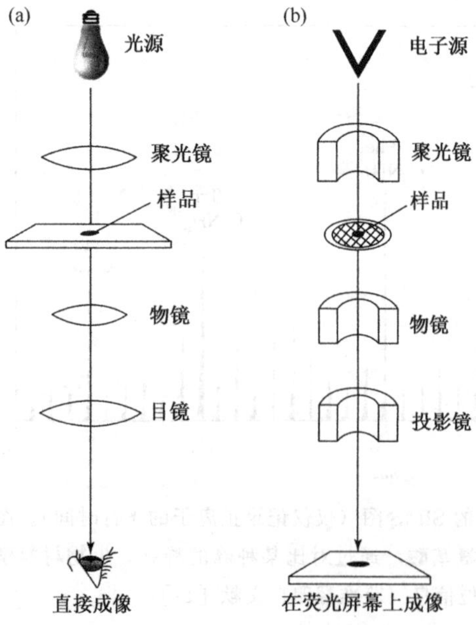

图 7.33　光镜（a）和透射电镜（b）能量通道对比图。透射电镜被设计成与复合显微镜非常相似，只是用磁透镜而非玻璃透镜（获准翻印自文献 [13]）

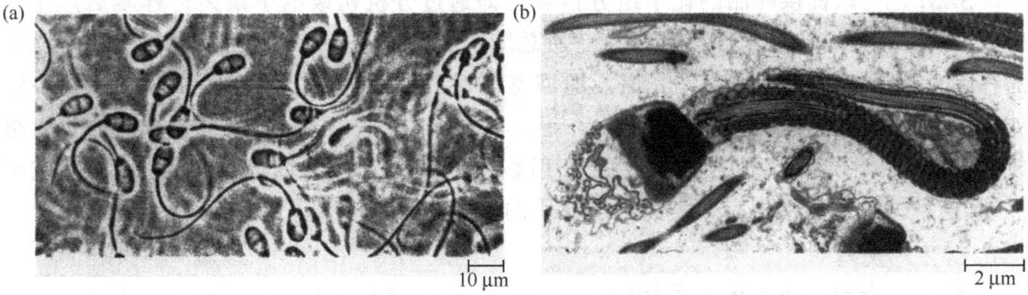

图 7.34 (a) 精子细胞的光镜图（标尺 10 μm）。(b) 精子细胞的透射电镜图（标尺 2 μm）。由于电磁的波长比白光的短，因此 TEM 的分辨率更高，能够获得更详细的图像（获准翻印自文献 [13]）

但是，由于电子束能够被厚样品完全吸收，不适合成像，因此 TEM 要求样品非常薄（20～200 μm）。但制备这些薄样品的技术缺乏，TEM 很少用于生物材料的研究。另外，由于可以从样品的任何一部分切取截面，因此 TEM 不是直接的表面分析技术。本节我们将重点介绍 SEM 的原理和装备仪器。

SEM 是基于不同的成像原理。这类电镜中，样品的表面通过电子束扫描。电子束中的电子与样品中的原子碰撞经历弹性和非弹性散射（图 7.35）。**弹性散射**（elastic scattering）导致电子轨道的改变，但是能量不变。在多数情况下，电子在经历多次弹性碰撞以背散射电子形式脱离样品。另一方面，非弹性散射发生时，电子部分或所有的能量将传递给样品中的原子。然后，原子发出二次电子，即俄歇电子（表 7.5）或 X 射线来释放这过剩的能量。SEM 通过记录在某区域被初级电子束轰击后产生的二次电子来成像。由于这些电子的强度依赖样品的表面形貌，SEM 认为是一种表面图像技术。

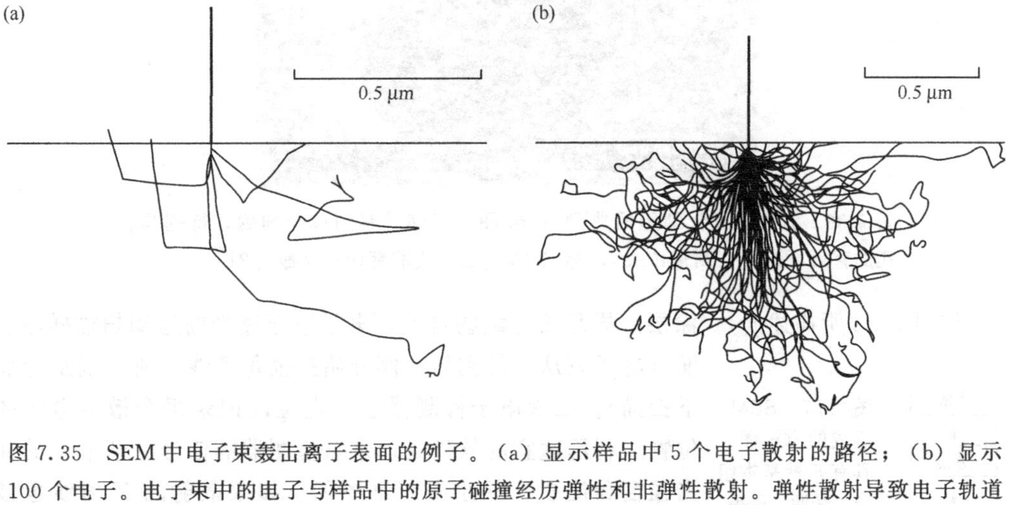

图 7.35 SEM 中电子束轰击离子表面的例子。(a) 显示样品中 5 个电子散射的路径；(b) 显示 100 个电子。电子束中的电子与样品中的原子碰撞经历弹性和非弹性散射。弹性散射导致电子轨道的改变，但是能量不变。在多数情况下，电子在经历多次弹性碰撞以背散射电子形式脱离样品。另一方面，非弹性散射发生时，电子部分或所有的能量将传递给样品中的原子。然后，原子发出二次电子，即俄歇电子或 X 射线来释放这过剩的能量（获准翻印自文献 [20]）

SEM也可以提供样品的化学组分信息，即通过分析初级电子束轰击样本后产生X射线散射，而不是二次电子。如表7.5所总结，如果电子束引起样品中原子的核心电子的移除，就会产生X射线荧光光谱。返回基态时，外部电子之一落入空位，产生一定波长的X射线，这与原子相关。因此，记录散射X射线的波长可以提供样品的元素组成。然而，由于通过这种方式形成的X射线可能产生于样品内原子深度（1 μm或更深），这种方法不能提供有关表面化学性质的信息。

7.6.6.2 仪器

图7.36所示为成骨细胞在钛网上典型SEM图。图片显示细胞和用于骨组织工程生物材料支架的相互作用情况。SEM由5种单元基本组成（图7.37）：

1. 光源——产生加速电子；
2. 透镜——磁线圈聚焦电子束，减少光斑直径；
3. 样品台——支撑样品；
4. 检测器——记录二次电子碰撞的空间位置和将该信息转换成电子信号；
5. 计算机——翻译检测器的信号产生图像。

为了最佳成像，聚合物等非导电样品，必须预先涂附一层薄的导电材料（金属）以减少扫描过程中的电荷堆积。这可以利用金属靶以物理溅射（见7.6.5节）方法在样品上成膜。实际上，二次电子仅仅产生于涂层，因此只有当涂层足够薄时，才可能得到高保真度的表面形貌图像。

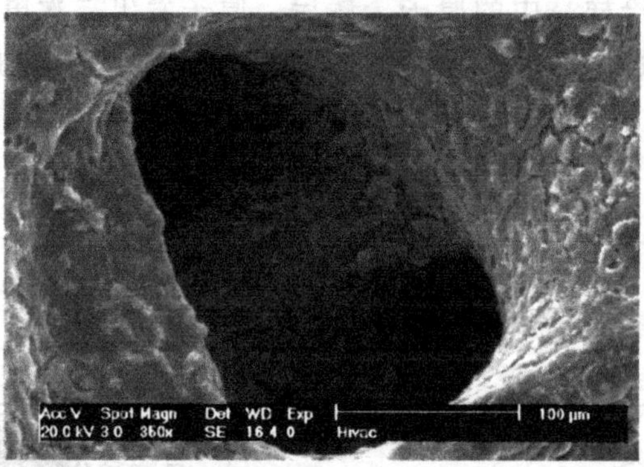

图7.36 钛网上成骨细胞的典型SEM图。能够观察到单个细胞，特别是在孔的背后纤维上（图像中央），标尺100 μm（获准翻印自文献［21］）

如图7.38所描述的，（涂层）样品放在载物台上，电子束通过光栅运动扫描样品表面（电子束从一侧到另一侧开始扫描每条线，所有线从上而下扫描）。二次电子检测器逐一定位以记录每个散射电子的位置。利用适宜的软件处理来自检测器的信号（即电子的冲击强度和位置）并绘出三维图像。如果散射的X射线也被检测，可采用一个特殊的被称为能量色散X射线分析（EDXA）检测系统收集和分析这些射线（图7.38）。由于电子可以与空气中的原子相互作用，因此电镜必须在真空下进行测试。

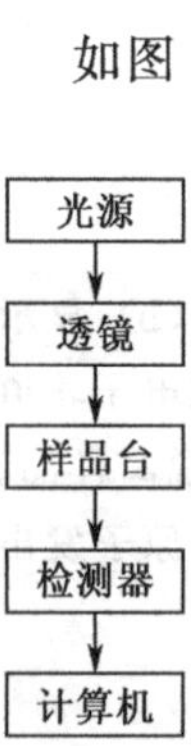

图7.37 SEM组成的方框图。具有5种基本组分：光源、透镜、样品台、检测器、计算机（产生最终图像）

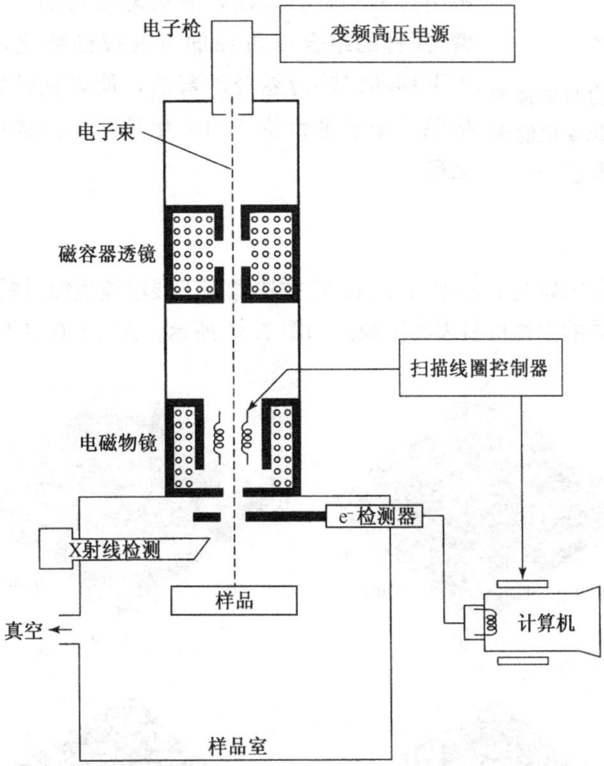

图 7.38　SEM 示意图。首先样品放在载物台上，电子束扫描表面。二次电子检测器逐一定位以记录每个散射电子的位置。来自检测器的信号利用适宜的软件处理并绘出三维图像。如果散射的 X 射线也被检测，可采用一个特殊的被称为能量色散 X 射线分析（EDXA）检测系统收集和分析这些射线（获准翻印自文献［15］）

7.6.6.3　提供的信息

SEM 通常用于显示生物材料或黏附组织和细胞的生物材料的表面拓扑结构。尽管真空成像条件的要求限制了生物材料（常用于体内环境）的全分析，但最近开发的环境 SEM 已允许部分水合样品的成像。尽管区分表面化学的能力相当有限，SEM 和 EDXA 的结合仍可提供样品的化学组分信息。

7.6.7　扫描探针显微镜：原子力显微镜（AFM）

7.6.7.1　基本原理

扫描探针显微镜（scanning probe microscopy，SPM）泛指基于一个小的探针和样品表面的原子级组分相互作用而产生三维图像的多种技术。我们将仅讨论原子力显微镜。与 SEM 一样，AFM 能提供材料表面从埃到纳米空间分辨率的三维图像。AFM 的分析能力仅限于样品的最上面的原子层，因为 AFM 检测是基于表面上原子周围电子云的相互作用。

如图 7.39 所示，在 AFM 中，小探针连接在悬臂上。当探针接触材料表面时，探针上的原子和表面上的原子之间由于范德华力和静电相互作用，产生特征力，引起最终

图 7.39　用于原子力显微镜的探针。探针连接到悬臂梁的末端（获准翻印自文献［10］）

吸引探针到材料表面，然后悬臂弯曲。为了获得图像，悬臂/探针的组合以可控的方式被栅格化，固载样品的平台上下移动以响应悬臂的弯曲，使得探针始终和材料的表面接触。记录平台位置的变化是三维图像中显示高度数据的基础。

7.6.7.2　仪器

典型的AFM图像如图7.40所示。AFM方法能用于展示纯生物材料表面的图像，也能显示那些吸附蛋白质的生物材料表面图像。如图7.41所示，AFM有以下4种基本的组成。

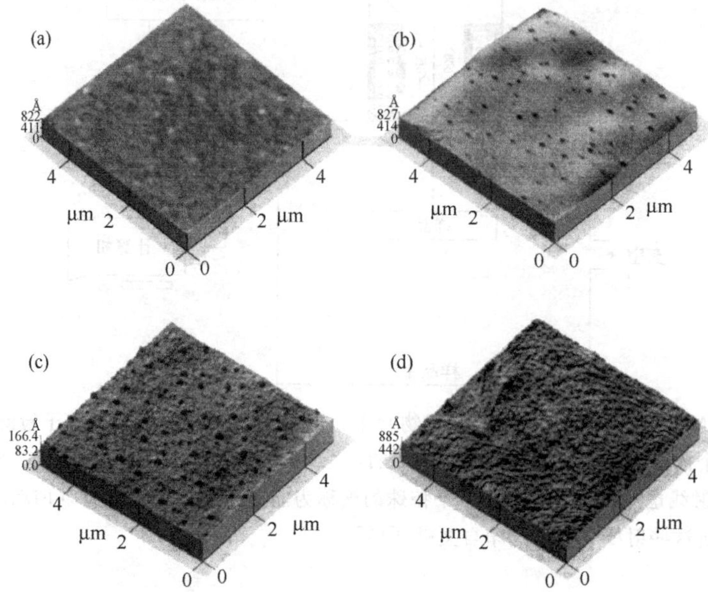

图7.40　聚（D,L-乳酸)-聚乙二醇-单甲醚三嵌段共聚物的表面形貌图（Me. PEG-PLA数字表示以千道尔顿对应于聚合物嵌段的含量）。(a) PLA；(b) Me. PEG5-PLA45；(c) Me. PEG5-PLA20；(d) Me. PEG5-PLA10。PLA膜光滑，非结构化表面。随着聚合物中Me. PEG含量的增加，颗粒结构的密度也急剧增加（获准翻印自文献［22］）

1. 悬臂/探针——可以弯曲以响应探针和样品间的力。

2. 激光/检测器——激光束被弹出悬臂，指示光电二极管记录悬臂响应表面发生的偏转。

3. 样品台——支撑样品。利用压电驱动器上下改变位置以维持探针和样品间的接触。

4. 计算机——翻译来自光电二极管的信号，提供反馈信息以控制平台的位置。记录平台的位置和绘制图像。

图7.41　AFM结构的方框图

AFM图像通常通过接触或敲击模式获得。为了便于解释，仅集中讨论接触模式。但是，对于蛋白质或聚合物样品，在接触模式中，施加在探针很小的面积的压力可引起样品的损坏，因此，敲击模式更适用于精细样品。两种模式都可以用于特别设计的流体池，可以在如同体内环境的水相条件下进行生物材料成像。

如图 7.42 所示，当样品放于载物台上，探针降低直至接触表面时，成像开始。当接触时，从悬臂反射的激光揭示悬臂朝样品方向弯曲（图 7.42）。探针/悬臂以可控的方式在样品表面移动，同时监控悬臂的偏离。为了响应悬臂偏离的变化，载物台上下移动以维持样品和探针间的接触。记录下载物台位置的改变，通过合适的软件处理形成三维图像。

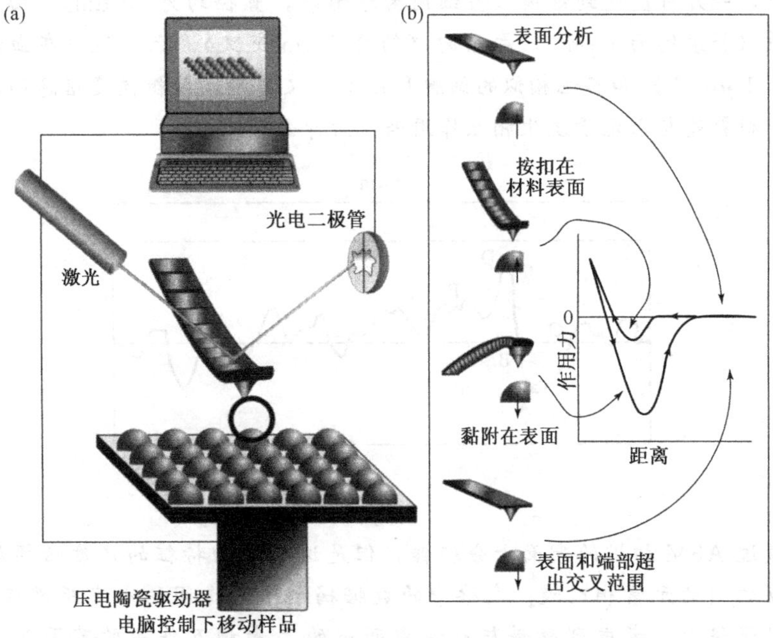

图 7.42 AFM 仪器的原理图。当样品放于载物台上，探针降低直至接触表面时，成像开始。当接触时，从悬臂反射的激光揭示悬臂朝样品方向弯曲。探针/悬臂以可控的方式在样品表面移动，同时监控悬臂的偏离。为了响应悬臂偏离的变化，载物台上下移动以维持样品和探针间的接触。记录下载物台位置的改变，通过合适的软件处理形成三维图像（获准翻印自文献 [10]）

7.6.7.3 提供的信息

AFM 经常用于显示生物材料或蛋白质吸附层的表面形貌。如图 7.43 所示，相互作用的原子的数量随着探针宽度的增加而增加，而空间分辨率降低。因此，为了得到最佳结果，探针末端的宽度应小于测试样本的图像的最小特征尺寸。

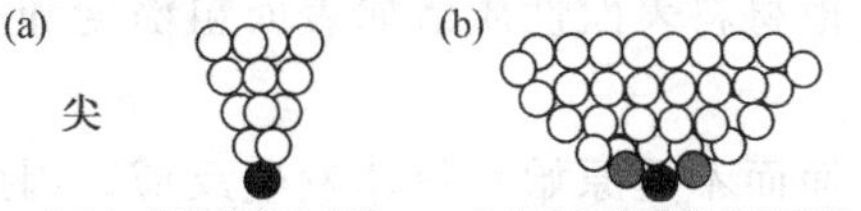

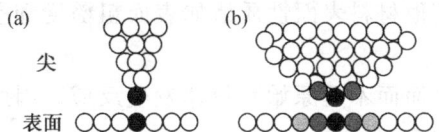

图 7.43 用于 AFM 的两种样品探针。相互作用的原子的数量随着探针宽度的增加而增加，而空间分辨率降低。由于这种特性，探针末端的宽度应小于测试样本的图像的最小特征尺寸（a）。如果探针太宽，图像中的伪影将发生（b）（获准翻印自文献 [23]）

AFM 也能利用胡克定律的变式进行力的定量测量。这与探针与表面之间的作用力导致悬臂偏离程度有关（为了做到这一点，必须知道悬臂的弹性常数，E）。这种模式已经用来测定活性分子间的结合力。在这些实验中，一种分子被共价结合到探针上，探针和连接到样品表面上的第二个目标分子间的黏附力被记录下来。

例题 7.4

下图显示的是利用原子力显微镜扫描热解碳人工心脏瓣膜叶片的表面粗糙度图。图像表示的是 5 μm 碳材料的表面轮廓。表格给出了在图中显示的几种标志间的距离。在宿主环境中，叶片可能遇到细菌（当细菌为球形时，直径约为 10 μm），由纤维蛋白构成的原纤维（长度约为 1 μm），红细胞（约 2.5 μm 交叉），血小板（在血液中时，约 1 μm交叉，1 μm 高）和其他相似的细胞和分子。仅考虑表面粗糙度信息和列出的血元素的尺寸，材料能与血元素发生相互作用吗？为什么？

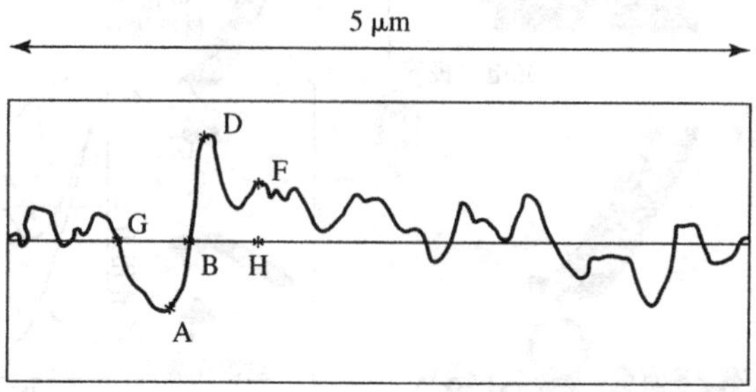

解答：

尽管通过 AFM 扫描的表面十分粗糙，但是这些表面特征的尺度必须和与表面发生潜在相互作用的元素相比较。表格中的数据揭示了两峰间的垂直距离在 100 nm 甚至更小的数量级上。考虑到材料与血液中列出的元素相互作用的范围为 1～10 μm，这些表面特性非常小（1～2 个数量级）。因此，在这种参照系中材料表面相对光滑，基于此表面粗糙度，材料和血液中的元素之间的极小相互作用可以实现。值得注意的是，与血液中许多蛋白质的大小相比，该表面是粗糙的。表面粗糙度能促进蛋白质的吸附，进而影响细胞的黏附是可能的。然而，血液蛋白质不包含在本问题考虑的元素列表中。

小结

- 蛋白质吸附到生物材料表面是遵循热动力学原理。热动力学受表面疏水性和表面电荷的表面特性影响。其他材料表面性质诸如表面粗糙度和空间位阻等物理特性，也会影响蛋白质的吸附。
- 由于宿主首先与涂层表面而不是原始种植体发生反应，因此控制蛋白质吸附到生物材料表面是极其重要的。
- 生物材料的理化表面处理指利用物理原理或化学反应使得材料表面组分加以改变，但不涉及生物分子黏附到材料上。然而，生物表面改性技术，可以将生物活性分子黏附到材料表面上。
- 表面改性的理化方法包括表面涂层或非涂层。导致表面涂层的表面改性包括共价或非共价键合到表面上。共价表面涂层通过等离子体放电、化学气相沉积、物理气相沉积技术、辐射接枝技术或自组装单分子层沉积获得。非共价表面涂层可以通过溶液涂层、Langmuir-Blodget 薄膜或利用表面改性添加剂获得。不产生外涂层的理化表面改性技术包括离子束注入、等离子体处理、转换涂层和生物活性玻璃的应用。

- 本质上，生物表面改性可以是共价或非共价。对于共价改性，生物分子可以通过许多反应步骤黏附到反应性材料表面。生物分子能通过形成非共价涂层修饰材料表面，这些涂层是通过材料和生物分子间的疏水性或静电相互作用机制实现的。
- 材料的表面特性能够随着时间的改变而改变。表面涂层本身或底层基质对于降解引起的改变极其敏感。
- 图案化技术包括微接触印刷和微流体技术，能以可控的方式改变生物材料表面特性，产生具有精心设计尺寸的几何图案。
- 存在许多用于生物材料表面表征的技术。接触角分析提供了关于材料的疏水性信息，是材料表面表征的最初表征手段。显微镜技术，包括光镜、电子显微镜、扫描探针显微镜，主要提供关于生物材料的外观和拓扑结构信息。与本体材料表征一样，表面光谱技术涉及电磁辐射的吸收，包括化学分析电子能谱，衰减全反射傅里叶变换红外光谱（FTIR-ATR）。这些方法和用于表面分析的质谱改性方法、二次离子质谱（SIMS）一起，表征有机和无机材料的最外几层的结构和组分信息。

习题

7.1 给定一种相对疏水材料，PEG 链共价连接到表面（连接到每条链的末端）。你期望 PEG 连接对于蛋白质吸附到材料表面上有什么样的影响？

7.2 你设计了一个在冷冻条件下轧制而成的骨板，检测其呈现出良好的生物相容性。制造部门要求改变轧制的加工方法，在热条件下进行以减少整个加工花费。由于用于制备骨板的材料不能改变，你需要重新评估其生物相容性吗？为什么？

7.3 在你的公司中有人开发了一种材料，能有效地匹配天然骨的力学性能，能够成为理想的髋关节假体的骨干材料。不幸的是，材料具有细胞毒性。公司中另外一个工程师开发了能用于材料的涂层，该涂层能够使细胞毒性材料与人体隔离。有没有较好的选择？

7.4 一个合作者想利用钛作为髋关节植入体的股骨头。她请求你提供一种方法以便提高材料的耐磨损力。你会怎么做？

7.5 你正在考虑利用两种不同的表面改性方法（Langmuir-Blodgett 薄膜和自组装单分子层）控制蛋白质吸附到人造血管材料的内表面上。哪种方法适合这种特殊的应用？为什么？

7.6 你正在考虑两种用于血管接枝应用的生物材料。一种在其表面含有大量的羟基基团，另外一种表面含有氟基团。哪一种材料更加适合蛋白质吸附的应用？

7.7 假设水基液体的 γ_{LV} 约为 72 dyn/cm，下述哪种材料更加疏水？请解释如何用 Zisman 方法来测定临界表面张力？临界表面张力如何与材料的表面特性相关？（图片来自文献［23］)。［注：1 erg（尔格）$=10^{-7}$］

7.8 一个关于药物从植入材料中长期释放的潜在问题是药物的爆释问题。一种降低爆释的方法是应用涂层技术，调控药物的扩散程度。Kwok 等以甲基丙烯酸丁酯作为涂层材料的有效性进行了研究[24]。图 1 显示的是化学结构和涂层材料表面的

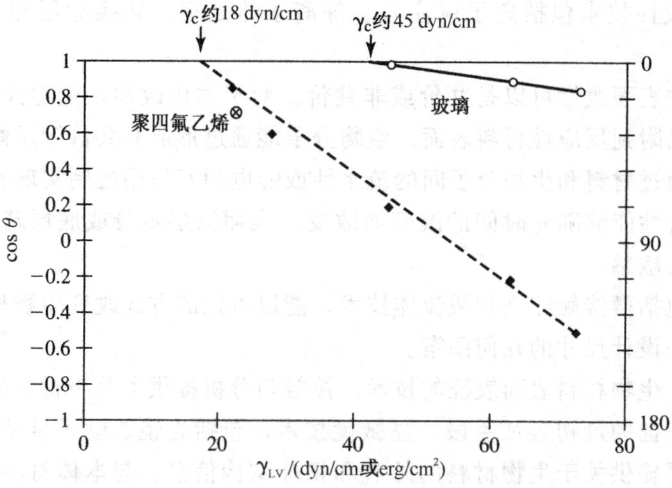

ESCA 扫描。也运用了等离子体处理以增加它的亲水性。部分研究探讨了等离子体强度对于表面化学的影响（图 2）。在高强度时，聚合物部分发生降解。在高强度下聚合物中什么键易于降解？解释图 2 的结果。你认为哪一种强度适合这种聚合物的表面处理，为什么？(获准翻印自文献［24］)。

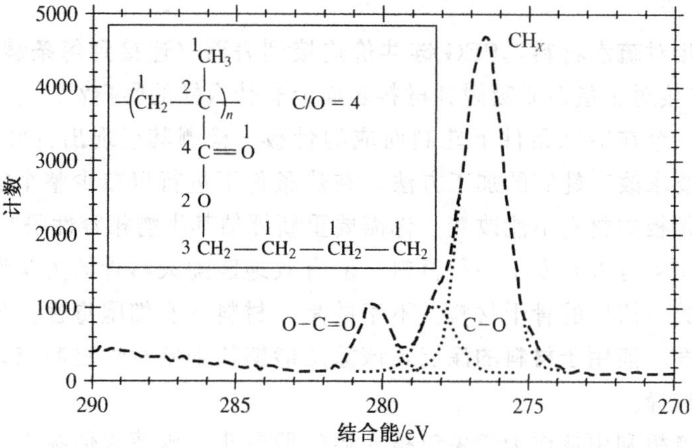

图 1

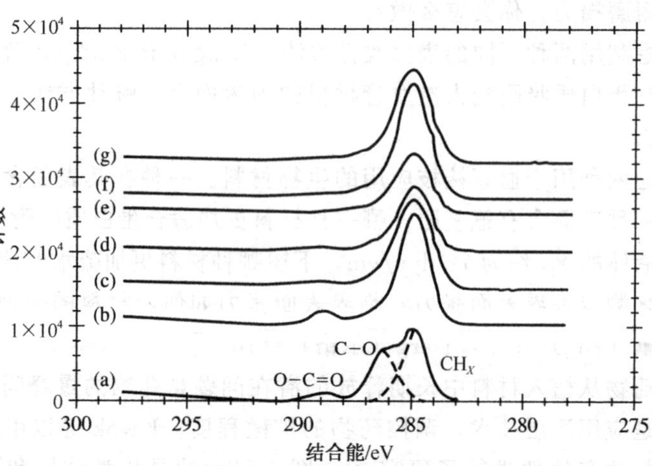

图 2

7.9 本章中讨论的表面分析方法，哪些要求与材料物理接触？哪些不需要？

7.10 单分子层自组装（SAM），一类表面涂层，由三个关键区域组成。你刚刚制备了与玻璃基质相互作用的并试图用于蛋白质附着的 SAM。解释分子中每一个区域的目的，给出你期望在每一个区域找到的化学基团的特定例子。在你的基质上，能否应用 SAM 制备光滑或粗糙的表面，并用原子力显微镜表征？为什么？

7.11 下图代表聚甲基丙烯酸甲酯骨水泥 1*s* 碳的 ESCA 峰。请在图中绘出相同材料的 2*s* 碳峰，解释为什么峰定位在那个位置。

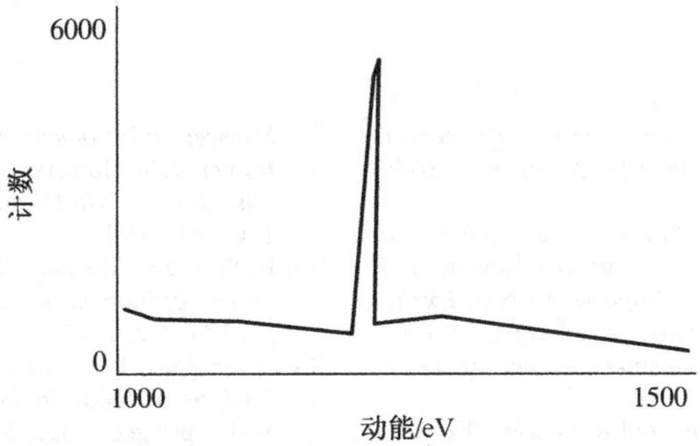

（李永刚　蔡开勇　王远亮　译校）

参考文献

1. Ratner, B.D. and A.S. Hoffman. "Physiochemical Surface Modification of Materials Used in Medicine," In *Biomaterials Science: An Introduction to Materials in Medicine*, B.D. Ratner, A.S. Hoffman, F.J. Schoen, and J.E. Lemons, Eds., 2nd ed. San Diego: Elsevier Academic Press, pp. 201–218, 2004.
2. Kossowsky, R. *Surface Modification Engineering: Volume I: Fundamental Aspects*. Boca Raton: CRC Press, 1989.
3. Picraux, S.T. and L.E. Pope. "Tailored Surface Modification by Ion Implantation and Laser Treatment." *Science*, vol. 226, pp. 615–622, 1984.
4. Hench, L.L. "Ceramics, Glasses, and Glass-Ceramics." In *Biomaterials Science: An Introduction to Materials in Medicine*, B.D. Ratner, A.S. Hoffman, F.J. Schoen, and J.E. Lemons, Eds., 1st ed. San Diego: Elsevier Academic Press, pp. 73–84, 1996.
5. Hoffman, A.S. and J.A. Hubbell. "Surface-Immobilized Biomolecules." In *Biomaterials Science: An Introduction to Materials in Medicine*, B.D. Ratner, A.S. Hoffman, F.J. Schoen, and J.E. Lemons, Eds., 2nd ed. San Diego: Elsevier Academic Press, pp. 225–233, 2004.
6. Kim, S.W. and J. Feijen. "Surface Modification of Polymers for Improved Blood Compatibility," In *CRC Critical Reviews in Biocompatibility*, D.F. Williams, Ed., vol. 1, Boca Raton: CRC Press, pp. 229–260, 1985.
7. Folch, A. and M. Toner. "Cellular Micropatterns on Biocompatible Materials." *Biotechnology Progress*, vol. 14, pp. 388–392, 1998.
8. Patel, N., R. Padera, G.H. Sanders, S.M. Cannizzaro, M.C. Davies, R. Langer, C.J. Roberts, S.J. Tendler, P.M. Williams, and K.M. Shakesheff. "Spatially Controlled Cell Engineering on Biodegradable Polymer Surfaces." *FASEB Journal*, vol. 12, pp. 1447–1454, 1998.
9. Ratner, B.D. "Characterization of Biomaterial Surfaces" *Cardiovascular Pathology*, vol. 2, pp. 87S–100S, 1993.
10. Ratner, B.D. "Surface Properties and Surface Characterization of Materials." In *Biomaterials Science: An Introduction to Materials in Medicine*, B.D. Ratner, A.S. Hoffman, F.J. Schoen, and J.E. Lemons, Eds., 2nd ed. San Diego: Elsevier Academic Press, pp. 40–59, 2004.
11. Andrade, J.D. *Surface and Interfacial Aspects of Biomedical Polymers: Volume 1: Surface Chemistry and Physics*. New York: Plenum Press, 1985.
12. Tsujii, K. *Surface Activity: Principles, Phenomena and Applications*. San Diego: Academic Press, 1998.
13. Curtis, H. *Biology*, 4th ed. New York: Worth Publishers, 1983.
14. Temenoff, J.S., E.S. Steinbis, and A.G. Mikos. "Effect of Drying History on Swelling Properties and Cell Attachment to Oligo(Poly(Ethylene Glycol) Fumarate) Hydrogels for Guided Tissue Regeneration Applications." *Journal of Biomaterials Science Polymer Edition*, vol. 14, pp. 989–1004, 2003.
15. Skoog, D.A. and J.J. Leary. *Principles of Instrumental Analysis*, 4th ed. Orlando: Saunders College Publishing, 1992.
16. Siegbahn, K. *ESCA, Atomic, Molecular and Solid State Structure Studied by Means of Electron Spectroscopy*. Uppsala: Almquist and Wiksells, 1967.
17. Lhoest, J.B., E. Detrait, P. van den Bosch de Aguilar, and P. Bertrand. "Fibronectin Adsorption, Conformation, and Orientation on Polystyrene Substrates Studied by Radiolabeling, XPS, and ToF SIMS." *Journal of Biomedical Materials Research*, vol. 41, pp. 95–103, 1998.
18. Vickerman, J.C. *Surface Analysis: The Principal Techniques*. New York: John Wiley and Sons, 1997.

19. Vickerman, J.C. "Secondary Ion Mass Spectroscopy." *Chemistry in Britain*, vol. 23, pp. 969–971, 973–974, 1987.
20. Goldstein, J.I., Newbury, D.E., Echlin, P., Joy, D.C., Fiori, C.E. and E. Lifshin. *Scanning Electron Microscopy and X-Ray Microanalysis: A Text for Biologists, Scientists and Geologists*, New York: Plenum Press, 1981.
21. Bancroft, G.N., V.I. Sikavitsas, J. van den Dolder, T.L. Sheffield, C.G. Ambrose, J.A. Jansen, and A.G. Mikos. "Fluid Flow Increases Mineralized Matrix Deposition in 3D Perfusion Culture of Marrow Stromal Osteoblasts in a Dose-Dependent Manner." *Proceedings of the National Academy of Sciences*, vol. 99, pp. 12600–12605, 2002.
22. Lucke, A., J. Tessmar, E. Schnell, G. Schmeer, and A. Gopferich. "Biodegradable Poly(D,L-Lactic Acid)-Poly (Ethylene Glycol)-Monomethyl Ether Diblock Copolymers: Structures and Surface Properties Relevant to Their Use as Biomaterials." *Biomaterials*, vol. 21, pp. 2361–2370, 2000.
23. Dee, K.C., D.A. Puleo, and R. Bizios. *An Introduction to Tissue-Biomaterial Interactions*. Hoboken: Wiley-Liss, 2002.
24. Kwok, C.S., T.A. Horbett, and B.D. Ratner. "Design of Infection-Resistant Antibiotic-Releasing Polymers: II. Controlled Release of Antibiotics through a Plasma-Deposited Thin Film Barrier," *Journal of Controlled Release*, vol. 62, pp. 301–311, 1999.

推荐阅读

Andrade, J.D. *Surface and Interfacial Aspects of Biomedical Polymers: Volume 2: Protein Adsorption*. New York: Plenum Press, 1985.

Andrade, J.D. and V. Hlady. "Protein Adsorption and Materials Biocompatibility: A Tutorial Review and Suggested Hypotheses." In *Biopolymers/Non-Exclusion HPLC*, K. Dusek, C.G. Overberger, and G. Heublein, Eds. New York: Springer-Verlag, pp. 1–63, 1986.

Burdick, J.A., A. Khademhosseini, and R. Langer. "Fabrication of Gradient Hydrogels Using a Microfluidics/Photopolymerization Process." *Langmuir*, vol. 20, pp. 5153–5156, 2004.

Callister, Jr., W.D. *Materials Science and Engineering: An Introduction*, 7th ed. New York: John Wiley and Sons, 2006.

Cao, L. *Carrier Bound Immobilized Enzymes: Principles, Application and Design*. Weinheim, Germany: Wiley-VCH, 2006.

Chen, C.S., M. Mrksich, S. Huang, G.M. Whitesides, and D.E. Ingber. "Micropatterned Surfaces for Control of Cell Shape, Position, and Function." *Biotechnology Progress*, vol. 14, pp. 356–363, 1998.

Chu, P.K., J.Y. Chen, L.P. Wang, and N. Huang. "Plasma-Surface Modification of Biomaterials." *Material Science and Engineering R*, vol. 36, pp. 143–206, 2002.

Cullity, B.D. *Elements of X-Ray Diffraction*, 2nd ed. Reading: Addison Wesley Publishing, 1978.

Davies, J. *Surface Analytical Techniques for Probing Biomaterial Processes*. New York: CRC Press, 1996.

Ewing, G.W. *Analytical Instrumentation Handbook*, 2nd ed. New York: Marcel Dekker, 1997.

Horbett, T.A. "Principles Underlying the Role of Adsorbed Plasma Proteins in Blood Interactions with Foreign Materials." *Cardiovascular Pathology*, vol. 2, pp. 137S–148S, 1993.

Hubbell, J.A. "Matrix Effects." In *Principles of Tissue Engineering*, R.P. Lanza, R. Langer, and J. Vacanti, Eds., 2nd ed. Austin: Academic Press, pp. 237–250, 2000.

Laidler, K.J. *Physical Chemistry*, 4th ed. Princeton: Houghton Mifflin, 2003.

Lloyd, A.W., R.G. Faragher, and S.P. Denyer. "Ocular Biomaterials and Implants." *Biomaterials*, vol. 22, pp. 769–785, 2001.

More, R.B., A.D. Haubold, and J.C. Bokros. "Pyrolytic Carbon for Long-Term Medical Implants." In *Biomaterials Science: An Introduction to Materials in Medicine*, B.D. Ratner, A.S. Hoffman, F.J. Schoen, and J.E. Lemons, Eds., 2nd ed. San Diego: Elsevier Academic Press, pp. 170–181, 2004.

Norde, W. and J. Lyklema. "Why Proteins Prefer Interfaces." *Journal of Biomaterials Science Polymer Edition*, vol. 2, pp. 183–202, 1991.

O'Connor, D.J., B.A. Sexton, and R.S.C. Smart. *Surface Analysis Methods in Material Science*. 2nd ed. New York: Springer-Verlag, 2003.

Park, J.B. and J.D. Bronzino. *Biomaterials: Principles and Applications*. Boca Raton: CRC Press, 2003.

Rouessac, F. and A. Rouessac. *Chemical Analysis: Modern Instrumental Methods and Techniques*. New York: John Wiley and Sons, 2000.

Saltzman, W.M. "Cell Interactions with Polymers." In *Principles of Tissue Engineering*, R.P. Lanza, R. Langer, and J. Vacanti, Eds., 2nd ed. Austin: Academic Press, pp. 221–235, 2000.

Schaffer, J.P., A. Saxena, S.D. Antolovich, T.H. Sanders Jr., and S.B. Warner. *The Science and Design of Engineering Materials*, 2nd ed. Boston: McGraw-Hill, 1999.

Sudarshan, T.S. *Surface Modification Technologies*. New York: Marcel Dekker, 1989.

Tarcha, P.J. and T.E. Rohr. "Diagnostics and Biomaterials." In *Biomaterials Science: An Introduction to Materials in Medicine*, B.D. Ratner, A.S. Hoffman, F.J. Schoen, and J.E. Lemons, Eds., 2nd ed. San Diego: Elsevier Academic Press, pp. 684–697, 2004.

Tran, H., M. Puc, F. Chrzanowski, C. Hewitt, D. Soll, B. Singh, N. Kumar, S. Marra, V. Simonetti, J. Cilley, and A. Del Rossi. "Surface Modifications of Mechanical Heart Valves," In *Biomaterials Engineering and Devices: Human Applications*, vol. 1, D.L. Wise, Ed. Totowa: Humana Press, pp. 137–144, 2000.

Vaidya, R., L.M. Tender, G. Bradley, M.J. O'Brien, 2nd, M. Cone, and G.P. Lopez. "Computer-Controlled Laser Ablation: A Convenient and Versatile Tool for Micropatterning Biofunctional Synthetic Surfaces for Applications in Biosensing and Tissue Engineering." *Biotechnology Progress*, vol. 14, pp. 371–377, 1998.

Voet, D. and J.G. Voet. *Biochemistry*, 3rd ed. New York: John Wiley and Sons, 2004.

8. 蛋白质与生物材料的相互作用

主要目的

理解蛋白质吸附到材料表面的热力学原理，相关的蛋白质结构、动力学特性、吸附的可逆性等。

具体目标

1. 理解蛋白质-基材吸附系统的基本热力学公式；
2. 比较影响蛋白质吸附的三个主要因素；
3. 理解基本的蛋白质化学和组织层次；
4. 了解影响蛋白质结构中蛋白质折叠和吸附的因素；
5. 利用模拟方法模拟蛋白质向材料表面的移动过程；
6. 比较可逆和不可逆的蛋白质结合，以及其背后的分子机制；
7. 理解在多种类型的蛋白质存在的情况下吸附的可能性变化；
8. 了解已有技术的理论知识可能存在的缺陷。

8.1 概述：蛋白质吸附作用的热力学

如前所述，人体可对生物材料表面所吸附的蛋白质产生响应，因此，改变材料表面的蛋白质吸附，可调节人体对植入体的生理响应。第 7 章介绍了生物材料的表面改性方法及其对蛋白质吸附的潜在影响。本章将对蛋白质组成如何影响自身与生物材料表面的结合能力进行讨论。

蛋白质在生物材料上的吸附主要是蛋白质与生物材料表面的非共价结合，偶尔发生共价结合（第 12 章）。本章将对二者的非共价结合进行重点介绍。

8.1.1 吉布斯自由能与蛋白质吸附

为确定某一生物材料是否有利于蛋白质的吸附，需要对反应前、后的系统（蛋白质、溶剂、表面系统）进行分析。分析过程应用了**吉布斯自由能**（Gibbs free energy，G）这一基本热力学量。

吉布斯自由能包括熵值（S）和焓（H）两部分。**焓**（enthalpy）是物质系统能量的一个状态函数，**熵**（entropy）是系统紊乱程度的量度。热力学第二定律表明系统存在的自发反应使其紊乱程度增加（熵增加）。吉布斯自由能与焓、熵的关系见式（8.1）

$$G = H - TS \tag{8.1}$$

式中，T 为系统温度。根据熵与焓这两个概念，可以判断某一反应是否能够进行。

吉布斯自由能一般不能直接测量，通过测定反应前后系统自由能的变化可以反应吉布斯自由能的变化。温度、压力恒定的情况下，得式（8.2）

$$\Delta G = \Delta H - T\Delta S \tag{8.2}$$

式中，Δ 为反应产物与反应底物的差值。根据热力学第二定律，$\Delta G \leqslant 0$ 时，反应是一个自发过程。任何条件下，ΔG 越低越有利于反应的进行。

蛋白质在材料表面空位的吸附可以理解为可逆的化学反应（如下公式），因此可以采用上述公式对蛋白的吸附过程进行解释：

$$P + * \longleftrightarrow P^*$$

式中，P^* 表示吸附有蛋白质的表面位点。整个吸附系统的吉布斯自由能变化（ΔG_{ads}）可以表示为

$$\Delta G_{ads} = \Delta H_{ads} - T\Delta S_{ads} \tag{8.3}$$

式（8.3）概括了整个吸附过程的吉布斯自由能变化，包括如下几个部分：

1. 蛋白质：

$$\Delta G_{prot} = \Delta H_{prot} - T\Delta S_{prot} \tag{8.4}$$

2. 吸附表面附近的溶剂（如水和离子）：

$$\Delta G_{sol} = \Delta H_{sol} - T\Delta S_{sol} \tag{8.5}$$

3. 生物材料表面：

$$\Delta G_{surf} = \Delta H_{surf} - T\Delta S_{surf} \tag{8.6}$$

各式中，Δ 为吸附后与吸附前的差值。式（8.7）中吉布斯自由能变化为各部分吉布斯自由能变化的总和：

$$\Delta G_{ads} = \Delta G_{prot} + \Delta G_{sol} + \Delta G_{surf} \tag{8.7}$$

由式（8.7）可知，如果吸附反应能使一个或多个组分的 ΔG 降低，同时使另一组分具有最小的 ΔG 增加趋势，那么从热力学角度来说，蛋白质吸附易于进行。

例题 8.1

考察以下各种条件下，吉布斯自由能的变化：

条件 1：$\Delta H<0$ 和 $\Delta S<0$

条件 2：$\Delta H>0$ 和 $\Delta S<0$

条件 3：$\Delta H<0$ 和 $\Delta S>0$

条件 4：$\Delta H>0$ 和 $\Delta S>0$

说明上述各种条件下，ΔG 大于零的条件；同时指出上述条件下，反应自发进行的温度。

解答：

根据吉布斯自由能变化公式，对上述问题进行考察：

$$\Delta G = \Delta H - T\Delta S$$

条件 1：$\Delta H<0$ 和 $\Delta S<0$，当 $T\Delta S>\Delta H$ 时，$\Delta G>0$；当 $T\Delta S<\Delta H$ 或 $T<\Delta H/\Delta S$，$\Delta G<0$，反应自发进行。

条件 2：$\Delta H>0$ 和 $\Delta S<0$，ΔG 将始终为正值，因此在任何温度下，反应都不会自发进行。

条件 3：$\Delta H<0$ 和 $\Delta S>0$，ΔG 将始终为负值，因此在任何温度下，反应都会自发进行。

条件 4：$\Delta H>0$ 和 $\Delta S>0$，当 $T\Delta S<\Delta H$，ΔG 是正值；当 $T\Delta S>\Delta H$ 或 $T>\Delta H/\Delta S$ 时，$\Delta G<0$，反应自发进行。

总结：

1. $\Delta H<0$ 和 $\Delta S<0 \longrightarrow$ 当 $T<\Delta H/\Delta S$ 时，$\Delta G<0$
2. $\Delta H>0$ 和 $\Delta S<0 \longrightarrow$ 所有的 T 下，$\Delta G>0$
3. $\Delta H<0$ 和 $\Delta S>0 \longrightarrow$ 所有的 T 下，$\Delta G<0$
4. $\Delta H>0$ 和 $\Delta S>0 \longrightarrow$ 当 $T>\Delta H/\Delta S$ 时，$\Delta G<0$

8.1.2 控制蛋白质吸附的系统特性

前面介绍了表面疏水性、表面电荷两种表面特性对蛋白质吸附有较大影响，由此类推，以下因素将影响蛋白质的吸附：

1. 材料表面和蛋白质的疏水作用（疏水性）；
2. 带电基团重分布（电荷）；
3. 蛋白质的结构重排。

由图 8.1 可知，进行蛋白质的吸附分析时，选择与蛋白质相互作用的表面区域，比选择整个材料表面或蛋白质进行分析的效果好。表 8.1、表 8.2 列出了蛋白质与表面的各种特性及其如何影响蛋白质与材料间的相互作用。

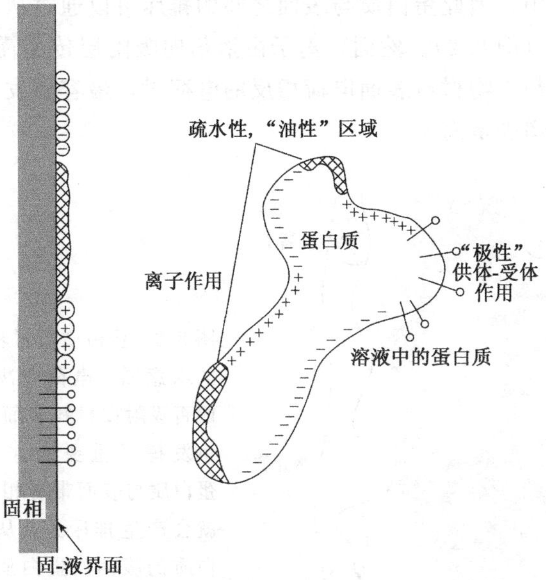

图 8.1 生物材料表面与蛋白质相互作用的示意图。蛋白质表面存在多个可与材料表面相互作用的位点（获准翻印自文献 [1]）

脱水作用（dehydration）是蛋白质吸附的主要动力。在疏水材料表面，水分子的有序性提高（生物材料表面或蛋白质表面）。因此，如果通过吸附作用将疏水表面集中起来，就可以降低整体疏水表面和水（溶剂）的混乱度，提高系统熵值。

表 8.1 影响表面相互作用的蛋白质性质

性质	影　响
大小	大分子具有更多的表面接触位点
电荷	一般接近等电点的蛋白分子，更容易吸附
疏水性	一般疏水性强的分子更容易吸附在疏水表面
结构稳定性	稳定性差的蛋白质（如缺乏分子内交联的蛋白质）可以大范围的运动从而产生更多的表面接触位点
解折叠速率	蛋白分子快速解折叠利于表面接触位点的形成

（获准翻印自文献 [2]）

表 8.2 影响材料与蛋白质相互作用的表面性质

性质	作　用
形貌	多皱褶表面上与蛋白质相互作用区域多
组分	化学组成决定分子间力的类型，从而控制材料与蛋白质的相互作用
疏水性	疏水表面能够结合更多的蛋白质
异质性	表面特性的非均一性会产生与蛋白质相互作用不同的区域
电位	表面电位影响溶剂中离子的分布以及和蛋白质的相互作用

（获准翻印自文献 [2]）

电荷在决定蛋白质能否吸附在材料表面的过程中，也发挥了重要的作用。例如，当蛋白质与材料表面具有相同的电荷时，二者的排斥力增加，降低了蛋白质的吸附。蛋白质吸附发生在水溶液中，因此蛋白质与表面之间的排斥可以通过从水溶液周围吸附带相反电荷的离子来克服（图 8.2）。然而，离子由溶剂向吸附层传递需要消耗能量，因此，当蛋白质本身携带有与生物材料表面电荷相反的电荷时，最容易发生蛋白质吸附，因为这种情况下只需要传递少量离子。

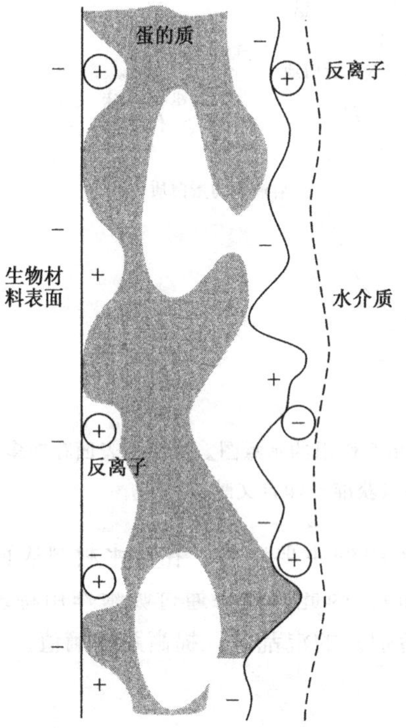

图 8.2 蛋白质在材料表面吸附的示意图。电荷在决定蛋白质能否吸附在材料表面的过程中，也发挥了重要的作用。例如，蛋白质与表面带有相同的电荷，就会产生排斥力，从而减少蛋白质的吸附。蛋白质与表面之间的排斥可以通过从水溶液周围吸附带相反电荷的离子来克服。深色代表疏水区域（获准翻印自文献 [3]）

最后，在吸附过程中，蛋白质分子的结构重排，对其吸附程度及抗分层能力极其重要。无稳定结构的蛋白质容易发生构象重排，可能会优先吸附到生物材料的表面。结构重排实现了蛋白质的最优构象，使其疏水区域与电荷区域容易满足上述吸附标准。

蛋白质的稳定性主要由分子内化学键决定。下面介绍蛋白质的化学亚单元以及这些亚单元如何决定蛋白质的结构与稳定性。

8.2 蛋白质结构

8.2.1 **氨基酸化学**

氨基酸是蛋白质结构的基本亚单元。如图 8.3 描述的，氨基酸有一个中心碳原子，连接一个氢原子、一个羧基（—COOH）、一个氨基（$-NH_2$）和一个 R 基团，其中 R 基团可以区别各种氨基酸。在生理 pH 下，氨基酸上的氨基与羧基带有等量相反的电荷，所以氨基酸为**两性离子**（zwitterion），既可以当作酸也可以当作碱。

图 8.3 (a) 氨基酸的中心碳原子，连接了一个氢原子，一个羧基（—COOH），一个氨基（$-NH_2$）和一个 R 基团。不同的氨基酸具有不同的 R 基团。(b) 在生理 pH 下，氨基和羧基带有等量相反的电荷

表 8.3 列举了 20 种标准氨基酸，每种氨基酸由 DNA 链上三个碱基组成的密码子经过翻译后获得的，每种氨基酸对应一个或多个独特的**密码子**（codon）。所有氨基酸可通过一个或三个字母的缩写表示。

R 基团大小与组分决定了，每种氨基酸都有自己的显著特性。图 8.4 所示，在生理条件下，R 基团可以是极性或非极性的，带正电荷或负电荷。氨基酸上所携带电荷之间的相互作用对蛋白质最终结构的形成有很大的影响。

脯氨酸和半胱氨酸是两个中性氨基酸，它们在决定蛋白质的二级、三级甚至四级结构方面具有重要的作用。脯氨酸的主干部分是一个环状结构，自由旋转的程度比其他氨基酸小，因此可以限制蛋白质的三维折叠。半胱氨酸的 R 基团上含有一个巯基（—SH），因此有可能与其他的半胱氨酸残基形成二硫键。

8.2.2 **一级结构**

氨基酸发生缩合反应生成蛋白质（图 8.5）。氨基酸之间形成的键称作**肽键**（peptide），蛋白质亦称作**多肽**（polypeptide）。氨基酸的缩合反应是由细胞内的酶催化，以 DNA 链上的密码子为模板完成的，详见第 9 章。

蛋白质的**一级结构**（primary structure）是氨基酸的线性排列。一级结构直接影响蛋白质的其他结构水平及功能。例如，血红蛋白的多肽链中更换一个氨基酸（缬氨酸取代谷氨酸），将导致该蛋白的折叠构象发生变化，最终导致镰状细胞贫血症（图 8.6）。

8.2.3 **二级结构**

如图 8.7 所示，蛋白质有多级结构，最终产生构象或分子的三维排列。一级结构只

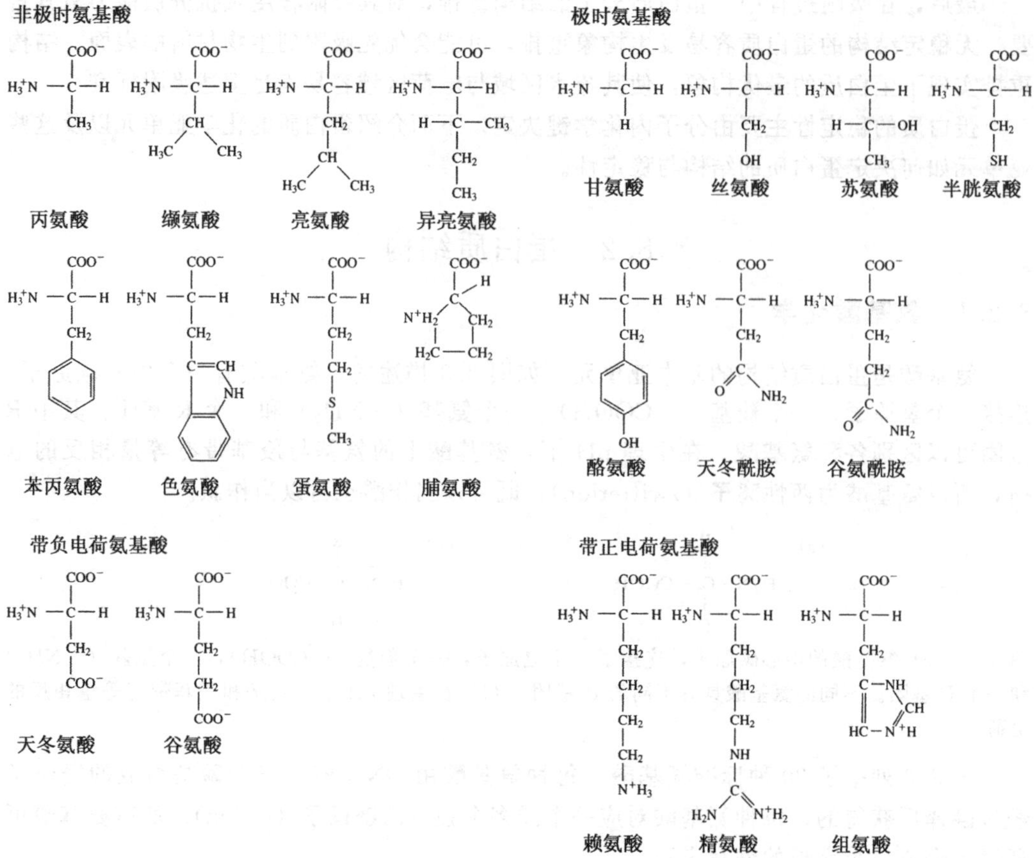

图 8.4　氨基酸的 R 基团：极性或非极性，带有正电荷或负电荷

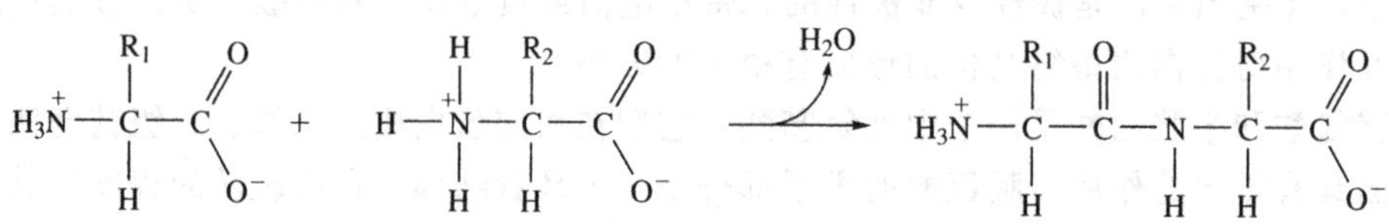

图 8.5　缩合反应示意图

是氨基酸的线性排列，**二级结构**（secondary structure）是多肽链借助于氢键沿一维方向排列成具有周期性的结构的构象。毗邻的氨基酸羧基与氨基之间氢键的形成，使多肽链产生扭转和折叠。

α 螺旋（α-helix）和 **β 折叠**（β-pleated sheet）是最常见的二级结构（这两种结构在热力学上最稳定）。α 螺旋包括右旋及左旋 α 螺旋，其中右旋结构稳定。如图 8.8 所示，螺旋中每圈含有 3.6 个氨基酸残基，残基间以氢键连接。氨基酸由侧链上 R 基团向外螺旋。典型的具有 α 螺旋的蛋白质是胶原蛋白，这种蛋白质存在于人体很多组织中。胶原蛋白的螺旋包含多个脯氨酸残基，起到稳定螺旋的作用。但在某种情况下，脯氨酸因其不能旋转的特性，导致氨基不能在适当位置形成稳定的氢键。

相对于 α 螺旋，β 折叠通过肽链间或肽段间的氢键维系。β 折叠中每一个相邻的侧链都伸展为折线性构象，如图 8.9 所示。图中侧链分布在页面的上边和下边。平行式 β

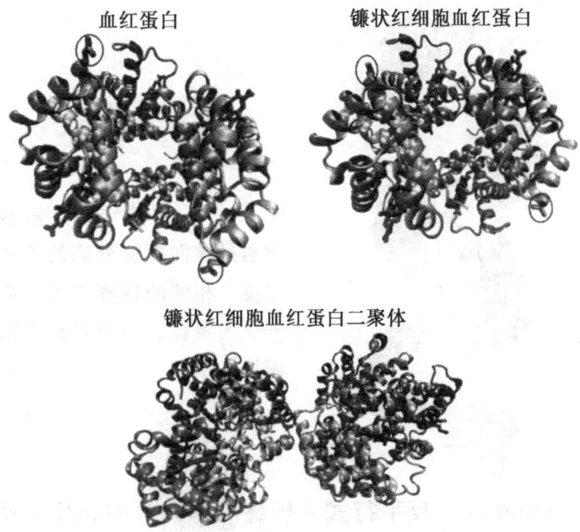

图 8.6　人类正常血红蛋白（蛋白质数据库 ID：1o1n）和镰状红细胞血红蛋白（蛋白质数据库 ID：2hbs）结构示意图。［注：蛋白质数据库（http//www.resb.org/pdb/home/home.do）是一个可自由访问的数据库，该数据库提供由 NMR 光谱和 X 射线晶体衍射衍生出的蛋白质和核酸结构数据。］血红蛋白的 4 链结构使一个血红蛋白分子可以携带 4 个氧分子。在镰状红细胞血红蛋白中，氧合的形式是稳定而有作用的，但是 B 链和 D 链的第 6 个残基（正常情况下是谷氨酸）突变成缬氨酸（图中用黑色的圆圈标记）。当氧气释放后，蛋白质构象发生变化，暴露出含有缬氨酸的疏水区。为提高蛋白的热力学稳定性，疏水区发生聚集，引起血红蛋白的聚合反应，导致临床上的镰状红细胞贫血（红细胞包含聚合的血红蛋白呈现伸长的形状）（图片采用得到 Rice 大学 N. Haspel 和 I. E. Kavraki 的许可）

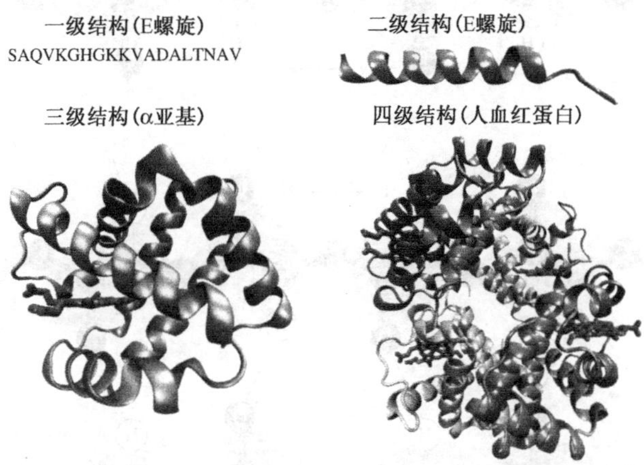

图 8.7　蛋白质多级结构示例图，这些结构形成蛋白的最终构象或三维排列（图示以人血红蛋白为例）。一级结构是氨基酸的线性排列，二级结构是多肽链借助于氢键沿一维方向排列成具有周期性的结构的构象。毗邻的氨基酸羧基与氨基之间氢键的形成，使多肽链产生扭转和折叠，如本例中看到的 α 螺旋。二级结构的进一步折叠，形成三级结构，如本例中的 α 亚基。四级结构描述多肽链的定位，由不同肽链的侧链基团相互作用形成。本例中不同的亚基，如 α 亚基相互作用形成四级结构

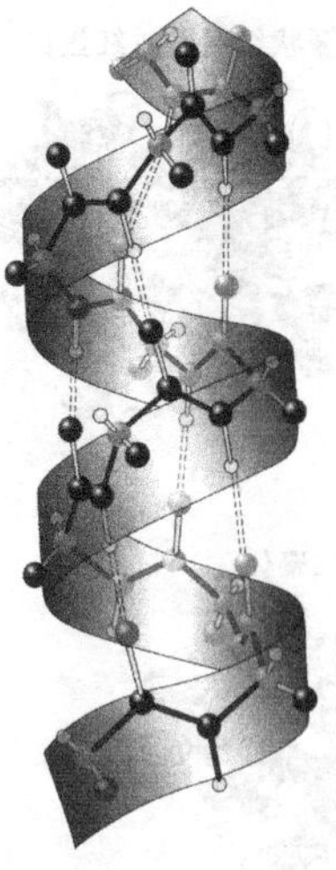

图 8.8 α螺旋结构。氨基酸通过伸向螺旋外侧的侧链定位。相邻的螺圈之间形成分子内氢键。图中氢键用阴影线表示

折叠包含的肽链延伸方向相同；反平行式β折叠由延伸方向相反的肽链组成。丝蛋白中含有这种二级结构（图 8.10）。

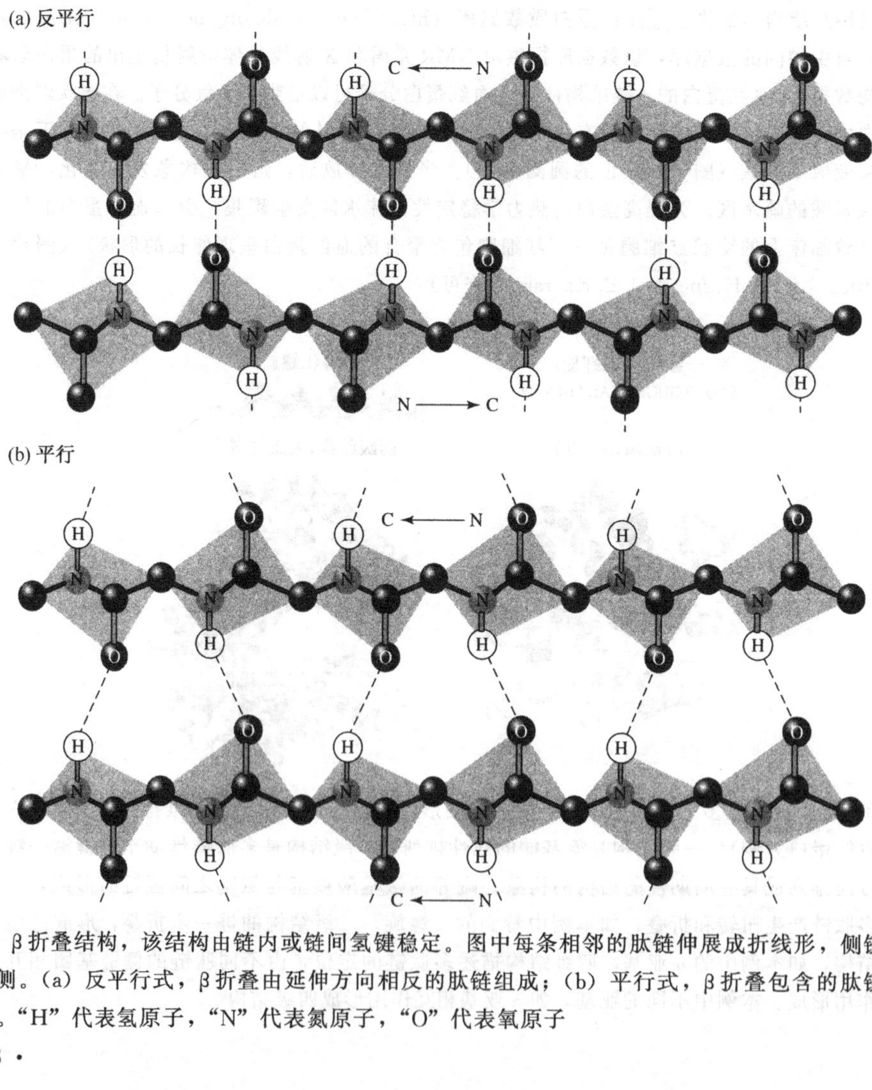

图 8.9 β折叠结构，该结构由链内或链间氢键稳定。图中每条相邻的肽链伸展成折线形，侧链分布在上下两侧。(a) 反平行式，β折叠由延伸方向相反的肽链组成；(b) 平行式，β折叠包含的肽链延伸方向相同。“H”代表氢原子，“N”代表氮原子，“O”代表氧原子

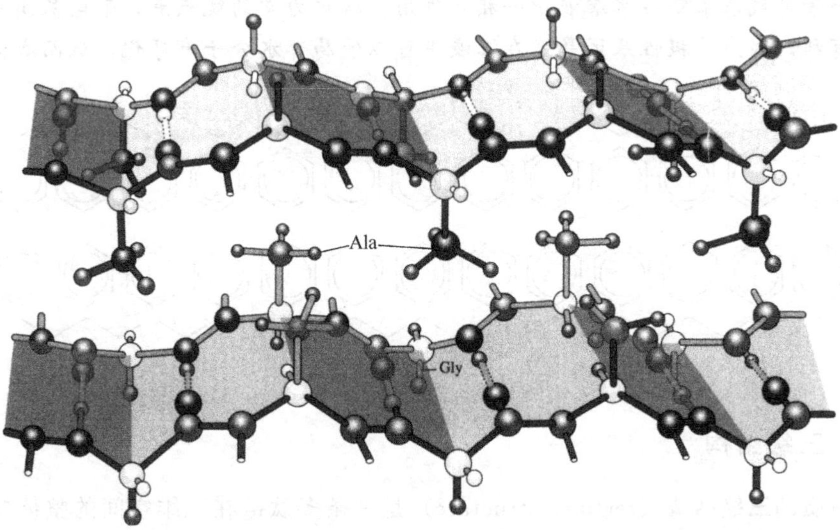

图 8.10　丝心蛋白的β折叠结构（版权为 Howard Hughes 医学院所有，未经许可不得使用）

例题 8.2

一个研究小组合成了下面序列的寡肽：FEFEFEFKFKFKFEFEFEFKFKFKF

给出的寡肽结构是一级结构、二级结构、三级结构还是四级结构？在 pH 7.4 时该寡肽的净电荷是多少？在水溶液中，这个低聚肽是否会形成α螺旋或β折叠？请做出合理的预测。假设在生理溶液中该寡肽会形成二聚体，为什么二聚体更容易形成？请对二聚体的结构排列做出合理的预测。

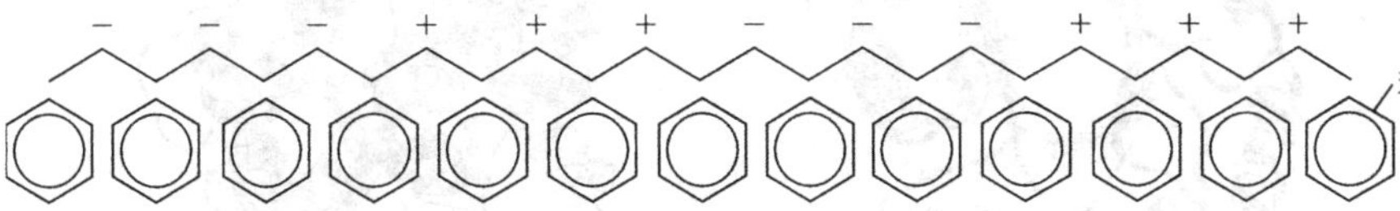

解答：

我们根据已有的氨基酸序列，可以给出寡肽的一级结构。这个寡肽共包含 25 个氨基酸，其中在 pH 为 7.4 时有 6 个带负电荷的残基（谷氨酸，E）、6 个带正电荷的残基（赖氨酸，K）和 13 个不带电荷的非极性残基（苯丙氨酸，F），因此在 pH 为 7.4 时这个低聚肽的净电荷为零。这个低聚肽在水溶液中可能形成β折叠，这是考虑到非极性残基和极性残基有规则的排列模式以及氨基酸本身的特点。且苯丙氨酸大的芳烃，R 基团的有规则的重复可能对α螺旋结构的形成产生空间阻碍。另外，谷氨酸和赖氨酸的带电 R 基团之间的空间排斥作用能够拉紧α螺旋。

但是，如下图的β折叠结构允许苯丙氨酸的侧基在折叠片的一边，带电基团在折叠片的另一边。下面的假设可能是合理的——该折叠片会形成二聚体（如下图所示）或多重折叠片的聚集体。因为折叠片之间的氢键和电荷的相互作用可以稳定这个结构。然而折叠片形成的方式取决于溶液的条件（离子强度、存在度、温度、浓度和其他溶质的电荷等）。提出的二聚体结构考虑到非极性的苯丙氨酸 R 基团分布在二聚体的内部并相互作用，而带电残基暴露在水溶液中并相互作用。从热力学的观点看，带电基团暴露在溶液中更有利，因为非极性基团暴露在溶液中可以使局部水分子有序化，从而减低熵值。

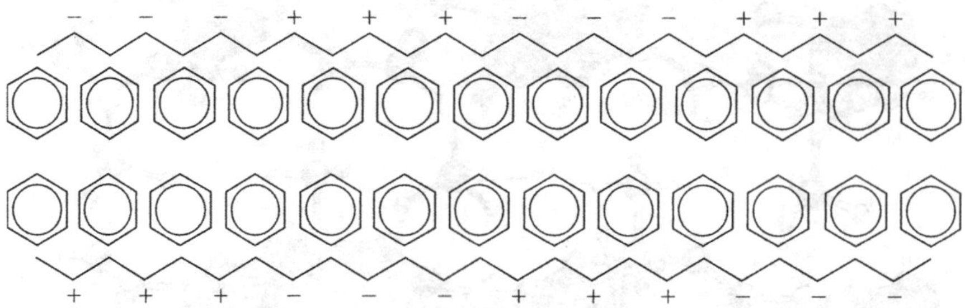

8.2.4 三级结构

蛋白质的**三级结构**（tertiary structure）是一条多肽链在三维空间的整体排列，由同一条链上相隔较远的氨基酸残基间相互作用产生。不同于二级结构受主链基团相互作用控制，三级结构的形成主要由侧链 R 基团的相互作用决定。图 8.11 所示为一个最常见的三级结构：TIM 折叠桶结构。该结构因最先发现于磷酸丙糖异构酶（TIM）而得名。TIM 是一种与细胞内能量形成相关的蛋白质，由 8 个平行的 β 链及其外围的 8 个 α 螺旋构成。

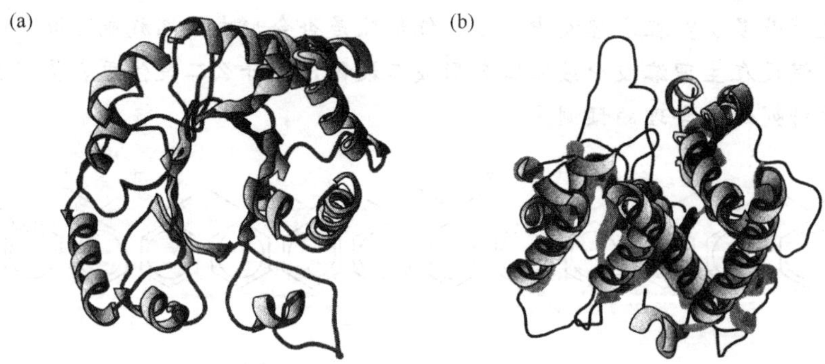

图 8.11　TIM 折叠桶结构示意图。(a) 俯视图；(b) 侧面图。该结构包括 8 个平行的 β 链及其外围的 8 个 α 螺旋构成（获准翻印自文献 [6]）

影响蛋白质三级结构折叠的因素很多，主要包括以下几种：

1. 共价键；
2. 离子相互作用；
3. 氢键；
4. 疏水作用。

共价键一般存在于半胱氨酸中的硫原子之间，非常稳定，因此二硫键在稳定蛋白质构象中发挥了重要作用。离子相互作用发生在带相反电荷的侧链基团之间，尽管很微弱，但对蛋白质排列仍具有重要作用。氢键存在于酸性氨基酸之间。疏水作用会引起蛋白质的折叠，这个过程是由疏水性残基相互作用，从而排除相邻非极性残基上的有序水分子而完成的。与蛋白质在疏水材料表面吸附类似，疏水作用是建立在熵增基础上的。

根据热力学理论可知，最稳定的蛋白质结构中，疏水残基大部分位于分子内部，极性或带电荷的残基则大多分布在分子外部并与周围的水溶液相互作用。但分子外表面偶尔也会存在疏水性氨基酸，反之带电荷的残基会出现在分子内部，形成这种结构时的耗能，表明形成这种结构具有特殊的原因。例如，外部疏水区域可能是其他蛋白质或细胞提供结合位点；这就类似于带电残基存在于蛋白质核心处有利于特殊三维结构的稳定。

8.2.5 四级结构

多数蛋白质是由多条肽链组成，每条肽链都有自己的一级到三级结构，将每个多肽链都看做是蛋白质的一个亚单元。这些亚单元的三维排列即构成蛋白质的**四级结构**(quaternary structure)（图 8.7）。命名法中，将一个亚单元称作单体，两个亚单元称作二聚体，三个叫做三聚体等。

相对于三级结构，四级结构是不同肽链的氨基酸侧链 R 基团相互作用的最终结果。稳定这种结构的作用类型在前面已经介绍过。四级结构对蛋白质的整体活性很重要。例如，四个单独多肽链的相互作用决定了血液中血红蛋白分子的携氧能力（图 8.6）。

由于肽链骨架，尤其是侧链的电荷具有 pH 敏感性，因此 pH 改变可能对蛋白质的三级结构和四级结构产生很大的作用，进而影响蛋白质的吸附特性。空间层次结构表明，蛋白质构象由氨基酸序列及其相互作用决定，但必须记住蛋白质折叠是一个动态过程。实际上，蛋白质的“结构”可能涉及不同构象间的平衡，这个过程受到不同蛋白构象间热力学波动的影响。尽管这种动态的折叠和非折叠过程是频繁发生的，但蛋白通常保持在某种特殊的稳定构象（如因为单位体积中有大量的共价键和氢键），这就影响了蛋白质在固体表面的吸附能力。

例题 8.3

一些天生直发的人会烫成卷发。典型的烫发步骤是将头发缠绕到卷发夹子上，然后涂抹还原剂并处理一段时间，随后加上氧化剂使卷曲的头发定型。已知头发的主要结构成分是富含半胱氨酸的角蛋白。请用蛋白质化学的知识解释烫发的原理。

解答：

半胱氨酸的 R 基团包含一个巯基。角蛋白中含有半胱氨酸，半胱氨酸 R 基团上的巯基产生二硫键，有助于蛋白结构稳定，并具有弹性。天然的直发被缠绕在卷发夹上后，头发的蛋白质组成受到拉伸；还原剂将角蛋白之间和角蛋白内部的天然二硫键断裂；随后加入的氧化剂使二硫键重建，新产生的二硫键能够稳定头发的卷曲结构，这种结构使头发呈卷曲状。

8.3 蛋白质传输和吸附动力学

前面已经介绍了蛋白质和材料的表面疏水性、荷电性以及稳定性对其在生物材料表面吸附的影响。对于蛋白质本身，这些性质取决于其一级至四级结构。但是吸附之前，必须将蛋白质传输到材料表面，这一传输速率影响蛋白质的吸附动力学。

8.3.1 传输到表面

蛋白质传输模型通常包括以下 4 种传输模型的各个参数：

1. 扩散；

2. 热对流；

3. 流动（也叫对流扩散）；

4. 偶联运输（其他方式的组合，如扩散和热对流）。

在此仅就与蛋白质吸附相关的传输原理进行简单介绍，传输现象的深入分析请参考其他相关书籍。图 8.12 着重分析流动和扩散作用对蛋白质向物质表面传输的影响。

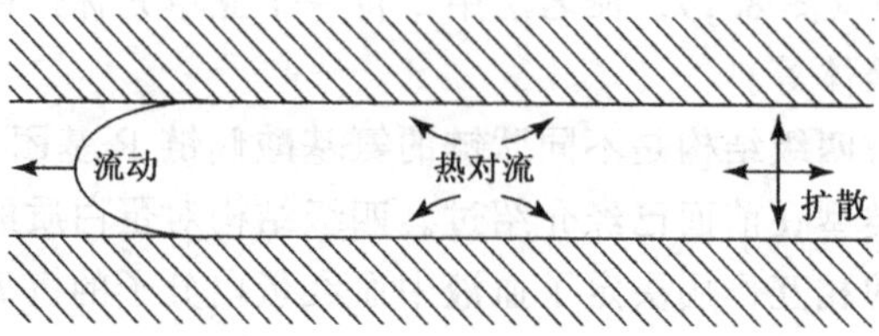

图 8.12 蛋白质的吸附过程的三种传输现象：流动、热对流、扩散。浓度梯度驱动扩散；温度梯度会产生热对流（获准翻印自文献 [1]）

由于传输特性有赖于几何构型，因此为便于讨论，设定流动系统为圆柱体（图 8.13）。可以将其看作远离分支点的血管简化模型。图 8.13 所示为血管横断面，所示流体是携带所有蛋白质的血液。血液与管壁的相互作用，使其在靠近管壁的地方流动缓慢，从而形成了抛物线形的速度分布。该模型的速度分布可以表示为式（8.8）

$$V=\frac{2Q}{\mu R^2}\left[1-\left(\frac{r}{R}\right)^2\right] \tag{8.8}$$

式中，V 为速率；μ 为黏度；r 和 R 的具体含义见图 8.13；Q 为体积流量。该公式的一个特点是当 $r=R$ 时，$V=0$，即管壁处并没有流体流动，因此只通过流动（对流）蛋白质并不能到达表面。因此，即使在流动区域，扩散也在蛋白质到固体表面的传输中发挥着重要的作用。但是，受流动条件影响的蛋白质浓度在接近表面浓度时，就会影响扩散速率。

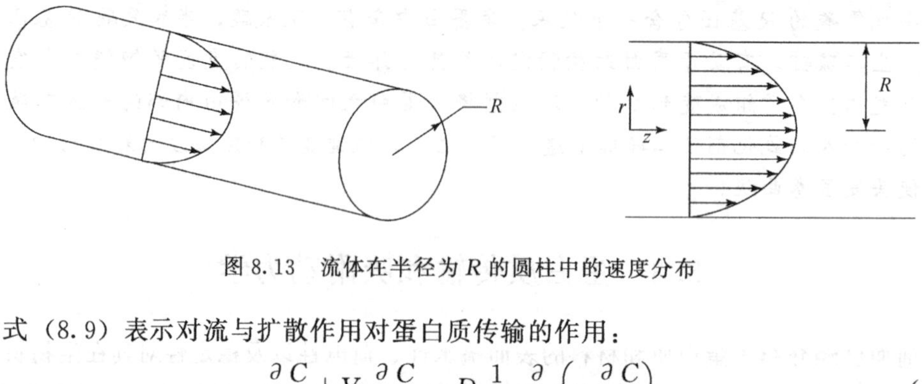

图 8.13 流体在半径为 R 的圆柱中的速度分布

式（8.9）表示对流与扩散作用对蛋白质传输的作用：

$$\frac{\partial C}{\partial t}+V\frac{\partial C}{\partial z}=D\frac{1}{r}\frac{\partial}{\partial r}\left(r\frac{\partial C}{\partial r}\right) \tag{8.9}$$

式中，C 为时间 t 时（z，r）位点的蛋白质浓度。该公式，涉及径向扩散而非轴向扩散，V 代表流动对传输的影响，D 代表扩散的影响，其中 D 是与蛋白质大小和周围介质相关的常量。公式中第一个项代表了不稳定的状态项：浓度随时间变化而变化。

对流扩散公式只描述了蛋白质通过溶液的传输。蛋白质吸附到材料表面的具体情况，可以结合边界条件进行计算，即当 $r=R$ 时，蛋白质的吸附速率与传输速率相等。详细内容参见文献［7］。

8.3.2 吸附动力学

根据速度分布可知，所有的流体在靠近血管壁的地方，都会形成一个不受扰动的溶液层（厚度不同）。因此，管壁处生物材料的蛋白质吸附速率主要由扩散速率控制。大量关于血液蛋白的试验发现，蛋白质吸附存在一个与扩散控制机制相关的高初始吸附速率，然后逐渐平稳，达到平台期（图 8.14）。一般认为平台期意味着溶液中的蛋白质单层覆盖于整个材料表面（图 8.15）。

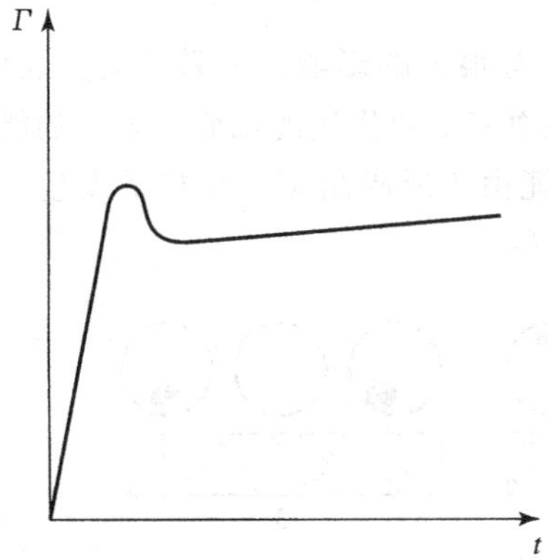

图 8.14 图示在 t 时刻吸附到材料表面的血液蛋白总量。在初期存在一个与扩散控制机制有关的高吸附初始速率，随后到达平台期。曲线上出现的峰值可以有不同的解释，如蛋白质在表面重排期间会使更多蛋白质吸附；蛋白质吸附力不强时会发生解吸附（获准翻印自文献［1］）

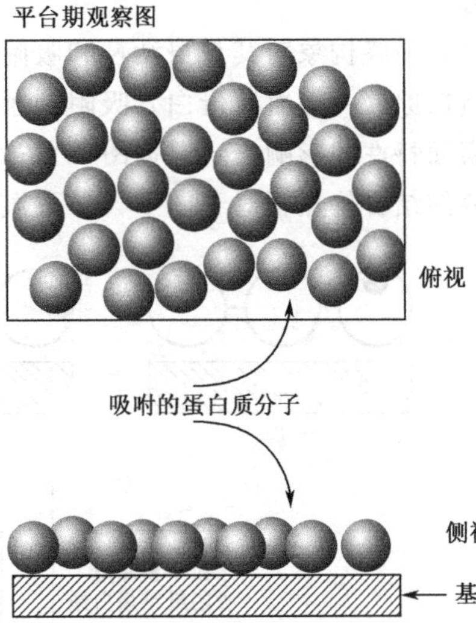

图 8.15 单层蛋白覆盖表面。一般认为图 8.14 中出现的平台期，就表示溶液中的蛋白质单层覆盖于整个材料表面（获准翻印自文献［8］）

一段时间后（接近平台期），蛋白质吸附速率会变得缓慢，这种现象产生的原因可能是蛋白质分子很难在表面找到空的吸附位点。但在吸附过程中，蛋白质分子可能发生重排，改变其在表面的吸附状况（图 8.16）。吸附晚期，表面蛋白质浓度增加的情况下分子取向发生改变。

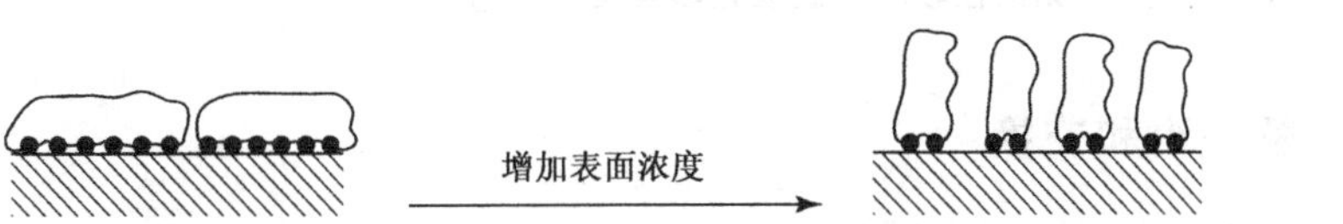

图 8.16 蛋白质在表面重排。在平台期蛋白吸附速率变慢。推测是因为在此期间蛋白质分子很难在表面找到空位。而蛋白质在表面的重排（尤其是取向的改变）改变了覆盖状态，因此增加了表面蛋白质的浓度（获准翻印自文献［8］）

8.4 蛋白质吸附的可逆性

8.4.1 可逆和不可逆结合

吸附过程中，蛋白质到达或接近平台期时，总会在永久黏附形成之前出现一个**可逆**(reversible)结合。人们认为蛋白质在黏附初期会与材料进行少量的接触，并随着在材料表面黏附时间的延长而改变构象以促进与表面的相互作用。这可能是对表面自身特性的反应或对邻近蛋白质的反应（**侧向作用**，lateral interaction)，通常涉及蛋白质在材料上一定程度的解折叠和铺展。

蛋白质构象改变之后，产生不可逆吸附（永久吸附)。发生这种吸附所需要的时间，依赖于确切的蛋白质/表面结合，要破坏这种吸附，必须破坏蛋白质与材料表面之间的所有结合。

蛋白质最终构象对其自身活性和吸附后的有效性有很大的影响。一系列研究表明，纤维素蛋白原（一种血液蛋白）吸附到血小板（对凝血有重要作用的细胞片段）的能力受材料表面特性的影响[8]。根据图 8.17 所示，这可能由于所吸附蛋白构象的发生，使其与材料的结合位点相对于向下，导致血小板无法识别。

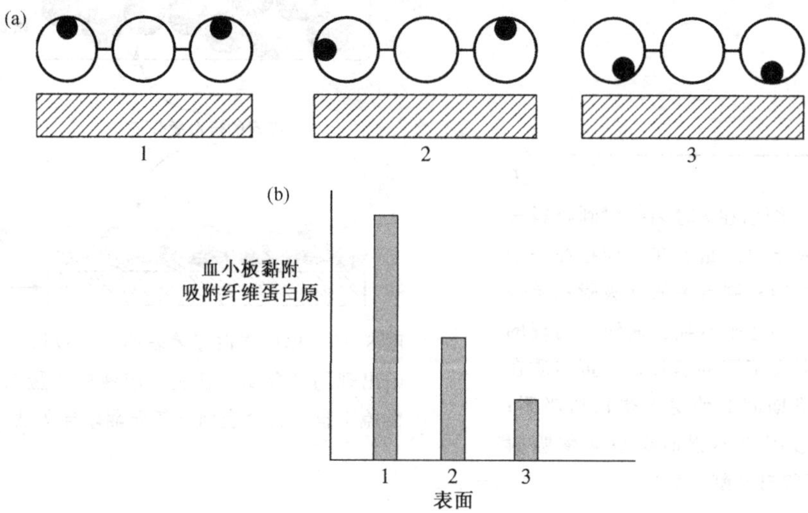

图 8.17 蛋白质吸附对生物活性的影响。(a) 该例中，黑色的圆形区域表示纤维蛋白原促进血小板结合的生物活性区；(b) 蛋白质在表面的最后构象以及活性区域的定位对它的活性有很大的影响。例如，在第一组中，两个生物活性区域背对生物材料表面，因此活性较大；如果生物活性区域的取向朝着生物材料表面(如第三组)，则活性较小（获准翻印自文献 [8])

8.4.2 解吸附和交换

当解吸附不能发生时，包含有多种蛋白质的系统中（如血液）会发生蛋白质分子的交换吸附，一般认为这种现象是由蛋白质和表面接触的动态特性产生的。当波动作用使决定蛋白与材料吸附的蛋白断裂时，其他的蛋白质就能抢占空出的位点重新结合。如果第二个蛋白质分子在表面找到足够多的结合位点，它就会取代第一个蛋白质分子（图8.18）。

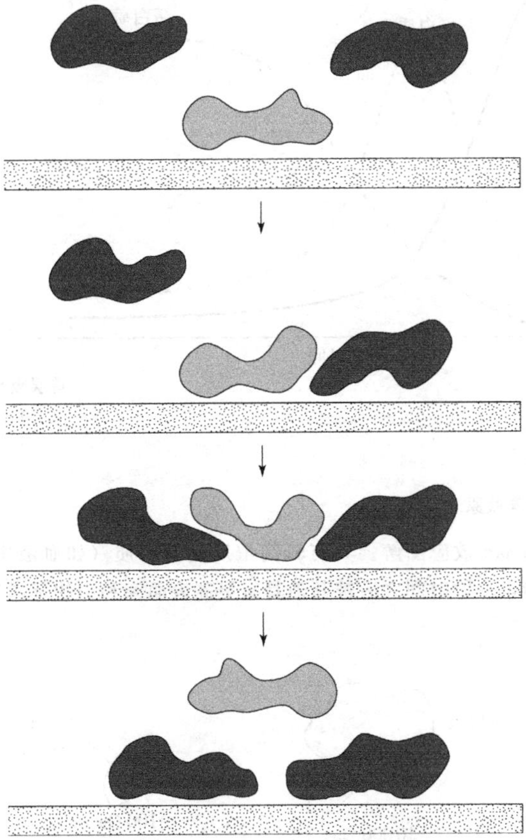

图 8.18　蛋白质在材料表面交换吸附示意图。最初的蛋白质（浅灰色）被另一种亲和力更强的蛋白质（深灰色）取代

由此可见，材料上结合的蛋白质种类不只依赖于溶液中蛋白质的浓度，还决定于蛋白质与材料之间的亲和力。据前述和表 8.1 的内容可知，表面亲和性受到蛋白质的大小、电荷、疏水性、结构稳定性以及解折叠率的影响。扩散速率依赖于浓度，因此较高浓度的蛋白质首先到达并吸附在材料表面，但是它们最终会被高亲和力的蛋白质所取代，这种现象被称作 **Vroman 效应**（Vroman effect）。图 8.19 展示了血浆蛋白选择性吸附在玻璃和金属材料表面的 Vroman 效应。

例题 8.4

实验中将一种生物材料放到含有蛋白质 A（10 kDa，初始浓度为 [A]）和蛋白质 B（100 Da，初始浓度为 [B]）的水溶液中。假设该试验蛋白的吸附速率只由扩散作用决定。

实验结果如下：在试验 1 中，溶液中蛋白 A 的初始浓度是蛋白 B 初始浓度的 4 倍。在材料表面吸附的蛋白浓度随时间的变化如下图所示。

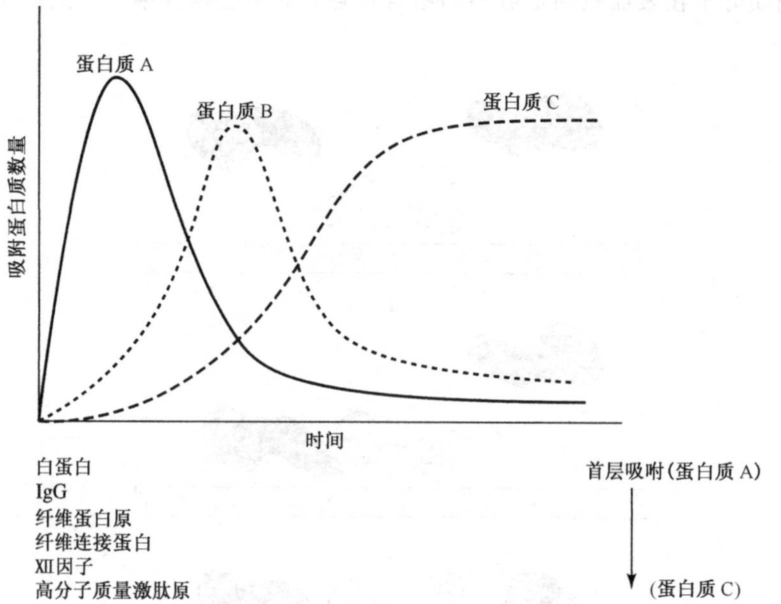

图 8.19 Vroman 效应图解。具有较高浓度的蛋白质（如血液中的血清白蛋白）迅速黏附，一段时间之后被其他具有更高表面亲和力的蛋白质所取代

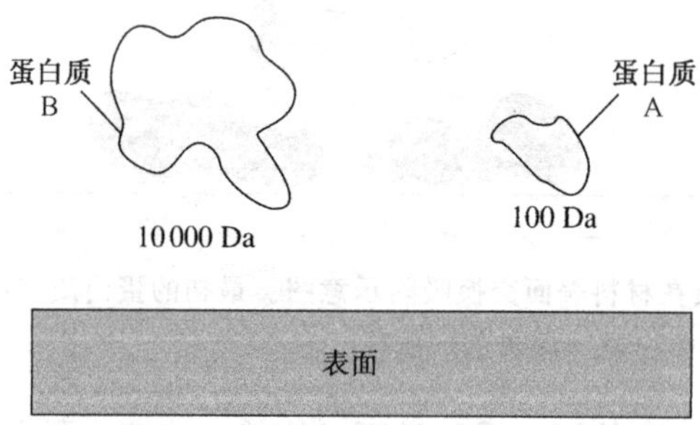

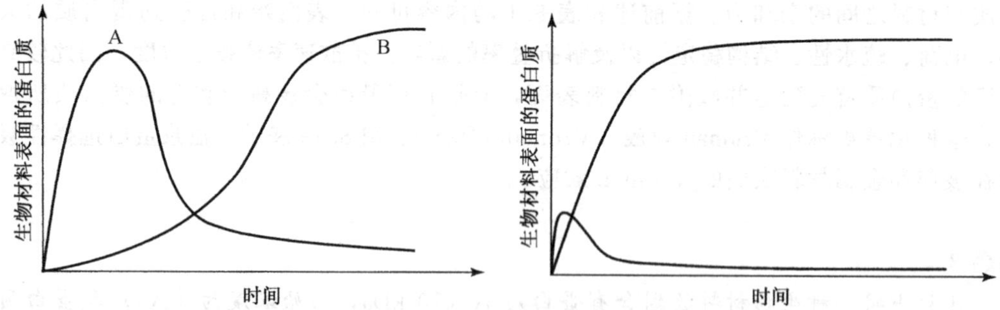

试验 2 中，蛋白质 A 和 B 在溶液中的初始浓度一样。下图是两种蛋白质在生物材料表面的吸附浓度随时间的变化特定，未标记两种蛋白质变化曲线。

运用从试验 1 中得到的信息，指出试验 2 中两种变化曲线所对应的蛋白（A 和 B)，并作出解释。

解答：

在试验 1 中，[A] =4 [B]。由蛋白质的吸附特点知，A 的初始吸附速度比 B 高很多。然而，随着时间的变化，材料表面 B 的浓度变大，A 却很少。根据 A 的初期浓度高于 B 来解释 A 的初始吸附高于 B。上述现象的出现是由于初期 A 比 B 有更多的分子与材料表面相互作用。然而随着时间的推移，B 在材料表面的吸附浓度相对于 A 却有很大的提高。这是因为 B 展现出更高与材料表面的亲和力，并逐渐取代了亲和力较低的 A，可以用 Vroman 效应解释。

在实验 2 中，[A] = [B]，试验 1 表明蛋白质 B 比 A 具有更高的表面亲和力。因此我们可以猜想，随着时间的推移，B 在材料表面的吸附浓度会高于 A。曲线中峰值可以解释为由于 A 分子较小有利于扩散到材料表面 A，因此初期比 B 最吸附速率高。综上所述，得到如下结果：

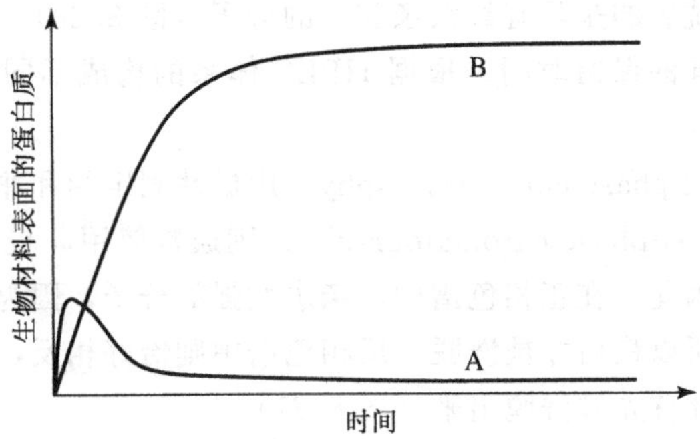

8.5 蛋白质类型、数量的分析技术

虽然鉴别和定量分析溶液中的蛋白质的方法很多，但确定蛋白质在材料表面的构象（这一节的主要内容）却非常困难。通过第 7 章介绍的多种表面分析技术可以分析分子吸附后的排列。ATR-FTIR 和其他更先进的表面分析技术可以探测吸附在表面的蛋白质层。

本节介绍用来鉴定样品中的特殊蛋白质并确定其含量的方法。这些方法常用于评估液体样品中所含的蛋白质，可以将其中某些方法，尤其是那些应用抗体的方法，加以改进并用来分析表面吸附蛋白。这些技术可以提供吸附前后液相中蛋白质的组成信息，进而提供吸附物的组成。

亲和色谱，通过前述热力学参数应用，该技术可以完成蛋白质的定量与纯化。另外还有比色分析、荧光分析、酶联免疫分析（ELISA）以及**免疫印迹杂交**（Western blotting）。多种方法结合使用是对鉴定/定量样品中特殊蛋白质至关重要。例如，一个样品可以先通过亲和色谱进行分离，再使用 ELISA 确认其中的特殊蛋白质。

8.5.1 高效液相色谱（HPLC）：亲和色谱

图 2.55 所示为各种不同类型的液相色谱。第 2 章已介绍了分子筛色谱（SEC）。本

节中重点介绍一类**亲和色谱**（affinity chromatography），也称吸附色谱。另外一种亲和色谱——**离子交换色谱**（ion exchange chromatography）利用电荷性质分离物质，本章不详细介绍。

8.5.1.1　基本原理

吸附色谱（adsorption chromatography）可以根据疏水作用和极性相互作用，优先分离分析物（通常是蛋白质）。该色谱包含流动相和固定相，其中流动相是溶解有样品的溶液；固定相则由直径为 3～10 μm 的多孔二氧化硅或多聚物微球组成。与 SEC 不同，亲和色谱中的样品没有被多孔微球物理截留。在吸附色谱中，微珠通常被疏水性很强的聚合物（非极性）或亲水性聚合物（极性）包裹，并以共价键结合到微珠表面。根据待分析物的疏水性不同，在微珠上吸附程度也不同。

分析物的化学组成在很大程度上影响滞留时间。首先穿过固定相的分子与色谱柱的亲和力最小，最后被洗脱的是具有最大亲和力的分子（图 8.20）。根据各种分子与柱体亲和力不同，具有不同的保留时间。根据 HPLC 体系的构成不同，分析物中分子的亲和力也随之变化。

正相色谱（normal-phase chromatography）用极性固定相和非极性流动相，如正己烷；**反相色谱**（reversed-phase chromatography）则通常使用非极性固定相和极性（通常水溶液）流动相。因此，在正相色谱中，亲水性强的分子，因为它们对固体相的亲和性比对流动相更高，所以最后才被洗脱。反相色谱中则恰好相反，亲水性强的分子与流动相的亲和性强，因此首先被洗脱出来（图 8.21）。

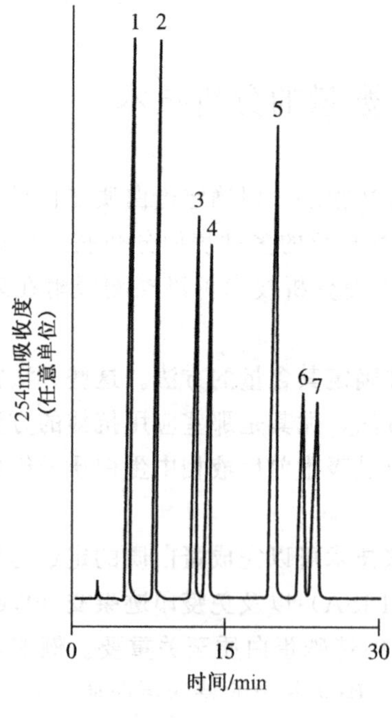

图 8.20　氨甲酸苄苯酯混合物的反向 HPLC 分析，水：甲醇（50：50）混合作流动相。氨甲酸苄苯酯 R 基团具有长的烃链，增加了分子的疏水性，提高了分子与柱体的作用强度，因此延长了保留时间。1. 对羟基苯甲酸甲酯（R：—CH_3）；2. 对羟基苯甲酸乙酯（R：—CH_2CH_3）；3. 对羟基苯甲酸异丙酯［R：—CH_2（CH_3）$_2$］；4. 对羟基苯甲酸正丙酯（R：—CH_2 —CH_2CH_3）；5. 对羟基苯甲酸（2-甲基）丁酯（R：—$CHCH_3C_2H_5$）；6. 对羟基苯甲酸异丁酯［R：—CH_2CH（CH_3）$_2$］；7. 对羟基苯甲酸正丁酮（R：—$CH_2CH_2CH_2CH_3$）

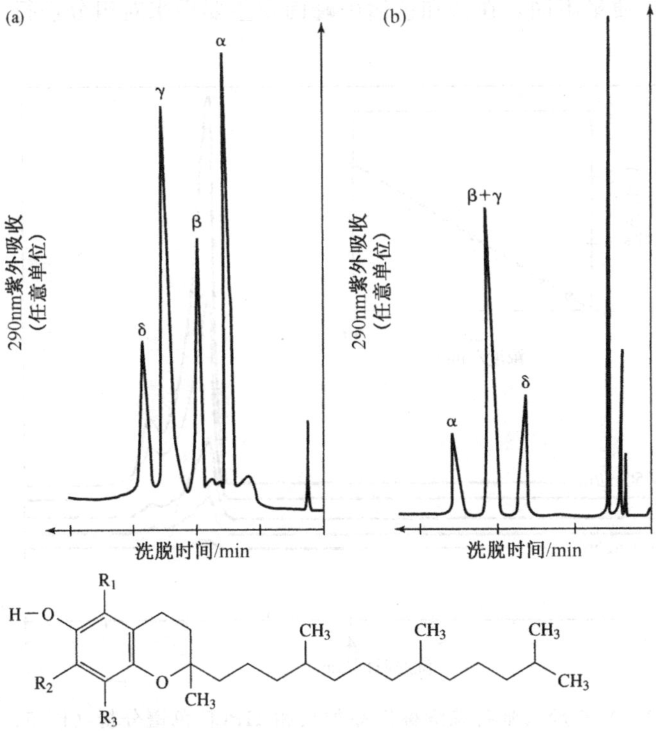

复合物	R_1	R_2	R_3	
α-生育酚混合物	—CH_3	—CH_3	—CH_3	
β-生育酚混合物	—CH_3	—H	—CH_3	
γ-生育酚混合物	—H	—CH_3	—CH_3	
δ-生育酚混合物	—H	—H	—CH_3	← 最亲水

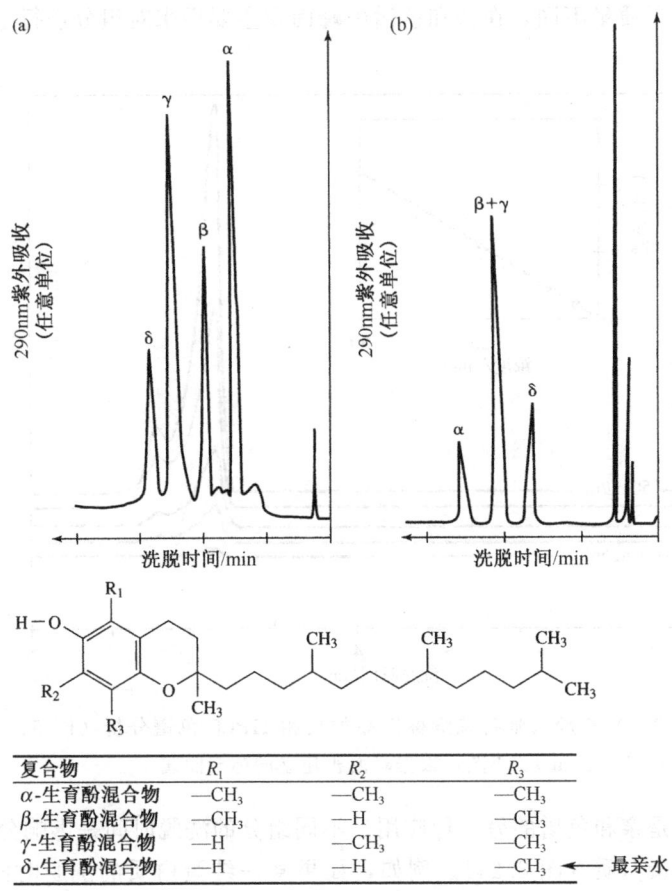

图 8.21 (a) α-，β-，δ-，γ-生育酚混合物（4 种维生素 E 变体）的正相色谱分析［流动相：己烷：戊醇（99.5：0.5）］。该示例中，亲水物质 δ-生育酚在柱体上保留时间最长，因为它对疏水的流动相具有更低的亲和性。(b) α-，β-，δ-，γ-生育酚混合物反相色谱分析［流动相：甲醇：水（9：1）］。该试验中，亲水物质 δ-生育酚最先穿出柱体，因为它对亲水的流动相具有更高的亲和性（获准翻印自文献［10］）

8.5.1.2 仪器

图 8.22 所示，亲和色谱包含 5 个基本部分：泵、注射器、疏水性层析柱、探测器以及转换探测信号为相应图形的处理器/计算机。亲和色谱中所使用的探测器种类很多，主要包括以紫外吸收（UV）、折射率或荧光为检测源的探测器。

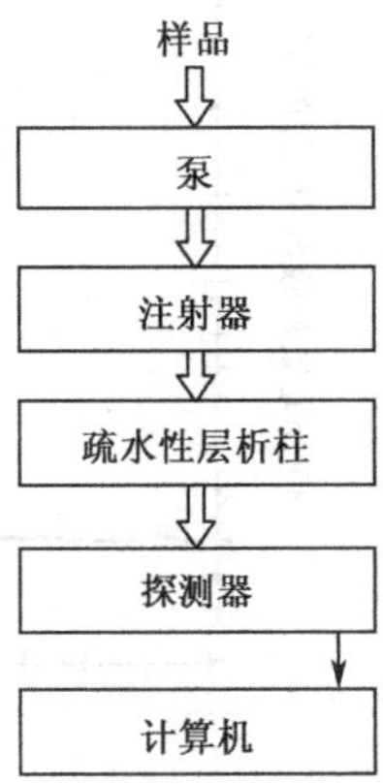

图 8.22 亲和层析所需仪器示意图

8.5.1.3 提供的信息

亲和性色谱通常用来分析有机样品中某种组分的量，主要是通过计算该组分分离峰下的积分面积来完成。逐渐增加目标成分的量可以建立标准曲线（图 8.23），再通过将未知组分对应的面积与标准曲线进行比对就能确定该组分的量。这与 SEC 通过洗脱时间来测定未知组分的分子质量不同，在亲和色谱中峰面积主要用来对组分进行定量。

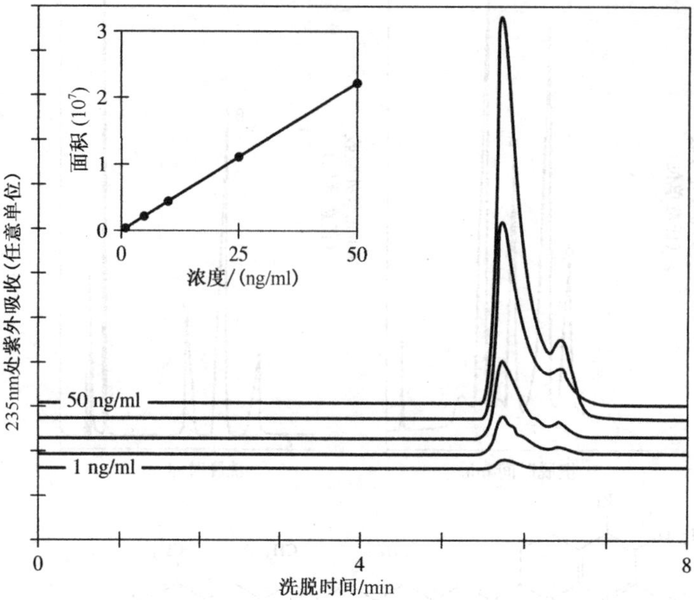

图 8.23　*N*-乙烯基吡咯烷酮标准品的反相 HPLC 色谱分析（1、5、10、25、50 ng/ml）。小图：根据峰面积建立的标准曲线

进行组分分离是亲和色谱的另一种应用。不同组分的洗脱时间是影响分离的关键因素，通常用于纯化蛋白质（图 8.24）。例如，如果某一纯蛋白质的洗脱时间是确定的，那么就可以通过在该时间段收集流动相洗脱液来获得目的蛋白质。该方法具有非破坏性的优点，因此，被分离组分能够作为一种无杂质的材料用于进一步的研究。

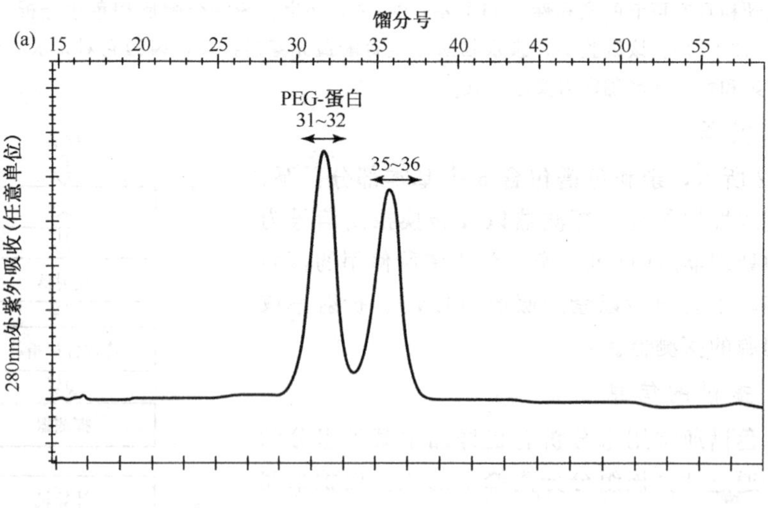

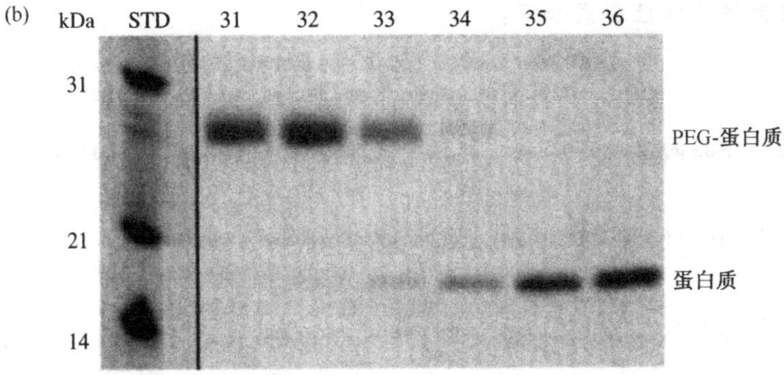

图 8.24　离子交换色谱分离与 PEG 结合的蛋白质。(a) PEG 与蛋白质反应混合物的色谱分析；(b) 编号 31～36 的洗脱样品经 SDS-PAGE 分析。样品 31 和 32 主要含有 PEG 结合的蛋白质，样品 34～36 主要含有未被结合的蛋白质。泳带 STD 是相对分子质量标记

例题 8.5

将已知浓度的蛋白质 X 标准品通过反相 HPLC 系统，获得如下数据：标准品分析后，将三个未知浓度的蛋白质 X 样品（A、B 和 C）经过该系统进行分析，请根据每种样品吸收峰面积计算这三个样品的浓度，样品 A 的吸收峰面积是 0.87×10^7，样品 B 是 1.32×10^7，样品 C 是 0.21×10^7。对浓度为 29.0 ng/ml 的蛋白样品 X，你能预测出怎样的峰面积？将第二种蛋白质样品（蛋白质 Y）在相同条件下通过层析柱，洗脱时间大约比 X 滞后 2 min。根据这些观察结果，分析哪一种蛋白质的分子质量更大？哪一种蛋白质的亲水性更强？

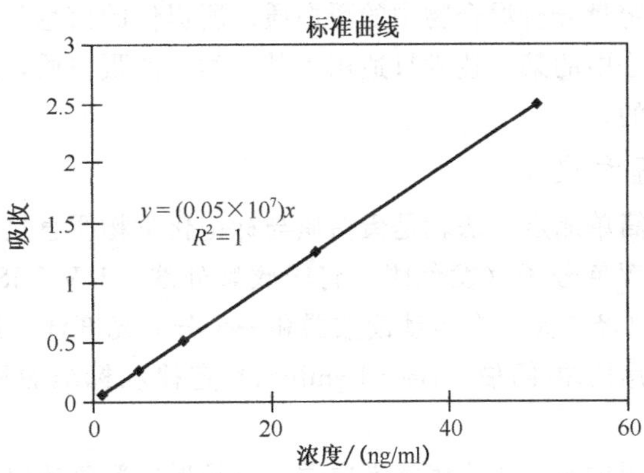

解答：

1. 根据标准溶液的已知信息，可以通过数据的线性回归分析建立标准曲线，得线性方程 $y=mx+b$ 中，其中 x 是浓度，为一变量，吸附曲线下的区域面积（峰面积）y 是变量，m 是斜率，b 是 y 轴截距。

该例题中，斜率是 0.05×10^7 ml/ng，y 轴截距是 0，对应浓度为 1。将该公式通过每一个数据点来验证，如下面对第一个数据点的验证：

$$y=mx+b$$

因此标准曲线的线性公式如下：

$$峰面积 = (0.05 \times 10^7 \ ml/ng) ^* [x]$$

$$[x] = 峰面积 /(0.05 \times 10^7 \ ml/ng)$$

每一个未知样品的浓度可以通过取代公式中相应的峰面积进行计算。

样品 A，

$[x]=0.87\times10^7/(0.05\times10^7 \ ml/ng)=17.4 \ ng/ml$

样品 B，

$[x]=1.32\times10^7/(0.05\times10^7 \ ml/ng)=26.4 \ ng/ml$

样品 C

$[x]=0.21\times10^7/(0.05\times10^7 \ ml/ng)=4.2 \ ng/ml$

浓度为 29.0 ml/ng 蛋白质样品 X，所对应的峰面积为

$$峰面积 = (0.05 \times 10^7 \ ml/ng) \times 29.0 \ ng/ml = 1.45 \times 10^7$$

2. 不同蛋白质在 HPLC 中的洗脱时间不能表征分离物的分子质量。因为这是以亲和性为基础的分析而不是进行大小分离，因此通过 HPLC 给出的信息并不能确定蛋白质 X 和 Y 的分子大小。但是却有足够的信息来讨论蛋白质的疏水性，因为此系统为反相 HPLC，使用的是非极性固定相和极性流动相。亲水分子，因其对流动相的亲和性比对固定相高，会先被洗脱下来。题中蛋白质 X 在蛋白质 Y 之前被洗脱，说明蛋白质 X 具有更强的亲水性。

8.5.2 比色法

比色法通常是建立在可见改变上，如颜色变化，可用于确定某种蛋白质的存在。其中某些分析方法可以定量分析混合物中的蛋白质。所提供的信息与亲和色谱相似，但灵敏度低。另外，比色法中的某些技术只适用于某一类型的蛋白质，某些样品通过 HPLC 检测可能仍然是最好的。

8.5.2.1 基本原理和仪器

某种蛋白质的最简单测定方法就是蛋白质与标记化学物质直接反应引起特殊的颜色变化，所产生的特殊颜色分子（发色团）将吸收紫外线（UV-VIS）（第 2 章）。采用 UV-VIS 分光光度计（经常是一个自动读数器和一个分光光度计）读取样品在已知波长下的吸光度，然后利用**比尔-朗伯**（Beer-Lambert）定律和标准曲线确定样品中蛋白质的浓度（第 2 章）。

比色分析可用于测试酶类或非酶类蛋白质，只是形成颜色的原理稍有不同。酶的作用是分解底物材料（第 9 章）。底物与酶相互作用时，会发生显著的颜色变化（或者从无色变成有色），因此在早期就可以检测出这种变化。底物的分解量与存在的酶量呈线性关系，因此通常颜色变化的程度与酶量呈线性关系。

非酶类蛋白质的检测可能需要连接发色团。需要定量的蛋白质上可能存在改变染料构象或者化学特性的基团，使染料发生颜色变化。

8.5.3 荧光分析

8.5.3.1 基本原理

从概念来看，荧光分析类似于比色分析，通过反应引起荧光分子（荧光基团）黏附在目的蛋白质上。二者的主要区别是所使用的仪器不同。可见光荧光（第 7 章）是通过对特殊能量的吸收（给定波长的可见光）激发荧光分子的。在分子水平上，采用可见荧光激发，常常会引起 π 键到反结合轨道的电子跃迁。激发分子通过碰撞和与其他环境分子的相互作用，引起非辐射衰减（能量损失），直到最低激发能量，然后分子返回到基本态（见第 2 章），吸收相同的能量（在这种情况下，波长的轻微差异的可见光是由于非辐射衰减导致的能量损失）。

8.5.3.2 仪器

荧光计类似于在第 2 章介绍过的紫外分光光度计。主要包括四个组成部件：可见光光源、可选择波长的过滤池、检测器以及转换检测器信号成相应值的处理器/计算机。图 8.25 所示，光源、样本和检测器不在同一直线上，目的是最小化光散射的影响。相对于紫外可见分光光度计，荧光计只是用来分析某个波长（期望的发射波长）的光强度，而不是提供全部的光谱值。由于荧光现象是短暂的，因此荧光计必须在提供激发波长的同时进行波长检测。

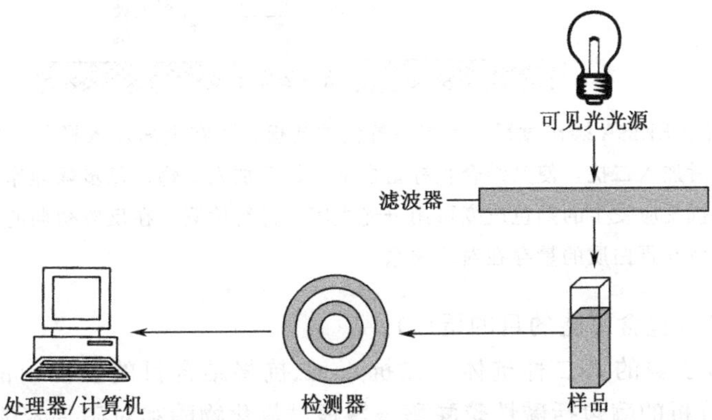

图 8.25 荧光计示意图。荧光计包括 4 个主要的组成部件：可见光光源、滤波器、检测器以及转换检测器信号成相应值的处理器/计算机。相对于紫外可见分光光度计，荧光计只是用来分析某个波长（期望的发射波长）的光强度，而不是提供全部的光谱值

8.5.3.3 提供的信息

比尔-朗伯定律可用于分析荧光强度值，在适合的标准下，通过荧光强度可以定量荧光标记的蛋白质分子。荧光测定的优势在于所能检测的浓度比传统比色技术低 2～3 个数量级。此外，一些氨基酸，如色氨酸、酪氨酸本身就是荧光基团，如果蛋白质中包含足够的这些氨基酸，可以直接进行荧光标记。

8.5.4 酶联免疫分析（ELISA）

8.5.4.1 基本原理与操作

为了对某种蛋白质做特异性鉴定，将前面介绍过的酶检测方法与抗体的使用相结合，形成的酶联免疫分析（ELISA）。最常用的 ELISA 类型是三明治 ELISA。抗体能识别蛋白质特定区域的独特结构，并与其牢固结合，详见第 12 章。因而在三明治 ELISA 中，孔板首先被一种抗体包被（一抗），与蛋白质结合。然后按以下步骤操作（图 8.26）。

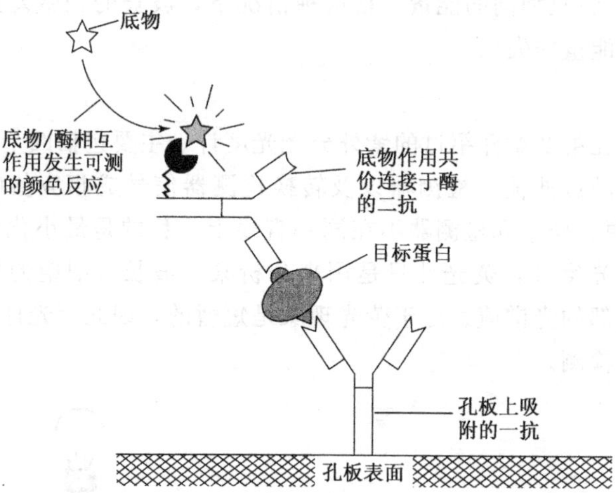

图 8.26 三明治 ELISA 操作过程。首先一抗包被孔板，再在上面加入样品。目标蛋白将与一抗结合。然后加入二抗，使其结合目标蛋白上，最后加入底物。每步骤操作后需要清洗孔板。底物与二抗反应发生的颜色改变可用分光光度计进行检测。在反应初期的溶液中，分光光度计的检测值与蛋白质的量存在对应关系

1. 加入样品（包含可能的目的蛋白）。
2. 加入连接了酶的第二种抗体（二抗）。二抗将结合目的蛋白上的另一特殊位点（通常用于这些分析的酶包括碱性磷酸酶、辣根过氧化物酶和对硝基苯酚磷酸酶）。
3. 加入酶底物，在读数板或光谱仪上读出颜色的定量改变。

与比色分析类似，颜色变化与蛋白质的量成比例，将样品颜色改变量与蛋白质标准品的颜色改变量进行比较、分析。该操作中，除了使用酶标记二抗，还可用荧光标记或放射物标记二次抗体。这些情况中，通过荧光比色为检测源的方法或通过使用放射检测器可（如伽马计数器）定量检测蛋白质。

对该方法进行改进，将可溶性抗体加入到吸附在生物材料表面的蛋白质中，可以用来探测吸附蛋白的构象。如果抗体不能按照其结合能力与溶液中的蛋白质进行结合，则表明蛋白质被解折叠或者抗体识别的区域被表面掩蔽。

8.5.5 免疫印迹杂交

8.5.5.1 基本原理与操作

将含多种蛋白的样品通过凝胶电泳进行分离之后，可以应用抗体来识别其中的某种

蛋白质，该方法称作**免疫印迹杂交**。使用这种方法时，首先将样品用十二烷基磺酸钠处理（SDS）处理（图 8.27），使蛋白质展开，然后将样品装载到聚丙烯酰胺凝胶上，并置于电场中。SDS 所携带的大量负电荷，能够有效的掩盖蛋白质的所有电荷，使蛋白质向正极移动。分子质量较大的蛋白质通过凝胶网孔移动时，所需的力较大，因此分子质量不同的蛋白质在凝胶上产生不连续的分离带，这一过程即 SDS-聚丙烯酰胺凝胶电泳（SDS-PAGE），是一种以分子质量为基础的蛋白质分离技术，常用于纯化蛋白质。

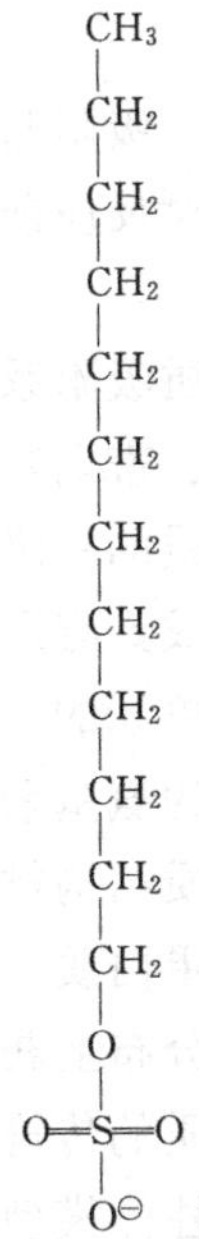

图 8.27　十二烷基磺酸钠（SDS）的结构

为了确认凝胶上的某条电泳带是否含有目标蛋白，接下来需采用免疫印迹操作（图 8.28）。步骤如下。

1. 把凝胶放置在纸上，并将电泳条带转移到硝酸纤维膜上。因硝酸纤维膜能非特异性的吸附蛋白，因此转移到膜上的条带顺序与凝胶上电泳条带顺序一致。

2. 溶液中的一抗加入到杂交纤维膜的顶端。

3. 加入带有标记的二抗，并与一抗结合。

4. 二抗与酶结合后，加入底物。

通过照相机或其他方式记录颜色的改变、荧光或者放射。

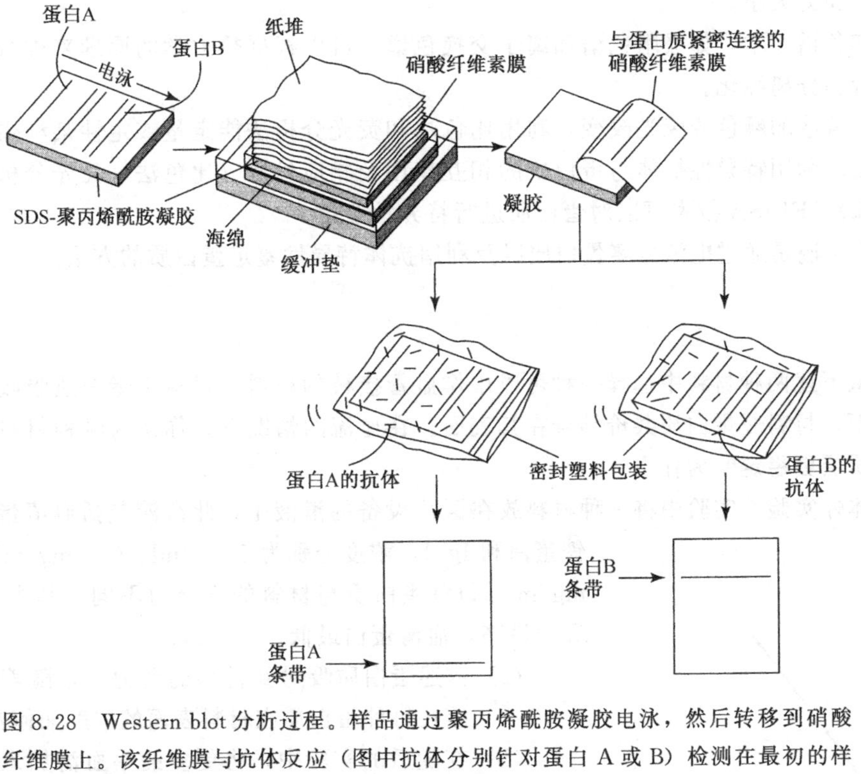

图 8.28　Western blot 分析过程。样品通过聚丙烯酰胺凝胶电泳，然后转移到硝酸纤维膜上。该纤维膜与抗体反应（图中抗体分别针对蛋白 A 或 B）检测在最初的样品中是否存在目的蛋白

小结

- 蛋白质吸附与蛋白质、溶剂和表面组成有关。为了评估一个具体吸附反应的可能性，需要对反应前后吉布斯自由能（G）的改变进行评价。ΔG 越低，吸附反应越容易进行。
- 蛋白质吸附系统中对蛋白质吸附具有很大影响的因素有：材料表面及蛋白质的脱水作用、带电基团的分布以及蛋白质结构的重排。
- 蛋白质的一级结构是指氨基酸的线性排列。二级结构是肽链借助于氢键沿一维方向排列成具有周期性的结构的构象，能够形成 α 螺旋和 β 折叠。三级结构依靠于二级结构单元的折叠和整个多肽链排列形成的三维结构。蛋白质的四级结构由不同多肽链上的氨基酸侧链基团相互作用构成。
- 蛋白质结构排列受到 pH 等环境因素的影响。pH 的变化引发疏水作用或电荷产生，这对蛋白质在材料表面的吸附有重要影响。蛋白质的结构重排使其在疏水和电荷区域的分布上获得最优化构象，从而满足吸附所需的热力学要求。
- 蛋白质的传输模型一般包括影响扩散、热对流、流动以及耦合 4 种传输的各个参数。在圆柱体模型中，可以通过抛物线模型来模拟的速度分布。
- 蛋白质永久吸附之前，与表面存在短期的可逆结合。在结合初期，蛋白质可以改变构象以促进与表面的相互作用。随着时间的延长，蛋白质不可逆的结合在表面上。材料表面最终的蛋白质组成取决于各种蛋白质在溶液中的浓度以及它们对材料表面的亲和力大小。
- 亲和色谱技术，如吸附色谱和离子交换色谱，可以根据热力学的原理来进行蛋白质定量和分离纯化。
- 根据溶液的颜色或荧光改变，利用比色法和荧光分析法能定量或定性某种蛋白质的存在。利用特异性抗体与蛋白质的相互作用及相应检测（比色法、荧光分析或放射成像），ELISA 技术可以对蛋白质进行特异性鉴定。
- 免疫印迹是通过电泳分离蛋白质以及利用抗体特异性鉴定蛋白质的方法。

习题

8.1 从下述两种材料中选择一种可以用作血管接枝的材料：材料 1 蛋白质吸收在其表面，材料 2 蛋白质共价结合在其表面。在血流的情况下，你认为哪种材料的蛋白质层更稳定？为什么？

8.2 体外实验。实验中将一种材料放在医疗设备的滑液中，此滑液包括血清蛋白、转铁蛋白和 IgM，浓度分别为 5 mg/ml、0.5 mg/ml、0.05 mg/ml。每种蛋白质与材料的亲合力不同，其中 IgM 亲和力最高，血清蛋白最低。

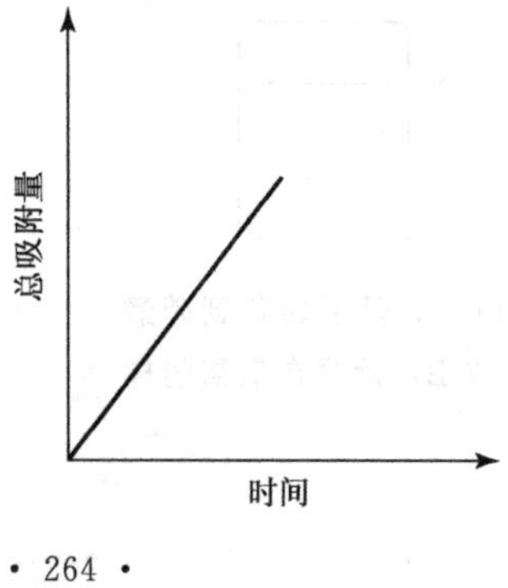

(a) 描述蛋白质吸附到材料的动力学，随着时间的延长每种蛋白质在材料表面的浓度如何？

(b) 在随后的实验中，将更多的牛血清加入到滑液中，将对蛋白质在表面的吸附产生什么影响？

(c) 右图出示了 IgM 吸附在材料表面的量和时间的

函数关系。随着更多 IgM 的加入，材料表面将发生什么样的变化？

8.3 决定蛋白质结构的因素中，哪些对蛋白质在材料表面的吸附影响最大？为什么？

8.4 蛋白质吸附到材料表面的体外试验。测试体系的 pH 为 7.2。实验过程中，助手不小心将盐酸加入到溶液中，导致 pH 变为 6.7。这会影响实验吗？为什么？（用蛋白质对 pH 响应的观点来解释）。

8.5 三种蛋白质（X、Y 和 Z）向材料吸附的体外试验。把这些蛋白质加入到材料表面后，如何检测被吸附的蛋白质？哪种检测方法适合于分析溶液和材料表面？

8.6 (a) 描述分子筛层析型 HPLC 和吸附层析型 HPLC 的异同。

(b) 假设下图是反相吸附色谱图。其中的一条曲线表示多糖（sugar），另一条曲线表示多糖在聚苯乙烯上的共价结合，以便用于药物释放。请指出它们各自对应哪条曲线，为什么？（从分子与层析柱固定相的相互作用进行解释。）

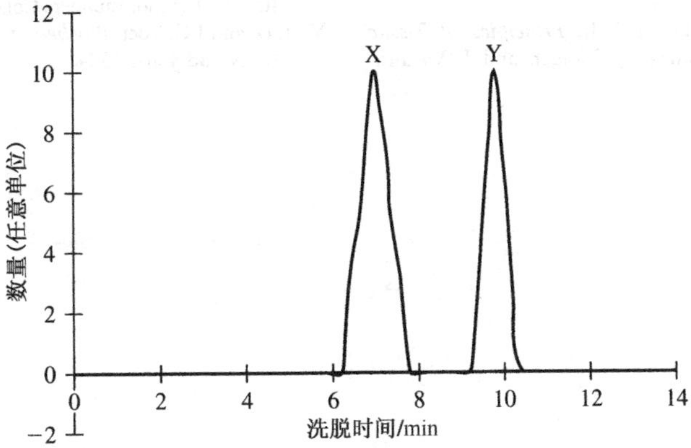

(c) 假设上图是由凝胶渗透色谱图（一种分子筛色谱）得到的，上述物质又各自对应哪条曲线，为什么？从分子与层析柱固定相的相互作用进行解释。

8.7 现欲将蛋白质、多肽修饰的材料用于组织工程上。试想，若一种生物分子对材料表面的亲和力远大于另一种，可以采用什么样的表面修饰技术使这两种生物分子都出现在材料表面？

（张兵兵　蔡开勇　王远亮　译校）

参考文献

1. Andrade, J.D. and V. Hlady. "Protein Adsorption and Materials Biocompatibility: A Tutorial Review and Suggested Hypotheses." In *Biopolymers/Non-Exclusion HPLC*, K. Dusek, C.G. Overberger, and G. Heublein, Eds. New York: Springer-Verlag, pp. 1–63, 1986.
2. Dee, K.C., D.A. Puleo, and R. Bizios. *An Introduction to Tissue-Biomaterial Interactions*. Hoboken: Wiley-Liss, 2002.
3. Norde, W. and J. Lyklema. "Why Proteins Prefer Interfaces." *Journal of Biomaterials Science Polymer Edition*, vol. 2, pp. 183–202, 1991.
4. Andrade, J.D. *Surface and Interfacial Aspects of Biomedical Polymers: Volume 2: Protein Adsorption*. New York: Plenum Press, 1985.
5. Schulz, G.E. and R.H. Schirmer. *Principles of Protein Structure*. New York: Springer-Verlag, 1985.
6. Wierenga, R.K. "The TIM-Barrel Fold: A Versatile Framework for Efficient Enzymes." *FEBS Letters*, vol. 492, pp. 193–198, 2001.
7. Bird, R.B., W.E. Stewart, and E.N. Lightfoot. *Transport Phenomena*, 2nd ed. New York: John Wiley and Sons, 2002.
8. Horbett, T.A. "Principles Underlying the Role of Adsorbed Plasma Proteins in Blood Interactions with Foreign Materials." *Cardiovascular Pathology*, vol. 2,

pp. 137S–148S, 1993.
9. Maeda, Y., M. Yamamoto, K. Owada, S. Sato, T. Masui, H. Nakazawa, and M. Fujita. "High-Performance Liquid Chromatographic Determination of Six P-Hydroxybenzoic Acid Esters in Cosmetics Using Sep-Pak Florisil Cartridges for Sample Pre-Treatment." *Journal of Chromatography*, vol. 410, pp. 413–418, 1987.
10. Pyka, A. and J. Sliwiok. "Chromatographic Separation of Tocopherols." *Journal of Chromatography: A*, vol. 935, pp. 71–76, 2001.
11. Rosendahl, M.S., D.H. Doherty, D.J. Smith, S.J. Carlson, E.A. Chlipala, and G.N. Cox. "A Long-Acting, Highly Potent Interferon Alpha-2 Conjugate Created Using Site-Specific PEGylation." *Bioconjugate Chemistry*, vol. 16, pp. 200–207, 2005.

推荐阅读

Alberts, B., A. Johnson, J. Lewis, M. Raff, K. Roberts, and P. Walter. *Molecular Biology of the Cell*, 4th ed. New York: Garland Publishing, 2002.

Atkins, P. and J. de Paula. *Physical Chemistry*, 8th ed. New York: WH Freeman and Co., 2006.

Horbett, T.A. "Principles Underlying the Role of Adsorbed Plasma Proteins in Blood Interactions with Foreign Materials." *Cardiovascular Pathology*, vol. 2, pp. 137S–148S, 1993.

Hubbell, J.A. "Matrix Effects." In *Principles of Tissue Engineering*, R.P. Lanza, R. Langer, and J. Vacanti, Eds., 2nd ed. Austin: Academic Press, pp. 237–250, 2000.

Kuby, J. *Immunology*, 3rd ed. New York: W.H. Freeman, 1997.

Rouessac, F. and A. Rouessac. *Chemical Analysis: Modern Instrumental Methods and Techniques*. New York: John Wiley and Sons, 2000.

Skoog, D.A. and J.J. Leary. *Principles of Instrumental Analysis*, 4th ed. Orlando: Saunders College Publishing, 1992.

Voet, D. and J.G. Voet. *Biochemistry*, 3rd ed. New York: John Wiley and Sons, 2004.

9. 细胞与生物材料的相互作用

主要目的

了解真核细胞的组成与重要功能，定量研究细胞与生物材料环境相互作用的方法。

具体目标

1. 了解真核细胞的基本组成；
2. 了解受体-配体的相互作用类型；
3. 比较/对比细胞外基质主要组成的特性；
4. 了解受体信号是如何引起基因表达的变化，进而改变细胞重要的功能；
5. 区分 4 种不同的细胞连接方式；
6. 了解和应用 DLVO 理论，模拟细胞与表面的非特异性相互作用；
7. 了解并使用表达受体-配体相互作用方程，模拟细胞黏附过程中的特异性作用；
8. 了解细胞迁移模型的重要参数；
9. 识别影响生物材料细胞毒性的因素；
10. 了解细胞毒性与细胞功能检测理论的局限性。

9.1 概述：细胞——表面相互作用及细胞功能

前两章详细讨论了生物材料表面特性如何影响蛋白质附着，该黏附层的组成进而控制细胞的集中和附着。因此，材料的表面特性对整体生物响应具有重要的作用。本章将探讨细胞针对材料表面和附着蛋白的响应。在此值得关注的是，蛋白质与表面通常具有非特异性相互作用，而蛋白质与细胞在多数情况下均具有特异性相互作用，通常表现为受体-配体相互作用。

在任何特性的相互作用下，要成功移植所选的生物材料（吸附蛋白）就要求能够维持附着的（或邻近的）细胞发挥功能所需的全部功能。这些功能包括：

1. 存活能力（所有细胞类型，通常与在基底上的黏附和铺展有关）；
2. 通讯（所有细胞类型）；
3. 蛋白质合成（所有细胞类型）；
4. 增殖（某些细胞类型）；
5. 迁移（某些细胞类型）；
6. 激活/分化（某些细胞类型）；
7. 细胞程序性死亡（某些细胞类型）。

在详细讨论细胞与基质相互作用如何影响细胞功能之前，先回顾一下细胞的基本组成，以及细胞如何与细胞外环境进行通讯。

9.2 细胞结构

人体组织中有各种各样的细胞，每类细胞都具有不同的功能。一些细胞分泌可溶性因子，另一些细胞受电激活，还有一些细胞去破坏入侵的病原体。人体细胞包括**分化细胞**（differentiated cell）或**定型细胞**（committed cell）和**非分化细胞**（non-differentiated cell）或**祖细胞**（**前体细胞**，progenitor）。分化细胞可维持组织的特异性功能，非分化细胞保留着非定向的特点，可以分化成各类细胞（经历一系列的可控变化，通常涉及基因表达与蛋白质合成的改变）。9.4.3 节将具体讨论分化的过程。

然而，所有细胞在功能和结构参数上具有某些共性。本节将介绍哺乳动物细胞的基本结构，图 9.1。保持细胞活性的关键方面是在不同**细胞器**（organelle）中，各主要细胞完成其规定的任务，这些细胞器被选择性的渗透膜包裹着。多数情况下，几

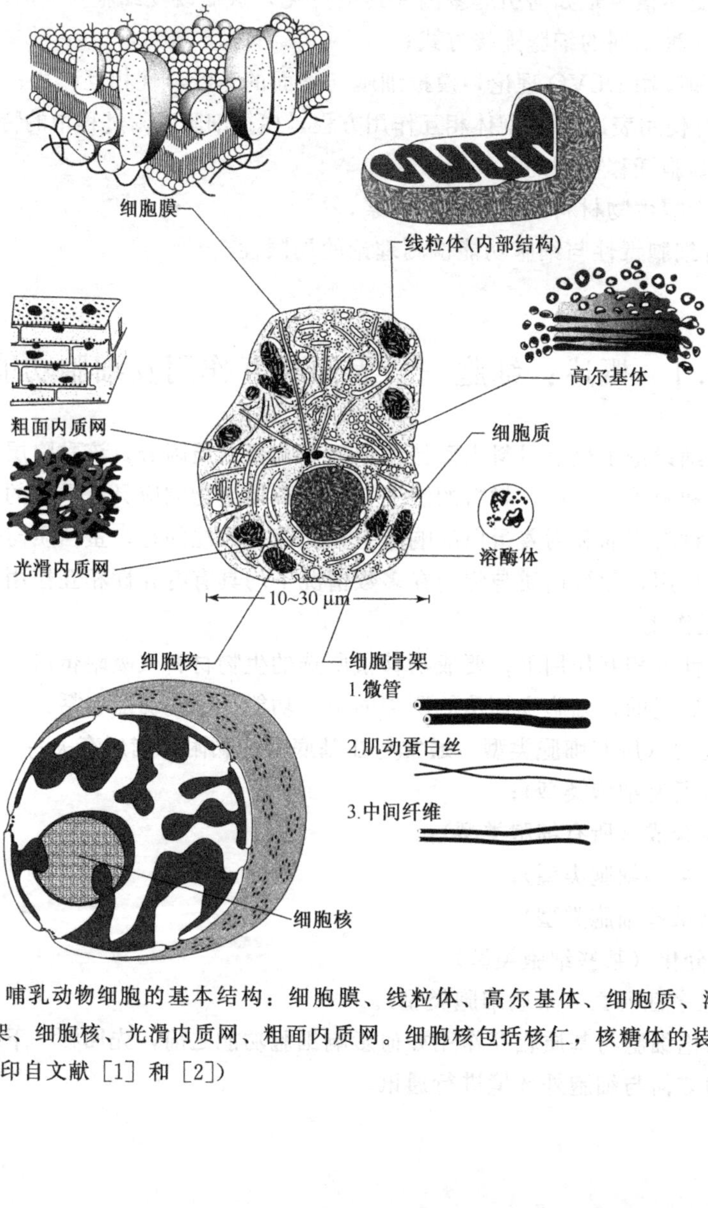

图 9.1 哺乳动物细胞的基本结构：细胞膜、线粒体、高尔基体、细胞质、溶酶体、细胞骨架、细胞核、光滑内质网、粗面内质网。细胞核包括核仁，核糖体的装配部位（获准翻印自文献［1］和［2］）

种细胞器共同完成某项功能（如细胞核、内质网、高尔基体和囊泡在蛋白质合成中发挥着作用）。

9.2.1 细胞膜

细胞膜（cell membrane）将细胞与外环境分隔。细胞膜主要为**磷脂**（phospholipid）组成的双层结构（图 9.1）。磷脂分子包含一个极性头（亲水）和两个脂肪酸链组成的非极性尾（疏水）。图 9.2 所示为磷脂的化学结构和三维构造。磷脂不同区域存在极性差异，因此将其暴露于水中，则形成热稳定性最好的双层结构，疏水尾卷曲隐藏，亲水头部与环境接触（与第 7 章表面改性中所介绍的自组装技术原理相同）。

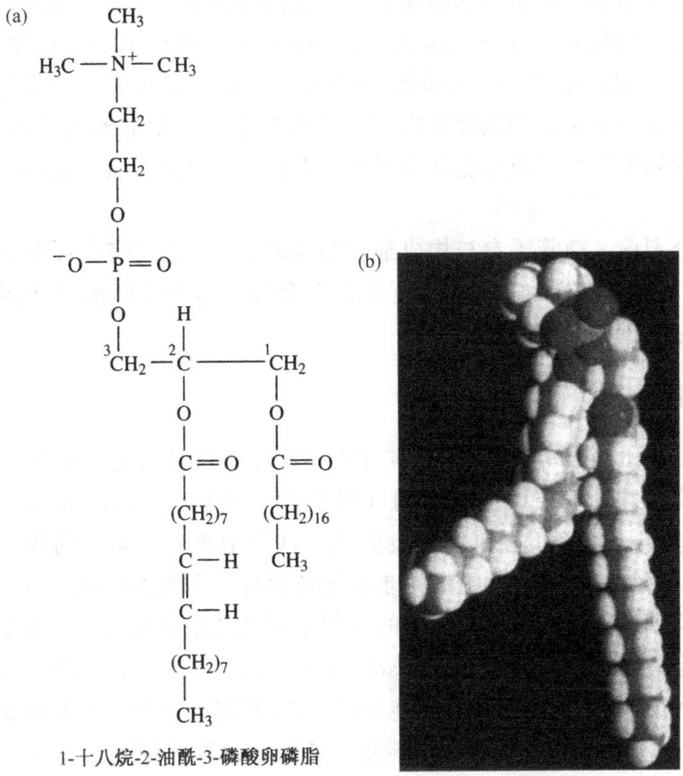

图 9.2　细胞膜中磷酸卵磷脂。(a) 化学结构；(b) 三维结构

图 9.1 所示，细胞膜中具有许多蛋白质。某些膜蛋白具有亲水区域与疏水区域，因此能跨越整个细胞膜（称之为**跨膜蛋白**，transmembrane protein），而另一些膜蛋白嵌在细胞膜内，但能扩散到细胞外和细胞内空间。许多跨膜蛋白对特异分子具有通道和泵的作用，维持细胞的化学性质。跨膜**通道蛋白**（channel protein）不与运输分子结合，但能够在双磷脂层中形成小孔，使无机离子按浓度梯度进出细胞，如 Na^+、K^+、Ca^{2+} 和 Cl^-。相反，跨膜**转运蛋白**（carrier protein），如离子泵，以物理结合的方式连接运输分子，供能的条件下可使离子逆浓度梯度运输。Na^+/K^+ 泵是最为常见的一种，可以维持渗透压和调节细胞体积。

传递至细胞外的蛋白质通常是特异的细胞外的分子受体，详见 9.2.7 节。另外，还有很多碳水化合物分子共价结合在细胞表面形成细胞**多糖包被**（glycocalyx），可以阻止不需要的血液凝结，详见第12章。膜内分子无固定位置，具有可流动性，而且细胞表面特异分子的位置在外界刺激下易发生重组。

保持细胞膜的完整性非常重要，因为细胞膜可以将细胞内（**细胞质**，cytoplasm）与细胞外的水环境（细胞外空间）隔离。细胞质的化学组成具有特殊性，与细胞外的组成大不相同，而且对细胞生存具有重要作用。另外，细胞膜是细胞内、外环境的连接点，起着细胞相互间或细胞与环境之间通讯机构的作用。

9.2.2 细胞骨架

本节主要是介绍细胞骨架的基础知识，详细内容读者可参考其他资料。细胞骨架的成分主要有三种：直径6～8 nm的**微丝**（microfibril），直径10 nm的**中间纤维**（intermediate filament）和直径25 nm的**微管**（microtubule）（图9.1）。三者均为蛋白质，根据细胞需要可伸长或缩短。细胞骨架决定了细胞形态，并在细胞的迁移中起重要作用。例如，细胞在受到外界刺激或细胞迁移初期，会伸出指状的**伪足**（pseudopodia）（见下面的章节）。

细胞有丝分裂前，微管除参与构成细胞结构外，还在复制DNA分离的过程中起重要作用（9.4.2节）。另外，中间纤维连接着许多伸入胞外空间的受体蛋白，因此是细胞翻译胞外信号的重要通道。

9.2.3 线粒体

线粒体（mitochondria）存在于所有细胞中，可以通过氧化磷酸化为细胞活动提供能量。线粒体有特殊的双层磷脂膜结构（图9.1）。**内膜**（inner membrane）围绕**基质空间**（matrix space）高度折叠以增大表面积。基质中含有一系列的酶，可以降解诸如葡萄糖等分子，而氧化磷酸化的最后一步氧化还原反应即是在内膜上发生的，该反应产生大量能量。**外膜**（outer membrane）的作用主要是把基质和内膜从细胞中隔开。

氧化磷酸化最终生成**三磷酸腺苷**（adenosine triphosphate，ATP），ATP常被称作细胞的“能量货币”，因为在细胞需要能量时，ATP可以水解生成**二磷酸腺苷**（adenosine diphosphate，ADP），并释放大量能量，从而驱动耗能细胞活动（如维持细胞质特定化学成分的逆浓度的主动运输）。产生的ADP循环回线粒体，再次磷酸化生成ATP。

9.2.4 细胞核

9.2.4.1 细胞核的结构与功能

细胞核（nucleus）被誉为是细胞的控制中心，包含带有遗传信息的DNA（**核苷酸**，deoxyribonucleic acid），可以浓缩形成**染色质**（chromatin）。**核膜**（nuclear envelope）将细胞核与细胞的其他部分隔开，核膜也具有双层磷脂膜结构（图9.1）。外膜与内质网（随后讲述）毗邻，并与内膜在**核孔**（nuclear pore）处相连。核孔是一个蛋白质构成的控制特定分子进出细胞核的通道。

图9.1所示，细胞核中还包括核仁区域，该区域是核糖体的装配场所。核糖体对内质网中蛋白质的装配具有重要作用，本章稍后将对此进行讨论。

9.2.4.2 DNA 的结构

DNA 以其特殊的结构携带了数以千万计的信息，产生**基因**（gene）片段。基本上，DNA 为细胞内所有蛋白质合成提供模板。基因**表达的**（expressed）过程中，产生该基因编码的蛋白质。除基因表达产生蛋白质的过程，细胞核中的 DNA 均以浓缩的**超螺旋的**（supercoiled）状态存在。该螺旋在细胞分裂前会部分打开并进行复制。

如第 8 章所述，基因中含有对应特定氨基酸的**密码子**（codon），决定着蛋白质的一级结构（9.4 节蛋白质的合成）。DNA 是一种核苷酸聚合物。图 9.3 所示，每个核酸包括一分子磷酸基、一分子糖和一分子碱基，碱基可以是双环的**嘌呤**（purine）或是单环的**嘧啶**（pyrimidine）。图 9.4 所示，DNA 包括两种嘌呤：**腺嘌呤**（adenine，A）和**鸟嘌呤**（guanine，G），两种嘧啶：**胸腺嘧啶**（thymine，T）和**胞嘧啶**（cytosine，C）。

图 9.5 所示，核酸通过磷酸二酯键聚合形成分子。多核苷酸链的方向取决于核苷酸间磷酸二酯键的走向。图 9.5 所示，DNA 的戊糖为脱氧核糖，DNA（脱氧核糖核酸）由此得名。

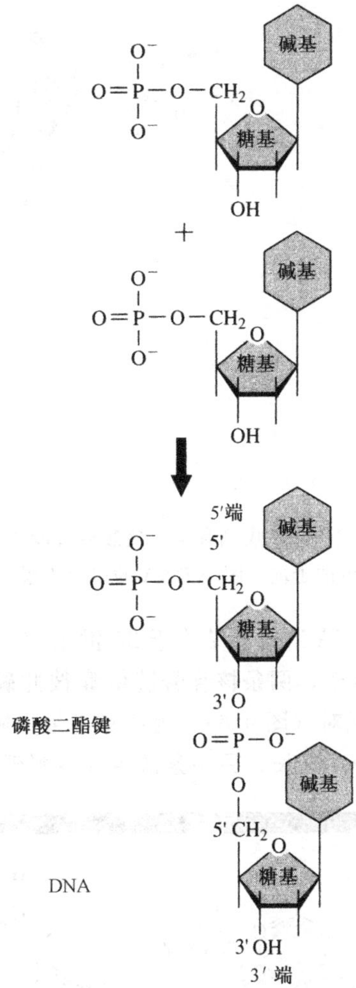

图 9.3　核酸的组成：磷酸基、糖基、碱基。核酸可形成 DNA 结构（获准翻印自文献 [1]）

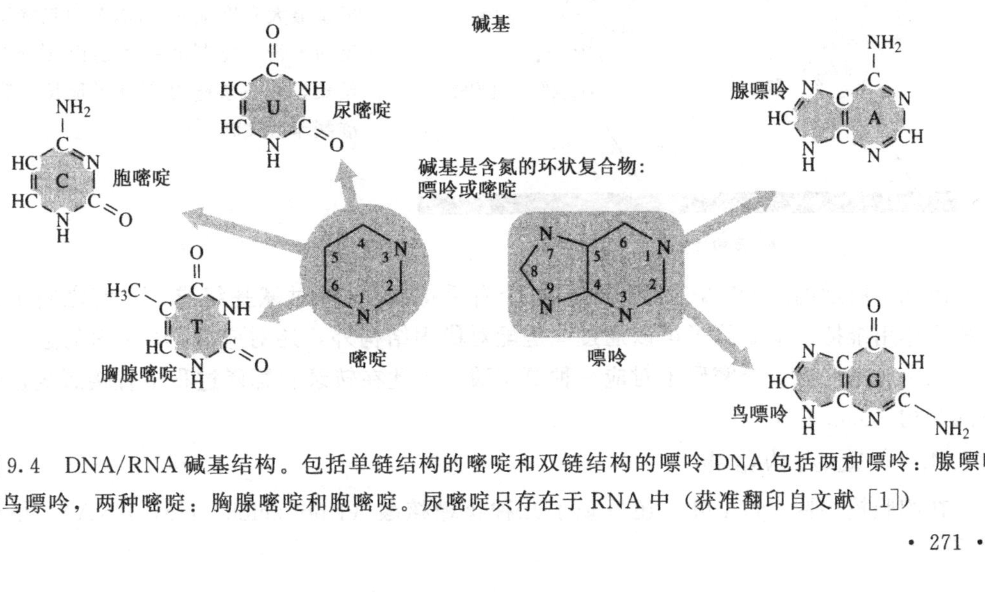

图 9.4　DNA/RNA 碱基结构。包括单链结构的嘧啶和双链结构的嘌呤 DNA 包括两种嘌呤：腺嘌呤和鸟嘌呤，两种嘧啶：胸腺嘧啶和胞嘧啶。尿嘧啶只存在于 RNA 中（获准翻印自文献 [1]）

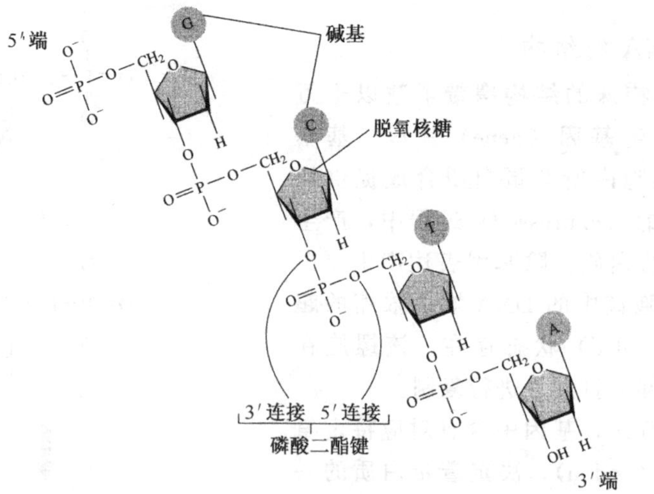

图 9.5 DNA 的戊糖骨架，核酸通过磷酸二酯键聚合形成分子。多核苷酸链的方向取决于核苷酸间磷酸二酯键的走向。图中 DNA 的戊糖为脱氧核糖，脱氧核糖核酸由此得名（获准翻印自文献 [1]）

DNA 双螺旋结构于 20 世纪 50 年代提出，该结构中戊糖与磷酸在外侧，形成 DNA 基本骨架，两条核苷酸链依靠彼此碱基之间形成氢键而结合在一起，A 与 T 配对，G 与 C 配对（图 9.6）。为使碱基最大限度配对，DNA 的双链呈反向平行，复制时一条链由 3′→5′延长，另一条链由 5′→3′延长。

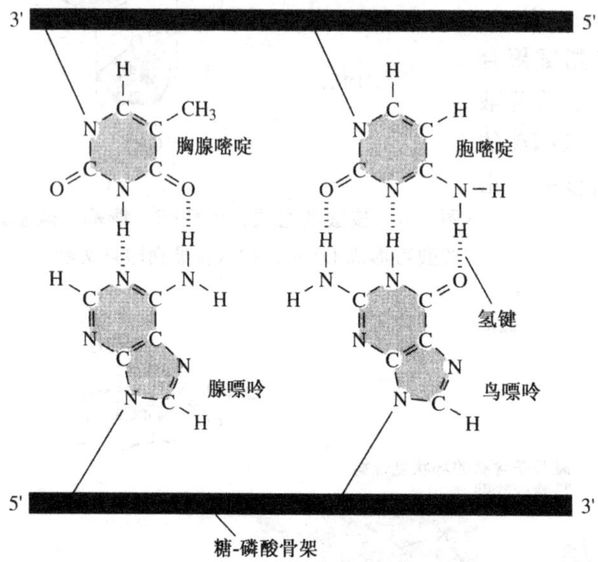

图 9.6 DNA 的碱基相互作用。DNA 分子为双螺旋结构，该结构中戊糖与磷酸在外侧，形成其基本骨架，两条核苷酸链依靠彼此碱基之间形成氢键而结合在一起，A 与 T 配对，G 与 C 配对（图 9.6）。为使碱基最大限度配对，DNA 的双链呈反向平行，复制时一条链由 3′→5′延长，另一条链由 5′→3′延长（获准翻印自文献 [1]）

图 9.7 所示的是 DNA 三维结构。每个右手螺旋由 10 对碱基组成，它们之间由氢键相互作用维持。碱基除了可以通过氢键配对稳固结构外，还对应着 DNA 内的遗传信息。三个碱基组成一个密码子对应一种氨基酸，由此在转录和翻译过程中直接影响蛋白质的结构（9.4.4 节）。

9.2.4.3 RNA 的结构

在细胞核中除 DNA 外，还发现了几种**核糖核酸**（ribonucleic acid，RNA）。虽然

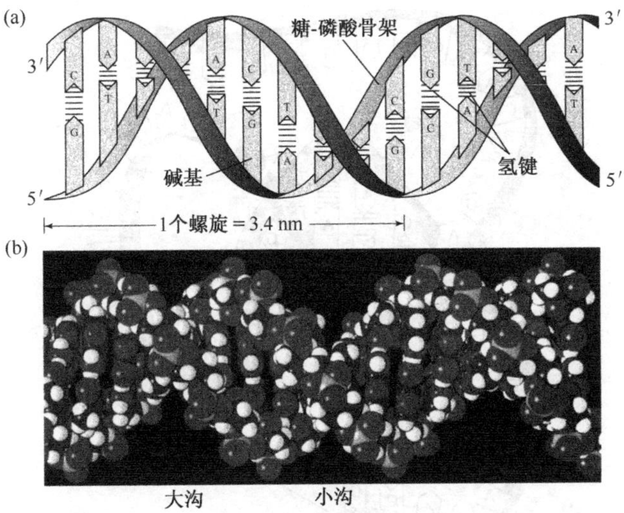

图 9.7 DNA 的化学结构与三维结构（获准翻印自文献 [1]）

DNA 与 RNA 同属核酸聚合物，在结构上有诸多相似之处，但也有许多不同。从化学角度而言，RNA 基本骨架中的糖基多一个氧原子（核糖，图 9.8）。此外，RNA 中的**尿嘧啶**（uracil，U）代替了 DNA 中的胸腺嘧啶 T（图 9.4）。但 RNA 与 DNA 的最大区别在于 RNA 为单链结构（图 9.9），无法形成规则的螺旋结构。

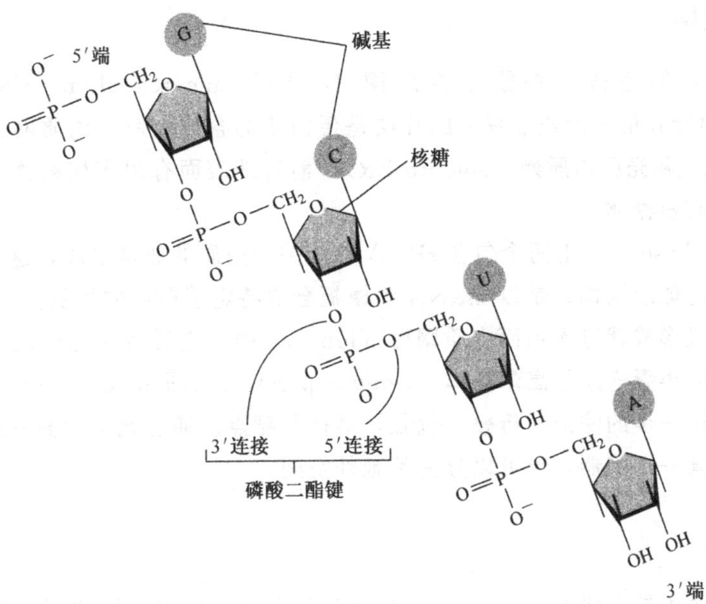

图 9.8 RNA 的戊糖骨架，核酸通过磷酸二酯键聚合形成分子，与 DNA 类似。但 RNA 中的多糖为核糖（获准翻印自文献 [1]）

RNA 在 DNA 基因编码到蛋白质合成的过程中起中介作用。三种主要的 RNA 是：**信使 RNA**（messenger RNA，mRNA）、**转运 RNA**（transfer RNA，tRNA）、**核糖体 RNA**（ribosomal RNA，rRNA）。mRNA 普遍存在于核内表达基因周围。rRNA 作为

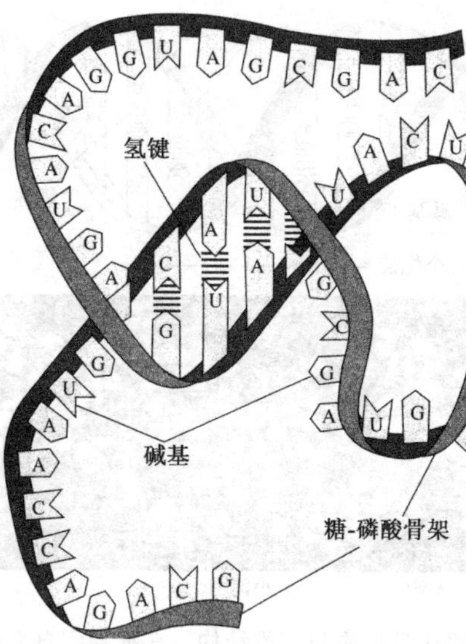

图 9.9　RNA 的结构。RNA 为单链结构，无法形成规则的螺旋结构（获准翻印自文献 [1]）

核糖体合成的一部分，暂时位于核仁中。各类 RNA 及其在蛋白质合成中的作用将在本章其他小节中做讨论。

9.2.5　内质网

如前所述，细胞核的外膜与**内质网**（endoplasmic reticulum，ER）相连（图 9.10）。这些由脂膜形成的长而扁平的片层是蛋白质的合成场所。内质网分成**粗面内质网**（rough ER）和**光面内质网**（smooth ER），前者外表面有很多核糖体，后者有很多管状结构但没有核糖体。

核糖体（ribosome）由两个包含 rRNA 和相关蛋白质的亚基组成，这些亚基在核仁中合成。最终为球形结构，是以 mRNA 为模板合成特定蛋白质的场所。（9.4.4 节）

蛋白质一旦形成就进入粗面内质网**腔**（lumen）中，之后运往光面内质网，包装成有磷脂膜包被的小囊泡运往**高尔基体**（Golgi apparatus）（图 9.10）。在高尔基体中，不同蛋白质进行进一步的修饰、折叠、包装，运往其靶点。通过此类运输方式蛋白质可被运往细胞内的某一细胞器，也可以分泌到胞外空间。

9.2.6　囊泡

整个细胞质中都有**囊泡**（vesicle），囊泡上含有被磷脂膜包覆的蛋白质，囊泡的作用是将蛋白质从内质网运送到高尔基体，或从高尔基体到靶地点。如果是分泌蛋白，囊泡便与胞膜融合并释放蛋白质，该过程称作**胞吐**（exocytosis）。在**胞吞**（endocytosis）过程中囊泡同样重要，胞吞是通过细胞膜内凹将部分胞外物质带入细胞。内吞过程中有包含消化酶的囊泡——**溶酶体**（lysosome）（图 9.1）参与。溶酶体可以降解吞入细胞的物质，与粒细胞在急性免疫反应中的作用密切相关（见第 10 章）。

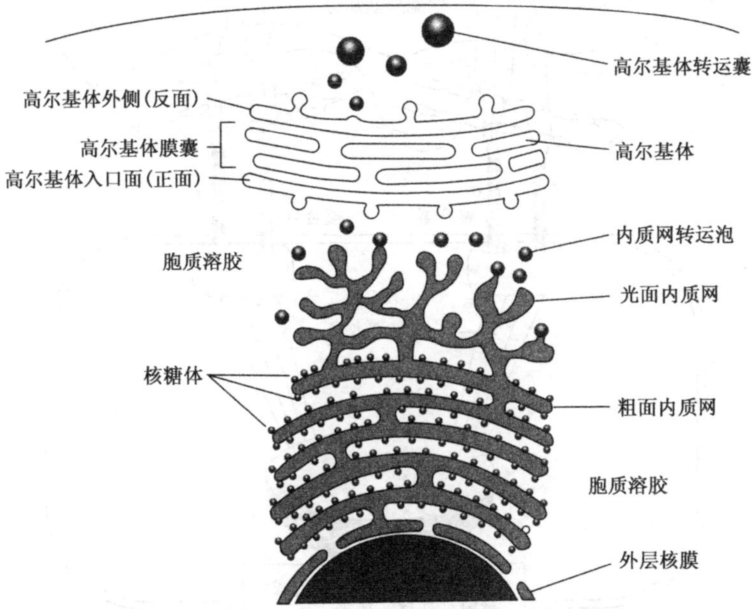

图 9.10　内质网结构图。这些由脂膜形成的长而扁平的片层是蛋白质的合成场所。粗面内质网外表面有很多核糖体，这些核糖体与核膜相连。脱离细胞核后粗面内质网转化成光面内质网。内质网片段分裂转移至高尔基体中，不同蛋白质进行进一步修饰、折叠、包装，运往其靶点（获准翻印自文献［2］）

9.2.7　膜受体及细胞接触

细胞与细胞、细胞与胞外基质间的作用能改变细胞的功能，诸如细胞铺展、迁移、通讯、分化以及活化等（图 9.11），这常被称为“由外向内”的信号。相反，细胞可能由于很多原因分泌不同的分子或者调整其通讯，从而改变其胞外环境，（这被称为“由内向外”的信号）。这些细胞与细胞、细胞与**胞外基质**（extracellular matrix，ECM）的相互作用是由细胞膜上的一些基于蛋白质的受体调控的。本节将讲述几类细胞连接以及参与受体。

9.2.7.1　细胞连接的类型

图 9.12 所示为细胞与细胞间形成的多种连接，如紧密连接、间隙连接和桥粒。**紧密连接**（tight junction）将相邻细胞的质膜密切联系在一起阻止大小分子在细胞间相互渗透。**间隙连接**（gap junction）由两个连接子对接形成通道。**桥粒**（desmosome）是两个细胞间的力学连接，**带状桥粒**（belt desmosome）与**斑点桥粒**（spot desmosome），都是由细胞上的钙粘连蛋白作用引起的。

细胞能以很多方式与胞外基质相连，最普遍的为**半桥粒**（hemidesmosome）和**黏着斑**（focal adhesion），二者的结构与桥粒相类似，但它们是由整合素介导产生的。整合素间的相互作用使细胞与胞外基质的连接异常紧密。

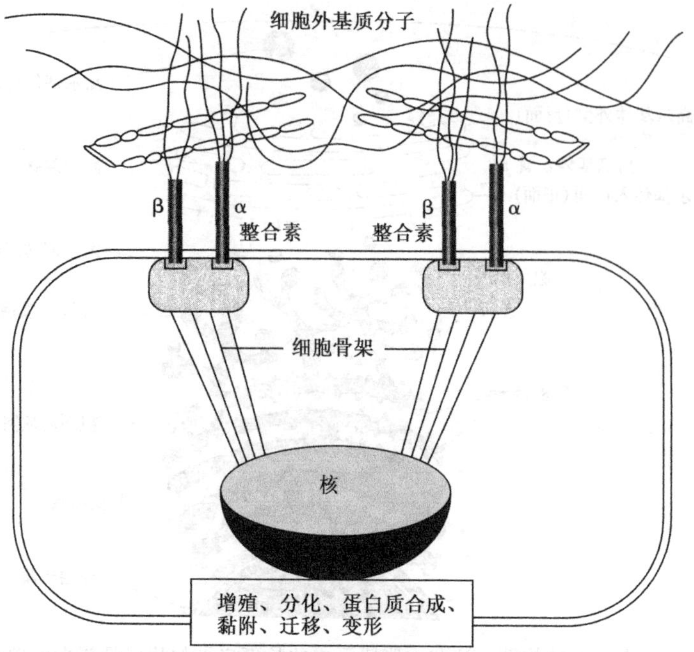

图 9.11　细胞与细胞、细胞与胞外基质间的作用能改变细胞的功能，诸如细胞铺展、迁移、通讯、分化以及活化等，这常被称作“由外向内”的信号。相反，细胞可能由于很多原因分泌不同的分子或者调整其通讯，从而改变其胞外环境（这被称为“由内向外”的信号）。这些细胞与细胞、细胞与胞外基质（ECM）的相互作用是由细胞膜上的一些基于蛋白质的受体调控的（获准翻印自文献［3］）

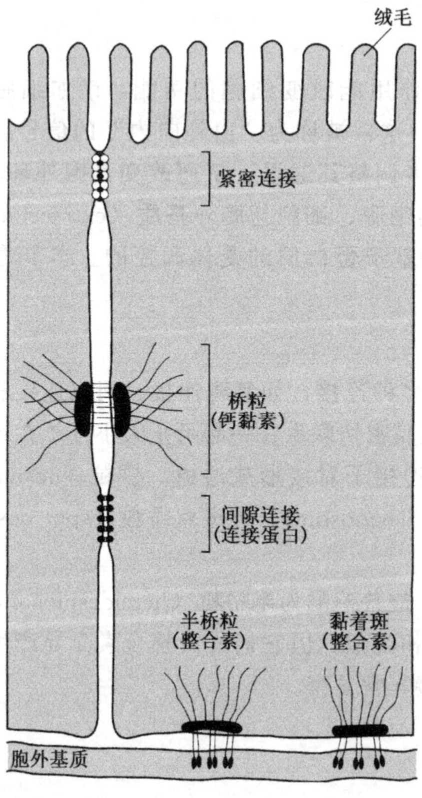

图 9.12　细胞与细胞间能形成多种连接，如紧密连接、间隙连接和桥粒。半桥粒和黏着斑发生在细胞与胞外基质的连接中（获准翻印自文献［1］）

9.2.7.2 膜受体和配体的类型

上述各种细胞连接受不同膜受体的促进，每个膜受体都有特定配体。如下为一些普遍存在的受体分子：

1. 钙黏素；
2. 选择素；
3. 黏蛋白；
4. 整合素（整联蛋白）；
5. 其他黏附分子（CAM）。

如前所述，在桥粒形成过程中，跨膜**钙黏素**（cadherin）作用于细胞连接（图9.13），它们遵循钙依赖的**亲同型**（homophilic）链接（一个细胞上1分子钙黏素连接到另一细胞上1分子钙黏素），同时胞质区域与中间纤维相连，从而将细胞内、外环境连接。

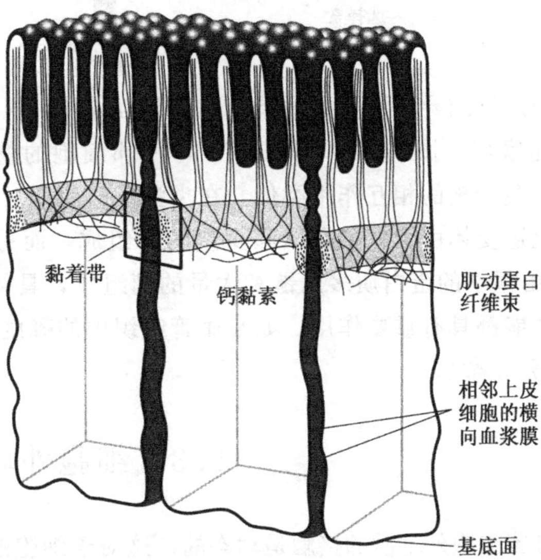

图9.13 上皮细胞中钙黏素的位置。跨膜钙黏素作用于细胞连接，它们遵循钙依赖的亲同型链接（一个细胞上1分子钙黏素连接到另一细胞上1分子钙黏素），同时胞质区域与中间纤维相连，从而将细胞内、外环境连接（获准翻印自文献[1]）

选择素（selectin）与钙黏素类似，也作用于细胞间的联系。不同之处在于选择素是异亲型连接，这些受体不与其他选择素相连，而是与靶细胞膜上的碳水化合物基团进行特异结合。选择素的结构图9.14。

黏蛋白（mucin）是蛋白质基分子，包括共价连接的碳水化合物部分，这样就形成了可以与选择素相连的配体。黏蛋白也属于异亲型的胞间作用。黏蛋白与选择素的相互作用（图9.14）在白细胞迁移至受伤部位的早期阶段起重要作用（第10章）。

整合素（integrin）是一类跨膜蛋白，在细胞间连接、细胞与胞外基质间连接中均存在。这类受体与中间纤维连接，是直接整合胞外、胞内结构的要素。图9.14所示，这类蛋白是**异源二聚体**（heterodimer），包含两个不同的亚基α和β。α链和β链在组成上不同，不同亚基组成导致对应黏附配体的差异。例如，某些整合素与胞外基质中的蛋白质（如胶原）相连，成为致密连接的重要媒介。其他亚基的组合导致细胞黏附的特异性将在下一章讲述。

其他细胞**黏附分子**（adhesion molecule，CAM）包含一大类膜蛋白，该类膜蛋白

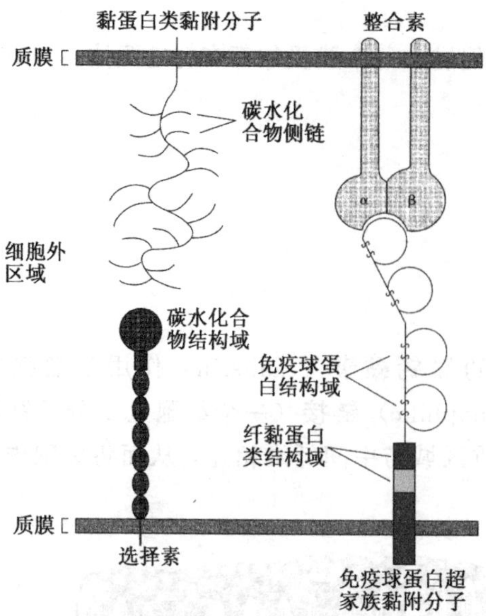

图 9.14　各类细胞膜受体：黏蛋白、整合素、选择素和免疫细胞黏附分子（Ig-CAM）（获准翻印自文献 [4]）

通过同亲型或异亲型连接调节细胞间相互作用。根据 CAM 的结构可将其归类于免疫球蛋白超家族。图 9.14 所示 CAM 与相邻细胞的整合素受体相互作用。该作用与糖蛋白——整合素的相互作用类似，在炎症反应前期对细胞影响重大（第 10 章）。

上述受体由大量蛋白质和少量的糖组成，而另一些受体——**蛋白聚糖**（proteoglycan）由很小的蛋白质多肽链和大量的糖组成，具体描述见下文。蛋白聚糖受体对许多细胞功能都具有重要作用。如心血管组织中的凝血调节蛋白受体，该受体的表达助于凝血（第 13 章）。

9.3　细胞外环境

细胞与胞外基质的接触是动态的，这对于细胞的生存非常重要。细胞外基质的变化，如生物材料的植入，将导致邻近细胞形态和功能的改变。另外，在人们对关键的细胞与细胞外基质相互作用有了进一步了解之后，或许可以选择细胞外基质中的重要成分进行研究，以便更好地指导组织对植入物的响应。本节将详细介绍细胞外基质的主要成分。

ECM 含有纤维成分（胶原和弹性蛋白），为由纤维加强基体，该类物质被各种空间结构分子（糖蛋白和蛋白聚糖）包围。该基体同时含有自由或隐蔽的可溶调节因子，如生长因子。我们将讨论纤维蛋白和 ECM 的结构。

9.3.1　胶原

胶原（collagen）是动物体内最丰富的蛋白，主要负责组织的抗张强度。图 9.15 所示，胶原是由三条螺旋的多肽链（称为 α 链）组成。最普遍的是纤维胶原（Ⅰ、Ⅱ和Ⅲ型），而Ⅰ型胶原含量最丰富。其他的胶原，如Ⅸ型和Ⅻ型，是非纤维状的，但在纤维组装形成Ⅰ～Ⅲ型胶原的过程中也发挥着重要的作用。

观察图 9.15 可知，每条 α 链由 Gly-X-Y 重复的氨基酸序列组成。这是由于甘氨酸是最小的氨基酸，它的存在可允许螺旋构象中的三条链进行紧密包装。尽管 X 和 Y 有可能是任何氨基酸，但通常为脯氨酸和羟脯氨酸。如第 8 章中讨论的，脯氨酸的独特的环状结构可在多肽链中形成结，对螺旋结构具有稳定作用。

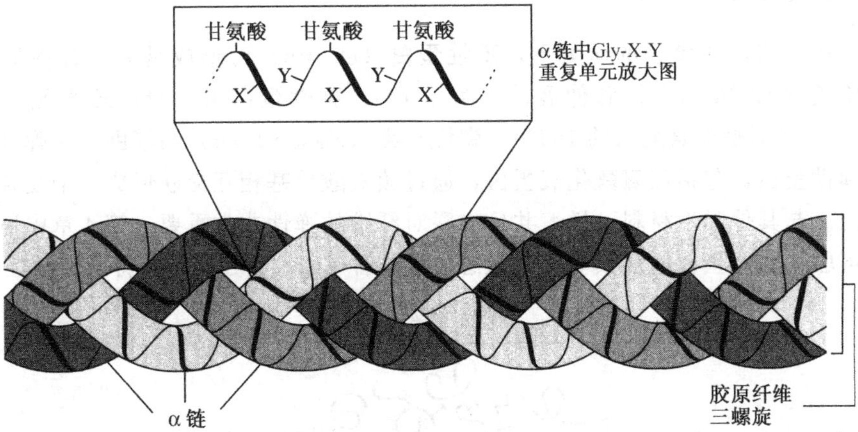

图 9.15　胶原是由三条螺旋的多肽链（称为 α 链）组成，每条 α 链由 Gly-X-Y 重复的氨基酸序列组成

最终形成的胶原纤维结构大，在细胞内不能完全组装，所以必须在细胞外空间分泌**原胶原**（procollagen），然后自组装成成熟纤维。图 9.16 所示，在细胞内，将原胶原分子切成短的缩氨酸序列，更利于胶原分子组装成**原纤维**（fibril）（直径 10～300 nm）。原纤维进一步组装形成更大的**纤维**（fiber）（最终直径为 0.5～3 μm）。原纤维和纤维在**赖氨酰化氧蛋白**（lysyl oxidase）的参与下，形成赖氨酸-赖氨酸的共价交联物，使结构得到稳定。胶原分子详细介绍见 9.4.4 节。

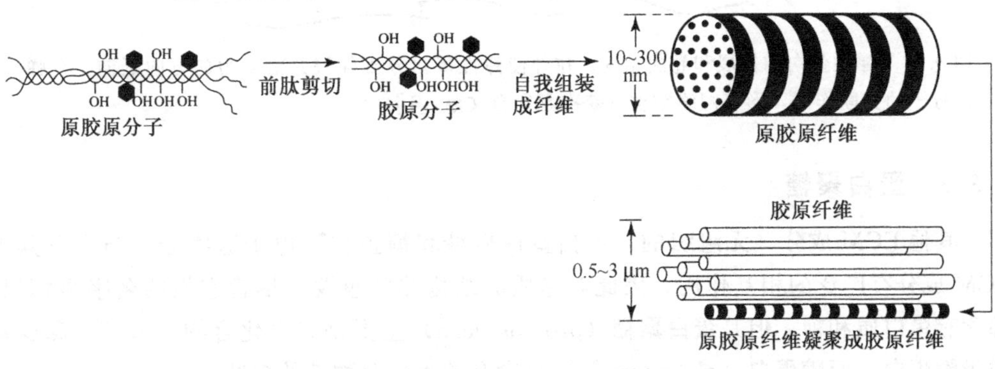

图 9.16　胶原纤维自组装。最终形成的胶原纤维结构大，在细胞内不能完全组装，所以必须在细胞外空间分泌原胶原，然后自组装成成熟纤维。在细胞内，将原胶原分子切成短的缩氨酸序列，更利于胶原分子组装成原纤维（直径 10～300 nm）。原纤维进一步组装形成更大的纤维（最终直径为 0.5～3 μm）（获准翻印自文献［1］）

胶原分子，特别是纤维状胶原，与其他聚合物材料一样具有相同的物理性质（第3、4 章）。例如，胶原的交联被阻断后，纤维可从其他纤维滑落，导致材料的抗张强度明

显降低，该测试与阻碍半晶体聚合物进行抗张测试一样（图 4.17）。目前在组织工程支架和受伤敷料的应用中，人们正在研究增强胶原交联的方法提高材料的力学性能和其他性能。

9.3.2 弹性蛋白

第 4 章介绍，在较小的压力下，**弹性蛋白**（elastin）可形成具有大弹性形变的纤维，主要负责 ECM 的弹性和伸展性（图 9.17）。弹性蛋白由大量的疏水氨基酸组成（约 85%），特别是缬氨酸（约 15%）。**弹性纤维**（elastic fiber）与辅助（非弹性）蛋白组成了弹性蛋白，包括赖氨酰化氧蛋白，通过赖氨酸残基相互交联形成一个复杂的三维网络结构。与其他弹性材料一样，共价交联对纤维的弹性非常重要。第 4 章中讨论，从热力学可驱使弹性蛋白回复其非伸展状态，使这种 ECM 成分具有独特的力学性能。

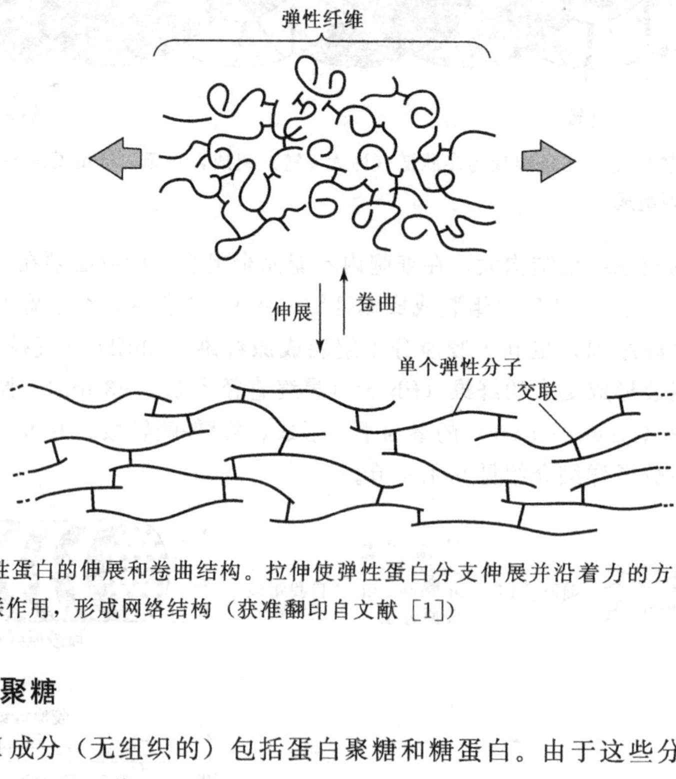

图 9.17 弹性蛋白的伸展和卷曲结构。拉伸使弹性蛋白分支伸展并沿着力的方向延伸。在弹性分子的交联作用，形成网络结构（获准翻印自文献 [1]）

9.3.3 蛋白聚糖

其他 ECM 成分（无组织的）包括蛋白聚糖和糖蛋白。由于这些分子与水及其他 ECM 成分有广泛的相互作用，因此对基质的结构非常重要。尽管它们的名字很相似，都含有蛋白质和糖，但是**蛋白聚糖**（proteoglycan）主要是碳水化合物（多糖）和少量的吸附蛋白，而**糖蛋白**（glycoprotein）是含有碳水化合物链的多肽。

糖蛋白和蛋白聚糖的另一主要的区别是，糖蛋白中的碳水化合物有很多分支，而蛋白聚糖的碳水化合物是一种多糖（糖）的长链形式，称之为**黏多糖**（glycosaminoglycan，GAG）。图 9.18 所示，最常见的 GAG 的多糖成分化学结构包括**透明质酸**（hyaluronic acid，HA）、**硫酸角质素**（keratan sulfate，KS）、**硫酸软骨素/硫酸皮肤素**（chondroitin/dermatan sulfate，CS/DS）、**硫酸类肝素**（heparan sulfate，HS）和肝素。这些分子中存在大量的负电荷，特别是硫酸 GAG（KS、CS 和 HS）中，因此它们与水

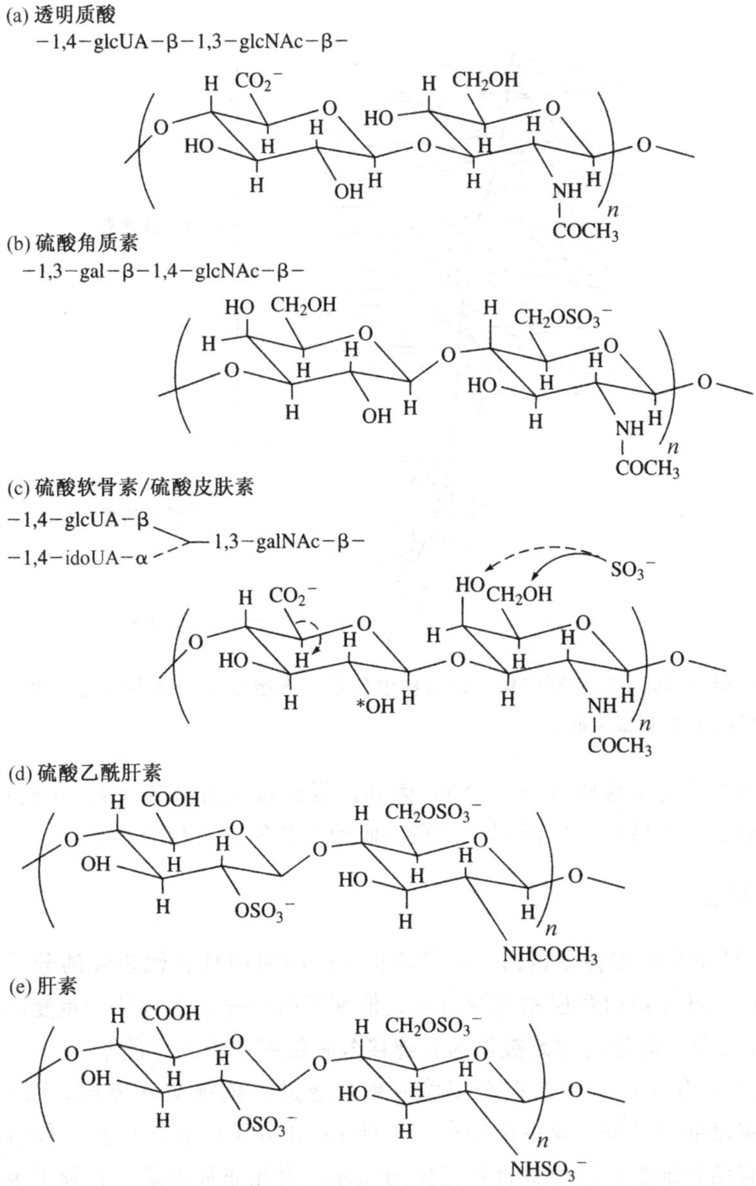

图 9.18 化学结构：(a) 透明质酸；(b) 硫酸角质素；(c) 硫酸软骨素/硫酸皮肤素；(d) 硫酸乙酰肝素和 (e) 肝素。(c) 中的虚线代表电子的位置（获准翻印自文献 [5]和[6]）

有很强的相互作用。在水环境中，它们具有水凝胶特性，可以迅速伸展含水的链，这使 GAG 可用于体内的空间充实和润滑。

蛋白聚糖分子是由几个 GAG 和一个核心蛋白组成。典型的蛋白聚糖是软骨**蛋白聚糖**（aggrecan），位于软骨组织中。软骨蛋白聚糖与其他蛋白聚糖一样，是由 KS 和 CS、GAG 与核心蛋白的丝氨酸或苏氨酸残基共价连接形成的多肽链。图 9.19 所示，形成了瓶刷的结构，每个 GAG 分子从核心蛋白投射出来。

与 KS 和 CS 一样，ECM 中含有硫酸类肝素 GAG，它们通常与可溶生物活性分子相互作用（9.3.5 节）。另外，硫酸类肝素位于许多哺乳动物细胞的表面。硫酸类肝素

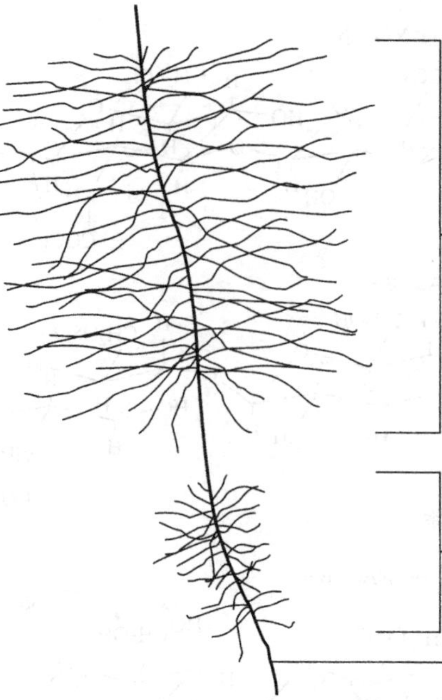

图 9.19　蛋白聚糖中的瓶刷结构。该结构中包括了连接在蛋白质多肽链上的硫酸角质素、硫酸软骨素/硫酸皮肤素

和肝素具有相同的化学结构（图 9.18），因其抗凝血属性而出名（第 13 章）。如第 7 章所讨论的，肝素表面涂层可广泛用于提高心血管设备的血液相容性。

9.3.4　糖蛋白

尽管 ECM 中存在多种糖蛋白，本节将集中介绍两种具有代表性的分子：纤连蛋白和层粘连蛋白。纤连蛋白和层粘连蛋白与其他糖蛋白一样，含有几个重复区域，可结合细胞或 ECM 成分。糖蛋白因此被认为是连接各种组织成分的“胶水”。

纤连蛋白（fibronectin）由两个多肽亚单位通过二硫键交联形成。图 9.20 表示了三个不同的重复部分。每个亚单位都有与多种 ECM 分子结合的位点，包括胶原和 CS。纤连蛋白含有结合细胞上某种整合素受体的配体，因此非常重要，有利于半桥粒和黏着斑的形成。由于这种糖蛋白具有血纤维蛋白和肝素的结合区域，因此在血液凝结方面也发挥着作用（第 13 章）。

如纤连蛋白一样，**层粘连蛋白**（laminin）也有多个亚单位，由三个双硫键连接成多肽链组成松散的交织结构（图 9.20）。层粘连蛋白也具有多个重复区域，存在与细胞膜上整合素的受体和 ECM 分子（如Ⅳ型胶原）的结合位点。

例题 9.1

如上述讨论，当生物材料植入体内或者位于体外含有血清的培养基中，生物材料表面通常会吸附蛋白质。许多生物材料在形成蛋白质吸附层之前，并不支持细胞黏附。蛋白质是如何促进细胞与生物材料的黏附的？

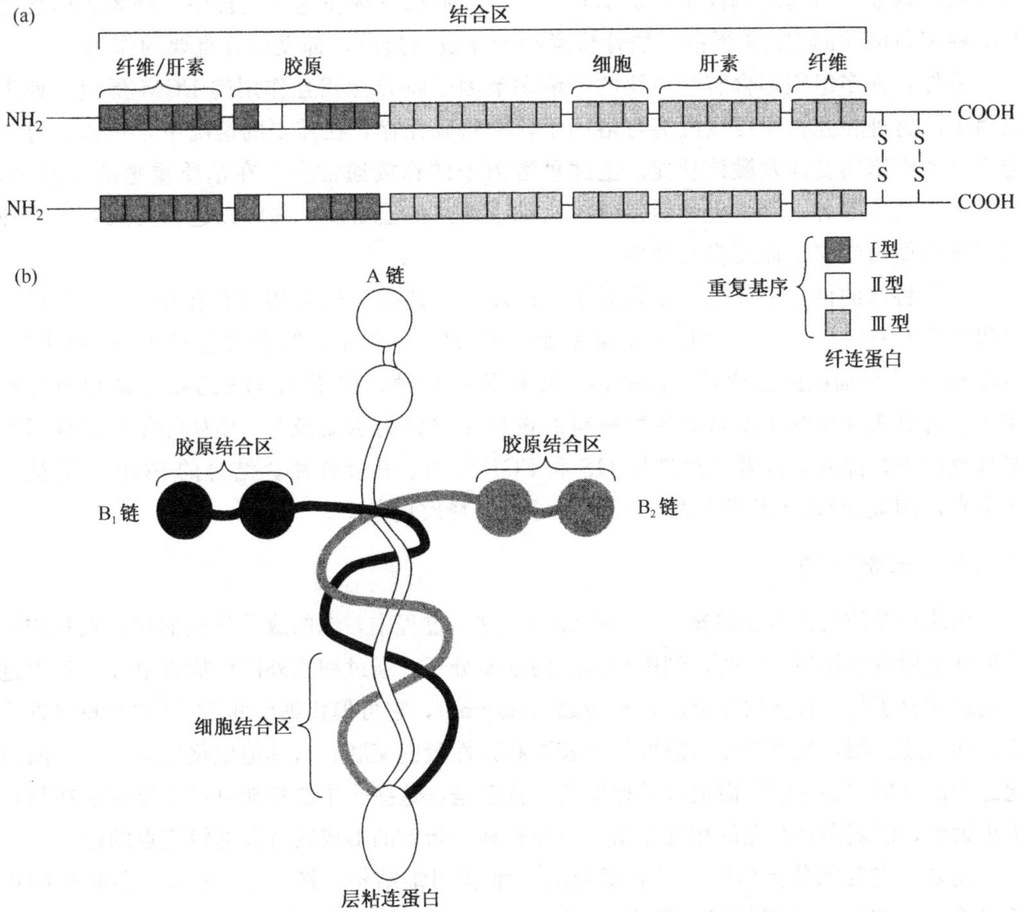

图 9.20 纤连蛋白与层粘连蛋白的结构。纤连蛋白由两个多肽亚单位通过二硫键交联形成，有三个不同的重复部分。层粘连蛋白也有多个亚单位，由三个双硫键连接成多肽链组成松散的交织结构。层粘连蛋白也具有多个重复区域，存在与细胞膜上整合素的受体和 ECM 分子的结合位点

解答：

在自然的生理环境下，细胞附着于其他细胞和细胞外环境的成分。许多细胞与细胞、细胞与细胞外基质之间的接触是通过细胞膜上的蛋白质受体的。这些受体是与某一范围内的靶分子特异性结合。由于许多生物材料不是天然的，特别是合成的生物材料，受体特异性与生物材料结合就不会自然的发生。然而，对于大量的蛋白质而言，受体却是自然存在的。因而，假设吸附过程不会妨碍蛋白质的结合区域，而生物材料上吸附的蛋白质含有特异性的黏附蛋白或黏附蛋白的区域，那么生物材料上蛋白质的吸附是有助于细胞的黏附。照这样的话，即使细胞不会自然地黏附在生物材料上，也可能通过材料吸附的蛋白质而发生黏附。

9.3.5 其他 ECM 成分

在特殊的情况，例如，骨和牙齿中 ECM 的胶原纤维中有矿物晶体的沉积，表现出比其他组织高的模量。沉积的晶体是钙、磷离子的结合体，一般该类局部沉积是受该部

位细胞的调控。目前对调控机制认识较少，但人们已发现在这一过程中，细胞膜的囊泡和某种带负电荷的 ECM 蛋白，如骨桥素和骨唾液酸蛋白，都发挥着重要的作用。

另外，许多组织都含有与主要的可溶调节因子特异性相互作用的 ECM 蛋白，如生长因子。这种相互作用可以隔离可溶因子，并将其保存，在需要的情况下，可以通过结合适合的细胞膜受体刺激该功能。上述可溶因子的释放通常发生在基质重塑的过程中，此时细胞消化部分结合了生物活性分子（见下面）的蛋白质。细胞以这种方式可以对环境的改变做出响应进而改变其功能。

一个特殊的例子是成纤维生长因子（FGF）与硫酸类肝素的相互作用。HS 不仅能保留 ECM 中生长因子，而且对于某些细胞中 HS 的存在，似乎可促进 FGF 的活性，FGF 通过结合细胞膜上特异性的受体，促使细胞增殖。FGF 对 HS 的高度亲和力已经用于含有肝素和硫酸类肝素的生物材料的设计中（常为水凝胶）。因为只有当材料降解时释放出 HS 部分，或者通过破坏 HS 和 FGF 的离子相互作用，结合的 FGF 才能被释放出来，因此加载 FGF 的材料，可用于可控的释放设备中。

9.3.6 基质重塑

细胞外基质将持续被**重塑**（remodeling）。这一过程中，老的成分将被消化，氨基酸循环回细胞后继续使用。同时，细胞合成新的基质分子，通过细胞外沉淀加以改性。负责这些反应的分子是一种蛋白质亚基，称为**酶**（enzyme），它可催化细胞和 ECM 内的特异性反应。如上述介绍，赖氨酰化氧酶可催化胶原和弹性蛋白交联。与其他催化反应一样，酶可通过降低反应需要的能量而促进某种反应。特别是，这些分子的功能可以使反应物在物理上更紧密，削弱潜在存在的相互作用，因而有利于新键的形成或者破坏特定点的键。

酶是一种球状的蛋白质，具有复杂的三维和四维结构。图 9.21 所示，多肽链的折叠可形成小袋状，只有与酶（**底物**，substrate）相互作用后的分子才能插入。这种裂口称之为活性位点，对底物的某部分有特异性。催化适当的反应，能释放出部分底物或者底物酶切产物，酶脱离后可结合其他的分子，重新开始催化。

图 9.21 酶的结构。酶是一种球状的蛋白，具有复杂的三维和四维结构。多肽链的折叠可形成小袋状，只有与酶（底物）相互作用后的分子才能插入。这种裂口称之为活性位点，对底物的某部分有特异性。催化适当的反应，能释放出部分底物或者底物酶切产物，酶脱离后可结合其他的分子，重新开始催化

人体基质的降解主要是由**基质金属蛋白酶**（matrix metalloproteinase，MMP）造成的。这些分子可催化胶原与蛋白聚糖的断裂。正常组织中，基质重塑受到严格调控，因此基质减低并不比新 ECM 分子的合成速率高。另外一个方法是通过改变 MMP 抑制剂的局部浓度，称为**组织金属蛋白酶的抑制剂**（tissue inhibitor of metalloproteinase，TIMP）。因此，某一区域 MMP 和 TIMP 的相关浓度将会决定这一区域 ECM 降解的程度。

9.3.7 ECM 分子在生物材料中应用

第 1 章所述，许多细胞外基质分子已用于生物材料中，特别是胶原和某种蛋白聚糖。这些分子，无论是否经过化学改性，都广泛存在于各种组织中。在组织修复中，更趋向于使用完整的细胞外基质，而不是某种特异的细胞外基质分子。尽管有害的免疫反应是细胞外基质驱动的生物材料的潜在问题，但是脱细胞和固定方法已经用于减低材料排斥的风险。这种类型的生物材料目前在临床上的应用包括脱细胞化的骨移植和脱细胞化心脏瓣膜替代物（第 14 章）。

例题 9.2

研究者发明了一种合成的水凝胶材料用于软骨组织工程，但是却发现这种材料在体外的生理条件下需要 200 年才能降解。然后，研究者发明了一种方法，在明胶（一种变性的胶原）的端点引入一个化学活性基团，作为水凝胶的一种交联剂。其他研究者相继也表示，这种明胶交联剂可以高含量的引入水凝胶中。

(a) 一个试验可以区分水凝胶材料在体内的降解。一组（A 组）水凝胶含有明胶交联剂，植入 12 周。对照组水凝胶不含明胶和降解的交联剂，植入 12 周（B 组）。有一组水凝胶完全降解，而另一组水凝胶几乎不降解。你认为哪一组的水凝胶会降解？为什么？

(b) 试验发现，A 组中一个植入位点的组织基质金属蛋白酶抑制剂的浓度比其他点的浓度高一个数量级。也发现 A 组这一位点的样本降解情况不同于该组其他点样本的降解情况。请问，这一位点的样本降解的比其他点快还是慢？请解释。

解答：

(a) A 组的样本可能会降解，因为它们含有高含量的明胶交联剂。因而，A 组样本中的水凝胶主要成分是明胶。已知明胶是一种处理过的胶原，而胶原在基质金属蛋白酶（特别是胶原酶）的作用下发生降解，明胶交联剂可被在体内生理环境中存在的胶原酶降解。因而，水凝胶可能通过明胶交联剂的酶切作用而降解，B 组的水凝胶不会发生降解。

(b) TIMP 可抑制组织金属蛋白酶的活性，是一种天然的细胞外基质的调控剂。在高含量 TIMP 的水凝胶样本的降解速度比 A 组其他点的降解速度慢，因为水凝胶中明胶交联剂的酶降解被高浓度的 TIMP 阻断。

9.4 细胞与环境的相互作用——影响细胞功能

细胞的微环境包括细胞与细胞、细胞与胞外基质的作用，这些相互作用能通过细胞之间复杂的信号途径，从而使细胞功能发生改变，因此非常重要。从更详细的细胞与环境相互作用的图片（图 9.11）可看出，胞外基质与整合素受体结合形成黏着斑，使细胞骨架的改变，最终影响核内基因的表达。同样，细胞也具有可溶介质的受体，如生长因子，通过胞内因子的级联反应（**第二信使**，secondary messenger）作用来改变基因的表达。而可溶因子的作用在响应生物材料的免疫和炎症反应方面显得尤为重要，这将在第10～12章中重点讲述。

基因表达的改变能影响四种主要的细胞功能：细胞生存、增殖、分化和蛋白质合成，以及其他功能如细胞通讯等。这些细胞功能中所包含的细胞通道可能受到细胞与环境相互作用的调节，这一内容将在这一节中讲述。下一节讲述细胞的迁移。下一章将描述生物材料植入后，由于细胞外环境的变化，细胞的功能将会发生何种改变。

9.4.1 细胞存活

在极其严重的情况下，胞外环境的改变会导致细胞死亡，可以通过传统的坏死或者通过程序性的细胞死亡（**凋亡**，apoptosis）。这可以归因于周围环境的改变（如pH降低），或是存在某种特殊因子与细胞膜结合直接造成细胞死亡（细胞凋亡更为普遍）。

细胞坏死（necrosis）是细胞结构的一系列改变，包括细胞膜渗透性的增加和渗漏出胞内重要酶，最终导致细胞溶解（破碎）。显微镜观察下，这种类型的细胞死亡表现在细胞膨胀和细胞器官的破碎。死亡细胞最终会被炎症细胞吞噬（第10章）。

相比之下，细胞凋亡包括一系列可控的变化。在显微镜下观察，可见如下重要的特征：细胞皱缩、细胞膜反折、包裹断裂的染色质片段或细胞器，然后逐渐分离，形成众多的**凋亡小体**（apoptotic body），凋亡小体最终被邻近细胞吞噬，整个过程中细胞膜保持良好整合性，死亡细胞的内溶物不会逸散到胞外环境中去，因而与坏死不同，不会导致炎症反应。细胞凋亡在胚胎的形成和生长发育过程中以及在免疫细胞的缺失方面都很重要，进一步的讨论见第12章。

9.4.2 细胞增殖

虽然调控细胞周期的机制没有完全弄清，但适宜的胞外环境（如足够的空间）是决定在特定的时间细胞分裂的重要因素。根据细胞的增殖潜力，细胞可以分为不稳定型细胞、永久型细胞或者稳定型细胞。不稳定型细胞可不断增殖，**永久型**（permanent）细胞是终末分化的（下一节），已经失去了分化能力。**稳定型**（stable）细胞介于前两种极端之间，分裂后它们具备特定的功能，但通过诱导，如临近细胞的丧失，也可以重新进入细胞周期和增殖。

9.4.2.1 细胞周期：分裂间期

图9.22描述了以上三种细胞类型以及它们在细胞周期上的关系。细胞周期分为**有丝分裂期**（mitosis，M）和**分裂间期**（interphase，G_1、S、G_2）。有丝分裂期主要进行细胞分裂，分裂间期主要进行DNA和细胞器的复制，为有丝分裂期做准备。**G_1期**（G_1 phase）被称为是一般细胞生长和制造细胞器的时间，包括细胞膜的增大。**S期**（S phase），核DNA复制。**G_2期**（G_2 phase）紧随其后，与分裂相关的蛋白质及细胞结构在这一时期组装完成。

在稳定细胞中，细胞会进入**G_0期**（G_0 phase）而不是G_1期，这被称为静态。处于G_0期的细胞尺寸不变，细胞器也不复制，但是在组织中具有特定的功能。如前所述，特殊的刺激可以使它们回到细胞周期中进入G_1期继续复制。

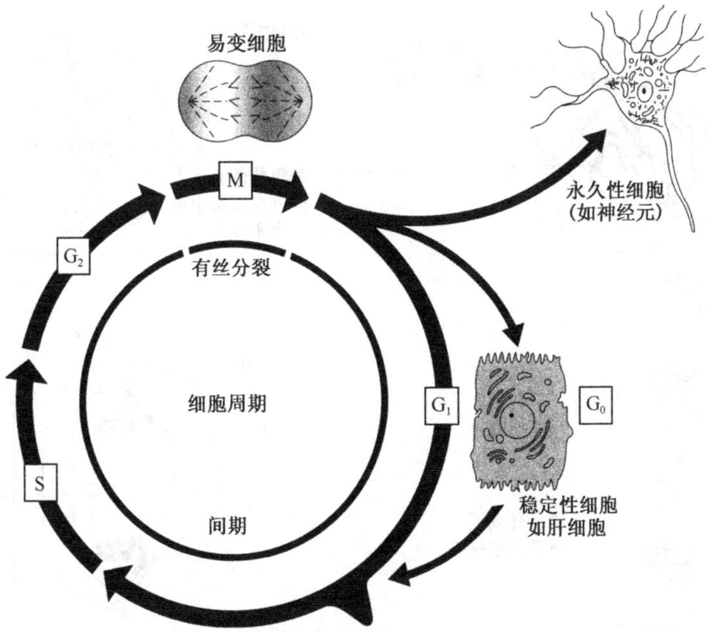

图 9.22 描述了典型的细胞周期。细胞周期分为有丝分裂期和分裂间期。分裂间期主要进行 DNA 和细胞器的复制，为有丝分裂期做准备。G_1 期一般细胞生长和制造细胞器的时间 S 期，核 DNA 复制。G_2 期紧随其后，与分裂相关的蛋白质及细胞结构在这一时期组装完成。在稳定细胞中，细胞会进入 G_0 期，处于 G_0 期的细胞尺寸不变，细胞器也不复制，但是在组织中具有特定的功能（获准翻印自文献 [7]）

9.4.2.2 细胞周期：有丝分裂期

G_2 期结束，细胞进入有丝分裂期。有丝分裂期又可以分为几个特定的阶段（图 9.23）：前期、中期、后期、末期。

从 G_2 期进入有丝**分裂前期**（prophase）的标志是核膜的解体，染色质开始浓缩，高度螺旋形成**染色体**（chromosome）（图 9.24）。在 S 期完成复制之后，每个染色体包含一对姐妹染色单体。有丝分裂后姐妹染色单体分开分别进入两个子细胞中。着丝粒分离，连接着它们的微管也能在核被膜上观察到。它们将形成有丝分裂**纺锤体**（mitotic spindle），这对往后染色体的均匀分裂至关重要。

当细胞进入下一个有丝分裂的阶段，**中期**（metaphase），核被膜分裂，此时纺锤体微管直接和染色体连接。这一阶段常被称为**前中期**（prometaphase）。当与纺锤体连接后，染色体向赤道板上运动直到形成染色体列队 [图 9.23 (a)]，这种整齐排列标志着中期的结束。

后期（anaphase）从姐妹染色单体被纺锤体微管牵引而分裂开始 [图 9.23 (a)]。两个染色单体（现称为染色体）分别向纺锤体两极（着丝粒）移动。细胞开始变长，两极间距离增大。

有丝分裂的最后阶段是**末期**（telophase），分开的染色体进入各自的极点，纺锤体微管开始去组装 [图 9.23 (a)]。核被膜重新装配，核仁重新形成。**胞质分裂**（cytokinesis）[图 9.23 (b)] 是在后期开始，在末期结束。这个过程的特点是环绕细胞中心质

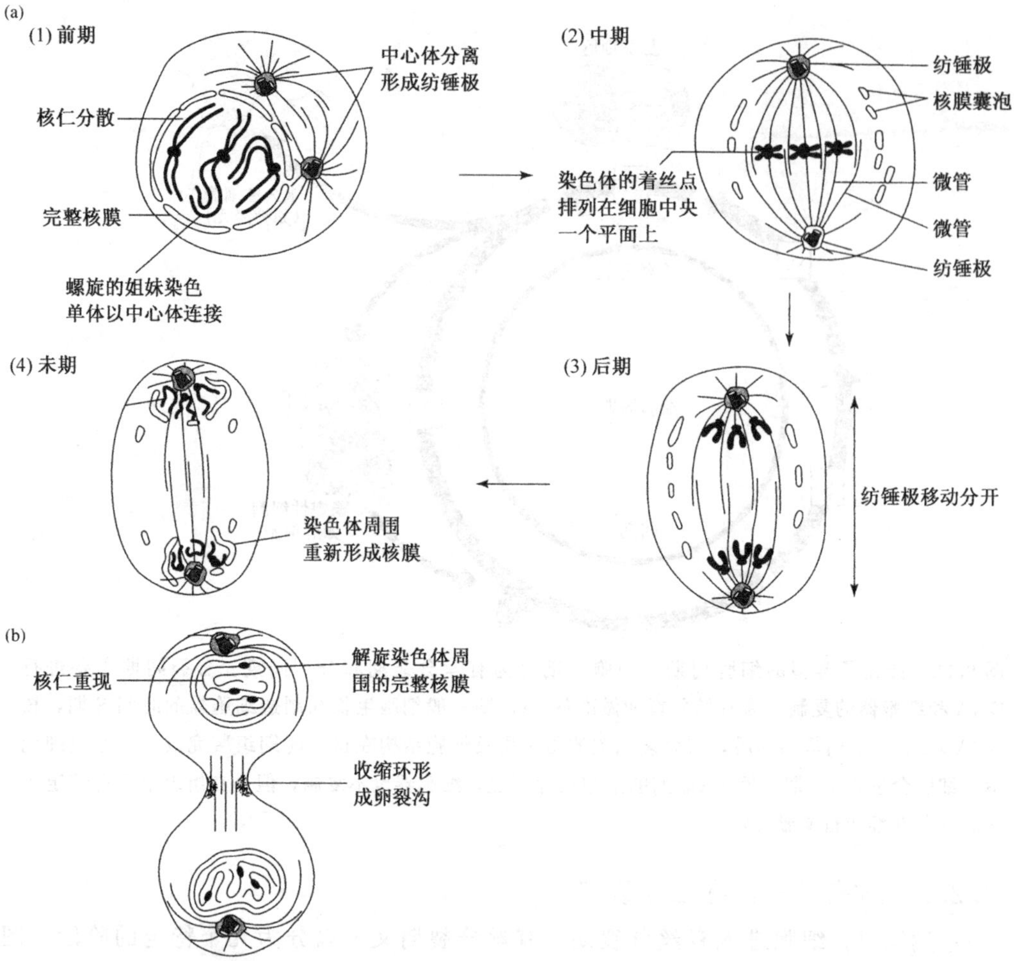

图 9.23 (a) 有丝分裂分为前期、中期、后期、末期。从 G_2 期进入有丝分裂前期的标志是核膜的解体，染色质开始浓缩，高度螺旋形成染色体。中期，核被膜分裂，此时纺锤体微管直接和染色体连接。后期从姐妹染色单体被纺锤体微管牵引而分裂开始。末期，分开的染色体进入各自的极点，纺锤体微管开始去组装。核被膜重新装配，核仁重新形成。(b) 胞质分裂是在后期开始，在末期结束，这个过程的特点是环绕细胞中心质膜（卵裂沟）慢慢折叠，结果长生两个组分与母细胞相同的子细胞（获准翻印自文献 [1]）

膜（卵裂沟）慢慢折叠，结果长生两个组分与母细胞相同的子细胞。

9.4.3 细胞分化

正如在前一章中提到的，在很多组织中存在一种**祖细胞**（progenitor）和**干细胞**(stem cell)。干细胞具有自我更新形成几种类型细胞的能力。干细胞能产生**分化**（differentiated）或**定型**（committed）细胞，在组织中

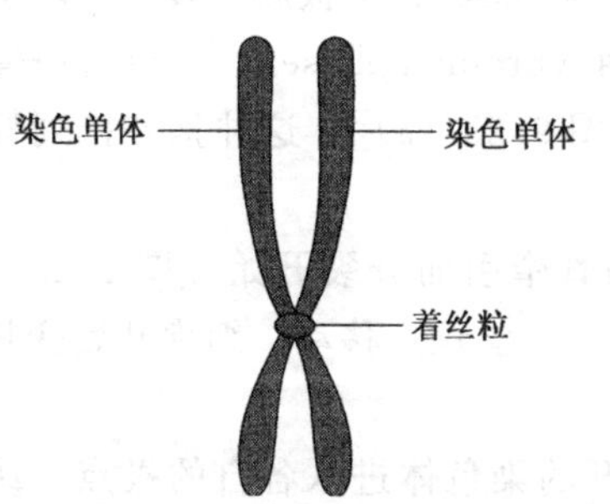

图 9.24 高度螺旋形成染色体，包括两条染色体和一个着丝粒（获准翻印自文献 [8]）

具有特定的功能，可能是不稳定型细胞、永久型细胞或者稳定型细胞，但最终只产生同类型的细胞。不同的是，干细胞可以定向分化成**多潜能性**（pluripotent）细胞，继而产生几种细胞类型。**全能干细胞**（totipotent）则能产生所有的细胞类型。

胚胎干细胞（embryonic stem cell）与**成体干细胞**（adult stem cell）的主要区别在于前者来自胚胎，尚未定向成特定的组织类型。根据胚胎的年龄，它们有或大或小的全能性。相对的，成体干细胞是从成体中分离出来的，具有组织特异性和更多潜能性。骨髓中有两种普遍存在的成体干细胞：**造血干细胞**（hematopoietic stem cell）能形成红细胞、白细胞（图 9.25），而**间质干细胞**（mesenchymal stem cell，MSC）能分化成多种结缔组织（如骨、软骨、腱/韧带）（图 9.26）。

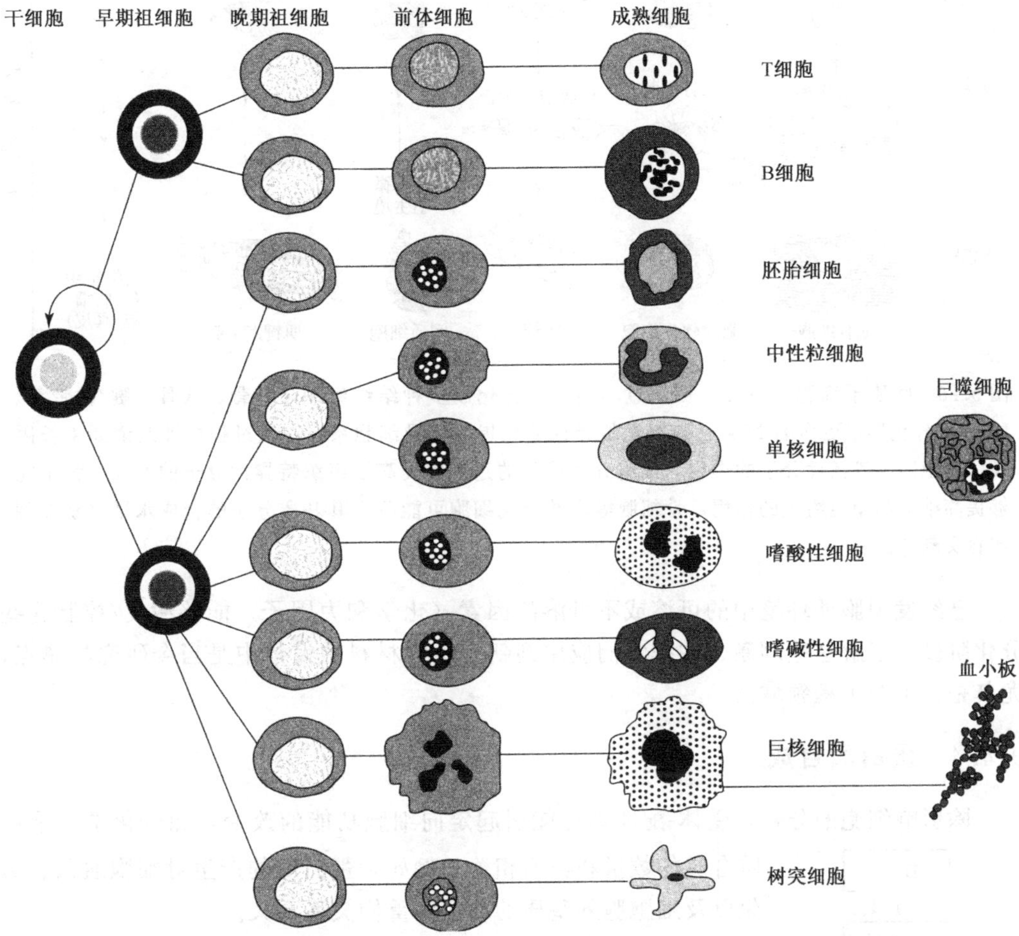

图 9.25　造血干细胞产生红细胞的过程。干细胞能够自身复制，也可以分化为其他各种细胞（获准翻印自文献 [9]）

当干细胞（多潜能或全能）需要分化（如参与组织修复），将经历一系列可控的变化，通常包含基因表达的改变和蛋白质合成水平的变化，从而改变其**显型**（phenotype）。细胞的显型指的是它们的可见的特征，包括细胞形态/定量参数，如产生的特异蛋白质。

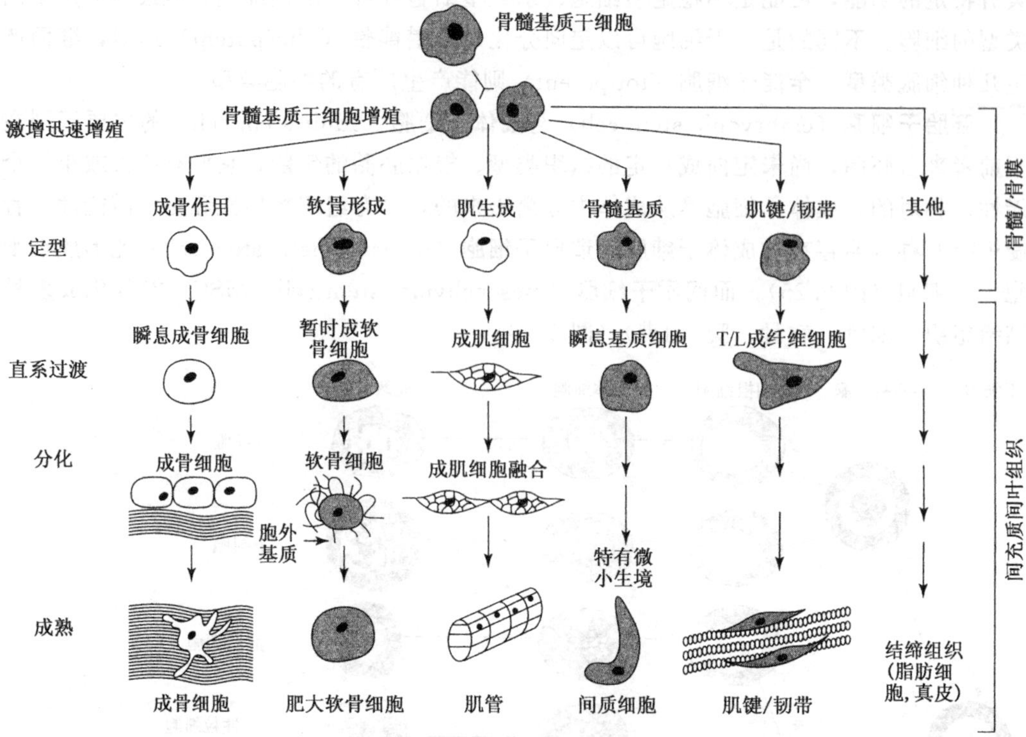

图 9.26　间质干细胞（MSC）可通过不同途径分化成多种结缔组织，如骨、软骨、腱/韧带等。MSC 可分化形成更多的 MSC；为组织特异性分化提供特异细胞系，在该过程中涉及诸如生长因子、细胞因子等活性分子的作用。细胞分化成熟的过程中提高了组织特异性分子的产量，为了能够提高维护和稳定组织的作用，骨细胞等末端分化细胞可能改变其基质分子的合成水平（获准翻印自文献［10］）

已经发现胞外环境中的可溶或不可溶的因素（化学和力因子）能够激发/控制这些分化阶段。了解这些刺激，并把它们应用到新型生物材料的设计中是当今研究的热点，尤其是在组织工程领域。

9.4.4　蛋白质合成

除影响细胞的分化，受体-配体结合能引起定向细胞功能的改变，如分化常与蛋白质合成的数量和类型相关。例如，蛋白质的产生对细胞通讯、活化以及细胞胞外基质的形成和重构关系重大。

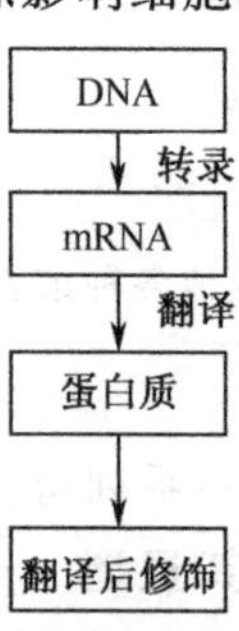

图 9.27　蛋白质合成与翻译后修饰方框图

从基因编码开始的蛋白质产生和分泌的一般步骤将在这一章节中讲述。我们选择重要的胞外基质蛋白——胶原蛋白为例进行讲述（9.3.1 节）。这个过程的概述图 9.27 和图 9.28。

9.4.4.1　胶原合成：转录

胶原合成开始于部分编码胶原的染色质编码解链，解链使酶“解压”分开双螺旋 DNA 链。这些酶称为 **RNA 聚合酶**（RNA polymerase），然后合成线性的 mRNA 链，内含胶原 DNA 基因

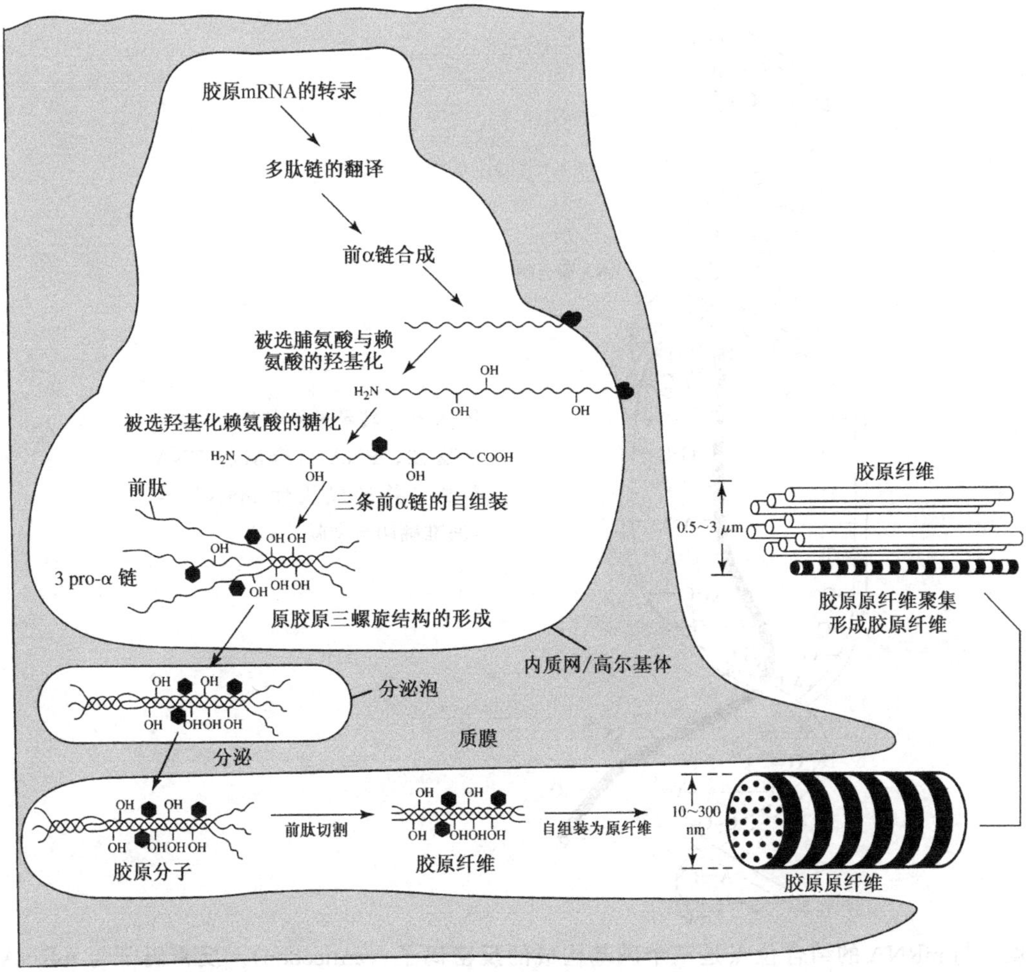

图 9.28　胶原合成途径。转录、翻译合成 α 链，在细胞中三条链形成胶原三螺旋结构。然后，前胶原分子组装形成原纤维，并最终形成胶原纤维（获准翻印自文献 [1]）

的互补序列，根据如前所述的碱基互补配对原则（图 9.29）。这个过程就是**转录**（transcription）[一个类似的过程发生在细胞分裂前染色质的复制，但是这个过程产生的是 DNA 链，这个过程的酶是 **DNA 聚合酶**（DNA polymerase）]。

线性单链 mRNA 分子含 1000～10 000 个碱基，包含 DNA 互补编码。如 DNA 中的碱基序列为 CCAGGA，相应的 mRNA 碱基为 GGUCCU。由于三个碱基形成一个特定氨基酸密码子，该例子中，mRNA（对应的 DNA）片段编码甘氨酸（mRNA 中 GGU 密码子）和脯氨酸（mRNA 中 CCU 密码子）。mRNA 密码子列表图 9.30 所示。合成的 mRNA 链通过核孔离开细胞核，进入内质网。

9.4.4.2　胶原合成：翻译和翻译后修饰

一旦进入内质网，除了需要 mRNA 还需要另一类型的 RNA，即 tRNA。tRNA 也是单链，但是它折叠成复杂的“发卡”结构，这由分子内碱基配对来固定的（图 9.31）。tRNA起着衔接作用，它的一端有一个氨基酸结合位点，另一端有一个结合 mRNA 的位

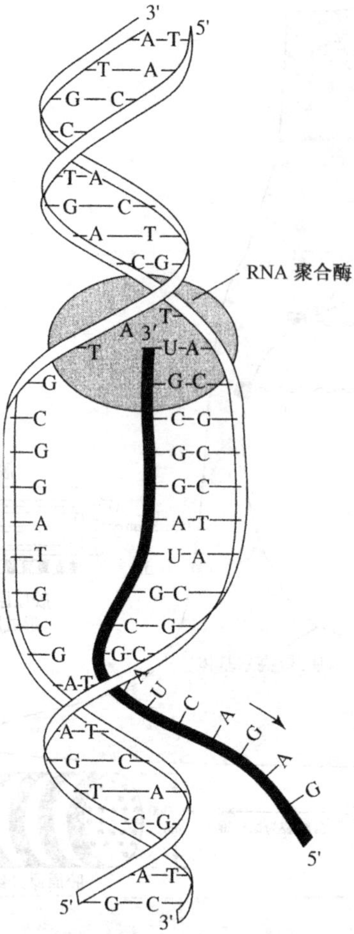

图 9.29　转录过程中 DNA 解链示意图。RNA 聚合酶将 DNA 解链，并形成线性 mRNA 链（获准翻印自文献［8］）

点。与 mRNA 的结合位点是三个碱基构成的**反密码子**（anticodon）。反密码子与 mRNA 的编码相互补，对应于特定的氨基酸。在上述例子中，转运甘氨酸的 tRNA 反密码子为 CCA，可以结合到 mRNA 分子的第一部分，接下来是另一个 tRNA 转运脯氨酸，其反密码子是 GGA（图 9.32）。反密码子与源 DNA 序列很相似，只是用 U 替代了 T。

第一位	第二位				第三位
(5′端)	U	C	A	G	(3′端)
U	Phe	Ser	Tyr	Cys	U
	Phe	Ser	Tyr	Cys	C
	Leu	Ser	STOP	STOP	A
	Leu	Ser	STOP	Trp	G
C	Leu	Pro	His	Arg	U
	Leu	Pro	His	Arg	C
	Leu	Pro	Gln	Arg	A
	Leu	Pro	Gln	Arg	G
A	Ile	Thr	Asn	Ser	U
	Ile	Thr	Asn	Ser	C
	Ile	Thr	Lys	Arg	A
	Met	Thr	Lys	Arg	G
G	Val	Ala	Asp	Gly	U
	Val	Ala	Asp	Gly	C
	Val	Ala	Glu	Gly	A
	Val	Ala	Glu	Gly	G

图 9.30　mRNA 密码子（获准翻印自文献［1］）

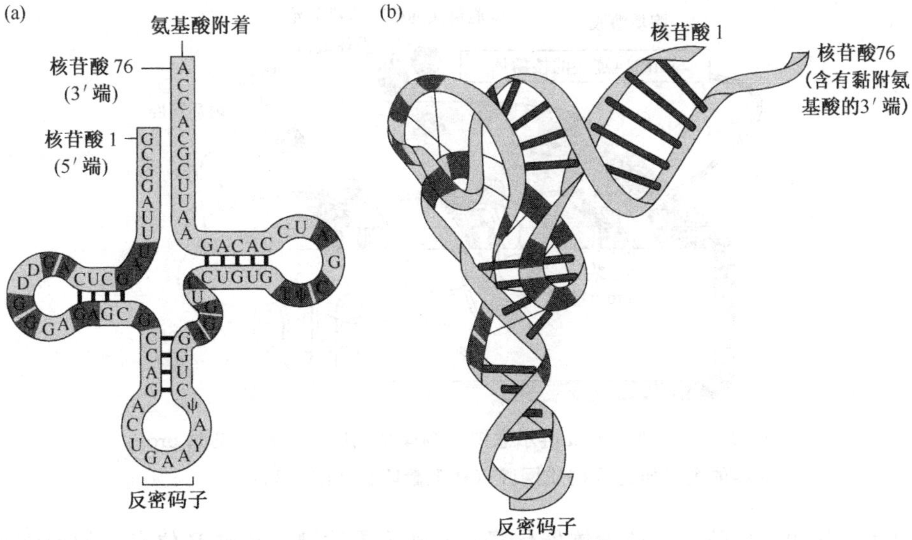

图 9.31 (a) tRNA 的“发卡”结构；(b) tRNA 的三维结构。反密码子包含三个可以与 mRNA 配对的碱基。当游离端作为氨基酸附着点起作用时，RNA 上的氨基酸恰好与反密码子配对（获准翻印自文献 [1]）

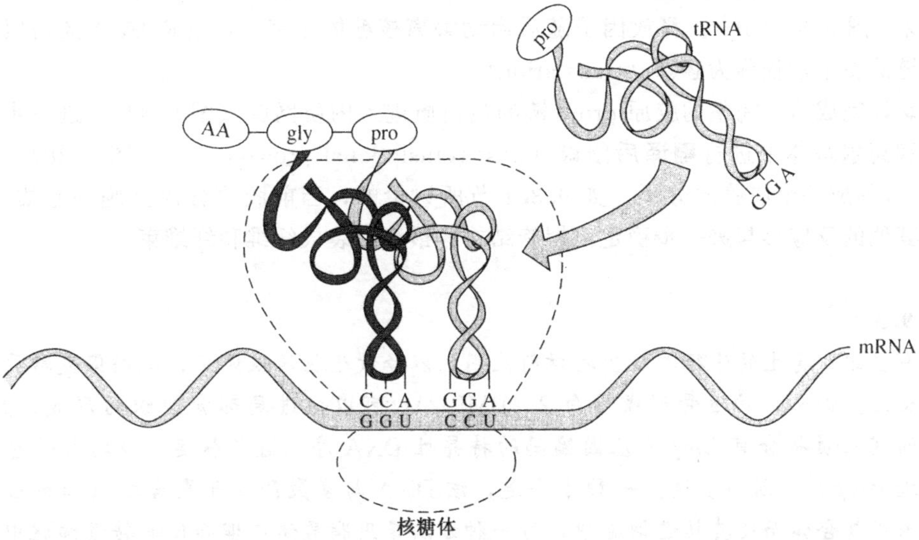

图 9.32 位于延伸肽链上脯氨酸，其反密码子是 GGA 可以与 mRNA 上的 CCU 配对

实际合成蛋白质的过程含三个阶段：开始、延伸和终止。整个过程需要在粗糙型内质网外表面的核糖体参与（图 9.33）。在**开始**（initiation）阶段，核糖体小亚基与 mRNA 上的特定序列（**起始密码子**，start condon）相结合，然后结合大亚基。图 9.34 所示，核糖体中有两个明显的域：肽酰基位点 **P 位点**（P site）结合正在延伸的肽链；氨酰基位点 **A 位点**（A site）结合下一个氨酰 tRNA。

延伸过程中，分别位于核糖体的 P 位点和 A 位点的两个 tRNA 分子，结合于

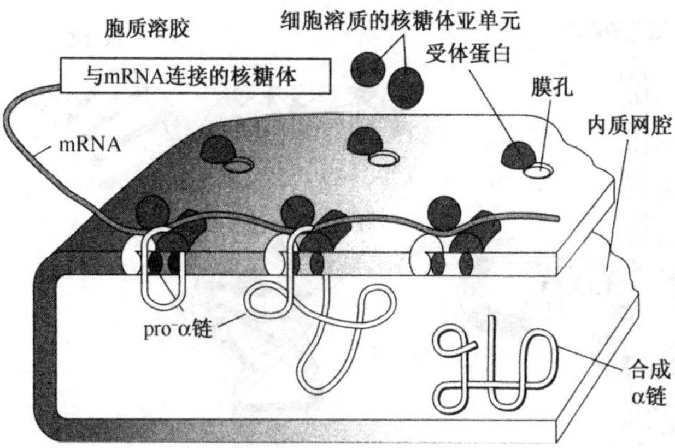

图 9.33　胶原 pro-α 链示意图。翻译完成后，完整的胶原 pro-α 链的蛋白质进入内质网腔（获准翻印自文献 [2]）

mRNA上 [图 9.34（b)]。核糖体催化氨基酸间形成肽键，释放 P 位点上的 tRNA。原先 A 位点上的 tRNA 移到 P 位点，另一个新的 tRNA 分子连接到空缺的 A 位点。一个新的肽键又形成，此过程重复进行。

当核糖体到达 mRNA 上特殊的密码子（**终止密码子**，termination codon)，被释放因子识别，蛋白质合成**终止**（terminated)。多肽链从最后的 tRNA 上分开，tRNA 释放出来 [图 9.34（c)]。释放因子随后启动解离核糖体亚基。从 mRNA 上的密码子到多肽链的整个过程称为**翻译**（translation)。

翻译完成后，完整的胶原 pro-α 链的蛋白质进入内质网腔（图 9.33)。进一步在内质网和高尔基体中进行**翻译后修饰**（post-translational processing）（图 9.28)，三条 pro-α 链形成一个前胶原分子。如 9.3.1 节所讨论的，当前胶原分泌到胞外基质 ECM 后，其他的反应参与进一步稳定三螺旋结构，最终组装成纤维和纤维束。

例题 9.3

有些组织再生的途径涉及生物材料应用，以释放生物活性因子，从而促发特异性的生物反应。例如，转运骨形成蛋白-2（BMP-2)，可以促进局部骨组织的形成。然而，一些研究人员将含有 *Bmp-2* 基因编码的特异性 DNA 序列进行转运，该特异性序列可以促进 *Bmp-2* 基因的表达。一种方法是，该 DNA 与多聚阳离子聚合物（如聚乙烯亚胺）形成复合体而使其转进细胞中，另一种方法是用脂质体包埋而使其转进细胞中。

(a) 就结构的稳定性和生物活性的持久性而言，导入可以编码治疗性蛋白的 DNA 方法比直接导入蛋白质的潜在优势是什么?

(b) 讨论 DNA 与多聚阳离子聚合物形成复合物的机制。如果复合物带有一个净正电荷，如何才能有利于 DNA 进入细胞?

(c) 讨论脂质体包埋的 DNA 进入细胞的可能机制。

(d) 只导入细胞的 DNA 是否足够蛋白质的表达还是必须要进入特定的部位才能表达呢? 如果必须到达特定的部位，请指出该部位。

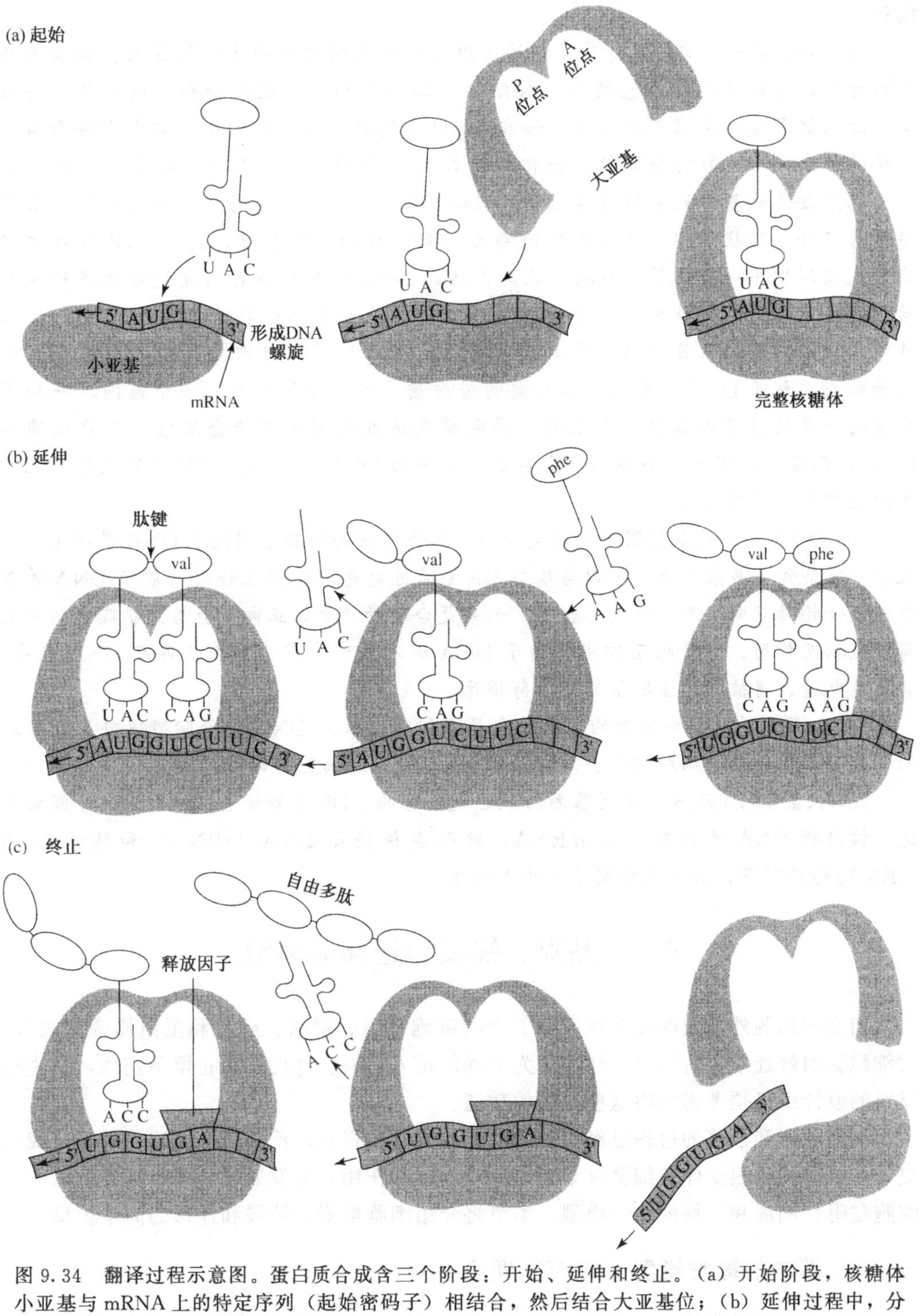

图 9.34　翻译过程示意图。蛋白质合成含三个阶段：开始、延伸和终止。(a) 开始阶段，核糖体小亚基与 mRNA 上的特定序列（起始密码子）相结合，然后结合大亚基位；(b) 延伸过程中，分别位于核糖体的 P 位点和 A 位点的两个 tRNA 分子，结合于 mRNA 上。核糖体催化氨基酸间形成肽键，释放 P 位点上的 tRNA。原先 A 位点上的 tRNA 移到 P 位点，另一个新的 tRNA 分子连接到空缺的 A 位点。一个新的肽键又形成，此过程重复进行；(c) 当核糖体到达 mRNA 上特殊的密码子（终止密码子），被释放因子识别，蛋白质合成终止。多肽链从最后的 tRNA 上分开，tRNA 释放出来。释放因子随后启动解离核糖体亚基（获准翻印自文献 [8]）

解答：

(a) 蛋白质一般需要维持其复杂的三维结构才能保持它的生物活性的。如前面章节所讨论，蛋白质的结构包括其一级结构、二级结构、三级结构和四级结构。蛋白质的结构极易受环境因素的影响，如溶液 pH 及酶的存在。在细胞外环境中蛋白质由于酶的作用和 pH 影响而降解，如伤口愈合环境中的酸性 pH。DNA 比蛋白质要稳定，它主要靠碱基序列来维持其功能。双链 DNA 是由疏水作用使带负电核的磷酸骨架暴露在外，环状结构的核苷酸在内部形成双螺旋的稳定氢键。因此，DNA 在水溶液的生理环境中一般比蛋白质较为稳定，从而 DNA 比蛋白质普遍能更好地保持生物活性。就生物效应的持久性而言，蛋白质只有处在生物活性状态时才能有生物活性作用。当治疗蛋白从目标位点降解而被清除，另外的蛋白质需要时间以维持理想的生物效应。然而 DNA 能表达形成需要的蛋白质。蛋白质的生产是一个蓝图，一种蛋白质的许多拷贝可以来自一个基因。蛋白质表达在细胞中可能会继续，只要细胞和 DNA 是存活的。因此，与蛋白质本身相比，质粒 DNA 是一种具有持续的生物活性潜力的理想的治疗性蛋白质。

(b) DNA 是一种多聚阴离子的大分子，带负电荷的磷酸基团处于 DNA 骨架上。结果在一定条件下多聚阳离子可以与质粒 DNA 通过电荷间的相互作用（质粒 DNA 带负电，聚合物带正电）形成静电复合物。如果复合物带正电，正电荷会与细胞膜上的负电荷发生相互作用。这种相互作用有利于 DNA 进入细胞，因为如果只存在 DNA 本身，其带负电荷，将被细胞膜所带的负电荷排斥。

(c) 细胞膜是由一种流动的磷脂双分子层组成。如果 DNA 用磷脂微球包裹，微球的磷脂可以靠近并与细胞膜融合，从而将 DNA 转运到细胞内部。

(d) 仅靠 DNA 进入细胞对基因的表达是不够的。DNA 必须进入到细胞核才能被表达。核内的 DNA 才能转录成 mRNA，继而在核糖体 RNA（rRNA）和转运 RNA (tRNA)的协助下，翻译成特定序列的蛋白质。

9.5 黏附、铺展和迁移的模型

细胞与细胞外基质的相互作用除了影响细胞存活、增殖、分化和蛋白质合成之外，对细胞黏附好迁移也有重要的作用。为了确保植入材料整体性和防止留下伤疤，在生物材料的设计中必须考虑细胞这些方面的功能。

细胞黏附和迁移的过程已经在许多的细胞类型中得到广泛的研究。这些试验使我们更好地了解细胞膜受体和细胞骨架在这些过程中的作用，并发展了若干日益复杂的关于细胞黏附、铺展和迁移的数学模型。本节将介绍细胞黏附、铺展和迁移的简单模型。

9.5.1 基本的黏附模型：DLVO 理论

细胞与表面黏附的基本模型主要是由 Derjaguin、Landau、Verway 和 Overbeek 提出的 DLVO 理论。该理论最初是基于热力学的基础，解释带电荷的胶粒的凝聚作用，如第 8 章解释蛋白质吸附一样。这是极度简化的细胞与材料表面相互作用的模型，未考虑细胞膜和基质上分子与特异受体-配体的相互作用。因此，该理论只能近似地了解细胞如何对生物材料做出响应。同样地，该理论也可模拟细菌在生物医学植入物上的黏附（第 14 章）。

图 9.35 描述的是由 DLVO 理论确定的颗粒和表面相互作用的自由能 $G(z)$ 和距离之间的关系。类似于原子结合的力-距离曲线（第 1 章），该曲线是若干竞争力的结果，其中两种力在图中用虚线表示。当细胞接近表面时，潜在的自由能（称为**第二最小值**，secondary minimum）大幅降低，表明长程静电相互作用（排斥力）和长程范德华力的相互作用力（吸引力）之间的平衡。如前讨论，静电作用受表面电荷、细胞电荷和周围环境的影响，而范德华力受细胞与基质之间的两极作用的影响。DLVO 理论未考虑疏水效应，因为其存在比静电作用和范德华力更小的范围，因此不能显著的促进细胞与表面相互作用的能量。

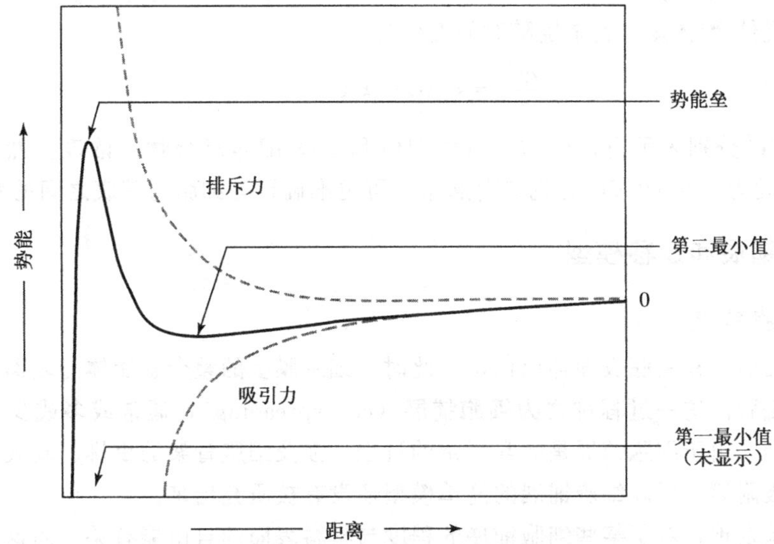

图 9.35 DLVO 理论描述的颗粒黏附模型。该模型为分隔距离-自由能曲线。当细胞接近表面时，潜在的自由能大幅降低，表明长范围的静电相互作用（排斥力）和长范围范德华力相互作用（吸引力）之间的平衡。由于第二最小值的影响，细胞在表面上附着并不紧密。然而直至细胞克服潜在能障碍，进入第一最小值（未显示），它们才能与表面紧密连接

由于第二最小值的影响，细胞在表面上附着并不紧密。然而直至细胞克服潜在能障碍（图 9.35），进入第一最小值，它们才能与表面紧密的附着。第一最小值是由接触点的小范围静电和范德华力之间的平衡决定的。克服障碍的能量是由颗粒的随机运动提供的，并依赖系统的温度（布朗运动）。

9.5.2 DLVO 原理的局限和其他模型

DLVO 理论虽然可以评估细胞-表面的结合，但有几个重要的因素没有考虑到，如空间排除。就像蛋白质一样，细胞不能附着在大的亲水基团的表面，因为该基团可延伸到环境中，并在表面附近不停的运动。另外，这个模型也未考虑到表面拓扑结构作用。类似于蛋白质吸附，粗糙的表面在物理上可诱捕细胞进入表面的凹槽。然而最重要的

是，细胞比蛋白质大几个数量级，所以对蛋白质而言是粗糙的，可能对细胞而言就是光滑的。

如上述讨论的，DLVO 理论也没有考虑到特异配体-受体相互作用，这对细胞黏附是非常重要的。因而，发展了其他的模型对该理论进行加强，包括受体-配体结合的动力学。尽管对这些模型的详细描述超出了本书的范围，但可通过这个等式明确来表达，如果已知总的受体分子和原始的配体分子的数量，就可知道形成配体-受体复合物的数量。例如，受体-配体结合可表示为可逆的化学反应

$$R + L \underset{k_r}{\overset{k_f}{\rightleftharpoons}} C$$

在这个反应中，R 表示自由受体，L 为自由配体，C 为受体-配体复合物，复合物的形成速率为 k_f，复合物的解离速率为 k_r。k_f 和 k_r 与第 1 章中讨论过的热力学原理关联起来，则有受体-配体复合物浓度随时间变化为

$$\frac{\mathrm{d}C}{\mathrm{d}t} = k_f RL - k_r C \tag{9.1}$$

式中，R、L 和 C 分别表示自由受体、自由配体和受体-配体复合物的浓度。然而，将受体-配体结合动力学和 DLVO 理论结合起来，可更准确预测细胞与基底之间的黏附。

9.5.3 细胞铺展和迁移模型

9.5.3.1 细胞铺展

细胞附着之后，在基底表面伸出伪足。此时，细胞膜上的整合素受体与表面的配体紧密结合锚定细胞。这一过程称之为**细胞铺展**（cell spreading），通常或多或少地发生在所有细胞类型。由于细胞铺展是非常复杂的过程，涉及细胞骨架的重排、基底上黏附蛋白的产生和吸附等，所以细胞铺展的简单模型还没有被研究出来。

然而，试验发现，对于某些细胞铺展的程度与材料表面的自由能有关。而这种相关性的存在是合理的，因为表面自由能可影响蛋白质的黏附（第 8 章），也是蛋白质和膜受体共同作用的结果。

9.5.3.2 细胞迁移

细胞迁移初期与细胞铺展类似。图 9.36 描述，细胞膜上伪足通过细胞先导边缘的肌动蛋白微纤维的聚集实现拉伸。随后细胞膜通过整合素受体与基底附着。伪足紧紧黏附后，产生收缩力，使后面受体得以释放，细胞向前运动。最后，细胞的整合素受体循环向前，继续该过程。

由于这是一个极度复杂的过程，细胞迁移涉及各种事件，所以研究出许多细胞迁移的模型，根据模型计算的参数用于确定模型中的常数。图 9.37 表明，细胞内事件最终可用于预测整个细胞群体的运动。

在最高层次上，数学模型已用于提供细胞群迁移的信息。如第 2 章中介绍的金属生物材料原子扩散，细胞朝某一方向迁移的数量可用流量等式来模拟。就最简单的情况而言，细胞迁移是细胞随机运动和对可溶的化学信号——**化学向性**（chemotaxis）反应的指向性运动共同作用的结果。因此，二维系统的细胞流量 M（细胞/距离/时间）可表示为

$$M = \text{随机运动} + \text{化学向性} \tag{9.2}$$

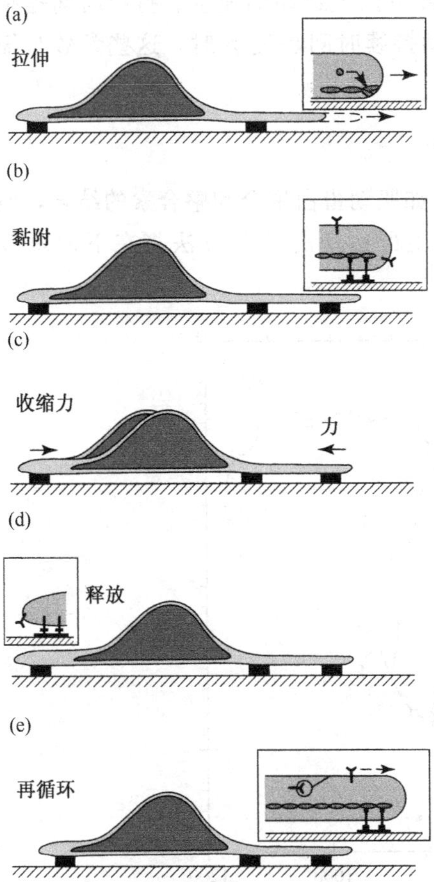

图 9.36　细胞迁移示意图。(a) 细胞膜上伪足通过细胞先导边缘的肌动蛋白微纤维的聚集来实现拉伸；(b) 细胞膜通过整合素受体与基底附着最后，细胞的整合素受体循环向前，继续该过程；(c，d) 伪足紧紧黏附后，产生收缩力，使后面受体得以释放，细胞向前运动；(e) 细胞的整合素受体循环向前，继续该过程（获准翻印自文献 [11]）

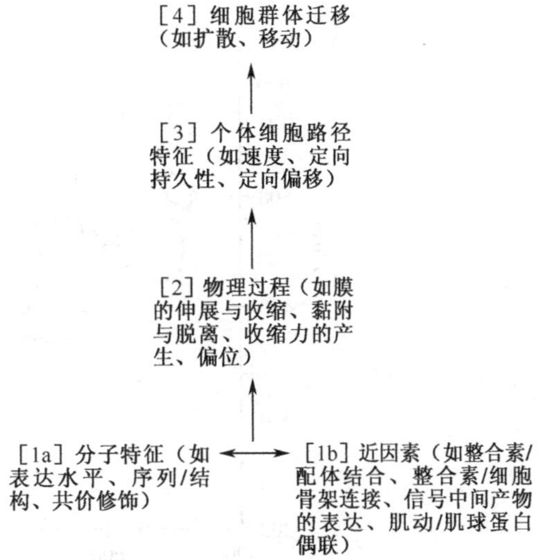

图 9.37　不同水平细胞运动模型之间的关系。图中信息表明细胞事件最终可用于预测整个细胞群体的运动（获准翻印自文献 [12]）

或者

$$M = -\sigma \frac{\mathrm{d}N}{\mathrm{d}x} + \chi N \frac{\mathrm{d}C}{\mathrm{d}x} \tag{9.3}$$

式中，σ 表示随机运动系数；N 为细胞数量；χ 为化学向性系数；C 为化学信号的浓度；x 为距离坐标。

随机运动模拟的是细胞运动的非指向性的随机特性。如果不存在化学信号诱导细胞朝某一方向运动，那么第二项为零，细胞运动被认定为随机模式。如果有可溶的试剂存在，细胞的迁移取决于第二项中该物质的浓度。

在更详细的程度上，可模拟单个细胞的迁移。图 9.38 为跟踪和记录单个细胞运动的路径，从中可获得两个主要的参数**迁移速度**（translocation speed，s）和**持续时间**

(persistence time，p)。迁移速度是指细胞在直线方向上运动的速度。持续时间是指细胞在基底上沿一定方向运动的持续时间。当运动持续时间超过 p 时，这些参数与细胞群迁移模型中的随机运动系数有关，可表示为

$$\sigma = \frac{1}{2}s^2 p \tag{9.4}$$

这些模型有可能发展为涉及更多的细胞内事件，如肌动蛋白聚合和整合素的结合，但这方面内容超出本书的范围。跟踪单个细胞或细胞群运动的试验方法将在下面章节中介绍。

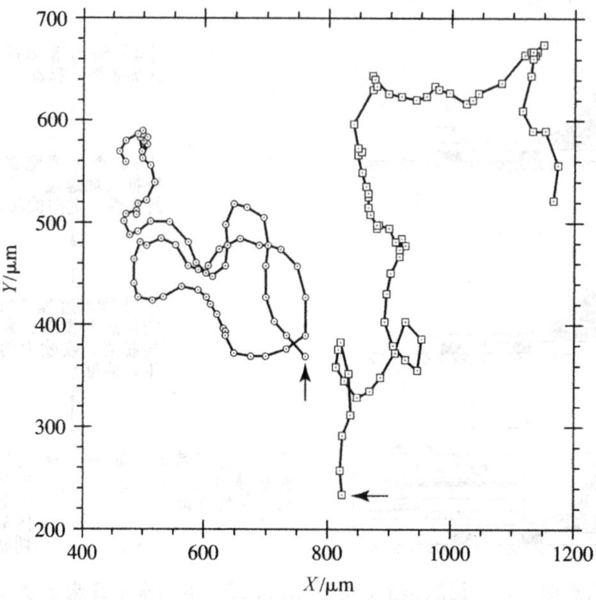

图 9.38　牛肺动脉内皮细胞的典型迁移路径。符号表明细胞每 30 min 记录的中心位置。箭头表明每个迁移路径的起始点。从中可获得两个主要的参数迁移速度和持续时间

例题 9.4

组织工程中常使用合成的聚水凝胶支架来促进和指导组织再生。然而，许多水凝胶材料，如聚乙二醇（PEG）在不改性的条件下不能实现细胞的黏附。水凝胶改性的方法之一是共价结合特异多肽序列或促进细胞附着的序列。多肽序列 RGD（精氨酸-甘氨酸-天门冬氨酸）是在许多细胞外基质蛋白中发现的主要序列。整合素通过识别 RGD 序列促进细胞结合。假设某组织工程水凝胶支架由 PEG-聚 α-羟基-二丙烯酸酯大分子组成[13]。在合适引发作用下，丙烯酸分子可以通过共价交联形成水凝胶，同时酯键的存在使得水凝胶发生水解。假设通过 RGD 与聚乙二醇-二丙烯酸大分子链的共价反应将 RGD 序列引入到水凝胶中。

(a) 已知聚乙二醇-聚α-羟基-二丙烯酸酯水凝胶可生物降解，那么为了促进细胞长期黏附应该对其进行表面改性还是本体改性？阐述理由。

(b) 研究希望将多肽序列经化学法连接到二丙烯酸基团上，以实现共价法改性水凝胶网络结构的目的，现有两种方法：(i) 采用分子质量为 3400 Da 的聚乙二醇连接多

肽与二丙烯酸；(ii) 在多肽与二丙烯酸之间无聚乙二醇。哪种方法可以保证在一定数量的多肽上细胞黏附高？为什么？假设聚乙二醇-聚 α-羟基-二丙烯酸酯水凝胶分子质量为 8000 Da。

(c) 假设在组织培养试验中，要检测细胞在多肽改性的聚乙二醇-聚 α-羟基-二丙烯酸酯共聚水凝胶薄膜表面的黏附。现进行三组试验。A 组：材料表面 RGD 多肽浓度为 0.001 pmol/cm^2，B 组：表面 RGD 多肽浓度为 0.1 pmol/cm^2，C 组：表面 RGD 多肽浓度为 1 pmol/cm^2。哪组的细胞黏附最好？哪组细胞铺展最好？材料表面的配体（此处为多肽）浓度是如何影响细胞迁移？

解答：

(a) 已知水凝胶对细胞的长期黏附作用明显，那么应采用多肽对材料进行本体改性而非仅限于表面改性，这是因为细胞黏附性能，会随着材料降解，表面缺失而完全丧失。但是，如果对材料进行本体改性，无论材料发生表面腐蚀或整体降解，都有多肽存在。因此多肽序列的本体引入，会一直起到促进细胞黏附的作用。

(b) 如果在多肽的一端引入 PEG，可能会导致一定数量的多肽上细胞黏附增大。水凝胶表面存在自由末端或暴露的 PEG-聚 α-羟基-二丙烯酸酯共聚链。这些自由末端和聚合物链段使材料的移动性增强。如果多肽一端未连接 PEG，那么由于 PEG-聚 α-羟基-二丙烯酸酯共聚链段的存在，多肽只能立体嵌于暴露面和细胞之间，而且仅限于水凝胶表面。但 PEG 的存在可能导致多肽链段从水凝胶整体结构中延接出来。分子质量为 3400 Da 的 PEG 大约是 PEG-聚 α-羟基-二丙烯酸酯共聚物分子质量的一半，可能使多肽恰位于材料表面，使空间阻碍的影响最小。因此可以促进细胞黏附。

(c) C 组多肽浓度最大，细胞黏附、细胞铺展最好。当材料表面配体增加，可用于细胞黏附的配体增多，使得细胞黏附增大。而黏附细胞之间相互作用增强，细胞铺展增强。细胞的黏附需要细胞与配体之间的相互作用。材料表面配体浓度增大使得细胞迁移率增大至极限点，细胞移动速度超出该极限点时，配体浓度增大，细胞迁移率反而降低。这是由于配体表面浓度过大，细胞铺展过快，只有某些接触点破坏，细胞才能继续迁移。

9.6 技术：测定细胞与材料相互作用影响的试验

本章已经讲述了细胞及细胞外基质的基本组成，并讨论了它们之间的相互作用如何影响细胞的各种功能。本节将讲述检测细胞功能的方法，包括检测细胞毒性（细胞死亡）、细胞黏附和铺展、细胞迁移和基因表达的变化（DNA/RNA 试验）。如前所述，蛋白质的产生对细胞分化和功能起着非常重要的作用，可以通过第 8 章中所讲的方法对其进行定量检测（比色或荧光试验、ELISA 或 Western 杂交）。另外可以采用免疫染色法检测细胞外基质中各种蛋白质的位置，这将在本节中讲述。

9.6.1 细胞毒性试验

从基本水平来看，细胞与环境的相互作用将影响细胞的存活。因此，细胞毒性是研究新基底材料的关键，体外**细胞毒性**（cytotoxicity）试验是生物材料生物相容性检测的第一步。包括 ASTM 在内的许多监管机构（第 4 章提到的力学测试标准）和国际组织标准（ISO）已颁布了细胞毒性测试及相应试验数据分析的标准规程。

表 9.1 所示为目前公认的细胞毒性试验，包括直接接触、琼脂扩散和洗脱试验。存在多种检测方案在于影响生物材料细胞毒性的因素很多。通常，决定材料细胞毒性的因素不同于材料与细胞表面相互作用的影响因素。因此，某一特殊材料即使能够促进细胞黏附、铺展，但却在植入当时或数天后产生细胞毒性。一般情况下，生物材料中（表面或内部）任何可能影响细胞代谢或蛋白质合成的因素都定义为细胞毒性。包括材料本身、材料处理过程所用的试剂、药品，以及可能的降解产物。

表 9.1 细胞毒性的检测试验

试验	材料	ASTM 标准号
直接检测试验	固体/提取液	F-813
琼脂扩散试验	固体/提取液	F-865
洗脱试验	提取液	F-619

在此需要强调的是：选择细胞毒性试验组合的最佳时间时，必须考虑细胞类型和分化状态，以及产品的最终应用。例如，牙科中应用的材料锌-丁香酚黏固粉在放散试验中可导致细胞死亡，但当前却广泛用于牙科中，因为可通过形成厚的钙化组织将其与周边细胞分离，从而避免其应用毒性。

9.6.1.1 直接接触试验

最简单的细胞毒性试验是直接接触试验。检测时，将待测材料加工成特定尺寸，铺在细胞培养板上，种植细胞，培养 24 h，然后通过显微镜观察来评估细胞膨胀和溶解的情况。死亡细胞通常悬浮在培养基中，并在材料周围形成环状死亡细胞圈。采用特定方法可以测量环状死亡细胞圈（包括死亡和受损的细胞）的大小。该试验可以定量测定细胞毒性，通过阳性（非细胞毒性）对照与阴性（完全细胞毒性）对照可以评价材料细胞毒性的大小。

虽然这个试验或其他试验不能达到 ASTM 标准，但可进行其他试验获得更多细胞毒性的数据。例如，根据染料不能渗透进入活细胞的细胞膜，而死细胞不具有完整细胞膜的原理，可通过染色可定性评估样本中的死亡细胞碎片。

另外可以通过测量培养基中细胞内酶，如**乳酸脱氢酶**（lactate dehydrogenase，LDH）的数量来评价细胞毒性。该酶在细胞代谢中非常重要，当细胞溶解并释放出细胞内物质时，可在悬浮液中检测该酶。标准曲线可用于将 LDH 数量转化为溶解的细胞数量。

此外，根据染料可改变活细胞的颜色的原理，可以通过染色定量测定活细胞数量。检测过程中可以通过分光光度计的特定波长读出颜色变化，这类似于第 8 章蛋白质试验方法。活细胞的数量表示为接种样本与未处理（阳性对照）空白样本的颜色的比值。该试验中最常用的化合物是3-(4,5-二甲基噻唑-2)-2,5-二苯基四氮唑溴盐（MTT），可使活细胞产生紫色。

9.6.1.2 琼脂扩散试验

琼脂扩散试验类型于直接接触试验，不同的是，琼脂扩散试验中细胞在与样本材料接触之前，种植于培养皿上，用琼脂覆盖，琼脂为细胞提供物理屏障，防止样本对细胞产生压破或干扰，而这一现象在直接接触试验中可能发生。琼脂是一种来自红藻的天然的聚合物，对细胞无害。

琼脂中混合细胞培养基，保证细胞生存。然而，采用该方法样本中的可溶性产物可能扩散到琼脂中，导致材料局部区域的细胞死亡。根据细胞与样本的距离，将其分成几个区，分别检测培养 1～3 天的细胞数（图 9.39）。如果影响区域越多或可测试样本移动越远，则说明样本的细胞毒性越大。与直接接触试验一样，培养基中可以添加指示细胞存活的染料，以便更好的评价每个区的死亡细胞数量。阳性和阴性对照有助于结果的比对。

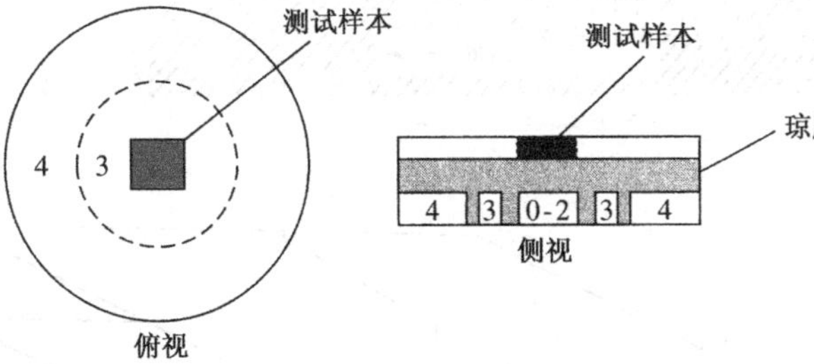

图 9.39 琼脂扩散试验检测细胞毒性。根据细胞与样本的距离，将其分成几个区，分别检测培养 1～3 天的细胞数。如果影响区域越多或可测试样本移动越远，则说明样本的细胞毒性越大（获准翻印自文献 [14]）

9.6.1.3 洗脱试验

洗脱（elution）或**提取**（extract）试验可检测生物材料中浸出分子的细胞毒性，如未反应完全的单体或者降解产物。洗脱试验中最常用的方法是将水溶液中所有可溶性分子洗脱，使其最接近生物环境。

该试验要求将细胞种植于细胞培养孔中培养 24 h。同时，将一定量的新鲜细胞培养基加入到一定数量的材料上，作为浸液培养基，37℃浸取 24 h，使可溶物质扩散至培养基中。然后，将浸液培养基加入种植细胞的培养孔中，培养 1～3 天，监测存活细胞数目。

9.6.2 黏附/铺展试验

可以定量测定细胞在各种材料表面的黏附情况。将细胞附着在样本材料上，一定时间后，冲洗掉，对未黏附的细胞进行计数。通过记录表面剩余细胞数或者冲洗的细胞数来确定细胞黏附情况：

$$\text{表面细胞数} = \text{种植细胞总数} - \text{洗脱液中细胞数}$$

另外，可采用染色法（如 MTT）、放射性标记（如 LDH）、溶解细胞检测细胞内酶来确定细胞数量比。

一般通过细胞染色，然后在光学显微镜下观察染色区域细胞，对细胞铺展进行定量检测。另外使用显微镜成像检测不同条件下，材料表面的细胞，最后通过分析软件分析，对其进行更好的定量分析。

黏附试验的弊端是很难重现冲洗过程产生的力，因此可能导致试验误差。为克服这些局限性，又研究出多种方法，为冲洗过程提供可控流体。方法之一是将样本放置在平行的流动腔内（图 9.40）。该系统中，剪切力（τ）与流体速率（Q）和溶液的黏性（μ）成正比（h 和 w 是图 9.40 中定义的空间参数）。

$$\tau = \mu \frac{6Q}{h^2 w} \tag{9.5}$$

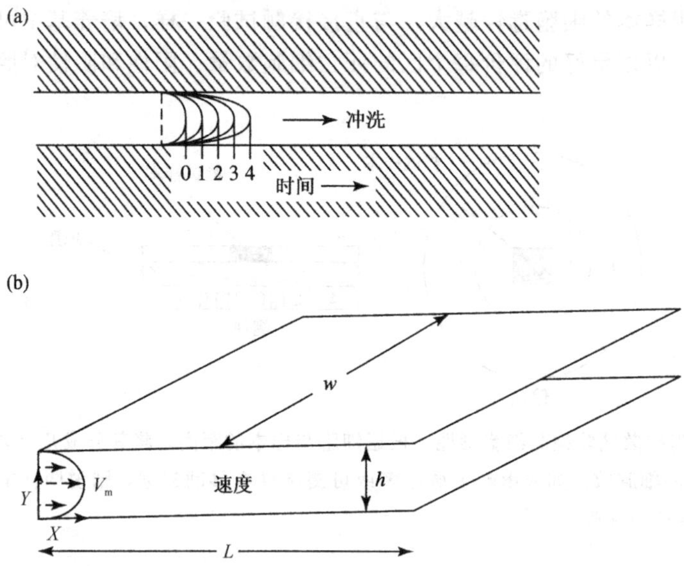

图 9.40　平行的流动腔示意图。该流动腔为冲洗过程提供可控流体，参数 h 表示平板间的距离，w 表示平板的宽度，V_m 表示流体速度。图（a）中 V_m 随着时间的变化发生变化，直到达到稳定的 V_m 抛物线（获准翻印自文献［15］）

改变冲洗过程中这些参数，可以控制样本施力的大小。另外还可以采用放射状的流体腔或离心技术，产生可控剪切力。

9.6.3　迁移试验

当前已具备多种细胞迁移的评价方法，各种方法与数学模型结合可以描述细胞在各种材料表面的运动。其中一种方法用来检测细胞群迁移，记录迁移的平均距离，从始发点运动的细胞数量。迁移距离的检测方法包括**毛细管**（capillary tube）试验。这是最早发明的一种测试方法，通过一个小管（毛细管）来限制细胞群。打开这个管，然后放置在表面（通常是细胞培养孔），允许细胞以扇形方式迁移出此管（图 9.41）。2～4 天后，测量扇形区域即可提供细胞迁移距离的定量评价。

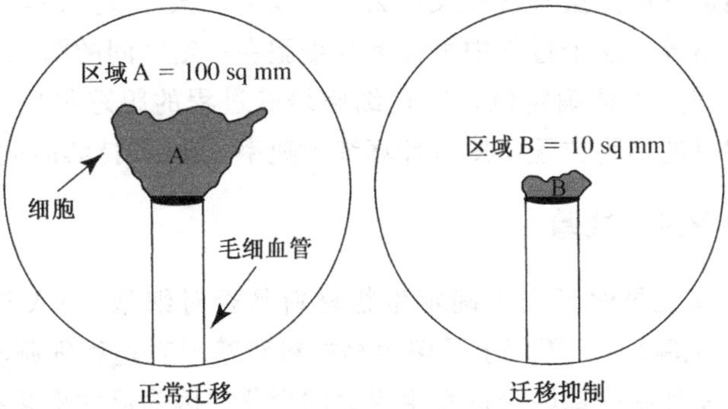

图 9.41　毛细管法测定细胞迁移示意图。通过一个小管（毛细管）来限制细胞群，打开这个管，然后放置在表面（通常是细胞培养孔），允许细胞以扇形方式迁移出此管。2～4 天后，测量扇形区域即可提供细胞迁移距离的定量评价（获准翻印自文献［16］）

将该技术进一步改进得到一种新的检测方法，将细胞固定在一个物理屏障里（如环），然后将屏障提升（图 9.42）。几天后，通过光学显微镜检测细胞群半径的增加，并应用图像分析软件进行分析。上述迁移试验的主要缺点是难以区分细胞群的增加是由细胞迁移还是细胞增殖产生的。对于迁移试验来说这是一个很特殊却又很难避免的问题。

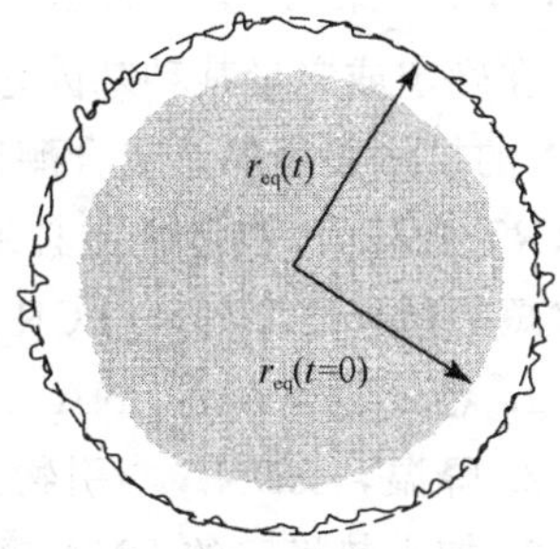

图 9.42　改进后的迁移试验示意图。将细胞固定在一个物理屏障里（如环），然后将屏障提升。几天后，通过光学显微镜检测细胞群半径的增加，并应用图像分析软件进行分析（获准翻印自文献［16］）

Boyden 腔试验（Boyden chamber assay）可以定量检测特异区域的细胞迁移数。该试验通常用于确定可溶因子对迁移的影响，而非基底的影响。Boyden 腔试验中，为了检测方便采用孔状的过滤器将细胞与溶剂进行分离。图 9.43 所示，开始时，将细胞种植在顶层，而待测物质位于底层，然后通过过滤器扩散，并作用于细胞。一定时间后，细胞通过过滤器发生迁移，到达腔的底部，在这个过程中可以采用光学显微镜确定迁移的细胞数。将该技术进一步改进（Zigmond 腔，Dunn 腔），用显微镜就可以更直观的观察到细胞对某些试剂响应，并通过障碍物发生迁移的现象。

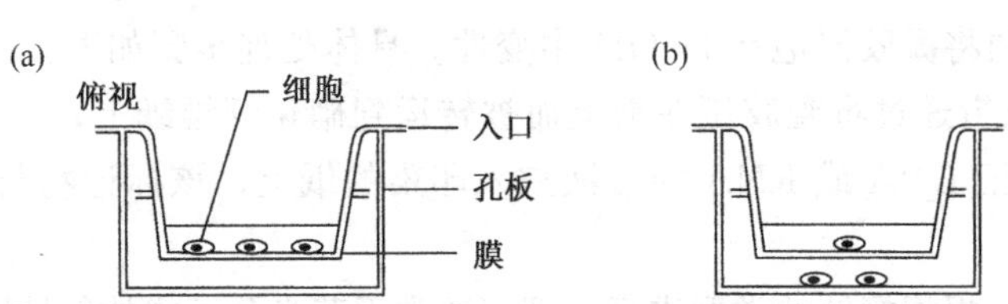

图 9.43　Boyden 腔试验。该实验可以定量检测特异区域的细胞迁移数。Boyden 腔试验中，为了检测方便采用孔状的过滤器将细胞与溶剂进行分离。过滤器的孔足够细胞（3～8 μm）进行迁移，但是不会使细胞在重力作用下下落（<12～20 μm）。(a) 开始时，将细胞种植在顶层，而待测物质位于底层，然后通过过滤器扩散，并作用于细胞；(b) 一定时间后，细胞通过过滤器发生迁移，到达腔的底部，在这个过程中可以采用光学显微镜确定迁移的细胞数（获准翻印自文献［11］）

检测单个细胞运动的方法常常涉及这么一种设备，该设备允许具有测试表面的细胞在显微镜顶部进行培养。这个过程中可捕捉到细胞在一定时间的图像，对其进行处理并确定细胞在每个时间点的精确定位，实现细胞培养过程的跟踪定位。采用前述数学模型，模拟不同时间点的细胞位置，便可计算细胞速率（s）和持续时间（p）等参数。

9.6.4 DNA 和 RNA 试验

DNA 和 RNA 试验虽然可用于确定生物材料是否对细胞 DNA 造成直接伤害（第 14 章将介绍的诱变试验），主要用于了解生物材料对基因表达和细胞功能的影响。人们并不希望生物材料使细胞的基因表达发生巨大的变化，因为巨大变化有可能导致蛋白质的改变，给周围组织造成影响。然而在疾病组织中，人们期望基因表达的改变使特定蛋白质的产量增加（这就是基因治疗技术的基础，但超出了该检测的范围）。采用下述技术可以检测出特定基因的上调或下调。

9.6.4.1 聚合酶链反应（PCR）和反转录聚合酶链反应（RT-PCR）

在确定或定量某种基因之前，需要对 DNA 或 RNA 进行扩增，以达到可检测水平。DNA 的扩增采用的是聚合酶链反应（PCR），RNA 的扩增采用的是反转录聚合酶链反应（RT-PCR）。扩增之前必须知道基因的 DNA 碱基序列，以便合成与 DNA 结合的引物（短的核苷酸序列）。PCR 反应可分成以下几个步骤（图 9.44）：

1. 热处理使双链 DNA（dsDNA）变性成为两条单链 DNA（ssDNA）；
2. 降温，ssDNA 与引物**杂交**（hybridization）（结合）；
3. 加入热稳定的 DNA 聚合酶（*Taq* 聚合酶）和 4 种脱氧核苷酸（碱基）；
4. DNA 聚合酶催化引物合成 DNA 链的互补链；
5. 加热使新形成的 dsDNA 分成两条链，继续反应。

重复上述步骤，可在短时间内产生某一基因的大量拷贝。

RT-PCR 过程与上述步骤相同，但在反应之前 mRNA 需在反转录酶的作用下反转录成与 mRNA 互补的 ssDNA 链。ssDNA 链按上述步骤继续开始扩增目的基因。

9.6.4.2 Southern 杂交和 Northern 杂交

Southern 杂交（Southern blotting）可以分析 PCR 扩增产生的 DNA，类似于 Western 杂交（第 8 章）。但由于 DNA 带负电荷，因此在琼脂糖凝胶与聚丙烯酰胺凝胶电泳前需加入 SDS（图 9.45）。由于硝化纤维只能与 ssDNA 结合，因此 DNA 按分子质量大小分离后必须将凝胶浸泡在 NaOH 中变性。具体处理步骤如下：

1. ssDNA 条带通过将凝胶压在纸上而被转运到硝化纤维纸上；
2. 将含有标记 DNA 或 RNA 的溶液加入印染的纸上，该标记物与基因的序列互补（探针）；
3. 检测杂交，根据探针的类型进行处理（通常用荧光分子或放射性同位元素标记）。

如有需要，mRNA 可通过 Northern 杂交进行分析。其步骤与 Southern 杂交的步骤相同，但由于 mRNA 是单链，因此电泳后不需变性。互补的 DNA 或 RNA 探针均可确定某种 RNA 序列的存在。

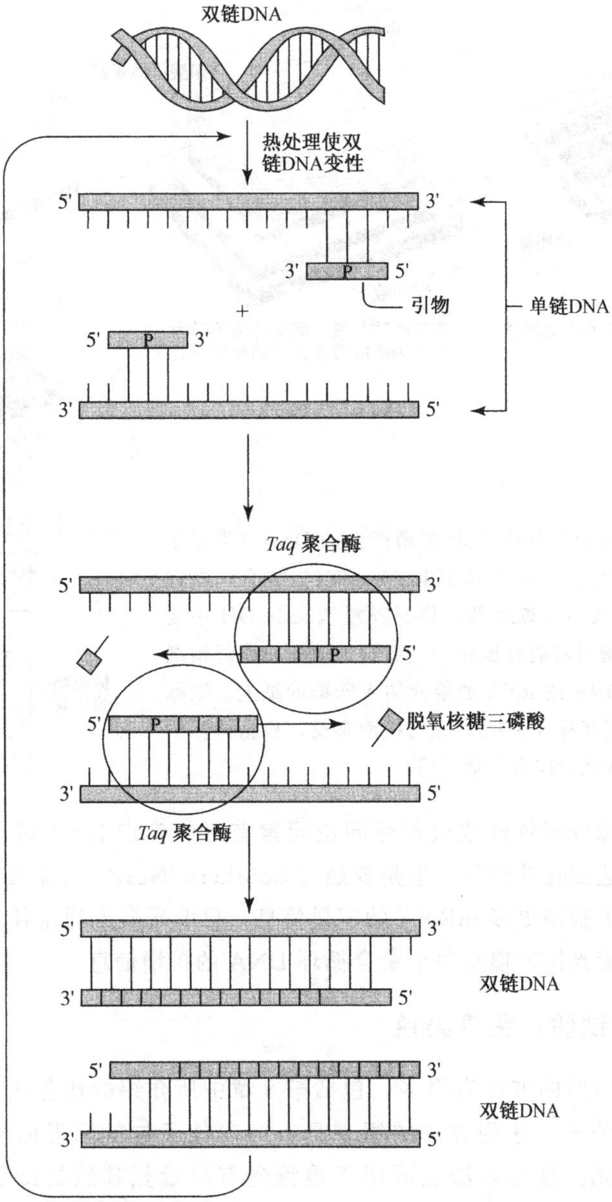

图 9.44 PCR 扩增步骤。热处理使双链 DNA（dsDNA）变性成为两条单链 DNA（ssDNA）；降温，ssDNA 与引物杂交；加入热稳定的 DNA 聚合酶（*Taq* 聚合酶）和 4 种脱氧核苷酸（碱基）；DNA 聚合酶催化引物合成 DNA 链的互补链；加热使新形成的 dsDNA 分成两条链，继续反应。重复上述步骤，可在短时间内产生某一基因的大量拷贝

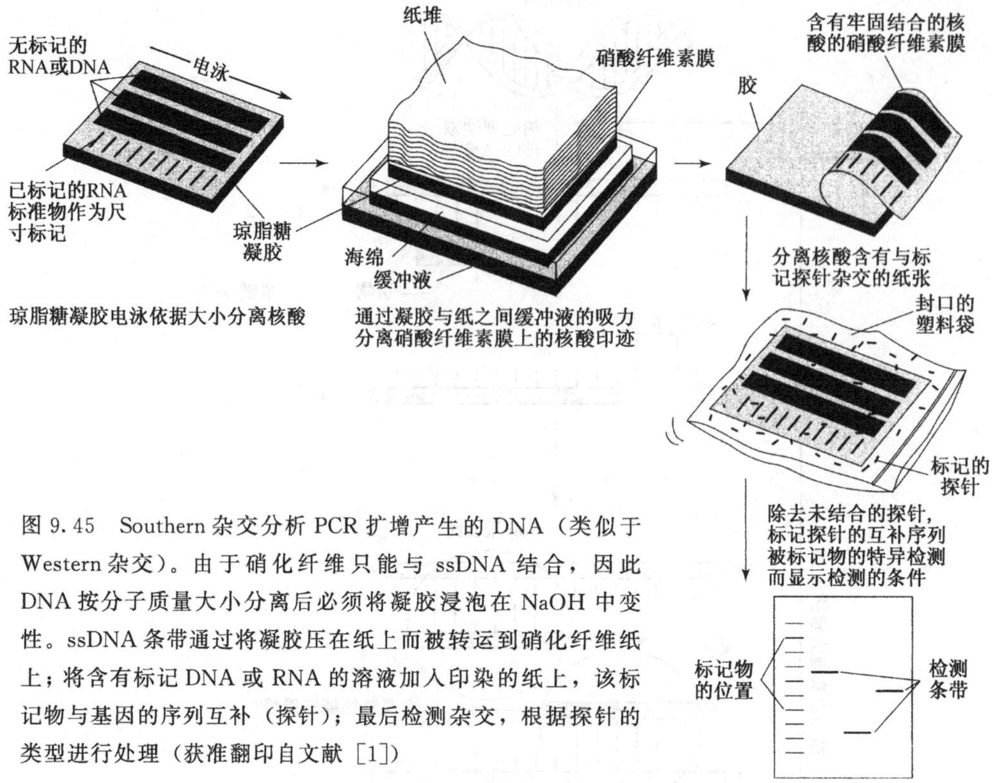

图 9.45 Southern 杂交分析 PCR 扩增产生的 DNA（类似于 Western 杂交）。由于硝化纤维只能与 ssDNA 结合，因此 DNA 按分子质量大小分离后必须将凝胶浸泡在 NaOH 中变性。ssDNA 条带通过将凝胶压在纸上而被转运到硝化纤维纸上；将含有标记 DNA 或 RNA 的溶液加入印染的纸上，该标记物与基因的序列互补（探针）；最后检测杂交，根据探针的类型进行处理（获准翻印自文献 [1]）

虽然通过成像分析软件或放射性同位元素有可能确定 DNA 或 RNA 条带的强度，从而提供基因表达变化的信息，但是要通过 Southern/Northern 杂交实现定量检测却是非常困难的。为了获得更多 mRNA 的定量信息，目前研究者通常使用实时 RT-PCR 进行检测，并通过荧光探针追踪每个聚合循环 DNA 的扩增信息。

9.6.5 蛋白质试验：免疫染色

定量合成蛋白质的方法有很多，包括第 8 章中所介绍的比色法和荧光法，常用于检测酶或者非酶分子。这些方法的原理是，标记分子与目标蛋白质结合后会发生颜色变化或产生荧光。这些方法也可用于检测含有少量氨基酸的细胞外基质成分，如蛋白聚糖。前面章节中介绍了基于抗体进行蛋白质检测的方法，如 ELISA 和 Western 杂交。

另外还有一种与 ELISA 和 Western 杂交类似的技术，即**免疫组织化学**（immunohistochemistry），而这部分称为**免疫染色**（immunostained）。在该方法中采用抗体识别组织中蛋白质的定位，特别在很薄的组织中，这种定位还可以采用光学显微镜进行观察。过程如图 9.46。

1. 加入一抗，与目标蛋白质结合；

2. 然后加入标记的二抗，它可与一抗结合。二抗可与酶连接，或者直接与**发色团**（chromophore）（有颜色的分子）相连；

3. 如果有必要可加入酶的底物，然后通过可见光成像来检测样本中蛋白质的位置

（应该证明有标志的颜色）。

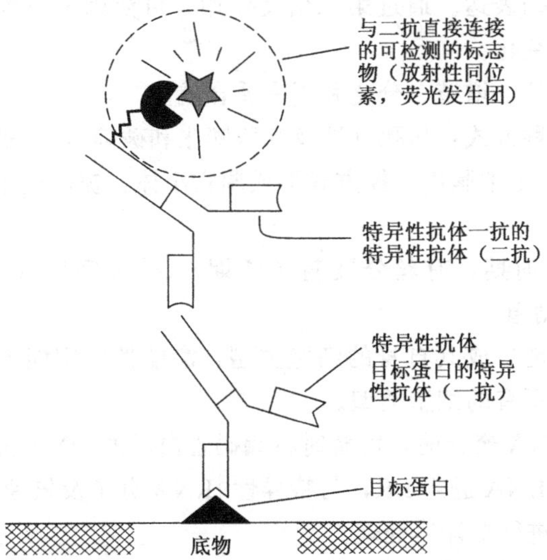

图 9.46　免疫组织化学技术示意图。加入一抗，与目标蛋白质结合；然后加入标记的二抗，它可与一抗结合。二抗可以通过多种途径加以控制

该方法是**间接**（indirect）的免疫染色法。由于一抗和二抗的设计，使它有信号扩增的可能性，因此得到广泛应用。**扩增**（amplification）是指大量的二抗分子与一抗结合后，会产生很强的局部颜色。同样的方法也可用于标记荧光蛋白质，并通过荧光显微镜观察。

小结

- 真核细胞有许多特殊的组分。细胞膜是双层的磷脂膜屏障，将细胞质与细胞外环境隔离。细胞骨架由动态的蛋白结构组成，包括微丝、中间纤维和微管。线粒体具有高度折叠的结构，可将 ADP 氧化磷酸化成 ATP，为细胞提供能量。细胞核含有细胞 DNA，并通过核膜与细胞的其他器官分开。核膜的外膜与内质网相连，是蛋白质合成的场所。粗面内质网上的核糖体催化蛋白质的合成。特殊的囊泡，称为溶酶体，含有消化酶可分解内吞物质。
- 细胞间以及细胞与细胞外基质之间有不同的连接方式。这些连接的发生是细胞膜受体相互作用的结果。
- 细胞膜受体的类型主要有钙黏素、选择素、黏蛋白、整合素和其他黏附分子（CAM）。钙黏素通过钙依赖的亲同型连接形成细胞桥粒。选择素通过靶细胞膜上碳水化合物基团的异亲型连接，参与细胞间的结合。细胞膜上整合素的两个不同亚基间的连接可相互作用，形成细胞与细胞、细胞与细胞外基质的连接。CAM 通过同亲型和异亲型结合而调节细胞间的相互作用。
- 糖蛋白含有少量糖（碳水化合物）和大量的蛋白质，而蛋白聚糖是含有大量糖（碳水化合物）和少量蛋白质。蛋白聚糖中糖（碳水化合物）与多肽相连，称为黏多糖，如透明质酸、硫酸角质素和硫酸软骨素/硫酸皮肤素。

- 细胞外基质分子与整合素结合，在细胞内与中间纤维相连，使细胞骨架发生改变，最终影响细胞的基因表达。通过第二信使作用，可溶因子与细胞膜上受体相互作用可使基因表达发生变化。
- 细胞 4 大功能是存活、增殖、分化和蛋白质合成。
- 细胞死亡可通过两种方式：坏死（涉及细胞膨胀和破碎），及被炎症细胞吞噬；凋亡（程序性细胞死亡）是细胞以可控方式形成凋亡小体，被周边细胞吞噬，而不会引起炎症反应。
- 细胞增殖包括几个时期，有丝分裂期（M 期）、分裂间期（G_1 期、S 期、G_2 期）。细胞在 G_0 期不会增殖。
- 分化或定向细胞只能生成其自身的细胞类型，潜能性细胞能产生几种细胞类型，全能干细胞则能产生所有的细胞类型。
- 蛋白质合成涉及 RNA 聚合酶，可暂时将编码蛋白质的 DNA 链分开，相继转录形成各自的 mRNA。mRNA 进入 ER，与特异性 tRNA 分子及核糖体作用，翻译蛋白质。在 ER 和高尔基体进行翻译后处理。
- DLVO 理论阐述了细胞与表面通过非特异性静电作用和范德华力作用产生黏附的基本模型。基于热力学原理、配体-受体的浓度，该模型可用于描述特异性受体-配体相互作用。将这些模型和 DLVO 理论结合起来有可能创造一个更准确的细胞与基质黏附的模型，这个模型既考虑到特异性作用也考虑到非特异性作用。
- 细胞群在表面的迁移可以是随机的，也可以是对特殊的刺激作出的响应，如可溶的化学因子（化学向性）。细胞群的运动模型与表面某一点细胞的流量、随机运动及化学向性有关。
- 单个细胞的迁移的模型包括迁移速度（细胞在某一方向上运动的速度）和持续时间（细胞在基底上沿一个方向运动的时间）。
- 生物材料的细胞毒性是个复杂的问题，涉及材料本身、浸出物及降解产物的细胞毒性。
- 细胞毒性试验包括直接接触试验、琼脂扩散试验和洗脱试验，也涉及到死亡细胞或活细胞数量的定量。
- 细胞黏附试验包括在材料上种植一定数量的细胞、计算黏附细胞的数量，也可通过显微镜或细胞计数器。细胞铺展试验包括染色，通过显微镜计算材料上铺展细胞的数量。
- 迁移试验（包括 Boyden 腔试验）测定细胞群的迁移，以及通过复杂的成像系统跟踪单个细胞的运动。
- 核酸可通过 PCR（DNA 扩增）、RT-PCR（RNA 扩增）、Southern 杂交（DNA）和 Northern 杂交（RNA）进行评价。
- 可通过比色或荧光法进行蛋白质的定量。免疫染色是一种定性了解蛋白质表达的方法。

习题

9.1 (a) 细胞膜受体和配体有几种类型？有几种连接方法（细胞与细胞，细胞与细胞外基质）？

(b) 这些不同的受体和配体与生物材料是怎样相互作用的？

9.2 一些 ECM 成分，如胶原，可能比细胞还大，但细胞仍负责它们的构成。请问这是怎么发生的？描述胶原的合成，并画示意图，包括从转录到纤维形成的所有主要步骤。并指出每个步骤发生的部位。

9.3 人体内大多数的组织比骨组织软。负责骨的高密度是哪部分？你将如何应用所学的知识，利用组织工程的方法设计并合成支架材料来代替骨？

9.4 你如何对下面材料进行体外细胞毒性检测？

(a) 臀部的金属植入物；

(b) 组织工程中使用的降解材料。

9.5 现有一种待测材料，可作为潜在的组织工程支架。你尝试用 MTT 法检测细胞在材料上的黏附，但该材料对试验有干扰。请指出其他方法可检测细胞在材料上附着的数量。

9.6 你准备使用组织工程的方法，将未接种细胞的支架植入体内，使周边的细胞可渗透到该支架上，并开始再生。为了辅助细胞的渗透，在支架上可加入一种化学试剂，植入后可释放该化学试剂促进周边细胞的生长。你如何确定这种化学试剂在体内试验中是否有期望的效果？

9.7 你正在评价一种用于软骨缺陷修复的合成支架。当植入这种材料后，在缺陷处开始形成新的组织，你可以用什么方法来测定新生组织的蛋白质含量？

9.8 下面的数据表示共聚物 XY 的组成对水接触角的影响，以及细胞黏附试验中有纤连蛋白存在的情况下，共聚物 XY 的组成对细胞附着的影响。

(a) 共聚物中 X 和 Y 中哪个具有疏水性？请用以上的数据来证明。

(b) 解释细胞附着对共聚物组成的依赖性。特别的是，为 5%X、25%X 和 100%X 情况下细胞附着的数量提供理由。

共聚物组成/%X	接触角	细胞黏附/%
5	120	55
10	95	70
25	80	90
50	65	65
75	40	45
100	15	20

9.9 下图是成骨细胞在不同 RGD 浓度的聚乙二醇水凝胶材料表面培养 2 h 和 24 h 的照片。已知这个多肽序列可以结合整合素受体，促进细胞附着和铺展（获准翻译自文献 [18]）。

(a) 描述两种 RGD 多肽与材料表面连接的方法。

(b) 以上试验中使用的细胞培养基中含有血清蛋白。如果加入 2 倍相同的蛋白质，细胞在无 RGD 和 5 mmol/L RGD 材料上的附着和铺展是否受影响？请解释。

(c) 解释为什么在 5 mmol/L RGD 材料上 24 h 比 2 h 的细胞多？

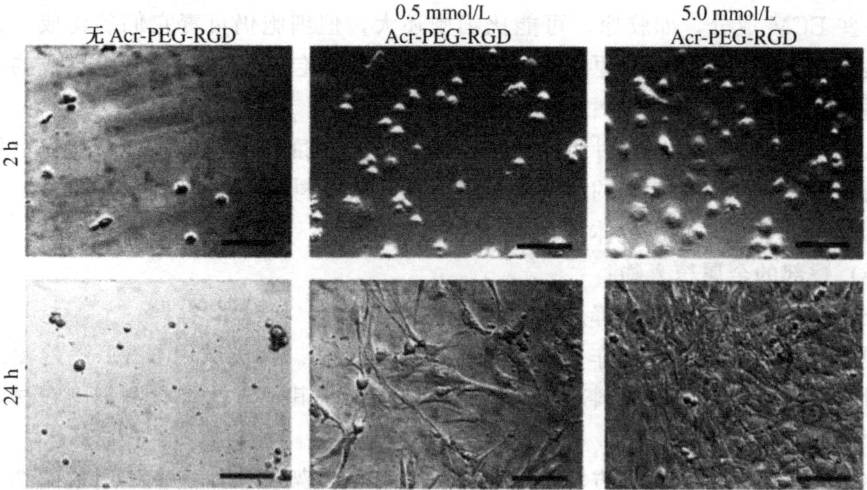

（向　燕　唐丽灵　王远亮　译校）

参考文献

1. Alberts, B., D. Bray, J. Lewis, M. Raff, K. Roberts, and J. Watson. *Molecular Biology of the Cell*, 3rd ed. New York: Garland Publishing, 1994.
2. Bergman, R.A., Afifi, A.K., and P.M. Heidger. *Histology*. Philadelphia: W.B. Saunders Company, 1996.
3. Cotran, R.S., Kumar, V., Collins, T., and S.L. Robbins. *Robbins Pathologic Basis of Disease*, 2nd ed. Philadephia: W.B. Saunders Company, 1999.
4. Kuby, J. *Immunology*, 3rd ed. New York: W.H. Freeman, 1997.
5. Hay, E.D. *Cell Biology of Extracellular Matrix*, 2nd ed. New York: Plenum Press, 1991.
6. Bhat, S.V. *Biomaterials*, 2nd ed. Harrow: Alpha Science International Ltd., 2005.
7. Martinez-Hernandez, A. "Repair, Regeneration, and Fibrosis." In *Pathology*, E. Rubin and J.L. Farber, Eds., 2nd ed. Philadelphia: J.B. Lippincott, 1994.
8. Curtis, H. *Biology*, 4th ed. New York: Worth Publishers, 1983.
9. Koller, M.R., and B.O. Palsson. "Tissue Engineering: Reconstituting Human Hematopoiesis *Ex Vivo*." *Biotechnology and Bioengineering*, vol. 42, pp. 909–930, 1993.
10. Bruder, S.P. and A.I. Caplan. "Bone Regeneration through Cellular Engineering." In *Principles of Tissue Engineering*, R.P. Lanza, R. Langer, and J. Vacanti, Eds., 2nd ed. Austin: Academic Press, pp. 683–696, 2000.
11. Palsson, B.O. and S.N. Bhatia. *Tissue Engineering*. Upper Saddle River: Pearson Prentice Hall, 2004.
12. Maheshwari, G. and D.A. Lauffenburger. "Deconstructing (and Reconstructing) Cell Migration." *Microscopy Research and Technique*, vol. 43, pp. 358–368, 1998.
13. Sawhney, A.S., P.P. Chandrashekkar, and J.A. Hubbell. "Bioeradible Hydrogels Based on Photopolymerized Poly(ethylene glycol)-co-poly(α hydroxy acid) Diacrylate Macromers", Macro-molecules, vol.26, pp. 581–587, 1993.
14. Shalaby, S.W. and K.J.L. Burg. *Absorbable and Biodegradable Polymers*. Boca Raton: CRC Press, 2004.
15. Andrade, J.D. and V. Hlady. "Protein Adsorption and Materials Biocompatibility: A Tutorial Review and Suggested Hypotheses." In *Biopolymers/Non-Exclusion HPLC*, K. Dusek, C.G. Overberger, and G. Heublein, Eds. New York: Springer-Verlag, pp. 1–63, 1986.
16. Hallab, N., J.J. Jacobs, and J. Black. "Hypersensitivity to Metallic Biomaterials: A Review of Leukocyte Migration Inhibition Assays," *Biomaterials*, vol. 21, pp. 1301–1314, 2000.
17. Shin, H., K. Zygourakis, M.C. Farach-Carson, M.J. Yaszemski, and A.G. Mikos. "Attachment, Proliferation, and Migration of Marrow Stromal Osteoblasts Cultured on Biomimetic Hydrogels Modified with an Osteopontin-Derived Peptide," *Biomaterials*, vol. 25, pp. 895–906, 2004.
18. Burdick, J.A. and K.S. Anseth. "Photoencapsulation of Osteoblasts in Injectable RGD-Modified PEG Hydrogels for Bone Tissue Engineering." Biomaterials, vol. 23, pp. 4315–4323, 2002.

推荐阅读

Asthagiri, A.R. and D.A. Lauffenburger. "Bioengineering Models of Cell Signaling," *Annual Review of Biomedical Engineering*, vol. 2, pp. 31–53, 2000.

Bruck, S.D. *Properties of Biomaterials in the Physiological Environment*. Boca Raton: CRC Press, 1980.

Cai, S., Y. Liu, X. Zheng Shu, and G.D. Prestwich. "Injectable Glycosaminoglycan Hydrogels for Controlled Release of Human Basic Fibroblast Growth Factor," *Biomaterials*, vol. 26, pp. 6054–6067, 2005.

Chan, B.P. and K.F. So. "Photochemical Crosslinking Improves the Physicochemical Properties of Collagen Scaffolds," *Journal of Biomedical Materials Research Part A*, vol. 75, pp. 689–701, 2005.

Charulatha, V. and A. Rajaram. "Influence of Different Crosslinking Treatments on the Physical Properties of Collagen Membranes," *Biomaterials*, vol. 24, pp. 759–767, 2003.

Couñago, R. Chen, S., and Y. Shamoo. "*In Vivo* Molecular Evolution Reveals Biophysical Origins of Organismal Fitness." *Molecular Cell*, vol. 22, pp. 441–449, 2006.

Dee, K.C., D.A. Puleo, and R. Bizios. *An Introduction to Tissue-Biomaterial Interactions*. Hoboken: Wiley-Liss, 2002.

Dickinson, R.B., A.G. Ruta, and S.E. Truesdail. "Physiochemical Basis of Bacterial Adhesion to Biomaterial Surfaces." In *Antimicrobial/Anti-Infective Materials: Principles, Applications, and Devices*, S.P. Sawan and G. Manivannan, Eds. Lancaster: Technomic Publishing, pp. 67–93, 2000.

Edelman, E.R., E. Mathiowitz, R. Langer, and M. Klagsbrun. "Controlled and Modulated Release of Basic Fibroblast Growth Factor," *Biomaterials*, vol. 12, pp. 619–626, 1991.

Fujisawa, R. and Y. Kuboki. "Preferential Adsorption of Dentin and Bone Acidic Proteins on the (100) Face of Hydroxyapatite Crystals," *Biochimica et Biophysica Acta*, vol. 1075, pp. 56–60, 1991.

Guyton, A.C. and J.E. Hall. *Textbook of Medical Physiology*, 11th ed. Philadelphia: W.B. Saunders, 2006.

Hartgerink, J.D., E. Beniash, and S.I. Stupp. "Self-Assembly and Mineralization of Peptide-Amphiphile Nanofibers," *Science*, vol. 294, pp. 1684–1688, 2001.

Horbett, T.A. "Principles Underlying the Role of Adsorbed Plasma Proteins in Blood Interactions with Foreign Materials," *Cardiovascular Pathology*, vol. 2, pp. 137S–148S, 1993.

Horbett, T.A. "The Role of Adsorbed Proteins in Tissue Response to Biomaterials." In *Biomaterials Science: An Introduction to Materials in Medicine*, B.D. Ratner, A.S. Hoffman, F.J. Schoen, and J.E. Lemons, Eds., 2nd ed. San Diego: Elsevier Academic Press, pp. 237–246, 2004.

Huang, F.M., K.W. Tai, M.Y. Chou, and Y.C. Chang. "Cytotoxicity of Resin-, Zinc Oxide-Eugenol-, and Calcium Hydroxide-Based Root Canal Sealers on Human Periodontal Ligament Cells and Permanent V79 Cells," *International Endodontic Journal*, vol. 35, pp. 153–158, 2002.

Hubbell, J.A. "Matrix Effects." In *Principles of Tissue Engineering*, R.P. Lanza, R. Langer, and J. Vacanti, Eds., 2nd ed. Austin: Academic Press, pp. 237–250, 2000.

Hunter, G.K. and H.A. Goldberg. "Modulation of Crystal Formation by Bone Phosphoproteins: Role of Glutamic Acid-Rich Sequences in the Nucleation of Hydroxyapatite by Bone Sialoprotein," *The Biochemical Journal*, vol. 302 (Pt 1), pp. 175–179, 1994.

Lin, X. "Functions of Heparan Sulfate Proteoglycans in Cell Signaling During Development," *Development*, vol. 131, pp. 6009–6021, 2004.

Martins-Green, M. "Dynamics of Cell-ECM Interactions." In *Principles of Tissue Engineering*, R.P. Lanza, R. Langer, and J. Vacanti, Eds., 2nd ed. Austin: Academic Press, pp. 33–55, 2000.

Mitchell, R.N. and F.J. Schoen. "Cells and Cell Injury." In *Biomaterials Science: An Introduction to Materials in Medicine*, B.D. Ratner, A.S. Hoffman, F.J. Schoen, and J.E. Lemons, Eds., 2nd ed., San Diego: Elsevier Academic Press, pp. 246–260, 2004.

Salih, E., S. Ashkar, L.C. Gerstenfeld, and M.J. Glimcher. "Identification of the Phosphorylated Sites of Metabolically 32P-Labeled Osteopontin from Cultured Chicken Osteoblasts," *Journal of Biological Chemistry*, vol. 272, pp. 13966–13973, 1997.

Saltzman, W.M. "Cell Interactions with Polymers." In *Principles of Tissue Engineering*, R.P. Lanza, R. Langer, and J. Vacanti, Eds., 2nd ed. Austin: Academic Press, pp. 221–235, 2000.

Schakenraad, J.M. "Cells: Their Surfaces and Interactions with Materials." In *Biomaterials Science: An Introduction to Materials in Medicine*, B.D. Ratner, A.S. Hoffman, F.J. Schoen, and J.E. Lemons, Eds., 1st ed. San Diego: Elsevier Academic Press, pp. 141–147, 1996.

10. 生物材料植入体与急性炎症

主要目的

熟悉急性炎症反应各个阶段的细胞类型及理解获得性免疫反应与炎症之间的相互作用。

具体目标

1. 区别固有性免疫及获得性免疫；
2. 比较/对照 4 种白细胞的形成及作用；
3. 理解急性炎症的生理反应；
4. 学习炎症的临床信号及其生理起因；
5. 了解嗜中性粒细胞迁移步骤、信号及其内吞外来入侵物的作用；
6. 理解巨噬细胞在破坏外来颗粒的过程中发挥的作用及其与获得性免疫间的相互作用；
7. 了解目前体外检测技术及其应用的局限性。

10.1 概述：固有性免疫及获得性免疫反应

以下几章将考察特异蛋白、细胞与生物材料之间的相互作用过程中的常见反应，如炎症、免疫及血液凝集。图 10.1 为材料植入数周后发生生物学响应的例子。一般将生物材料的植入视为对机体内部状态或**内环境稳定**（homeostasis）的一种侵袭。为抵御入侵物并恢复机体的内环境稳定，机体自身已形成多种防御机制。防御机制最初用以抵御病原体的入侵，但是许多细胞及信号分子也对材料做出响应。

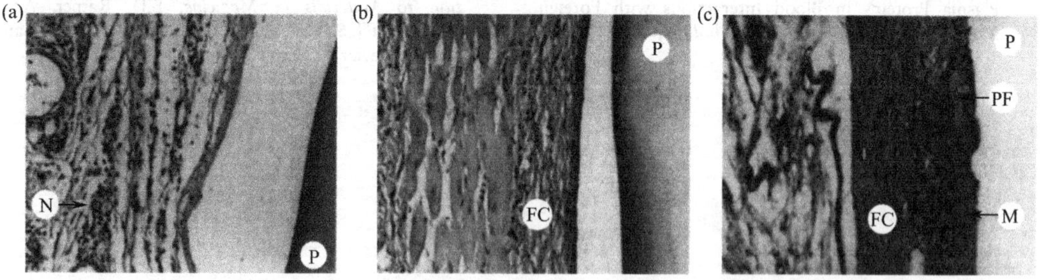

图 10.1 小鼠皮下植入生物降解性聚合物生物材料 12 周体内反应的图片顺序。(a) 移植后 4 天；(b) 移植后 3 周；(c) 移植后 12 周。苏木精和伊红染色。字母 P 表示聚合物或者聚合物留下的空间，N 表示中性粒细胞，FC 表示纤维包膜，M 代表巨噬细胞，PF 表示嵌在纤维胞膜内的聚合物片段。这个例子就是典型的伤口愈合反应。在前几天内，植入区域会出现中性粒细胞浸润（急性炎症），紧接着在植入体周围缓慢地产生纤维包膜（纤维性愈合）。由于这种材料是生物降解性的，聚合物片段也会出现在后面的时间段中（获准翻印自文献 [1]）

固有性或非特异性免疫（innate or nonspecific immunity）与生俱来的，是机体的第一道防线。如果入侵机体不能被固有性免疫反应清除，机体就会产生**获得性或特异性免疫反应**（acquired or specific immune response），这一过程涉及多种白细胞即淋巴细胞。一般为了防御特异性疾病或增强机体免疫力而为个体接种疫苗，当疫苗与特异性病原体接触时便被激活产生获得性免疫反应。

当外来物质对固有性免疫及获得性免疫均产生抗性，机体便发生**感染**（infection）。需要特别指出的是固有性免疫反应在非感染状态下也会发生，一般生物材料植入就会发生。上述两类免疫反应是高度交错的，通常使用相同的信号分子。这两种反应在很大的程度上依赖于各种**白细胞**（leukocyte）的活性。

10.1.1 白细胞的特征

10.1.1.1 白细胞的类型

血液中主要存在 4 种类型的白细胞，每种白细胞都发挥着自身独特的功能。

1. **粒细胞**（granulocyte） 这类细胞因在光学显微镜下呈颗粒状而得名。可以再分为嗜中性粒细胞、嗜酸性粒细胞、嗜碱性粒细胞。粒细胞核中有多个叶角（使其看上去有多个细胞核），其主要功能是吞噬外来入侵物及援助炎症反应。

2. **单核细胞**（monocyte） 与粒细胞不同，这些细胞不具有叶角的细胞核。它们具有强大的吞噬能力，在炎症反应中发挥着核心作用。

3. **淋巴细胞/浆细胞**（lymphocyte/plasma cell） 包括 T 细胞和 B 细胞，作用于获得性免疫反应，详见第 12 章。淋巴细胞又被分为记忆细胞和效应细胞。当机体再次遇到相同的病原体时，记忆细胞能够做出快速应答，而效应细胞则产生抗体或做出反应清除外来侵入物。

4. **巨核细胞**（megakaryocyte） 只存在于骨髓中，可以在骨髓中分裂而形成血小板，产生无核的碎片在血液中循环，有助于血液的凝固（第 13 章）。

10.1.1.2 白细胞的形成

白细胞起源于多功能造血干细胞。造血干细胞可以分化为两种不同的早期前体细胞：一种最终在骨髓中分化成为血红细胞（红细胞）、粒细胞、单核细胞以及巨核细胞；另一种分化成为淋巴细胞（图 9.25），淋巴细胞是在骨髓中产生，进而在淋巴组织（淋巴结、脾、胸腺以及扁桃体）中成熟。粒细胞在发挥作用前，一般贮存于骨髓中。淋巴细胞常常贮存于淋巴组织中，但是其中一小部分淋巴细胞一直在血液中循环。

10.1.1.3 白细胞的寿命

白细胞一般只存在于血液中，当组织需要时，进行转运。如粒细胞一般在血液中停留 4～8 h，在靶组织中停留 4～5 天，并在发挥抵御功能之后消失；单核细胞在血液中停留 10～20 h，然后迁移到组织，分化成为组织特异的巨噬细胞；巨噬细胞比单核细胞大，拥有更强的吞噬潜力，能够存活数月乃至数年。

淋巴细胞随着淋巴液进行循环，在血液中停留几小时后，重新进入淋巴组织。这些细胞在淋巴组织中贮存一段时间或者经淋巴引流后立即返回血液。该循环不断的重复，因此整个机体都存在淋巴细胞的持续循环。根据机体的需求，单个淋巴细胞的寿命从几周到几年。

10.1.2 固有性免疫的来源

本节仅讨论固有性免疫，获得性免疫详见第 12 章。固有性免疫可提供 4 个方面的防御功能：

1. 解剖学屏障（皮肤或黏膜）；
2. 生理学屏障（体温，胃酸）；
3. 吞噬细胞（粒细胞）；
4. 炎症。

值得一提的是，典型的固有性免疫反应同时具有 4 种防御功能，以减少入侵物的数量，如炎症过程中（上列第 4）存在吞噬细胞的募集反应（上列第 3）。

10.2 炎症的临床症状及其起因

临床上，炎症具有某些特有的症状，称之为 4 种主要信号。这些信号都有拉丁名称，表明它们作为炎症过程中一个部分已于几个世纪前被发现。4 种主要信号分别为：发红、肿胀、发热、疼痛。

随着医学知识的进步，已确定这些特别症状的起因均是生理变化，而这些生理变化有利于界定急性炎症。作为固有性免疫的一部分，**急性炎症**（acute inflammation）对组织的损伤是一个瞬时反应，即受到入侵物的袭击后，相关的生理变化将会在头几个小时或数天后就产生；而**慢性炎症**（chronic inflammation）则会持续数周乃至数月。材料植入机体后，同时存在这两种炎症（图 10.1）。慢性炎症详见第 11 章。

急性炎症是通过补体系统或 T 型淋巴细胞释放的物质（第 12 章），或者通过血凝级联反应的产物（第 13 章）得以控制的。表 10.1 列举了这些可溶性的物质，它们引起各种反应。

表 10.1 炎症作用的调节因子

炎症效应	调节因子
局部血管的肿胀	激肽、（血）纤维蛋白肽、组胺、前列腺素
毛细血管渗透性的增加	缓激肽、（血）纤维蛋白肽、前列腺素
间隙空间的凝集	纤维蛋白素原及其他胞浆蛋白
淋巴细胞向组织的迁移	白细胞介素-8，血小板激活因子（PAF），补体剪切产物 C3a、C5a、C5b67，（血）纤维蛋白肽、前列腺素、白细胞三烯
巨噬细胞向组织的迁移	巨噬细胞炎性蛋白（MIP）：1a 和 1b

组织损伤后，其邻近的血管**舒张**（vasodilate）/膨胀，导致组织发红、变热。此外，邻近毛细血管的渗透性也会增加，导致液体向周围组织的泄漏。某些血液蛋白，如纤维蛋白素原，其作用方式是凝集成解剖学屏障将外来侵入物与**间隙**（interstitial）空间隔离。另外的可溶性因子吸引大量的粒细胞及单核细胞到靶组织吞噬碎屑及外来有机物。与此同时，单个的组织细胞也开始膨胀。上面所有事件共同作用导致了炎症过程中的肿瘤或组织肿胀。炎症反应所引起的疼痛是血液凝集级联反应中激肽物质释放所产生的副产物（第 13 章）。

10.3 组织巨噬细胞及中性粒细胞的作用

炎症反应防御机制的一个重要部分是产生吞噬细胞以抵制入侵物。机体中细胞防御的第一道防线就是滞留在该区域的组织巨噬细胞发挥作用，一般在组织受伤后 1 h 内发生。与此同时，血管中的粒细胞，尤其是中性粒细胞对感染组织中的可溶性因子产生响应性而发生侵袭。中性粒细胞流出血管进入组织的运动被称为**外渗**（extravasation）。

10.3.1 中性粒细胞的迁移

中性粒细胞首先与血管内皮组织连接，然后渗透到血管内皮层，最后迁移到炎症区域，从而实现外渗。该过程包含了 4 个主要步骤：**滚动**（rolling）、**激活**（activation）、**停止**（arrest）和**黏附**（adhesion）以及**迁移**（migration）（图 10.2）。中性粒细胞随着血液的流动而被转运，能够通过低亲和力选择蛋白与糖之间的反应而结合到血管内皮组织，从而发生滚动。由第 9 章讨论可知，选择蛋白是内皮细胞的受体，含有与中性粒细胞表面的糖蛋白相互反应的碳水化合物的类似物。选择蛋白在发炎的内皮组织处含量增加，促进中性粒细胞的结合。然而，由于不是强相互作用，这些细胞轻易地结合到内皮组织上，然后随着血液流动而移出，这个过程不断的重复，使细胞沿着血管表面滚动。

中性粒细胞在滚动的过程中，被**趋化因子**（chemoattractant）激活。趋化因子是一种引起中性粒细胞向损伤组织迁移的物质。化学刺激引起的细胞运动被称为**趋化性**（chemotaxis），对中性粒细胞而言，外渗是趋化性的第一个部分。中性粒细胞的两个最主要激活趋化因子是白细胞介素-8（IL-8）以及巨噬细胞炎症蛋白-1b（MIP-1b）。IL-8 与 MIP-1b 结合中性粒细胞表面的受体，激活那些诱导细胞膜中整合素分子构象变化的细胞外通路。目前，整合素对于内皮组织表面细胞黏附分子（CAM）免疫球蛋白超家族有较高的亲和力。

中性粒细胞的整合素受体与内皮细胞提供的 CAM 之间的强相互作用导致细胞滚动停止及内皮组织的牢固黏附（停止和黏附）。外渗作用的最后阶段是中性粒细胞**跨内皮组织迁移**（transendothelial migration）到炎症组织。细胞完成跨内皮组织迁移是通过血细胞**渗出**（diapedesis）或通过挤压细胞（骨架）部件挤出内皮细胞之间那狭小的空间（图 10.2）。虽然跨内皮组织迁移的确切刺激物尚不清楚，但是一旦遇到靶组织，中性粒细胞为更多的趋化因子表达高水平的受体，满足其使用需求。

10.3.2 中性粒细胞的作用

中性粒细胞一旦位于损伤位点，将对去除外来入侵机体及援助愈伤治疗反应发挥功能。这些功能包括基于吞噬细胞的杀伤作用、呼吸暴发以及信号分子的分泌。

10.3.2.1 吞噬作用

中性粒细胞的主要任务是吞噬外来物质（第 9 章）。除此之外，中性粒细胞内还含有许多消化细菌物质及参与吞噬体（能够消化大颗粒的囊体）消化外来物质的酶的颗粒。被激活的中性粒细胞也为抗体及补体包被的外来颗粒表达大量的受体，以协助外来颗粒的去除。这些包被（将在后面的章节中讨论）能特异地加速外来物质的消除。在这

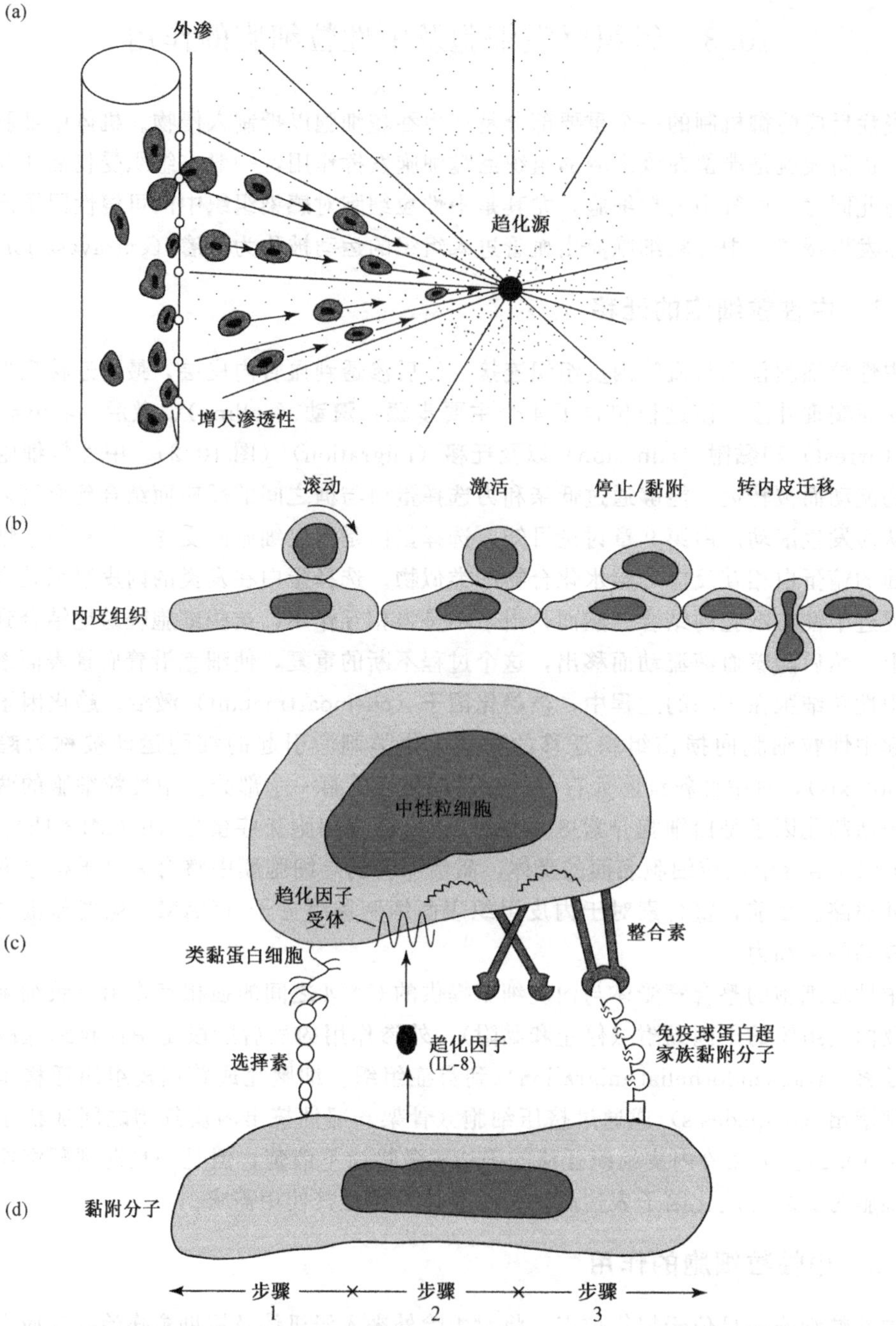

图 10.2 中性粒细胞的外渗。(a) 中性粒细胞结合到血管内皮上，渗入血管内皮层，向炎症区域迁移，实现外渗；(b) 这个过程包含 4 个主要的步骤：滚动、活化、停止/黏附以及迁移；(c) 由于中性粒细胞随着血液的流动而转运，它们能够通过低亲和力选择蛋白与糖类间的反应轻易地结合到血管内皮组织而导致滚动的发生（图中步骤 1)。进而中性粒细胞被趋化因子激活。趋化因子（如 IL-8 与 MIP-1b）结合中性粒细胞表面的受体，激活那些诱导细胞膜中整合素分子构象变化的细胞外通路（步骤 2)。整合素对于内皮组织表面已发现的细胞黏附分子（CAM）的免疫球蛋白超家族有较高的亲和力（停止与黏附，步骤 3)（获准翻印自文献［2］和［3］)

种情况下，上调包被受体的激活性化学物质是补体级联反应的一种副产物。

10.3.2.2 呼吸暴发

被激活的中性粒细胞还表现出呼吸暴发。在呼吸暴发过程中，葡萄糖的代谢增加10倍，而氧的消耗上升2～3倍，这就导致细胞内活性氧及氮的形成。这些活性氧及氮是杀伤外来物质的另一种方式，也是促进机体内生物材料腐蚀及氧化降解的复合物（第5章）。然而，这些活性离子可能会引起某些不希望的组织损伤，因此确定局部区域的炎症反应尤显重要。炎症控制的方法详见后面章节。

10.3.2.3 分泌化学调节因子

中性粒细胞除消除外来入侵物的作用外，还能分泌许多因子，称之为**细胞因子**（cytokine），这些因子对几种细胞能够产生特异的效应。表10.2列出了一些细胞因子的作用，表10.3为细胞因子及其靶细胞。

表10.2 细胞因子的作用

因子	功能
白细胞介素-1（IL-1）	促进粒细胞的迁移，增加IL-8的产生，活化淋巴细胞，促进组织因子的释放
白细胞介素-6（IL-6）	活化淋巴细胞
白细胞介素-8（IL-8）	吸引中性粒细胞，促进中性粒细胞整合素与CAM的相互作用
巨噬细胞炎症蛋白1a（MIP-1a）	吸引单核细胞
巨噬细胞炎症蛋白1b（MIP-1b）	与IL-8对中性粒细胞产生的效应相同，吸引单核细胞
转化生长因子-β（TNF-β）	抑制炎症反应
肿瘤坏死因子-α（TNF-α）	促进粒细胞的迁移，增加IL-8的产生，促进组织因子的释放

表10.3 参与炎症/免疫反应的细胞因子

作用	因子
炎症细胞产生并作用于炎症细胞的细胞因子	IL-1、IL-8、MIP-1a、MIP-1b、TGF-β、TGF-α
炎症细胞产生并作用于淋巴细胞的细胞因子	IL-1、IL-6、TGF-α

组织中的活性中性粒细胞释放诸如MIP-1a及MIP-1b等介质，以便将单核细胞募集到该区域，同时也释放IL-8，吸引更多的中性粒细胞。这类介质对淋巴细胞也具有趋化现象，为固有性免疫反应及获得性免疫反应提供了一种交流或交叉位点。

例题10.1

一家公司研发了一种新型合成材料，将其应用在小直径的血管移植方面。体外所做的最初研究是检测潜在的炎症反应。这个过程涉及如下操作：材料植入后，分离血液中的细胞并培养48 h；在培养期间用ELISA分析培养基。研究发现IL-8及MIP-1b的表达大约是正常生理水平的4倍。在相同的实验方式下，将细胞与另一种可控的材料进行共培养，发现IL-8及MIP-1b的表达没有增加。根据以上结果判断这种新材料是否会比第一种可控材料导致更强的炎症反应？为什么？从炎症的观点来看，这种新材料是否更适合于长期用于血管移植？

解答：

炎症反应是材料在任何手术植入法中都会产生的，因为组织的破坏是植入操作的一个必要部分。然而，与正常情况相比，一些因子能够引起更严重的炎症反应。在这种情况下，说明相对于可控材料，实验材料引起IL-8及MIP-1b的高表达。IL-8及MIP-1B是中性粒细胞的强趋化物，因此由于材料的出现而产生IL-8及MIP-1b的高表达可能导致植入体附近中性粒细胞的活性增强及黏附。然后中性粒细胞通过上皮细胞迁移并释放细胞因子募集更多的炎症细胞到靶位置。这样，与可控材料相比，试验性材料导致IL-8及MIP-1b的强表达，进而对中性粒细胞的募集、活化及黏附，使得体内产生更多的炎症反应。该问题并没有对炎症反应所期待时间框架的评述提供足够的信息。然而，严重的初期炎症反应可以降低植入体长期的活性，因为当材料暴露在低pH环境下，或与氧化剂、自由基接触时，这些物质将会潜在的损坏或改变材料。

10.4 其他白细胞的作用

10.4.1 单核细胞/巨噬细胞

在炎症反应开始后的5～6 h，单核细胞到达损伤部位，这一现象的发生部分原因是中性粒细胞释放信号。单核细胞开始扩增形成组织巨噬细胞。巨噬细胞的成熟需要8 h，这个过程包含细胞的膨胀与大量溶酶体的形成。几天到数周后，巨噬细胞成为主要的细胞类型。巨噬细胞与中性粒细胞具有相似的功能，但是巨噬细胞具有更强更持久的杀伤能力。

10.4.2 巨噬细胞的作用

与中性粒细胞相似，巨噬细胞吞噬外来介质以及分泌化学介质调节许多机体系统的反应。然而，通过其作为抗原呈递细胞的作用，巨噬细胞对固有性及获得性免疫反应间的相互作用是必需的，这将在下面介绍。

10.4.2.1 吞噬作用与生物材料

吞噬作用（phagocytosis）与中性粒细胞吞噬是相同的方式，尽管如此，与中性粒细胞相比，个体巨噬细胞能吞噬更多的细菌或颗粒。然而，巨噬细胞在损伤部位存在的时间较长，许多干扰吞噬过程的事件都会发生，尤其是生物材料植入体引起的损伤。例如，如果被吞噬的生物材料颗粒能抑制降解，就能在巨噬细胞中保持螯合状态，直到死亡或裂解而被重新释放到环境中。如果这些可消化性颗粒较小，该过程将在长时间内被重复，若干吞噬细胞就会被募集到该区域消除颗粒。

然而，如果存在大量可消化颗粒，巨噬细胞持续死亡或在局部区域被取代，将会产生临床症状。**硅肺病**（silicosis）就是这种症状的一个例子，该病是由吸入的硅颗粒残留在肺中导致的。当巨噬细胞不能消化硅而自身裂解时，不但硅颗粒重返组织，而且其他的细胞内含物，如细胞因子，也会被释放出来。这些细胞因子的作用之一是刺激纤维细胞在受损区域形成纤维组织，这些纤维化区域会降低肺中氧气转运的面积，从而严重妨碍患者对氧气的摄入。

相比之下，如果非降解性材料的尺寸比细胞大很多，那么将会发生另一个事件：**无效吞噬**（frustrated phagocytosis）。当颗粒太大而无法被细胞吸收、降解时，中性粒细胞或者巨噬细胞都会发生无效吞噬，释放酶和其他的产物到外源材料邻近的环境中。一般情况下，颗粒的最大尺寸大于 5 μm 时，就会产生这种反应。在这个过程中释放的酶量与颗粒的大小有关，植入体较大时可能诱导更大的反应。

10.4.2.2 分泌化学调节因子

被激活的巨噬细胞分泌许多化学调节因子，为说明这些细胞因子如何影响其他系统的反应，介绍三种主要的细胞因子：白细胞介素-1（IL-1）、白细胞介素-6（IL-6）以及肿瘤坏死因子。这些因子的影响分别是：

1. 对炎症反应的影响（IL-1 及 TNF-α）；
2. 对获得性免疫的影响（IL-1 及 IL-6）；
3. 系统影响（所有因子）。

我们通过 IL-1 及 TNF-α 增加血管内皮细胞黏附分子的表达促进细胞迁移，来详尽地考察炎症中的免疫应答。它们也能增加与粒细胞表面整合素所结合的 CAM 的表达及 IL-8 的产量，IL-8 能促进中性粒细胞整合素与 CAM 之间的相互作用。除此之外，TNF-α 能直接激活中性粒细胞及巨噬细胞。

这些细胞因子的分泌也提供了与获得性免疫反应之间的交流，在获得性免疫反应中发现，上述物质能激活或促进淋巴细胞的迁移。系统影响也可能发生，这些细胞因子诱导肝内急性蛋白的产生，导致体温的上升从而降低入侵病原体的活性。IL-1 及 TNF-α 也能促进内皮细胞及巨噬细胞中组织因子的合成及释放，引起血液凝集级联反应。

10.4.2.3 作为抗原呈递细胞

巨噬细胞的一个重要功能是作为抗原呈递细胞（APC），为固有性免疫及获得性免疫反应提供直接的联系。活性巨噬细胞具有增加某些受体（主要组织相容性复合体Ⅱ）表达的能力，将外源蛋白（抗原）呈递给淋巴细胞。某些淋巴细胞与那些蛋白质黏附在受体上的巨噬细胞之间的相互作用引发了获得性免疫反应（第 12 章）。

例题 10.2

几个在三个月前进行了脊椎融合手术的患者向他们的整形外科医师抱怨手术部位发生过度的肿胀和发热。查看了这些患者的病历后，发现钛椎弓根螺钉和固定棒是分别植入的。外科医师推断螺钉和固定棒之间的移动可能会引起了植入体周围碎屑颗粒的迅速形成。深入研究后发现，碎屑颗粒的量与椎弓根螺钉及固定棒之间的移动程度成正比。同样，巨噬细胞的出现也直接与碎屑颗粒的量成正比。如何区别组织对本体植入物与植入物碎屑引起的反应？

解答：

炎症反应是生物材料的手术植入引起的组织损伤的应答。在理想状态下，炎症反应随着时间的流逝已被人们解决。然而，许多生物材料被认为是外来物质，导致了炎症反应的延长，如吞噬性细胞，比如巨噬细胞，旨在去除材料。尺寸比巨噬细胞大的材料，例如椎弓根螺钉，其尺寸太大了以至于不能被吞噬。结果表明，巨噬细胞围绕在材料附近释放溶酶体中的酶，在细胞外基质环境中试图用所谓的无效吞噬降解材料。另一方面，植入体产生的微米级的磨损颗粒通过内吞作用能被巨噬细胞吞噬。由于钛是非降解性的，这些颗粒将残留在巨噬细胞中直到细胞死亡及裂解，而后再导入环境中，通过内吞作用被巨噬细胞吞噬。除此之外，磨损微粒的产生增加了材料暴露表面的总量，借此增加生物反应的程度。

10.4.3 其他的粒细胞

尽管炎症的细胞事件主要与中性粒细胞及巨噬细胞相关，但其他的粒细胞也在不同程度上参与了这些细胞事件。嗜酸性粒细胞对趋化因子的响应与中性粒细胞/巨噬细胞的方式相同，只是吞噬能力相对较低。然而，这些细胞对于黏附并破坏寄生虫至关重要。除此之外，它们能够解除一些炎症诱导物质的毒副作用，阻止炎症向局部区域的扩散。

嗜碱性粒细胞出现在血液中，其功能与各种组织中的肥大细胞相似。这些细胞被激活后，释放肝素、组胺、缓激肽及五羟色胺，这些炎症的可溶性介质（在表 10.1 中可以找到某些相关介质的作用方式）。嗜碱性粒细胞及肥大细胞在过敏性反应中也发挥了重要作用（第 12 章）。

10.5 急性炎症的终止

急性炎症反应旨在组织损伤后，协助恢复组织的动态平衡及防止外来生物的入侵。然而，与这些反应相关的一些物理变化如果持续时间较长，将不利于组织功能的发挥。因此，在所有的组织中都能发现缓解或终止急性炎症的几种途径。

纵观整个炎症过程，各种化学调节因子之间的相互作用提供了一个检测和平衡的系统，确保效应局部化。典型的例子就是 IL-1 受体拮抗剂（IL-1ra）的产生，它是由产生 IL-1 的同种细胞（巨噬细胞）产生的。这些分子的结构与 IL-1 相似，能与靶细胞上相同的受体结合，与 IL-1a 不同的是它们不会对细胞产生刺激作用。以这种方式，结合 IL-1ra 能抑制靶细胞的活性（图 10.3）。因此，巨噬细胞产生的 IL-1 及 IL-1ra 相对含

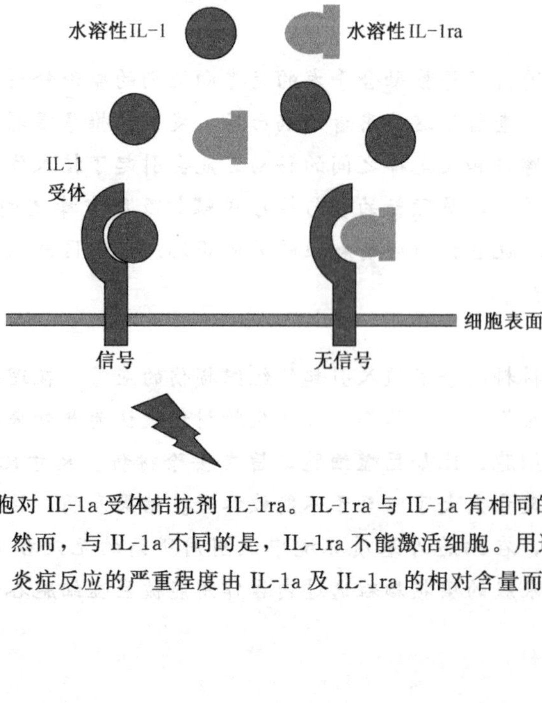

图 10.3　图解显示细胞对 IL-1a 受体拮抗剂 IL-1ra。IL-1ra 与 IL-1a 有相同的化学结构，能与靶细胞上相同的受体结合。然而，与 IL-1a 不同的是，IL-1ra 不能激活细胞。用这种方式，结合 IL-1ra 能抑制靶细胞的活性。炎症反应的严重程度由 IL-1a 及 IL-1ra 的相对含量而定

量有助于鉴定炎症反应的严重程度。

另一个控制炎症反应程度的方法是产生限制炎症反应的物质。在某些情况下，由巨噬细胞和淋巴细胞产生的转化生长因子-β（TGF-β）能够抑制某些参与炎症反应的细胞活性。最后，值得注意的是参与炎症的化学调节因子在溶液中很快被灭活或损坏，意味着它们必须在其产生的小范围内发挥作用，这就加速了损伤部位的局部反应。

当急性炎症的刺激消除后，相应的反应将以几种方式终止：急性炎症会演变成慢性炎症（第 11 章），该过程以淋巴细胞及其他单核细胞的出现进行判断。另外，肉芽组织的形成及异体反应能更有效地消除急性炎症。在下面的章节中对这种反应做详细的介绍，该反应被看成是非降解性生物材料出现时产生的一种普通的创伤愈合反应。

10.6 技术：炎症反应的体外检测

第 9 章已经分类介绍了生物材料如何引起炎症反应。大多数情况下，从人血液中分离细胞，然后与材料共培养数小时乃至数天后，检测细胞活性。我们期望有更高水平的活性，生物材料在体内将产生更多的促炎症特征。包括内皮细胞及几种粒性白细胞在内的，所有参与炎症反应的细胞都可以用这些方法进行研究。

10.6.1 白细胞的检测

与白细胞（多指中性粒细胞或巨噬细胞）相关的体外检测一般包括下列一种或几种检测指标：

1. 细胞的黏附及铺展；
2. 细胞的死亡；
3. 细胞的迁移；
4. 细胞因子的释放；
5. 细胞表面标记物的表达。

可以用很多的方法定量检测细胞的黏附，如放射性或荧光标记细胞，或裂解细胞进而检测细胞内特殊分子的释放（如 LDH）。在第 9 章中也曾提到，可在细胞染色后，用光学显微镜为黏附的细胞拍照，从而定性评价细胞铺展的程度。

由于白细胞的一个重要功能就是靶区域的移动，因此炎症细胞迁移的检测非常重要。第 9 章中介绍的所有检测细胞迁移的方法，都被应用到细胞移动的研究中。通过对单体细胞的直接观察，可以得到关于材料性质对细胞运动影响的信息。另外，许多检测方法可以测定单核细胞或粒细胞单独培养或与样本材料接触后的迁移状况。

促炎症细胞因子（包括若干白细胞介素及肿瘤坏死因子）的释放是细胞激活的另一个明显标记，通常使用 ELISA 来完成这种特定蛋白质的检测。

单核细胞或粒细胞活化的最后一种检测方法需要对细胞表达的表面标记物进行鉴定，通常特异性受体与内皮细胞所展现出的配体相互作用。在刺激下（包括前面讨论的）特异性受体的表达上调，因此表达标记物的细胞与生物材料接触后，其多样性提供了一种定量检测材料诱导细胞活性能力的方法。细胞计数可通过荧光激活细胞分类仪

(FACS) 或细胞流式技术来实现。

FACS仪器与流式细胞仪的工作原理基本相似，都是基于免疫组织化学技术（第9章)。荧光标记抗体与炎症细胞共培养后，将整个细胞群落置于FACS仪器上（图10.4)。细胞逐个从振荡喷嘴中喷出，经过激光束，发射一定波长的光激发荧光团。整个过程中监控每个白细胞的荧光强度（黏附在细胞表面的抗体分子的数量)，然后将数

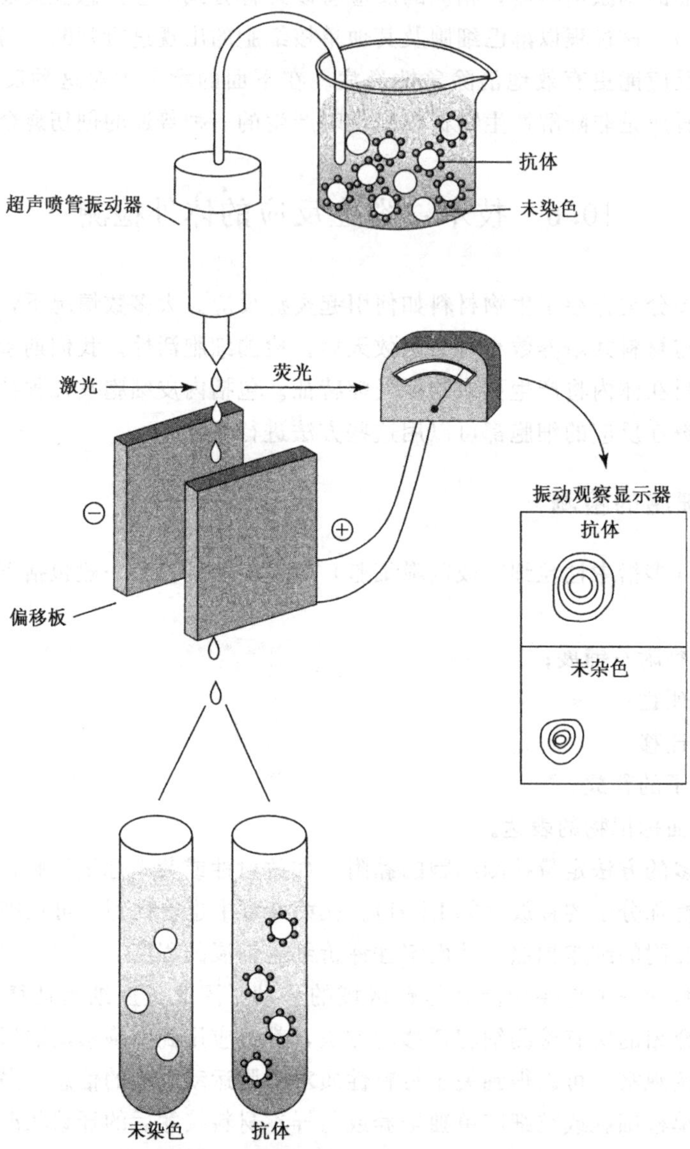

图10.4 通过荧光激活细胞分类进行细胞鉴定。首先，将荧光标记的细胞放入FACS。细胞逐个的从振荡喷嘴中喷出，经过激光束，其发射一定波长的光激发荧光团。每个白细胞的荧光强度（黏附在细胞表面的抗体分子的数量）被监控，进而被输入电脑，量化荧光（活性）及非荧光（非活性）细胞的相对数量。活性与非活性细胞的物理分选也可以通过FACS进行。激光激发后使细胞带负电荷，负电荷的量与荧光的强度成正比。因此，细胞从电离子板中发生偏转。依靠这些板的配置，细胞将被分成两种或更多种带有不同程度荧光强度的群落（获准翻印自文献[3])

据输入电脑，量化荧光（活性）及非荧光（非活性）细胞的相对数量。

FACS还可以对活性与非活性细胞进行物理分选。激光激发后，细胞带负电荷，带电量与荧光强度成正比。因此，细胞从电离子板中发生偏转。依靠这些板的配置，可以将细胞分成两种或更多种带有不同程度荧光强度的群落。

10.6.2 其他检测

用于生物材料潜在炎症的一种体外检测方法是测定内皮细胞的反应。炎症反应的一个关键步骤是：内皮细胞表面受体（如选择素）或配体（如CAM）的上调促进中性粒细胞和巨噬细胞的迁移。因此，与生物材料接触后，可通过类似于检测粒性白细胞的方法对细胞表面标记物进行检测（FACS或细胞流式仪）。体外检测的最新发展是利用组织工程结构衍生而来的模式体系检测炎症反应。例如，一种组织工程皮肤替代物与皮肤接触的生物材料共培养，材料中细胞炎症因子的释放通过ELISA或其他的方式监控。这种三维结构，可以包含多种细胞，作为一种未来的方法获取那些协助细胞体外体内反应相互关系的信息。

小结

- 机体防御外物及有机体的第一道防线是遗传性或非特异性免疫。如果固有性免疫反应不足以内吞入侵物，获得性免疫反应就会被激活。固有性免疫部分依赖于白血细胞如粒细胞和单核细胞。获得性免疫涉及白细胞即所谓的淋巴细胞的作用。
- 粒细胞与淋巴细胞都是由造血干细胞衍生而来。粒细胞、单核细胞和巨核细胞在骨髓基质中形成，然而淋巴细胞由淋巴组织产生。粒细胞一般驻留在骨髓基质中直到其被需要。它们的主要功能是辅助炎症反应及吞噬外来物质。然而，淋巴细胞一般储存在淋巴组织中，但是一部分淋巴细胞一直在血液中循环。
- 炎症的治疗信号是发红、肿胀、发热以及疼痛。损伤部位临近的血管舒张导致发红及组织发热。组织损伤后，周围毛细血管渗透性增加所引起体液向胞间隙的渗漏使得组织肿胀，单个细胞肿胀过程也是如此。血液凝集级联反应确保损伤区域的隔离及产生抵御入侵机体的屏障。这种级联反应包含了激肽的释放，这将引起疼痛。这种瞬时反应被称为急性炎症。
- 循环中性粒细胞与血管内皮组织之间的低亲和力反应导致中性粒细胞沿着血管表面发生滚动。如IL-8及MIP-1b之类的趋化因子激活中性粒细胞，导致中性粒细胞的整合素亲和力增高，用于连接血管内皮细胞表面CAM这种强的相互作用引起中性粒细胞在血管内皮细胞上的停滞与黏附。一旦黏附，中性粒细胞将经历血细胞渗出进入血管外空间的过程引起的跨血管内皮迁移，此时中性粒细胞将会遇到更多的趋化因子引导其到达损伤部位。
- 中性粒细胞通过吞噬作用、呼吸暴发或者化学调节因子的分泌来阻止外来物质的入侵。吞噬作用涉及细胞对有害物质的吞噬和摄取，在细胞内借助酶和杀菌物质消化这些有害物质。活化中性粒细胞形成含有高还原性的氮及氧类物质的颗粒导致呼吸暴发，这些物质释放后杀死外来物质。除此之外，活化中性粒细胞分泌大量的细胞因子募集单核细胞及其他的中性粒细胞到受损部位。

- 巨噬细胞吞噬物质的方式与中性粒细胞相同，然而与中性粒细胞相比，巨噬细胞能吞噬更大的细菌或颗粒。巨噬细胞及中性粒细胞都参与无效性吞噬，吞噬那些比细胞本身大许多的非降解性材料。活化巨噬细胞分泌一些具有系统效应、炎症或获得性免疫反应效应的细胞因子。活化巨噬细胞的一个重要功能就是它能作为抗原呈递细胞，提供了遗传性及获得性免疫反应的直接连接。
- 应用众多的体外技术获取生物材料引发的炎症反应的相关信息。涉及白细胞的体外技术一般是检测细胞黏附与铺展、细胞死亡、细胞迁移、细胞因子的释放及细胞表面标记物，作为细胞活性的指标。荧光激活细胞分类及流式细胞技术提供了细胞定量表达某种表面标记物的方法。另外一些用于体外潜在炎症的方法涵盖了由组织工程构造衍生而来的模式系统的使用。

习题

10.1 描述固有性免疫及获得性免疫的区别。

10.2 对于固有性免疫的不同组分中，哪种组分最有可能对植入生物材料产生效应？

10.3 在评价组织对材料的反应的实验中，对照组常常涉及所有的手术过程但不植入生物料。对于对照组而言，什么是合理的夹杂物？组织会发生什么反应？

10.4 材料植入后会发生什么吞噬并发症？

10.5 如果要鉴定三种材料（聚四氟乙烯、聚对苯二甲酸乙二酯、聚丙烯）作为血管移植的使用潜力，怎样鉴定哪一种材料诱导的活性粒细胞最少？

10.6 描述中性粒细胞外渗的步骤及列举所涉及的重要生物分子。患者 X 患了一种少见的疾病，这种疾病能抑制内皮细胞选择素的表达。而患者 Y 患了抑制内皮细胞免疫球蛋白超家族 CAM 表达的相关的疾病。对中性粒细胞外渗而言，每个患者会发生什么样的反应？为什么？

（胡　燕　唐丽灵　王远亮　译校）

参考文献

1. Suggs, L.J., R.S. Krishnan, C.A. Garcia, S.J. Peter, J.M. Anderson, and A.G. Mikos. "*In Vitro* and *In Vivo* Degradation of Poly(Propylene Fumarate-Co-Ethylene Glycol) Hydrogels," *Journal of Biomedical Materials Research*, vol. 42, pp. 312–320, 1998.
2. Guyton, A.C. and J.E. Hall. *Textbook of Medical Physiology*, 9th ed. Philadelphia: W.B. Saunders, 1996.
3. Kuby, J. *Immunology*, 3rd ed. New York: W.H. Freeman, 1997.
4. Wang, J.C., W.D. Yu, H.S. Sandhu, F. Betts, S. Bhuta, and R.B. Delamarter. "Metal Debris from Titanium Spinal Implants," *Spine*, vol. 24, pp. 899–903, 1999.
5. Trasciatti, S., A. Podesta, S. Bonaretti, V. Mazzoncini, and S. Rosini. "*In Vitro* Effects of Different Formulations of Bovine Collagen on Cultured Human Skin," *Biomaterials*, vol. 19, pp. 897–903, 1998.

推荐阅读

Alberts, B., A. Johnson, J. Lewis, M. Raff, K. Roberts, and P. Walter. *Molecular Biology of the Cell*, 4th ed. New York: Garland Publishing, 2002.

Anderson, J.M. "Mechanisms of Inflammation and Infection with Implanted Devices," *Cardiovascular Pathology*, vol. 2, pp. 33S–41S, 1993.

Black, J. *Biological Performance of Materials: Fundamentals of Biocompatibility*, 4th ed. New York: CRC Press, 2005.
Colman, R.W., J. Hirsh, V.J. Marder, A.W. Clowes, and J.N. George. *Hemostasis and Thrombosis: Basic Principles and Clinical Practice*. Philadelphia: Lippincott, Williams, and Wilkins, 2001.
Dee, K.C., D.A. Puleo, and R. Bizios. *An Introduction to Tissue-Biomaterial Interactions*. Hoboken: Wiley-Liss, 2002.
Granchi, D., E. Cenni, E. Verri, G. Ciapetti, S. Gamberini, A. Gori, and A. Pizzoferrato. "Flow-Cytometric Analysis of Leukocyte Activation Induced by Polyethylene-Terephthalate with and without Pyrolytic Carbon Coating," *Journal of Biomedical Materials Research*, vol. 39, pp. 549–553, 1998.
Gretzer, C., K. Gisselfalt, E. Liljensten, L. Ryden, and P. Thomsen. "Adhesion, Apoptosis and Cytokine Release of Human Mononuclear Cells Cultured on Degradable Poly(Urethane Urea), Polystyrene and Titanium in Vitro," *Biomaterials*, vol. 24, pp. 2843–2852, 2003.
Hallab, N., J.J. Jacobs, and J. Black. "Hypersensitivity to Metallic Biomaterials: A Review of Leukocyte Migration Inhibition Assays," *Biomaterials*, vol. 21, pp. 1301–1314, 2000.
Jenney, C.R., K.M. DeFife, E. Colton, and J.M. Anderson. "Human Monocyte/Macrophage Adhesion, Macrophage Motility, and Il-4-Induced Foreign Body Giant Cell Formation on Silane-Modified Surfaces In Vitro. Student Research Award in the Master's Degree Candidate Category, 24th Annual Meeting of the Society for Biomaterials, San Diego, CA, April 22–26, 1998," *Journal of Biomedical Materials Research*, vol. 41, pp. 171–184, 1998.
Mitchell, R.N. "Innate and Adaptive Immunity: The Immune Respinse to Foreign Materials." In *Biomaterials Science: An Introduction to Materials in Medicine*, B.D. Ratner, A.S. Hoffman, F.J. Schoen, and J.E. Lemons, Eds., 2nd ed. San Diego: Elsevier Academic Press, pp. 304–318, 2004.
Palsson, B.O. and S.N. Bhatia. *Tissue Engineering*. Upper Saddle River: Pearson Prentice Hall, 2004.
Pu, F.R., R.L. Williams, T.K. Markkula, and J.A. Hunt. "Expression of Leukocyte-Endothelial Cell Adhesion Molecules on Monocyte Adhesion to Human Endothelial Cells on Plasma Treated PET and PTFE In Vitro," *Biomaterials*, vol. 23, pp. 4705–4718, 2002.
Shen, M. and T.A. Horbett. "The Effects of Surface Chemistry and Adsorbed Proteins on Monocyte/Macrophage Adhesion to Chemically Modified Polystyrene Surfaces," *Journal of Biomedical Materials Research*, vol. 57, pp. 336–345, 2001.
Silver, F.H. and D.L. Christiansen. *Biomaterials Science and Biocompatibility*. New York: Springer, 1999.
Trindade, M.C., M. Lind, D. Sun, D.J. Schurman, S.B. Goodman, and R.L. Smith. "*In Vitro* Reaction to Orthopaedic Biomaterials by Macrophages and Lymphocytes Isolated from Patients Undergoing Revision Surgery," *Biomaterials*, vol. 22, pp. 253–259, 2001.

11. 伤口愈合和生物材料

主要目的

理解生物材料植入后的各个阶段和不同类型的消退方式，以及与无植入体存在的损伤愈合的区别。

具体目标

1. 识别肉芽组织特点；
2. 理解植入体的性质是如何影响异体反应的；
3. 比较/对比纤维包囊和慢性炎症反应；
4. 区分 4 种不同类型的消退并将其结果是否成功的特征；
5. 比较/对比损伤修复及再生；
6. 比较/对比正常损伤修复及生物材料植入后损伤修复的各阶段；
7. 理解与选择动物模型来评价炎症反应和生物相容性相关的问题及可能的局限性。

11.1 概述：肉芽组织的形成

本章中，我们将继续检测机体对移植生物材料的响应，主要是研究移植材料 24 h 后发生的事件（关于移植的急性反应已在第 10 章中介绍）。最早在材料植入（或损伤）后的一天，巨噬细胞和其他参与炎症反应的细胞提供趋化信号以促进成纤维细胞和血管内皮细胞向这些植入区域的迁移（图 11.1）。在 3～5 天内可能用显微观察到肉芽组织的形成。

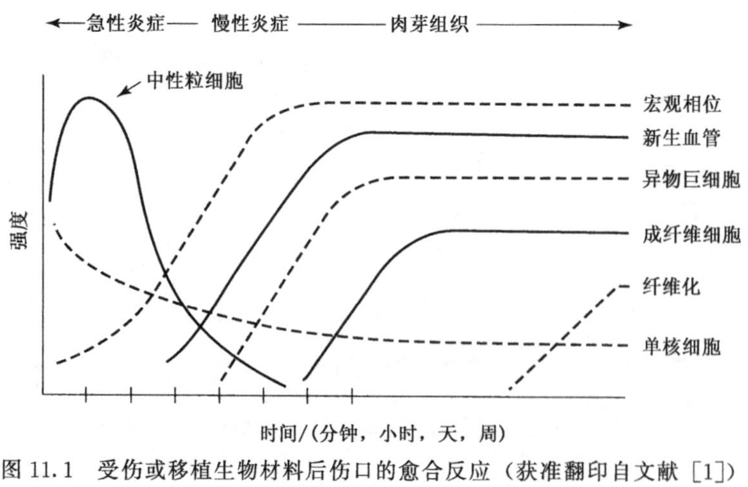

图 11.1 受伤或移植生物材料后伤口的愈合反应（获准翻印自文献 [1]）

肉芽组织（granulation tissue）在组织学中是具有卵石花纹、颗粒状的外形特征（图 11.2），它是由从现有血管萌发的血管芽形成的，这个过程也被称为**新生血管化**（neovascularization）或者**血管新生**（angiogenesis）。在高峰期，肉芽组织比其他的组织类型含有更多的毛细血管。

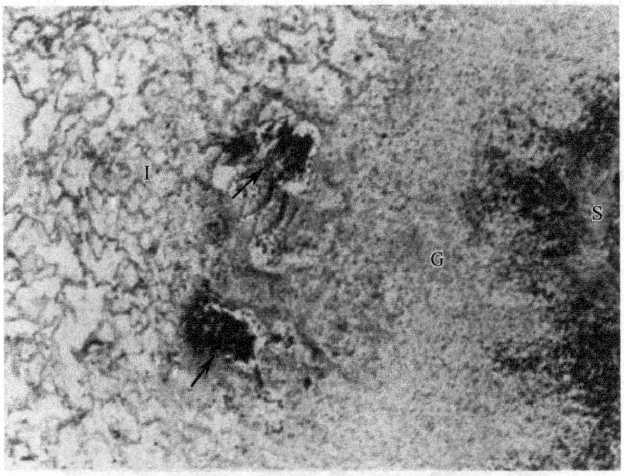

图 11.2　肉芽组织在组织/材料的界面形成。在狗动物实验模型中，用多孔钠直链淀粉琥珀酸材料处理脾脏上大表面的创伤。发育良好的肉芽组织（G）将脾脏（S）和聚合物（I）隔离。血管状物质在肉芽组织的前沿（箭头）。样品用苏木精和伊红染色。突出的是细胞核部位（黑色），放大倍数 60×（获准翻印自文献 [2]）

伤口愈合阶段也以成纤维细胞的增殖为特征。在前面的章节中已提到过，成纤维细胞是在许多组织中都能发现的一种细胞类型。它的一个主要功能是通过表达富含胶原和蛋白聚糖的细胞外基质进行合成和维持结缔组织。在肉芽组织中，有些成纤维细胞表现出平滑肌细胞的特性，被称为**成肌细胞**（myofibroblast）。成肌纤维细胞负责伤口收缩，这样由于整体缺损部位的减少导致更快的愈合。

例题 11.1

血管是在血管生成的过程中重新形成的。在这个过程中，血管祖细胞响应细胞外基质和细胞因子提供的信号而迁移和分化，从而形成血管。血管新生和血管生成有什么不同？为什么血管生成的发生会随着年龄的增长而下降？为什么血液供给在发育和再生组织中很重要？

解答：

血管新生是通过新血管芽从已有的血管中萌发或出芽而产生新血管的过程。所以，血管新生不是重新形成的过程。而血管生成不涉及新血管芽从已有血管中的萌发或出芽，它是细胞内和细胞外基质信号介导的血管祖细胞形成的新血管的产物。参与血管生成的干细胞或祖细胞的数量随着年龄的增长而降低。另一方面，胚胎环境富含干细胞，有利于血管生成。在发育及再生组织中血管是为细胞提供营养和排除细胞废物必不可少的。

11.2 异体反应

肉芽组织能形成部分异体反应。这个反应涉及异体巨细胞（FBGC）和上述肉芽组织。异体巨细胞是由单核细胞或巨噬细胞融合而成的多核细胞，用于吞噬生物材料，它比单核细胞大得多。

异体反应的相对组成依赖于若干与植入体相关的因素。其中之一是材料的表面性质，包括植入体的拓扑结构（粗糙度）和它的表面化学性质。例如，相对平整的植入体表面如硅胶乳房假体可以观察到有 1 或 2 个细胞层厚度的巨噬细胞。然而，对于粗糙的植入体，如可降解生物材料的外表面，可观察到巨噬细胞和异体巨细胞的混合体（图 11.3、图 11.4）。

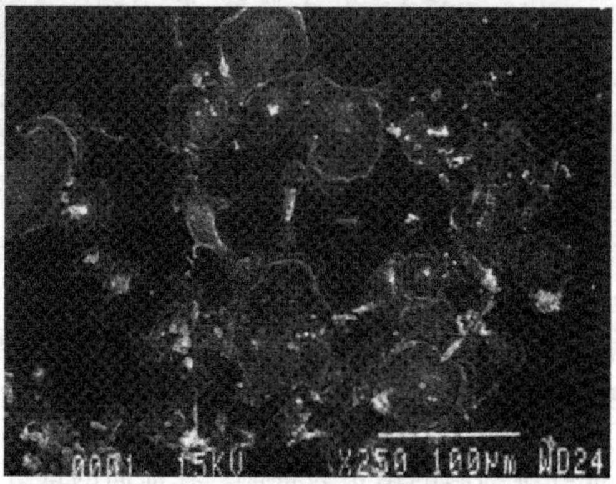

图 11.3　扫描电镜表明，将聚丙烯延胡索酸乙烯乙二醇共聚物移植到小鼠皮下的异物反应模型。在图形中观察到巨噬细胞（较小的细胞）和异体巨细胞（较大的细胞）两种（获准翻印自文献 [3]）

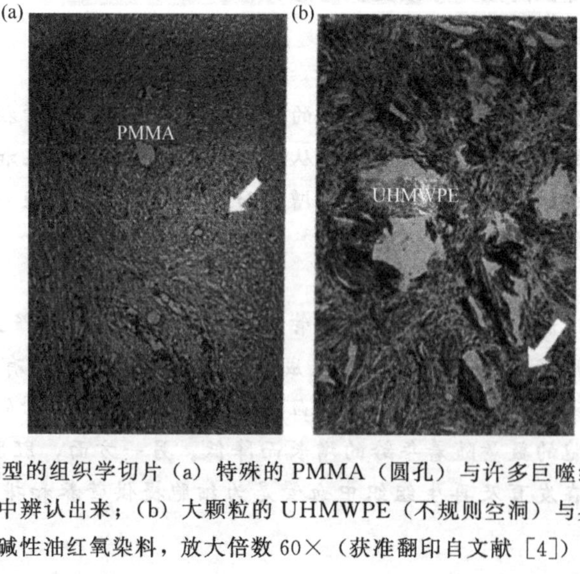

图 11.4　兔伤口模型的组织学切片（a）特殊的 PMMA（圆孔）与许多巨噬细胞（小箭头）的异体反应可在组织中辨认出来；（b）大颗粒的 UHMWPE（不规则空洞）与异形巨细胞（大箭头）的异物反应。碱性油红氧染料，放大倍数 60×（获准翻印自文献 [4]）

移植材料的形状（尤其是其表面积与体积的比例）会影响异体反应。具有高表面积体积比的植入体（如纤维或多孔材料）在组织-材料界面含有高比例的巨噬细胞和异体巨细胞。而低表面积体积比的植入体能产生更多纤维（肉芽）组织。异体巨细胞以及巨噬细胞始终存在生物材料周围，但是并不清楚这些细胞在整个过程中是否分泌生物活性因子，如降解酶或者是趋化物。

11.3　纤维囊的形成

非降解材料制成的植入体的愈合末期形**成纤维囊**（fibrous encapsulation）（图11.1）。这个过程包含了肉芽组织的成熟过程。成熟的标志是在响应局部机械力的条件下产生较大的血管和平行排列胶原纤维为特征的。在这种情况下，生物材料的存在既可以防止植入体周围包膜的裂崩也可以防止在正常损伤愈合中也会发生的瘢痕的形成（参见本章对瘢痕组织形成的进一步讨论）。生物材料移植后，纤维包囊被认为是一种可接受的结果。

长时期包囊（移植后 4 周或更长）的形成程度依赖于以下几个因素：

1. 植入时的原发损伤程度；
2. 后续细胞死亡的数量；
3. 移植点的位置；
4. 植入体的降解时间（如果降解）。

更为特殊的是，包囊的厚度可能会受到 4 种因素的影响：

1. 产生的小颗粒的数量及组成；
2. 移植位点的力学因素；
3. 植入体的形状；
4. 电流（如果产生）。

纤维包囊的大小与小颗粒脱落的速度成比例增加，这是由腐蚀、降解、磨损引起的。这些片段的化学组成，尤其是它们的细胞毒性，也是包囊形成过程中一个较大的影响因素。此外，包囊因响应许多力学因素，如植入体与周围组织之间的移动而变厚。

通过观察较厚包囊的边缘和材料表面明显的变化可以看出较厚包囊受植入体的形状影响。最后，产生电流的植入体如刺激电极，包囊厚度与电流强度相关。在这种情况下，功能电极可调节改变局部 pH 与氧气浓度以及促进腐蚀，因此，包囊的形成可能是由这些间接因素及电流的出现而引起的。

例题 11.2

药学实验室发明了一种非降解性合成聚合植入体用于控释药物传递。研究者们希望皮下移植该传递装置，进而控制药物通过扩散的释放。他们测定了在体外对药物从载体上释放的动力学，但发现当装置植入体内时药物的释放动力学发生了改变。特别是发现药物在体内的释放慢得多。是什么可能的因素导致释放动力学的不同？体积相同的立方体植入体会比球形植入体产生更厚的纤维包囊吗？为什么？

解答：

体内遇到的复杂环境很难用体外的实验复制。因此，在体外获得的实验结果不同于体内的研究结果是正常的。组织响应非降解的聚合物药物释放装置的植入体的最后阶段是装置形成纤维状化包囊。纤维包囊是药物从装置中扩散出来的屏障，因此减缓了释放速度。纤维包囊很难在体外重复；因此，观察到的体外释放不可能包含组织的扩散屏障。另外，酶的存在和含量在体内外的研究中是不同的，这也可能影响释放动力学。立方植入体可能比同体积的球状植入体产生更厚的纤维胶囊，因为立方形植入体明显的棱角能促进更多纤维组织的形成。另外，立方体的表面积要比同体积的球状物的表面积大得多；因此，带有尖角且有更多表面积的外源材料的存在能诱导更多纤维包囊的产生以及巨噬细胞及异体巨细胞的增加。

11.4 慢性炎症

慢性炎症（chronic inflammation）的均一性在组织学上比**急性炎症**（acute inflammation）的更低（图 11.5）。它以单核细胞的出现为特征，包括淋巴细胞和浆细胞，这也表明植入的这种材料可能引发获得性免疫反应（将在下一章中着重介绍）。尽管在急性炎症末期和肉芽组织的整个形成过程中通常可以观察到短暂的慢性炎症反应（图 11.1），超过这个范围的持续慢性炎症可认为是病理性的。

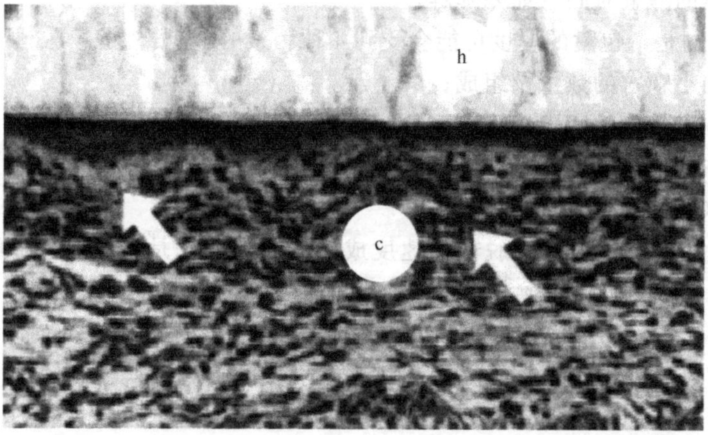

图 11.5 天然聚合物（葡聚糖）凝胶（h）在鼠皮下组织模型中的慢性炎症反应。从周围组织中可辨认出巨噬细胞（右箭头），淋巴细胞（左箭头）和成纤维细胞。c 表示纤维包囊的形成区域。甲苯胺蓝色染料，原始放大 100 倍（获准翻印自文献 [5]）

在某些情况下，慢性炎症包含了**肉芽肿**（**肉芽瘤**，granuloma）的存在。肉芽肿由非吞噬性颗粒附近的异体巨细胞单层构成。异体巨细胞本身被大的被修饰的巨噬细胞，即表皮细胞环状物包围。然后细胞体被一层淋巴细胞环绕。慢性炎症可能由生物材料的物理和化学性质引起，或是由植入体位置的改变所引起的。

11.5 炎症消退的4种类型

正如前面章节中提到的，炎症和损伤组织愈合反应的总目标是恢复损伤后的机体状况。因此，新平衡状态的形成可被认为是该炎症反应的**消退**（resolution）。炎症消退有4种类型（其中有一些已在前面的章节中讨论过）如下：

1. 挤出消退；
2. 吸收消退；
3. 整合消退；
4. 包囊消退。

在挤出消退中，如果植入体与表皮组织接触（皮肤的最上层），组织相邻的部位会有囊状形成，材料将被挤出机体，这就是裂片“自行出来”的原因。

如果植入体是生物降解性的（可吸收的），那么可能不会有纤维包囊的形成，这依赖于降解的速率。或者，如果在植入体被吸收后形成了包囊，包囊就会迸裂并保持这种方式，或者被适宜的组织取代。

整合消退发生在个别案例中，例如，在骨内移植纯钛，这种消退以植入体与宿主组织的紧密结合为特征，无纤维包囊的干预。

正如前面提到的，包囊是响应不可吸收材料的常见方式。慢性炎症或肉芽肿的形成并不包含在此项中，因为在这种情况下不能恢复原始状态（没有发生消退）。

以上所述的每一种消退是成功的还是失败的，与生物材料移植的预期密切相关。例如，吸收和整合在组织工程应用中是两个理想的消退，而包囊对于生物材料植入体来说是一种可接受的结果，但代表着组织工程产品的失败。这是由组织工程的（预期）性质决定的，这个领域的目标是产生完整功能的组织，而不是用合成材料代替损坏组织。

11.6 修复与再生：皮肤伤口愈合

如上所述，组织工程采用生物材料以产生功能性组织，有两种过程可形成功能性组织：**修复**（repair）与**再生**（regeneration），是否能产生成功的结果有赖于组织工程治疗的目标。在组织修复中，缺损部位被瘢痕组织取而代之，瘢痕组织与自然组织相比有不同的结构、生化组成及力学性能。在组织再生中，缺损部位则被与伤口发生前相同的组织所取代。这种情况下，在缺损部位形成的是正常组织的结构、组成及性能，即被完全修复。本节以皮肤伤口愈合为例来解释修复与再生之间的区别以及阐明普通伤口愈合与非降解性生物材料附近的伤口愈合之间的差异。

11.6.1 皮肤修复

图11.6所示，皮肤由内部的**真皮层**（dermal layer）和外部的**表皮层**（epidermal layer）两部分组成。如果伤口仅仅涉及表皮层，缺损再生是可能的（见后述）。然而，许多刀割伤和烧烫伤会延伸到真皮层，此处伤口愈合的主要方法就是修复。

受伤后的第一反应是血凝和纤维蛋白网的形成以防止体液缺失（第13章）。紧接着

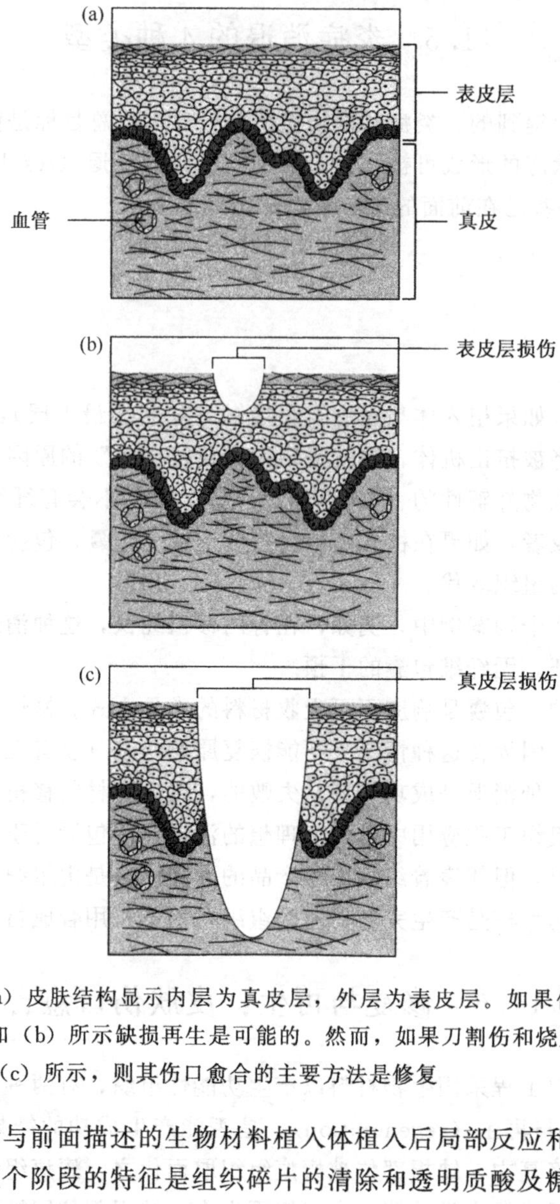

图 11.6 (a) 皮肤结构显示内层为真皮层，外层为表皮层。如果伤口只涉及到表皮层，如 (b) 所示缺损再生是可能的。然而，如果刀割伤和烧烫伤延伸到真皮层，如 (c) 所示，则其伤口愈合的主要方法是修复

就是急性炎症，包括与前面描述的生物材料植入体植入后局部反应和细胞的迁移相同的步骤（第 10 章）。这个阶段的特征是组织碎片的清除和透明质酸及糖胺聚糖在细胞外基质的沉积。

炎症反应引发了成纤维细胞的内流，它们在细胞外基质中增殖和沉积，标志着肉芽组织形成的开始。如前所述，大量的新血管也在此期间形成。在该阶段组织的特征是沉积在胞外基质中的胶原纤维（Ⅲ型）很薄，并且无方向性。随着新的细胞外基质沉积，纤维蛋白通过特异酶的释放和剩余巨噬细胞的吞噬作用而发生溶解。

皮肤愈伤修复的最后阶段是**重建**（remodeling）或者瘢痕形成，该过程在受伤大约一周后开始，细胞外基质的胶原分子发生转换，特点是通过酶和（或）吞噬作用使胶原Ⅲ降解并最终被胶原Ⅰ取代。新的胶原束较大且取向于组织的应力主线。类似的，糖胺聚糖如硫酸软骨素和皮肤素与透明质酸的比例将增加。

在受伤后，瘢痕组织处的胶原聚集能持续 2～3 个月。此外，由于胶原纤维的进一

步交联使新组织的力学性能在这几个月内不断增加。在这期间，血管没有形成相互连接而被吸收，瘢痕显得苍白且无血色。

这就是皮肤完全修复的过程，即形成了功能性组织的替代物，它们在大多数情况下是完全能够满足要求的。应该注意的是，在非降解材料存在的情况下这个过程不能完全地实现，因为包囊仍存在于材料附近不会重建成瘢痕组织。只有当真皮的缺损被填满之后，伤口才可能并发再上皮化过程，这在下面章节中将进行讨论。尽管缺损部位被填满，但由于瘢痕组织在真皮层中存在，所以不能表示缺损部位再生了。

11.6.2 皮肤再生

对于有表皮层存在的皮肤小伤口（称为**糜烂**，erosions），通过**再上皮化**（reepithelialization）可使得这种缺损完全再生。但是不能发生彻底修复的过程，这是由于表皮中植入的非降解性材料一直存在。

图 11.7 所示，再上皮化始于缺损边缘的细胞开始变形（变扁平），以覆盖更多的伤口。伤口边缘黏附作用的去除使得细胞迁移到缺损部位。同时，边缘处的上皮细胞发生增殖并逐渐形成薄层以覆盖整个伤口部位。

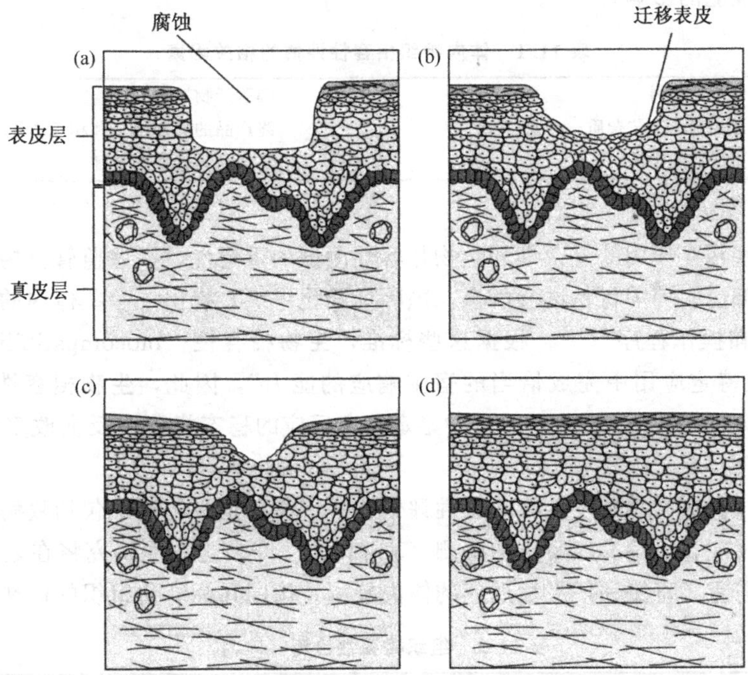

图 11.7　表皮层皮肤创伤的再生。(a) 再上皮化开始于缺陷边缘的细胞改变形状（变扁平）以覆盖更多的伤口；(b) 然后这些细胞迁移到缺损部位；(c) 一旦迁移边缘的细胞与其他的上皮细胞接触（当缺损完全被覆盖时），它们就会恢复其长方体的形态，重新黏附到细胞外基质上；(d) 进一步的细胞增殖和细胞外基质的产生使得组织恢复原始的厚度（获准翻印自文献［6］）

一旦迁移边缘的细胞与其他的上皮细胞接触（当缺损已完全被覆盖时），它们就会恢复其长方体的形态，重新黏附到细胞外基质上。细胞进一步的增殖和细胞外基质的产生使得组织恢复原始的厚度。在上皮层完成组织再生，新生组织与受伤前的组织具有相同的结构与性能。

11.7 技术：体内检测炎症反应

尽管体外评价的炎症反应（见前面的章节）可以用作材料生物相容性的指标，但是它不能取代体内测试，因为炎症反应包含了细胞和信号分子之间复杂的相互作用。表11.1列出与生物医学植入体相关的、可能会影响体内反应的因素。各因素可能会通过各种途径引发特定的生物反应：

1. 生物分子（如蛋白质和离子）或细胞与植入体的相互作用（包括材料的拓扑结构和化学物质）；

2. 生物分子或细胞与植入体浸出的可溶性物质的相互作用（由于原有的化学性质、添加剂或材料的降解而导致浸出）；

3. 生物分子或细胞与不溶性微粒的相互作用（通常是由植入体的降解引起的）；

4. 植入体周围区域处负荷或应变的变化（可由材料性能引起，但也受装置的几何形状和最终性能的影响）。

表 11.1 体内组织相容性评估的相关因素

研制的材料	降解产物
添加剂、工艺杂质、残渣	终产品的其他组分和相互作用
可滤取的物质	终产品的性能和特征

（获准翻印自文献［7］）

由于这些相互作用的复杂性和生物相容性测试的重要性，一些监管机构（美国食品和药物监管部门，美国材料试验学会，国际标准化组织）提出了一些体内的生物相容性评估的准则和操作程序[8~11]。根据这些标准，**生物相容性**（biocompatibility）可视为“医疗器械在特定应用中完成恰当的宿主响应的能力”，因此，**生物相容性评估**（biocompatibility assessment）就是“一种鉴定宿主反应的稳态机制中反向改变的级别和持久性的检测”。

各种各样的测试都基于生物相容性评估这一广泛的定义，其中包括致癌性、血液相容性、免疫反应，以及炎症反应的检测（表11.2）。许多这方面研究将在之后的章节中讨论。本节着重于直接评估炎症反应的体内检测。按国际标准化组织的标准，该过程涉

表 11.2 组织相容性检测（体内）

致敏作用	血液相容性
刺激作用	慢性毒性
皮内反应	致癌性
系统毒性（急性毒性）	生殖和发育毒性
亚慢性毒性	生物降解
遗传毒性	免疫反应
移植	

（获准翻印自文献［7］）

及局部反应和毒性，以及全身毒性（急性、亚急性、慢性）的测试。此外，在生物材料提取物注射和植入后均应对这些效应进行鉴定。

下面讨论是根据 Spector 和 Lalor[12] 的资料，旨在指出一些关于生物医疗器械的体内检测的设计中的主要问题，特别是那些涉及将生物材料移植到特定组织的问题。虽然相对惰性的植入体也和组织工程产品一样需要考虑这些参数，但值得注意的是对包含活性分子（如细胞和生长因子等）的器械的生物相容性检测，使得筛选程序更加复杂，因此需要对组织工程产品进行更多的体外和体内测试。当然，如同所有的动物研究，体内的生物相容性检测必须遵循正确的动物护理指南，如必须考虑手术期间和手术后的消毒和缓解疼痛的问题。

11.7.1 对动物模型发展的考虑

11.7.1.1 动物的选择

为了研究体内炎症反应，动物模型的选择应基于在某一特定用途上与人类的生理和愈合响应的相似性。当然，对于治愈过程而言，通常没有任何动物与人类的完全相同。所以不太可能基于动物实验来完全预测人类对生物材料的反应。为了研发新材料，研究者们往往从小动物模型（如大鼠和兔子）开始，如果第一阶段研究结果表明局部炎症的量可接受，就转向较大的模型（如山羊、狗、绵羊、牛）进行研究。表 11.3 为一些常用于测试不同医疗器械的动物模型。

表 11.3 用于体内测试的医学器械和相应动物模型

器械类型		动物
心血管	心瓣膜	绵羊
	人工血管	狗、猪
	支架	猪、狗
	心室辅助装置	小牛
	人工心脏	小牛
	间接体内活体	狒狒、狗
整形外科/骨	骨再生/替代	兔子、狗、猪、小鼠、大鼠
	全关节——髋、膝	狗、山羊、非人灵长类
	脊椎移植	绵羊、山羊、狒狒
	颅面移植	兔子、狗、猪、非人灵长类
	软骨	兔子、狗
	肌腱和韧带移植	狗、绵羊
神经	周围神经再生	大鼠、猫、非人灵长类
	电刺激	大鼠、猫、非人灵长类
眼科	隐形眼镜	兔子
	人工晶状体	兔子、猴子

11.7.1.2 移植部位的选择

对于大部分研究来说，移植部位应尽可能选择最接近最后应用的位点，或者某些更容易进入的位点，如皮袋，可用于对新材料炎症反应的首次筛选。在任何情况下，移植位点应该用已知的影响炎症的若干参数来评估。例如，如果在不利于血管化位点观察到巨噬细胞和其他炎症反应细胞的数量减少，可能表示这些细胞通路缺乏，而不是这种材料具有抗炎特性。其他重要因素是周围细胞增殖、迁移的能力，以及力学因素的改变对周围细胞生物学行为的影响。

11.7.1.3 研究的时间段

按国际标准化组织的标准，要保证材料的最终合理应用需要明确几种类型的毒性。**急性毒性**（acute toxicity）是指在给药 24 h 后就出现副作用，而**亚急性毒性**（subacute toxicity）是指发生在给药 14～28 天内的副作用。**亚慢毒性**（subchronic toxicity）通常指在前 90 天内发生的反应（或少于动物寿命期的 1/10），而**慢性毒性**（chronic toxicity）通常指在亚慢性毒性之后的各种反应。这些研究可根据最终的器械设计选择用生物材料提取物或在合适的位点直接植入来进行。

除了毒性实验外，通过组织学分析植入体可提供关于对材料原位炎症反应方面的重要信息。对于这些移植测试而言，实际上是结合对手术反应、炎症与最终植入体附近的组织重建的三个方面来衡量反应、所以对植入体的评介需从多角度进行。

11.7.1.4 生物材料的考虑：剂量和给药

由于植入体的形态影响生物反应，因此对新材料以及最后制作为器械的材料形状的检测都很重要。一般来说，材料的形状影响其在体内呈现的剂量。需要注意的是生物相容性检测的进行基于两个因素：通过筛选新型材料，以深入了解炎症反应的程度和类型（在这种情况下很少考虑材料的形状）；或者评价某种材料的炎症反应，该材料与将被移植的材料具有类似的形态（在这种情况下材料的形状很重要）。

对于材料直接植入特定位点的实验来说，除了材料总体形状外，以下因素也影响动物吸收材料的剂量：

1. 植入体的重量和（或）体积大小；
2. 植入体的表面面积；
3. 植入体的拓扑结构；
4. 每个动物中植入体的数量。

如前所述，生物材料样本可通过直接注射的方式进入动物体内。也可用材料提取物注入动物体内来评价动物对可溶性材料的反应。在这种情况下，提取介质和注射位点都可能影响炎症反应。

介于两者之间的方法是使用网架植入模型。该法是将生物材料置于不锈钢网架中，然后植入体内（图 11.8）。该方法可使研究者在植入实验材料和周围组织没有直接接触的情况下检测炎症反应，尤其适合评价生物体对生物材料中可溶性碎片的反应。可能的缺点是网状材料的添加可能改变了网架周围局部区域的炎症反应。

11.7.1.5 设计合理的对照组

在大多数情况下，增加适当的对照组可以提供测试样品的相关反应有用信息。根据不同的应用和比较的目的，对照组可以是完整的对侧组织（来自另一侧肢体）或没有手术植入体的空位点。在有些情况下也进行材料和器械的对照组（新的植入体与标准材料或者先前的设备之间的对比）。

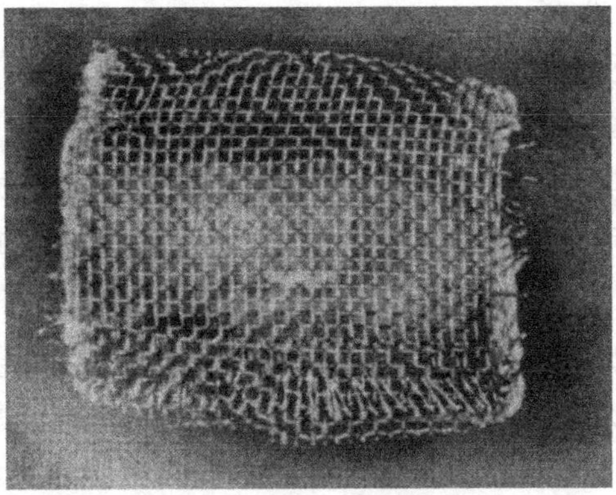

图 11.8 不锈钢网架植入模型图片。网架植入体系是由 Case Western Reserved University大学的 James M. Anderson[13] 和他的同事研究开发的，生物材料被放置于不锈钢网架中，然后被植入体内，该系统使研究者在植入实验材料和周围组织没有直接接触情况下检测炎症反应（获准翻印自文献［14］）

11.7.2 评价的方法

所选的生物材料响应的评价方法应该能提供最重要的信息，并且可作为实验设计的一部分。下面描述了大量对直接移植的材料生物相容性研究的评价方法。结合使用几种方法能更充分地了解植入体炎症反应的程度和性质。

11.7.2.1 组织学/免疫组织化学法

移植后，使用第 9 章中所述的常规染料或抗体对含有植入体的组织进行切片、染色。这项技术的应用非常普遍，通过对特定细胞类型和（或）细胞外基质分子的鉴定来观察不同阶段的组织反应。然而，由于标本之间的差异或者染色方案的不完善，很难量化染色的量和强度。近几年由于计算机对染色切片的辅助分析，使得这项技术得到了改善。

11.7.2.2 电镜技术

应用透射电子显微镜（TEM）和扫描电子显微镜（SEM）都可以检查组织对植入体的反应。该设备的操作及原理在第 7 章中已做介绍，而同样的流程可以用于检测含有外植体材料的样品。透射电子显微镜可以在超微结构水平上检测植入体的界面结构，如果结合 X 射线分析（第 7 章），这种方法可以检测到从样品中渗出的材料的类型及它们所在的位点。透射电镜可用于检测后期植入体与周围组织的整合情况。然而，这项技术的一个很大缺陷是难以得到所需的超薄切片。除此之外，由于样品的成像需要在真空条件下进行，样品必须通过特殊的处理来固定和脱水以保持组织形态。

扫描电镜技术，不需要样品切片，就可以获得植入体——组织界面拓扑结构。与透射电镜相同的是，扫描电镜与 X 射线分析的结合使用，可以定位到从植入体上渗漏的可溶性成分。同样，大部分扫描电镜也需要在真空条件下拍摄图片，所以恰当的固定和脱水对保持样品的完整性至关重要。最近随着扫描电镜在有水环境下进行拍摄的发明，克服了这一限制。

11.7.2.3 生物化学分析

生物化学分析也可以用于协助鉴定生物材料移植后的炎症反应。正如第 9 章所描述，大量技术已得到应用，包括比色分析生物活性分子的产生，免疫分析鉴定特定蛋白质。例如，利用生物化学分析法，可以鉴定在植入体周围组织的炎症介质含量，这种方法的最大优点在于可以定量，而且大量样品可以同时在一块自动读数板中进行检测。

11.7.2.4 力学测试

包含植入体的外植体样本及周围组织力学测试通常在一个支架上进行（第 4 章）。拉伸、弯曲、或推出测试尤为普遍。这种方法可以用于鉴定组织对植入体的长期反应特性，如器械周围重建的整个过程或植入体如何与相邻组织连接，尽管这项技术是量化的，但其结果很大程度上取决于样品是新鲜的、冷冻的或固定的。一致的样品处理对于比较不同时间点之间或不同研究之间的数据是极其重要的。

例题 11.3

这项研究目的是评估组织对新的可降解移植材料的炎症反应。材料设计为在移植后 6 周开始以本相过程降解。其中一组老鼠（A 组）在背后的皮肤下接受了椎间盘植入体（背皮下移植术）；另一组（B 组）接受了与 A 组体积相等材料的背部皮下注射。在两种情况下，通过组织学方法、免疫组织化学法和生物化学分析，对移植后 24 h 组织对材料发生的反应进行估测。在 B 组中发现有较大的炎症反应，而 A 组中炎症反应很小。假定手术植入和注射法之间不存在炎症反应的明显差异，那么关于该材料的相容性方面可以得到什么结论呢？

解答：

在 A 组中观察到的轻度炎症反应表明在移植 24 h 后片状植入体没有引发明显的炎症反应。而由于材料设计在 6 周内通过本体降解过程降解，所以在移植 24 h 后，材料周围很少出现降解物。而在 B 组中，由于材料降解物侵入，24 h 后，可以看到大量炎症反应。这表明植入体的降解物引起了炎症反应。然而，随着移植材料的降解，移植材料将可能引起更大炎症反应。不过与 B 组中观察到的相比较，很难预测在移植 6 周后材料发生炎症反应的严重程度，因为材料在体内降解时，并不是所有降解物都能立即出现。

小结

- 一般机体受伤几天后就会出现肉芽组织。在组织学上表现为具有卵石花纹的颗粒出现，这些颗粒的出现是由于在血管新生过程中原有血管中血管芽的萌发造成的。
- 植入体异体反应包括肉芽组织和异体巨细胞（由巨噬细胞融合形成的多核细胞）的作用。
- 纤维包囊是愈合过程中响应不可降解植入体的最后一步。它包括肉芽组织的成熟和植入体周围纤维包囊的形成过程。包囊的形成程度受在移植过程中原有组织损伤程度、后期细胞死亡数目、移植材料类型和移植部位等的影响。
- 与急性炎症或者纤维包囊相比，慢性炎症的组织外观不均一，并且以淋巴细胞、血浆细胞的出现为特征，在某些情况下肉芽肿的出现也为慢性炎症的特征。

- 损伤和（或）移植后，炎症和创伤愈合的主要 4 种消退类型是：挤压、吸收、整合和包囊。挤压包括异体材料被挤出体外。可吸收植入体随着时间而消失，有可能涉及到纤维包囊的形成。整合包括天然组织与植入体的紧密接触，其间没有纤维包囊。包囊化使得材料形成纤维包囊，但是并不涉及慢性炎症。材料应用的目的决定了产生的反应是否成功。
- 损伤修复可以通过组织修复或组织再生完成。在组织修复中，缺陷可由瘢痕组织代替，这些瘢痕组织和天然组织相比有不同结构、生物化学成分和（或）力学性能。在组织再生中，缺陷可以被那些与创伤之前相同的组织代替。有不可降解性移植材料存在时，正常的修复与损伤的再生不可能完全实现。因为材料周围的包囊一直存在且不能重建。
- 由于细胞间与相关的信号分子之间复杂的相互作用，与生物材料相关的炎症反应及生物相容性一般通过合适的动物模型进行体内评估。炎症反应的检测只是所需的许多生物相容性鉴定测试中的一种。
- 体内实验的设计需要考虑动物类型、移植部位、研究的时间段、剂量和生物材料给药，合适的对照和评估方法。
- 可以采用多种方法对材料进行评估，包括组织学、免疫组织化学、电镜［TEM和（或）SEM］、生物化学化验分析方法及力学测试。

习题

11.1　列举生物材料移植后损伤愈合的各个阶段。

11.2　列举非降解生物材料植入体植入后损伤部位的组织反应与简单损伤的差异。

11.3　设计一种可移植心脏除颤器外壳，心脏除颤器是一种可阻止心室颤动的仪器。什么材料结构和表面性能会影响异体巨细胞反应的水平？每种具体的影响是什么的呢？

11.4　下列属于哪一种消退类型？

(a) 裂片

(b) 可降解组织工程材料支架

(c) 钛骨螺钉

(d) 可降解弯月形箭头（用于修复弯月形裂孔）

(e) 乳房假体

(f) 人工心脏瓣叶

(g) 导尿管

(h) 瘢痕组织（结疤）

(I) 用于骨骼修复的珊瑚植入体

11.5　组织再生在缺陷修复中是必要的吗？

11.6　你工作的公司已经研发了用改性聚氨酯材料作为血管移植。要求你检测机体对材料的炎症反应，并且确定是否可以生产一种植入体使炎症反应不会阻碍植入体的功能。你将通过什么实验来研究材料的炎症反应并评价这种材料是否适用。

11.7 一种新型的聚合材料正被考虑用作药物输送体系的一部分。为了评价对材料植入的组织反应，一种圆盘形式的非孔组成的成分被皮下植入动物模型 4 周。描述随着时间的变化植入材料所引起的宿主反应以及潜在的副作用。

11.8 你的公司已经开发了一种可以植入大脑的电极，可以通过电流来测量其电活性。在体内实验中，将电极植入大鼠大脑内，你可以得到以下的结果，如实线 A 所示。

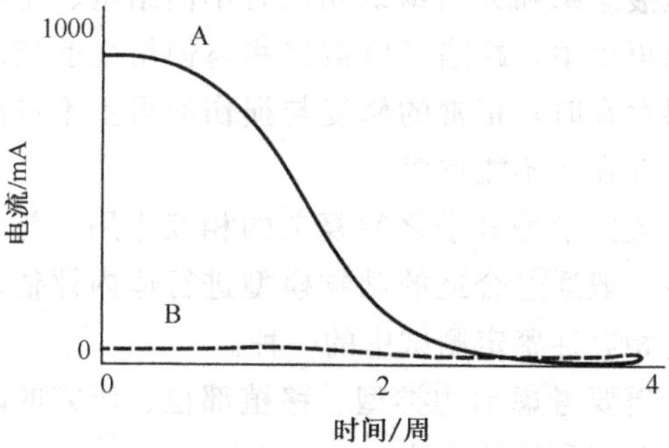

(a) 用一种机制来解释这些现象。

(b) 在大鼠大脑内植入表面被共价聚乙二醇修饰的电极后，你可以得到虚线 B 的数据。为什么电极的表面修饰会改变结果呢？你会建议销售表面修饰电极吗？

（胡　燕　唐丽灵　王远亮　译校）

参考文献

1. Anderson, J.M. "Mechanisms of Inflammation and Infection with Implanted Devices," *Cardiovascular Pathology*, vol. 2, pp. 33S–41S, 1993.
2. Jeffery, D.L., D.P. Dressler, J.M. Anderson, and M.J. Gallagher. "Hemostatic and Healing Studies of Sodium Amylose Succinate (Ip760)," *Journal of Biomedical Materials Research*, vol. 16, pp. 51–61, 1982.
3. Suggs, L.J., M.S. Shive, C.A. Garcia, J.M. Anderson, and A.G. Mikos. "*In Vitro* Cytotoxicity and *In Vivo* Biocompatibility of Poly(Propylene Fumarate-Co-Ethylene Glycol) Hydrogels," *Journal of Biomedical Materials Research*, vol. 46, pp. 22–32, 1999.
4. Schmalzried, T.P., M. Jasty, A. Rosenberg, and W.H. Harris. "Histologic Identification of Polyethylene Wear Debris Using Oil Red O Stain," *Journal of Applied Biomaterials*, vol. 4, pp. 119–125, 1993.
5. Cadee, J.A., M.J. van Luyn, L.A. Brouwer, J.A. Plantinga, P.B. van Wachem, C.J. de Groot, W. den Otter, and W.E. Hennink. "*In Vivo* Biocompatibility of Dextran-Based Hydrogels," *Journal of Biomedical Materials Research*, vol. 50, pp. 397–404, 2000.
6. Martinez-Hernandez, A. "Repair, Regeneration, and Fibrosis," in *Pathology*, E. Rubin and J.L. Farber, Eds., 2nd ed. Philadelphia: J.B. Lippincott, 1994.
7. Anderson, J.M. and F.J. Schoen. "*In Vivo* Assessment of Tissue Compatibility." In *Biomaterials Science: An Introduction to Materials in Medicine*, B.D. Ratner, A.S. Hoffman, F.J. Schoen, and J.E. Lemons, Eds., 2nd ed. San Diego: Elsevier Academic Press, pp. 360–367, 2004.
8. ASTM F763-99, *Standard Practice for Short-Term Screening of Implant Materials*, ASTM International.
9. ASTM F1904-98e1, *Standard Practice for Testing the Biological Responses to Particles* In Vivo, ASTM International.
10. ASTM F1983-99, *Standard Practice for Assessment of Compatibility of Absorbable/Resorbable Biomaterials for Implant Applications*, ASTM International.
11. ASTM F981-04, *Standard Practice for Assessment of Compatibility of Biomaterials for Surgical Implants with Respect to Effect of Materials on Muscle and Bone*, ASTM International.
12. Spector, M. and P.A. Lalor. "*In Vivo* Assessment of Tissue Compatibility." In *Biomaterials Science: An Introduction to Materials in Medicine*, B.D. Ratner, A.S. Hoffman, F.J. Schoen, and J.E. Lemons, Eds., 1st ed. San Diego: Elsevier Academic Press, pp. 220–228, 1996.
13. Marchant, R., A. Hiltner, C. Hamlin, A. Rabinovitch, R. Slobodkin, and J.M. Anderson. "*In Vivo* Biocompatibility Studies. I. The Cage Implant System and a Biodegradable Hydrogel," *Journal of Biomedical Materials Research*, vol. 17, pp. 301–325, 1983.
14. Peppas, N.A., and R. Langer. "New Challenges in Biomaterials," *Science*, vol. 263, pp. 1715–1720, 1994.

推荐阅读

Bhat, S.V. *Biomaterials*. Boston: Kluwer Academic Publishers, 2002.

Black, J. *Biological Performance of Materials: Fundamentals of Biocompatibility*, 4th ed. New York: CRC Press, 2005.

Clark, R.A.F. and A.J. Singer. "Wound Repair: Basic Biology to Tissue Engineering." In *Principles of Tissue Engineering*, R.P. Lanza, R. Langer, and J. Vacanti, Eds., 2nd ed. Austin: Academic Press, pp. 857–878, 2000.

Dee, K.C., D.A. Puleo, and R. Bizios. *An Introduction to Tissue-Biomaterial Interactions*. Hoboken: Wiley-Liss, 2002.

Jenney, C.R. and J.M. Anderson. "Alkylsilane-Modified Surfaces: Inhibition of Human Macrophage Adhesion and Foreign Body Giant Cell Formation." *Journal of Biomedical Materials Research*, vol. 46, pp. 11–21, 1999.

Kuby, J. *Immunology*, 3rd ed. New York: W.H. Freeman, 1997.

Matthews, B.D., G. Mostafa, A.M. Carbonell, C.S. Joels, K.W. Kercher, C. Austin, H.J. Norton, and B.T. Heniford. "Evaluation of Adhesion Formation and Host Tissue Response to Intra-Abdominal Polytetrafluoroethylene Mesh and Composite Prosthetic Mesh," *The Journal of Surgical Research*, vol. 123, pp. 227–234, 2005.

Silver, F.H. *Biomaterials, Medical Devices, and Tissue Engineering: An Integrated Approach*. New York: Chapman and Hall, 1994.

Silver, F.H. and D.L. Christiansen. *Biomaterials Science and Biocompatibility*. New York: Springer, 1999.

Yannas, I.V. "Synthesis of Tissues and Organs," *Chembiochem*, vol. 5, pp. 26–39, 2004.

12. 生物材料的免疫反应

主要目的

了解生物材料植入后，对机体获得性免疫和补体激活级联反应的刺激情况，以及这些过程中包含的反应步骤。

具体目标

1. 区分体液免疫和细胞免疫；
2. 了解免疫反应中抗原呈递的过程，包括抗原、半抗原和佐剂的作用；
3. 了解淋巴细胞成熟及克隆种群发展的过程；
4. 了解抗体的特征和功能；
5. 对比活化后的 B 细胞和 T 细胞的作用；
6. 区分不同类型 T 细胞的作用；
7. 了解补体激活级联反应的步骤，获得性免疫反应和炎症反应间潜在的相互作用；
8. 了解活化补体系统的作用及补体系统的调节；
9. 区分 4 种类型的过敏性反应，并了解这 4 种类型的过敏反应对生物材料的主要影响；
10. 了解这些概念及目前体外和体内技术所受到的限制。

12.1 概述：获得性免疫概述

前几章介绍了生物材料植入后机体对其产生的先天性（非特异性的）反应。但机体也可能与生物材料的特定部位发生反应（或与吸附在生物材料上的蛋白质反应），即获得性免疫反应，它是通过在血液和组织间不断流动循环的淋巴细胞介导的。

在获得性免疫反应方面，生物材料涉及较多的是免疫毒性方面的问题。免疫毒性是一个宽泛的概念，是指由于改变了免疫系统的功能，而对免疫系统或机体其他系统的功能产生不利影响[1]。例如，生物材料移植入机体后会发生过敏（免疫系统功能障碍）和自体免疫疾病（由于免疫系统攻击“自身”细胞造成对机体其他器官的损坏）。对于含有混合材料及外源细胞和蛋白质的组织工程产品，所引发的获得性免疫反应更复杂，所以这类产品应该有设计标准。为了减轻机体对这类产品潜在的免疫毒性反应，首先我们必须了解获得性免疫反应的基本体系，这也是本章第一部分的重点。在本章的后面将对材料超敏反应（过敏反应）进行讨论。

获得性免疫反应属于适应性免疫，它有 4 个方面的特征[2]：特异性、多样性、自我/非自我识别、免疫记忆。

获得性免疫反应可以分为两种：体液免疫和细胞免疫。体液免疫是指抗体对异物的作用。它在对细菌等异物的反应中起主要作用。与之相对的细胞免疫是利用特异性淋巴细胞（T 细胞），它的首要功能是检测出机体中变异的自身细胞（如病毒感染细胞或癌细胞）。

获得性免疫的特异性是源于免疫反应中淋巴细胞（B 细胞和 T 细胞）在对抗原应答时被激活。抗原是指一类能与抗体（免疫球蛋白糖蛋白）或 T 细胞受体（TCR）特异性结合从而启动获得性免疫反应的物质（通常是外来物且分子质量大于 8000 Da）。抗原上能被抗体识别的特异位点称为抗原表位或抗原决定簇，抗原上可以有多个表位，每个表位可与相应的抗体或 T 细胞受体结合。

在讨论获得性免疫尤其是对生物材料的免疫反应时，还经常会遇到其他的一些物质如半抗原和佐剂。半抗原是一种低分子质量物质，能与高分子质量的物质（如蛋白质）结合，结合产物引发的免疫反应强于由半抗原或载体单独引发的反应。再次接触时，一些抗体甚至可能会与没有载体分子的半抗原反应。这在机体对金属植入物的免疫反应中是很重要的，本章后面的部分将对此进行讨论。佐剂则可能是通过增强吞噬细胞的摄取量或延长抗原在机体中停留的时间达到非特异性地增强对抗原的免疫反应。

12.2 抗原呈递和淋巴细胞的成熟

12.2.1 主要的组织相容性复合体（MHC）分子

12.2.1.1 MHC Ⅰ类

获得性免疫反应的第一步是识别抗原。许多情况中，被识别的抗原必须与一个主要组织相容性复合体（MHC）Ⅰ类或Ⅱ类分子一起出现。MHC 是由多个编码Ⅰ类或Ⅱ类分子的基因所组成的基因复合体。图 12.1 所示，在几乎所有的有核细胞中都含有Ⅰ类分子，它是一种跨膜糖蛋白并与一个小蛋白质（β2 微球蛋白）结合。一个Ⅰ类分子由非共价键连接的两条链（α 和 β）组成。α 链的远端形成一个裂缝，该裂缝虽不能作为与抗体和 T 细胞受体特异结合的位点，但却能与抗原作用。MHC Ⅰ类分子被 T 细胞的亚群——**细胞毒性 T 细胞**（T cytotoxic 或 T_c cell）所识别。

12.2.1.2 MHC Ⅱ类

MHC Ⅱ类分子也是跨膜糖蛋白，有 α 链和 β 链（图 12.2）。两条链的远端形成结合抗原的裂缝，与 MHC Ⅰ类分子的裂隙有相似的抗原亲和性。图 12.3 所示，MHC Ⅱ类分子被不同于 MHC Ⅰ类分子中 T 细胞亚群的另一类 T 细胞亚群——**辅助性 T 细胞**（T helper 或 $T_h$cell）所识别。与 MHC Ⅰ类分子不同之处还在于只在抗原呈递细胞（APC）中发现了Ⅱ类分子。抗原呈递细胞在它们的膜表面表达 MHC Ⅱ类分子并且传递辅助性 T 细胞活化所必需的协同刺激信号（参见下面对活化 T 细胞的进一步讨论）。抗原呈递细胞包括巨噬细胞（先天性免疫和获得性免疫系统间相互作用的关键）、B 淋巴细胞和树突细胞。

12.2.1.3 MHC 分子变异和组织配型

人们发现有三个**位点**（loci）的基因编码 MHC Ⅰ类分子，另外三个不同位点的基因编码 MHC Ⅱ类分子。因为每个个体染色体位点上的基因都继承于双亲，所以在每个人的细胞表面会呈现出多种类型的 MHC 分子。然而，在机体中不匹配的 MHC 分子

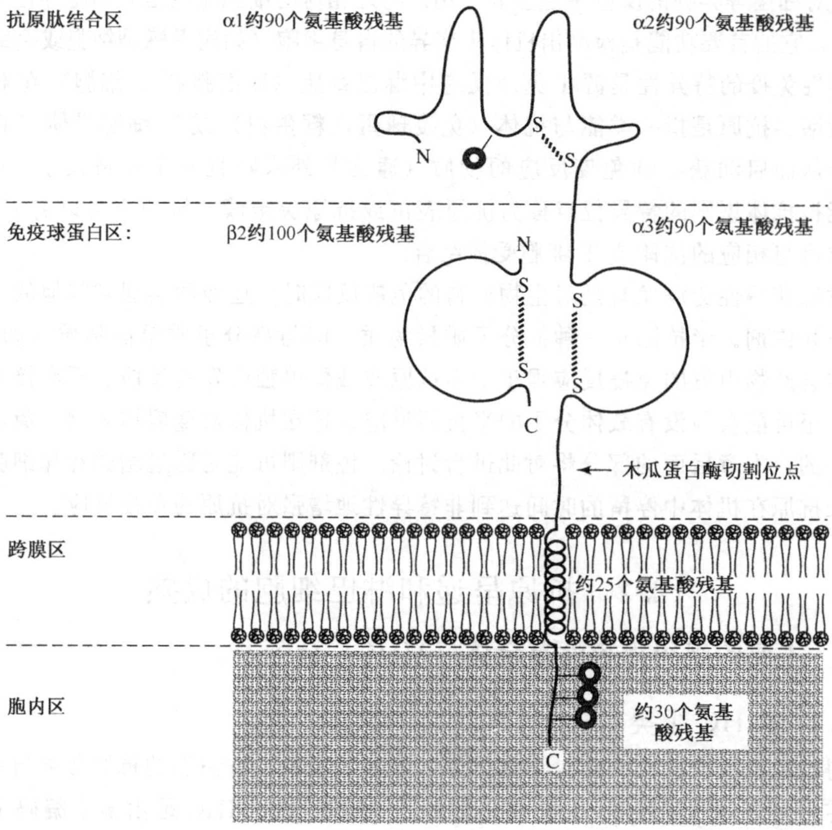

图 12.1　主要组织生物相容性复合体Ⅰ类分子的图解。Ⅰ类分子是跨膜糖蛋白，在几乎所有的有核细胞中都含有它，并与一个小蛋白（β2 微球蛋白）结合。一个 MHC Ⅰ类分子由两条非共价连接的链（α 和 β）组成。α1 和 α2 部分间的裂缝虽不能作为与抗体和 T 细胞受体特异结合的位点，但能与抗原作用。（获准翻印自文献［3］）

（非自我分子）将被识别并产生一个重要的细胞免疫反应。这就是移植受体排斥移植器官的一个主要原因。为消除这种排斥反应，必须进行移植供体和受体间组织配型，以测定 MHC 分子的相似程度。MHC 分子越相似，受体对植入组织的排斥可能性就越小。

例题 12.1

对骨缺损的一种常用疗法是取患者身上其他部位（自体移植）或尸体（同种异体移植）上的骨进行移植。就自体移植来说，移植骨通常只需经过较小的处理就可进行移植，而同种异体移植一般在移植前必须经过严格处理。处理的一个主要目的是对移植骨进行脱细胞处理。从免疫学角度来看，为什么在移植前去除尸骨中的细胞很重要？

解答：

因为移植骨的细胞上表达的 MHC 分子会被受体当作供体抗原识别，从而引发受体的细胞免疫反应，产生移植排斥现象。因此异体移植骨在移植前，应该进行组织配型确定移植供体和受体间 MHC 分子的相似程度。如果移植骨的细胞上 MHC 分子与受体不相匹配的话，可能会被受体免疫细胞当成异物识别从而激活受体的细胞免疫反应，最终

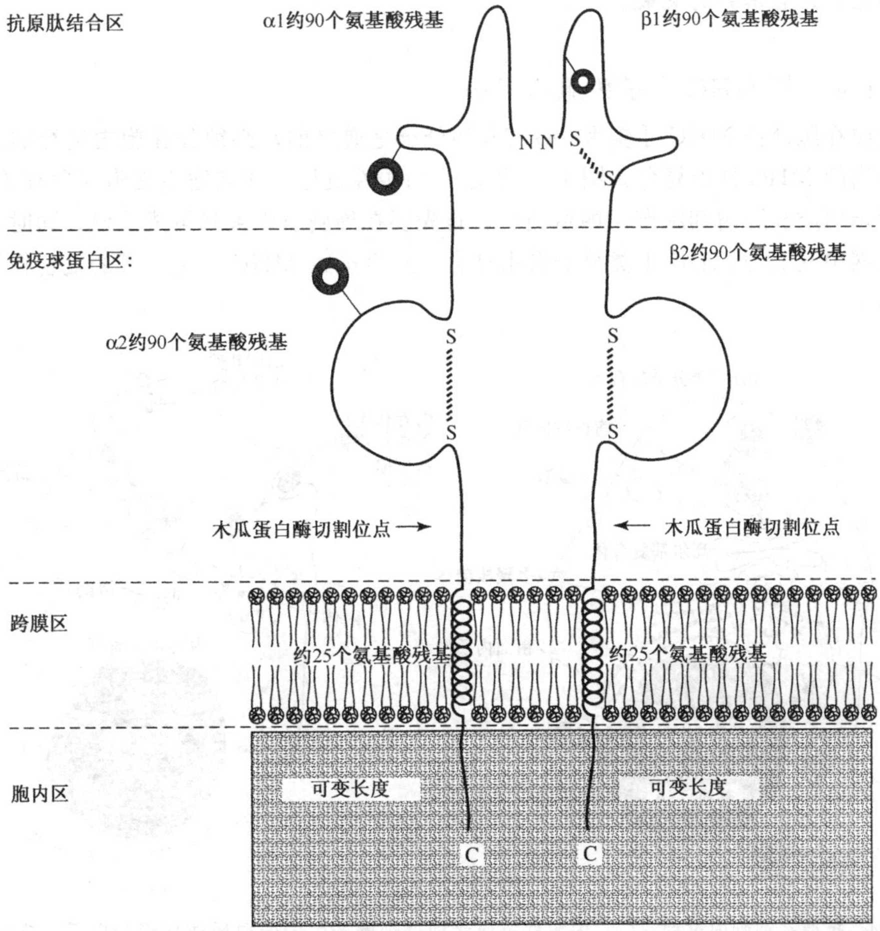

图 12.2 主要组织生物 MHCⅡ类分子示意图。MHCⅡ类分子是跨膜糖蛋白，有α链和β链并且仅在抗原呈递细胞中发现此分子。两条链的末梢形成与抗原结合的裂缝，对抗原的亲和力与 MHC Ⅰ类分子相似（获准翻印自文献［3］）

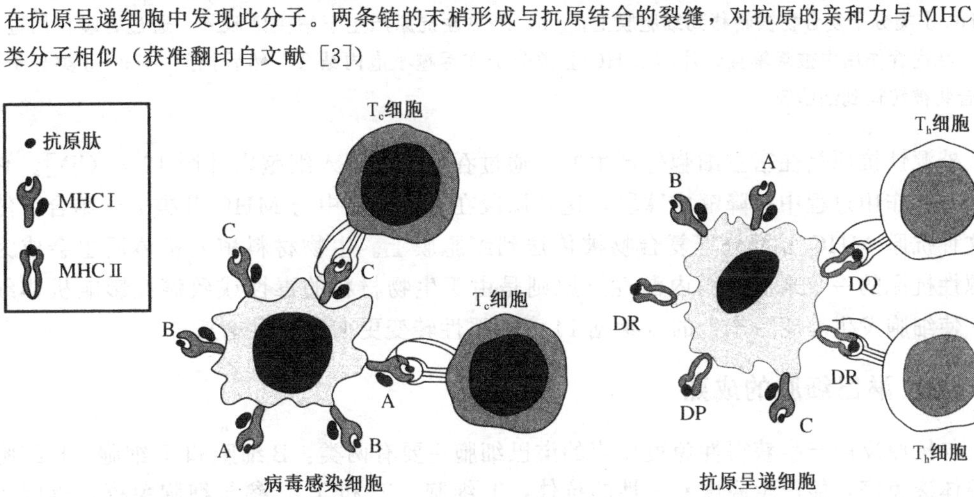

图 12.3 由 T 细胞识别 MHC 分子。在人体内 MHC Ⅰ类分子由 A、B 和 C 位基因编码并且通过细胞毒性 T 细胞识别。MHC Ⅱ类分子由 DP、DQ 和 DR 位编码且由不同的 T 细胞（T_h细胞）识别。MHC Ⅱ类分子仅在抗原呈递细胞中发现（获准翻印自文献［2］）

造成移植排斥和治疗的失败。

12.2.1.4 与MHC分子的胞内复合

抗原在胞外被MHC Ⅰ类和MHCⅡ类分子呈递之前，必须先在胞内进行加工，它们与适当的MHC分子复合，图12.4所示。内源性抗原，或是宿主细胞内含有的抗原，如病毒蛋白质和肿瘤细胞产生的蛋白质，首先要在细胞质中被降解成肽段。同时，在粗面内质网中它们与MHC Ⅰ类分子自由结合。然后抗原-MHC Ⅰ类分子的复合物转移到细胞膜上。

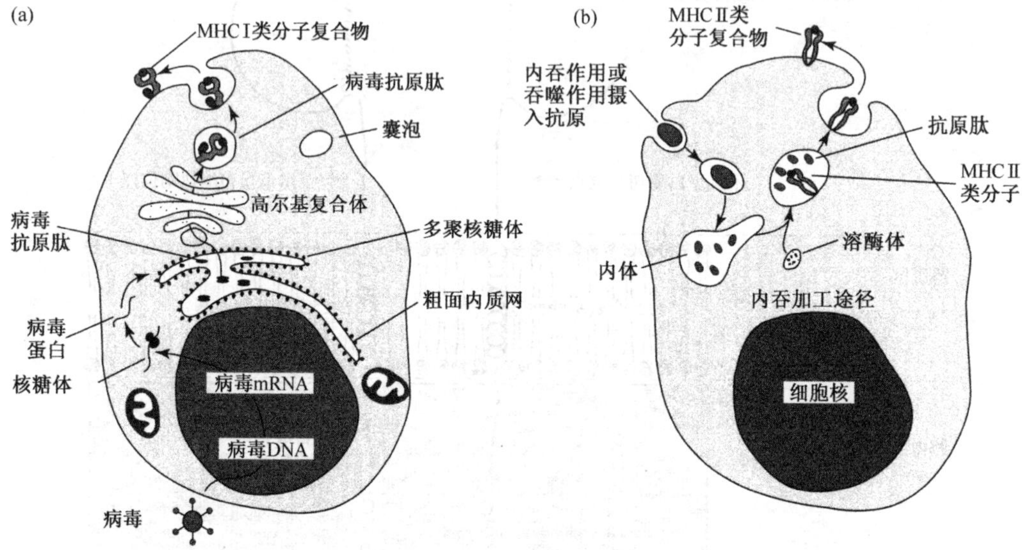

图12.4 抗原在细胞内过程。(a) 内源性抗原诸如癌细胞产生的蛋白质或病毒蛋白质，首先在细胞质中降解成短肽片段。然后，这些肽段在粗面内质网中与MHC Ⅰ类分子结合。接下来，抗原-MHC Ⅰ类分子复合物被转移到细胞膜上；(b) 外源性抗原产生于宿主细胞外，通过吞噬作用进入。在内吞作用中被降解且碎片与MHC Ⅱ类分子在吞噬小泡内结合。然后抗原-MHC Ⅱ类分子复合物被转运到细胞膜

外源性抗原是在宿主细胞外产生的，通过吞噬作用进入细胞内［图12.4 (b)］。它们在内吞作用过程中被降解成肽段，这些肽段在吞噬小泡中与MHC Ⅱ类分子结合。然后这种抗原-MHC Ⅱ类分子复合物被传送到细胞膜上。生物材料植入机体后也会成为外源性抗原的一个来源。而内源性抗原则是由于生物材料的毒性或致癌性影响机体细胞，使细胞发生恶变后产生的（参见14章对恶性转变更彻底的讨论）。

12.2.2 淋巴细胞的成熟

与抗原反应产生获得性免疫反应的淋巴细胞主要有两类：B细胞和T细胞。B细胞调控体液免疫，能产生高度专一性的抗体。T细胞（T_c和T_h）参与细胞免疫，也能产生高度专一性的蛋白质，T细胞受体（TCR）。与能被释放进入周围环境抗体不同的是，TCR始终结合在细胞膜上，一个淋巴细胞的表面上大约有10 000个抗体/TCR，它们全是与同一种抗原结合。然而，每类细胞对不同抗原的反应活性是在细胞发育过程中

由编码抗体/TCR 的基因重排决定的。抗体和 TCR 的形成是获得性免疫系统怎样达到高度专一性的例子，而基因在每个细胞中的重排提供了免疫多样性。

B 细胞在骨髓中形成和加工，在外周淋巴组织（淋巴结和脾）中进一步成熟。而 T 细胞是在骨髓中形成然后在胸腺中成熟。每种细胞表达它们的特异抗体/TCR 后，在加工过程中接触到“自我”抗原。与“自我”抗原结合的细胞就会发生细胞凋亡（90%以上的细胞会发生）。这就防止了细胞的产物反作用于机体自身的组织。这种加工产生的自我/非自我识别是获得性免疫特异功能的关键。淋巴细胞成熟后，就进入淋巴组织，在那里保存一段时间或直接进入血流在整个机体中循环。

12.2.3 克隆种群的活化和形成

恰当的抗原呈递（与一个 MHC 分子结合）通过促进抗原与 TCR 的结合引起 T 淋巴细胞的活化。图 12.5 中所示，T_h细胞与抗原结合后，释放出细胞因子来辅助 T_c细胞的活化。虽然 B 细胞不需要通过一个 MHC 分子来呈递抗原，但在整个 B 细胞活化中需

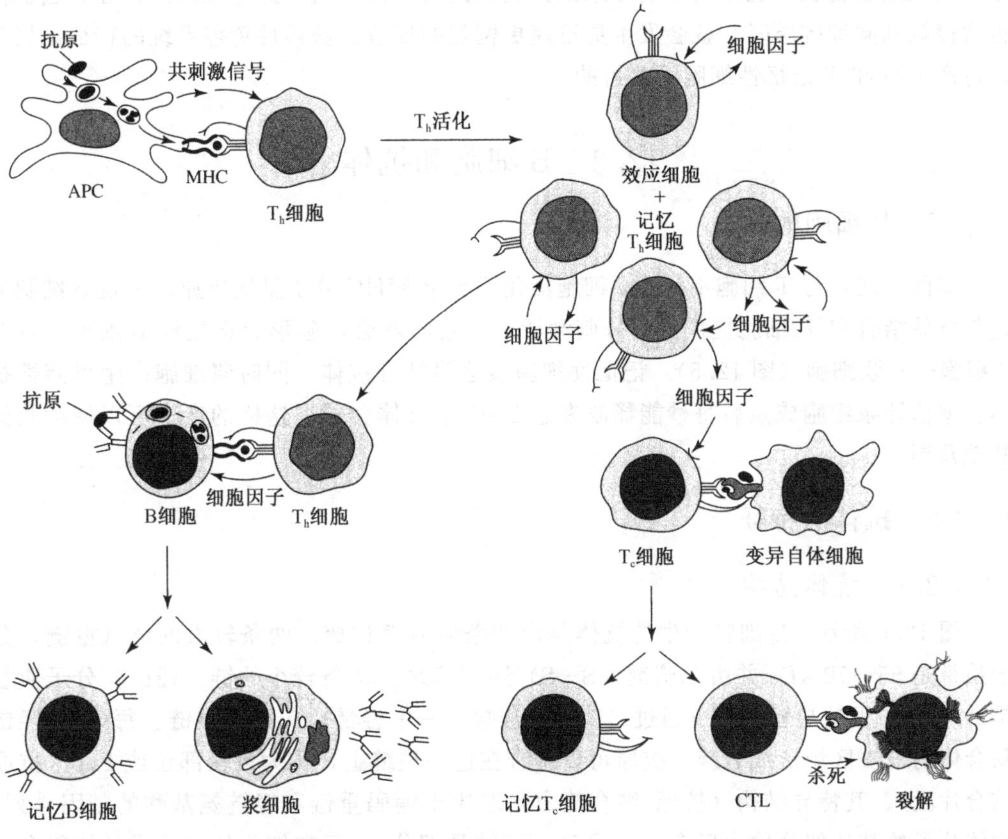

图 12.5 免疫反应发展过程中 T_h细胞与其他细胞间的相互作用。适当的抗原呈递（结合有 MHC Ⅱ类分子）使抗原与 T 细胞受体结合从而激活 T_h淋巴细胞。T_c细胞和 B 细胞也能结合抗原。T_h细胞释放的细胞因子能辅助结合抗原后的 T_c细胞的活化。同样，B 细胞结合抗原后被激活还需要通过结合产生的共刺激与（或）T_h细胞释放的物质的协助。激活后，B 细胞和 T_c细胞快速分裂形成对此类抗原特异的细胞克隆种群。在此阶段，会产生效应细胞（CTL 或浆细胞）和记忆细胞（获准翻印自文献［2］）

要与抗原结合及 T_h 细胞释放的产物对其产生的共刺激。巨噬细胞分泌的 IL-1、IL-6 和 TNF-a 因子可以辅助 B 细胞和 T 细胞的活化，从而促进先天性和获得性免疫反应间的信息传递。表 12.1 总结了一些创伤愈合反应中的细胞因子和它们各自的靶细胞。

表 12.1 创伤愈合反应中的细胞因子

细胞因子来源	细胞因子目标	此反应中的专一细胞因子
炎症细胞	炎症细胞	IL-1、IL-8、MIP、TNF-α、TGF-β
炎症细胞	淋巴细胞	IL-1、IL-6、TNF-α
淋巴细胞	淋巴细胞	IL-2、IL-4、IL-5、IL-6、TGF-β
淋巴细胞	炎症细胞	IL-8、MIP、TGF-β

淋巴细胞活化后经历快速的有丝分裂，形成一个细胞的克隆种群，这一种群细胞只对一种抗原有特异性。该过程中产生了效应细胞和记忆细胞。记忆细胞的寿命（达数年）较效应细胞长，但需给予抗原来维持它们的特异性。由于这些细胞的存在，当机体再次接触到同种抗原时，就会发生更迅速更剧烈的反应。获得性免疫系统的特征记忆是通过产生 B 和 T 记忆性细胞而获得的。

12.3 B 细胞和抗体

12.3.1 B 细胞的类型

如前所述，与 T 细胞不同，B 细胞活化不要求 MHC 分子呈递抗原。一旦 B 细胞通过与抗原结合和 T_h 细胞提供的信号刺激活化，它们就会增殖形成记忆性 B 细胞和效应 B 细胞——浆细胞（图 12.5）。记忆性细胞表达膜结合抗体，同时浆细胞产生可溶性抗体。据估计浆细胞成熟后每秒能释放多达 2000 个抗体分子，这样的产率可以持续几天甚至几周。

12.3.2 抗体的特征

12.3.2.1 抗体结构

图 12.6 所示，B 细胞产生的抗体是由四条多肽链构成。两条较大的链（重链）分子质量是 55～70 kDa 并由二硫键（S—S）连接起来。两条较小的链（轻链）分子质量是 24 kDa。重链与轻链间也通过二硫键来连接，一个轻链对应一个重链。每条重/轻链联合体的末端区域形成裂缝，抗原可以结合在这一裂缝上，称为可变部位或 Fab（抗原结合片段）。其特异结构（抗原-结合能力）取决于编码重链和轻链氨基酸的基因排列。抗体分子的其他部分称为恒定部分或 F_c（可结晶部分）。吞噬细胞的受体或补体复合物的某些分子（参见后面对补体级联反应的介绍）就是通过这部分来识别抗体。TCR 也有相似的可变部位，TCR 中剩下部分被牢固地锚定在细胞膜中。

12.3.2.2 抗体的种类

重链恒定部分中不同的氨基酸序列决定抗体的种类。图 12.7 所述，有 5 个主要的抗体种类，每种用缩写 Ig 代替“免疫球蛋白”，然后加一个大写字母来表示种类。IgG、

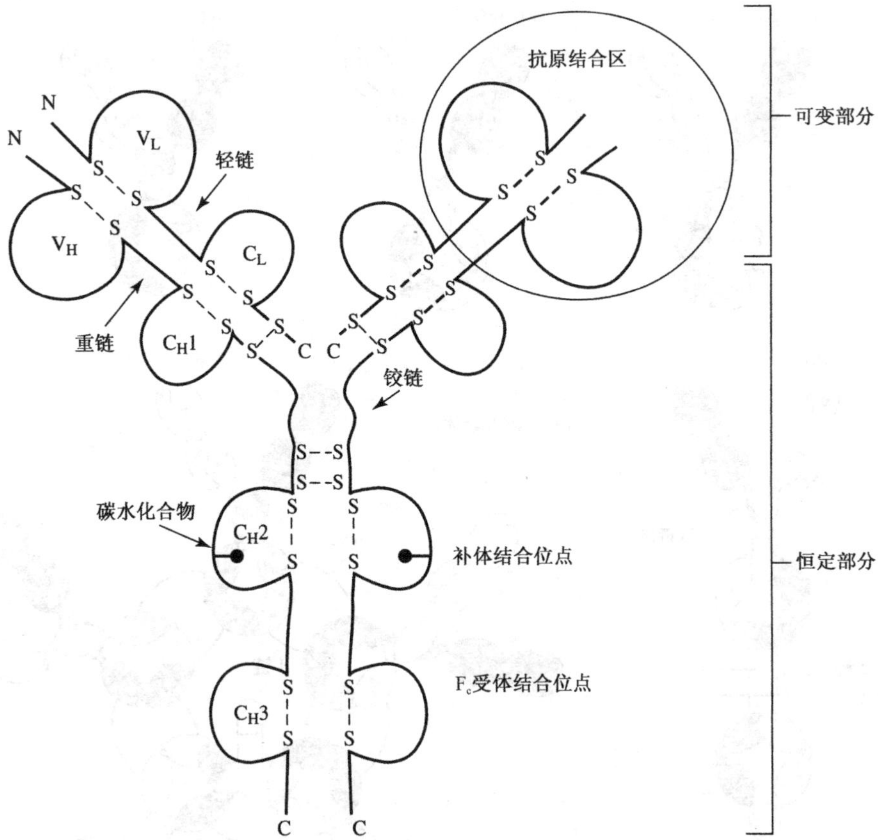

图 12.6 B细胞产生的抗体是由 4 条多肽链构成。两条较大的链（重链）分子质量是 55～70 kDa 并由二硫键（S—S）连接起来。两条较小的链（轻链）分子质量是 24 kDa。重链与轻链间也通过二硫键来连接，一个轻链对应一个重链。每条重/轻链联合体的末端区域形成裂缝，抗原可以结合在这一裂缝上，称为可变部位或 F_{ab}（抗原结合片段）。其特异结构（抗原-结合能力）取决于编码重链和轻链氨基酸的基因的排列。抗体分子的其他部分称为恒定部分（constant portion）或 F_c（可结晶部分）。吞噬细胞的受体或补体复合物的某些分子就是通过这部分来识别抗体（获准翻印自文献［3］）

IgD 和 IgE 的结构与前面介绍的抗体普通结构相似，能同时结合两个抗原分子（每条臂一个抗原）。其中，IgG 是最普遍的抗体类型，并且占人体抗体比例的 75%。IgE 型的抗体在机体中的含量非常低，但这类抗体在过敏反应中发挥重要作用，这将在后面进行讨论。IgA 与其他种类抗体有相似的结构，但此外，它还具有一条 J(连接)链，将两抗体普通结构连接起来形成二聚体。然后二聚体能一次结合 4 个抗原分子，这点在凝集作用中很重要（将在后面介绍）。同理，IgM 由 J 链(连接)连接形成五聚体，所以它一次能和 10 个抗原分子结合。因此，IgM 是捕捉细胞和微生物最有效的抗体。

12.3.2.3 抗体作用的机制

抗体可以通过凝集、沉淀、中和、裂解四种方法直接辅助清除病原体。

凝集当抗原表面的多种大颗粒与抗体发生结合，抗原就凝集成丛，而不能行使正常功能。例如，细菌的凝集。由于 IgA 和 IgM 抗体能和多个抗原结合，因此能最有效地促进外源分子的聚合。沉淀发生在抗体与抗原的复合物变大以致不能溶解的时候。多数

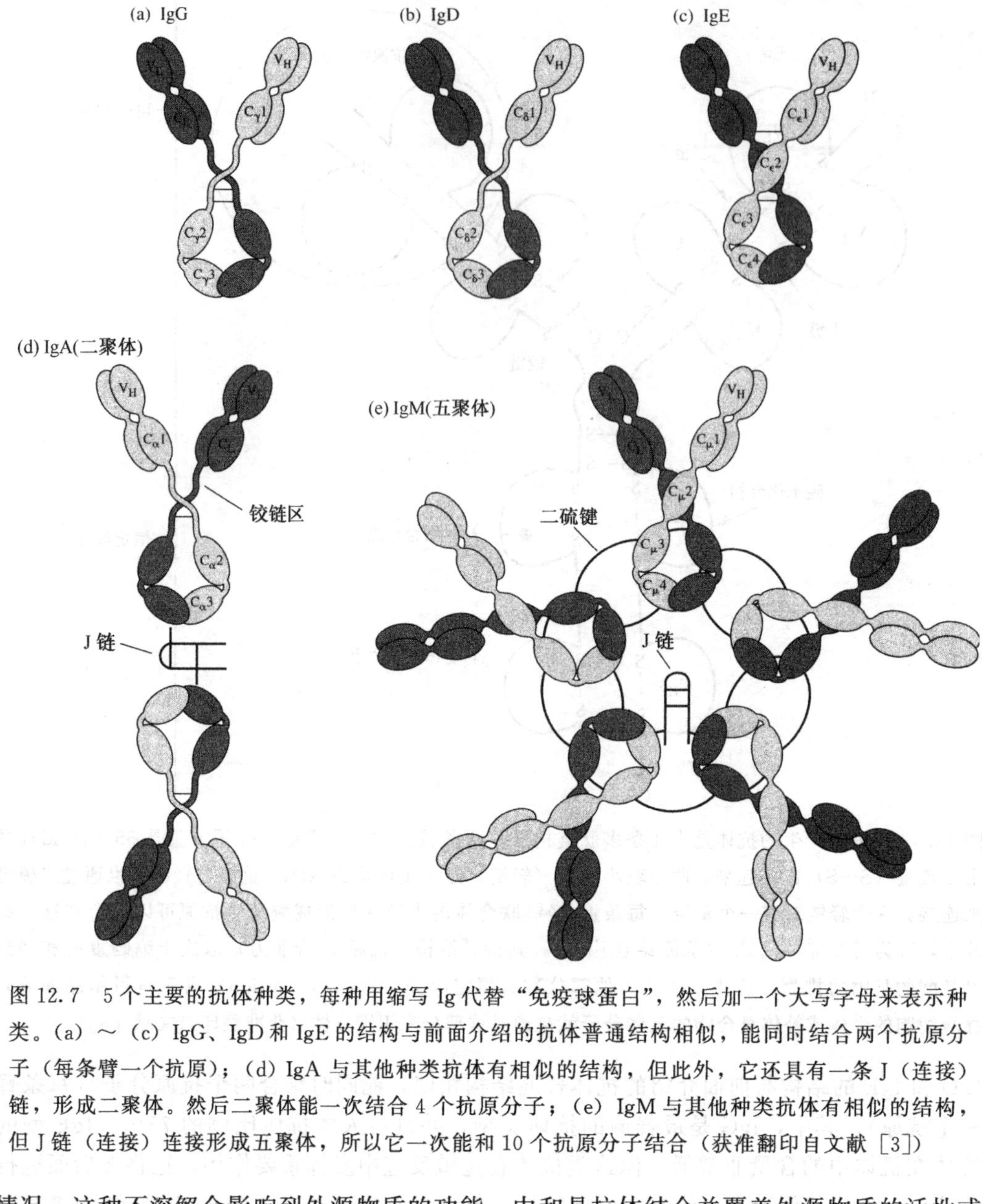

图 12.7　5 个主要的抗体种类，每种用缩写 Ig 代替“免疫球蛋白”，然后加一个大写字母来表示种类。(a) ～ (c) IgG、IgD 和 IgE 的结构与前面介绍的抗体普通结构相似，能同时结合两个抗原分子（每条臂一个抗原）；(d) IgA 与其他种类抗体有相似的结构，但此外，它还具有一条 J（连接）链，形成二聚体。然后二聚体能一次结合 4 个抗原分子；(e) IgM 与其他种类抗体有相似的结构，但 J 链（连接）连接形成五聚体，所以它一次能和 10 个抗原分子结合（获准翻印自文献 [3]）

情况，这种不溶解会影响到外源物质的功能。中和是抗体结合并覆盖外源物质的活性或毒性位点。某些抗体也能直接作用于入侵生物的细胞膜，导致细胞裂解和死亡。

除了这些直接作用以外，抗体也可以间接协助清除外源物质。吞噬细胞（粒细胞）上含有大量的不同抗体的受体，抗体结合加快了吞噬细胞对含颗粒抗原的吞噬速度。抗原-抗体的结合体也能活化补体系统（后面将进行讨论），然后再通过补体系统以另一种机制去除入侵异物。

例题 12.2

一名战士在战场中受了重伤，需要及时输血。虽然血液非常紧缺，但军医还是找到了一单位的供体血。然而，血型不配。军医决定做一个快速的血清学交叉匹配试验，将供体血的红细胞与受伤战士少量的血清样混合。通过显微镜观察，军医注意到红血球形成一些小丛。假设这些红血球小丛不是由凝结造成的，为什么会形成小丛？血清中最可能含有哪种抗体？患者可以用这个供体血吗？或是该另找一个供体？为什么？

解答：

这个丛集现象是供体红血球凝集的结果。这样的凝集表明在受伤战士的血清中含有对抗供体红血球表面蛋白的抗体。IgA 和 IgM 能分别形成二聚体和五聚体，它们是凝集反应中最有效的抗体。实验表明这个患者有抗供体血的，该供体血不能用于患者。如果使用供体血，产生的免疫反应将会影响到患者的康复。

12.4 T 细 胞

12.4.1 T 细胞的类型

根据前面所述，T 细胞需要抗原与呈递抗原的 MHC 复合物来活化。有两种主要类型的 T 细胞：辅助 T 细胞（T_h）和细胞毒性 T 细胞（T_c）。T_h细胞通常含有表面糖蛋白 CD4 且能识别 MHC Ⅱ类分子呈递的抗原。而 T_c细胞通常含有表面标记 CD8 且能与 MHC Ⅰ类分子呈递的抗原反应。

12.4.2 辅助 T 细胞（T_h）

T_h细胞在获得性免疫反应中起到一个关键作用，这些细胞在获得性免疫缺陷综合征（艾滋病）患者体内被损坏。T_h细胞被抗原-MHC Ⅱ类分子复合物与抗原呈递细胞（APC）提供的共同刺激信号活化。这个共同刺激信号通常是以 B7-1 或 B7-2 糖蛋白的

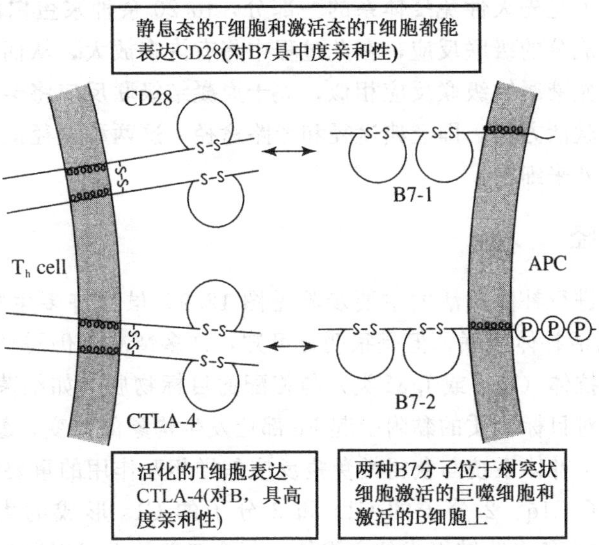

图 12.8 T_h细胞的活化。抗原-MHC Ⅱ类分子复合体与抗原呈递细胞提供的辅助刺激信号结合时，将 T_h细胞激活。此类共刺激信号常出现在抗原呈递细胞表面的 B7-1 或 B7-2 糖蛋白位点，可以与 T_h细胞的特异性受体进行相互作用

形式存在于 APC 的表面上，它能与 T_h细胞上的特异受体作用（图 12.8）。

一旦被激活，T_h细胞就形成效应性和记忆性 T_h细胞（图 12.5）的克隆种群。然后效应性 T_h细胞分泌出具各种作用的细胞因子（表 12.1），包括：

1. 刺激 B 细胞生长和分化（IL-4、IL-5 和 IL-6 等）；
2. 刺激 T_c细胞增殖（参见后面）（IL-2 等）；
3. 进一步刺激 T_h细胞的活化（IL-2 等）；
4. 促进巨噬细胞的趋化性和活性（MIP、IL-8 等）。这是另一个说明获得性和先天性免疫系统如何协同清除异物的例子。

活化的 T_h细胞与 B 细胞结合可以直接刺激体液免疫反应。

12.4.3 细胞毒性 T 细胞（T_c）

前面已经提到 T_h分泌的细胞因子也作用于 T_c细胞，促进它们的活化并扩大成包括 T_c记忆细胞和 T_c效应细胞，即细胞毒性 T 淋巴细胞（CTL）的克隆种群。CTL 可以分泌能溶解细胞的穿孔蛋白，其作用机制与补体系统中膜攻击复合物相似（在下一章会进行详细讨论）。一个 CTL 的表面受体能够从溶解的细胞上将抗原脱离出来，然后运送到下一个细胞，所以它们可以非常有效地清除“自我变异”细胞。细胞毒性 T 淋巴细胞在防御病毒感染和肿瘤方面有很重要的作用，当供体和受体间的 MHC 分子相似程度不大时，它就能作为移植排斥的主要介质。但在对生物材料潜在获得性免疫反应中，T_c细胞所起的作用没有 T_h细胞大。

12.5 补体系统

补体系统实质上是先天性免疫体系的一部分，由 20 余种浆蛋白组成，这些浆蛋白参与最终清除外源成分的级联反应，在此过程中将有许多放大，从而产生迅速和决定性的反应，这一点与血液凝结级联反应相似，关于血凝结级联反应将会在下一章讨论。补体系统有两种主要激活方法，即经典途径和旁路途径，这两种途径最终都是通过形成膜攻击复合物来溶解外来细胞。

12.5.1 经典途径

通过经典途径进行补体激活的主要步骤见图 12.9。虽然许多生物材料通过旁路途径（12.5.2 节）激活补体级联，但是很明显可知，许多情况下仍需经典途径。

经典途径始于抗体（IgG 或 IgM 类）与相配的目标物质（如细菌细胞或生物材料）的抗原结合。抗体对目标物质的黏附引起 Fc 部位发生构象的改变，暴露出补体蛋白 C1 的结合点。这是一个补体系统与获得性免疫反应怎样相互作用的重要例子。

C1 是由 1 分子 C1q、2 分子的 C1r 和 2 分子的 C1s 形成的大分子复合物（图 12.10）。C1q 是由 18 条多肽链组成的六聚体，每个亚单位上可以通过其球状的“头端”与抗体的 Fc 部位结合。C1r 和 C1s 是两种酶（丝氨酸蛋白酶）。C1q 必须攻击至少两个 Fc 位点才能形成稳定作用，由于 IgM 的五聚体结构提供了更多极其接近的结合位点，所以在补体激活中 IgM 更为有效。

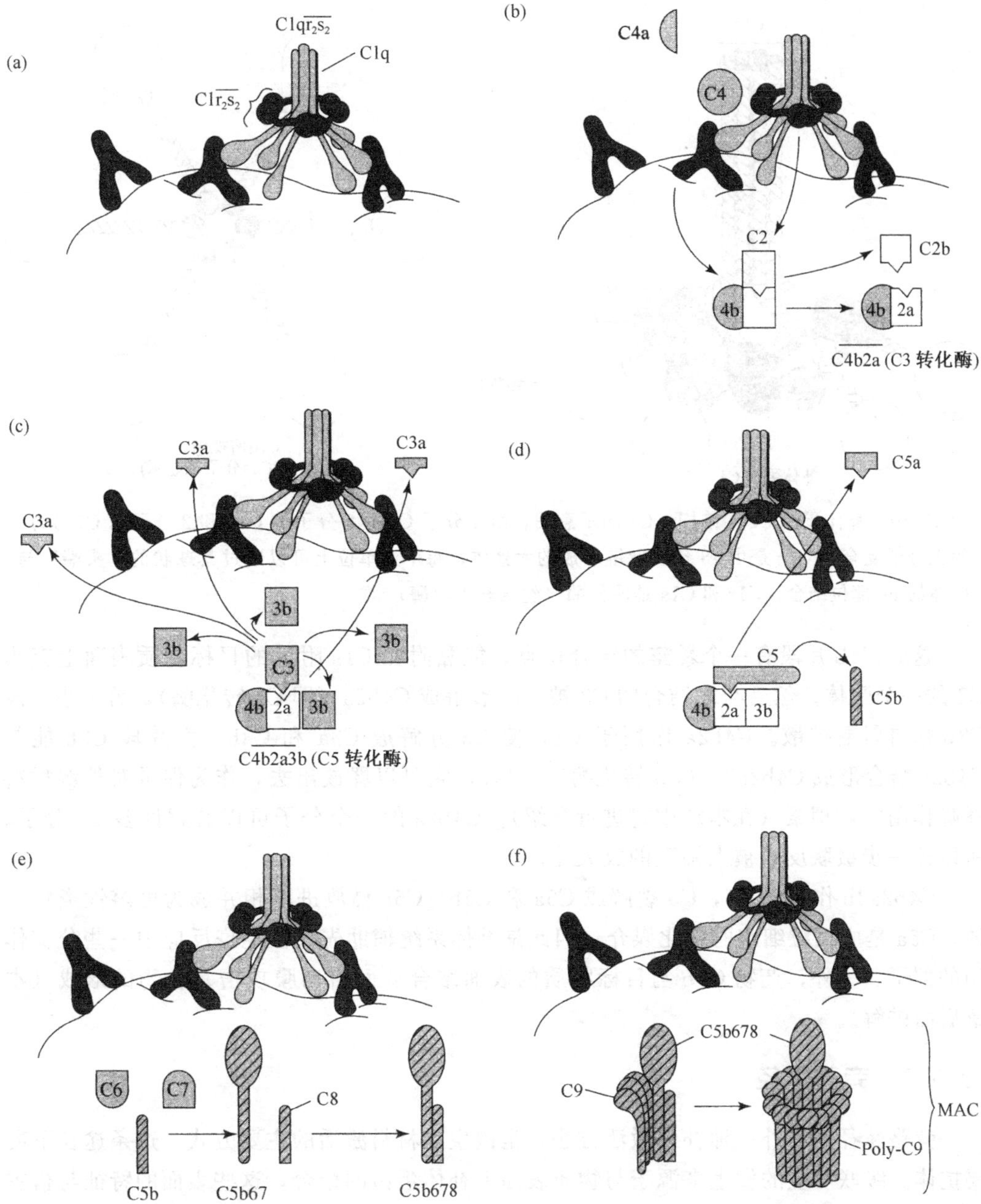

图 12.9 经典途径活化补体反应的几个重要步骤。(a) ～ (f) 当抗体 (IgG 或 IgM 类) 与相配的目标物质 (如细菌细胞或生物材料) 上的抗原结合，经典途径就被启动 (a)。抗体对目标物质的附着引起构象的改变，从而导致以 C4 裂解为开端的级联反应的开始 (b) 并形成膜攻击复合物 (MAC)，在膜上形成直径为 70～100 Å 的孔 (f)。离子和小分子通过这些孔渗出细胞，细胞失去渗透平衡继而发生溶解 (获准翻印自文献 [2])

C1q 与抗体的结合引起 C1r 的构象改变，导致 C1r 裂解形成一个活性酶——**C1r** (在后面将用黑体字来表示活化酶)。然后 **C1r** 裂解激活 C1s。**C1s** 作用于 C4 将 C4 裂解成 C4a (小片段) 和 C4b (大片段)。

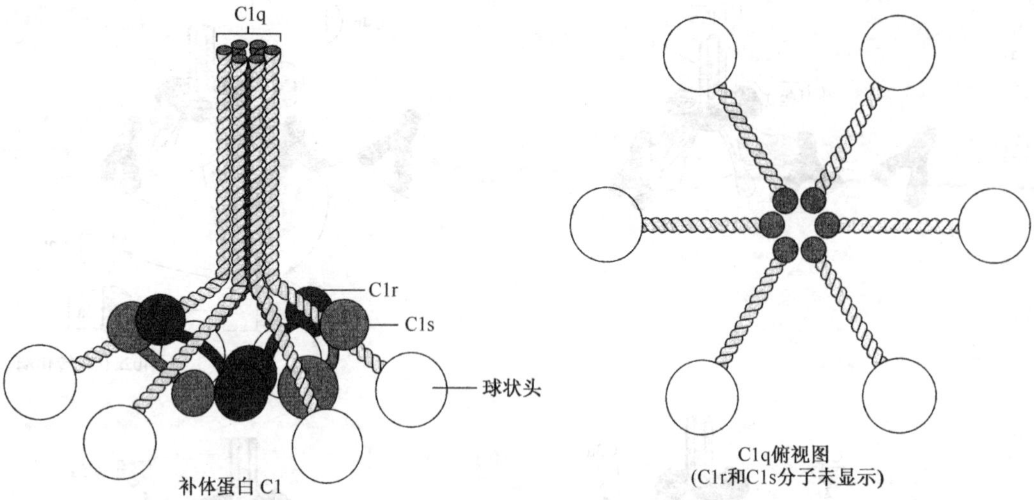

图 12.10 补体蛋白 C1 的结构。C1 的示意图，由 1 分子 C1q、2 分子的 C1r 和 2 分子的 C1s 形成的大分子复合物 C1q 是由 18 条多肽链组成的六聚体，每个亚单位上可以通过其球状的“头端”与抗体的 Fc 部位结合。C1r 和 C1s 是两种酶（丝氨酸蛋白酶）

这时 C4b 片段有一个暴露的结合位点，能黏附在 C1s 附近的目标物质表面上充当 C2 的一个受体。然后与之结合的 C2 被 C1s 裂解成 C4b2a（即 C3 转化酶），另一小片段 C2b 则向周围扩散。C4b2a 作用于 C3，使 C3 分解成 C3a 和 C3b。大片段 C3b 能与 C4b2a 结合形成 C4b2a3b（C5 转化酶）。另外，它可以释放出去，作为促进对外源材料吞噬作用的调理素（在本章中将进行介绍）。C4b2a 的一个分子可以裂解许多 C3 分子。所以这一步级联反应被大幅度的放大化。

C4b2a3b 作用于 C5，C5 裂解成 C5a 和 C5b。C5a 释放进液相并成为可溶性炎症介体。C5a 是中性粒细胞的趋化媒介，因此是补体系统辅助先天性免疫反应中一些分支作用的例子。另外，产物 C5b 与目标物质的表面结合从而启动膜攻击复合物的形成（本章后面讲解）。

12.5.2 旁路途径

旁路途径是另外一种补体激活方法，是被生物材料激活的主要方式。这条途径不需要抗体。级联反应的发生来源于与物质表面上补体蛋白的结合，这些表面的特征与宿主细胞不同。

血清蛋白 C3 缓慢的自发水解形成 C3a 和 C3b，从而启动了旁路途径，图 12.11 所述。C3b 能与异物表面或宿主细胞结合。但宿主细胞膜中含有使 C3b 快速失活的成分（参见补体系统调节的讨论）。当 C3b 黏附后，接着与 B 因子结合，然后 B 因子就会显露出结合因子 D* 酶的位点。

接着，因子 D 就与因子 B 反应产生 Ba，Ba 被释放出去，生成 C3 的转化酶 C3bBb。

* 有证据表明，吸附在生物材料表面的 C3 分子同样能与因子 B 结合，因此提供了旁路途径活化的另一种方法，旁路途径的活化是不易被调解蛋白控制的，这在后面将进行讨论。

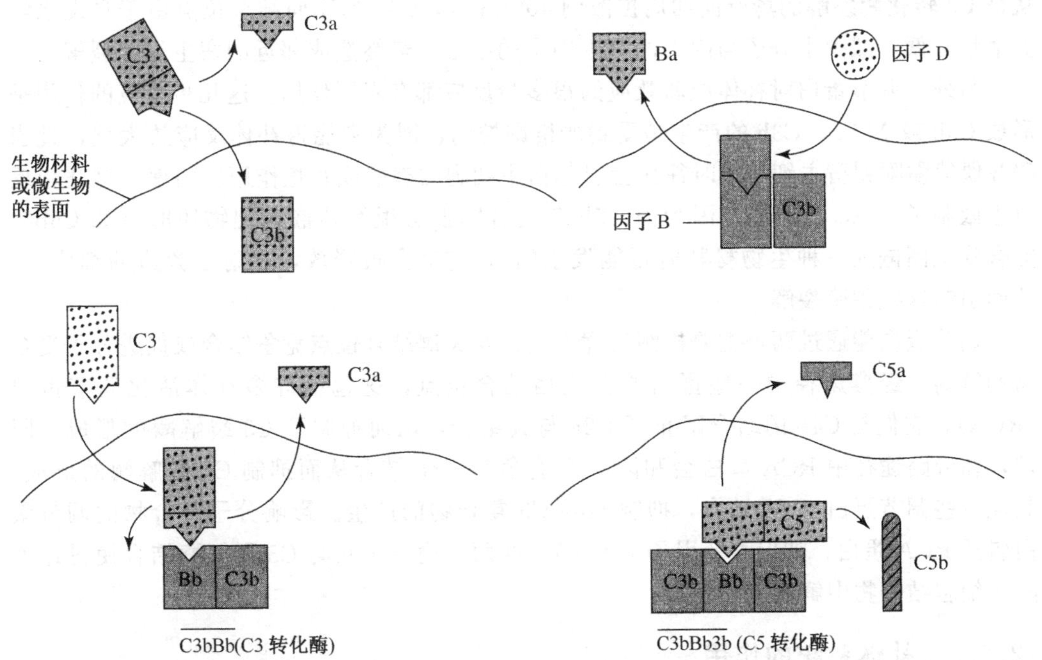

图 12.11 由旁路途径活化补体反应。血清蛋白 C3 缓慢的自发水解形成 C3a 和 C3b 从而启动了反应，当 C3bBb3b 形成后反应结束。然后和经典途径一样，C3bBb3b 将 C5 裂解成 C5b，从而诱导膜攻击复合物的形成（参见图 12.9）（获准翻印自文献［2］）

C3bBb 将许多 C3 裂解成 C3b。和经典途径一样，这一步级联反应会有很大程度的放大。最终，C3b 分子与 C3bBb 复合物结合形成 C3bBb3b，在旁路途径中作为 C5 的转化酶。然后和经典途径一样，C3bBb3b 将 C5 裂解成 C5b，从而诱导膜攻击复合物的形成。

12.5.3 膜攻击复合物

经典途径和旁路途径都导致外源物质表面产生 C5b。图 12.9 所示，C5b 提供结合 C6 的位点，然后生成的 C5b6 又与 C7 结合，并且这个复合物在构象上发生了改变，将疏水域暴露出来与靶细胞上的磷脂双分子层作用。之后又与 C8 结合，C5b678 复合物嵌入细胞膜形成一个小孔（直径 10 Å）。补体级联反应中的最后一步是利用 C5b678 复合物结合并聚合 C9。C9 聚合物包被的 C5b678 复合物称为膜攻击复合物（MAC），它能形成直径大小在 70～100 Å 的孔。细胞内的离子和小分子通过这些孔不断地从细胞内渗出来，造成细胞渗透压失衡继而细胞裂解死亡。

12.5.4 补体系统的调节

为了将补体级联反应作用限制在局部区域并且在消灭外源病原体的同时防止宿主细胞被溶解的情况发生，在级联反应时需要有大量的调节分子。对这些分子的详细讨论超出了本书的范围，我们将重点介绍不同的调节方法。

在级联反应中某些酶的短半衰期是一种调控补体系统的内在方法。例如，当 C3b

从被 C3 转化酶裂解的场所向四周扩散到 40 nm 时，C3b 的靶向结合位点由于自发水解而活性降低，减少了分子与附近的宿主细胞的结合，最终造成邻近的宿主细胞裂解。

另外，调节蛋白对补体级联效应的很多步反应都有限制作用。这几步反应的作用是形成 C3b 或 MAC。C3b 的产生是受到严格调控的，因为它能将补体反应放大化，且当 C3b 偶然黏附到宿主细胞上时往往会引起宿主细胞的裂解或吞噬作用。同理，这几步反应也限制了 MAC 的形成，因为当 C5b67 复合物没有很好地嵌入靶物质时（如 C5b67 复合物试图嵌入一种生物材料时可能发生的），它就会被释放，黏附在旁边的细胞上，从而引起这些细胞裂解。

调节蛋白能通过两种主要机制发挥作用：与关键结合位点竞争结合或促进分子复合物的解离。经典途径中一些蛋白质会遮挡结合位点，这包括许多补体活化调节蛋白（RCA），它们与 C4b 的结合阻止了 C2a 与其结合，从而抑制了 C3 裂解酶的形成。同理，在旁路途径中 RCA 蛋白会和因子 B 竞争与 C3b 结合从而抑制 C3 裂解酶的形成。其他一些调节蛋白与 C8 结合，抑制 poly-C9 复合物的产生。影响分子复合物的调节蛋白包括 RCA 蛋白，如促衰变因子（DAF），在两种途径中它与 C3 裂解酶结合使得这个酶从细胞结合物中解离出来。

12.5.5 补体系统的作用

补体系统活化常常会放大抗体的作用。如前所述，抗体的作用包括凝集、沉淀、中和及细胞裂解。补体成分（如 C3b）通过促进微粒与少量的相应吸附性抗体结合，使外源微粒发生凝集。当抗体和补体蛋白形成一层覆盖外源物质毒性位点的外层时，也促进了中和作用。另外，细胞裂解是通过补体级联反应中的最后阶段形成的 MAC 介导的。

除了辅助抗体作用外，补体活化能刺激先天免疫的另一分支——炎症反应。特别是 C3a、C4a 和 C5a 与肥大细胞和嗜碱性粒细胞结合，诱导这些细胞释放出组胺和其他介质（参见下一节）。这些分子能造成平滑肌细胞收缩和增加血管的渗透性，以及与炎症相联系的一些特征变化（第 10 章）。另外，C3a、C5a 和 C5b67 复合物促进单核细胞和中性粒细胞对外源物质位点的趋化性。黏附在聚合（氨基甲酸乙酯）生物材料上的巨噬细胞，其 C3 也会受到影响。

补体蛋白和炎症反应间作用的协同进一步促进了吞噬作用。补体蛋白（主要是 C3b）充当一个调理素的角色，外源物体被看做是受调理物质。当附着在外源物表面的 C3b 与巨噬细胞和中性粒细胞的特异位点结合后就能促进对被调理的粒子吸收。

12.6 对生物材料的不良免疫反应

从前几节我们知道一些异物如异体细胞或蛋白及生物材料会引起机体免疫系统对其表面产生的免疫反应。也知道了获得性免疫反应在病原体的清除中扮演着重要角色；但除此之外，获得性免疫反应还具有其他一些不良反应，如对供体器官产生的排斥反应、自身免疫疾病或过敏症等。在这一节中将介绍生物材料的不良免疫反应。

12.6.1 对生物材料的先天性和获得性免疫反应对比

生物材料很少像供体组织那样被机体“排斥”。因为“排斥”现象一般主要发生在机体对表面含异体MHC分子细胞的反应中，所以除非把生物材料作为异体细胞的载体（如一些组织工程方案），否则，获得性免疫系统的完全活化也不太可能引起植入材料的损坏。因为材料在植入前经过了诸如冷冻或戊二醛固定等处理，这些处理减弱了材料的抗原特性。虽然一定程度上，天然材料在某种程度上仍具有足够的激活获得性免疫系统的异体抗原决定基，但这却通常不会造成材料的直接损坏或被再吸收。

生物材料尤其是生物合成材料的“免疫相容性”，往往需要更多考虑材料与非特异性免疫反应之间的相互作用。例如，生物材料激活的补体反应能引起炎症细胞在植入材料周围不断积聚。虽然这并不是“排斥”，但表明植入材料设计方面有问题，因为炎症细胞和（或）纤维囊的存在使得植入材料不能很好与周围组织融合。

12.6.2 超敏反应

有时生物合成材料也会引发一些获得性免疫系统产生的不良免疫反应，称为超敏反应或过敏反应，这种反应定义为不常见的、过度的或不可控的免疫反应。根据引发反应的生物学机制可将过敏反应划分为4种主要类型（Ⅰ～Ⅳ型）。

12.6.2.1 Ⅰ型：由IgE介导

Ⅰ型超敏反应由浆细胞（效应B细胞）分泌的过敏原特异性IgE分子引发的（图12.12）。然后IgE分子与嗜碱性粒细胞和肥大细胞上的受体结合，将这些细胞致敏。当再次接触这种过敏原时就会引起细胞膜上相应抗体的交联，抗体交联提供信号诱导肥大细胞脱粒和释放可溶性介质（如组胺）。然后这些释放的介质又会造成许多局部和系统的响应，包括血管舒张和平滑肌细胞的收缩。严重的可以就可以致命（如花生或蜂螫引起的过敏）。

Ⅰ型反应是典型的对环境因子如豚草花粉（花粉热）的“过敏”响应。很少有关于生物材料引起的Ⅰ型超敏反应方面的文献记载。但如果患者曾在工作场所接触到金属成分，就可能会对金属成分产生IgE介导的Ⅰ型响应。同样，乳胶手套中的乳胶可能会在一些敏感个体中引起Ⅰ型反应。然而，关于硅胶胸部植入物引发Ⅰ型超敏反应方面的报道仍存有争议。

12.6.2.2 Ⅱ型：由抗体介导

Ⅱ型反应中产生的抗体可单独作用或与补体蛋白连接以破坏表面呈递有外源抗原的细胞或血小板。Ⅱ型反应的一个典型例子是在输血过程中血型错配时，宿主细胞就会产生响应。文献中生物材料引起的Ⅱ型超敏反应很少。

12.6.2.3 Ⅲ型：由免疫复合物介导

Ⅲ型反应的症状是在组织器官接触到过敏原后几天至几周才出现，因为这类型的超敏反应要求抗原和抗体必须同时出现在组织或循环中。当这个反应发生时，大量的免疫复合物（抗原-抗体复合物）沉淀在一个局部区域，或者，如果抗原在血液中，则复合物在血管壁。抗原与抗体的结合促进补体系统的活化，随后吞噬细胞迁移到这个区域。

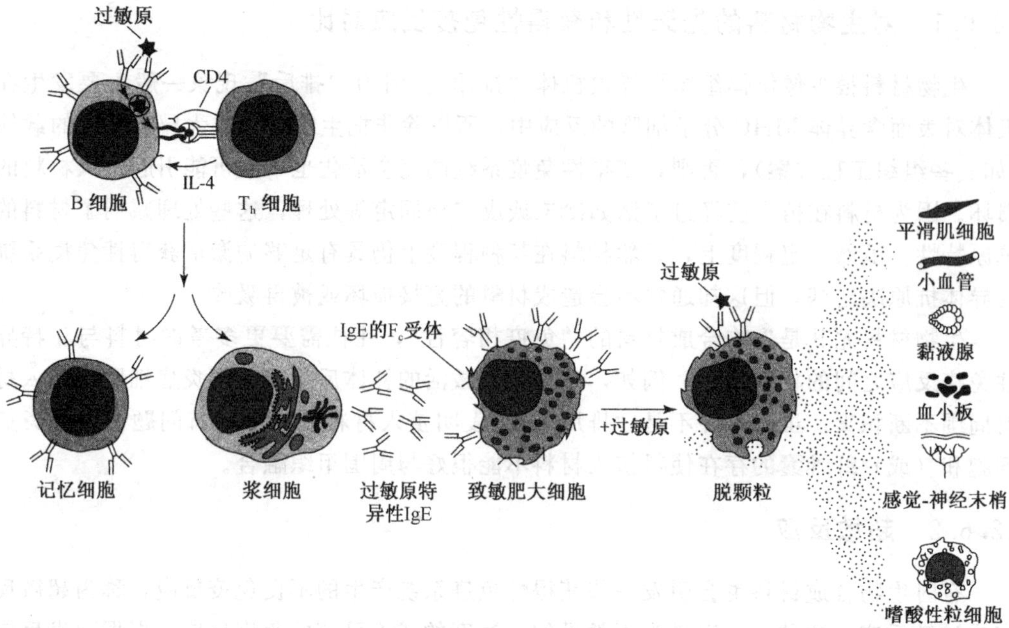

图 12.12　Ⅰ型超敏反应。Ⅰ型超敏反应是浆细胞（B细胞的效应细胞）分泌过敏原的特异性 IgE 分子而引起的。IgE 分子与嗜碱粒细胞和肥大细胞上的受体结合，产生细胞致敏作用。再次接触这种过敏原就会导致膜结合抗体之间的交联；这种交联所提供的信号刺激肥大细胞发生脱颗粒，释放可溶性介质（组胺）。该介质引发一系列的局部或系统响应，例如平滑肌细胞发生收缩或血管扩张（获准翻印自文献 [2]）

在Ⅲ型反应中酶的释放和炎症细胞补充产生的活性物质造成许多组织的损伤。自体免疫疾病如狼疮的作用机制就是Ⅲ型反应。缓慢降解或药物缓释的生物材料体系需要关注这种类型的反应，但通常它不是生物材料超敏反应的主要成因。

12.6.2.4　Ⅳ型：由 T 细胞介导

与Ⅰ型反应相似，Ⅳ型超敏反应通常要接触一个以上的过敏原。由于这种反应是再次接触相同过敏原（抗原）24～72 h 后产生症状，所以又被称为迟发型超敏反应。这类超敏反应是接触性皮炎的根源。

图 12.13 中描述的，与超敏反应中的前几种类型不同，Ⅳ型超敏反应中不涉及抗体。某些特异性细胞如 T_{DTH} 细胞（一般是由 T_h 细胞形成）是这种反应的主要原因。首次接触抗原呈递细胞上的抗原时，T_h 细胞变得敏感并长成 T_{DTH} 细胞。进一步接触抗原会引起 T_{DTH} 细胞的活化以及分泌细胞因子，从而将巨噬细胞吸引到该区域。这些物质聚集以后（1～3 天以后），炎症细胞释放的细胞溶解酶剂导致局部组织受损和临床症状。

有关铬、钴或镍的口腔植入物植入后的皮炎或口腔损害的报道显示生物材料的使用应考虑Ⅳ型超敏反应。与之类似，从金属、硅胶和丙烯酸的植入中也可以观察到这一类型的深层组织反应，表明这类反应不仅仅只限于金属生物材料。

12.6.2.5　超敏反应和生物材料的类型

对金属生物材料的超敏反应已经进行了大量的研究。但研究人员认为材料释放的产

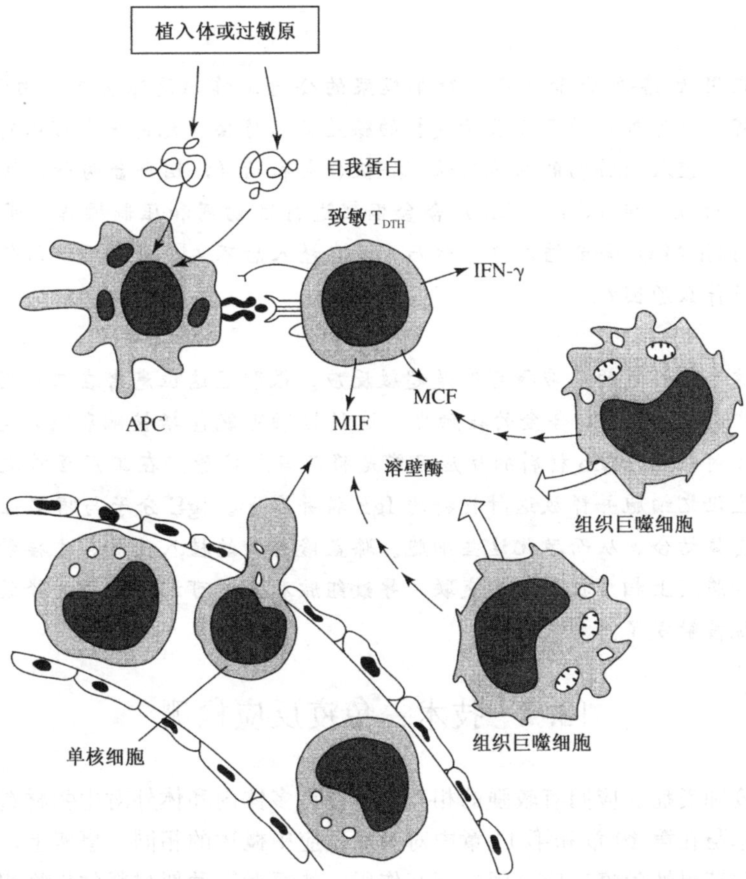

图 12.13　Ⅳ型超敏反应的图表。特异细胞——T_{DTH} 细胞是这种反应的主要原因。首次接触抗原呈递细胞上的抗原时，T_h 细胞变得敏感并长成 T_{DTH} 细胞。进一步接触抗原会引起 T_{DTH} 细胞的活化以及分泌细胞因子从而将巨噬细胞吸引到该区域。这些物质聚集以后（1～3 天以后），炎症细胞释放的细胞溶解酶剂导致局部组织受损和临床症状

物必须充当半抗原，由于含有低分子质量的离子，在免疫系统活化前需要与天然的蛋白质复合。

已有的对陶瓷材料超敏反应的研究非常少，并且对聚合体Ⅳ型反应的证据依然存在争议。在生产人造乳胶手套时所用的化学添加剂可能引起这类超敏反应。另外，人们一直在关注因与生物材料表面结合（第 8 章）而引起的天然蛋白的变性，可能引发不良免疫反应，因为它们不再被认为是“自己人”。

虽然对于生物材料产生的超敏反应会怎样发展的争论还在继续进行，但这些反应的确能对超敏的个体造成严重后果且对商业应用也有很大的影响，如硅胶胸部填充物的销售。在这种情况下，由于对硅胶胸部填充物会造成自体免疫疾病（由于未受抑制的获得性免疫反应而引起机体组织的破坏）的起诉，1992 年这些填充物的许多制造商决定从市场收回产品。随后这些公司支付了数十亿美元，并且有一家厂商被迫破产。（后来几年的研究发现硅胶胸部填充物与这些疾病没有直接联系，2006 年，美国的食品和药物监管部门批准新一代的此类填充物可以用于整形手术。）

例题 12.3

一名曾在用钴-铬-钼合金生产自行车框架的公司工作的退休员工，由于一次事故，造成膝盖粉碎。整形外科的医生表示受损的膝盖必须替换。允许患者可以对植入材料的质地进行选择，植入修补物的质地有钛-铝-钒合金和钴-铬-钼合金两种。该患者过去在自行车厂家对钴-铬-钼（Co-Cr-Mo）合金框架进行过切割和压制操作，所以他选择了钴-铬-钼（Co-Cr-Mo）合金植入体。然而，就在植入后不久，患者显示与超敏反应一样的症状。这是什么原因？

解答：

患者对这个植入物的反应很可能是超敏反应。很明显这位患者在工厂里生产自行车框架的工作中有Co-Cr-Mo合金的接触史。这种接触可能包括接触和吸入Co-Cr-Mo微粒。他的机体对Co-Cr-Mo材料的反应可能是将其当成抗原。在工厂里首次接触到这种材料后，产生记忆细胞并释放这种材料的IgE特异分子。IgE分子与嗜碱性粒细胞和肥大细胞上的受体结合，从而敏化这些细胞。膝盖修补物的植入使其再次接触此"抗原"，之前敏化的细胞膜上相应抗体发生交联，导致组胺和其他可溶性介质的释放。这样，一个超敏反应就被触发了。

12.7 技术：免疫反应检测

因为免疫和炎症反应间有较强的相互作用，许多体内和体外对生物材料可能的免疫反应测定技术与在第10章和第11章中对炎症反应中概述的相同。事实上，考虑到先天性免疫反应和获得性免疫反应之间的相互作用，如要对一种新材料的生物相容性进行更加彻底检测，必须缜密地进行体外试验，这些试验包括炎症细胞和淋巴细胞的检测。至于其他的检测，在体外淋巴细胞与对特定物质的反应中被激活就预示着这种材料在体内不具有免疫相容性。目前已有很多体外（包括ASTM F1905、F1906、F1984、F2065）和体内（包括ASTM F720、F2147、F2148）免疫毒性试验的ASTM标准。

12.7.1 体外检测

与炎症反应检测一样，将参与免疫反应的细胞从血液中分离出来，培养在生物材料里，然后测定其活性。通常对T细胞和B细胞检测与粒细胞一样的一个或多个活性标记：

1. 细胞黏附和铺展；
2. 细胞死亡；
3. 细胞迁移；
4. 细胞因子的释放；
5. 细胞表面标记的表达；
6. 细胞增殖。

前5种标记和炎症细胞的标记相同。此外，由于细胞的扩增和克隆种群的形成对淋巴细胞的功能很重要，因此细胞增殖的分析也是评价其活性的指标。这种分析被称为淋巴细胞转化实验（LTT），可通过同位素标记或荧光标记细胞 DNA 进行这种分析，随时间监测其数量变化情况。DNA 大量合成表明淋巴细胞正快速增殖。

有许多方法用来分析上面列出的其他参数，在第 9 章和第 10 章中对此进行过介绍，它们也能用于淋巴细胞检测。然而，与巨噬细胞和嗜中性粒细胞不同的是，当一个淋巴细胞识别出可与抗体或 TCR 结合的靶细胞时，它就失去了迁移能力。因此，虽然单个淋巴细胞的移动和淋巴细胞群的移动都可以用前面介绍过的方法追踪，这种情况下，较小的迁移值被看做活性的指标，称之为淋巴细胞迁移抑制检测。除此之外，随着 ELISA 和 FACS 分选技术分别用于测定释放的细胞因子和细胞表面标记的类型及数量(第 10 章)，淋巴细胞所靶向的细胞因子和细胞表面标记与粒细胞活化时所检测到的不同。

12.7.2　体内检测

在体内，未消退的免疫反应具有与慢性炎症相似的特征，但炎症细胞与淋巴细胞都存在。因此，对植入生物材料的免疫反应的体内检测技术与第 11 章中提到的那些技术很相似。与炎症反应情况相反的是，免疫评估没有国际标准化组织（ISO）指导。但是实验设计必须给予体内炎症试验那样的关注，如实验动物的选择，植入位点的选择，研究时间段、剂量和生物材料的给药和适当的对照组。目前材料植入动物模型体内后的最常见评价方法是组织学/免疫组织化学法，着重对材料周围淋巴细胞的数量进行观察。

也可以不处死动物监测整个植入过程中的免疫反应。血样可从动物身上采集并对其中含有的抗植入生物材料上的某些抗原表位的抗体（通常是 IgG）进行测定。这类抗体的存在则表明材料具免疫原性且可能最终导致对装置或患者的危害。这个过程也能用于患者，尤其是在确定材料植入后超敏反应已经发生的情况下。

另一个常用的人体超敏反应检测是将生物材料中可能含有的抗原植入皮上或皮下，查看局部的炎症情况（皮肤试验）。如果抗原试用部位周围出现红肿，就说明这位患者可能对这种移植材料有超敏反应。类似的过程也可用来确定对环境因子（如花粉和皮屑）的过敏反应。

例题 12.4

严重联合免疫缺陷（SCID）是因为基因混乱而导致 B 细胞和 T 细胞缺乏。患有 SCID 的患者免疫系统往往损害严重。患有 SCID 的小鼠能够接受移植的组织，且排斥反应很小。因此，我们可以将它们作为以治疗为目的的细胞和（或）组织移植的生物活性动物研究模型。例如，SCID 小鼠常被用来作为骨髓基质细胞在体内异常部位生成骨的研究模型。SCID 小鼠是否是评价生物材料免疫反应的有效模型？为什么？

解答：

SCID 小鼠并不是评价机体对植入生物材料产生免疫反应的有效模型。因为 SCID 小鼠的免疫系统是严重受损的，因此 SCID 小鼠对植入生物材料不产生免疫反应并不能作为这种材料在免疫系统健全的个体中所产生的免疫反应的可靠依据。

小结

- 获得性免疫的两种类型是体液免疫和细胞免疫，体液免疫是通过抗体清除异物，细胞免疫是运用特异淋巴细胞识别和消除机体自身的变异细胞。
- 半抗原是一个低分子质量的物质，能和大分子结合，引发的免疫反应较单独物质引发的反应要强很多。佐剂是对抗原的免疫反应不产生特异增强的物质。
- 获得性免疫反应是通过抗原与抗体结合或抗原与 T 细胞受体(TCR)结合而激活的，这种结合是对抗原表位的特异识别。抗原识别的发生一般需要接有 MHCⅠ类或 MHCⅡ类分子的抗原。MHCⅠ类分子存在于几乎所有的有核细胞上，且被 T 细胞识别。MHCⅡ类分子仅在抗原呈递细胞(APC)中发现，且被 T_h 细胞识别。抗原在呈递到胞外前，必须在细胞内加工——抗原与相应的 MHC 分子发生复合。
- 淋巴细胞对抗原反应的两种主要类型中产生获得性免疫反应的是 B 细胞，B 细胞是产生高度特异抗体的体液免疫的介体，这种抗体能被释放到周围环境或与细胞膜结合，T 细胞参与细胞免疫，且产生能与其他细胞膜结合的高度特异 TCR。
- B 细胞是在骨髓中形成和加工，然后在外周淋巴组织中进一步成熟，而 T 细胞是在胸腺中加工的。成熟后，B 细胞和 T 细胞迁移到淋巴组织，在淋巴组织中它们可以保存一段时间或直接进入血流循环到整个机体中。
- 抗体是由两条重的和两条轻的多肽链组成，通过二硫键连接。在每条重链/轻链结合的末端区域是结合抗原的裂缝结构，被称为可变部分（F_{ab}）。抗原的其余部分称为恒定部分（F_c），这部分的任务就是与巨噬细胞的受体或补体复合物中某些分子间进行识别。
- 抗体能通过凝集（IgA 和 IgM 在这方面也非常有效）、沉淀、中和或裂解来协助去除病原体。另外，抗体结合能增强含抗原颗粒的吞噬率也是补体系统活化的一个主要机制。
- 抗原/MHC 复合体的存在，会促进抗原与 TCR 的结合，引发了 T 淋巴细胞的活化。接着活化的 T_h 细胞释放出细胞因子，这些细胞因子有助于 T_c 细胞的活化。T_h 细胞也可以和细胞因子结合并释放细胞因子以充分活化 B 细胞。活化之后，每种淋巴细胞经过快速分裂形成对各自抗体特异的细胞克隆种群。效应细胞和记忆细胞都是在这个过程中生成。效应 B 细胞也称浆细胞，能分泌可溶性抗体。效应 T 细胞是细胞毒性 T 淋巴细胞（CTL），能分泌穿孔素溶解细胞。
- 补体活化（经典途径和旁路途径）的两种方法结合引发形成的膜攻击复合体溶解外源细胞。经典途径由抗体与靶细胞上的抗原结合而引发。这就造成抗体 F_c 区域的构象改变，引发级联反应产生很多的 C5b，C5b 与目标表面结合并引发膜攻击复合体的形成。旁路途径是从补体蛋白 C3 与外源物质的结合开始以最后 C5b 的形成结束。膜攻击复合体在靶细胞的膜上形成大孔，由此导致细胞溶解。
- 补体级联反应的调节通过许多方法完成，包括许多级联反应中酶的短半衰期和调节蛋白在各阶段的级联反应中所起的作用。

- 补体系统的活化可以实现抗体作用的放大。另外，补体活化可通过 C3a、C4a 和 C5a 的作用刺激炎症反应。补体级联反应中的因子能配合炎症细胞促进被靶向的物质的吞噬作用。
- 过敏反应可以被分成 4 种普遍类型。Ⅰ型反应是由浆细胞产生的 IgE 抗体介导的抗特异过敏原的反应。当抗体独自作用或与补体联合去破坏呈递外源抗原的细胞时，Ⅱ型反应就发生了。当大量的抗原-抗体复合物被沉淀在一个局部区域或如果抗原存在于血液系统中时就会发生Ⅲ型反应，在这种情况下，补体被活化且引起炎症细胞的聚集和发挥作用。Ⅳ型反应是迟发型超敏反应没有抗体作用，但是 T_{DTH} 细胞的敏化和活化，会引发巨噬细胞的作用。
- 体外检测生物材料可能引起的免疫反应的技术与对材料炎症反应的检测技术非常相似。免疫反应发生的可能性也可以利用动物模型体内试验来评估。

习题

12.1 一种骨组织工程可降解支架材料被植入机体。试描述移植会如何引起周围细胞对外源和内源抗原的呈递。在这些过程中被活化的 T 细胞是什么类型？

12.2 假如患者失去了脾脏，什么类型的获得性免疫最受影响？

12.3 (a) 描述抗体清除病原体的 4 种方法。

(b) 解释补体蛋白是如何协助这些作用的。

(c) 如果需要，什么免疫系统机制能用来快速产生大量的抗体？

12.4 在体内检测一种新导管的效果的研究过程中，8 周后，你可以观察到在植入材料周围形成了纤维包囊。用 ELISA 监测动物血液显示初期出现一个 C3 转化酶含量的高峰，接着一周后这种蛋白质复合物的含量下降。请具体描述这个过程中纤维包囊形成的可能的分子/细胞机制。

12.5 一种合成的，可降解高分子聚合物的移植后，最有可能观察到的是哪一类型的超敏反应？长期的硅胶材料植入（如人造指关节）后预计会发生什么类型的反应？

12.6 在体外检测对生物材料产生的炎症反应和免疫反应的技术之间主要的区别是什么？

12.7 在体内什么技术能检测生物材料引起的免疫反应？

（高文娟　唐丽灵　王远亮　译校）

参考文献

1. Anderson, J.M. and J.J. Langone. "Issues and Perspectives on the Biocompatibility and Immunotoxicity Evaluation of Implanted Controlled Release Systems," *Journal of Controlled Release*, vol. 57, pp. 107–113, 1999.
2. Kuby, J. *Immunology*, 3rd ed. New York: W.H. Freeman, 1997.
3. Silver, F.H. and D.L. Christiansen. *Biomaterials Science and Biocompatibility*. New York: Springer, 1999.
4. Linsley, P.S. and J.A. Ledbetter. "The Role of the CD28 Receptor During T Cell Responses to Antigen," *Annual Reviews in Immunology*, vol. 11, pp. 191–212, 1993.

推荐阅读

http://www.fda.gov/cdrh/breastimplants/consumerinfo.html

Black, J. *Biological Performance of Materials: Fundamentals of Biocompatibility*, 4th ed. New York: CRC Press, 2005.

Dee, K.C., D.A. Puleo, and R. Bizios. *An Introduction to Tissue-Biomaterial Interactions*. Hoboken: Wiley-Liss, 2002.

Granchi, D., G. Ciapetti, L. Savarino, E. Cenni, A. Pizzoferrato, N. Baldini, and A. Giunti. "Effects of Bone Cement Extracts on the Cell-Mediated Immune Response," *Biomaterials*, vol. 23, pp. 1033–1041, 2002.

Groth, T., K. Klosz, E.J. Campbell, R.R. New, B. Hall, and H. Goering. "Protein Adsorption, Lymphocyte Adhesion and Platelet Adhesion/Activation on Polyurethane Ureas Is Related to Hard Segment Content and Composition." *Journal of Biomaterials Science Polymer Edition*, vol. 6, pp. 497–510, 1994.

Guyton, A.C. and J.E. Hall. *Textbook of Medical Physiology*, 11th ed. Philadelphia: W.B. Saunders, 2006.

Hallab, N., J.J. Jacobs, and J. Black. "Hypersensitivity to Metallic Biomaterials: A Review of Leukocyte Migration Inhibition Assays," *Biomaterials*, vol. 21, pp. 1301–1314, 2000.

Hallab, N.J., K. Mikecz, and J.J. Jacobs. "A Triple Assay Technique for the Evaluation of Metal-Induced,

13. 生物材料和血栓

主要目的

了解植入生物材料后，材料刺激宿主机体产生凝血级联反应（blood coagulation cascade）的步骤及其后果。

具体目标

1. 了解**血小板**（platelet）的功能，包括血小板如何受刺激并活化；
2. 比较内源性和外源性凝血途径，并了解这些途径何以产生炎症反应；
3. 了解决定性的常见凝血途径和纤维蛋白聚合的步骤；
4. 了解减少**血凝块**（clot）形成的方法；
5. 了解血管内皮的**凝血剂前体**（pro-coagulant）和**抗凝血剂**（anticoagulant）的特性；
6. 了解**离体**（*in vitro*）、**在体**（*in vivo*）、**活离体**（*ex vivo*）实验表述的概念与限制。

13.1　概述：止血

当生物材料植入到生长血管组织的部位，与血液发生接触（常见于移植手术过程）时，都会产生血液-生物材料间的相互作用，这种作用极为重要。回顾第 7 章和第 8 章的内容，需要牢记宿主机体对各种生物材料的应答实际上是与材料外层吸附的蛋白质发生反应，因此控制移植物的蛋白质吸附是改变**植入物**（implant）引起凝血的关键方法。

受伤后，机体将会启动几个**止血机制**（hemostatic mechanism），其目的是防止受伤后出血，包括创伤处的**血管收缩**（vascular constriction）变窄、血小板**止血栓**（platelet plug）形成和**血液凝固**（thrombosis）。这些止血机制的综合效果是减少创伤区域的血液流量并起到暂时封住血管腔道的作用，从而防止受伤处的血液进一步流失。血液的蛋白质成分和非蛋白质成分（如血小板），以及血管内皮层在止血机制中都发挥着重要作用。我们将从凝血过程中血小板的重要作用开始讨论。

13.2　血小板的作用

13.2.1　血小板的特征和功能

血小板是**巨核细胞**（megakaryocyte）的无核碎片，直径为 3～4 μm。血小板因为没有核，不能增殖，在机体内半衰期仅为 8～12 天。血小板执行两个主要步骤以完成止血功能：首先是形成止血栓以减小出血量，然后激活凝血级联反应使止血栓进一步稳定。

尽管血小板只是细胞的碎片，却含有产能的**线粒体**（mitochondria），以及部分**内质网**（ER）和**高尔基体**（Golgi apparatus），它们可以包装分泌产物。这些产物通常是化学**介调因子**（mediator），分泌前这些因子储存在细胞内的颗粒中，释放后可活化血小板。

已经辨明几种血小板胞内颗粒。含有血小板特异蛋白（血小板因子）的**α颗粒**（α-granules）、**β-血栓球蛋白**（β-thromboglobulin）和多种血浆蛋白［**纤维蛋白原**（fibrinogen）、凝血蛋白因子Ⅴ和因子ⅩⅢ］、含有二磷酸腺苷（ADP）的**致密体颗粒**（dense granules）、钙离子、**血清素**（serotonin，即5-羟色胺），还有含**水解酶**（hydrolytic enzymes）的**溶酶体颗粒**（lysosomal granule）。

13.2.2 血小板活化

13.2.2.1 血小板活化方式

有很多种刺激方式可以活化血小板，如与可溶性因子的接触、与胞外基质（ECM）和（或）受伤血管壁的细胞发生作用。在血小板活化剂中胶原和血管性血友病因子（vWF）尤为有效，而且这些因子能与受损组织中的蛋白质或吸附在生物材料表面上的蛋白质联合起来激活血小板。不论血小板的何种活化方式，其第一步都是细胞膜上的受体与这些胞外激活物反应。

13.2.2.2 血小板活化后果

血小板一旦受激，会发生许多变化。**静息**（unactivated）血小板呈圆盘形，活化血小板体积膨胀，呈不规则形态，向四周伸出**伪足**（pseudopodia）。同时，**细胞骨架蛋白**（cytoskeletal protein）收缩，释放出细胞内储存的颗粒内容物。这些变化的结果是血小板获得到几种新的功能特性。发现活化的血小板会黏附到ECM蛋白质上，聚集并分泌出多种生物活性因子，进一步促使其他血小板活化，尔后呈现凝结反应。下面将仔细讨论血小板的这些特性。

血小板粘连在损伤部位附近（或附着于一个生物材料上），受到胶原、vWF、纤蛋白原、**纤连蛋白**（fibronectin）的合适配体与血小板表面上的糖蛋白或**整合素**受体发生相互作用的调控。当血小板开始与目的部位黏附时，它们就释放其颗粒内容物，包括大量的二磷酸腺苷（ADP）。凝血酶的合成与释放（表13.1）以及凝血氧烷A2也会上调。

表 13.1 凝血酶的不同作用

血凝固的积极作用	血凝固的消极作用
血小板促进凝血酶的产生	
血小板刺激释放颗粒内容物（ADP和凝血氧烷 A_2）	内皮细胞膜上的血栓调节蛋白（thrombomodulin）-凝血酶复合物激活蛋白C，蛋白C则能抑制因子Ⅴ和因子Ⅷ
裂解纤维蛋白原成纤维蛋白	
活化因子Ⅴ	
活化因子Ⅷ（交联纤维蛋白）	

这些可溶性的化学**介调因子**（mediator）作用于邻近的血小板，使之活化且诱导其

聚集。尤其，凝血酶会促进产生更多的凝血酶，刺激ADP和凝血氧烷A2的释放。

这些可溶性因子作用的结果，还会引发聚集的血小板在其表面表达活化的糖蛋白(GP)受体GPⅡb/Ⅲa。这种受体接着与血浆蛋白质结合，进而增加血小板的聚集。特别是纤维蛋白原，它在这一过程中扮演了重要角色，因为它有两个受体结合位点，供血小板-血小板桥接用。总之，虽然这个阶段相当短暂，但这一系列反应形成了血小板止血栓。

为了稳定止血栓，血小板促使局部的血液凝结。尤其，当血小板受到刺激，在其磷脂膜中发生的变化允许某些受体表达，这些受体促进X因子的活化（X因子是凝血反应中一种关键蛋白；见后述）。同时，血小板的膜形成一个催化环境使凝血素转变成凝血酶（参见后面的讨论）。

13.3 凝血级联反应

凝血反应能通过两个主要机制引起，即内源性凝血途径和外源性凝血途径。与补体活化一样，这两种级联反应的最后几步反应相同，被称为共同的途径，能使纤维蛋白原转变成纤维蛋白，纤维蛋白则是血栓的主要组分。反应中的那些蛋白质，虽然有多种不同的名称，但标准名称还是用“因子”这个词加一个罗马数字来表示。表13.2中列出了这些因子及其通用名字。除内源性途径开始时外，几乎是所有连锁反应都需要钙，这就是为什么与钙结合的物质（钙螯合剂）是非常有效的抗凝血剂。

表13.2 凝血因子及通用名称

凝固因子	同物异名
纤维蛋白原	因子Ⅰ
凝血素	因子Ⅱ
组织因子	因子Ⅲ、组织促凝血酶原激酶
钙	因子Ⅳ
因子Ⅴ	促凝血球蛋白原、易变因子、Ac-球蛋白(Ac-G)
因子Ⅶ	血清凝血酶原转变加速因子(SPCA)、血清凝血酶原转化加速因子、稳定因子
因子Ⅷ	抗血友病因子(AHF)、抗血友病球蛋白(AHG)、抗血友病因子A
因子Ⅸ	血浆凝血激酶(PTC)、克列斯马斯因子、抗血友病因子B
因子Ⅹ	斯图尔特因子、斯图尔特-能量因子
因子Ⅺ	血浆凝血激素前驱物(PTA)、抗血友病因子C
因子Ⅻ	哈格曼因子
因子XⅢ	血纤维蛋白稳定因子
前激肽释放酶；激肽释放酶原	弗莱彻因子
高分子质量激肽原	菲茨杰拉德因子、HMWK

（获准翻印自文献[1]）

13.3.1 内源性途径

在受损血管壁处血液或流出的血液与胞外基质分子发生接触，这样内源性途径就被引发了。通过这个机制在 1～6 min 就可发生凝血。虽然许多传统的血液学资料和生物材料文献，将其视为一种与外源性途径相同的可选择途径（下面将进行描述），但作为主要的凝血形成的方法，最近则把更多的重点放在外源性途径上。内源性途径的凝血作用仍不清楚，尤其在生物材料附近发生的凝血，以及血液与异物表面相互作用的情况。对这个连锁反应启动的一个必要条件是材料的表面为负电荷，内源性途径可以是血凝固的一种重要方法。

如上所述，内源性途径凝血开始于因子Ⅻ与荷负电表面的接触（图 13.1）。这种表面自然存在，如被糖基化的 ECM 分子或带阴离子的生物材料。这种接触作用造成因子Ⅻ转变成有活性的Ⅻa（在第 12 章中，这个连锁反应中的活性酶都用黑体字标注出来）。Ⅻa 使**激肽释放酶原**（prekallikrein）转变成**激肽释放酶**（kallikrein）以及因子Ⅺ与一个高分子质量激肽原（HMWK）辅因子相结合，锚定在阴离子表面从而促进与因子Ⅻa 的相互作用。

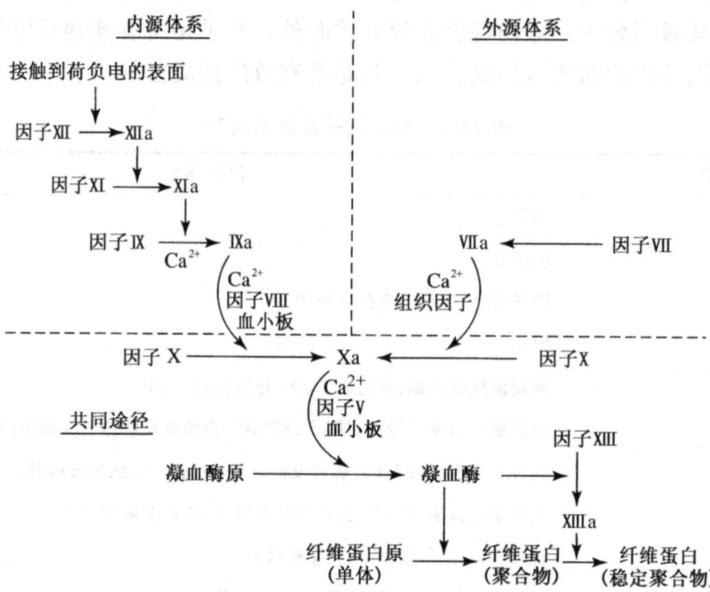

图 13.1　内源性凝血途径和外源性凝血途径的图示。因为损伤处的血液及流出的血液与受损血管壁中的胞外基质接触后激活内源性途径。释放的组织因子（TF）激活了外源性途径，组织因子与磷脂膜表面上的因子Ⅶ结合。两种途径最后都汇于共同途径，而共同途径是由因子Ⅹ转变成Ⅹa 后被启动的。然后因子Ⅴ和活化的血小板与因子Ⅹa 反应，形成凝血酶。凝血酶能促纤维素单体聚合，因子ⅩⅢa 能稳定和交联纤维素巩固血栓

作为连锁反应中一个积极回馈的例子，刚形成的激肽释放酶将更多的因子Ⅻ转变成

Ⅻa。激肽释放酶裂开 HMWK 释放出血管舒缓激肽，它是一种引起炎症的介体（第 10 章）。为凝血和发炎的反应提供了一个重要交换点。

凝血途径通过其他重要的Ⅻa，因子Ⅺ的底物继续进行。图 13.1 所示，激活后，Ⅺa将因子Ⅸ转变成Ⅸa。最后，共同途径被启动（参见后面），因子Ⅸa 和因子Ⅷ结合在磷脂（通常是血小板）膜上转变因子Ⅹ为Ⅹa。因子Ⅷ的功能是加速因子Ⅹ的活化，如果没有辅助因子或磷脂膜的存在，因子Ⅹ的活化就会非常缓慢。

13.3.2 外源性途径

血凝固的另一种机制是外源性途径，由组织因子（TF）（图 13.1）的释放启动。通过这条途径，在 15 s 内，血液开始发生凝结。TF 是一条多肽链组成的膜结合蛋白，在内源性途径中它作为辅助因子，类似于外源性途径中的 HMWK。TF 通过巨噬细胞和内皮细胞合成，它的合成可受 IL-1 和 TNF-a 的诱导（第 10 章）；用这种方法，引起炎症的介质来刺激血凝固。

当 TF 释放后，就在磷脂膜表面与因子Ⅶ结合。然后因子Ⅶ被许多血液中发现的蛋白酶裂解而激活成Ⅶa。在凝血反应的最后部分中，TF/Ⅶa 复合在细胞膜上将因子Ⅹ转变为Ⅹa，启动共同途径（参见下面）。

13.3.3 共同途径

与凝血反应的其他步骤一样，共同途径也与血小板的活化有关。活化血小板能够分泌因子Ⅴ的受体。当因子Ⅴ连接到血小板的膜上时，因子Ⅴ就成为因子Ⅹa 的受体。这个复合物和钙离子一起，被称为**凝血酶原活化剂**（prothrombin activator）。其中因子Ⅹa能将凝血酶原转变为活性酶——**凝血酶**（thrombin）。

凝血酶不论是在促凝血还是抗凝血方面都是一种特别重要的物质（表 13.1）。它主要的促凝血作用是裂解血小板颗粒或血浆中的纤维蛋白原。裂解后产生纤维蛋白单体和血纤维蛋白肽 A 和 B。这两个肽对嗜中性粒细胞（中性白细胞）具有趋化性，这两个肽也是血栓形成和炎症反应的另一个交互作用基础。

之后，纤维蛋白单体聚合形成纤维蛋白长纤维 1（图 13.2）。这些蛋白纤维是凝血的基础，但此时它们是通过氢键结合到一起的，其结构很不稳定。然而，凝血酶有两个另外的底物：因子Ⅴ和因子ⅩⅢ。当因子Ⅴ转变为Ⅴa 时，此正回馈机制则会加速凝血素转变成凝血酶从而快速凝血。另一种酶作用物是因子ⅩⅢ（ⅩⅢa），在有钙的情况下，它与纤维蛋白共价交联（图 13.2），增强血凝块（血栓）的力学稳定性。纤维网络将血小板，黏性蛋白和其他生物活性因子包裹起来，形成了稳定的血栓。在血栓中，纤维蛋白在血浆蛋白质和血小板间架桥，并通过黏性蛋白（如纤连蛋白）与血管细胞外基质粘连起来从而防止大量出血。

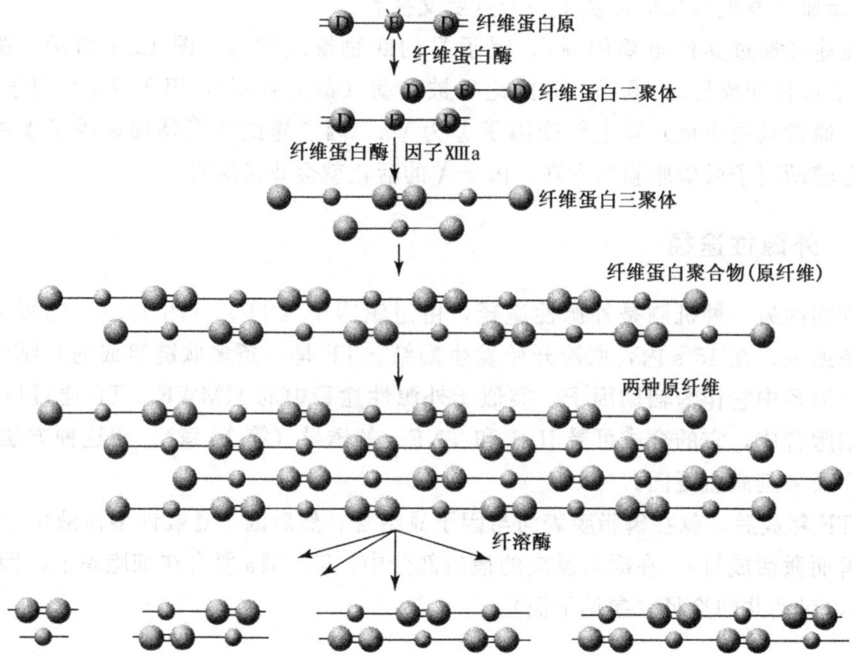

图 13.2 纤维蛋白聚合过程。因子XⅢa激活纤维蛋白的交联，形成血栓。伤口治愈后，活化的纤溶酶裂解纤维蛋白从而溶解血栓

例题 13.1

一名患者需要替换冠状心脏瓣膜。心脏外科医生决定用一个热解碳斜碟状机械瓣膜来修补，这对患者来说是最理想的选择。为了减少因植入引发的血栓症，患者将会接受抗凝血药物治疗，如在植入期内服用肝素。试述因植入可能引起的血液凝固形成机制。肝素治疗是增加还是减少患者凝血时间？

解答：

许多机制都可引发形成凝血。例如，植入物连接处的血流情况或植入物的表面性质能促成细胞的破坏和破裂，从而导致组织因子释放出来。然后组织因子与磷脂膜上的因子Ⅶ结合启动外源性途径。这个结合还能引发更多反应，结果使因子Ⅹ转变为Ⅹa，从而启动共同途径。另外，vWF 可以吸附到生物材料表面并且结合到血小板表面的受体上。vWF 与受体的结合将导致钙离子快速流入血小板，从而活化血小板。活化后的血小板能释放多种化学介质促进周围血小板附着和活化从而形成一个血小板集合体。如果吸附在热解碳表面的蛋白质是带负电荷的，那内源性途径通过与附着在负电荷表面上的蛋白质中的一个（如因子Ⅻ）结合而被启动。这种结合能启动一系列的转变引发共同途径和血栓的形成。肝素治疗可以延长患者血凝结的时间，阻止凝血反应。因此，患者应该积极小心地避免割伤和擦伤。

13.4 抗凝血的意义

如果没有一种控制血栓形成的方法，血凝固作用就会迅速地遍及全身。血栓控制机制与阻止补体级联反应发生的机制相似（第 12 章）。控制血栓的因子通常能被分成两类：①生理因子；②可溶性和不溶性生物化学因子。这些因子作用途径需要严格调节，因此促凝血和抗凝血因子间关系复杂，本节将对其中的一些知识进行介绍。

此外还有一些血栓的生物化学抑制剂（讨论如后所述）及几种生理条件均可限制凝血反应。当正常的血液流进此区域时，能将凝血激活的成分带走或稀释到一定程度，这样就不会启动凝固系统。另外，许多反应需要或通过表面反应来催化，例如，内源性途径的初期反应，将因子Ⅹ转变成Ⅹa，裂解凝血素形成凝血酶。如果没有膜表面相应受体存在（通常是由活化的血小板或血小板碎片），反应就不能进行，因此可将凝血作用限制于受损伤的区域。

一个可供选择的抗凝血的方法是利用可溶性介体结合凝血因子从而抑制凝血的作用。肝素/抗凝血酶Ⅲ（ATⅢ）复合物是一个主要例子。肝素是嗜碱细胞分泌的带高负电荷且具有抗凝固性能的多聚糖（与第 9 章中讨论过的 GAG 类肝素硫酸盐相似的一类物质）。自从 20 世纪 30 年代在人体血液中发现少量的肝素以来，它就以可溶性形式作为患者的抗凝血药物。当肝素与 ATⅢ联合，它可以增强 ATⅢ的功效。其作用过程是形成了一个紧密的复合物，以阻止血栓活化位点的暴露，从而抑制凝血作用。ATⅢ也能抑制其他许多凝血酶的作用。

如第 7 章所讨论的，鉴于上述抗凝血性能，用肝素对心血管生物材料的表面进行修饰的研究已经相当多。由于非共价修饰牵涉电子反应，因此可以用第 7 章中介绍的方法将肝素共价连接到材料表面上。共价连接的优点是能够阻止蛋白质交换，这样可使肝素在材料上保存较长的时间。这种固定方法中，肝素就像其他生物活化分子一样，其自然构象必须在生物材料表面上得到维持，这样才能更有效地与 ATⅢ反应。

α2-巨球蛋白是另一个可溶介体，是几个重要酶的次要抑制剂，包括凝血酶和血纤维蛋白溶酶（参见后面对血纤维蛋白溶酶作用的讨论）。α2-巨球蛋白分子由 4 部分组成，其结构排列成“陷阱”（entrap）状，目标酶位于笼形结构之中。一旦酶被这种方式束缚，它就很难与其底物形成复合物，那么酶的作用就被有效抑制。

血栓调节蛋白（thrombomodulin）是另一种重要的控制凝血的蛋白质，它虽然不溶，但人们从血管壁内表面发现了它，而且证明它在控制凝血的过程中发挥着极其重要的作用。血栓调节蛋白附着在内皮细胞膜上，并能结合和螯合附近的凝血酶，能抑制更多的纤维蛋白原裂解成纤维蛋白。其血栓调节蛋白-凝血酶复合物能激活蛋白 C，并依次使因子Ⅴ和因子Ⅷ失活，因此该复合物提供了更多反馈信号去控制凝血。

血栓形成和受损部位部分修补后，要溶解血栓就需要补充正常的血液到这个部位来。这个过程的发生首先通过**纤维蛋白溶解作用**（fibrinolysis）或用一种可控的方式裂解纤维蛋白纤维。血纤维蛋白溶酶原是一种血浆蛋白，在凝血过程中被束缚在血栓中。当某处的凝血块成熟后（对其时限的界定还不清楚），内皮细胞开始释放出**组织纤维蛋白溶酶原活化剂**（tissue plasminogen activator，TPA），它的作用是将纤维蛋白溶酶原转变成纤维蛋白溶酶。然后，活化的纤维蛋白溶酶去裂解纤维蛋白，进而溶解血栓（图13.2）。与此调节相反，血液里还有其他分子（如 α2-纤维蛋白溶酶抑制物）抑制纤维蛋白溶酶对纤维蛋白的作用。所以，纤维蛋白溶酶原、TPA 及 α2-纤维蛋白溶酶抑制物的相对数量和分布都决定了血栓溶解的速度。

13.5 血管内皮的作用

在第 10 章中，介绍了血管是由几层结构形成的复杂组织（图 13.3）。**血管内壁**（endothelium，内皮）是不均匀的表面，由内皮细胞形成和维持。内壁表面上有许多分子，包括黏多糖/GAG、**乙酰肝素硫酸盐**（heparan sulfate）（第 9 章），被内皮细胞吸收的成分与其表面上的碳水化合物部分反应形成一个多糖包被。这层包被使血管内壁非常平滑，不像一些生物材料表面那样粗糙。在内皮表面还发现了连接细胞和附着蛋白质的整合素与其他受体。

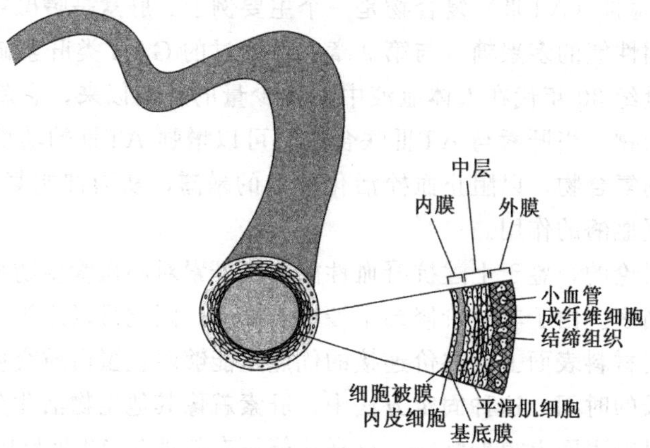

图 13.3 人体血管结构。主要有三层：内层（内皮层）、中层和外膜。最里面的那层是由内皮细胞组成，中间层是平滑肌细胞，外膜由结缔组织和毛细血管构成

在自然状态下，血管内皮具有许多抗凝血的性能。乙酰肝素硫酸盐（类似可溶性肝素）的存在可以协助 ATⅢ抑制**凝血酶**（thrombin）。之前有过介绍，血栓调节蛋白在血管内皮表面结合凝血酶，然后这个复合物激活蛋白 C，蛋白 C 又选择性的抑制凝血因子。内皮细胞也分泌可溶性化学催化剂，如**前列腺素 I_2**（prostaglandin I_2，PGI_2），这种催化剂能抑制血小板聚集；及 TPA，其通过激活血纤维蛋白溶酶从而促进血栓溶解。

然而，在特定的时间，整个血管内皮组成成分都对是否发生凝血起着非常重要的作用。例如，受伤后，保护性的多糖包被分解，内皮细胞外基质（ECM）外露，造成血浆蛋白接触活化，这是凝血作用的主要机制（通过内源性途径）。另外，一些内皮刺激物（包括细胞激素 IL-1 和 TNF-α）与内皮表面接触，实际上更易发生凝血。由于这些细胞激素一般是粒细胞的产物，很明显急性炎症促进凝血是又一条凝血途径。例如，内皮的改变减少了内皮表面的血栓调节蛋白量，以及 TF 的释放通过激活外源性途径促进

凝血。此时，内皮细胞还可以分泌出vWF调节血小板的聚集。

13.6 血液相容性实验

血液相容性分析是一般生物相容性试验内容之一，目前规定的有5个方面的评价内容，即血栓形成、血液凝固、血小板、血液学以及免疫学（补体和白细胞活性）。离体和在体免疫学试验在前面的章节中讨论过了，下面将重点介绍试验以确定相关参数。

13.6.1 一般检测

当设计血液相容性试验时，应该考虑机体局部和整体的影响。例如，局部性血凝块会对植入器械的功能产生负面影响。植入器械介导的血液凝结所产生的整体性影响包括血栓栓塞现象，血凝块脱落并被带到循环系统的其他地方。最为严重的情况是由此产生的并发症，如中风，它是因血栓阻碍血流进入大脑所引发的。机体内部系统针对凝血还产生其他的一些反应，如释放刺激炎症反应的可溶性产物。植入材料的表面若长期血液凝结就会消耗血浆凝结因子和血小板。因此，会降低患者对损伤的反应能力。

当考虑血液相容性试验时，重要的是谨记血液接触设备对局部和整体的影响，这些影响可由三种因素造成：血液特征、血流状态、材料表面的特征。

后面的讨论以Hanson和Ratner[4]的研究为基础，将对每个因素进行较细致描述。

许多因素都能影响血的凝结。血液化学性质的差异主要原因是物种差异，及同一物种中因年龄、性别或健康状态引起的差异。另外，在试验过程中，抗凝血剂的运用通常是必需的，能影响对实验材料的反应。同样，材料上的血液脉冲能造成血细胞的溶解，这也能影响材料的凝血性能。

血液相容性的研究中血流参数也很重要，因为它们给血小板和血浆蛋白在材料表面的运输提供了一个受限步骤。此外，发现在低流速（如血管中发现的）条件下，在聚合材料上经常发生血栓，因为这些聚合材料不能释放或没有附着与内皮上相似的抗凝血因子。

如前几章讨论的，材料表面的许多特性能影响血浆蛋白的吸附及血液相容性。材料特性中的一些是表面物理化学的特性，如电荷量、疏水性及空间影响。然而血液成分的相互作用不但依赖材料，而且依赖设计最终采用何种材料。因此，表面状况和设备形状也是决定植入材料综合血液相容性的重要影响因素。

13.6.2 离体评估

与其他生物相容性实验类型相似，血液相容性也能离体和在体两方面进行测定。对于离体试验来说，作用时间是关键：短期试验，例如，检验血小板的黏附，不能作为整个血-材料相容性的预测。但离体试验在时间上常常受到限制，因为血液凝结随时可能发生，甚至在抗凝血剂存在的情况下。

离体试验可以是静态的，也可是动态的。静态的凝血试验中，实验材料暴露在新鲜抽取的全血（含有或不含抗凝血剂）中，然后记录在对照材料中形成血栓的时间（通常是玻璃）。动态的凝血实验除了采用各种控制流动状态的封闭-循环流动系统外，测量的参数是相似的。

这些实验方案，除凝结时间之外，也可能测量更多参数ISO规定的其他方面标准。包含可计量的参数，但不受以下条件限制：

1. 凝结时间；
2. 黏附血小板的量；
3. 黏附血栓的体积；
4. 血小板颗粒释放的数量（要求对血小板颗粒中发现的化学催化剂等详细而精确的分析，如血小板因子-4和β-thromboglobulin、β-血栓球蛋白）。

然而，这些试验结果都有可能被误解。例如，如果没有观察到附着的血小板，可能表明血小板在材料表面没有明显聚集或聚集的血小板已经“被包裹”到这个系统的其他部分。同样，没有血栓可能表明血栓从表面脱落并转移到其他区域。如果检测到不溶性颗粒产物，它可能是血小板没被激活，或可能有调节剂释放而调控了血小板聚集，但系统的容积总是可以将它们稀释到不可检测的浓度。在解释离体生物相容性实验的数据时，必须对这些问题进行考虑。

离体实验中有几个附加相关因素使数据分析变得复杂。一个主要制约因素是抗凝血剂的运用会影响凝血时间。所以对照材料和实验材料必须在相同时间和血液条件下试验，因为（如上面讨论的）不同血液成分会出现明显不同的结果。总之，离体血液相容性试验对在体反应的预测价值有限，但由于成本低而被用于新材料的初选上。

13.6.3 在体评估

在体评估比离体试验能够提供更多的关于材料血液相容性方面的信息，由于动物与人类体内的凝血蛋白存在差异，所以在体实验仍然不能做到完全预测。在设计适宜的在体试验时，同样存在前几章中的讨论相关问题，包括：①动物的选择；②研究期限和时间点的选择；③适当对照材料的实验。

样本检测与离体试验中的类似，试验的后期要进行组织学实验，以测定植入材料周围形成血栓的范围。另外，要是在各种时间点通过对血样生物化学检验，检测关键的血浆凝血因子的损耗速度，或许能获得更多信息。

然而，除了动物与人类间血液成分的差异外，还有一些直接影响在体试验的问题已经得到重视。其中之一就是在动物模型中在体血流情况是很难控制和检测的。而且，在移植过程中由于组织损伤引起的变化会影响到试验结果。为了克服这些缺陷，分流的生物材料试验技术得到发展。

在这些试验中，通常考虑用离体实验来代替在体试验。在活动物体中，管形材料作为血管分流的延伸件，把动脉与静脉或动脉与动脉连接起来（图13.4），这种系统的优点是血流较易控制和检测，能够使用天然（未抗凝）的血液，而且分流还能持续几个月，所以可以检测长期反应。然而，分流系统也有缺点，动物模型不能复制植入过程，所以由外科创伤引发的反应无法评估。那么，要是对分流技术试验环境给予更严格的控制，则试验的结果与最终运用的生物材料有关，就将成为有用的武器。

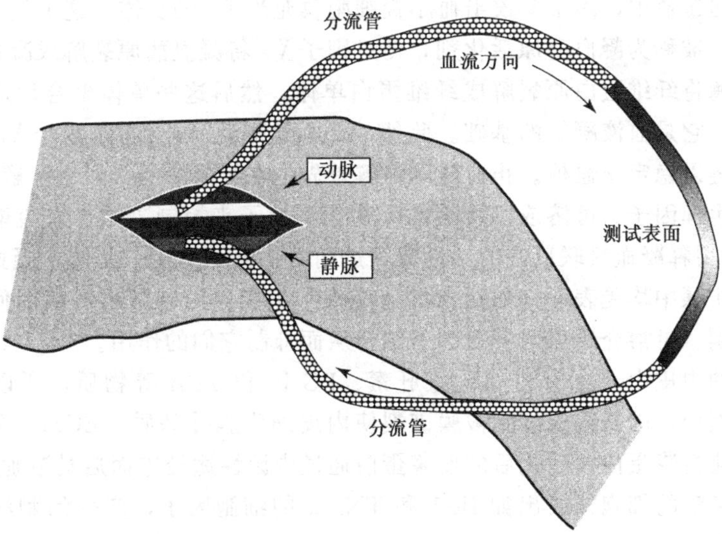

图 13.4　血管材料的离体测试装置。材料以管状的形式延伸出一个分流，连接活体动物的循环系统（获准翻印自文献 [4]）

例题 13.2

研究人员研制出一种由新型聚合材料制成的人工血管，计划将此人工血管植入犬模型机体 6 周，以检测其血液相容性。然而，从学术文献了解到犬模型会自发地对人造血管内皮化，而人类却不具此特点[5]。评估此材料植入情况可否采用犬模型，或是改用其他模型？人造血管被内皮化有好处吗？为什么？

解答：

此实验最好不要采用犬模型，因为犬模型与人相比对同一人造血管材料的反应差异太大。人造血管与犬模型血液的接触面会形成内皮细胞层，进一步形成包膜使人造血管壁变得光滑。此外，内皮细胞具有一定的抗凝血性能，能够减少机体因植入材料而引发的血栓。人造血管的内皮化实际上促进了血液相容性。在犬模型中对人造血管自发内皮化会使材料的血液相容性效果更好，而人体由于不能对材料自发内皮化，所以血液相容性效果没有犬模型好。

小结

- 血小板是巨核细胞的无核碎片。能释放可溶性因子启动血小板止血栓子的形成，从而使出血停止；且能激活凝血级联系统，使血栓更稳定。
- 血小板可以通过许多方法活化，例如，与可溶性因子接触，与胞外基质成分作用。活化后血小板转变成不规则形态和向各个方向伸展出伪足。然后细胞骨架蛋白收缩释放出 ADP 和凝血酶此类颗粒。
- 接触到受伤血管壁中的胞外基质分子或受损后血液自身都能启动机体的凝血途径。然后因子Ⅻ吸引到带负电荷表面，转变成Ⅻa。凝血级联反应继续进行，直到由因子Ⅹ转变成的Ⅹa 来激活共同途径。
- 巨噬细胞和内皮细胞通过炎症介质 IL-1 和 TNF-α 诱导释放组织因子来启动外源途径。接着，通过因子Ⅹ转变成的Ⅹa 激活共同途径。

- 在共同途径中，因子Ⅴ攻击血小板细胞膜充当Ⅹa的受体。这个复合体与钙离子一起，被称为凝血酶原活化剂，促进因子Ⅹa将凝血酶原裂解成凝血酶。
- 凝血酶将纤维蛋白原裂解成纤维蛋白单体。然后这些单体聚合形成长纤维蛋白纤维，它是血液凝结的基础。此外，凝血酶激活因子ⅩⅢ，因子ⅩⅢ共价交联纤维素链以稳定止血栓。止血栓的溶解首先是在纤溶酶的作用下溶解纤维。
- 通过生理因子、可溶或不可溶的生物化学因子来控制凝结。血流能局部迁移和（或）稀释凝血级联反应的活性成分进而阻止凝结作用。此外，凝血级联反应的几个步骤中均受表面（如活化的血小板细胞膜）限制影响，从而使凝结反应受到限制。可溶介质可与凝血因子结合从而抑制它们的作用。
- 正常的内皮由于含有诸如硫酸肝素、PGI_2和 TPA 等物质，所以具抗凝血性质。然而，因伤造成细胞被膜破裂使内皮细胞胞外基质（ECM）分子暴露，从而活化血浆蛋白，活化后的血浆蛋白通过内源性途径进而启动凝血作用。此外，敏感炎症的细胞释放出如 IL-1 和 TNF-a 的细胞因子，产生的刺激亦能使内皮更能促进凝血反应。
- 在许多情况中，材料应该进行一些普通的生物相容性检测，包括材料的血液相容性评估。血液接触材料的局部和系统效果能从三个因素得到：血液特征、血流参数和材料表面特征。
- 离体试验既可是静态的也可是动态的，且离体试验检测包含：凝结时间的量、吸附血小板的量、黏附血栓的量和血小板颗粒释放量。
- 在体对材料血液相容性的评估提供的信息比离体多，但可选择一种间接在体对血液相容性进行评估的试验方法，这种方法通过用管状材料连接到机体血管上，做一个分流。虽然分流试验的实验条件能更好进行控制，但实验移植操作是不可重复的。

习题

13.1　血液与生物材料接触引发的凝血反应，前阶段是凝血蛋白质吸附在生物材料表面。命名其中一些能激活凝血反应的蛋白质。

13.2　介绍血小板和哺乳动物的其他细胞间的主要区别。

13.3　血小板活化后，在细胞内会发生什么变化？活化后观察其形态上有何变化？下面两张显微照片中哪张是活化的血小板？（获准翻印自文献［6］）

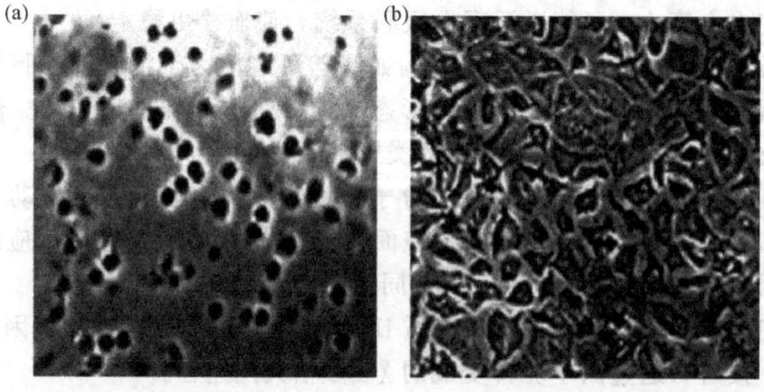

13.4 你认为血管内皮受损后会不会发生血凝结？

13.5 在动物模型中植入一种表面带正电荷的试验性的心血管生物材料。病理分析显示植入之后很快就产生凝血现象。

(a) 凝血级联反应两个途径中哪一个最可能导致这一结果？

(b) 这个途径与剩余途径在凝血时间上有何不同？

13.6 凝血级联反应中有许多加快凝血速度的正反馈机制的例子。整个机体中哪种因子能阻止凝血？

13.7 你认为一种移植心血管生物材料表面的粗糙度会对凝血作用产生影响吗？

13.8 如果你正考虑将一种新材料用于血管移植。初步研究是在鼠模型皮下植入小片形式的材料，此研究获得了成功。接下来，在体的研究是在更大的动物模型身上建立如图 13.4 所示的实验操作，检测血管移植后的反应，发现材料不具血液相容性。是什么原因造成较大动物模型中产生的反应不同？

13.9 你准备测试一种新型聚（乙烯）材料的血液相容性。试验时，材料与血小板悬浮在血浆蛋白混合物中，在静态或流动态条件下此血浆蛋白混合物中纤维蛋白原（Fg）的量或 vWF 的量不同。运用表面分析技术，你能证实在血浆中随着 Fg 或 vWF 量的增加，你可以观察到静止或流动条件下样品的表面每个蛋白具有更强的吸附性。然后你用 LDH 检验每例黏附的血小板量（下面显示其结果）[图（a）为教学目的引用文献 [7]，随着观察的进行，图（b）中显示的数据是假设的，只是为了说明]。

(a)

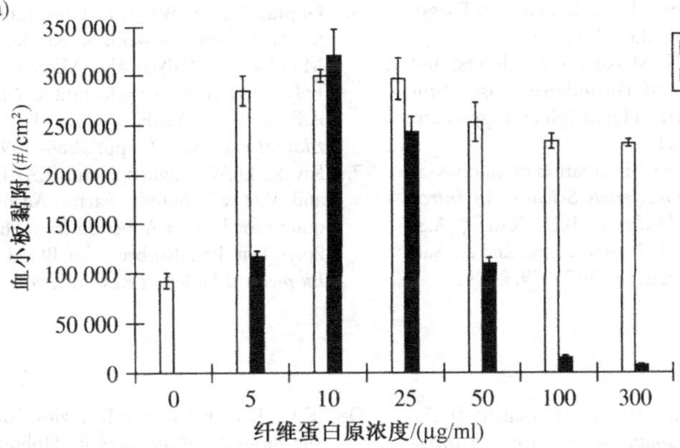

(b)

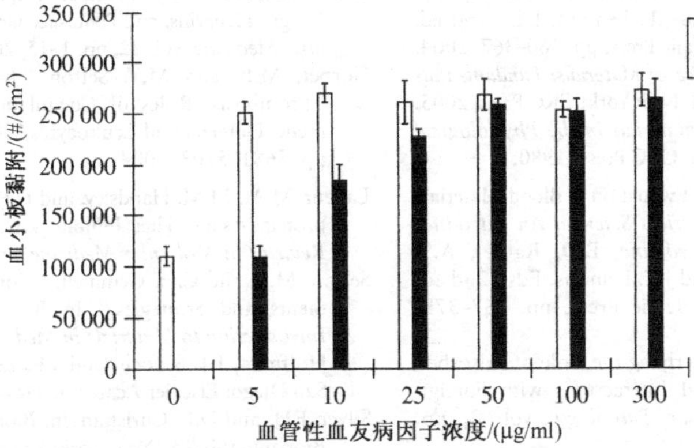

（a）LDH 分析的作用是怎样的？解释为什么 LDH 分析是确定试验中血小板吸附的一个不错选择？

（b）为什么对 Fg 和 vWF 蛋白感兴趣？解释这些蛋白质在凝血反应中的作用。

（c）你的公司想将这种材料的血管移植物用于小直径的血管中。要求你对这个材料进行修改以至于材料可以释放一种介质，这种介质（受影响后失效）不吸收 Fg 或吸收 vWF。根据数据，对于这种应用哪种蛋白质对失效更重要，为什么？

（d）你的公司决定关注动脉瘤治疗（在局部血管中，机制性危害性的肿胀）。一种治疗方法是动脉瘤中促成血凝块，致使血流分流到附近的血管减少对动脉瘤的压迫。一位同事提出一个好的方法，建议你对材料进行改进，使其表面能吸附更多的 Fg。根据你收集的数据，你接受这个建议吗？为什么接受或为什么不接受？

（高文娟　王远亮　译校）

参考文献

1. Guyton, A.C. and J.E. Hall. *Textbook of Medical Physiology*, 9th ed. Philadelphia: W.B. Saunders, 1996.
2. Hanson, S.R. "Blood Coagulation and Blood-Material Interactions." In *Biomaterials Science: An Introduction to Materials in Medicine*, B.D. Ratner, A.S. Hoffman, F.J. Schoen, and J.E. Lemons, Eds., 2nd ed. San Diego: Elsevier Academic Press, pp. 332–338, 2004.
3. Colman, R.W., J. Hirsh, V.J. Marder, A.W. Clowes, and J.N. George. *Hemostasis and Thrombosis: Basic Principles and Clinical Practice*. Philadelphia: Lippincott, Williams, and Wilkins, 2001.
4. Hanson, S.R. and B.D. Ratner. "Evaluation of Blood-Materials Interactions." In *Biomaterials Science: An Introduction to Materials in Medicine*, B.D. Ratner, A.S. Hoffman, F.J. Schoen, and J.E. Lemons, Eds., 2nd ed. San Diego: Elsevier Academic Press, pp. 367–379, 2004.
5. Dixit, P., D. Hern-Anderson, J. Ranieri, and C.E. Schmidt. "Vascular Graft Endothelialization: Comparative Analysis of Canine and Human Endothelial Cell Migration on Natural Biomaterials," *Journal of Biomedical Materials Research*, vol. 56, pp. 545–555, 2001.
6. Gupta, A.S., S. Wang, E. Link, E.H. Anderson, C. Hofmann, J. Lewandowski, K. Kottke-Marchant, and R.E. Marchant. "Glycocalyx-Mimetic Dextran-Modified Poly(Vinyl Amine) Surfactant Coating Reduces Platelet Adhesion on Medical-Grade Polycarbonate Surface," *Biomaterials*, vol. 27, pp. 3084–3095, 2006.
7. Kwak, D.,W. Yuguang, and T.A. Horbett. "Fibrinogen and Von willebrand's Factor Adsorption are both Required for Platelet Adhesion from Sheared Suspensions to Polythlene Preadsorbec with Blood Plasma," *Journal of Biomedical Materials Research,* vol. 74A pp. 69–83, 2005.

推荐阅读

Anderson, J.M. and F.J. Schoen. "*In Vivo* Assesment of Tissue Compatibility." In *Biomaterials Science: An Introduction to Materials in Medicine,* B.D. Ratner, A.S. Hoffman, F.J. Schoen, and J.E. Lemons, Eds., 2nd ed. San Diego: Elsevier Academic Press, pp. 360–367, 2004.

Black, J. *Biological Performance of Materials: Fundamentals of Biocompatibility*, 4th ed. New York: CRC Press, 2005.

Bruck, S.D. *Properties of Biomaterials in the Physiological Environment.* Boca Raton: CRC Press, 1980.

Hanson, S.R. and B.D. Ratner. "Evaluation of Blood-Materials Interactions." In *Biomaterials Science: An Introduction to Materials in Medicine*, B.D. Ratner, A.S. Hoffman, F.J. Schoen, and J.E. Lemons, Eds., 2nd ed. San Diego: Elsevier Academic Press, pp. 367–379, 2004.

Horbett, T.A. "Principles Underlying the Role of Adsorbed Plasma Proteins in Blood Interactions with Foreign Materials," *Cardiovascular Pathology*, vol. 2, pp. 137S–148S, 1993.

Dee, K.C., D.A. Puleo, and R. Bizios. *An Introduction to Tissue-Biomaterial Interactions*. Hoboken: Wiley-Liss, 2002.

Dinwoodey, D.L. and J.E. Ansell. "Heparins, Low-Molecular-Weight Heparins, and Pentasaccharides," *Clinics in Geriatric Medicine*, vol. 22, pp. 1–15, 2006.

Gorbet, M.B. and M.V. Sefton. "Biomaterial-Associated Thrombosis: Roles of Coagulation Factors, Complement, Platelets and Leukocytes," *Biomaterials*, vol. 25, pp. 5681–5703, 2004.

Lafleur, M.A., M.M. Handsley, and D.R. Edwards. "Metalloproteinases and Their Inhibitors in Angiogenesis," *Expert Reviews in Molecular Medicine*, vol. 5, pp. 1–39, 2003.

Sefton, M.V. and C.H. Gemmell. "Nonthrombogenic Treatments and Strategies." In *Biomaterials Science: An Introduction to Materials in Medicine*, B.D. Ratner, A.S. Hoffman, F.J. Schoen, and J.E. Lemons, Eds., 2nd ed. San Diego: Elsevier Academic Press, pp. 456–470, 2004.

Silver, F.H. and D.L. Christiansen. *Biomaterials Science and Biocompatibility*. New York: Springer, 1999.

14. 生物材料植入体内引起的感染、肿瘤、钙化反应

主要目的

了解生物材料植入体内引起的三种危险反应：感染、肿瘤和钙化。介绍其涉及的步骤和可能结果。

具体目标

1. 了解材料植入引发感染的主要特点和常见病原体；
2. 了解材料植入引发感染的主要步骤；
3. 了解细菌表面性质和常见的检测手段；
4. 了解细菌与材料的表面性质以及环境对细菌的（非）选择性黏附的影响；
5. 区分不同类型的致癌物质、了解肿瘤形成的步骤；
6. 比较化学诱导、异物致瘤的不同情况；
7. 了解材料植入引起肿瘤的原因和主要影响因素；
8. 了解钙化的形成机制以及钙化对生物材料性质的影响；
9. 了解当前体内和体外组织感染、肿瘤、钙化评价方法中存在的问题。

14.1 概述：生物材料植入对生物体的影响

前面章节已经介绍了，生物材料植入人体引起先天性和获得性免疫以及血液凝固等不良反应。此外，还存在着感染、肿瘤和病理性钙化等一系列问题。植入材料存在诸多问题，导致其最终可能被取出。因此，防止上述不良反应的发生是生物材料研究中的一个重要方面。

14.2 感　　染

感染可能发生在植入材料的表面及其周围，常见的植入材料包括人工组织、人工血管、人工关节、静脉导管、尿导管等。由材料植入引起的感染与其他类型的感染在机制上存在一定的区别。所涉及的内容如下：

1. 生物材料的植入对细胞外基质（ECM）产生的损害；
2. 组织中细菌的繁殖；
3. 人体免疫机制和抗生素治疗；
4. 细菌的检测；
5. 生物材料植入引起无害的细菌变异；
6. 几种常见细菌种类；
7. 除去适合细菌生长的环境；

8. 生物材料和环境融合过程中存在的问题；

9. 细胞的损害和坏死。

14.2.1　常见的病原体和感染的类型

生物材料植入诱发感染往往是由于植入部位存在的少量病原体。虽然，未植入材料的机体体表和体内也存在类似的细菌，但其引发感染概率较小。材料植入后，最容易引发人体组织感染的细菌有：革兰氏（染色）阳性菌（具体内容将在本章中进行阐述）、葡萄状球菌、表皮葡萄状球菌、革兰氏（染色）阴性菌、大肠细菌、铜绿假单胞菌、真菌如几种念珠菌等。

在材料植入后，病原体可能立刻引起感染，也可能在一段时间之后才诱发感染。根据感染发作的时间和部位不同，可以把植入材料引发的感染分为三类：第一类是超急性感染，例如，材料的植入导致皮肤（位于被烧衣服下方）表面的微生物生长引发感染，常见于手术部位，这通常是皮肤上寄生的金黄色葡萄球菌、表皮葡萄球菌引起的；第二类深度急性感染，与第一种感染类似，也发生在手术部位，感染的原因在于原来寄生在皮肤表面的细菌逐渐蔓延至植入部位；第三类为慢性感染，这种感染可能发生在手术后几个月甚至几年内，这种感染发生的原因迄今还不清楚，我们猜想它可能是其他位置的病原体通过血液迁移到手术部位所引起的。

14.2.2　感染的步骤

从细菌与生物材料接触到最终发生感染需要经历 4 个阶段（图 14.1）*。第一阶段是细菌迁移到材料表面，这个过程是一个可逆过程，在这个阶段材料和病原体之间的配体没有进行识别，因此细菌与基体的表面性质在这个阶段扮演了重要的角色。

第二阶段为黏附，即微生物与生物材料结合在一起，病原体与材料表面间通过识别相应配体进行结合。这个过程是不可逆过程（后面将详细讨论），结合的强度取决于结合时间的长短，通常需要几个小时。

细菌牢牢地黏在材料的表面后开始分裂、繁殖，这个阶段（即第三阶段）称为聚集。聚集阶段病原体常常分泌出一种细胞外多糖黏性物质（生物膜），这层生物膜可以防止微生物被中性粒细胞或者组织巨噬细胞吞噬，为细菌的生长提供有利环境，一般细菌黏附在材料表面一天后即可生成这层生物膜。

第四阶段是扩散。植入材料运动时产生剪切力，伤口的存在或者血液流动可能将细菌从手术部位输送到身体的其他部位。这种情况通常发生在细菌与材料接触两天后，往往导致感染扩展，某些情况下植入部位甚至发生二次感染。

上述生物膜形成后，再控制感染就很困难。因此解决植入材料的感染问题，大多都是通过阻止细菌牢固黏附在生物材料表面入手的。将某个材料植入体内，植入部位附近的可溶性蛋白、细胞、病原体在材料表面发生竞争，并由此决定是否出现感染，何种蛋白质会对材料表面吸附产生影响，以及蛋白质与哺乳动物细胞、细菌相互间的作用关

---

* 虽然此处及后续章节中，将只集中讨论细菌与生物医用植入体的相互作用，但其他微生物、真菌与生物医用植入体的相互作用关系与此类似。

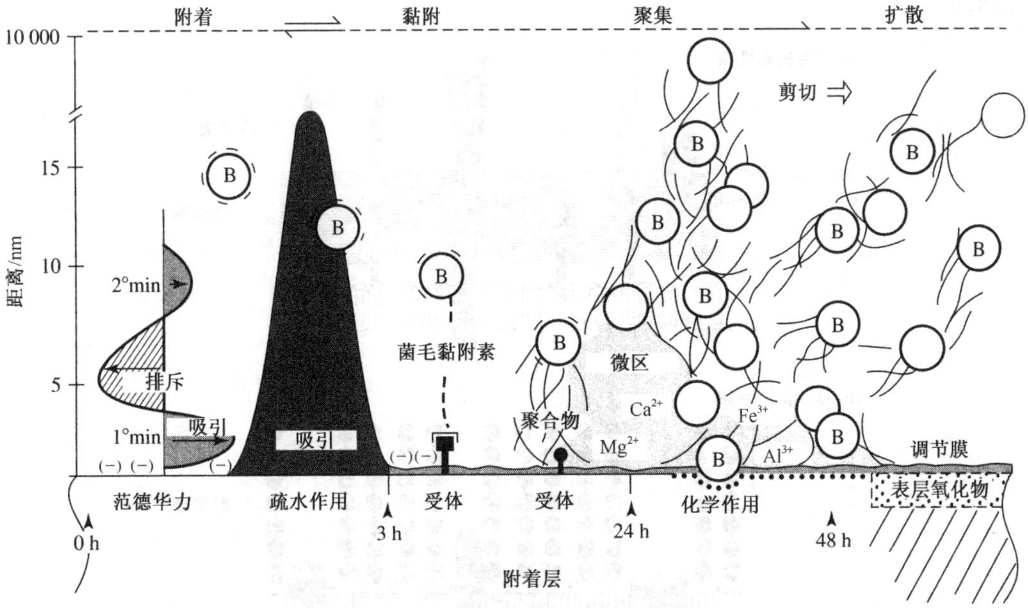

图 14.1　感染的过程划分为四个阶段。第一阶段，细菌迁移到材料表面（细菌和材料表面的接触是可逆和非选择性接触）；第二阶段，黏附，组织和材料之间通过（非）选择性配合作用结合在一起，这是一个不可逆过程；第三个阶段，聚集，这个过程中细菌牢固地黏贴在材料表面，并且开始分化繁殖；最后一个阶段，扩散，伤口的剪切力、植入体的迁移、血液的流动导致细菌扩散身体其他部位

系。例如，特殊材料表面促进细胞黏附，同时抑制细菌黏附，从而可以降低材料植入过程中发生感染的概率。

14.2.3　细菌和生物材料的表面性质，基质的性质

前面提到，理想的生物材料表面应当具有抗菌能力，有利于细胞吸附和生长，这两方面都与材料表面吸附蛋白质类型直接相关。为提高材料对细胞的吸附能力，同时阻止细菌的吸附，研究者使用各种技术手段提高材料表面的物理化学性质。与第 8～13 章中所阐述的蛋白质吸附情况相似，我们要改善生物材料的表面性质，防止微生物在材料表面黏附，首先需要了解细菌表面、生物材料表面、基质环境的性质。有关细菌吸附的相关内容在本节将逐一介绍。

14.2.3.1　细菌表面性质：革兰氏阳性菌和革兰氏阴性菌

细菌的基本结构包括：细胞壁、细胞膜、细胞质与核质。其中细胞壁位于最外层，包裹在细胞膜外周，其主要成分是肽聚糖。细菌的两种主要类型：革兰氏阳性菌和革兰氏阴性菌。革兰氏阳性菌的肽聚糖由聚糖骨架、四肽侧链和五肽交联桥三部分组成；革兰氏阴性菌的肽聚糖仅由聚糖骨架和四肽侧链两部分组成。图 14.2 所示，革兰氏阳性菌有一个单的双分子磷脂膜和一层厚的由肽聚糖组成的细胞壁（化学结构见图 14.3）有 15～20 层，磷酸壁贯穿其中并游离于肽聚糖外。几种大分子和细胞壁相连，包括多糖、膜磷壁酸和壁磷壁酸、蛋白质。部分大分子充当反应介质与 ECM 或生物材料发生

特殊的结合。

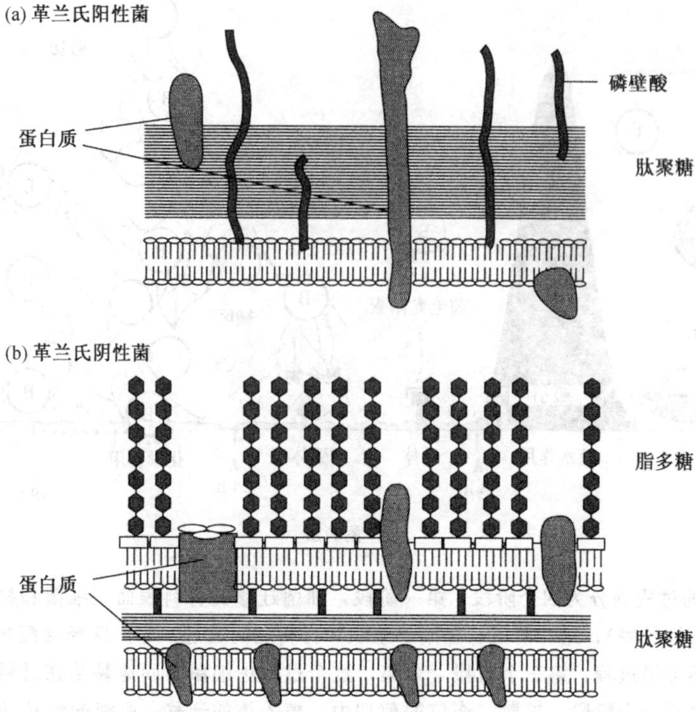

图 14.2 细菌的两种主要的类型革兰氏阳性菌和革兰氏阴性菌。(a) 革兰氏阳性菌有一个单的双分子磷脂膜和一层厚的由肽聚糖组成的细胞壁。几种大分子和细胞壁相连，包括多糖、膜磷壁酸和壁磷壁酸、蛋白质；(b) 革兰氏阴性菌拥有两层磷脂膜：细胞膜和磷脂双层。在这些细菌中，肽聚糖层较薄，处于两层磷脂膜之间。与革兰氏阳性菌相似，革兰氏阴性菌含有大分子，它们伸展出最外层膜，与周围环境发生作用

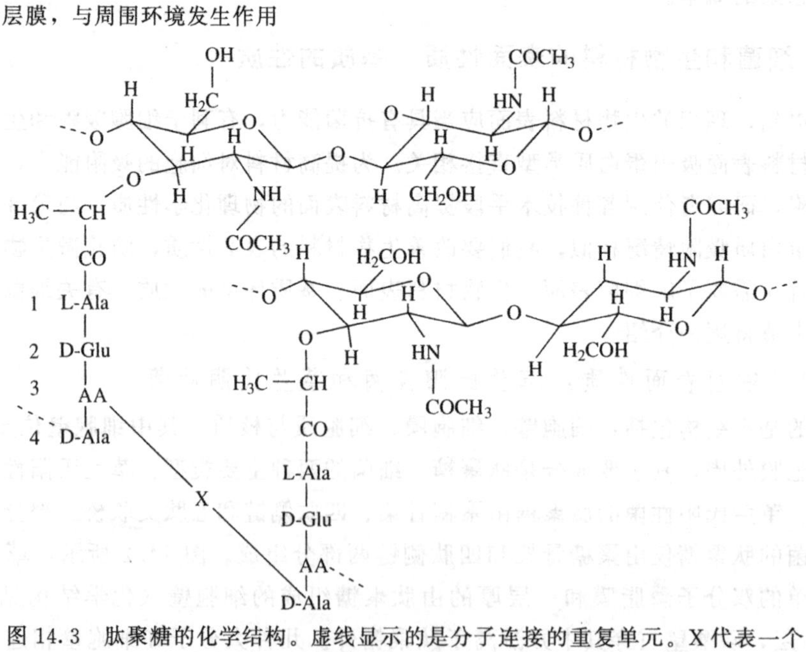

图 14.3 肽聚糖的化学结构。虚线显示的是分子连接的重复单元。X 代表一个缩氨酸，AA 代表二氨基酸（获准翻印自文献［4］）

革兰氏阴性菌拥有两层磷脂膜：细胞膜和磷脂双层。革兰氏阴性菌的肽聚糖层较薄仅 1 或 2 层，其表面覆盖有结构复杂的外膜，这层外膜由脂质双层、脂蛋白和脂多糖组成，处于两层磷脂膜之间。肽聚糖的网状结构中有许多微小孔隙可以允许小分子自由通过，与细胞膜共同完成菌体内外的物质交换（图 14.2）。革兰氏阴性菌与革兰氏阳性菌相似，也含有大分子，它们伸展出最外层膜，与周围环境发生作用。伞毛和菌毛（表面附属聚集了大量 1 μm 长的小胞质丝状体）遍布细菌外周，可黏附于某些黏膜上皮细胞，最终导致上皮细胞损害。革兰氏阴性菌还拥有鞭毛，是细菌表面细长、弯曲的丝状物，由鞭毛的旋转驱动菌体运动，是细菌的运动器官。当然在与组织和材料表面黏附时，这些鞭毛也起到辅助功能。

14.2.3.2 细菌的表面性质：细胞被囊和生物膜

无论革兰氏阳性菌还是革兰氏阴性菌，其外部都被多聚糖膜包裹，称为被囊细胞。这些分子紧紧地黏在细胞壁上，我们可以通过区分其不同的黏液来区分其分子种类，这些黏液通常存在于很多细菌的外部。多聚糖作为黏液层（或者生物膜）的一部分释放到周围环境中，并不直接和细菌表面接触。

前面提到，黏液的渗出形成一种特殊的环境（微区），有利于细菌从中获得生存所需的重要离子，同时保护自身免受人体免疫系统的破坏。几种不同类型的细菌可以寄生在同一个生物膜内。图 14.4 所示，当细菌被包在一个生物膜中，则不再向表面迁移，而是固定在生物膜上，环境中的大分子物质无法进入菌体，从而使细菌免遭破坏。

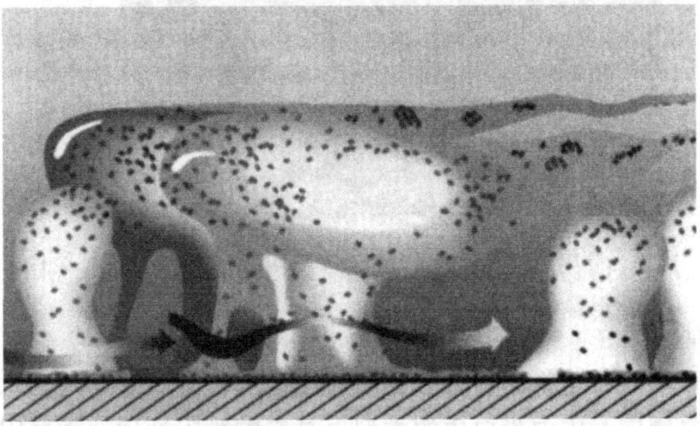

图 14.4　生物膜的示意图。细菌（黑点）繁殖不再是保持在生物膜的表面，而是多聚糖膜的内部。箭头显示水流过膜的微孔的方向（获准翻印自文献［5］）

黏液降低了人体杀灭细菌的能力，其原因如下：生物膜的形成对噬菌细胞产生了物理阻隔，抑制 T 和 B 细胞形成。抗体产生及细菌的调理，大大地降低了先天性和获得性免疫反应效能。此外，黏液还起到了传递细菌抗体的作用。研究发现，杀死口腔生物膜中细菌所需的抗菌液浓度是杀死相应的浮游细菌所需浓度的 100 倍，这可能归咎于所形成的扩散屏障对活性因子的阻碍作用。当然，也可能是由于表型的变化导致生物膜上的细菌具有更强的抗菌性。

需要指出的是细菌生长的环境发生变化，可能导致细菌表面性质发生变化。事实上，很多实验室培养的细菌与原始菌株在表相上有很大的区别。对于黏附的研究最重要的是其价态和亲水性，这些性质能提高细菌与基体间的作用。细菌表面性质检测方法将在后面进行阐述。

14.2.3.3 材料表面的性质

材料的表面性质决定着蛋白质和细菌的吸附情况（第 7 章），因为被吸附蛋白层与细菌的细胞膜可以和植入材料发生作用。生物材料的重要性质包括亲水性、价态，以及一些物理性质如形状大小、表面粗糙度等。

如果细胞先黏附在材料表面，细菌的黏附行为可能被阻挡，这是由于大亲水基团的空间排斥作用。相对而言，槽形与峡沟形状有利于细菌的结合及在基体上的生长。图 14.5 所示，细菌被包裹在织物 Dacron 纤维中。检测表面性质的相关方法在第 7 章中已进行阐述，通过这些检测可以获得细菌在生物材料表面吸附的相关数据。包括测定接触角研究其亲水性、ESCA、ATR-FTIR、SIMS 化学分析、SEM 和 AFM 表面形貌观察。

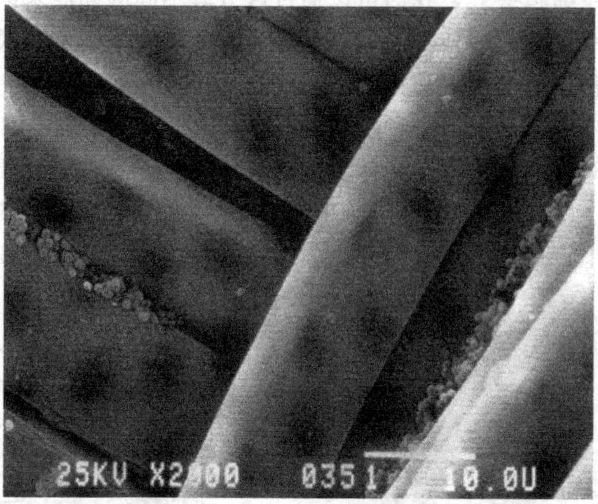

图 14.5 细菌夹在编织的 Dacron™ 纤维间的 SEM 照片（获准翻印自文献 [6]）

14.2.3.4 基质

前面提到，蛋白质在生物材料表面沉积对细菌的吸附有重要的影响。除去生物材料表面的性质，材料周围基质中蛋白质的类型也是影响黏附性质的重要因素。此外，基质的性质对控制蛋白质沉积及细菌吸附都非常重要，可以通过热力学参数对其进行调控。只要保证反应的吉布斯自由能（ΔG）为负值，上述两种过程都能自发发生。如同第 8 章中所讨论的，ΔG 部分取决于基质溶液的化学性质、溶液中离子间的电荷排斥。

14.2.4 细菌吸附中的选择性与非选择性作用

与细胞吸附相似，细菌在生物材料表面的吸附包括选择性与非选择性吸附。第 9 章中解释过，非选择性吸附通常使用 DLVO 理论进行模仿（基于 Derjaguim、Landau、Verway 和 Overbeek 的工作）。图 14.6 描述了微粒（细菌）与材料表面作用时，吉布斯自由能的变化及分开距离的能量变化。如 DLVO 理论所阐述的，当细菌靠近材料表面，体系的势能逐渐下降（排在倒数 2 位），静电的排斥力和吸引力（范德华力）重新达到平衡。如果细菌的布朗运动有足够的能量克服能垒障碍，达到最小值（图中未显示），病原体就牢固地黏附在材料表面。

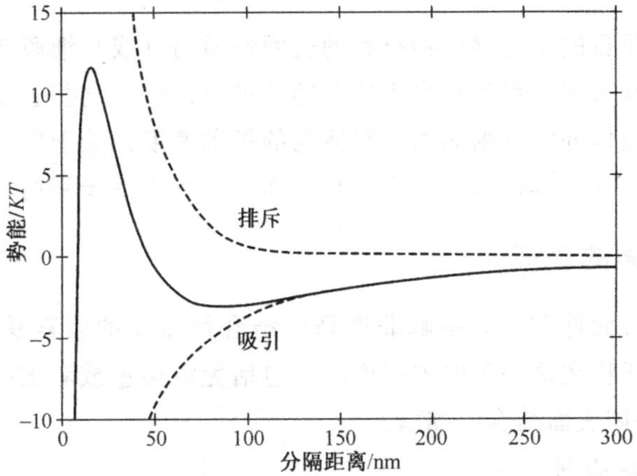

图 14.6 细菌在生物材料表面的吸附，根据 DLVO 理论，细菌和生物材料表面的自由能随它们之间的距离变化而变化。当细菌靠近材料表面，体系的势能逐渐下降（排在倒数 2 位），静电的排斥力和吸引力（范德华力）重新达到平衡。在这个位置，细菌没有牢牢地黏附在材料表面。如果细菌的运动有足够的能量克服能垒（最左边），达到最小值（图中未显示），病原体就牢固地黏附在材料表面

与细胞黏附相仿，DLVO 理论是一种高度理想化的简化模型。事实上，细菌细胞膜的复杂构造使细胞膜与材料基体之间存在特殊的作用。在这里，受体和配体伸展进入基质中提高结合能力，克服 DLVO 理论所述的能垒。众所周知，许多细菌都含有受体，可以与多种 ECM 组分结合。这些受体统称为微生物的表面组成识别吸附分子(MSCRAMM)。例如，金黄色葡萄球菌使用 MSCRAMM 结合 ECM 的纤连蛋白、玻连蛋白和冯·威勒布兰德因子。

14.2.5 总结植入感染情况

生物材料感染的特殊性在于，生物材料的植入往往导致无害细菌转化为剧毒组织。这个转化由几个步骤组成：材料表面与细菌接触时，转化在生物材料和（或）被破坏的 ECM 共同作用下完成的。黏附细菌对人体免疫系统与抗体产生抵抗性，首先形成一层膜，对人体天生性和获得性免疫系统以及抗体形成了物理化学上的屏障。除此之外，生物材料的存在还消耗粒性白细胞数量，而粒性白细胞可以帮助杀死和吞噬病原体。

由于上述原因，植入的生物材料在感染过程中扮演了多重角色。因此生物材料在植入体内之前必须进行杀菌，灭菌的方法有多种，我们在第 6 章中进行了描述。此外，进一步开发新的抗菌材料也很重要，它可以减少由于材料植入引发的感染现象（晚期感染）。防止感染的关键步骤包括减少最初细菌吸附和阻止黏附的细菌向黏液态表型转化。抗感染的生物材料正在被开发，特别是用于尿导管和整形手术中的植入材料。在美国，这些材料已经用于杀灭黏附的细菌，通过持续释放抗体，使细菌无法生成生物膜，从而达到抗菌的效果。通常使用生物降解聚合物，如 PLGA 掺入抗微生物的物质，如银离子。

14.3 细菌感染的检测

感染实验的主要目的是考察生物材料的表面性质与（或）细菌在材料上黏附及感染的扩散情况。因此常采用一系列技术手段对感染进行评价，这些手段包括测量生物材料与细菌表面、细菌在体外的黏附能力、在体内的扩散速度。关于生物材料表面的表征在第 7 章已经进行了讨论，其他测试技术将在下面章节中进一步阐述。

14.3.1 细菌表面的表征

前面提到细菌表面性质中，影响非选择性结合最重要的因素是细菌的疏水性与价态，这些参数的表征将在这一节中进行说明。包括免疫染色或者 ELISA 技术（第 8、9 章），主要检测与基体表面结合的细菌。

14.3.1.1 表面疏水性

细菌的疏水性通过测量接触角能够说明，见第 7 章所述。另外可以采用类似方法对特定细菌株的表面张力进行估算。在这里，被检测材料的表面完全被细菌覆盖，操作过程中必须非常小心，接触角很难测定。另外由于细菌表面的分子不断被吸进入水中，导致测试液（水）与细菌之间的相互作用随着时间的变化而变化。

另外一种界定细菌疏水性的方法称为微生物黏附法（MATH）。在这个理论中，一只试管中分别注入两种液体：水和一种疏水的有机溶剂。然后加入细菌，细菌从水到有机相的过程被记录。在这个实验中，疏水张力较大的菌株能在有机相中表现出更好的移动性。这是因为它的热力学更加稳定，使它在疏水环境中能更好地悬浮。通过测量整个过程中液相的混浊度，然后进行光学密度对比。这种理论简单易行，但是不容易量化，适合定性地判断细菌亲水与疏水。

一种更好定量地判断细菌疏水性的方法是通过疏水作用色谱法（HIC）。这是亲和层析法的一种，第 8 章中进行了描述。相对于 HPLC，该设备的使用范围较小（第 2 章），HIC 的技术原理与其他液相色谱相似。HIC 检测过程中，细菌悬浮在液相中通过填充有疏水材料的柱子。通过检测液相中的细菌含量，我们可以得到保留在柱子中的细菌量，该数量随着菌株疏水性增加而增加。改换其他类型的液相色谱，只是在填充材料与液相组成上有所不同，不会对菌株产生明显的影响。

14.3.1.2 细菌表面价态

可以使用多种技术对细菌表面的另一个关键性质——价态进行检测，如电泳实验。电泳实验中，将微生物引入电泳胶体中（第 8 章），使用一种已知离子浓度的缓冲液，在电流已知的情况下，可以测量微生物的迁移速度，而相应的表面价态可以通过 Helmholtz-Smoluchowski 方程进行计算，某些特殊情况本节不再详细介绍，可参见其他教材。

除此之外，细菌表面的价态还可以通过静电作用色谱法进行定量的测定（EIC）。EIC 是一种用于离子交换的液相色谱与 HIC 相似，填充材料包括阴离子、阳离子。测定样品时，通过控制填充材料类型与残存细菌的数量，可以确定细菌的等级及其表面价态（正或负）。

例题 14.1

细菌在材料表面的黏附张力是一个长期困扰生物材料研究的问题。实验材料具有较高的疏水性且不带电荷。研究人员考虑使用等离子喷涂方法来改性材料表面化学性质。细菌的疏水性可以通过分析微生物在有机物上的黏附能力进行测量。我们发现有机相的光学密度大大高于水相。假定这种黏附是非络合型的，生物材料通过等离子喷涂表面改性是否会降低黏附细菌的张力？进一步的探讨其具体原因。

解答：

细菌在生物材料表面的非选择性结合主要与细菌和生物材料表面的价态和疏水性能有关。如果材料不带电荷，那么这种情况下，细菌在生物材料表面的非选择性黏附主要取决于疏水性。如果使用的材料具有很高的疏水性，研究人员可以考虑在材料表面进行等离子处理，增加生物材料的亲水性。如果细菌的表面是疏水的，这种改性可以阻碍细菌在材料表面的黏附；但如果细菌表面是亲水的，这种改性就会鼓励细菌在生物材料表面的黏附。微生物这种性质导致了在有机相中光学密度大大高于水中的光学密度，更多的细菌迁移到有机相中而不是水相中，这种现象显示细菌的疏水性。因而等离子处理可以降低细菌在生物材料表面的黏附能力。

14.3.2 体外和体内的感染模型

与其他生物适应性实验一样，评价生物材料引起的感染也包括体内和体外试验。体内评价与第 13 章中所介绍的血液相容性试验相似。本节将对相关内容进行介绍。

14.3.2.1 体外细菌黏附实验

体外感染实验的关键在于确定静态或者精确控制流动状态下黏附在生物材料上细菌数量。实验设计方案与第 9 章中所描述的细胞黏附实验相似，将细菌置入于要检验的材料周围，微生物通过介质黏附于材料上，培养一段时间，然后小心地洗脱。黏附的细菌在光学显微镜下进行计数，或者通过人工计数照片上细菌数量。微生物还可以通过染色或荧光染色协助计数。在一些情况下，可以借助图像分析软件自动计数程序进行统计。

使用这种方法评价细菌在材料上的黏附能力对于那些有特殊需要的新材料显得尤为重要。通过这种方法，我们可以判断出一种新材料是否抑制细菌的黏附，能否达到植入功效。

14.3.2.2 体内体外感染实验

体内感染是一个并发过程，与血液相容性检测试验相似（第 13 章）。将病原体置于生物材料附近，然后随着血液的流动，细菌在材料表面吸附（并且进一步扩散），这个过程要花费几个小时。通过对血液中材料引起感染的评价，可以了解与之类似的体内流动环境；但是体内与体外实验相比费用昂贵，如果进行大量的实验并不合适。

体内感染实验可以使用体型较小的动物（啮齿动物）和体型较大的动物，在评价新材料（新的抗感染材料）中，啮齿动物是最常使用的一类动物。第 11 章中所描述的笼状植入体既可用于体内炎症评价，也可用于感染实验，检验被感染材料进行抗病毒治疗的效果。与之相对，将一个完整的装置植入体型较大的动物体内。如第 11 章中所讨论的，动物的类型与植入部位的选择取决于材料的最终用途。

体内和体外实验评价方法是相似的，都包括组织评价和材料不同阶段的 SEM 照片分析。具体操作见第 11 章。除此之外，血液分析还包括检查白细胞和淋巴细胞的数量。前面的章节已经提过，这两种细胞可以在细菌感染时产生应急反应，出现严重感染时，会激发大量白细胞与淋巴细胞的产生。

不同的时间测量血液中细菌细胞壁的抗体数量，通过 ELISA 技术（第 8 章）确定感染随时间变化的情况。除此之外，第 8 章所讨论的一种比色分析方法——The Limulus Amebocyte Lysate (LAL) 检验，已经能探测革兰氏阴性菌外层细胞膜上特定分子(脂多糖，LPS)，该分子具有与单核细胞、巨噬细胞、中性粒细胞上受体结合的能力，刺激感染反应。这种分析的重要性在于即使细菌已经死亡，材料附近的这些分子仍然对植入材料的生物相容性产生负面的影响。

14.4 肿　瘤

14.4.1 肿瘤的确定和形成

生物材料的植入带来另外一个潜在的问题是可能诱发肿瘤。在详细讨论这个问题之前，要把一些术语先进行解释。肿瘤形成是由于过度、失控的细胞繁殖，这种细胞的分裂与组织生理上的要求无关，也不会因为刺激物被移出而消失。但是在人体生长和伤口愈合过程中，它能从所有正常的细胞繁殖中分离出来。这个新形成的组织被称为瘤或肿瘤，它由大量繁殖的瘤细胞组成，与组织和血管相连。

肿瘤分为良性和恶性肿瘤，主要由两部分组成：构成主体的增殖细胞及由结缔组织和血管构成的支撑基质。尽管肿瘤的基本性质由主体来实现，但是它的生长和发育却主要依靠血管、结缔组织和炎症细胞构成的基质。良性肿瘤不会损害比邻的组织或者蔓延到远处。采用外科切除即可处理。但是恶性肿瘤会侵入相邻的组织并且进入淋巴和血管，它们可以传输到远距离的部位（这个过程称为癌细胞的扩散）并且生长。恶性肿瘤通常所含有的细胞与正常的细胞区别很小。

致癌物质是一种刺激物，它能导致恶性肿瘤转化，我们认为这是正常细胞中的 DNA 发生突变（恶性肿瘤）所产生的。致癌物质分为几类，它们在癌症形成过程中所起的作用现在还没有完全搞清楚。一个典型的致癌物能引起肿瘤恶性转化；而前致癌剂本身组成并不构成致癌物质，但是在体内代谢过程中能转化成致癌物；协致癌物具有很少或者没有诱导有机体突变的能力，但是它的存在能提高前致癌剂和致癌物的活性。

恶性肿瘤的转化常常会引起基因损害聚集，是一个多因素参与、多步骤完成的分子生物变化过程。这些转化和时间上的复杂性对于确定生物材料引起致癌物的可能性提出了挑战。肿瘤产生的基本步骤分为 3 步：开始阶段、潜伏阶段和发生阶段。

最初的细胞转化出现在开始阶段。然后是潜伏阶段，其时间长短随细胞种类不同而不同。对人而言，其长度为 15～20 年，癌细胞在这个阶段不容易被发现。然后进入发生阶段（准确的时间无法确定），这时我们可以清楚地观察到肿瘤的生长和扩散。

14.4.2 化学和异物致癌

诱发恶性肿瘤转换的两条主要途径：化学致癌和异物致癌。化学致癌往往发生在生物材料的附近，因为肿瘤可能是由于植入材料滤出物所致。如果致癌物质从植入部位被传输其他位置，那么远离植入部位的组织也有可能发生癌变。通常致癌物质多数是有机化合物，对金属所起的作用有很大的争议，另外对陶瓷是否为化学致癌物质也没有强有力的证明。

异物致癌是在对不同材料植入啮齿动物体内的研究结果进行分析的基础上发展起来的。在很多实验中，一个没有化学致癌性的固体材料被发现引起肿瘤，而且引起恶性肿瘤变化的能力随着植入材料体积增大而增大。材料表现出消除感染的行为（即纤维包裹），却常常导致肿瘤的产生。物理因素的确切原因现在还不清楚，这些肿瘤引发的特点是特异性高而抗原性较弱，常表现出明显的个体独特性。即在不同的宿主体内，甚至在同一宿主不同部位诱发肿瘤都有不同的抗原性。但是植入材料表面的电化环境与正常组织有所不同。因此环境调节是一个需要考虑的因素（下面将进一步讨论潜在的原因）。

14.4.3 异物致癌

14.4.3.1 体积较大的植入材料产生肿瘤的情况

与其他类型的肿瘤形成一样，异物致癌发生包括几步组成。当材料植入体内，具体细节见第 11 章，在这过程中肿瘤细胞脱离原来的部位，侵袭周围组织，“力排”附近的正常细胞及细胞外基质与基底膜。然后传入管壁，在血管或淋巴管内运行，再从某处穿出血管，最后在某处血管或在某个器官定居下来。细胞繁殖的同时引起纤维的包裹，并将神经细胞包裹于该位置。与材料植入引发肿瘤有联系的细胞有牙周细胞等，它们与微脉管系统形成有关。

纤维包裹完成后，组织反应静止，但是前成瘤细胞和材料表面之间始终存在接触，直到前成瘤细胞最终成熟。在潜伏阶段恶性转化缓慢发生，最后肿瘤产生。

通过体内观察实验可以研究材料植入的致癌机制。一般认为转变发生在植入的早期，不是直接由体外材料产生。此外，恶性细胞被包裹在一个封闭的纤维包囊中，经过一个足够长的潜伏期，最终形成肿瘤。这种情况下巨噬细胞在植入材料中不能持续作用（依附在异物上的巨噬细胞失去噬菌活性）。材料植入致癌可能的原因如下[7]：

1. 植入材料的化学性质；
2. 植入材料的物理化学表面性质；
3. 植入材料带来的滤过性毒菌污染物；
4. 材料植入导致细胞间联系被破坏；
5. 由于组织损坏所引起的营养交换不充分；
6. 植入材料干扰周围细胞的生长。

14.4.3.2 小纤维所引起的肿瘤

前面讨论中提到，由于材料的尺寸比细胞大，因此引发肿瘤产生。但需要指出的是小纤维（直径小于 1 μm，长度大于 8 μm）仍然与某些肿瘤的生成相关。这个现象首先发现在人体吸入石棉纤维后，产生我们所熟知的癌症间皮瘤。恶性转换的原理是通过小纤维渗透过细胞膜，导致细胞核的损害，从而使细胞基因发生变异。

14.4.4 异物致癌原因

肿瘤产生的原因复杂，涉及基因变异，目前其形成机制还未完全搞清（图 14.7）。肿瘤的产生可能是由于生物材料植入引起的，因为材料破坏了周围细胞之间的联系，导致细胞的物理损害，或者植入材料的化学物质溶出损害细胞正常的生理功能，但发生肿瘤的概率很低，其原因在于很多生物材料（金属）在体液中溶解性很低，其离子浓度处于引发恶性肿瘤的危险浓度之下，因而不会引起肿瘤转化。

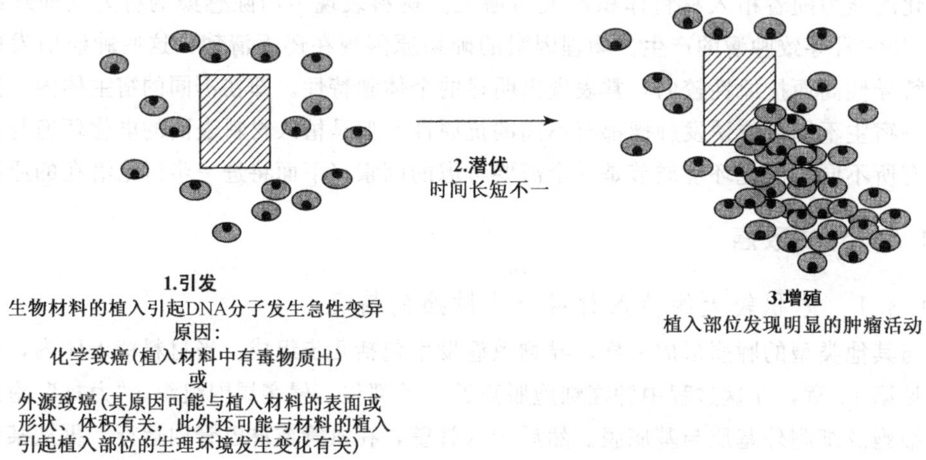

图 14.7　肿瘤产生的原因复杂，涉及基因变异，其形成机制现在还没有完全搞清。肿瘤的产生可能是由于生物材料的植入引起，它破坏了材料周围细胞之间的联系，导致细胞的物理损害，或者植入材料的化学物质溶出损害细胞正常的生理功能。现在还不清楚哪种因素控制着肿瘤形成的时间以及肿瘤潜伏阶段的时间长短。由于在潜伏期很难观察到生物材料和肿瘤之间的相互作用，所以现在还没有发现生物材料植入和肿瘤形成之间必然的关系

由于临床植入引发肿瘤的情况很少，因此目前还不清楚哪种因素控制着肿瘤形成以及潜伏阶段的时间。由于在潜伏期很难观察到生物材料和肿瘤之间的相互作用，因此目前还未发现生物材料植入与肿瘤形成之间的必然联系。

14.5 肿瘤实验技术

这节将对植入材料病理学的相关内容进行介绍，ISO 和 ASTM 分别对肿瘤实验标准进行了规定。ISO 标准要求结合实验包括长期的后遗症对致癌作用进行评价，如慢毒实验。ISO 标准非常重视体内实验，但由于植入材料引起肿瘤的概率很低，因而需要通过其他的途径（观察和体外实验）来显示肿瘤的成因。

14.5.1 体外实验

肿瘤体外实验中，通常要考察诱变效应，因为所有的致癌物质都是诱变物质。常见

检测诱变能力的方法是**埃姆斯**（Ames）实验。该实验使用了具有变异能力的细菌，该类细菌需要氨基酸、组氨酸来维持生长。把细菌与材料一起培养，在氨基酸介质中进行酶的制备。细菌只有能够变异成不需要组氨酸的显性才能使生存和繁殖。存活下来的细菌数量被定量，用于说明材料的突变能力。尽管这个方法速度快而且便宜，但是它对致变剂的敏感有限，特别是含量低的时候。因此埃姆斯法实验要求使用合适的阳性和阴性控制，而且只考虑作为初步的机制说明。

14.5.2 体内实验

ISO 和 ASTM 标准通常将体内致癌物质的评价作为生物相容性实验的部分。在该实验中，通常将材料制成最后所需要的形状；同时将非致癌材料（PE）制成相同形状植入同一部位，对照两者的组织反应情况，研究生物材料的植入是否为引起肿瘤（材料植入所引发的肿瘤原因包括条件控制和实验材料两个方面）的唯一原因。该实验的目的是确定新材料的化学、物理性质引起癌变的可能性。

前面讨论到，实验设计决定了实验所需的动物模型与材料的植入部位。为加快评价，特别是药物的运用，最近 FDA 正考虑更新长期使用的啮齿动物致癌标准，使用专门培养的 6 个月大的转基因老鼠（RasH2），这种老鼠对人体特有的致癌物质敏感。不管动物模型、研究时间、实验变化的时间点如何变化，将植入材料周围组织切下来，使用组织技术进行评估并且用 SEM 观察肿瘤的生长情况（第 11 章）。

例题 14.2

一个研究小组使用牙科实验筛除了一种被认为性质稳定、应用广泛的生物材料。曾经采用不同方法对这种生物材料在体内的化学致癌性进行评价，结果均显示该生物材料不是化学致癌物质。但研究小组奇怪的发现，当牙材料植入体内时，发现受体的下颌骨有肿瘤。这个牙植入实验究竟是化学致癌或者外物植入所引起的致癌？如果这种材料不用于牙科是否还会形成肿瘤？是否这种材料本身就是诱导有机体突变的物质？

解答：

众所周知，这种植入材料不是致癌物质，但在植牙过程导致了肿瘤产生，这是由于植入物的尺寸、形状、植入部位和过程都会影响肿瘤产生。因此尽管上述植入导致肿瘤出现在牙齿部位，但是对于其他植入手术，相同的植入材料拥有不同的尺寸、不同形状和植入不同部位可能又不会产生肿瘤。根据材料在这个实验中材料表现出致癌作用，以及所有的致癌物质都是诱变物质这一说法，我们认定它是一种诱变物质。

14.6 钙化病理

14.6.1 介绍钙化病理

材料植入除引起感染和形成肿瘤之外，可能还会引起另一病变即，发生钙化，导致材料功能的破坏。钙化是指在植入材料的表面和内部出现了不希望的磷酸钙沉积，这些病变可能影响心脏瓣膜、心脏起搏器（血泵）、尿道修复和软性透镜的性质。材料在 ECM 中经常出现这种病变，人工合成聚合物也常常出现钙化（矿化）。尽管在生物材料的某些应用，如骨组织工程和支架矿化，希望发生钙化现象，但在某些应用中却不希望钙化的发生，例如，人工心脏瓣膜，它要求材料保持柔性。在这里，矿化意味着组织中无机物的沉积，钙化是矿化的一种类型，即组织中的钙作为最主要的无机物沉积下来。

可以将材料的矿化看做是植入材料功能的破坏，因为钙化会严重影响植入材料的力学性能。第 4 章讨论了，陶瓷、磷酸钙材料钙化导致材料变脆，因此天然材料和人工合成聚合物的钙化都可能导致材料被破坏，特别是当材料处于连续运动环境中，如泵和心脏瓣膜。

在一个体系中，钙化情况主要取决于植入材料的化学组成和结构，另外还与植入材料所处环境的新陈代谢条件及力学性能有关。目前力学因素对钙化的影响还不能完全阐述清楚，其中矿物质的代谢对钙的沉积有很大的影响。例如，年纪越小的人钙化发生速度更快，可能是小孩新陈代谢有利于矿化的发生，导致骨生长较快。

14.6.2 钙化机制

钙化常发生在天然材料与合成材料中，天然材料用戊二醛、甲醛进行处理时，性质容易受到影响。许多情况下，这些天然材料并不是单一组分，如胶原。应用中希望这些材料的功能能得到保持，同时降低其免疫排斥性。一个常见的例子是在植入人体的猪心脏瓣膜上常常出现钙化。

植入经过处理的天然材料，钙沉积往往发生在死亡的细胞和细胞膜的碎片上。第 9 章中提到，细胞膜所含的蛋白质与磷酸基团接触，具有核的功能，促进磷酸钙晶体形成。除此之外，与膜相连的碱性磷酸酶，充当了提高骨钙化的角色。无法存活的细胞不会拥有运输功能（细胞膜泵），因而限制了细胞内钙离子浓度，导致细胞膜上磷酸蛋白附近的钙离子压力增加。戊二醛等交联剂，通过十字交联和稳定细胞表面蛋白，提高细胞间相互作用。钙化位置的力学性能有所增加，这可能由于钙化区域中细胞死亡的增加。

钙化产生后，胶原作为大多数天然生物材料的主要组成成分，充当矿物质晶体的生长模板，促进钙化，这与其在天然骨形成过程中充当的角色相似。随着骨的钙化，产生一定数目的带负电荷、与病理钙化相关联的非胶原蛋白，它指导和调节磷酸钙晶体的形成。

14.6.3 降低钙化的方法

生物医学中钙化主要与新陈代谢、生物材料的表面性质、材料所处的力学环境有关。磷酸钙晶体沉积首先发生在靠近细胞膜的碎片上，然后是在富含胶原的天然 ECM 材料中。人们认为钙化晶体的形成，类似于天然骨形成过程。

这是由于血液、体液中的钙离子、磷离子浓度接近饱和，一旦成核，磷酸钙晶体将会持续快速生长。为减少磷酸钙晶体的生成，已经开始采用几种降低血液中钙离子浓度的方法（减少磷酸钙晶体的形成），例如，三价金属离子（Fe^{3+} 和 Al^{3+}），一般认为它们可以和钙离子竞争，形成复杂的磷酸盐。另外还应用了其他方法，如将天然生物材料浸泡在酒精或表面活性剂中，如十二烷基磺酸钠，移走诱使磷酸盐沉积的细胞膜蛋白，它会吸引钙离子导致磷酸钙晶体形成。

14.7 钙　化

体内与体外钙化实验方法不断地改进，其中体内实验能提供了更多的信息，使用更为广泛。这一节我们将介绍几种实验方法。

14.7.1 体外钙化实验

在体外钙化实验中，将材料或者装置置于一个反应槽中，然后加入模拟体液（尿液或血液）。通过选择适当的反应装置，使液体处于静止或循环状态，这样材料在实验过程中就可以保持运动（灵活的）或静止状态。一定时间后，取出样品，进行钙化分析，所采用的技术将在后面阐述。与其他体外实验一样，尽管这些方法仍然不能完整复原体内的环境，但它对我们了解生物材料的初步性质仍非常重要。

14.7.2 体内钙化实验

常见的体内实验评价生物材料钙化的方法有两种：皮下植入和将塑型完成的材料植入最终部位。在皮下植入实验中，检查植入皮下的生物材料。实验过程中通常采用老鼠模型，某些情况也会使用兔子模型。该方法的优点是可以使用小型动物，手术简单。皮下钙沉积情况与最终植入部位所表现的情况极其相似，而且矿化速度更快，缩短了研究时间。皮下实验通常在新材料的第一或第二阶段的实验中完成。在此需要指出的是，这个方法不能完全模拟特殊环境中材料或装置在目标位置的工作状态。

另一种体内实验方法是将设计好的生物材料或装置植入体内目标部位。这通常需要大型动物活体，如牛或山羊等，特别是心血管植入实验。该方法的缺点是手术时间长、复杂（涉及心血管支路）、费用高。但是这种实验对于一种新材料或装置最后阶段的测试是非常有用的，因为它能模拟出材料植入人体后的真实情况。

14.7.3 检测

材料的体内与体外钙沉积的检测方法相似。对材料的完整分析，需要利用生物化学手段，确定钙离子的含量，并结合适当的试剂观察其颜色变化。具体细节见第 8 章。检测过程中通过一种配备了光度计的微盘读数装置记录颜色变化，然后通过与标准曲线相比较来确定钙离子的含量。

将样品切成小块（第 9 章、第 11 章），运用组织工程技术，染色、检测植入部位的钙含量；SEM 和 TEM 观察移植样品形貌；EDXA 测定（第 7 章）Ca 和 P 的含量；XRD（第 2 章）了解移植样品的晶体结构。

不允许将体内样品取出进行分析时，X 射线能够用于检测体内试样的钙化情况。该法主要是利用人体组织在密度、厚度等方面的差异，对 X 射线的吸收不同，形成明暗不同的像点，从而构成特定图像（图 14.8）。X 射线是可以在活体中使用的无损伤技术，其使用原理与X射线衍射相似。在X射线照片中，当射线穿过样品的时候，质子和中子数目较高（如钙和磷）的元素容易吸收X射线，阻碍射线达到检测端口，所以通常会在底片上留下一个白色区域，即钙痕。这些白色区域尺寸和位置能显示出同一个样品在不同时间的钙化情况。但是传统X射线照相术是用两维照片代表三维结构，空间上有一定的限制。

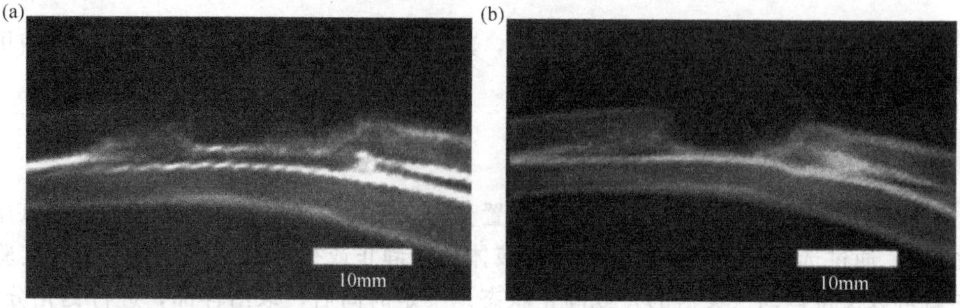

图 14.8　兔子的前臂长骨愈合的创口照片。一个组织工程支架被植入缺损部位，通过照片确定缺损部位骨的生长情况。(a) 图显示兔子骨部分修复；(b) 图显示矿化修复。在这个例子中希望出现钙化沉积，相似的方法也能用于组织的病理性钙化（获准翻印自文献 [8]）

X射线计算机断层成像技术（μCT）是一种可供选择的X射线无损伤评价钙化手段（图 14.9）。该方法中一束X射线透射待研究的物体，并相对待测物体旋转，获得不同角度的图像，重复上述操作，得到样品所有的二维图像，然后采用计算机对这些二维图像数据进行处理，得到样品的三维内部及外部图像。这种技术在空间上的分辨率为毫米级。此处需着重指出的是X射线值上存在一定的误差，这是钙化材料和其他材料（如周围的软组织或植入材料）共同作用使X射线衰减的结果，因而需要把X射线计算机断层成像和其他X射线照相术结合使用。

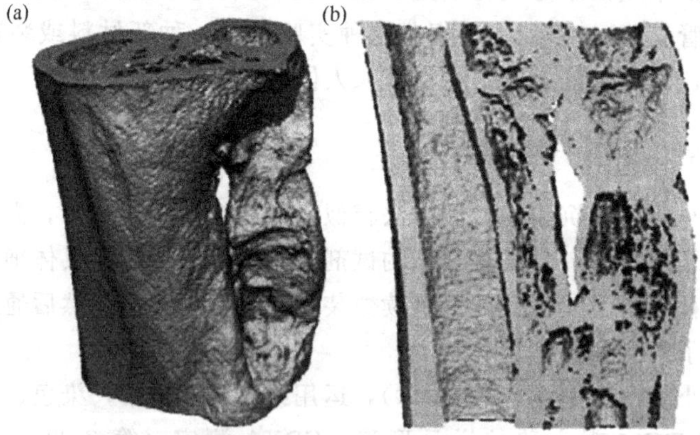

图 14.9　骨组织工程的计算机X射线断层扫描照片，在兔子的缺损部位植入支架。(a) 图外观整体图像；(b) 修补的断面图像。因为图像是三维的，可以对支架钙化的量进行定量（获准翻印自文献 [8]）

例题 14.3

某公司计划评价一种新的心脏瓣膜修补材料，体外构建一种十字交联猪的心包膜。公司特别关心是否随着时间的增加被修补的心脏瓣膜会发生钙化。负责这个项目的研究人员决定，将修补的心脏瓣膜置于蠕动的循环体系中，采用灌注猪血，模拟生理环境。为防止体系中猪血凝固，研究人员打算在猪血中加入 EDTA（一种钙离子螯合剂）。EDTA 如何防止血液凝固？是否 EDTA 有效的影响钙化？如何影响？EDTA 是否应该被使用在这个体系中？

解答：

第 13 章中介绍了钙离子在凝固反应里起关键角色。EDTA 可以通过螯合血液中的钙离子防止血液凝固，降低钙离子对凝固的加速作用。此外实验中 EDTA 和血液中的钙离子螯合，降低了血液钙的浓度，使之大大低于体内正常的钙离子浓度。所以即使钙化没有在体外评价中出现，它们也有可能是一种人为结果，不能反映体内所发生的实际情况。因而 EDTA 不能被使用在该体系中。EDTA 更适合作为一种血液抗凝固剂而不是钙离子的螯合剂使用。

小结

- 由材料植入所引起的感染。从病原体上说，与植入材料感染联系最紧的是革兰氏阳性菌：葡萄状球菌和表皮葡萄状球菌。革兰氏阴性菌：大肠细菌、铜绿假单胞菌和真菌如念珠菌。这些病原体能导致不同类型的感染，包括超急性感染、深度急性感染、慢性感染。
- 由植入材料引发的感染包括 4 个阶段。第一阶段，细菌通过非选择性接触可逆地迁移到材料表面；第二阶段，在细菌选择性的配合和非选择的结合共同作用下（粘贴），最初的接触变为永久的粘贴；第三阶段，当细菌牢固地黏附在材料表面后，细菌开始分裂形成生物膜（聚集）；第四阶段，细菌从繁殖的部位向身体的其他部位迁移（扩散）。
- 细菌所产生的生物膜有助于其获得离子，这对其生存尤其重要。同时生物膜可以帮助细菌逃避宿主免疫系统的防御，释放超抗原。
- 引起感染的两类细菌：革兰氏阳性和革兰氏阴性菌。革兰氏阳性菌有单的双分子磷酸酯膜和厚的肽聚糖组成的细胞壁。革兰氏阴性菌有两层磷酸酯膜（细胞膜和磷脂双层），肽聚糖夹在其中。
- 细菌在生物材料表面黏附最重要的表面性质是疏水性和价态。细菌表面的疏水性可以通过接触角、微生物黏附在有机物上的能力（TMATH），或者疏水作用色谱（HIC）进行判断；细菌表面价态评价通过电泳实验，或者静电作用色谱（EIC）判断。
- 吸附在材料表面的蛋白质层严重地影响细菌在生物材料表面的黏附，因而材料的性质能够影响蛋白质吸附及细菌吸附。此外，基质中蛋白质和离子的含量能影响材料表面黏附的蛋白质层的组成及随后的细菌吸附。

- 致癌物质是一种刺激物，它能导致恶性肿瘤转化。典型的致癌物能引起肿瘤恶性转化，而前致癌剂本身组成并不构成致癌物质，但是在体内代谢过程中能转化成致癌物，辅致癌物具有很少或者没有诱导有机体突变的能力，但是它的存在能提高前致癌物与致癌物的活性。
- 肿瘤形成的三个基本阶段：开始阶段、潜伏阶段、发生阶段。引发相包括原最初细胞的转化。随后一个时期肿瘤不易被发现称为潜伏阶段。当肿瘤扩散和生长能被观察时称为发生阶段。
- 恶性肿瘤可以通过两种方式进行转化：化学致癌和异物致癌。化学致癌是由致癌物影响所产生的癌变；异物致癌是指将不含化学致癌物的材料植入体内，而引发在体内肿瘤的生长。
- 异物致癌的可能原因包括植入材料的体积、化学性质、材料表面的物理化学性质、植入材料的滤出物。由于材料植入损坏细胞之间的联系，植入部位的组织损坏带来的营养供应不足，植入部位周围的细胞生长被干扰。此外，还存在由小的纤维所引起的肿瘤（直径小于 1 μm，长度大于 8 μm）。
- 不希望出现的钙化称为病理性钙化，它能破坏材料的功能，使材料变硬和变脆。材料的病理性钙化与所处位置的新陈代谢，所选材料的表面性质、尺寸、材料所处的力学环境有关。天然的 ECM 材料容易发生钙化。
- 体内、体外实验评价生物材料引起感染。所采用的方法与生物材料相容性评价方法相似。
- 肿瘤的植入评价通常是检测材料及其滤出物的诱变能力；一般将体内的致癌物评价作为生物相容性实验的一部分，并遵照相关标准进行检测。
- 通常采用体外实验初步评价材料的钙化能力，实验过程中模拟材料植入部位的生理学环境。无论是植入皮下还是在最终的应用部位，体内钙化评价能提供更完整的信息。

习题

14.1 进行体内实验时，在手术后第一时间发现葡萄状球菌出现在切口的最外表面，这是否意味着感染？

14.2 是否对植入物充分灭菌就可以防止随后的感染？为什么？

14.3 在兔子的背部皮下植入一个材料，用于评价组织反应。24 h 后，发现兔子的一只后腿出现感染。这个感染是否可以归咎于植入的材料？

14.4 肿瘤的发生是否在某种程度上与植入材料被纤维包裹有关？为什么？

14.5 初步的体外实验显示，猪的心脏瓣膜在植入之前用表面活性剂处理，可以减少钙化。如果让你设计体内实验证实这个结论。你准备如何做？

14.6 下图显示表皮葡萄状球菌在两种不同材料表面上的吸附情况。在这个研究中，黏附效率通过观察细菌转移到生物材料表面的能力，在每一个小的单元面积上进行计量。表面分别是 PE 用血浆蛋白质处理和 PE 用血小板处理。

剪切力运用到样品上确定细菌在表面的结合程度。这些结果显示什么意思？你将如何应用这些信息？如果要设计一个心血管的植入材料？（图的采用得到文献［9］允许）。

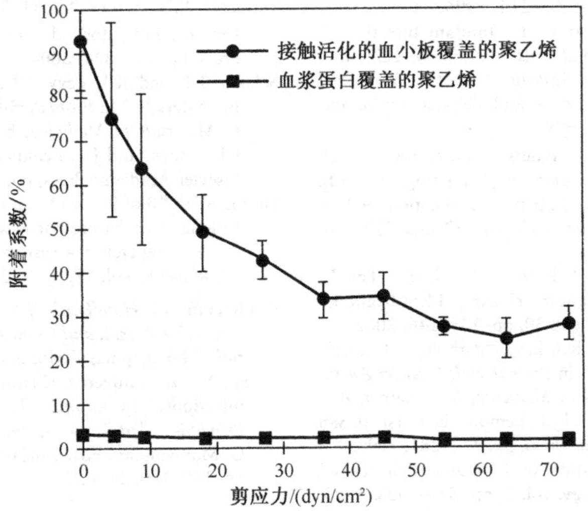

（向鸿照　王远亮　译校）

参考文献

1. Gristina, A.G. "Biomaterial-Centered Infection: Microbial Adhesion versus Tissue Integration," *Science*, vol. 237, pp. 1588–1595, 1987.
2. Dickinson, R.B., A.G. Ruta, and S.E. Truesdail. "Physiochemical Basis of Bacterial Adhesion to Biomaterial Surfaces." In *Antimicrobial/Anti-Infective Materials: Principles, Applications, and Devices*, S.P. Sawan and G. Manivannan, Eds. Lancaster: Technomic Publishing, pp. 67–93, 2000.
3 Madigan, M.E., Martinko, J.M., and J. Parker. *Brock Biology of Microorganisms*, 9th ed. Upper Saddle River: Prentice Hall, 2000.
4. Hancock, I. and I. Poxton. *Bacterial Cell Surface Techniques*. New York: John Wiley and Sons, 1988.
5. Costerton, B., G. Cook, M. Shirtliff, P. Stoodley, and M. Pasmore. "Biofilms, Biomaterials, and Device-Related Infections." In *Biomaterials Science: An Introduction to Materials in Medicine*, B.D. Ratner, A.S. Hoffman, F.J. Schoen, and J.E. Lemons, Eds., 2nd ed. San Diego: Elsevier Academic Press, pp. 345–354, 2004.
6. Wang, I.W., J.M. Anderson, M.R. Jacobs, and R.E. Marchant. "Adhesion of *Staphylococcus epidermidis* to Biomedical Polymers: Contributions of Surface Thermodynamics and Hemodynamic Shear Conditions," *Journal of Biomedical Materials Research*, vol. 29, pp. 485–493, 1995.
7. Black, J. *Biological Performance of Materials: Fundamentals of Biocompatibility*, 4th ed. New York: CRC Press, 2005.
8. Hedberg, E.L., H.C. Kroese-Deutman, C.K. Shih, J.J. Lemoine, M.A. Liebschner, M.J. Miller, A.W. Yasko, R.S. Crowther, D.H. Carney, A.G. Mikos, and J.A. Jansen. "Methods: A Comparative Analysis of Radiography, Microcomputed Tomography, and Histology for Bone Tissue Engineering," *Tissue Engineering*, vol. 11, pp. 1356–1367, 2005.
9. Wang, I.W., J.M. Anderson, and R.E. Marchant. "Platelet-Mediated Adhesion of *Staphylococcus epidermidis* to Hydrophobic NHLBI Reference Polyethylene," *Journal of Biomedical Materials Research*, vol. 27, pp. 1119–1128, 1993.

推荐阅读

Anderson, J.M. "Mechanisms of Inflammation and Infection with Implanted Devices," Cardiovascular Pathology, vol. 2, pp. 33S–41S, 1993.

Anderson, J.M. and F.J. Schoen. "*In Vivo* Assesment of Tissue Compatibility." In *Biomaterials Science: An Introduction to Materials in Medicine*, B.D. Ratner, A.S. Hoffman, F.J. Schoen, and J.E. Lemons, Eds., 2nd ed. San Diego: Elsevier Academic Press, pp. 360–367, 2004.

Appelmelk, B. and W. Lynn. "Chapter 2: The Cause of Sep-

sis: Bacterial Cell Components That Trigger the Cytokine Cascade." In *Septic Shock*, J.-F. Dhainaut, L. Thijs, and G. Park, Eds. London: WB Sanders, 2000.
Gristina, A.G. and P.T. Naylor. "Implant-Associated Infection." In *Biomaterials Science: An Introduction to Materials in Medicine*, B.D. Ratner, A.S. Hoffman, F.J. Schoen, and J.E. Lemons, Eds., 1st ed. San Diego: Elsevier Academic Press, pp. 205–214, 1996.
Higashi, J.M. and R.E. Marchant. "Implant Infections." In *Handbook of Biomaterials Evaluation: Scientific, Technical, and Clinical Testing of Implant Materials*, A.F. von Recum, Ed., 2nd ed. Philadelphia: Taylor and Francis, pp. 493–506, 1999.
Levy, R.J., F.J. Schoen, H.C. Anderson, H. Harasaki, T.H. Koch, W. Brown, J.B. Lian, R. Cumming, and J.B. Gavin. "Cardiovascular Implant Calcification: A Survey and Update," *Biomaterials*, vol. 12, pp. 707–714, 1991.
Morton, D., C.L. Alden, A.J. Roth, and T. Usui. "The Tg Rash2 Mouse in Cancer Hazard Identification," *Toxicologic Pathology*, vol. 30, pp. 139–146, 2002.
Pathak, Y., F.J. Schoen, and R.J. Levy. "Pathological Calcification of Biomaterials." In *Biomaterials Science: An Introduction to Materials in Medicine*, B.D. Ratner, A.S. Hoffman, F.J. Schoen, and J.E. Lemons, Eds., 1st ed. San Diego: Elsevier Academic Press, pp. 272–281, 1996.
Ratner, B.D. "Characterization of Biomaterial Surfaces," *Cardiovascular Pathology*, vol. 2, pp. 87S–100S, 1993.
Schoen, F.J. "Tumorigenesis and Biomaterials." In *Biomaterials Science: An Introduction to Materials in Medicine*, B.D. Ratner, A.S. Hoffman, F.J. Schoen, and J.E. Lemons, Eds., 1st ed. San Diego: Elsevier Academic Press, pp. 200–205, 1996.
Schoen, F.J., "Tumorigenesis and Biomaterials." In *Biomaterials Science: An Introduction to Materials in Medicine*, B.D. Ratner, A.S. Hoffman, F.J. Schoen, and J.E. Lemons, Eds., 2nd ed. San Diego: Elsevier Academic Press, pp. 338–345, 2004.
Schoen, F.J. and R.J. Levy. "Pathological Calcification of Biomaterials." In *Biomaterials Science: An Introduction to Materials in Medicine*, B.D. Ratner, A.S. Hoffman, F.J. Schoen, and J.E. Lemons, Eds., 2nd ed. San Diego: Elsevier Academic Press, pp. 439–453, 2004.
Smith, A.W. "Biofilms and Antibiotic Therapy: Is There a Role for Combating Bacterial Resistance by the Use of Novel Drug Delivery Systems?" *Advanced Drug Delivery Reviews*, vol. 57, pp. 1539–1550, 2005.
Von Recum, A.F. *Handbook of Biomaterials Evaluation: Scientific, Technical, and Clinical Testing of Implant Materials*. Philadelphia: Taylor and Francis, 1999.
Zhang, X. "Anti-Infective Coatings Reduce Device-Related Infections." In *Antimicrobial/Anti-Infective Materials: Principles, Applications, and Devices*, S.P. Sawan and G. Manivannan, Eds. Lancaster: Technomic Publishing, pp. 149–180, 2000.

索　引

A

B

C

D

E

F

K

L

M

N

T

V

W

X

Y

Z

其他